非鐵金屬用語辭典

한국철강신문
비철금속용어사전
편찬위원회 편

한국철강신문

「비철금속용어사전」을 펴내며

우리나라는 옛부터 금속을 잘 다루는 민족이었고 비철금속산업은 과거 청동기시대에서부터 지금까지 유구한 역사를 갖고 있습니다. 그럼에도 불구하고 이를 제대로 오늘날까지 이어 오지 못하다가 최근에야 비로소 비약적인 발전을 이룩한 산업입니다. 그럼에도 불구하고 우리나라 국민생활 수준이나 경제력 등을 감안할 때 다른 나라들에 비해 뒤쳐진 감이 있습니다.

선진국일 수록 비철금속 사용량이 그렇지 못한 국가들에 비해 월등히 높습니다. 이런 의미에서 현재 우리나라의 비철금속 소비량은 가히 선진국 수준에 육박해 있음은 물론이고 제련업체인 LG금속과 고려아연 등은 세계적인 수준의 최첨단공법을 갖추고 국내 뿐만 아니라 세계를 무대로 발전해 나가고 있습니다.

또한 비철금속 전분야에 걸친 하공정산업도 신기술과 맨파워를 가지고 인류생활의 편의 향상추구를 목적으로 한 새로운 수요창출이 진행되고 있습니다. 부존자원 부족으로 많은 국내 비철금속 제조업체 및 관련업체들은 아직까지 대부분의 비철금속 원자재를 수입에 의존하고 있고 그에 따른 어려움도 많지만 신제품과 신기술을 개발함으로써 이를 극복하는데 많은 노력을 하고 있습니다.

비록 이 용어사전이 당장 우리나라 비철금속산업의 가시적인 발전에 직접적으로 그 역할을 할 수 있을 것이라고는 생각되지 않지만 적어도 마땅한 전문사전없어 지식습득과 업무수행에 많은 시간을 소모해 왔던 점을 감안한다면 비철금속업계 및 비철금속 연관산업 종사자들이 지금까지 느껴 왔던 어려움을 일부 해소시킬 수 있을 것이라고 생각합니다. 「철강용어사전」에 이어 발행하는 「비철금속용어사전」은 국내에서 자타가 공인하는 비철금속 전문가들이 감수했을 뿐 아니라 철강이나 기계용어가 주된 내용이었던 기존의 많은 금속관련 사전과는 달리 비철금속용어를 중심으로 만들어 놓았다는 점, 즉 비철금속용어를 특화시킨 국내에서 유일한 「비철금속용어사전」임을 자부합니다.

이 「비철금속용어사전」을 발행하면서 전체적으로 전문용어의 수 부족, 명확하지 못한 용어의 정의, 한글화 되지 못한 많은 외국용어 등 아직까지 부족하고 개선되어야 할 점이 너무 많이 있다는 것을 잘 알고 있습니다. 마음 같아선 시간을 갖고 좀 더 완벽한 사전을 내놓았으면 하는 바램이지만 이번 사전발행을 근간으로 향후 개정증보판에 더 많은 유용한 용어들을 수록할 것 임을 약속드리며 또한 이 약속이 지켜질 수 있도록 비철금속업계 관계자 여러분들의 끊임없는 충고와 관심 그리고 도움을 기대합니다.

끝으로 「비철금속용어사전」의 감수에 애써 주신 고려아연 최창영 부회장님, LG금속의 이정하 상무님, 대한알루미늄공업의 이수태 상무님, 한국비철금속협회 전수길 전무님, 본지 김성덕 전무님께 다시 한번 감사의 말씀을 드리고 그동안 사전편찬에 수고한 「비철금속용어사전 편찬위원회」 관계자 여러분에게 심심한 사의를 표합니다.

1998년 4월 1일
주식회사 한국철강신문
대 표 이 사 배 정 운

「비철금속용어사전」 개정·증보판을 펴내며

지난 1988년 4월 1일 새롭게 「비철금속용어사전」을 펴내며 빠른 시간 안에 개정·증보판을 발행할 것이라는 약속을 이제야 지킨 것 같습니다. 늦은 감이 있지만 비철금속 업체의 높은 관심과 협조 속에 「비철금속용어사전」 개정·증보판을 새롭게 발행하게 되었습니다.

특히 이번 개정·증보판에서는 21세기 꿈의 신소재라고 불리우는 티타늄 관련 용어를 한국기계연구원의 협조 속에 첨가시켰습니다. 티타늄 관련 업종에 종사하시는 분들은 물론 평소 티타늄에 관심이 많았던 사람들이 용어를 이해하는데 큰 도움이 될 것이라 생각됩니다. 아울러 최초 발행 시 누락된 용어들은 관련 업체의 확인과 자료 협조를 받아 새롭게 첨가시켰습니다. 비록 눈에 띄게 증보되지 않았지만 본사는 향후에도 신(新)용어나 누락된 용어들의 자료가 입수되는 즉시 제2, 3의 개정·증보판 발행을 약속드리는 바입니다.

끝으로 개정·증보판 발행에 애써주신 풍산, 고려아연, 알칸대한 테크놀로지센터, 한국기계연구원의 협조에 감사드리며 국내 유일의 「비철금속용어사전」 개정·증보판이 비철금속산업 발전에 작은 밑거름이 될 수 있도록 효율적으로 활용되기를 바랍니다.

2003년 9월 15일
주식회사 한국철강신문
대 표 이 사 배 정 운

「비철금속용어사전」을 편찬하며

시간이 순식간에 지나간 것 같습니다. 정신없이 용어사전을 만드느라 지난 6개월이 어떻게 지나갔는지 모르겠습니다. 나름대로 최선을 다 했지만 한편으로 부족하다는 여운을 떨칠 수가 없습니다. 지금 「비철금속용어사전」을 내놓고 보니 빠져 있거나 해설이 충분치 못한 용어들이 왜 그리 많은지…, 아쉬움이 남습니다.

우리나라 비철금속산업의 수요 및 생산이 꾸준히 큰 폭으로 늘어나고 있음에도 불구하고 상대적으로 다른 산업에 비해 약화되는 듯한 느낌을 여러분들도 느끼고 계실 것입니다. 또한 우리나라 비철금속산업이 선진국 수준에 버금가는 수준까지 도달했음에도 불구하고 통일된 용어사용이라든지 한글로 된 변변한 전문책자나 용어사전이 없다는 점 등은 매우 안타까운 일이 아닐 수 없습니다.

이에 본지는 이 업계의 전문신문으로써 역할을 다시 한번 생각하면서 미력하나마 이를 타파하는데 일조하고자 하는 마음을 가지고 우리 비철금속업계에 새로운 활기와 새로운 방향을 찾아야 한다는 데서 용어사전 편찬을 계획하게 되었으며 이번 「비철금속용어사전」은 내용이 치밀하고 충실해야 한다는 명제하에 출발했습니다.

그러나 본지에서 이 짧은 기간동안에 제대로 된 「비철금속용어사전」을 만들어야 한다는 것은 부담스러운 일이었습니다. 능력도 부족했을 뿐만 아니라 단순히 정렬과 의욕만으로는 어려운 일이었기 때문입니다. 그래서 학계 및 업계의 도움을 청하기로 했으며 대한금속학회 비철금속 분과위원회 위원장이신 최창영 고려아연 부회장님, 동 분과위원회 위원이신 이정하 LG금속 상무님, 화학 및 금속공학 박사이신 이수태 대한알루미늄공업 경금속연구소 소장님 그리고 전수길 한국비철금속협회 전무님께서 기꺼이 이에 응해주신 것에 감사할 따름입니다.

이번 「비철금속용어사전」은 총체적인 비철금속용어의 대사전을 만들기 위한 초보단계로서 첫발을 내디딘 것이며 모든 관심있는 분들이 손쉽고 간편하게 용어를 찾아볼 수 있도록 만든 핸드북 수준입니다. 따라서 업계 관계자들이 볼 때 전반적으로 미흡한 점이 많이 있을 줄 압니다마는 그동안 이와 같은 사전이 없이 지내왔던 지난 시절을 생각해 본다면 나름대로 그 역할을 할 수 있을 것이라는 확신을 갖고 있습니다.

사전편집 과정에서 학계와 업계에서 사용하는 용어의 표기가 다른 것이 많았고 한글화 되지 못해 원어를 그대로 사용하는 경우가 많이 있어 가능한한 통일되고 한글화 하려고 했으나 그렇지 못한 경우에는 추후 개정판에서 보완하기로 하고 일단 일반화되고 사용빈도가 높은 용어표기를 사용했습니다. 감수위원들의 이견발생시에도 같은 방식을 취했으며 외래어 한글표기의 경우 1986년 개정된 외래어 표기방법에 따르는 것을 원칙으로 했습니다.

앞으로 본지가 더 나은 용어사전을 만들기 위해 비철금속업계 및 연관업계 관계자들의 기탄없는 비판과 조언 그리고 아낌없는 애정과 관심을 바랍니다.

1998년 4월 1일
한국철강신문 비철금속용어사전 편찬위원 일동

「비철금속용어사전」 개정·증보판을 편찬하며

지난 2003년 9월 15일 개정·증보판을 펴낸 후 소폭의 증보를 통해 「비철금속용어사전」의 개정·증보판을 새롭게 발행하게 되었습니다.

이번 개정·증보판에서는 아연과 연, 합금 부분에서 소폭의 증보가 이루어졌고 바뀐 원소 표기법의 개정이 이루어졌습니다. 비록 눈에 띄는 증보와 개정이 이루어진 것이 아니지만 본사는 향후에도 새 용어나 누락된 용어의 자료가 입수되는 대로 새로운 증보판의 발행을 위해 심혈을 기울이겠습니다.

특히 누락되었거나 첨가되어야 할 부분이 있다면 연락 주시고 비철금속 관련 업계와 연구소의 자료 협조도 꾸준히 이어졌으면 하는 바람입니다.

마지막으로 그동안 개정·증보판의 발행에 협조해 주신 업계 및 연구소, 학회 관계자 여러분께 감사드리고 이 책이 비철금속 산업의 발전에 작은 밑거름이 되었으면 합니다. 아울러 많은 사람들이 곁에 두고 활용할 수 있는 지침서가 되기를 간절히 소망합니다.

2008년 2월 1일
한국철강신문 비철금속용어사전 편찬위원 일동

일 러 두 기

1 사전의 구성

비철용어사전은 3,543개의 비철금속용어를 한글로 수록하였으며 한글로 표현하기 곤란한 영어표제어 130개는 권말에 별도로 수록했다.

2 용어의 배열

한글 표제어는 한글자모(字母) 순으로, 영어 표제는 알파벳 순으로 배열했다. 다만, 한글 표제부에서는 영어가 명시된 경우에는 전체를 한글표기순으로 나열했으며 영어 표제부에서는 영어와 한글, 숫자가 혼용되었을 경우 영어, 숫자, 한글 순으로 수록했다.

3 수록 범위

비철금속 일반용어 뿐만 아니라 철강용어와 중복 사용되는 용어도 수록했다. 또한 광물, 금속물리 및 화학, 기계, 전기, 전자, 계측시험방법, 분말야금, 초전도체, 선물(先物) 등 비철금속과 관련된 용어들을 일부 수록했다.

4 외래어 표기

외래어 표기는 1986년 1월7일 새로 심의 확정 고시된 외래어표기방법에 따라 통일하였다. 다만 워낙 관용표현으로 굳어진 경우에는 그대로 사용된 경우도 있다.

5 동의어와 약어

같은 뜻으로 사용되는 동의어 및 약어는 되도록 많이 수록하고 약어의 원어를 밝혀 인용에 불편이 없도록 하였으며 사용이 빈번하지 않은 동의어의 해설을 생략하고 동의어를 화살표(☞)로 밝혀 찾아보도록 했다.

6 참조 용어

동의어와 마찬가지로 용어해설이 미진하거나 자세한 설명이 필요없는 용어 등은 관련된 용어를 화살표(☞)를 사용, 참조케 하여 해설을 갈음했다.

7 영문 대문자

고유원소 또는 고유 생산금속, 스크랩의 영문표기 첫글자는 대문자로 이를 구분토록 했다.

8 항목 설정

같은 단어이지만 영문이 다를 경우 또는 여러 의미를 갖고 있는 용어의 경우에는 같은 용어 안에 ①, ② 등과 같이 나누어 설명했다.

9 종류별 설정

한 용어가 포괄적인 의미를 갖고 있고 여러개의 항목을 포함할 경우 각 종류별로 세분하기 위해 그 용어 안에서 (1), (2) 등과 같이 나누어 각 종류를 설명했다.

10 사진과 도해

각종 설비 및 제품사진, 선도(線圖), 상태도(狀態圖), 부품도(部品圖) 등 가능한 한 참고할 만한 많은 사진과 도표를 수록함으로써 용어의 이해증진과 시각적 효과를 더하도록 했다.

11 국제통용 스크랩 용어

KS규격에서 분류한 비철금속 스크랩용어는 용어 설명상 스크랩의 분류기준으로 삼았으나 현재 국제적으로 통용되고 있는 비철금속 스크랩용어들은 미국 스크랩규격인 ISRI(Institute of Scrap Recycling Industries, Inc)의 규격기준에 따라 원어 그대로 사용하는 것을 원칙으로 했다.

(예) Berry ⇨ 베리, Lace ⇨ 레이스, Table ⇨ 테이블, Taint ⇨ 테인트

개정증보판

非鐵金屬用語辭典

가격산정기간 (quotation period) 알루미늄(Al)등 비철금속의 가격결정은(수입구매계약시) 언노운(unknown)방식과 평균가격(average)방식이 있으며 그 가격을 산정하는 계약기간은 매매 당사간의 합의(계약)에 의해 정해진다. 이와 같이 가격을 산정하는 기간을 통상 Q.P. 혹은 Q/P라고 표시한다. 현재 많이 적용하는 산정기간으로는 계약선적월을 기준으로 선적전월(M-1), 선적당월(M-0), 선적후월(M+1) 등이 있으며 런던금속거래소(LME)의 가격향방에 따라 유리한 가격산정기간을 선택한다. 이 산정기간은 반드시 한달이 되는 것은 아니며 계약당사자간의 합의에 의해 일주일, 열흘, 보름 등 특정기간이 될 수 있고 아연괴 등의 거래에 있어서는 선하증권발행일(B/L date)을 전후로 적용되는 경우도 있다.

가공경화 (work hardening) 금속의 냉각에서의 변형이나 기계가공에 의해 생기는 경도나 강도의 증가현상을 말한다. 결정의 미끄러짐에 의한 미세화와 결정내의 전위(dislocation)의 발생에 의한 결정격자의 변형에 의해서 생긴다. 이를 미시적으로 보면 전위가 결정립인 미끄럼면 위에서 증식하여 전위들이 섞이면서 서로 전위를 움직이기 어렵게 만드는 현상을 말한다.

가공성 ① (forming property) 금속을 원하는 형상으로 성형하는데 필요한 난이도를 결정하는 특성을 말한다. ② (workability) 용도에 따른 각종 가공에 적합한지를 판단하는 정도이다.

가공센터 (service center) 금속제품을 구입상태로 판매하지 않고 절단가공, 천공 등을 해서 판매하는 설비를 갖춘 사업소이다. 알루미늄가공센터, 동가공센터 등이 있으며 철강가공센터(스틸서비스센터)는 우리나라에도 많이 있지만 비철금속관련 가공센터는 거의 없는 상태이며 일부 스틸서비스센터에서 비철금속가공도 수행하고 있다.

가공열처리 (thermo mechanical treatment) ① 소성가공과 열처리를 유기적으로 조합시킴으로써 금속의 기계적 성질 등을 향상시키는 조작이다. 준안정 오스테나이트의 온도범위에서 소성가공 후 마르텐사이트변태를 일으키는 오스폼 등이 대표적이다. ② 담금질 냉각도중에 과냉 오스테나이트에 외력을 가해 소성가공하고 열처리를 촉진하는 조작을 말한다. 가공열처리에 의해 초고장력이나 초강인성이 얻어지므로 새로운 열처리방법으로써 주목받고 있다. 오스포밍(ausforming)이 대표적이다.

가넷 (garnet) 조암광물의 석류석($(MgFe)_3Al_2(SiO_4)_3$)을 가리키며 오르토규산염과 같은 조성의 결정구조를 가진 물질은 자성재료로써 뛰어난 특성을 가진다. ☞ 석류석

가니라이트 (garnierite) ☞ 규니켈광

가단주철 (malleable casting iron) 강(鋼)보다 주조하기 쉬운 주철을 이용해서 강에 가까운 기계적 성질을 부여하기 위해서 개발된 것이다. 먼저 탄소(C)를 2.5% 전후로 낮추고 주물상태에서 백선화시켜 고온에서 어닐링함으로써 시멘타이트를 분해, 뜨임흑선(temper carbon)을 생성시켜서 사용한다. 열처리의 차이에 의해 흑심가단주철, 백심가단주철, 펄라이트가단주철 등으로 대별된다.

가돌리늄 (gadolinium) 원소기호 Gd, 주기표의 Ⅲa족, 원자번호 64, 원자량 157.25, 결정구조는 조밀육방구조로, 융용점 1,312℃, 비등점 2,730℃, 비중 7.86이다. 희토류 원소중 하나로 상온에서 자성을 나타내는 유일한 희토류 금속이다. 모나즈석과 가돌린석에 함유되어 소량 존재하며 희토류 금속중에서 중성자 흡수 단면적이 가장 크고 또한 저온에서 초전도성을 보인다. 가돌리늄의 화합물은 최근 여러 방면에서 사용되기 시작했는데 특수용으로는 열

중성자를 흡수하는 단면적이 크다는 이유 때문에 원자로의 제어봉, 원자소화기 등에 사용된다.

가돌리늄 코발트막 (gadolinium cobalt film) 광자기 기록재료의 하나로 텔루륨-철(Te-Fe)합금과 더불어 가장 유망한 자석재료이다. 스패터링에 의해 만들어지는 아몰퍼스 박막으로 결정입계가 없고 자기광학효과에 의해 관측되는 신호에는 노이즈가 적다는 장점이 있다.

가돌린석 (gadolinite) 희토류 광물의 하나로 각종 희토류를 함유하는 규산염 광물로, 주로 스칸디나비아반도에서 산출된다.

가로팽창 (lateral expansion) 시험편 충격쪽(노치부 반대쪽)에서 너비 원치수에 대한 증가량. (그림참조)

가로팽창 전이온도 (lateral expansion transition temperature) 시험편의 가로팽창 변화에 대응하는 전이온도로서 가로팽창이 특정값으로 되는 온도이다. 보통 2㎜ 노치시험편에 의한 샤르피충격시험으로 구한다.

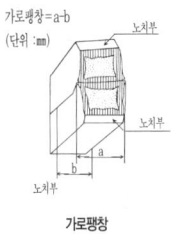

가로팽창

가마모래 하천모래에 코크스 가루나 점토를 배합한 건조형 주물용 모래. ☞ 건조형사

가삭성 (machinability) 재료가 절삭하기 쉬운가 어려운가 하는 성질을 가삭성이라고 한다. 재료의 가삭성은 열처리나 화학성분 등에 따라 현저하게 개량되는데 일반적으로 연(Pb)이나 유황(S)의 함유량을 증가시키면 가삭성이 양호해 진다. 가공성을 좋게 한 재료를 쾌삭(free cutting)이라는 말로 표현한다. ☞ 절삭성, 피삭성, 쾌삭성.

가성취성 (caustic embrittlement) 수중의 수산화나트륨이 미량의 규소(Si)나 칼슘(Ca), 수은(Hg), 알루미늄(Al)과 공존함으로써 용기구성재료의 응력집중 부위가 침식되는 현상이다.

가소성 (plasticity) 재료가 소성변형을 일으키는 능력을 말한다. 즉, 외력에 의해 변형이 생겨도 재료가 파괴되지 않았을 때 그 재료는 완전한 소성을 지닌 것이라는 뜻이 된다.

가속냉각 (accelerated cooling) 주로 두꺼운 판 압연공정에서 하는 제어냉각으로서 제어압연에 이어서 변태온도 구역을 공랭보다 빠른 냉각속도로 냉각함으로써 금속의 결정조직을 조정하고 기계적 성질을 개선하는 냉각법이다. 다만, 가속냉각장치를 써서 압연라인 위에서 단지 급랭시켜 담금질처리를 하는 냉각법은 이에 포함되지 않는다.

가속크리프 (accelerating creep) 크리프시험의 후기에 있어서 크리프속도가 증가하여 파단에 이르는 단계를 말하며 크리프시험시 3단계에 일어나는 것으로 제3차 크리프라고도 한다. 크리프변형이 진행됨에 따라 단면적이 감소하는 것 이외에 국부수축부분의 입계에 크리프에 의한 균열과 기포가 발생하고 또 결정립계 근방에서 회복재결정이 진행하든가, 석출물의 밀도가 현저히 감소하는 등으로 크리프저항이 저하되는 것도 가속크리프의 원인이다.

가수분해 (hydrolysis) ① 염류가 물에 분해되어 산성이나 알칼리성을 띠게 되는 것을 말하며 가수해리라고도 한다. ② 유기화합물이 물과 반응하여 분해하는 것을 말한다.

가스가우징 (oxygen gouging) 가스절단의 한 응용으로 가우징용 토치를 사용해서 모재에 홈을 파는 것.

가스밀봉 조괴법 (gas seal casting process) 주입전에 주형내의 분위기를 아르곤 또는 질소 등의 불활성 가스로 치환하고 주입중에도 주입량을 이들 불활성가스로 보호하여 주입중의 산화를 막는 방법이다. 일반적으로 주형에 뚜껑을 덮어서 주입하는 블라인드 조괴법은 오래전부터 행해지고 있어 용융금속에서 나오는 환원성 가스 또는 주형도료와의 반응에 의한 비산화성 가스의 발생으로 주입중의 산화를 방지할 수 있는데 그것이 적극화되어 불활성 가스를 이용한 것이 이 방법이다.

가스배기구 (vent) 주형에 주탕을 할 때 용탕열에 의해 가열팽창한 주형내의 공기나 발생한 증기 등이 둑과 반대측 주형의 안쪽 또는 국소적 끼곳으로 밀려 들어가 탕의 유입을 방해한다. 이를 방지하고 탕의 주형 채우기를 용이하게 하기 위해 주형에 설치된 가스배출구를 말한다. 또 주형사 자신의 통기성을 늘리기 위해 주형에 가스침을 꽂는 것도 가스배기구라고 한다.

가스용접 (gas welding)　가스불꽃에 의한 가열을 이용해서 하는 용접으로 플럭스를 사용하는 경우와 사용하지 않는 경우가 있다.

가스입 케이블 (gas-filled power cable)　케이블 내부에 불활성 가스를 봉입하여 절연체의 열화를 방지하도록 한 전선.

가스절단 (gas cutting, oxygen cutting)　아세틸렌 또는 프로판가스 등으로 예열된 금속의 표면에 고압산소를 분사하여 산화반응을 일으키면 금속산화물의 용융점이 현저히 떨어지며 모재의 용융점 이하에서도 금속을 절단할 수 있는 원리를 이용해서 금속을 절단하는 방법이다. 금속재료의 절단에 많이 사용되며 수동절단에서 자동절단까지 많은 종류의 절단기가 만들어지고 있다.

가압소결 (pressure sintering)　분말 또는 성형체를 가압하면서 하는 소결.

가압초유동헬륨 (pressurized superfluiditive helium)　포화헬륨의 λ점(2.18K, 5kPa)과 헬륨의 λ선 상한(1.76K, 2.99MPa)을 연결하는 λ선을 경계로 하는 초유동헬륨영역중에서 0.1MPa 이상으로 가압된 헬륨이다. 큰 열유속이 얻어지고 침지·강제의 냉각방식에 사용된다.

가압침출법 (pressure leaching process)　황화동광석의 습식제련법의 일종으로 광석을 배수하지 않고 직접 압력용기내에서 암모니아를 이용해 고압으로 가압하여 용매를 침출하고, 이를 수소가스로 환원시켜 가루형태의 동(Cu)을 얻는 방법이다.

가역반응 (balanced reaction, reversible reaction)　화학반응에서 상황을 달리할 경우 반대방향으로 진행할 수 있는 반응.

가역식 냉간압연기 (reversing cold strip mill)　냉간압연할 때 전·후방으로 방향을 바꿔서 압연할 수 있는 압연기이다. 통상 4단롤이 있는 박판의 냉간압연기이며 앞뒤로 권취기를 갖추고 계속해서 방향을 바꾸면서 압하를 한다. 워크롤이 소구경인 것은 보강롤로 구동시키는 것도 있지만 보통은 워크롤을 구동시킨다.

가역압연기 (reversible rolling mill, reversing mill) 가역식 압연기로 2단식, 4단식 압연기 및 Y형 압연기 등이 있으며 재료가 롤사이를 왕복하면서 압연된다. 압연기 작업롤 회전이 정방향, 역방향이 가능한 압연기로서 정방향, 역방향 압연을 반복하면서 목적한 수치까지 압연되는 압연기를 말한다.

가열균열 (heating crack) 소재를 가열할 때 가열속도가 적합하지 않고 너무 빠를 경우, 거친 단조나 소재의 형상 및 잔류응력의 대소에 의해 가열중에 균열을 발생시키는 경우가 있다. 따라서 균열방지를 위해 표면적을 크게 해서 육각이나 팔각으로 만든다.

가열로 (heating furnace) 슬래브나 빌릿을 압연 또는 압출에 필요한 온도까지 가열하는 설비이다. COG(coke oven gas) 또는 오일(oil), 천연가스 등의 열원을 사용하고 있으며 연속식 가열로와 배치형 가열로가 있고 기계설비를 단 것으로 워킹빔식 가열로 등이 있다. 가열온도는 재료의 재질에 따라 다르지만 일반적으로 1,100~1,300℃ 사이이다. (그림참조)

단조가열로

가융성 (fusibility) 금속이 용융하기 쉬운 성질.

가이드(Guide) 문 개폐시 발생하는 금속성 소음을 방지하기 위한 장치입니다.

가이드 롤 (guide roll) 가이드와 같이 재료를 정확한 위치로 유도하는 목적으로 한 것인데 특히 완성품에 긁힌 자국 등이 생기는 것을 피하기 위해 접촉부분에 롤을 이용한 것을 말한다. 가이드 롤의 재질이 너무 딱딱한 경우에는 오히려 상처를 내는 경우가 있고 또 재료의 소부가 생기는 경우가 있으므로 선정과 관리에 특히 주의를 요한다.

가이드 마크 (scratch, guide mark) 압연방향에 직선으로 힘줄처럼 단속적으로 나타나는 얕은 상처를 말한다. 압연중에는 가이드 돌기부나 가이드에 생긴 흔적에 의해서 발생하는 경우와 롤에서 나온 후 가이드나 롤러 테이블에서 생기는 경우가 있다.

가접용접 (tack weld, tacking) 본용접에 들어가기 전에 부재를 정확한 위치에 지지, 고정시키기 위해서 하는 짧은 비이드의 임시 용접.

각력암 (breccia) 암석의 파편이 결합하여 만들어진 수성암이다.

각봉 (square bars) 봉상으로 압연 또는 단조된 것이며 단면의 모양이 정방형인데 단면의 모서리를 둥글게 한 것도 있다.

각섬암 (hornblende, amphibole) 각섬석이라고 하며 보통 흑갈색의 장주상 결정체를 이루는 광석이다.

각수은광 (calomel) 수은(Hg)의 광물로 천연으로 산출되는 염화제1수은(Hg_2Cl_2)이며 수은을 약 84.9% 함유하고 있다.

각연광 (phosgenite) 연(Pb)광석이며 탄산염 광물로 연을 약 74.2% 함유하고 있다.

각은광 (cerargyrite) 은(Ag)의 원광석이며 염화물로써 은을 약 75.2% 함유하고 있다.

각형가마 (rectangular kiln) 장방형의 불연속 단독가마로 천장은 반원형이다. 둥근가마보다 축조비가 저렴하지만 연료소비가 많다.

각형 분말 (angular powder) 각 모양의 입자로 된 분말.

간접압출법 (indirect extrusion method) 압출가공후 펀치의 전진방향과 반대로 재료를 압출하는 방법을 말한다.

갈륨 (gallium) 원소기호 Ga, 원자번호 31, 원자량 69.72, 비중 5.9, 용융점 29.93℃, 비등점 약 2,240℃, 주기율표상 Ⅲb족 금속이다. 알루미늄(Al)과 같이 기계적 성질이 연하며 용융점이 매우 낮은 금속으로, 화학적 성질도 알루미늄과 비슷하여 반도체 첨가제, 전기접점, 금속간 화합물 등에 이용된다. 갈륨의 광물로써 알려진 것은 거의 없으며 습식 아연제련의 침전니 및 알루미나제조의 폐액으로부터 부산물로 소량 채취되고 있다.

갈망가니즈광 (braunite) 산화망가니즈광석으로 브라운광이라고도 한다. 망가니즈(Mn)을 약 69.6% 함유하고 있다.

갈바나이징 (galvanizing) 철강재의 내식성을 향상시키기 위하여 용융아연욕에 담가 표면을 아연(Zn)으로 도금한 것을 말한다. ☞ 아연도금

갈바닉부식 (galvanic corrosion) 이온화경향이 상이한 금속을 접촉시켰을 때 이온화하기 쉬운 금속쪽의 부식이 가속화되는 현상이다. 전기화학계열에서 그 위치가 떨어져 있는 조합일수록 부식속도가 커진다. 이와 같은 형태의 부식에서 이온화하기 쉬운 금속은 양극반응이, 반대로 어려운 쪽은 음극반응이 각각 가속된다는 것을 이용하여 음극쪽의 금속이 부식이 억제된다는 것을 이용, 반대로 바꿈으로써 방식성으로도 사용된다. 갈바닉부식을 방지하기 위해서는 이온화 경향이 크게 다른 금속을 접촉시키지 말고, 음극에 대한 양극의 면적비를 최대한 크게 만든다.

갈바륨강판 (zinc aluminium alloy coated steel sheets) 미국의 베들레헴 스틸사가 1965년에 개발한 아연-알루미늄(Zn-Al)합금 도금강판이다. 알루미늄(Al) 55%, 실리콘(Si) 1.5%, 나머지 아연(Zn)의 조성을 가졌으며 특수한 무늬를 가진다. 아연도금과 알루미늄도금의 중간적 성능을 가졌으며 아연-알루미늄합금 도장강판이라고도 한다. 건재용, 자동차 배기관, 열교환기, 에어콘, 석유스토브 등에 쓰인다. 즉, 아연도금에 비해 내식성, 내열성 등이 우수하다고 여겨지고 있다.

갈바어닐드강판 (galva-annealed steel sheets) ☞ 합금화용융아연도금강판

갈철광 (limonite) 갈색의 산화철광석($2Fe_2O_3 \cdot 3H_2O$)으로 철(Fe)을 60%

함유하고 있다. 비결정질의 종유상, 포도상으로 산출되며 철광석의 중요한 원광석이다.

갈판 (galfan)　International Lead and Zinc Research Organization에서 1970년 개발된 아연-알루미늄(Zn-Al)합금도금강판이다. 갈바륨에 비해 알루미늄을 적게(Al 5%), 그리고 최소량의 미슈메탈(misch metal)을 함유하고 있는 것이 특징이다. 내식성은 보통의 아연도금에 비해 우수하다.

감마실루민 (gamma silumin, γ-silumin)　실루민에 일정한 열처리를 한 것을 감마실루민이라고 하며 주조성과 내식성이 큰 것이 특징이다. ☞ 실루민, 알루미늄합금

감마합금 (antifriction metal)　베어링합금의 총칭으로 축받이 면과 축이 균등한 접촉을 유지하여 하중을 고르게 받아 늘어 붙거나 축의 마찰을 방지하기 위해 사용된다. ☞ 화이트메탈

감손우라늄 (depleted uranium)　천연우라늄으로부터 핵연료로서 유용한 우라늄(U^{235})을 분리한 나머지 우라늄을 말하며 열화우라늄이라고도 부른다.

감쇠능 (damping capacity)　댐핑이라고 하며 기계적인 진동에너지를 열에너지로 바꾸는 능력을 말한다. 최근에는 강도가 비교적 크고 감쇠능도 큰 금속재료가 개발되었는데 이것을 방진합금이라고 불리우는 새로운 기능을 가진 신소재로 사용하고 있다.

감쇠비 (damping ratio)　선형 점성감쇠가 갖는 계수로서 실제 감쇠계수의 임계감쇠계수에 대한 비이다. 기호로는 ζ를 사용한다.

감홍 (calomel)　염화 제1수은(Hg_2Cl_2)을 말하며 천연의 각수은광으로서 산출된다. 의약, 전극 등에 사용된다.

강성 (shear strength)　탄성과 대비되는 단어로 물체가 외력에 대해 변형하지 않으려는 성질, 즉 변형저항의 강도를 말한다.

강성률 (shear modulus) 응력 대 변형의 비로 정의되는 탄성률의 하나로 통상 전단응력에서의 응력 대 변형의 비를 말한다. 전단탄성률이라고도 한다.

강심알루미늄송전선 (aluminium cable steel reinforced, aluminium conductor steel reinforced) 원거리 초고압 송전선에 사용되는, 중심에 강선을 이용하고 알루미늄 꼬임선으로 외부를 싼 가공 송전선이다. 가볍고 특성이 우수한 강선으로 보강시키고 있기 때문에 동선(copper wire & cable)의 경우보다도 철탑 간격을 넓게 할 수 있는 등의 이점이 있다. 약칭으로 ACSR라고 한다. 여기에 사용되는 강선은 보통 항장력이 1,225N/㎜² 이상이 사용된다. (그림참조)

가공송전선(ACSR)

강옥 (corundum) 1,000℃ 이상에서 안정된 알루미나이다. 천연에서 산출되는 알루미나로 매우 단단하며 유색투명한 것과 반투명한 것이 있다. 투명한 것은 루비, 사파이어로서 보석이 되며, 반투명한 것은 연마재로 이용된다. 일명 금강사(金剛砂)라고도 하며 인공적으로 만들어진 것은 얼런덤이라고 한다. 일반적으로 보크사이트에서 추출해서 고온소성으로 만들며 연마재, 내화물, 일렉트로 세라믹스 등의 원료로 이용된다.

강자성체 (ferromagnetic body, ferromagnetic substance) 외부자기계가 없이도 전자스핀 자기모멘트가 물질내에 규칙적으로 배열되어 있어 자기 혼자서 자화되어 있는 것을 강자성이라고 하며 이런 물질을 강자성체라고 한다. 강자성체는 최대한 자화된 자석이

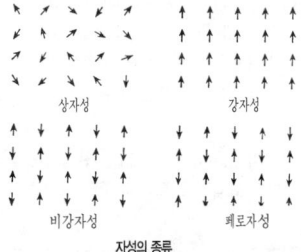

자성의 종류

라고 할 수 있으며 외부적인 자장 등에서 새로이 자기가 형성되는 것은 아니다. 강자성체의 특징은 자기히스테리시스 특성을 나타내는 것인데 온도를 높이면 스핀배열이 열진동으로 교란되면서 자발자화(自發磁化)가 감소되고 끝내는 퀴리온도에서 소멸한다. 페로자성과 페리자성 두가지가 있다. (그림참조)

강자성형 방진합금 (damping alloys of ferromagnetic type) ☞ 강자성형 제진합금

강자성형 제진합금 (damping alloys of ferromagnetic type) 강자성체가 반복응력을 받았을 때 자구벽이 비가역적으로 이동하여 자기·기계적 정이력에 의하여 진동에너지를 흡수하는 합금이다.

강제냉각 (forced cooling) 액체헬륨이나 액체질소 등과 같이 물질(시료)을 저온까지 강제적으로 냉각하는 방법.

강제냉각도체 (force-cooled conductor) 냉매를 강제로 압송할 수 있는 공간을 내포한 도체로써 도체를 냉각하는 냉매의 유로(流路)를 도체의 내부에 갖고 있는 내부 냉각도체와 소선을 감싼 파이프중에 냉매를 압송하는 번들도체가 있다. 냉매는 2상류의 압송을 위한 압력손실을 완화할 목적으로 5~10기압 정도로 가압한 초임계 헬륨이 통상 사용된다.

강제진동 (forced vibration) 진동계에 주기적인 외력을 가하고 있을 때 나타나는 진동.

강화섬유 (reinforcement fiber) 섬유강화형 복합재료로 사용되는 섬유로 유리섬유, 탄소섬유, 탄화규소섬유, 붕소섬유, 알루미나섬유 등 무기물섬유가 주체이고 이밖에 텅스텐(W), 몰리브데넘(Mo), 스테인리스 등의 금속섬유와 아라미드섬유가 있다. 또한 탄화규소, 질화규소의 휘스커도 강화섬유(단섬유)로 취급한다. 강화섬유는 높은 강도를 갖고 있으며 금속 이외의 비중이 작기 때문에 금속과 비교하여 무게에 대한 강도 즉, 비강도가 높다.

강화재 (reinforcement) 바탕재의 강화를 목적으로 복합재료에 사용하는 재료로 연속 또는 불연속 섬유상, 입자상, 판상 등의 형태가 있다.

개방 계단법 (open stopping) 광석 채굴법의 일종이며 계단형식으로 파고 들어가는 방식으로, 상향 계단법과 하향 계단법이 있다.

개방기공 (open pore) 표면과 통해 있는 기공.

개방압탕 (open feeder) 압탕의 정상부가 대개는 개방되어 있어 일반적인 압탕으로 보통은 주물두께가 두꺼운 부분에 설치되므로 위치로 보았을 때 톱 라이저(top riser)이다. 그 특징으로는 ① 주형공수가 적어도 된다. ② 주형내의 공기나 발생가스의 배출로가 된다. ③ 용융금속의 유입상황을 관찰할 수 있다. ④ 주형내에서 발생한 불순물을 부상시킨다. ⑤ 압탕으로의 보온재의 투입이 편리하다 등이다.

개방주형 (open mould) 바닥을 파서 주형을 만들고 상형을 씌우지 않고 그대로 용탕을 주입하는 주형을 말하며 형상이 조악해도 괜찮은 주물제조에 사용된다.

개방형 주조법 (open sand molding) 바닥을 파서 주형을 만들고 상형을 씌우지 않고 그대로 용탕을 주입하는 주조법이다. 형상치수가 조잡해도 괜찮은 제품을 간단히 만들 때 사용된다. 바닥주조법이라고도 한다.

개방형 주형 (floor mold) 바닥을 파서 직접 끼운 주형으로 그 상부는 보통 틀에 끼운다. 플라스크조형이 곤란한 대형주물에 이용된다. 바닥주형이라고 한다.

개재물 (inclusion) 금속재료의 응고과정에서 재료속에 존재하는 불필요한 비금속개재물을 말한다.

갱내굴 (underground mining) 갱도를 이용하여 채굴하는 광산을 말한다.

갱내수 (underground water, mine water) 갱도로 흘러나오는 자연수.

갱내채굴법 (underground stopping method) 갱내에서 광석을 채광하는 방법으로 계단법, 스퀘어셋법, 슈링키지법, 케이지법 외에도 여러가지 방법이 있다.

갱도탐광 (drift prospection) 탐광의 일종으로 착암기로 갱도를 개설하여 광상을 찾는 방법.

건메탈 (gun-metal) 포금을 말한다. 청동의 일종으로 주석(Sn)의 함유량이 8

~12%인 것을 말한다. 베어링, 기계부품 등에 이용된다. ☞ 포금

건식담금질 (dry quenching) 담금질의 냉각매체로 액체를 사용하지 않고 건조매체에 의해서 하는 담금질 방법이다.

건식도금 (dry plating) 습식도금에 대비되는 도금법으로 광의로는 용융도금, 용사, 기상도금 등을 가리키며 협의로는 일반적으로 기상도금만을 지칭하는 경우가 많다.

건식법 (dry process, dry method) 자분 적용방법의 하나로 자분을 적당한 가스에 분산증착시켜서 사용하는 방법이다.

건식성형법 (dry process) ☞ 분말성형법

건식야금 (pyrometallurgy) 고온을 이용한 건식야금법을 말한다. 광석으로부터 목적금속을 얻는 과정에서 열을 이용해서 불순물을 슬래그 상태로 제거하여 목적금속을 추출하는 기술이며 용련, 배소, 증류 등이 이에 속한다.

건식정제 고전도동 (high conductivity fire refined copper, HCFR copper)
☞ 건식정제동

건식정제동 (fire refined copper) 전기동보다 품위가 낮고 미국에서는 단련품 및 합금용이 99.88%(Cu-Ag), 주물용이 99.50~99.75%이다. 형상은 대부분이 잉곳이나 잉곳바로서, 전기용에는 적합하지 않지만, 와이어바로 만든 건식정제 고전도동(HCFR)도 있다.

건식제련 (dry smelting, fire refining) 금속제련법의 일종으로써 광석으로부터 유용금속을 회수할 때 고온을 사용하는 방법을 일반적으로 건식제련이라고 하며 대부분 중요한 금속을 얻을 경우 사용된다. 건식제련에는 환원제련, 용융제련, 증류제련 등으로 분류되며 통상 조(粗)금속을 먼저 만들고 이를 정제하여 최종 금속을 만들어 내고 있다.

건전지 (dry cell) 1차 전지의 일종으로 탄소봉 또는 탄소판을 양극으로 하고

용기를 겸한 아연(Zn)을 음극으로 하며 전해액으로 염화암모늄을 면 또는 종이 등에 함유시켜 전류를 흐르게 만든 것이다. 소형이며 휴대하기 편리하기 때문에 라디오, 면도기, 손전등 등에 사용된다.

건조로 (drying furnace, rotary kiln) 주형을 건조시키는 노(爐)를 말한다. 열원은 분탄, 중유, 전기, 가스 등이 있으며 최근에는 온도제어의 용이함, 연료공급의 간편함, 조업의 청결성 등의 견지에서 중유연소가 대부분이다. 노의 능력으로서는 피건조물을 넣을 수 있는 내부용적의 크기로 나타낸다. 또한 노내 온도의 균일화와 연료비 절감을 위해 연소가스의 일부를 되돌려 송풍으로 혼용하는 재순환식이 최근에 사용되고 있다.

건조수축 (drying shrinkage) 내화물 성형체의 건조에 의한 치수의 감소를 말한다. 성형방법에 의한 입자 배향에 따라서도 수축률이 달라진다. 흔히 성형체를 105~110℃에서 항량(恒量)이 될 때까지 건조시켜 건조전후의 치수변화를 측정한다.

건조형 (dry sand mold) 주조시 큰 주형에 대해서는 조형완료 후 주형표면에 주물재질에 적합한 도형재를 바르고 건조로에서 약 350~450℃ 정도의 온도에서 건조시키는 경우가 많다. 수분이 없어지기 때문에 주형수분에 의한 기포발생이 거의 없으며 주형이 강하고 견고해져 주형파손에 의한 주형사의 습기나 스캐브 등의 결함이 적다. 또한 주형의 부강은 생형보다 간략하고 롬(loam)을 이용하는 긁기형에서는 절대로 건조가 필요하다. 그러나 주형이 견고해서 주물의 냉각수축에 대한 순응성이 적고 균열발생의 우려가 있으며 주형이나 코어의 열팽창에 의해 치수오차가 발생하기 쉽다. 또한 건조로 설비나 연료비, 조업비 등으로 인해 생산비용이 비싸지는 단점이 있다.

건조형사 (dry molding sand) 건조형에 이용하는 모래로 가마모래라고도 부른다. 주물용으로는 산모래, 강모래, 바다모래에 점토나 코크스 등을 섞은 것이 사용되지만 주강용으로는 규사에 점토 및 보조 점결제를 배합, 혼련한 것을 사용한다.

겉보기 밀도 (apparent density) 일정방법에 따라 결정하는 분말의 단위체적당 질량이다. 보통 g/㎤로 표시하며 금속분말을 일정 용기에 담았을 때의 단위체적당 무게를 말한다.

겉보기 밀도시험 (apparent density test) 금속분말시험방법의 하나로 시료 금속분말을 표준 유동도 측정장치(hall flowmeter)의 오리피스를 통해 흘러 내리게 하여 25cc 체적의 밀도컵에 받는다. 금속분말이 컵에 완전히 넘쳐 흐르기 시작하면 측정장치의 깔대기(funnel)를 옆으로 돌린 후 밀도컵의 높이와 같도록 컵위에 쌓여 있는 분말을 수평으로 깎은 후 다음 밀도컵속에 들어 있는 금속분말을 저울에서 무게를 측정하여 겉보기 밀도를 계산한다.

게르마나이트 (germanite) 저마늄(Ge)의 원광석으로 황화광이며 아프리카 남서부지역에서 주로 생산된다.

저마늄 (germanium) 원소기호 Ge, 원자번호 32, 원자량 72.59, 비중 5.4, 용융점 937℃, 비등점 2,830℃, 다이아몬드구조로 되어 있다. 회백색의 희유금속으로 기계적 성질이 무르며 실리콘(Si)과 함께 반도체의 재료로써 사용되고 트랜지스터, 다이오드, 정류기 등에 이용된다. 광석 또는 스크랩으로부터 이산화저마늄을 만들어, 이를 암모니아 혹은 수소로 환원시키면 금속 저마늄 나결정이 얻어진다. 트랜지스터, 다이오드에 이용하려면 이를 다시 대정제(zone melting)하여 단결정으로 만든다. 저마늄의 광물은 종류가 적어서 게르마나이트, 레니에라이트 정도밖에 없으며 주로 동(Cu), 연(Pb), 아연(Zn) 광석과 함께 산출되는데, 매장량은 북미, 아프리카, 유럽지역에 많다.

게터 (getter) ① 소결분위기중의 제품에 유해한 원소나 화합물을 흡수 또는 화학적으로 변화시키는 물질이다. ② 진공관속의 잔류가스를 흡수시켜 진공도를 높이는데 이용하는 물질을 말한다.

게터합금 (getter alloy) 사용목적에 유해한 가스를 제거하기 위해 첨가하는 금속이며 일례로 액체나트륨속의 산소와 화합하여 산소를 제거하기 위해 소량 첨가되는 지르코늄(Zr)이나 타이타늄(Ti) 등을 게터합금이라고 부른다.

격막법 (diaphragm system) 식염의 전기분해로, 수산화나트륨(가성소다)을 제조할 경우 양극과 음극을 격막으로 분리시켜 양극 부근에서 액의 혼합을 방지하는 방법을 말한다.

견인직선교정 (stretch straightening) 재료의 양 끝을 잡고 인장하중을 주어 인장변형에 의해 압연 또는 냉각과정에서 생긴 구부러짐이나 뒤틀림을 똑바로 수정하는 작업을 한다. 뒤틀림교정을 위해 한 끝을 고정시키고 다른 한 끝을 당기면서 뒤틀림을 없애는 방법으로 회전하도록 장치되었다.

견인평활교정 (stretch flattening) 박판의 평탄도를 교정하는 방법으로 판의 양 끝을 잡고 당기면 압연이나 냉각에 의해 생긴 주름이나 완곡을 교정한다. 판의 평탄도 요구가 엄격한 것의 교정에 적용하며 양 끝의 잡는 부분은 교정 후 절단기로 제거한다.

결정계 (crystal system) 결정축과 표축을 결정할 표준면을 적당히 선택하면 모든 결정은 6개의 축계로 분류된다. 즉 단사정계, 삼사정계, 사방정계, 육방정계, 정방정계, 입방정계(등축정계) 등이며 다른 것은 본계의 유도에 의해 생기는 특수한 것이라고 할 수 있다. α, β, γ가 축 상호간의 각도이고 a, b, c가 축의 길이라고 할 때 단사정계는 $\alpha=\gamma=90°$, $\beta \neq 90°$, $a \neq b \neq c$, 삼사정계는 $\alpha \neq \beta \neq \gamma \neq 90°$, $a \neq b \neq c$, 사방정계는 $\alpha=\beta=\gamma=90°$, $a=b \neq c$, 육방정계는 $\alpha=\beta=90°$, $\gamma=120°$, $a=b \neq c$, 정방정계는 $\alpha=\beta=\gamma=90°$, $a \neq b \neq c$, 입방정계는 $\alpha=\beta=\gamma=90°$, $a=b=c$이다.

결정구조 (crystal structure) 원자가 규칙적으로 배열하여 만들어진 다면체를 결정이라고 하고 이 결정들은 여러 방향으로 여러가지 모양을 갖추고 모여 있는 조직을 말한다. 결정의 크기나 모양이 금속의 종류나 상태에 따라 다르게 나타나며 결정이 큰 것은 육안으로 볼 수 있다.

결정립 (crystal grain) 원자배열 방위가 다른 각각의 결정입자들을 말하며 결정립의 크기는 온도에 따라 영향을 받으며 금속의 성질에 중요한 영향을 미친다.

결정입계 (grain boundary) 용융금속이 응고해서 결정이 성장할 때 인접한 것끼리의 성장면이 서로 충돌하면 여기에 경계면이 형성되는데 이 경계면을 결정의 입계라고 말한다. 경계면 부근은 마지막에 응고한 부분이며 표면에너지가 높아 용융점이 낮은 공정물이나 불순물 등이 모이게 된다. 이 때문에 결정입계는 다른 부분보다도 부식되기 쉬워지고 현미경으로 보았을 때 검은 선으로 나타난다.

결정입도 (grain size) 다결정체를 구성하는 결정입자의 크기를 말하며 입도번호로 표시한다. 입도측정은 현미경을 이용하며 직접적인 관찰은 사진, 투영상에 의해 표준도와의 비교를 하든가 일정한 길이나 면적내의 결정입자의 수를 정해진 방법으로 세어서 입도번호를 판정한다. 입도는 첨가원소, 용해방법, 가공방법 등에 따라 달라진다.

결정입도번호 (grain size number) 다정질재료의 단위면적 또는 단위 부피당 입자의 수로 나타낸 결정입자 크기의 단위이다.

결정입자 조대화 (coarsening) 다결정체를 고온으로 가열하면 결정입자가 성장하여 커지는 현상.

결정작용 (crystallization) 정출(晶出)이라고 하며 금속학적으로 액상속에서 결정이 생기는 것을 말한다.

결정조직 (crystal structure) ☞ 결정구조

결정질 (crystalline) 결정상태에 있는 물질.

결정편암 (crystalline schist) 인편상(鱗片狀) 또는 장주상의 광물이 평행하게 발달하여 켜가 벗겨져서 떨어지기 쉬운 성질을 갖는 운모편암, 각섬석 등 변성암을 말한다.

결합금속상 (metallic binder phase) 다상 소결재료에서 다른 상을 결합하고 있는 상.

결합손실 (coupling loss) 상전도 물질 및 상전도 상태에 있는 부분에 결합전류가 흐름으로써 발생하는 손실이다.

결합시정수 (coupling time constant) 결합전류의 시정수로 트위스트 피치의 제곱에 비례하며 소선내의 필라멘트에 직각방향의 비저항에 반비례한다. 결합손실의 크기를 나타내는 하나의 파라미터이며 이것이 클수록 손실은 크다.

결합전류 (coupling current) 극세 다심 초전도선 또는 연선구조의 도체에 변동자장을 주거나 또는 교류전류를 통전했을 때 극세 다심 초전도선에서는 선내의 필라멘트 및 매트릭스 또는 연선구조의 도체에서의 접촉하는 소선에 의해 구성되는 폐회로에서 그 변동 자체를 차폐하도록 흐르는 전류이다.

결합제 (binder) 성형체 강도를 증가시키기 위해서 또는 분말의 편석을 방지하기 위하여 분말에 첨가하는 물질.

겹치기 용접 (lap welding) 용접해야 할 부분을 서로 겹쳐 이 부분을 적당한 방법으로 용접온도까지 가열한 후에 가압해서 용착시키는 방법.

경금속 (light metal) 가벼운 것을 특징으로 하는 금속으로 중금속에 비해 그 수는 적으며 일반적으로 비중 4이하 또는 5이하의 금속을 말한다. 리튬(0.53), 나트륨(0.97), 칼슘(1.55), 마그네슘(1.74), 베릴륨(1.84), 세슘(1.90), 실리콘(2.42), 알루미늄(2.698) 등이 있다. 타이타늄(Ti)은 비중이 4.50이지만 일반적으로 경금속으로 분류한다.

경금속 압연제품 (rolled light metal products) 알루미늄과 같이 비중이 가벼운 경금속을 압연하여 만든 제품을 말하며 두께에 따라 스트립(strip), 시트(sheet), 호일(foil) 등으로 구별한다.

경납 (brazing powder, hard solder) 접합시키려는 모재를 녹이지 않고 접합된 면의 틈새에 낮은 용융점의 합금을 녹여 부어 접합작업에 사용되는 것으로 보통 땜납보다 용융점이 높은 합금이다. 동(Cu)합금과 은(Ag)합금이 대부분이고 용융점 450℃ 이상의 것이 많으며 작업에 고온도가 필요하지만 접합부의 경도와 강도가 커서 고온에서도 사용할 수 있다. 내열성이 요구되는 것에는 니켈(Ni)을 주성분으로 한 것도 있다. 황동납, 은납, 양은납 등이 있다.

경납땜 (brazing) 브레이징이라고 하며 황동납, 은납 등을 접합제로 사용하는데 접합부를 가열하여 이것을 용해시켜 접합시키는 방법이다. 접합제를 경납이라고 하고 분말 또는 판상인 것이 많으며 피접착제보다 낮은 용융점의 것을 사용한다.

경도 (hardness) 단단함의 정도를 말한다. 외력에 대한 저항의 크기를 알기 위한 기준으로 널리 사용된다.

경도시험 (hardness test) 재료가 갖는 단단함의 정도를 알기 위한 시험으로써 인장시험과 함께 재료의 기계적 시험법으로서 가장 널리 사용되고 있다. 시험편을 특별히 필요로 하지 않고 제품의 원하는 부분의 성질을 직접 조사하는데 도움이 된다. 방법에 따라서는 제품의 사용에 지장을 초래하지 않고 할 수 있어서 현장에 적합한 시험이라고 할 수 있다. 시험법은 압입경도시험법, 충격경도시험법, 긁기경도시험법 등 세 가지로 대별되며 브리넬, 비커스, 로크웰, 쇼어경도 등이 많이 이용된다.

경도추이변화곡선 (hardness transition curve) 경화층 표면으로부터의 수직거리와 경도와의 관계를 나타내는 곡선. 재료의 두께방향이나 폭방향 또는 열처리 등 제조조건에 따라서 경도가 어떻게 변화하는가를 알고자 할 때 사용한다.

경동선 (hard-drawn copper wire) 송전용 나동선으로 절연전선의 도체로써도 이용된다.

경망가니즈광 (psilomelane) 망가니즈산화물계($MnO_2 \cdot nH_2O$)로써 비교적 딱딱한 괴로 산출되며 철흑색으로 무광택 혹은 아금속광택을 가지고 항상 아교질상이다. 이산화망가니즈 광석으로써 가장 중요한 광물이지만 바륨(Ba)이나 칼륨(K) 등의 불순물을 흡착하는 경우가 많다. 망가니즈(Mn)을 62~60% 함유하고 있다. ☞ 망가니즈광석

경소 (dead burning) 경소(硬燒)란 내화물 원료를 가능한 한 불활성이며 또한 안정되도록 고온에서 충분히 소성하는 것이다. 사소(死燒)라고도 한다. 마그네시아, 돌로마이트 등의 소화성이 있는 원료 등에 이용되는 말이다.

경시균열 (시기균열, Season Cracking) 인장변형응력이 남아있는 황동제품 등이 사용중 자연적 균열을 일으키는 현상으로, 대기중에 미량으로 존재하는 암모니아와 같은 부식물질이 결정입계를 따라 미세한 Hair Crack을 유발하고 이에 따라 힘의 평형이 파괴되어 재료와 파열을 일으킴.

경시균열시험 (Season Cracking testes) 질산수은 (HgNo3) 1% 및 질산 1%수용액에 5분 간 침지 또는 물에 암모니아수를 희석하여 만든 암모니아 가스분위기 내에 두어 균열의 유무로 내부응력의 존재를 확인하는 판정을 한다. 질산수은을 사용하는 경우 수은파시험이라 고도 불린다.

경압품 (rolled light metal products) 경금속 압연제품의 약어.

경연 (hard lead, antimonial lead) 안티모니(Sb)을 3~10% 정도 함유하는 연(Pb)합금으로 용도에 따라 2~11% 소량의 동(Cu)과 주석(Sn)도 함유하는데 주석은 강도의 개선, 동은 결정립 미세화를 위해 첨가한다. 내식성은 순연(pure lead)에 비해 떨어지나 강도가 양호해 판, 관, 주물로써 화학공업용 기계기구, 방사선 차폐 등에 사용된다.

경연관 (hard lead pipe) 압출제관기로 제조된 연(Pb)의 관으로 화학성분에 따라 1종, 6종, 8종 등 세 종류로 나누어져 있으며 화학공업용에 사용되고 있다. 연 이외의 첨가물로는 안티모니(Sb) 3.5~8.5%, 동(Cu) 0.2% 이하, 주석(Sn) 0.5% 이하, 기타 불순물 0.1% 이하 등이다.

경연주물 (hard lead casting) 주로 화학공업에 사용되는 경연의 주물로 화학성분에 따라 8종과 10종 두 종류가 있다. 연(Pb) 이외의 주요 성분으로는 안티모니(Sb) 7.5~10.5%, 동(Cu) 0.2% 이하, 주석(Sn) 0.5% 이하, 기타 0.1% 이하 등이다.

경연판 (hard lead plates) 압연기로 제조된 연판으로 화학성분에 따라 4종, 6종, 8종 등 세 종류로 분류되며 모두 화학공업용으로 사용된다. KS D 6715에 규정되어 있다.

경질합금 (hard metal) 일반적으로 일반합금보다 단단하고 인성이 큰 합금을 말하며 텅스텐탄화물, 타이타늄탄화물, 탄탈럼탄화물, 알루미늄탄화물, 산화알루미늄 등 소결합금도 이에 속한다. ☞ 초경합금

경철 (spiegeleisen) 슈피겔철이라고 하며 망가니즈(Mn) 10~25%, 탄소(C) 5% 정도를 함유하는 매우 단단한, 고로에서 제조되는 저급 페로망가니즈이다.

경합금 (light alloy) 비중이 가벼운 경금속으로 만들어진 합금으로써 알루미늄합금, 마그네슘합금 등이 있다.

경화 (hardening) 시효, 가열, 냉각처리 등으로 경도를 높이는 조작이다. 시효경화, 석출경화, 담금질경화, 표면경화 등이 있다.

경화능 (hardenability) 재료를 담금질하여 경화시킨 경우에 경화되기 쉬운 정도를 말한다. 즉 경화된 깊이와 경도의 분포를 지배하는 성능으로 일반적으로 경화된 깊이의 대소로 비교한다.

경화능곡선 (hardenability curve, Jominy curve) 한쪽 끝을 담금질하는 조미니시험에 의해 구해진 담금질 끝으로부터의 거리와 경도의 관계를 나타낸 곡선으로 조미니곡선이라고도 한다.

경화능배수 (hardness multiplying factor) 합금원소를 첨가했을 때의 이상임계지름과 첨가하지 않았을 때의 이상임계지름과의 비이다. 경화능배수는 일반적으로 합금원소의 첨가량에 비례한다.

경화능지수 (hardenability index) 재료의 단단해지는 정도를 알기 위한 것으로써 조미니시험방법에 의한 시험편의 담금질 끝에서부터 일정거리에서의 경도 또는 일정경도에 대한 담금질 끝으로부터의 거리를 나타내는 지수를 말한다.

계면 (interface) ① 강화재와 바탕재의 경계면. ② 입계와 입계사이에 존재하는 경계면.

계면활성제 (surface active agent, surfactant) 저농도에서 두드러진 계면활성을 나타내는 물질로 공업적으로 계면현상의 조절에 이용되는 것을 말한다. 계면활성제는 계면에 흡착되어야 할 필요가 있기 때문에 친수성기와 친유성기를 가지며 양자가 균형잡힌 구조로 되어 있다. 비누나 여러가지 합성세제가 이에 속한다. 또 이 이온성을 분리시켜 해리형과 비해리형으로 나누고 전자에는 음이온(anion)형과 양이온(cation)형, 후자에는 비이온(non-ion)형이 있어서 구별하고 있다.

계산중량 (count weight) 이론중량이라고 하며 실제로 측량하지 않고 단위중량을 기초로 만들어진 중량표에 의거하여 계산된 중량이다.

고강도 & W-Type 이형재 동합금 이 제품은 풍산 온산공장 연구개발팀에서 산업자원부 산업기술개발사업의 일환인 부품소재 기술개발 사업의 하나로 지난 2002년부터 개발을 시작해 2005년 5월 개발을 완료했다. 이 리드프레임용 고강도 동합금 PMC70은 품질이 우수하고 가공성도 뛰어나 한번에 두 개의 리드프레임을 생산할 수 있는 특징을 갖고 있다.

고강도 황동주물 (high strength brass casting) 일반용 고강도 황동주물로 주조법에 따라 사형주조와 연속주조 등으로 나누어지며 화학성분에 따라 1종~4종까지 네 종류가 있다. 1종 및 1종C는 강도, 경도가 높고 내식성이 좋으며 2종보다 인장강도가 낮으나 인성이 있다. 선박용 프로펠러, 프로펠러 보닛, 베어링, 밸브시트, 베어링유지기, 레버, 암, 기어, 선박용 외장품 등에 사용된다. 2종 및 2종C는 강도가 높고 내마모성이 좋고 경도는 1종보다 높고 강성이 있다. 선박용 프로펠러, 베어링, 베어링 유지기, 슬리퍼, 밸브대, 특수실린더, 일반 기계부품 등에 사용된다. 3종 및 3종C는 특히 강도 및 경도가 높고 내마모성이 좋아 저속고하중의 슬라이더부품, 대형 밸브, 스템, 부싱, 기어, 캠, 수압실린더 부품 등에 사용된다. 4종 및 4종C는 3종보다 강도, 경도가 높고 내마모성이 좋으며 사용용도는 3종과 유사하다.

고동 (bottom copper) 자연동이나 산화동광의 부광은 환원성 용광로 또는 산화성 반사로에서 정련하여, 전로환원을 거치지 않고 한번에 조동을 만드는데, 이 노바닥에 고이는 조동을 고동이라고 한다.

고동합금 (copper and copper alloy scrap) 동, 황동, 청동스크랩 등 동 및 동합금스크랩의 총칭이다.

고력 내마모성 황동 (high strength wear resisting brass) 일반 황동에 강도, 인성, 내마모성, 마찰계수 등 기계적 성질을 개선시키기 위해 알루미늄(Al), 철(Fe), 니켈(Ni), 망가니즈(Mn) 등 합금원소를 미량 첨

고력 내마모성 황동

가한 황동으로 자동차용 부품링, 부싱, 각종 기어, 유공압부품, 미싱부품 등에 사용된다. 주요 성분으로는 동 58~62%, 아연 27~37%, 니켈 0.5~4.5%, 알루미늄 0.9~4.0% 등이다. (그림참조)

고력 알루미늄합금 (high strength aluminium alloy, high tensile aluminium alloy) 알루미늄에 동(Cu), 마그네슘(Mg), 망가니즈(Mn), 실리콘(Si), 아연(Zn), 크로뮴(Cr) 등을 첨가하여 시효경화, 석출경화 등에 의해 강도를 현저하게 높인 합금으로 Al-Cu합금, Al-Cu-Mg합금, Al-Zn-Mg 합금 등이 있다.

고력 황동 (high strength brass, high tension brass) 46 황동(동-아연합금)에 망가니즈(Mn), 철(Fe), 알루미늄(Al), 주석(Sn), 니켈(Ni) 등을 소량 첨가한 것으로 주로 주물형태로 고급 구조용재 및 항공기, 선박용 프로펠러, 공작기계부품 등 고강도와 내식성 및 내마모성을 필요로 하는 곳에 사용된다. 주요 제품으로는 델타메탈, 아이히메탈, 토오빙황동, 니켈황동, 스미토모 알브라크 등이 있다.

고력 황동주물 (high strength brass casting) 1종에서 4종까지 있으며 1종과 2종은 선박용 프로펠러, 베어링 등에, 3종은 대형 밸브, 캠 등에, 4종은 3종보다 더 강도, 경도가 높아서, 교량용 등에 이용된다. 고력 황동주물의 성분은 KS D 2323에 따른다.

고로 (blast furnace, high furnace, shaft furnace, hoch-ofen) 철 또는 비철금속 광석을 녹여서 선철 또는 조(粗)금속을 만드는 용광로를 말하며 광석을 녹여 다량의 조금속을 만드는 제조설비로 높은 샤프트와 노바닥의 탕류부를 갖고 광석조(저광조)에서 배출된 광석과 코크스를 스키드나 벨트 컨베이어로 고로의 정상부로부터 장입하고 송풍구로부터 1,000~1,200℃의 열풍을 노내에 송풍해서 코크스를 연소시켜 광석을 환원용해시킨다. 노 정상부에서 장입된 광석은 샤프트를 하강하는 사이에 풍구부에서 발생하는 고온의 환원 가스와 접촉하고 열교환과 환원작용을 받아 탕류부에서 용해되어 비중차에 의해서 슬래그와 조금속으로 분리된다. 이것들은 따로 또는 동시에 일정시간마다 탕류부로부터 배출된다. (그림참조)

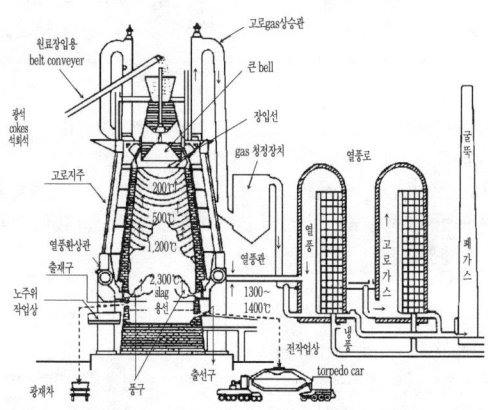

고로와 그 부대설비

고망가니즈강 (high-manganese steel) 망가니즈(Mn)을 11~14% 함유하는 강으로 내마모성이 특히 우수하기 때문에 레일, 광산, 토목, 기계 등에 이용된다. 여기에는 대표적인 합금으로 헤드필드강이 있다.

고상경도 (solid hardness) 기공률의 영향을 받지 않는 조건하에서 측정한 소결체 고상부분의 경도를 말하며 매트릭스경도라고도 한다.

고상밀도 (solid density) 다공질재료의 기공을 제외한 부분의 밀도로 이론밀도라고 한다.

고상소결 (solid phase sintering) 분말 또는 성형체의 액상이 존재하지 않는 상태에서 하는 소결.

고상확산용접 (solid phase diffusion welding) 맞댄 접합면에 적당한 가열, 가압을 하는 것에 의해 모재를 용융시키는 일없이 접합하는 방법이다. 청정하고 평활한 접합면끼리를 결정격자 정수까지 근접시키면 금속이온에 대해서 자유전자의 공유화가 시작되고 금속결합이 생긴다.

고속도강 (high speed steel) 영어명을 생략해서 하이스라고 부르며 텅스텐(W), 몰리브데넘(Mo), 크로뮴(Cr), 바나듐(V), 코발트(Co) 등을 함유하는 고급 절삭공구용강으로 고속으로 절삭하여 날 끝이 붉어질 정도의 고온에서도 경도는 저하하지 않는 것이 특징이다. KS에서는 고속도 공구강 강재(KS D 3522)와 텅스텐계 4종, 몰리브데넘계 9종 등 모두 13종을 규정하고 있다.

고속증식로 (fast breeder reactor) 핵연료인 플루토늄(Pu)을 태워 새로운 플루토늄원료를 만들어내는 차세대 원자로이다. 천연 우라늄(U)중에는 직접 원자로 원료로 사용할 수 없는 질량수 238의 우라늄이 대부분을 차지하고 있으나 고속증식로는 이것을 핵연료로 사용할 수 있는 플루토늄으로 변환시킬 수 있기 때문에 꿈의 원자로라고 불린다. 현재 경수로에서 천연우라늄 1톤중 약 5kg만을 사용할 수 있으나 고속증식로는 약 350kg를 사용할 수 있다.

고순도 금속 (high purity metal, high grade metal, hyperpure metal) 통상 제련공정에서 제조된 금속을 다시 특수한 정제법에 의해 불순물을 극한으로까지 제거시켜 순도를 현저하게 높인 금속을 말한다. 반도체 재료로서는 일반적으로 파이브나인(99.999%) 이상의 것을 고순도금속이라고 부르고 있으며, 초고순도인 것은 9를 소수점이하 11~12자리까지 정제한 것도 있다. 반도체 이외의 용도에서는, 포나인(99.99%) 정도인 것도 고순도금속의 범위안에 포함시키고 있다.

고순도 실리콘 (high metallic silicon, hyperpure silicon) 공업용 금속실리콘(Si)(품위 98% 정도)을 반도체 재료로서, 품위 세븐나인(99.99999%) 이상으로까지 높인 것을 말한다. 사염화규소의 아연(Zn) 또는 수소환원, 규화수소의 열분해, 삼염화규화수소의 열분해 또는 수소환원에 의해 만든다. 이들의 방법에 의해 얻어진 고순도 실리콘은 다결정체이기 때문에 반도체 재료로 이용하려면 다시 정제하여 단결정 실리콘으로 만들어야 한다. 고순도 저마늄(Ge)보다도 성능이 우수하여 트랜지스터, 다이오드, 전력용 정류기, 태양전지 등 그 사용용도가 광범위하다.

고순도 아연괴 (SHG Zinc Slab Ingot) Zn 99.995% 이상의 최고 품질의 아연으로, 런던금속거래소(LME)에 등록되어 있는 SHG Zinc Slab는 고려아연이 세계 최고 기술력을 바탕으로 생산하고 있으며 세계적으로 그 품질의 우

고순도 알루미늄 (super purity aluminium, refined aluminium) 통상의 전해정제법으로 상업용 알루미늄보다 순도가 높은 99.99% 이상인 알루미늄을 말하며 3층식 전해정제법, 편석 및 이들의 혼합법 등의 특수한 방법에 의해 얻어진다. 보통 알루미늄보다 내식성이 양호하며 열반사율, 전도율이 높다. 텔레비전용 전해콘덴서, 반사경, 장식품 등에 이용한다. (그림참조)

고순도알루미늄

고순도 알루미늄박 (high purity aluminium foil) 알루미늄(Al) 함량 99.90% 이상의 알루미늄판을 사용하며 재압연한 것으로 KS D 6706에서는 1N 99(99.99% 이상)과 1N 90(99.90% 이상) 두 종류로 분류했다. 두께는 0.04~0.2㎜ 사이이다.

고알루미나질 내화물 (high alumina refractories) 실리카 알루미나계 내화물에 있어서 Al_2O_3 함유량이 약 45% 이상으로 내화도가 SK 35번 이상인 내화물을 말한다. 원료는 천연산 반토혈암, 다이아스포아, 보크사이트, 실리마나이트족, 인공원료인 합성 무라이트, 소결알루미나, 전융 알루미나를 사용한다. 제품의 종류는 소성품, 불소성품, 전주품 외에 각종 부정형 내화물이 있다. 각종로의 가스와 접촉하는 부위에 주로 사용한다.

고압조업 (high pressure process, high pressure operation) 고로의 노(爐) 정상부의 압력을 높여서 하는 조업을 말한다. 상압(常壓)조업에서는 노 정상가스의 압력이 게이지압으로 0.1기압 전후인데 고압조업에서는 송풍압을 높여 가스 청정부에서 셉템밸브 등에 의해 가스를 죄어서 정압력을 0.7~2.0기압 또는 그 이상으로 높여서 조업을 한다. 고압조업을 함으로써 샤프트내의 가스속도가 저하하고 기고(氣固)의 접촉이 좋아지며 또한 다량의 송풍을 할 수 있으므로 연료비의 절감과 더스트발생의 감소 그리고 생산성이 향상되는 효과를 볼 수 있다.

고압주조법 (squeeze casting) 금형내에 용탕을 주입하여 높은 압력을 가하면서 응고시키는 주조법으로 금속바탕 복합재료를 제조하는 경우에는 금형내에 프리폼 강화재를 미리 장입하여 둔다.

고연청동 (high-leaded bronze) ☞ 연청동

고온광도계 (pyrometer) 용융금속등 고온재료의 온도로 측정하는 온도계로 일반적으로 물체의 복사를 이용한 복사 온도계나 광온도계, 광전식 온도계 등이 사용되고 있다.

고온취성 (hot shortness) 고온에서 금속의 연성이 급격하게 저하하여 취화되는 현상으로 특히 황화철(FeS)은 용융점이 낮아 고온에서 약하고 가공시 파괴의 원인이 된다.

고온형 수소화물 (high temperature hydride) 표준 분해온도가 200℃ 정도 이상인 수소화물로서 마그네슘(Mg)계, 타이타늄-니켈(Ti-Ni)계 등이 있다.

고용수소량 (dissolved hydrogen) 금속상에 고용된 상태로 포함되어 있는 수소량 또는 조성을 말한다.

고용체 (solid solution) 고체금속의 결정이 다른 원소를 원자적으로 용해해 생긴 균일한 고상을 말한다. 모상원자를 용매원자, 녹아 들어가는 원자를 용질원자라고 하며 용질원자와 용매원자가 그 위치를 바꾸는 치환형 고용체와 모상의 결정격자 틈새로 끼어드는 침입형 고용체가 있다.

고용체강화 (solid solution hardening) 어느 금속에 용질원자를 가해서 고용체를 만들 때 일어나는 경화를 말한다.

고융점금속 (refractory metals) ☞ 내열금속

고장력강 (high tension steel) 니켈(Ni), 크로뮴(Cr), 망가니즈(Mn), 실리콘(Si), 텅스텐(W), 몰리브데넘(Mo), 바나듐(V) 등을 첨가해서 인성을 현저하게 증가시킨 강으로 주로 기계구조용에 사용된다.

고정변형시험 (fixed strain test) 일정변형 상태에서 온도을 변화시켜 응력을 측정하는 시험.

고정온도시험 (fixed temperature test) 일정온도 상태에서 응력을 변화시켜 변형을 측정하는 시험.

고정응력시험 (fixed stress test) 일정응력 상태에서 온도를 변화시켜 변형을 측정하는 시험.

고주파 유도로 (high frequency induction furnace) 고주파 유도가열로 각종 금속을 용융하고 합금을 제조하는데 사용하는 노(爐)이다. 비교적 고급특수합금의 제조에 사용된다. (그림참조)

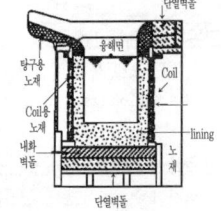

고주파 유도 전기로의 구조

고주파 유도용접 (high frequency induction welding) 용접부를 가압하여 고주파 유도열을 이용하여 접합하는 맞대기 용접법 또는 이음매 용접법이다.

고크로뮴 공구강 (high chrome tool steel) 크로뮴(Cr) 함유량이 높은 철합금공구강으로 냉간가공용 인발, 블랭킹 등에 이용되는 금형용 강이다. 크로뮴을 5~15% 함유하는 저탄소강이다.

고크로뮴 내열주강 (high chrome heat resistant steel casting) KS D 4105에서는 HRSC 1과 2에서 13% 크로뮴, 26% 크로뮴을 규정하고 있다. 13% 크로뮴주강은 내열용보다는 오히려 내식강으로서 사용된다. 고크로뮴주강은 고온에서의 산화저항이 매우 크고 유황가스에 대해서도 매우 강하므로 1,200℃ 부근까지의 고온에 노출되는 주강품에 이용된다.

고크로뮴-니켈 내열주강 (high chrome nickel heat resistant steel casting) 크로뮴(Cr)이 니켈(Ni)보다 많이 들어간 것과 니켈이 크로뮴보다 많이 들어간 것으로 나누어진다. 화학공업용 내열강 또는 열처리부품과 같은 격한 급열급랭의 열사이클을 받는 것에 전자가 사용되고 후자는 고온강도를 필요로 하는 것에 사용된다.

고크로뮴 동함유 주강 (high chrome copper steel casting)   13% 크로뮴주강에 동(Cu)을 0.5~1.5% 첨가한 것으로 인성은 약간 저하되지만 비례한도를 높이고 황산, 염산에 대해서도 내식성을 증가시킨다.

고투자율합금 (high permeability alloy)   고투자율을 얻기 위해서는 재료에 불순물이 적고 이 방향성 에너지 자기의 변형이 적을 필요가 있다. 이것을 만족시키는 재료로는 Fe-Ni계의 퍼멀로이, Fe-Al합금의 알펌, Fe-Co계의 퍼멘더 및 페라이트 등의 합금이 있다.

골격 (skeleton)   용침재가 채워지는 다공질 소결체 또는 미소결체.

골드슈미트법 (Goldschmidt process)   ☞ 테르밋법

곰보 (pitting surface)   용탕의 열에 의해 주형표면이 거칠어지거나 주형에서 발생하는 가스 등에 주물표면에 생성된 곰보모양의 요철(凹凸)결함.

공공률 (void content)   복합재료의 겉보기 부피에 대한 기공의 부피비율.

공구강 (tool steel)   금속 또는 비금속의 절삭, 소성가공용 등의 각종 지그(jig) 공구로 쓰이는 강철의 총칭이다. 용도가 넓고 요구성능이 다방면에 걸치므로 종류가 매우 많다. 일반적으로 화학성분 및 성능을 고려하여 탄소공구강, 합금공구강, 고속도공구강으로 분류된다. 합금공구강과 고속도강은 공구에 필요한 담금질성, 절삭성, 내열성, 내충격성, 내마모성, 불변형성 등의 성질을 부여하기 위해 합금원소를 첨가한 공구강이며 중공강은 착암기의 끝(정) 또는 로드용으로서 탄소강 또는 합금강 재질의 환봉 또는 육각봉에 냉각수를 통과시키기 위한 구멍을 뚫은 것을 말한다.

공기분급 (air classification)   공기유체를 사용한 분급.

공랭 (air cooling)   가열된 금속재료를 대기중에 방치해서 냉각시키는 조작을 말하며 노멀라이징시에 사용된다.

공석 (eutectoid) ☞ 공석조직

공석변태 (eutectoid transformation) 냉각과정에서 하나의 고용체로부터의 공석반응에 의해 2개 이상의 고상이 조밀하고 혼합된 조직으로 변화하는 것 또는 그 반응으로 상이 변하는 것.

공석조직 (eutectoid structure) 냉각과정에서 한 개의 고용체로부터 두 개 이상의 고상이 조밀하게 혼합된 조직으로 변태한 조직이다. 평형상태도에서 공석성분보다 합금원소 농도가 적을 때는 아공석(hypo-eutectoid), 많을 때는 과공석(hyper-eutectoid)이라고 한다.

공석형 합금 (eutectoid alloy) 공석반응, 즉 고상반응에 의해 상변태를 나타내는 합금을 공석형 합금이라고 하며 강의 경우 펄라이트변태가 대표적인 것이고 비철금속의 경우 타이타늄(Ti)합금, 아연(Zn)합금 및 동(Cu)합금이 이에 속한다. 공석형 비철합금은 열처리로 석출입자의 크기와 분포상태를 조절함으로써 강화시킬 수 있다.

공식 (pitting corrosion) 국부부식의 한 형태이며 전기화학적 부식에 있어서 양극부가 떨어져 나가서 부분적으로 깊은 구멍모양으로 된 것이다. 대체적으로 원형 요(凹)형태이며 지름은 0.1mm 이하부터 몇 cm에 이르는 것도 있다. 특히 구멍이 작은 경우를 점식이라고도 한다.

공유결합형 수소화물 (covalent hydride) 분자모양의 금속수소화물 및 중합체 모양의 금속수소화물로 공유결합성의 수소저장합금 신축진동을 바탕으로 적외선의 흡수가 인지되고 수소화 및 탈수소화 반응의 활성화 에너지가 크다. 분자모양으로 SiH_4, 중합체 모양으로 AlH_3, 수소화복합체로는 $NaBH_4$, $LiAlH_4$ 등이 잘 알려져 있다.

공작석 (malachite) 산화동광석으로 선명한 녹색을 띄고 있고 포도상 또는 괴상으로 석출된다. 공작석은 약 57.4%의 동(Cu)을 함유하고 있다.

공장인도조건 (Ex works) 매매조건의 하나로, 현물 소재지인 공장에서 직접 물건을 인도하는 것을 말한다. Ex factory라고도 표시한다.

공정 (eutectic) ☞ 공정조직

공정분석 (process analysis) 소재나 부품 또는 업무의 흐름을 공정순서에 따라서 분석하는 방법으로 제품의 품질을 관리하기 위해 제품생산 도중 및 생산 완결시 행하는 분석이다.

공정어닐링 (process annealing) 중간어닐링을 말한다.

공정조직 (eutectic structure) 냉각과정에서 하나의 용액으로부터 둘 이상의 고체상이 밀접하게 혼합된 조직으로의 변화 또는 그 반응으로 생긴 조직을 말한다. 평형상태도에서 공정성분보다 합금원소의 농도가 적을 때는 아공정 (hypo-eutectic)이라고 하고 많을 때는 과공정(hyper-eutectic)이라고 한다. eutectic이란 그리스어로 eut ktos(녹기 쉽다는 뜻)에서 나온 말로 양 성분의 금속 혹은 그 모든 비율로 이루어지는 합금중에서 가장 낮은 용융점을 갖는다. 또 공정이란 것은 양성분의 금속과 함께 동시에 정출한다는 의미로 정출이란 액체에서 고체가 나오는 것을 말한다. 공정조직은 양 성분금속이 동시에 응고한 결과, 고비율의 현미경에 의하지 않으면 검출하기 어려운 미세한 박편이 교대로 층상을 이루고 있는 것(층상공정)과 한 쪽의 성분금속이 점이나 입자상으로 산재하고 있는 상태의 것(입자상공정)의 두 가지가 있다. 철-탄소 (Fe-C)합금에서는 오스테나이트 흑연 및 오스테나이트와 시멘타이트의 공정이 있다.

공정합금 (eutectic alloy) 공정조직을 가진 합금으로 낮은 용융점을 갖고 있는 합금이다. 땜납이나 Al-Si계 합금 등이 이에 속한다. ☞ 공정조직

공진파괴 (resonance fraction) 공진(공명) 현상으로 높아진 진동진폭에 의해서 야기되는 재료의 파괴이다.

공칭응력 (nominal stress) 시험편에 가해지는 인장하중을 시험편 평행부의 원 단면적으로 나눈 값으로써 혼동될 염려가 없을 경우에는 그냥 응력이라고도 한다.

과냉 (supercooling) 변태시 석출의 일부 또는 전부를 저지하는 변태점 이하

또는 용해도 선 이하의 온도로 냉각하는 조작이다. 즉 고온에서의 상태나 조직이 냉각도중에 변화하지 않도록 급랭시켰을 때 응고선(용해선) 이하로 냉각되는 것을 말한다.

과부동태 (transpassivity) 부동태의 금속으로서 농도, 산화제의 종류, 전위 등이 높으면 부동태 피막이 파괴 또는 용해됨으로써 부동태가 파괴되고 금속의 용해가 진행되는 현상이다. 단금속의 경우 크로뮴(Cr), 니켈(Ni)에서는 용해가 현저하고 철(Fe)에서는 용해가 거의 일어나지 않는다. 스테인리스강에서는 크로뮴과 철이 동시에 진행된다.

과시효 (overaging) 경도, 강도 등의 성질이 최고가 되는 온도와 시간보다도 높은 온도 또는 긴 시간에서 일어나는 시효이다. 석출입자가 커지게 됨에 따라 강도가 저하되지만 연신율이 증가하고 내응력부식 균열성도 증가하는 경우도 있다.

과열 (overheating) 재료의 여러 성질이 손상될 정도의 고온까지 가열되는 것으로 나중에 열처리나 기계가공 또는 가공과 열처리의 조합작업으로도 원래 갖고 있던 여러 성질이 회복하지 않을 때는 이 과열을 버닝(burning)이라고 한다.

과포화 고용체 (supersaturated solid solution) 그 온도에서 평형용해도 이상으로 용질을 고용하고 있는 고용체를 말하며 보통 고온에서의 급랭으로 얻어진다.

관 (pipe, tube) ☞ 파이프

관세할당제도 (tariff quota) 일정기간내에 수입되는 특정품목에 대해 할당수량까지 저세율 또는 무세를 적용하고 그것을 초과한 것에는 원래의 세율을 적용하는 이중세율제도.

광고온계 (optical pyrometer) 고온체에 방사되는 에너지중에서 특정한 파장이 에너지를 다른 표준온도의 고온 물체로 사용되는 전구의 필라멘트의 광도와 비교하여 온도를 측정하는 기구임.

광괴 (mass) 한 금속 또는 여러 금속들이 한데 뭉쳐서 하나의 커다란 덩어리를 형성하고 있는 것을 말한다.

광구 (mine lot, mine concession, mine property, mine set) 광물이 산출되는 구역을 말한다.

광로석 (carnallite) 카날라이트라고 부르며 마그네슘(Mg)의 광물로, 마그네슘을 약 8.7% 함유하고 있다. 마그네슘 원료로써의 이용가치는 적고, 주로 칼슘(Ca) 또는 칼리비료의 원료로 이용된다.

광맥 (mineral vein, lode) 암석의 틈이나 단층에 광물 성분이 맥상으로 채워져서 생긴 광상을 말하는데 광맥광상 혹은 맥상광상이라고 부른다.

광모듈 (optical module) 음성, 영상, 데이터 등의 디지털화된 전기적 신호를 광신호로 전환하여 광섬유로 전송하는 송신모듈과 수신된 광신호를 전기적 신호로 복원하는 수신모듈이 있으며 광케이블과 광모듈, 광커넥트, 점퍼코드, 광어댑터, 광감쇄기, 광커플러 등을 모두 포함해 광부품으로 통칭한다.

광물 (mineral) 미네럴이라고 하며 광석, 무기물이란 뜻이다.

광미 (tailings) 미광 또는 복대기라고 하며 선광중에 나중에 분리되는 광석잔사(스크랩)을 말한다.

광복합 가공지선 (Optical fiber overhead Ground Wire) 낙뢰시 본 선로를 보호하여 단전이 되지 않도록 고안한 케이블로 철탑의 상단에 설치한다. 케이블 내부는 일반 ACSR선과 같은 동심연선을 사용하지만 광케이블을 내장하고 있어 고속 정보통신 선로로도 사용되고 있다.

광사 (sand, sandy ore) 광물을 채광, 선광, 제련할 때 발생하는 생기는 부스러기모래를 말한다.

광산 (mine) 유용한 광물을 캐내는 장소로써 암석의 틈이나 단층에 있는 광물을 채굴하는 경우가 대부분이나

광산내부

노천상에 광물이 나와 있는 노천광도 있다. (그림참조)

광산조사 (mine examination) 금속의 매장예상지역(광산)에 대한 지질탐사 및 유용광물의 매장량 그리고 매장된 광물 각각의 금속성분 등을 조사하는 것을 말하며 일반적으로 광산조사기간은 6개월 이상 비교적 장기간을 요한다.

광상 (deposit, mineral deposit) ☞ 금속광상

광석 (ore) 유용한 광물을 다량으로 함유하여 채굴, 제련 등에 의하여 이익을 얻을 수 있는 광물의 집합체를 말한다. ☞ 조광, 정광

광석제련 (ore smelting) ☞ 제련

광섬유 (optical fiber) 빛에너지, 혹은 그 변화신호 또는 화상의 전송 등을 시키기 위해 사용하며 직경이 3~60 μm인 섬유상의 유리, 혹은 100~10,000μm인 섬유상의 플라스틱 등으로 만들어진 투명한 물질이다. (그림참조)

광센서 (optical sensor) 빛에 의해 물리량이나 화학량을 감지 검출하기 위한 소자나 장치의 총칭.

광아이솔레이터 (optical isolator, optoelectronics) 광회로소자의 하나로 입사(入射)와 출사(出射) 한 쌍의 단자를 가지며 입사측에서 출사측으로 진행하는 방향의 빛은 저손실, 출사측에서 입사측으로 돌아오는 역

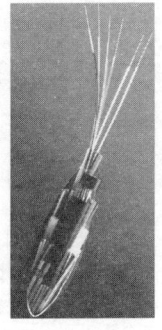

광섬유

방향의 빛은 고손실인 특성을 갖게 해서 빛을 정해진 방향으로만 통과시키는 장치를 말한다. 즉 빛을 한 쪽 방향으로 모으는 장치를 말한다.

광업권 (mine royalty, royalty) 광산 또는 광구에서 광물을 채굴, 취득할 수 있는 권리를 말한다.

광염 (impregnation) 반암(斑岩)사이에 황동광이나 휘동광이 여러 곳에 흩어져 있는 상태로 이러한 광석의 집합체를 광염광상(또는 반암광상)이라고 하

며, 북미지역에 많다.

광재 (slag) 광석의 제련으로 목적한 금속을 얻은 후 맥석(광석으로서 가치가 없는 것으로써 성분은 보통 SiO_2, CaO, MgO, Al_2O_3, TiO_2) 등의 산화물로 용탕중에서 목적 금속과의 비중차를 이용하여 불필요한 것을 제거하는데 이 맥석을 함유금속과 분리한 것을 광재 또는 슬래그라고 한다. 이것을 서냉시켜 분쇄한 것을 광재 밸러스트(slag ballast)라고 하며 콘크리트 골재등 토목건축 재료로써 사용한다. 또 슬래그를 물로 급랭시켜 입자상으로 만든 것을 수쇄 슬래그(granulation slag)라고 해서 시멘트 제조원료 또는 수리 조선의 철판위 녹제거 용제(sand blasting) 등으로도 이용된다.

광전도체 (photoconductor) 광자를 흡수하면 전도율이 증대하는 물체.

광전자 (photoelctron) 광전효과에 의해 발생한 전자.

광주 (ore chimney, ore pillar, pillar) ① 광산에서 채광하기 위해 목재 등으로 세워둔 각종 기둥모양의 것을 말한다. ② 광산에서 채광 후 갱도지지를 위하여 의도적으로 남겨둔 광석지주.

광차 (mine tub, ore tub, wagon, mine car) 광산에서 광석을 싣고 운반하는 무개화차.

광체 (ore body) 광석이 채굴될 정도의 규모를 갖춘 개개의 광상.

광층 (ore bed) 해저, 호수바닥에 물에 용해되었던 광물성분이 침전되어 생긴 광상.

광컨덕터 (optical conductor) 알루미늄(Al) 반사층의 증착된 단단한 매질(媒質)로 반사표면내에서는 여러가지 양식으로 정보를 축적하고 있는 한편, 반사표면에서는 축적된 데이터를 해독하기 위해 레이저광을 변조한다.

광케이블 (optical fiber cable) 광섬유의 심선을 여러개 묶어 놓은 케이블.

광화작용 (mineralization) 마그마가 응결할 때 고온의 유체가 다른 암석에 작용하여 유용한 각종 광물을 생성하는 것을 말한다.

괴광 (lump ore) 큰 덩어리로 된 광석.

괴상광석 (massive ore) ☞ 괴광

교대광상 (metasomatic deposit, replacement deposit) 암석의 일부가 고열로 녹은 마그마 때문에 용해하여 유출해서 생긴 구멍에 다시 유용광물이 침전, 결정하여 메운 광상.

교류손실 (AC loss) 초전도체, 초전도 도체 또는 초전도 마그넷 등을 변동자기장중에 두었을 때에 발생하는 손실로써 초전도체의 히스테리시스 손실, 도체의 결합손실 및 와전류 손실, 구조재료의 와전류 손실 등을 포함한다.

교류 조셉슨효과 (AC Josephson effect) 조셉슨 접합에 직류전압 V가 주어졌을 때 $f_0=2eV/h$의 각주파수의 교류성분을 가진 초전도 전류가 흐르는 효과이다. 조셉슨접합에 주파수 f의 마이크로파를 조사하면 동기현상이 일어나고 직류 전류전압 특성에 스텝이 나타난다. 이것을 샤르피스텝이라 하며 양자화된 전압이 $h/2ef$의 정수배가 되는 곳에서 생긴다. (e : 전자의 전하, f : 프랑크상수)

교류 초전도선 (AC superconducting wire) 교류에 적용하는 극세다심 초전도선으로 교류손실을 감소시키는 주조로서 히스테리시스 손실을 적게 하기 위한 극세다심구조와 결합손실을 줄이기 위한 강한 트러스트 가공이나 연선구조가 일반적으로 취해진다.

교정 (leveling) 일반적으로 판재는 압연된 상태 그대로는 평활하지 않아서 실용으로 공급할 수 없는 경우가 많다. 이 때문에 압연시에 생긴 판재의 틀어짐을 없애고 평활한 상태로 만드는 공정을 교정이라고 한다. ☞ 교정기

교정기 (straightening machine, leveling machine) 압연된 완성품의 뒤틀어짐을 없애기 위한 기계로써 압연기 바로 후면에 설치되어 열간상태에서 교

정하는 열간교정기와 상온에서 교정하는 냉간교정기가 있다.

교정롤 (straightener roll) 통판작업을 용이하게 하고 코일을 교정시키는 롤.

교차도체 (transposed conductor) 필라멘트 또는 소선이 도체축 주위에 그 상대위치가 전위하도록 구성한 도체.

교출흠 (over filled fin) 봉이나 선재의 길이에 걸쳐서 생기는 凸모양의 줄로 좌우 양측에 같이 생기는 것이 보통이지만 한 쪽만 생기는 경우도 있다. 원인은 캘리버 설계 자체에 결함이 있어 과도한 변형을 가하기 때문에 여분의 재료가 롤의 개구점을 빠져 나오는 경우와 롤의 조정불량이나 공형의 마모에 의해 생기는 경우가 있다.

구상흑연주철 (spheroidal graphite cast iron) KS D 4302에 규정된 생주물 그대로이며 흑연의 형이 구상으로 되어 있는 주철이다. 탈황한 용탕에 마그네슘(Mg)이나 세륨(Ce) 등의 합금을 첨가함으로써 얻어진다. 기계적 성질이 강인해서 강에 가깝다. 덕타일주철, 노듀러주철, SG주철, 연성주철이라고 한다. GCD 370~800등 6종이 있다.

구속자속 (trapped flux) 초전도체에 자장을 주었을 때 내부에 침입한 자속중 자장이 제거된 후에도 외부에 배출되지 않고 남아있는 자속이다.

구속형 제진합금 (laminated damping steel sheets of constrained type) 2매의 강판사이에 얇은 점탄성 고분자재료를 끼워서 샌드위치 구조로 된 판 모양의 재료이며 굽힘진동에 수반되는 고분자 재료의 전단변형에 의해 감쇠능을 나타낸다.

구조감쇠 (structual damping) 구조물 감쇠의 하나로써 동종재료 또는 이종 재료의 조합구조에 의해 생기는 감쇠.

구형 분말 (spherical powder) 구 모양의 입자로 된 분말.

국부경화 (selective hardening) 기계부품의 일부분을 경화시켜 필요한 성질을 얻기 위해 하는 경화방법이다. 부분(선택)담금질이라고 한다.

국부부식 (local action) 전기화학적 부식의 일종으로 어느 합금내의 화학적, 물리적인 차이를 일으키는 현상으로 어떤 미세조직은 다른 것에 대해 통전시 양극적이며 그 결과 국부적으로 부식하는 것을 말한다.

국부연신율 (local elongation, necking elongation) 인장시험에서 균일 연신율에 도달한 후 시험편의 일부가 국부적인 단면수축으로 인해 좁려진 형태로 되어 파단에 이르기까지의 영구연신율이다. 파단연신율에서 균열연신율을 뺀 값이다.

국제니켈연구회 (International Nickel Study Group) 국제연아연연구회와 유사하게 니켈에 대한 관련업무를 수행하는 국제단체로 약칭으로 INSG라고 표시한다.

국제동연구협회 (International Copper Research Association) 동생산자들이 동과 동합금에 관한 연구활동을 촉진하기 위해 만든 단체로 산하에 동개발협회 등을 두고 있다.

국제동연구회 (International Copper Study Group) 국제연아연연구회와 유사하게 동에 대한 관련업무를 수행하는 국제단체로 약칭으로 ICSG라고 표시한다.

국제아연협회 (International Zinc Association) 영문 약칭으로 IZA라고 하며 우리나라 고려아연을 비롯한 세계 주요 아연생산자들이 회원으로 가입되어 있다. 이 협회는 세계 아연관련 통계 뿐만 아니라 아연수요 증대를 위한 각종 홍보사업도 벌이고 있다.

국제연아연연구회 (International Lead & Zinc Study Group) 약칭으로 ILZSG라고 하며 연과 아연에 대한 세계 수급개선을 목적으로 1960년 1월 미국이 중심이 되어 결성된 것으로 세계 및 각국의 생산량 등을 조사하여 주기적으로 발표하고 있다.

굴삭 (excavation) 광산이나 지반을 파거나 깎아내는 것.

굴삭기 (excavator) 굴삭 장비. 포크레인이라고도 불림.

굽힘각도 (angle of bend, bending angle) 굽힘시험에서 굽혀진 시험편의 양 끝의 직각부분이 이루는 각이 180°에서 변화한 크기.

굽힘강도 (bending strength, modulus of rupture) 굽힘모먼트가 가해진 때의 강도로 단위 단면적당 한계굽힘응력이다. 보통 실온에서 정적 혹은 동적하중을 걸어 그 때의 파단하중으로 구해지는데 내화물에서는 고온에서의 굽힘강도가 중요해지므로 1,000℃ 이상의 고온하에서 굽힘시험이 행해진다.

굽힘롤 (bending roll) 재료를 원하는 용도에 따라 3개나 4개의 롤사이에서 굽힘가공하는데 이 때 사용되는 롤을 말한다.

굽힘성 (bendability) 균열을 일으키는 일없이 굽힐 수 있는 정도. 재료를 굽혔을 때 균열이 일어나기 전까지 굽어진 상태로 나타낸다.

굽힘시험 (bending test) 금속재료의 변형능(력)을 판정하는 시험으로 재료를 규정된 외경의 축 둘레로 규정된 각도까지 변형시킨 후 완곡부의 외측을 조사해 균열 발생의 유무를 관찰하고 재료의 적부를 판단한다. (그림참조)

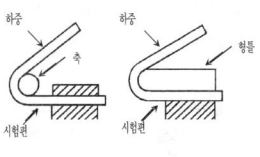

굽힘시험 (휘어감기법)

권선 (windings) 전기기기의 내부에 코일상으로 말아서 사용하는 전선으로 전류를 통하게 하면 전자석의 작용을 하기 때문에 마그넷와이어라고도 불린다. 도체에 감는 절연체에 따라, 면권선, 견권선, 유리권선, 종이권선 등으로 분류되며 도체외부에 굽는 절연도체에 따라 에나멜선, 홀마르선, 폴리에스테르에나멜선, 폴리우레탄에나멜선, 실리콘에나멜선 등 여러 종류가 있다.

권선용 초전도선 (superconducting magnetic wire) 초전도 마그넷에 적용하는 초전도선.

권취기 (coiler, reel) 선재나 관재 등 전장이 긴 제품을 저장이나 운반, 기타 취급이 편리하도록 코일상으로 말아 놓는 장치를 말한다. (그림참조)

권취기

귀금속 (precious metal, noble metal) 금(Au), 은(Ag), 백금(Pt)족 등과 같이 산출량이 적고, 특히 일반 금속에 비해 고가인 금속을 총칭하는 것으로 공기 중에서 산화되지 않고, 화학변화를 받는 일이 적은 금속인데 이온화경향이 적은 성질이 있으며, 이것과는 반대의 성질을 지닌 일반금속을 비(卑)금속이라고 한다. 귀금속은 아름답고 값이 비싸기 때문에 화폐, 장신구 등에 사용되며 일반적으로 내산성, 내식성이 크고 가공성이 뛰어나다. 금, 은, 백금, 팔라듐(Pd), 로듐(Rh), 이리듐(Ir), 루테늄(Ru), 오스뮴(Os) 등 8개원소가 이에 속하며 라듐(Ra)은 산출량이 적지만 귀금속에 포함되지 않는다.

규격 (standard) 상품의 화학성분이나 물리적 성질 등에 대해 일정한 표준을 설정하는 것을 말한다. 표준을 설정하는 사회의 분야 또는 표준의 적용규모에 따라 사내규격, 단체규격, 국가규격, 지역규격, 국제규격 등으로 분류한다.

규공작석 (chrysocolla) 산화동광석으로 규산염 광물로 산화동(CuO)을 약 45.23% 함유하고 있다.

규니켈광 (garnierite) 대표적인 산화니켈광석이며 수분을 함유한 규산염으로 산화니켈을 약 25% 함유하고 있다. 일반적으로 가니라이트라고 불리고 있다. 뉴칼레도니아와 인도네시아가 주산지이다.

규동선 (silicon copper wire) 실리콘(Si)을 함유하는 동(Cu)합금 꼬임선으로 보통 경강선보다 인장강도가 우수하기 때문에 풍설(風雪)이 많은 장소에 이용되며 전화선으로 많이 쓴다.

규사 (ganister sand, quartz sand, silica sand) 석영분이 풍부한 모래를 말하며 은사라고도 한다. 규산(SiO_2)이 주성분으로 된 백색의 석영입자로 내화도가 높으나 결합력이 약하다. 인조규사와 천연규사 2종류가 있는데 인조규사는 규석원광을 소요입도로 파쇄한 것으로 일반적으로 규산의 비율이 높고 내열성이 좋다. 천연규사는 지표에 노출된 규석층이 풍화에 의해 붕괴, 사립화되어 점토화된 장석분과 빈사가 된 것이다. 유리, 연마재, 주강용 주물사 제련공정의 용제용 부원료 등에 이용한다. ☞ 은사

규산도 (silicate degree) 슬래그내의 산성성분(SiO_2)중 산소의 양과 염기성 성분(FeO)중의 산소의 총량과의 비를 규산도라고 하며 규산도=SiO_2중의 산소원자수 / 염기성 산화물중의 산소원자수로 계산한다.

규산염 (silicate) SiO_4인 분자식을 갖는 규산의 염류로 지각을 구성하는 암석, 광물의 대부분을 차지한다. 규산염 광물에는 금속의 원광석으로서도 중요한 것이 있으나 그 수는 적다. 규산염 광물의 형태로 산출되는 광석으로는 지르콘 ($Zr(SiO_4)$), 이극광($H_2Zn_2SiO_5$), 녹주석 ($Al_2Be_3(Si_6O_{18})$), 규공작석 ($H_2CuSiO_4H_2O$), 규니켈광, 마그네슘(Mg), 철(Fe), 니켈(Ni) 등을 함유하는 함수규규산염 등이 있다.

규산염 개재물 (silicate type inclusion) 규산(SiO_2) 위주로 조성되어 있으나 일반적으로 $MnO(FeO) \cdot SiO_2$의 상태이며 색상은 암회색 또는 암흑색이다. 형상은 짙고 가늘게 나타난다.

규석 (silica) 규산(SiO_2)을 주성분으로 하여 소량의 산화철, 알루미나 등의 불순물을 함유한다. 백규석, 적백규석, 청백규석 등이 있는데 일반적으로 규석이라고 말할 경우에는 백규석을 의미한다. 백규석은 페로실리콘, 유리, 도자기, 연삭재 등의 원료 및 내화물재로서 사용된다. 또 적백규석, 청백규석은 주로 내화벽돌 원료로써 이용된다. 그리고 규석은 주물선철을 만들 때 규소함유량을 높일 목적으로 또는 동제련 전로공정에서 용제로서 이용된다. 페로실리콘의 원료로서는 규산 95% 이상을 함유하는 것이 아니면 안된다. 규석에 함유되어 있는 불순물중 알루미나가 가장 바람직하지 않은 것이다. 이것이 존재하면 슬래그를 생성시켜 노형을 해치고 제품의 알루미늄량이 많아져 소요전력량이 증가하며 제품붕괴의 원인이 된다. 철분은 어느 정도까지는 오히려 유리하다. 금속규소용 규석은 규산을 98% 이상 함유해야 한다. 순수한 규석을 석영이라고 부르는데 석영은 페로실리콘, 금속규소 어느 것에도 사용이 불가능하다. 즉 이 종류의 것은 노(爐)안에서 서로 융착해서 조업을 전혀 불가능하게 만든다.

규석벽돌 (silica brick) 실리카(SiO_2)를 주성분으로 하는 산성 내화물이다. 이 내화물은 고온 용융시의 점성이 크고 하중연화에 강하며 비교적 가벼우므로 코크스로, 유리탱크가마 및 전기로의 뚜껑 등에 사용된다. 실리카벽돌이라고도 한다.

규석암 (silica rock) 규산을 주성분으로 하는 수정, 마노, 부싯돌 등 광물을 말하며 그중 순수한 것을 석영이라고 한다. 일반적으로는 백규석이라고 부르며 유리, 도자기, 용제 이외에도 금속 실리콘의 원료로서도 이용된다. ☞ 규석

규선석 (silimanite) 규산 알루미나 광물로 변성암속에 나타나는 가는 기둥모양 또는 섬유모양으로 나타나는데 갈색, 담백색, 백색으로 유리광택을 가진다. 내화물의 원료로 사용된다.

규소(silicon, silicium) ☞ 실리콘

규소강 (silicon steel) 연질자성재료의 일종으로 기능성과 경제성이 요구되는 전력기기의 철심에 대량으로 사용된다. 철에 규소(Si)를 첨가하면 자기이방성과 자기특성이 개선되는 한편 저항률이 증가하여 와전류손실이 감소, 교류에 적합하게 된다. 그러나 규소량이 증가하면 강판의 가공성이 나빠지게 되므로 규소함유량은 4.5~5% 범위로 제한된다. 이중 규소 3% 전후를 함유하고 있는 강판을 방향성 규소강판이라고 하는데 특별한 압연방향의 자기특성이 좋아지게 된다. 주요 사용처는 변압기, 발전기, 자기증폭기 등이다.

규소강판 (silicon steel sheets) 보통강재보다 규소(Si) 함유량이 높고 (1~5%) 뛰어난 전기적 특성을 갖고 있는 것으로 전기기기의 철심에 이용된다. 전기특성으로는 철손이 적고 자속밀도 및 투자율이 높다. 자기시효가 없고 층간저항이 크며 점적률이 좋다. 압연방향과 형상에 따라 열연규소강판, 열연용접 무방향성 규소강판, 냉연 무방향성 규소강대, 냉연 방향성 규소강대 등으로 구분된다.

규소선 (silicon pig iron) KS에서 규정되어 있는 주물선 규소의 최대 함유량 3.5%보다 더 높은 규소를 함유하고 있는 선철로 3.51~3.99% 범위의 규소를 함유한 것을 중규소선, 4% 이상 규소를 함유하고 있는 것을 고규소선이라

고 한다. 기타 성분은 보통 주물선과 거의 동일하다.

규소철 (ferro silicon)   ☞ 페로실리콘

규소청동 (silicon bronze)   실리콘청동이라고 하며 소량의 주석(Sn)과 실리콘(Si)을 함유하는 동(Cu)합금이다. 기계적 성질과 내식성, 열·전기 전도율이 양호하여 화학 공업용, 전선용으로써 널리 이용된다. 850℃에서 동속에는 약 5%의 규소가 고용되어 있는데 300℃에서는 약 3%가 된다. 규소청동은 가공재와 주물로 나누어지는데 가공재는 3%의 규소를 함유하고 있고 그밖에 아연, 망가니즈, 주석이 첨가되며 주물은 3.2~5.0%의 규소를 함유하고 아연을 첨가한 실진청동이 있다. 유동성이 좋고 강도와 내식성이 필요한 선박용 부품 등에 사용된다.

규소침투법 (siliconizing)   금속침투법 또는 실리코나이징이라고 한다. ☞ 금속침투법

규아연광 (willemite)   아연(Zn)의 광석이며 규산염 광물로, ZnO를 약 73% 함유하고 있다.

규조토 (diatom earth, kieselguhr)   조개껍질에서 생긴 무수규산으로 전기절연 재료, 벽돌, 보온재 등에 이용된다.

규화물 (silicide)   규소화합물로 규소보다 전기적으로 양성인 원소와의 화합물.

균열가열 (soaking)   일반적으로 금속재료는 겉과 속의 냉각속도가 상당히 다르기 때문에 그 중심에 편석이 많고 불순물등 원소의 함유량이 많은 것이 보통이다. 즉, 내외가 불균일하기 때문에 그 균일화를 위해 가열하고 일정시간 유지시키면 원소는 확산되어 균일해지려고 하는데 이 가열을 균열이라고 한다.

균열발생 한계압하율 (critical upset compression ratio to crack initiation)   압축시험에서 균열발생 여부의 한계압하율이다. 압하율은 압축한 거리를 원래의 시험편 길이로 나눈 값을 백분율로 나타낸다.

균일연신율 (uniform elongation) 인장시험에서 시험편 평행부가 거의 균일하게 변형하는 영구연신율의 한계치를 말한다. 최대 인장하중에 대응하는 영구연신율로서 구해진다.

그라우트 주형법 (grout mold processs) 주형사로써 그라우트를 사용하는 조형법이다. 그라우트란 토목공사에 이용하는 시멘트 모르타르의 일종이다. 그라우트 주형용 배합사는 규사에 점결재로의 시멘트, 유동성을 주는 발포제, 경화제 및 수분을 배합한 것이다.

그라인더 (grinder) 단조품의 완료 후 냉간에서 표면흠을 없애는데 이동스윙형 홈제거 연마기가 사용된다. 또 소형인 것에는 제거연마기가 사용된다. 재료에 따라 숫돌의 입도, 형상, 경도를 선택해야 하며 홈제거연마기라고도 한다.

그레이프 (Grape) 미국 스크랩규격인 ISRI(Institute of Scrap Recycling Industries, Inc)규격중 가스, 수도, 술통 따위의 고동 및 꼭지스크랩(cocks and faucets)의 통칭으로 순수하며 양질인 황동 및 청동 고동, 꼭지의 혼합물을 말한다. (그림참조)

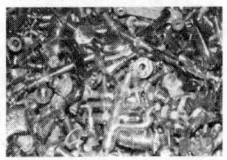

그레이프

그루브 (groove) 관내부에 성형된 가느다란 홈을 말하는데 동관과 같은 재료에 내부 표면적을 넓혀 열전도율을 개선하기 위해 내외면에 홈을 파는 경우가 많다.

그린테이프 (green tape) 바탕재금속의 용사나 유기계 접착재료로 강화섬유를 고정시켜 만든 테이프상 또는 시트상 프리폼으로 바탕계 금속박 위에 형성시킨 것도 있다.

극간법 (yoke method) 시험품 또는 시험되는 부위를 전자석 또는 영구자석의 자극간에 놓는 자화방법. (그림참조)

극간법

극세다심 초전도선 (multifilamentary superconducting wire) 다수의 가는

필라멘트모양의 초전도체를 상전이 물질의 매트릭스에 매몰시킨 구조의 초전도선으로 초전도체를 가는 필라멘트 모양으로 함으로써 자기적 불안정성이 없어지며 교류자장에 대해서도 손실을 적게 할 수 있다.

근접효과 (proximity effect) 초전도 상태에 있는 상과 상전이 금속 또는 상전도 상태에 있는 상이 접하고 있을 때 초전도 쪽으로부터 상전도 쪽으로 초전도 전자가 스며나오는 현상이다. 이것에 의해 상전도 쪽도 약한 초전도성을 나타내며 또 반대효과로서 초전도체쪽은 임계온도의 저하 등이 일어난다.

글라우코도트 (glaucodot) 코발트(Co)의 광석이며 비화물 및 황화물로, 코발트 6~25%와 철(Fe)을 함유하고 있다.

긁기경도 (scratch hardness) 재료표면을 긁어서 재료의 단단한 정도를 나타내는 것이다. 모오스(Mohrs)경도와 마르텐스긁기경도가 있으며 일반적으로 서로 다른 두 물질을 긁었을 때 긁고 긁히는 정도를 가지고 경도를 나타내는 모오스경도가 많이 쓰인다. 모오스경도는 1번(활석)에서 10번(다이아몬드)까지 10단계로 나누고 있다.

금 (gold) 원소기호 Au, 원자번호 79, 원자량 196.967, 비중 19.3, 용융점 1,063℃, 비등점 2,808℃, 결정구조 면심입방정, 주기율표상 I b족의 금속원소이다. 귀금속의 일종으로 황금색을 띄고 있어 신비로운 색조를 나타내고 있으며 모든 금속 가운데 연신율이 가장 좋다. 매우 무거우며 연하고 전연성이 풍부하며 내식성이 상당히 양호하다. 왕수 이외에는 질산, 염산에도 손상되는 일이 없다. 전기 및 열전도도는 은(Ag), 동(Cu)에 이어서 세번째로 크다. 도자기, 치과용, 만년필, 미술 공예품, 장신구, 전기통신기기, 전자재료, 도금 등에 이용된다. 금의 광물로서는 자연금, 침상(바늘 모양)텔루륨광, 카라베라이트페트광 등이 있는데, 황철광, 황동광, 황자철광, 휘안광, 자류철광 등에 함유되어 산출되는 경우가 많다. 제련법은 아말감법(수은에 담구어 아말감으로 만들고, 이를 증류하여 해면상의 금을 얻는다), 청화법(청화칼리등 시안화물로 용해, 추출한다) 등이 있으며 채취한 금은 전기 분해하여 전기금으로 만든다. 남아프리카공화국이 세계 최대의 산출국이다.

금강사 (emery) 석류석을 가루로 만든 것으로 버프연마용 등의 숫돌입자로 사용되어 왔다. 현재는 전해법으로 제조되고 있으며 비중이 3.6 이상이며 조성은 SiO_2 8~13%, Fe_2O_3 4~10%, Al_2O_3 등으로 되어 있다.

금박 (gold leaf) 금을 두드리거나 매우 얇은 막으로 만든 금의 필름으로써 금도금에 사용하거나 기타의 용도에 사용한다. 모조금은 황동, 알루미늄청동 등으로 만들어 박으로 만들어서 같은 방법으로 사용한다.

금속간화합물 (intermetallic compound) 동극화합물이라고 하며 두 종류 이상의 금속이 결합하여 각 성분금속의 원자수가 간단한 비를 이루며 각각의 성분과 전혀 다른 성질을 나타내게 되는 것을 말한다. 그 특징은 일반 원자값에 따르지 않고 화합열이 적으며 대부분 고체로서만 안정하며 액체나 기체가 되면 분해되는 것이 보통이다.

금속결합 다이아몬드공구 (metal bonded diamond tool) 기지금속중에 다이아몬드 분말입자를 분산시킨 공구.

금속결합형 수소화물 (metallic hydride) 금속의 성질을 가진 금속수소화물로서 중요한 수소저장합금은 이에 속한다. $LaNi_5H6.6$ 이나 $TiFeH1.9$와 같이 비화학양론 조성비를 가진 수소화물을 만들고 수소화에 의해서도 금속격자의 구조는 기본적으로 변하지 않고 단순히 격자간의 거리만 증가한다.

금속광산 (metal mine) 유용금속이 매장되어 있는 광산. ☞ 광산

금속광상 (metalliferous deposit) 일반적으로 화성광상, 퇴적광상, 변성광상 등 세 가지로 분류된다. 마그마로부터 직접 생긴 것을 화성광상이라고 하며 주로 물의 작용으로 생긴 것을 퇴적광상, 변성작용으로 생긴 것을 변성광상이라고 한다. 화성광상은 방연광, 섬아연광의 접촉교대광상이고 퇴적광성은 사금, 사(모래)주석 등의 사광 그리고 변성광상은 키스라거가 대표적이다.

금속규소 (silicon metal) 각종 비철금속의 규소첨가용으로 규소강판, 알루미늄합금용 외에 실리콘 수지의 원료 혹은 트랜지스터나 정류기 등에 이용하는 반도체의 고순도 실리콘 원료에도 사용된다. KS D 2313에 규정되어 있다.

금속기 복합재료 (metal matrix composite)　금속을 모재로 하는 복합재료.

금속기지상 (metallic matrix phase)　소결재료에서 기공 또는 다른 성분입자를 그중에 포함해서 기반으로 하는 연속금속상이며 매트릭스라고 한다.

금속망가니즈 (metallic manganese, manganese metal)　조각상(片狀)의 전해망가니즈과 괴상의 습식망가니즈이 있다. 탈산, 탈황력이 크고 불순물이 적기 때문에 스테인리스 및 고망가니즈강 등 특수강의 첨가제, 제강의 탈산, 탈황제, 각종 비철금속과의 합금 등에 이용한다. 제조방법은 망가니즈염의 수용액을 전기분해해서 제조하는 전해법과 망가니즈품위가 98% 정도에 달하는 전기로법 및 테르밋법 세종류가 있으며 KS D 2312에 규정되어 있다. ☞ 망가니즈

금속바탕 복합재료 (metal matrix composite)　금속을 바탕으로 한 복합재료 ☞ 금속기 복합재료

금속분말 (metal powder)　금속의 분말로써 넓은 의미에서는 합금분말을 포함한다.

금속섬유 (metal fiber)　금속을 섬유상으로 만든 것으로 금(Au), 은(Ag), 텅스텐(W), 몰리브데넘(Mo) 등의 고융점금속, 스테인리스강이나 피아노선 등의 고강도금속, 베릴륨(Be) 등의 고비강성률금속의 섬유 등이 있다. 금속섬유는 전기도체, 로드타이어, 내압유리, 콘크리트 등 다방면에서 사용되고 있으며 복합재료의 발전에 따라 금속섬유의 제조법도 발전되고 있다. 제조법으로는 소성가공법, 용융방사법, CVD법 등이 있다.

금속세륨 (metal cerium)　세륨염을 용융염 전해 혹은 칼슘환원시켜서 만든다. 반도체에 첨가 및 알루미늄합금에 사용된다. ☞ 세륨

금속수소화물 (metal hydride)　금속원소와 수소가 결합한 화합물의 총칭으로써 금속안에 수소를 흡수시킴으로써 얻게 되는 화합물이다. 결합형태에 따라 금속결합형, 공유결합형 및 이온결합형의 세 가지 수소화물로 분류된다. 금속수소화물의 특징은 금속에 수소를 갖고 있다가 필요에 따라 수소를 배출함으로써 수소에너지를 사용할 수 있다는 점이다. 수소의 흡탈착이 저온에서 쉽게

일어나고 평형수소압이 상온에서 적당한 수치를 나타내는 합금이 바람직한데 현재 FeTi, LaNi 등이 수소저장합금으로 주목되고 있다.

금속실리콘 (metallic silicon) 규소(Si)를 97% 이상 함유하고 있으며 알루미늄(Al)합금에 가장 많이 사용된다.

금속아크용접 (metal arc welding) 용착금속이 될 금속봉과 모재에 각기 플러스(+)와 마이너스(-)전극을 걸어 아크를 발생시켜서 행하는 용접이다. 전기가 직류냐 교류냐, 그리고 모재가 +극이냐 -극이냐에 따라 직류(교류)정극성(모재:+극) 혹은 직류(교류)역극성(모재:-극)으로 구분한다.

금속아크절단 (metal arc cutting) 전극에 금속을 사용해서 하는 아크절단으로 과대전류의 사용에 의해 모재를 녹이는 것인데 금속산화를 이용한 가스절단이 불가능한 스텐인리스강의 가우징(gouging) 등에 이용된다. 특히 강한 분사와 용입을 주는 피복제를 사용한 아크절단용 특수봉도 제작되고 있다.

금속용사 (metal spraying) ☞ 금속용사법

금속용사법 (metal spraying process) 용융된 금속을 고압하의 대기속 또는 적당한 가스분위기 속에서 피용사체 표면에 분무하여 피막을 형성하는 방법이다. 사용하는 용사피스톨에 따라 선(線)식, 분말식, 용탕식으로 나누어진다. 그리고 선식에는 금속선을 고온 화염노즐로 녹여서 용사하는 가스 용사식과 2개의 금속선을 접근시켜 아크를 발생시키고 그 열로 금속선을 용융시켜서 용사하는 전기 용선식이 있다. 또 분말식은 고온불꽃 노즐내로 금속분말을 가져다 용사하는 것으로 아연, 동, 황동 등 용융점이 그다지 높지 않은 금속의 용사에 적합하다. 용탕식은 가스 등으로 미리 용융시킨 금속을 압축공기가 뿜어져 나오는 노즐 바로 앞으로 가져다가 용사하는 것을 메탈리콘이라고 부른다. ☞ 메탈리콘

금속조직시험 (metallographic test) 금속재료의 매크로 및 마이크로 조직, 결정입도, 화학성분, 편석, 비금속개재물, 소지홈 등의 품질을 조사하는 시험으로 조직시험, 입도시험, 비금속개재물의 현미경시험, 소지홈의 육안시험, 경화능시험, 불꽃시험 등이 있다.

금속조직현미경 (metallurgical microscope) 금속조직 관찰용 현미경으로 일반적으로 50배에서 1,000배까지 볼 수 있다.

금속침투법 (metallic cementation) 금속의 내식성, 내후성, 내마모성 등을 높이기 위해 어느 금속의 표면에 다른 금속을 부착시켜 내부에 확산 침투시키는 방법으로써 피처리금속의 표면층은 침투 확산한 금속이 풍부한 합금층으로 변화된다. 일반적으로 처리방법은 고체침탄법과 비슷하여 금속을 침투금속분말속에 매몰 충전시켜 밀폐용기에 넣고 소요온도로 일정시간동안 가열한다. 이 방법은 양 금속간의 용해도가 있어 고용체를 형성시키는 것이 아니면 실시하지 않는다. 이 방법에 속하는 것으로서는 세러다이징(아연침투법), 캘로라이징(알루미늄침투법), 크로마이징(크로뮴침투법), 실리코나이징(규소침투법), 티타나이징(타이타늄침투법) 등이 있다. 이 방법은 침투법, 확산침투법, 침투도금법, 확산도금법, 확산피복법 등의 이름으로 불리고 있다.

금속크로뮴 (metallic chromium) 크로뮴 철광을 테르밋법으로 환원하거나 전해해서 만든다. 특수강에의 첨가제, 각종 비철금속과의 합금, 도금 등에 용도가 광범위하다. ☞ 크로뮴

금속텅스텐분말 (metallic tungsten powder) 삼산화텅스텐을 고온에서 수소 환원시켜서 만든다. 품위는 98.0%에서 99.9% 정도까지 있으며, 소결시켜 전구의 필라멘트, 발전기의 접점 등에 사용한다.

금속피복 (metallic coating) 미려성, 내식성, 내마모성, 전기열전도성, 물리적 성질 등을 부여하기 위해 재료 표면에 금속으로 피복하는 방법이다. 일반적으로 많이 사용하는 방법으로는 전기도금, 화학도금, 용융도금 등이 있다. 이밖에도 용사피복, 기상피복 등이 있다.

금아말감 (gold amalgam) ☞ 금

금정련법 (gold refining process) 제련된 조금(粗金)에는 은(Ag)이 함께 있으며 은을 제거하기 위해 희질산 또는 열농황산으로 용해 분리시키는 시험분석법과 조금을 양극으로 하여 은을 전해시켜 음극에서 석출하는 전해법이 사용되고 있다. 대부분의 공업생산에서는 전해법이 사용되며 설비사항에 따라

Moebius법과 Ballbach-thum법이 있다. 은이 분리된 조금지금(금함량 94% 이상)은 다시 건식법과 전해법으로 금지금이 만들어진다.

금제련법 (gold smelting process)
금제련법에는 수선법, 청화법, 아말감법 등이 사용된다. 수선법은 금(Au)의 비중을 이용한 중력선별방식으로 금광석을 유수와 같이 흘려 침적이 용이하게 설치된 저항물에 금을 침적시키는 재래식 통류법과 사금과 토사의 혼합물을 통류법으로 처리한 후 아말감처리를 하여 제련하는 혼합방식이 있다. 청화법은 현재 많이 사용되는 방식으로 광석의 종류에 따라 수선법과 병용하고 있는데 금광석을 분쇄광으로 만들고 청화액에 용해시킨 후 금이 녹아 있는 용액에 아연분말(zinc powder)을 투입하여 치환침전시켜 회수하는 방법이다. 아말감법은 수은의 물성을 이용한 방법으로 광석을 수중분해하여 20~30메시의 미광으로 만든 후 수은을 투입하여 아말감을 만든 후 가열하여 수은을 제거하는 방식이다. (표참조)

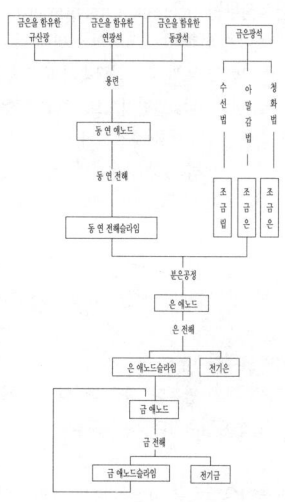

금 은지금 전해정련 공정도

금지금 (gold bullion) 전해정련한 금(Au)을 1kg, 3.75kg 또는 10kg 등의 주괴로 만든 것.

금합금 (gold alloy) 금(Au)은 모든 금속 가운데 전연성이 가장 뛰어나며 매우 연하고 적절한 경도와 색상 그리고 경제적인 이유 등으로 다른 금속에 첨가되어 사용하는 경우가 많은데 은(Ag), 동(Cu), 아연(Zn), 팔라듐(Pd), 니켈(Ni), 주석(Sn), 규소(Si) 등과 합금을 이룬다. 대표적인 금합금으로는 Au-Ag-Cu계, Ag-Au-Cu-Zn계, Au-Pd-Ag계, Au-Ni-Cu-Zn계, Au-Ag계,

Au-Ag-Pd계, Au-Cu계, Au-Ni계, Au-Cu-Ni계, Au-Sn계, Au-Si계 합금 등이 있다.

금형 ① (die assembly, tooling) 금형세트의 일부이며 다이, 펀치, 코어로드의 한 벌(세트). ② (metallic mould) 금속을 용해시켜 그 안에 부어 넣어서 응고시키는 것(주형)으로써 주형을 알루미늄, 황동, 주철 등 금속으로 만든 것이다. 정밀을 요하는 제품을 만들거나 대량의 제품을 만들 경우에 사용된다.

금형담금질 (die quenching) 속칭 가위담금질이라고 불리는 담금질 방법으로 금속판 등의 고체로 압연, 급랭시켜 경화시키는 조작이다. 금형에는 보통 주철제 블록이 사용되며 그 내부에 냉각용 물을 통과시켜 형의 가열을 방지하고 있다. 금형담금질은 얇은 공구의 담금질에 응용되고 있다.

금형세트 (tool set) 성형 또는 재압축시에 사용하는 공구의 총칭으로 금형, 금형홀더, 어댑터 등으로 구성되어 있다.

금형홀더 (tool holder) 금형의 일부이며 금형을 어댑터로 유지시켜 적절히 작동시키는 기구를 갖는 공구로 다이세트라고 한다.

금형(중력)주조 (gravity die casting) 금속제의 주형에 용탕을 중력에 의해 흘려 넣어 주물을 만드는 방법으로 조직이 치밀하고 내압성, 내마모성이 우수하다.

금홍석 (rutile) 루틸 또는 루타일이라고 하며 적갈색, 황적색, 청색, 흑색 등의 주상결정의 광석이다. 타이타늄(Ti)의 중요한 산화광물로써 정방정계의 기둥모양(柱狀) 광석으로, 대부분 적갈색을 띄고 있다. 타이타늄을 약 60%를 함유하고 있으며 브라질에 세계의 매장량의 절반가량이 매장되어 있다.

급랭 (quenching) ☞ 담금질

급랭응고분말 (rapidly solidified powder) 용융금속을 급랭, 응고하여 제조한 분말.

급외품 수요가의 주문분을 생산하기 위한 생산과정에서 주문조건에 충족하지 못해 정품에서 제외된 제품으로 등외품이라고도 한다.

급탕거리 (feeding distance) 선단(線斷) 효과길이와 압탕 효과길이를 연속시킨 합계가 압탕 급탕거리이다. 만일 압탕둘레에서 주물 끝까지의 길이가 급탕거리보다 크면 선단효과부와 압탕효과부의 중간에 온도경사가 없는 구역을 만들고 여기에서는 급탕 이동이 이루어지지 않기 때문에 표면에서 중심부를 향해 응고가 진행되는 결과, 응고수축에 의한 탕의 부족분 만큼의 미세수축소가 중심선을 따라 발생한다.

기계적 성질 (mechanical properties) 금속에 힘을 가해서 당겼을 경우 응력과 변형간의 관계에 포함되는 금속의 제성질을 기계적 성질이라고 한다. 탄성한계, 항복점, 인장강도, 굽힘, 파단강도, 연신율, 단면수축률, 피로한계 등이 이에 속한다.

기계적 성질시험 (mechanical test) 강도, 인성, 연성, 경도 등의 기계적 성질을 조사하는 시험으로 인장시험, 굽힘시험, 항복시험, 경도시험, 피로시험, 크리프시험, 완화시험 등이 있다.

기계적 침전광상 (mechanical precipitation deposit) 광물성분이 물의 작용으로 사력에 혼입, 집합하여 생긴 광상이며 사철사금, 사(모래)주석 등이 나온다. 사광상, 사력광상, 표사광상 등으로 부른다.

기계조형 (machine molding) 주형을 만드는 방법으로 몰딩머신, 샌드슬링거, 코어 조형기 등의 조형기에 의한 조형을 말한다. 단 셸형은 처음부터 기계적으로 조형하는 성격의 것이므로 따로 수공조형, 기계조형의 구별은 없다. 기계조형 작업의 큰 이점은 대량 생산할 경우의 생산성 향상, 주물정도의 향상, 불량률의 절감 등이 있는데 모형 구조를 연구하고 주사나 주틀의 공급, 운반, 주입장치, 형뽑기 장치 등을 기계화해서 조형기의 작업속도와 균형을 맞출 필요가 있다.

기계주물 (machine casting) 기계부품의 주물로 강도가 크고 내마모성, 내수압성이 있고 결함이 없어야 하며 절삭성이 우수해야 하는 등이 요구되는 경우가 많아 주조하는데 충분한 주의가 필요하다.

기공 ① (pore) 입자 내부 혹은 재료의 내부에 본래 존재하는 공극 혹은 나중에 생긴 공극을 말한다. ② (gas hole, blow hole) 블로우홀 또는 핀홀이 완전히 압착되지 않고 그 흔적이 남은 것으로 용탕중에 녹아 들어간 여러가지 가스, 혹은 주형으로 인해 생긴 가스가 응고시 다 빠지지 못해서 주물의 내부에 생긴 구멍모양의 결함이다. ☞ 기포, 기포집

기공률 ① (porosity) 다공질체의 총체적에 대한 모든 개방기공체적의 비율이다. 진기공률, 밀폐기공률, 외관기공률 등이 있으며 통상 백분율로 표시하고 소결함유합금에서는 유효 다공률이라고 한다. ② (void content) ☞ 공공률

기공용 재질 (drawing quality) 열연 및 냉연판재류의 재질중 심가공을 하지 않고 일정수준의 가공성을 유지한 재질을 말한다

기공치수분포 (pore size distribution) 재료내부에 있는 기공의 크기를 구분된 치수마다의 개수 또는 체적의 백분율로 표시한 것.

기능재료 (functional materials) 일반적으로 전자재료에 사용되는 저마늄(Ge), 규소(Si), 갈륨비소(GaAs) 등 금속들의 총칭이다. 기능재료를 기능별로 분류하면 열적 기능, 화학적 생체기능, 전기전자적 기능, 자기적 기능, 광학적 기능, 방사선 기능, 기타 기능으로 분류된다. 또한 기능재료에는 반도체재료와 자성재료, 저항재료 등의 전자재료가 많다.

기름담금질 (oil hardening, oil quenching) 냉각매체로서 기름을 사용하는 담금질.

기밀시험 (air-tight test) 공기누출이 있는지 없는지를 시험하는 방법으로 압력용기나 액체용기에 적용하는 시험의 일종이다.

기상도금 (vapor plating) 소지금속의 용융점보다 낮은 온도에서 기화하는 금속화합물을 기화시켜 소지금속위에 피복금속을 석출도금하는 방법이다. 기상도금에는 CVD(화학증착)와 PVD(물리증착)으로 나누어지며 수용액중에서

는 전착할 수 없는 알루미늄(Al)이나 타이타늄(Ti) 등을 포함해서 대부분의 금속 및 금속화합물의 석출이 가능한 특징이 있다. 공업적으로 알루미늄 및 아연의 기상도금이 활발히 적용되고 있다.

기성광물 (pneumatolytic mineral) 마그마에서 분리된 휘발성 성분이 이미 굳어진 암석에 닿아 특수광물을 만드는 작용인 기성작용에 의해 생긴 광물.

기성광상 (pneumatolytic deposit) 가스체의 화합, 승화작용 등에 의해 생긴 광상으로 주석석, 회중석, 철망가니즈 중석 등이 나온다.

기전선 (feeder, feeder cable) 전력을 공급하는 전선으로 발전소 및 배전소로부터 전차 등의 가선까지의 급전선.

기준하중 (preliminary test force) 로크웰 경도시험에서 압자 침입깊이의 측정기준이 되는 위치를 설정하기 위하여 미리 시료의 시험편에 압자를 눌러 붙이며 가하는 일정한 하중. (표참조)

구분	스케일	압 자	기준하중 N(kgf)	시험하중 N(kgf)	로크웰경도의 정의식(¹)
로크웰경도	A C	앞끝의 곡률반 지름 0.2mm, 원추각 120°의 다이아몬드	98.07 (10)	588.4 (60) 1471.0 (150)	$HR = 100 - \dfrac{h}{2}$
	B G	강구 또는 초경합금구 지름 1.5875mm		980.7 (100) 1471.0 (150)	$HR = 130 - \dfrac{h}{2}$
로피크셜웰경슈퍼도	15N 30N 45N	앞끝의 곡률반 지름 0.2mm, 원추각 120°의 다이아몬드	29.42 (3)	147.1 (15) 294.2 (30) 441.3 (45)	$HR = 100 - h$
	15N 30N 45N	강구 또는 초경합금구 지름 1.5875mm		147.1 (15) 294.2 (30) 441.3 (45)	

주 : (¹)h의 단위는 ㎛로 한다.

기포 (blow hole) 용융금속이 주형내에서 응고될 때 수소, 산소, 질소 등의 배출가스가 빠져 나가지 못하고 금속내에 기포로써 잔존한다. 주물표면에 가까운 부분에 기포가 많으므로 스캘핑하여 제거한다.

기포제 (frother) 부유선광에 이용하는 기포 작용이 강한 시약으로 파인유, 크레졸, 장뇌유 등이 있다.

기포집 (gas hole) 주조결합으로써 중요한 분야를 차지하는 주물소의 일종으로 바늘구멍 크기에서 콩알크기까지 다양한 공동이 주물내에 전면적으로 혹은 표층의 바로 밑에서 병렬해서 성형측에는 불규칙하게 나타나는 등 다양한 형태로 발생된다. 발생원인으로는 ① 주형내의 공기가 다 빠지지 않았다. ② 주형재에서 다량의 가스가 발생한다. ③ 주형의 건조불량에 의한 수증기가 발생한다. ④ 생형인 경우 수분이 너무 많다. ⑤ 삽입, 냉각쇠, 코어 받침쇠의 녹이나 흡착수분이 용탕과 반응해서 가스가 발생한다. ⑥ 용탕의 정련이 불충분해서 응고시에 가스가 방출된다 등을 들 수 있다.

긴급관세 (emergency tariff) 특정 상품의 과대한 수입에 의해 그 상품을 생산하는 국내기업이 큰 손해를 입을 위험이 있을 때 가트(GATT) 19조에 의거해서 정부의 권한으로 양허세율을 철회, 혹은 세율의 인상을 실시하는 제도.

긴즈부르그-란다우파라미터 (Ginzburg-Landau parameter) 자장침입길이 x와 코히어런스 길이 ξ의 비이다. 초전도계의 이상적인 자기특성을 일반적으로 기술하는 중요한 파라미터로서 제2종 초전도체에서는 x가 큰 쪽이 상부 임계자장이 높아진다. G-L파라미터라고도 한다.

길딩메탈 (gilding metal) 단동을 말하며 동(Cu) 80% 이상, 아연(Zn) 20% 이하의 금속으로 동 95%, 아연 5%인 95-5단동이 일반적이다. 미국 Anaconda American Brass사의 상품명이다.

깁사이트 (gibbsite) 알루미늄의 원광석으로 $Al_2O_3 \cdot H_2O$의 조성을 갖는다. 알루미나 65%를 함유하며 보크사이트내에서 중요한 한 성분을 이루고 있다.

나노선 (Nano line) 포항공대 기능성분자계연구단이 과학기술부 지원으로 유기 나노 튜브(Nanotube)를 이용한 새로운 방식으로 초고집적 은(銀) 나노선 배열을 2001년 9월 합성에 성공했다. 이 연구팀이 개발한 나노선은 미국에서 개발된 세계 최고 수준의 나노선 배열보다 집적도가 200배나 높은 것으로 평가된다. 연구팀은 양자화학 계산을 바탕으로 컴퓨터 분자 모델링 방법을 통해 기능성 유기 나노튜브를 설계하고 그안에 질산은 용액을 환원시키는 간단한 방법으로 안정적인 나노선 배열이 합성될 수 있다는 점을 착안, 2년여 연구 끝에 가장 작고 집적도가 높은 나노선 배열을 개발하는데 성공했다. 나노선 단면이 직경 0.4나노미터(0.1나노미터=1억분의 1센티미터)로 마의 벽으로 알려진 1나노미터 기록을 깼다.

나동선 (bare copper wire) 동선제품으로 가공되기 전의 기초소재를 말하며 KS규격의 1, 2호 동선을 말한다. ☞ 동선

나이모닉 (Nimonic) 니켈(Ni), 코발트(Co), 크로뮴(Cr)을 주성분으로 하는 내열합금의 일종으로 이외에 소량의 철(Fe), 타이타늄(Ti), 알루미늄(Al)을 함유하며, 또한 망가니즈(Mn)과 실리콘(Si)을 함유하는 경우도 있다. 표준적인 배합은 니켈 50~58%, 코발트 15~20%, 크로뮴 11~20%이다. 나이모닉은 영국 Mond Nickel사에서 개발한 니켈계 초내열합금의 일종으로 현재는 캐나다 Inco사의 상품명이다. 니켈 80%, 크로뮴 20%의 니크로뮴에 0.4%의 타이타늄을 첨가하여 개발한 Nimonic 75를 시작으로 타이타늄을 2.2%

증가하고 알루미늄을 1.1% 첨가한 Nimonic 80A, 타이타늄과 알루미늄을 증가시키거나 코발트와 몰리브데넘을 첨가하여 고온강도를 높인 90, 95, 100, 105, 115, 118 등도 개발되고 있다. 모두 단조합금으로써 가스터빈, 제트엔진 등 고온부품에 사용되고 있다.

나이모닉합금 (Nimonic alloy)   ☞ 나이모닉

나이트 (Night)   미국 스크랩규격인 ISRI(Institute of Scrap Recycling Industries, Inc)규격중 황동봉 절삭스크랩(yellow brass rod turnings)의 통칭으로 순수한 황동봉의 절삭스크랩을 말한다.

나크 (Nak)   나트륨(Na)과 칼슘(Ca)의 합금으로 상온에서 액체이고 열전달계수가 크고 증기압이 낮기 때문에 압력을 걸어둘 필요가 없어 원자로의 냉각재로 사용된다. 그러나 나크는 화학반응성이 매우 크다. 넓은 의미에서 나트륨-칼슘 전계열의 액체금속합금을 말한다.

나트륨 (sodium)   원소기호 Na, 원자번호 11, 원자량 22.98977, 비중 0.97, 용융점 97.9℃, 비등점 877.5℃인 은백색의 부드러운 금속으로 바다물속에 염화물로서 다량 함유되어 있다. 리튬(Li), 칼륨(K) 다음으로 가벼우며 화학적으로 매우 활성적이기 때문에 물과 반응하여 수소를 발생해서 가성소다가 된다. 나트륨은 독일명으로, 영어명은 소듐이라고 한다. 황산소다광, 천연소다광, 암염, 칠레초석(질산염), 붕사(붕산염) 등에 포함되어 산출되며 일반적으로 가성소다 또는 식염을 용융전해해서 만든다. 환원제, 합금첨가제, 용제, 청화소다, 발화약, 원자로용 냉각재 등에 사용된다. ☞ 나크

낙하주입 (direct pouring)   용탕 주입방법의 한 형식으로 세로 탕구와 주형을 직결하여 탕구에서 탕도없이 직접 주형위에 주탕하는 방법이다. 수율 및 온도 경사면에서는 유리하지만 주형내를 파괴시키고 공기를 끌어들일 위험이 있으므로 복잡한 형상의 주물이나 중요품에는 부적당하다. 이 방법은 직접 둑 혹은 상주법이라고도 불리고 있다.

남동광 (azurite)   동광석의 일종으로 탄산동을 주성분으로 한 산화동광석이다. 공작석과 함께 산출되며 남청색의 가름하고 넓적하게 된 괴 및 판상광으로 잘

깨진다. 동(Cu)을 약 55.2% 함유하고 있으며 채료(彩料)의 원료가 된다.

납 (lead) ☞ 연

납땜 (brazing) 용접되는 모재금속을 용융시키지 않고 모재보다 낮은 용융점을 가진 금속(땜납재료)을 접합면 틈새에 모세관현상을 이용하며 침투시켜 원자끼리의 확산침투로 결합하는 방법이다. 이밖에 융접방법과 이음부를 가압하는 압접방법이 있다. 납땜은 접합부를 탈지세정한 후 모재에 적합한 용제를 바르고 소정의 온도로 가열하여 땜납재료를 녹이면서 접합한다. 이 때 이용되는 열원으로는 가스, 유도가열, 침적가열, 고주파가열 등이 있다.

납석 (pyrophyllite, agalmatolite) 기름과 같이 광택이 있고 만지면 양초같이 매끈매끈한 광석으로 $Al_2(OH)_2Si_4O_{10}$의 조성을 갖는 부드러운 광석이다. 내화벽돌에 사용한다.

납석내화물 (pyrophyllite refractory) 납석의 조성은 파이로필라이트로 내화점토보다 규산분이 풍부해서 보통 SiO_2를 60~80% 함유하고 있는데 종종 다이아스포질의 고내화도인 것도 있다. 납석의 강열감량은 5% 내외로 소성수축이 작아서 내화점토처럼 미리 소성해서 샤모트를 만들 필요가 없고 납석벽돌의 원석 그대로 분쇄, 혼련해서 샤모트벽돌과 같은 공정으로 제조된다.

납접 (brazing, soldering) 접합되는 모재보다도 낮은 용융점을 갖는 금속 또는 합금을 용접금속으로 이용하여 모재를 용융시키지 않고 접합하는 용접방법이다. 용접방식에 따라 토치 납땜, 노내 납땜, 유도가열 납땜, 기타 등이 있고 소재에 따라 연납땜, 경납땜으로 구분한다.

납지금 (pig lead) ☞ 연지금

납축전지 (lead battery) ☞ 연축전지

내구성 (durability) 시간의 경과에 따라 수소저장 특성의 열화가 적은 것을 말한다. 주로 수소의 저장과 방출의 반복에 의한 경시변화가 문제이다.

내기 (Naggy) 미국 스크랩규격인 ISRI(Institute of Scrap Recycling Industries, Inc)규격중 양백주물(nickel silver castings)스크랩을 말한다.

내력 (yield point, proof stress) 항복점과 같은 의미로 보통 0.2%의 영구변형을 일으킬 때의 응력을 내력으로 규정하고 있다. 단위는 N/mm^2로 나타내며 인장시험에 있어 규정된 영구연신을 일으킬 때의 하중을 평행부의 원단면적으로 나눈 값을 말하며 항복점이 명확하지 못한 재료에서는 그 대신에 내력이 사용된다. (그래프참조)

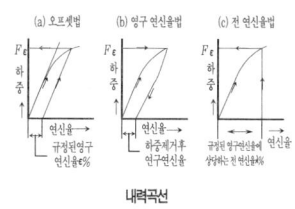

내력곡선

내마멸성 (wear resistance) 상대 운동하는 금속면의 기계적 긁힘, 기계적 점착 등이 종합되어서 그 면이 소모되는 현상을 마멸이라고 하는데 내마멸성은 이에 견디는 성질을 말한다.

내면핀튜브 (inner finned tube) 평활동관 내면에 나선상의 홈(inner groove)을 연속가공하여 열전달 면적을 개선시킨 동관이다. 평활동관에 비해 열전달 효과가 매우 크며 관내 압력손실이 거의 없다. 냉장고, 에어콘, 열교환기 등에 사용된다.

내모 (internal friction) ☞ 내부마찰

내부결함 (internal defect) 금속주괴 내부에 발생하는 각종 결함의 총칭으로 편석, 기포, 수축관, 비금속개재물 등이 있다. 주괴 내부결함은 주로 응고에 따른 자연현상에 기인하는 것이 많으며 제품의 품질이나 수율저하의 원인이 된다.

내부마찰 (internal friction) 물체에 가해진 기계적 진동에너지가 내부의 결함이나 내부구조의 변화에 의해 없어져 진동이 감쇠하는 현상이다.

내부주석법 (internal tin process) 동(Cu)모재중에 다수개의 나이오븀(Nb)봉을 묻어 넣고 주석(Sn)봉을 배치한 복합체를 신선 등의 선가공한 후 주석을

내부로부터 동(Cu)중에 확산시키는 열처리를 한 후 반응열처리를 함으로써 필라멘트 모양의 Nb$_3$Sn 화합물을 생성시키는 화합물 초전도선 제조방법이다.

내산성 (acid resisting properties) 산에 의한 부식작용에 견디는 성질.

내산합금 (acid proof alloy, acid resisting alloy) 산에 용해 또는 잘 침식되지 않는 합금의 총칭을 말한다.

내산화성 (oxidation resistance) 고온에서 산화를 견디는 성질.

내식니켈합금 (anti-nickel alloy) 산, 알칼리, 염산 등에서도 잘 부식되지 않는 성질을 갖고 있는데 Ni-Cu계의 모넬메탈, Ni-Cr-Fe계의 인코넬, Ni-Mo-Cr-W계의 하스텔로이 등 중요한 합금이 있다.

내식동합금 (anti-corrosion copper alloy) 동(Cu)은 담수, 해수와 비산화성에는 강하지만 산화제가 존재하면 부식이 촉진된다. 내식동합금으로는 동-아연(Cu-Zn)계에 주석(Sn)을 첨가한 네이벌황동, 망가니즈(Mn)을 첨가한 망가니즈청동 등이 있으며 동-주석(Cu-Sn)계의 청동이나 동-알루미늄(Cu-Al)계의 알루미늄청동이 있는데 주로 선박용 및 화학공업용으로 사용된다.

내식성 (corrosion resistance) 어떤 환경에 있어서의 부식작용에 견디는 성질을 말한다. 즉 부식에 대한 내구성을 말하며 어떤 금속의 내식성을 향상시키기 위해서 부식방지 금속과 합금하거나 표면에 도금을 하여 사용하고 있다.

내식성 피막 (protective film) 금속재료의 표면을 감싸고 있는 부식환경으로부터 금속재료를 보호하는 역할을 하는 얇은 막을 말하는데 주변환경과의 반응으로 인해 금속재료 표면에 자동적으로 생성하는 경우, 예를 들면 스테인리스강 표면에 생기는 부동태피막, 고온산화에 의한 Fe$_3$O$_4$, TiO$_2$, Al$_2$O$_3$ 등과 인공적으로 피막을 형성시키는 도금, CVD도금, PVD도금 등의 경우가 있다.

내식알루미늄합금 (anti-corrosion aluminium alloy, corrosion resistant aluminium alloy) 알루미늄(Al)에 망가니즈(Mn), 마그네슘(Mg), 크로뮴(Cr) 등을 소량 첨가하여 내식성을 현저하게 높인 3000계, 5000계, 6000계

합금으로 고력알루미늄합금보다도 용접이 용이해서 건축, 차량, 선박, 기타 일반 구조재로 널리 이용된다. 3000계는 수축성이 요구되는 것, 5000계는 내해수성과 알루마이트성이 요구되는 것, 6000계는 열처리합금으로 강도가 요구되는 부품에 사용된다.

내식코발트합금 (anti-cobalt alloy)　크로뮴(Cr), 텅스텐(W), 몰리브데넘(Mo) 등을 첨가한 것으로 스텔라이트와 바이탈륨 등이 유명하다.

내식타이타늄합금 (anti-titanium alloy)　공기중에 치밀한 산화피막을 형성하고 있으며 순수한 타이타늄은 상온에서 각종 수용액과 화학약품에 대해 스테인리스강보다 우수한 내식성을 나타낸다. 그러나 염산과 황산 등 비산화성 산에는 침식되므로 팔라듐(Pd), 몰리브데넘(Mo), 지르코늄(Zr) 등을 첨가한 합금을 사용하고 있다.

내식황동 (Dezincification-Resistance Brass)　우수한 내식 탈아연 특성을 가지며 단조성과 가공성이 우수하여 환경 친화적인 소재로 옥내외 건축용, 냉온수, 음료수용 배관부품용으로 사용된다.

내압주물 (pressure tight casting)　수압이나 가스압에 충분히 견딜 수 있는 결함이 없는 주물.

내열강 (heat resisting steel)　고온에서의 각종 환경에서 내산화성, 내고온부식성 또는 고온강도를 유지하는 합금강으로 수% 이상의 크로뮴(Cr) 외에 니켈(Ni), 코발트(Co), 텅스텐(W), 기타 합금원소를 함유하는 수가 많다. 주로 그 조직에 따라 마르텐사이트계, 페라이트계, 오스테나이트계 및 석출경화계의 4가지로 분류된다. 또한 합금원소의 총량이 약 50%를 넘는 경우에는 일반적으로 초내열합금 또는 내열합금 혹은 초합금이라고 부른다. 따라서 내열강의 개념은 스테인리스강의 일부를 포함한다. 온도, 분위기 등 용도의 조건에 따라 무수한 강종으로 나누어져 있는데 350~650℃ 정도의 보일러등 기타 보온기기용 합금강, 일반 스테인리스강 강질(STS 304, 430, 410 등)부터 고온용도(750~1,150℃ 정도)로는 내열기관의 밸브, 배기터빈의 연소실 등에 이르기까지 이용되고 Si-Cr계, Cr-Ni계 그리고 SUH 661(LCN-155)와 같은 철심보다 합금원소가 많은 Cr-Ni-Co합금(Cr, Ni, Co을 각 20% 함유)

등이 포함되어 있다.

내열금속 (refractory metals)　주기율표상 Ⅴa~Ⅷa족 금속으로 용융점이 2,000℃ 이상의 것이 많고 재질적으로 공통된 점이 많은 금속을 말한다. 내열금속은 전연성이 많고 실온에서 화학적으로 안정하다. 또한 강도와 인성은 불순물의 양에 따라 크게 영향을 받는데 불순물이 많으면 연해진다. 고온발열체, 진공관재료, 초내열재료, 내식재료, 화학장치부품 등에 사용된다. 고융점 금속이라고도 한다.

내열성 (heat resisting properties)　고온에서 내산화성이 뛰어나거나 고온강도에 뛰어난 성질.

내열알루미늄합금 (heat resisting aluminium alloy)　고력알루미늄합금중에서 니켈(Ni)을 첨가함으로써 특히 내열성이 좋아지게 한 합금으로 주로 피스톤, 실린더 등에 이용된다.

내열합금 (heat proof alloy)　제트엔진이나 가스터빈 등 고온기기의 고온부 구조재료로써 고온강도가 특히 우수한 합금이다. 초내열합금 또는 초합금이라고도 부르며 좁은 의미에서 니켈(Ni)계와 코발트(Co)계의 합금을 가르키지만 철(Fe)계 합금도 포함시키는 것이 보통이다. 내열강, 니크롬, 인코넬, 나이모닉 등 각종 합금이 있다.

내인적 양방향동작 (intrinsic two-way action)　양방향 형상기억 처리를 한 형상기억합금이 외부응력 없이도 자발적으로 가열, 냉각에 의해 가역적으로 형상변화를 반복하는 동작이다.

내크리프성 (creep resistance)　고온과 일정한 압력하에서 변형이 시간과 더불어 증가하는 현상을 고온 크리프라고 하며 이에 견디는 성질을 내크리프성이라고 한다.

내해수성 (corrosion resistance in sea water)　해수와 접촉하는 환경에 있어서 부식작용을 견디는 성질.

내화단열벽돌 (insulation fire brick)   내화단열벽돌은 가마로의 내화벽돌벽의 외측 또는 경우에 따라서는 노내 분위기에 직접 닿는 장소에 라이닝하여 노벽으로부터 열의 방산을 방지하기 위해 사용하는 벽돌이다. 규조토와 같은 천연기공질 원료를 사용한 것 또는 내화경량입자를 사용한 것, 내화재중에 화학적으로 발포시킨 것 등이 있으며 조성에 따라 900℃에서 최고 1,500℃의 온도에 견디는 것까지 있다.

내화도 (refractoriness)   내화물은 물리적, 화학적으로 불균질인 것이 많고 단일 물질처럼 일정한 용융온도를 보이는 경우가 적기 때문에 온도의 상승과 함께 부분적으로 용융을 시작해 연화변형의 경로를 거쳐 용해가 끝나기까지는 시간이 걸린다. 따라서 내화물의 화열에 견디는 온도라는 것은 용융현상이 진행도중에 연화변형을 일으키는 상태 정도의 온도로 표시하기로 정하고 이를 내화도라고 부르고 있다. 따라서 연화변형의 상태는 내화물의 형상, 가열속도 등에 따라 다르므로 일반적으로 삼각콘, 즉 제게르 콘의 끝이 녹아서 구부러지는 온도와 비교하는 방법이 취해지고 있다. 실제로는 여러가지 사용조건에 지배되하므로 내화도만으로 내화물을 평가할 수 없어서 열간강도, 내식성 등의 다른 중요한 특성에 의해 평가된다.

내화모르타르 (refractory mortar)   내화모르타르는 내화시멘트라고 하며 내화물의 분말에 가소성 점토와 기타 물질을 혼합해서 제조한, 벽돌을 접합하는 재료이다. 모르타르의 원료는 사용하는 내화벽돌과 동질로서 성질은 적당한 정도의 점도가 있고 흙손으로 바를 때 잘 펴져야 바람직하다. 사용에 있어서는 벽돌과의 부착력이 강하고 팽창수축이 작으며 가급적 저온도에서 용착되면서 스크램 등의 침식에 견디는 것이 중요하다. 그 경화양식에 따라 가열되어 강도가 나오는 열경성, 물유리 등의 첨가에 의해 상온에서 강도가 나오는 기경성, 시멘트 등을 첨가한 수경성으로 분류된다.

내화물 (refractory material, refractory)   1,580℃ 이상의 내화도를 가진 비금속 물질 또는 그 제품으로(단, 금속이 일부 포함되고 있는 것도 포함) 1,500℃ 이상의 정형 내화물 및 최고 사용온도가 800℃ 이상인 부정형 내화물, 내화 모르타르와 내

내화물

화 단열벽돌 등이 있다. 재질로는 보통 산화물(SiO_2, Al_2O_3, MgO 등)의 일반적인 것에서부터 특수산화물(TiO_2, ZrO_2, BeO, Ce_2O_3 등), 탄화물, 질화물 등을 원료로 한 내화물이 있다. 구비조건으로는 내화도 이외에 열간강도, 열충격저항 및 내식성이 크고 작은 열팽창과 열전도율이 요구된다. (그림참조)

내화벽돌 (fire brick) 공업용로(가마로)에 편리한 형상을 갖춘 내화재료(일반적으로 SK 20번 이상)를 총칭으로 하는 것으로 부정형 내화물과 대비되는 말이다. 원료의 용도에 따라 규석벽돌, 점토질벽돌, 고알루미나질벽돌, 크로뮴벽돌, 마그네시아벽돌, 돌로마이트벽돌 등의 종류가 있다. 보통 내화

내화벽돌

벽돌은 원료를 분쇄, 혼련, 성형, 건조, 소성 등과 같은 주요 공정을 거쳐 제조되어 이들을 소성벽돌이라고 하며 소결에 의해 필요한 형상과 강도를 부여하고 있다. 한편 소성공정을 생략하고 화학적 결합제를 사용해 고압성형을 하고 건조하기만 한 것을 불소성벽돌이라고 한다. 또한 내화원료를 전열로 완전히 용융시킨 것을 주형으로 주조해서 원하는 형상과 치밀조직을 부여한 것으로 전주벽돌이 있다. 형상은 보통형, 표준이형, 이형으로 분류된다. (그림참조)

내화시멘트 (refractory cement) 내화모르타르와 동의어로써 사용되는 경우가 있지만 내화시멘트는 보통의 시멘트처럼 물과 혼련한 경우 상온에서도 강화되도록 내화재료 분말에 물유리, 알루미나 시멘트 등의 수경성 물질을 배합한 것이다. 이 시멘트는 종종 형상이 복잡한 노재, 또는 벽돌쌓기 곤란한 개소의 구축이나 가마로의 보수 등에 사용한다.

내화연와 (refractory brick) 요로 그외 고온에서 사용하는 구조물의 주축에 사용하는 여러가지 모양을 구비한 내화물.

내화점토 (fire clay) 규산알루미나 및 물을 주성분으로 해서 약간의 철분과 기타 불순 성분을 함유하여 소성하면 황색으로 변하는 고온에 잘 견디는 점토이다. 그 성질은 연질로 가소성이 풍부한 성형시의 결합재로 적합한 것과 경질로 괴상을 띠어 샤모트 원료에 적합한 것이 있다.

내후성 (atmosphere corrosion resistance) 자연환경의 대기속에서의 부식을 견디는 성질이다. 내후성은 넓은 의미에서 내식성이지만 주로 대기부식에 대한 내구성이다. 대기중에서는 주로 수소 및 산소의 존재로 인해 금속이 산화되고 화합물(녹)을 생성시켜 소모된다. 초기에 안정된 화합물(녹)을 생성시켜 그 이상의 부식 진행을 억제하거나 표면처리를 통해 내후성을 향상시키고 있다.

냉각능 (cooling power) 담금질에 사용하는 냉각제의 냉각능력으로 H(severity of quenching)의 값으로 나타낼 때도 있다.

냉각반 (cooling element, jacket) 공업용 노의 보호 또는 내화벽돌의 수명 연장을 위하여 내화벽돌 사이에 삽입시켜 축로하며 냉각수를 관통시켜 노체 냉각을 시키는 동 또는 주철로 제작된 물재킷.

냉각속도 (cooling rate) 가열된 금속을 냉각할 때 냉각의 느리고 빠름을 말한다.

냉각쇠 (chiller) ☞ 냉금

냉각재 (coolant) 가열된 금속의 냉각에 사용하는 매재를 말한다. 일반적으로 담금질 냉각에 이용하는 매재 즉, 담금질액을 의미한다.

냉각채널 (cooling channel) 초전도 마그넷 또는 초전도체의 냉각을 위하여 설치된 헬륨용의 공극 또는 홀.

냉각홈 (cooling hole) 홈발생 원인의 하나로 압연중인 금속이 압연기의 사고 또는 냉각수 등의 비산에 의해 급랭한 경우 균열홈을 발생시키는 경우가 있다. 특히 온도에 의해 재질변화가 민감한 것에 생기기 쉽다.

냉간가공 (cold working) 금속의 재결정온도 이하에서 행하는 가공을 말하며 중요한 방법은 냉간압연, 냉간인발, 냉간압출, 냉간단조 등이 있다. 금속이 냉간가공되면 결정구조의 변형으로 인해 그 기계적 성질이 변화하는데 가장 주목해야 할 효과는 연성의 감소와 강도의 증가이다.

냉간굽힘가공 (cold bend working) 금속소재를 냉간에서 구부려 영구변형시킴으로써 소정의 형상을 부여하는 가공이다. 이 방법은 대상이 되는 소재의 형상에 따라 여러가지가 있다. 예를 들면 관재를 적당한 곡률로 완곡시킬 경우나 관내에 모래를 채워 열간에서 완곡시키는 경우도 있는데 최근에는 냉간 완곡기로 완공시키는 경우가 많다.

냉간단조 (cold forging) 재결정온도 이하에서의 단조를 말한다. 냉간단조를 하면 금속의 강도 및 경도가 증가하고 강인해지며 연성이 감소한다. 기타 물리적, 화학적 성질이 변한다. 가공정도의 향상을 위해 냉간단조의 이용이 넓은 범위로 확대되고 있어 볼트, 너트까지 만들고 있다.

냉간단조품 (cold forgings) 재결정온도 이하에서 성형한 단조품.

냉간드로벤치 (cold draw bench) 봉이나 관 등의 인발에 사용하는 기계로 강철계 프레임 중간에 다이스를 지지시키는 다이헤드가 있고 프레임 위에는 척과 후크를 가진 견인기가 있다. 인발을 하는 재료의 끝을 가늘게 해서 다이스를 통과시켜 견인기의 척으로 잡고 후크를 인발용 체인에 건다. 견인기는 체인의 이동과 함께 움직여 재료를 인발한다.

냉간등압성형법 (cold isostatic pressing) 냉간에서 등압성형하는 것으로 냉간 정수압성형 또는 CIP(Cold Isostatic Pressing)이라고도 한다.

냉간성형 (cold forming) 상온에서 압연, 굽힘가공, 단조, 압출 등으로 성형하는 작업의 총칭이다.

냉간압연 (cold rolling) 재결정온도 이하에서 행하는 압연이며 이를 학자에 따라서는 100℃ 이상 재결정온도 이하에서 행하는 온간압연과 상온에서 행하는 냉간압연으로 구분하기도 한다. 냉간압연재는 가열하지 않으므로 표면에 스케일이 발생하지 않아 표피가 아름답고 가열이나 냉각에 의해서 생기는 팽창이나 수축이 적어서 치수정밀도가 높다. 그러나 냉간가공효과에 의해 연성은 열화되고 경도나 인장강도는 증대한다. 알루미늄

냉간압연기

의 경우 냉간가공 및 소둔열처리를 통해 제품에서 소요되는 각종 기계적 물성을 조절하며 주로 0.08~0.5㎜까지의 압연제품을 생산한다. (그림참조)

냉간압출 (cold extrusion) 금속의 원주형 소재를 콘테이너 안에 넣고 다이스 구멍으로 냉간에서 압출하여 소재보다 작고 일정한 단면을 갖는 긴 제품을 만드는 방법으로써 주로 비철금속에 사용된다.

냉간연속압연 (cold tandem rolling) 4단식 탠덤압연기에 의해 냉간에서 연속적으로 하는 압연. ☞ 스트립밀, 탠덤밀

냉간인발 (cold drawing) 산세, 윤활처리된 열간압연 봉이나 선, 파이프(관) 등을 소정의 치수로 압하하기 위해 소재보다도 작은 치수의 구멍을 가진 다이스 혹은 다이스와 파이프 내경보다 작은 플러그를 동시에 통과시켜 냉간에서 인발하는 작업을 말한다.

냉간헤딩 (cold heading) 냉간단조의 일종으로 냉간에서 볼트, 리벳의 두부를 단조 성형하는 작업을 말한다. 냉간 헤딩재는 헤더재라고 불려 특히 표면흠이 적은 곳에 사용된다. 균열방지를 위해 사전에 구상화 소둔을 하는 경우가 많다.

냉경주물 (chilled casting) ☞ 칠드주물

냉금 (chiller) 두께가 같지 않아서 수축을 일으키기 쉬운 곳이나 특히 조직을 촘촘하게 할 곳에 금속조각으로 두께가 과대해서 냉각이 늦어지기 때문에 당김을 발생시키기 쉬운 곳이나 압탕효과가 미치지 않은 부분에 냉각효과를 주기 위해서 이용한다. 냉금에는 주물 외부에 대는 외부냉금(면봉이나 스트랩 등)과 주물의 내부에 삽입하는 내부냉금(삽입)이 있다. 냉각쇠라고도 한다.

너겟 (nugget) 금속을 녹여서 융합한 것으로 용융접합된 부분을 말한다. 주로 스폿용접, 심용접, 그리고 프로젝션용접에 쓰이는 말이지만 용입이 깊은 아크용접에도 사용된다.

네오듐 (neodymium) ☞ 네오디뮴

네오디뮴 (neodymium) 원소기호 Nd, 원자번호 60, 원자량 144.24, 비중 7.0, 용융점 1,024℃, 비등점 3,027℃, 결정구조 육방정계, 주기율표상 Ⅲa족에 속하는 금속으로 상당히 활성이기 때문에 기름속이나 불활성분위기 속에서 보존한다. 네오듐은 독일명이며 영국명은 네오디뮴이다. 희토류 원소의 하나로 모나즈석, 바스토네사이트, 가드린석 등에 함유되어 희토류 원소중 세륨(Ce), 이트륨(Y) 다음으로 많이 산출된다. 발화합금, 광학유리, 철강용 첨가제 등에 이용된다.

네이벌황동 (naval brass) 황동에 주석(Sn)을 첨가하여 바다물에 대한 내식성을 개선한 합금이다. 탈아연을 방지하기 위해 주석을 0.5~1.5% 첨가하여 탈아연을 방지하고 있다. 조성은 동(Cu) 61~64%, 주석 0.5~1.5%, 불순물(Pb, Fe) 0.8% 이하, 나머지 아연(Zn)으로 만들어진다. 내식성, 특히 내해수성이 양호하여, 판, 봉으로는 선박용 부품에, 관은 복수기, 합수가열용 등에 사용된다. KS D 5201에 따르면 C4621은 로이드선급용 및 NK선급용, C4640은 AB선급용에 사용된다.

네크형성 (neck formation) 소결중에 입자간의 결함이 진행되어 네크라인 모양의 오목한 결합부를 형성하는 것.

네트 톤 (net ton) 순(純)톤으로 숏톤(short ton)과 동일하다. ☞ 숏톤

넵투늄 (neptunium) 원소기호 Np, 원자번호 93, 원자량 237.0482의 초우라늄원소로 질량수 237 이외에도 228에서 248 사이에 20종류의 방사성 핵종이 있는 것으로 알려졌다. 우라늄광속에 미량 존재한다.

노 (furnace) 넓은 의미로 연료를 연소시키는 장치의 총칭이다. 그 용도, 목적에 따라 여러 가지 형식의 노가 있다. 보통 연소장치와 연소실로 구성된다. 철강금속분야에서는 금속을 제

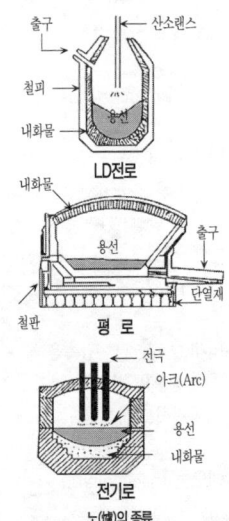

LD전로

평 로

전기로

노(爐)의 종류

조하는 각종 가열용, 열처리용은 물론 주단조용에 이르기까지 다양한 용도와 방식의 노가 존재해 왔다. 노의 필연성은 제품생산 원가 및 생산성을 좌우하는 가장 중요한 설비로 입증되고 있으며 과거부터 현재까지 새로운 기술과 방식의 개발에 의해 노에 대한 기술개발과 상용화는 끊임없이 진행되고 있다. (그림참조)

노내납땜 (furnace brazing)　붙이고자 하는 물건과 용가재 전체를 가열해서 접착시키는 방법을 말한다.

노냉 (furnace cooling)　노 내에서 노와 함께 서냉시키는 조작을 말한다. 노냉 어닐링할 때 이용되는 냉각방법이다.

노두 (outcrop, exposure)　광상의 일부분이 지표에 노출되어 있는 부분.

노듈러 (nodular)　☞ 노듈러 주철

노듈러 주철 (nodular cast iron)　마그네슘(Mg), 세륨(Ce) 등을 소량 첨가한 공모양의 흑연주철이다. ☞ 구상흑연주철

노매드 (Nomad)　미국 스크랩규격인 ISRI(Institute of Scrap Recycling Industries, Inc)규격중 황동절삭(yellow brass turnings)스크랩을 말한다. 알루미늄, 망가니즈 및 포금 절삭스크랩을 내포하지 않은 황동절삭스크랩이다.

노맥 (old vein)　지질학적으로 신생대 제3기 이전에 생성된 광맥.

노멀라이징 (normalizing)　Ac$_3$점 또는 Acm점 이상에서 적당한 온도로 가열한 후 공기중에서 냉각하는 조작이다. 그 목적은 앞 가공의 영향을 제거하고 결정입자를 미세화하여 기계적 성질을 개선하는데 있다.

노바닥 (hearth bottom)　노의 탕 고임부의 바닥을 말한다. 노바닥에 쌓는 벽돌은 중요하고 그 쌓는 방식도 여러가지인데 최근에는 카본벽돌이 사용된다.

노바닥 부하　가열로의 능력은 노바닥 면적과 밀접한 관계가 있는데 단위시간, 단위면적당 가열 가능한 재료의 양을 말한다.

노벨륨 (nobelium) 원자기호 No, 원자번호 102의 초우라늄원소이다. 질량수 250~259사이에 10종류의 방사선 핵종이 존재하고 있으며 모두 반감기가 짧고 α붕괴 또는 자발적인 분열을 행한다.

노벽 (furnace wall) 노 본체의 벽돌을 쌓은 측벽을 말한다.

노복부 (belly) 노의 샤프트와 깔대기 사이의 수직부분으로 광석의 가스환원이 가장 활발한 부분이다.

노블 (Noble) 미국 스크랩규격인 ISRI(Institute of Scrap Recycling Industries, Inc)규격중 사용하지 않은 황동봉스크랩(new yellow brass rod ends)을 말하며 순수하고 양질의 황동봉 짜투리로, 절삭스크랩은 포함하지 않으며, 주석(Sn) 0.3%, 철(Fe)의 함유량이 0.15% 이하인 것을 말한다.

노운 가격결정방식 (known pricing method) ☞ 라스트 노운 가격결정방식

노재 가마로를 축조할 때 사용되는 내화재료를 총칭하는 말이다. 일반적으로 특수한 형상의 단독으로 사용되고 있는 내화재료이다. 예를 들면 유리용 도가니, 전극용 흑연, 보통벽돌(붉은 벽돌)은 포함하지 않는다. 내화재료로는 정형의 각종 내화벽돌 및 내화 단열벽돌, 부정형의 모르타르, 플라스틱 내화물, 캐스타블 내화물 및 스탬프재 등을 들 수 있다.

노즐 (nozzle) 원통모양으로 생긴 것의 끝에 뚫린 작은 구멍으로부터 유체를 분출시키는 장치.

노천굴 (open-pit mining, open-cut, strip mining) 굴을 파지 않고 지표에서 바로 광석을 캐내는 곳을 말한다.

노천채광 (open-pit mining, open-cut, strip mining) 노천굴에서 광석을 캐내는 작업. (그림참조) ☞ 노천굴

노치감도 (notch sensitivity) 노치부가 있는 재료의 균열발생에 대한 감도인데 일반적으로 노치부가 있는

노천채광

시험편의 충격치의 대소로 비교한다.

노치감도계수 (fatigue notch sensitivity factor) 노치시험편의 모양, 치수 및 재질에 따른 노치계수와 모양계수가 일치하는 정도(노치에 대한 감도)를 나타내는 계수이다. η의 기호를 사용한다. $\eta=(\beta-1)/(\alpha-1)$이며 η는 일반적으로 노치시험편의 모양 및 치수에 따라서 다르다. $\beta=\alpha$이면 $\eta=1$이며 재료는 노치에 민감하다고 하고 $\beta<\alpha$이면 $\eta=0$이므로 노치에 따른 피로강도의 저하는 없고 노치에 둔감하다고 할 수 있다.

노치계수 (fatigue notch factor, fatigue strength reduction ratio) 평활시험편의 피로강도를 노치시험편의 피로강도로 나눈 값이며 β의 기호를 사용한다.

노치시험편 (notched test piece, notched test specimen) 홈이나 구멍 등의 노치에 의한 응력이 집중되는 부분을 설정한 시험편으로 마디가 있는 축 등의 마디부(계단부)도 노치의 일종으로 간주한다.

노치시험편의 피로강도 (fatigue strength of notched test specimen) 호칭응력으로 나타낸 노치시험편의 피로강도로 일반적으로 노치가 없는 시험편의 값보다 낮아진다.

노치인성 (notch toughness) 일반적으로 재료의 점도나 무른 정도는 노치부가 존재함으로써 현저하게 저하되는데 노치부가 존재할 때의 내충격성을 노치인성이라고 한다.

노치취성 (notch brittleness) 홈이 없을 때는 충분히 연신성을 나타내는 재료라도 홈이 있으면 취약하게 파괴될 때가 있다. 이 취성을 말한다.

노치피로계수 (notch fatigue factor) 응력을 받는 시험재에 벤자리를 넣어 두면 피로강도가 저하하는데 이 감소비율을 말한다.

노치효과 (notch effect) 노치를 갖는 재료는 그렇지 않은 재료에 비해 파괴되기 쉽다. 이는 그 자리에 응력의 집중이 생기기 때문이다. 인장시험편, 충격시험편에 노치부를 만들어 시험을 하는 경우도 있다. 벤자리효과라고도 한다.

노하부 (hearth settler) 노의 하부로서 용탕이 고이는 곳.

녹 (rust) 부식의 결과로 생기는 부식생성물로 고온에서 건식으로 생기는 스케일과 다소 다르다. 대부분 산화물, 수산화물이며 동(Cu)에 생기는 푸른 녹은 염기성 탄산동 $CuCO_3 \cdot Cu(OH)_2$이고 알루미늄(Al)과 아연(Zn)에 생기는 하얀 분상의 녹은 $AlOOH$과 ZnO, $Zn(OH)_2$ 등이다.

녹망가니즈광 (manganosite) MnO 산화물계로 망가니즈광석의 일종이다. 오래되지 않은 것은 녹색이지만 대기중에서 산화하면 갈색이 된다. 규산염, 탄산염, 망가니즈광과 공존하고 있다.

녹연광 (pyromorphite) 연(Pb)의 산화광석으로 인산염을 주성분으로 하는 짙은 녹색 또는 황갈색의 광물로 연을 채취하는 원광이며 연을 약 75.79% 함유하고 있다.

녹염동광 (atacamite) $CuCl_2 \cdot 3Cu(OH)_2$의 조성을 갖는 산화동광석으로 동(Cu)을 약 59.43% 함유하고 있다. 아타카마광이라고도 하며 칠레에서 많이 산출된다.

녹주석 (beryl) 베릴륨(Be)의 거의 유일한 원광석으로 육각주상의 결정을 이루는 광물이다. 성분은 베릴륨과 알루미늄(Al)과의 규산염으로 조성은 $Be_3Al_2Si_6O_{18}$이며 녹청색으로 투명하고 광택이 난다. 산화베릴륨 10% 이상을 함유하고 있다. 또한 보석의 에메랄드, 남옥은 녹주석의 일종이다. 주생산국은 브라질, CIS, 우간다, 모잠비크, 아르헨티나, 르완다, 인도, 호주 등이다

녹청 (verdigris, patina) 동 및 동합금에 생기는 청색 녹이며 인체에 유해한 맹독성이다. 성분은 염기성 초산동($Cu(CH_3CO_2) \cdot CuO \cdot 6H_2O$), 염기성 탄산동($CuCO_3 \cdot Cu(OH)_2$), 염기성 황산 제2동($CuSO_4 \cdot 3Cu(OH)_2$), 염기성 산화 제2동($CuCl_2 \cdot 3Cu(OH)_2$) 등이 있다. 일반적으로 대기중에서 발생되는 것은 염기성 탄산동, 염기성 황산 제2동, 염기성 산화 제2동 등 세 가지이다. (그림참조)

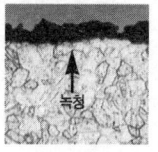

녹청 단면도

농도 (concentration) 금속성분 상호간의 관계분량으로 보통 백분율로 표시한다. 중량농도와 원자농도 두 가지가 있으며 중량농도는 중량의 비율로서 일반적으로 금속에서 사용하고 있으며 원자농도는 원자수의 비율로서 이론적 계산의 경우에는 원자농도쪽을 사용한다.

농축 (enrichment) 천연우라늄을 농축우라늄으로 만들기 위해 U^{235}의 농도를 높이는 것을 말한다. 현재는 가스확산법이 이용되고 있으나 원심분리법, 노즐분리법, 이온교환법 등도 연구되고 있다.

농축우라늄 (enriched uranium) 천연에 존재하는 우라늄 238, 235, 234의 3개의 동위원소중 원자로 연료로서 가장 이용도가 큰 235를 인공적으로 농축시킨 것을 말한다.

농홍은광 (pyrargyrite) 은의 중요한 광물로 황화광물이다. 농홍광의 입자상 광물로, 은(Ag) 60%와 안티모니(Sb)을 함유하고 있다.

뇌관 (primer, blasting cap, detonator) 동, 황동 등으로 만든 폭약의 기폭에 쓰이는 발화도구.

누프경도 (knoop hardness) 누프경도시험기에서 사용한 시험하중(N, kgf)을 영구 오목부의 투영면적(㎟)으로 나눈 값.

누프경도시험 (knoop hardness test) 두개의 대능각이 172°3′과 130°의 4각뿔 다이아몬드 압자를 일정한 시험하중으로 재료의 시험편에 압입하여 생긴 능형의 영구 오목부의 크기로부터 시료의 경도를 측정하는 시험이다. KS에서는 시험하중 0.49~9.8N(50~1,000gf)으로서 미소경도시험으로서 규정되어 있다.

뉴욕상업거래소 (New York Mercantile Exchange) ☞ NYMEX

뉴욕상품거래소 (Commodity Exchange) ☞ COMEX

뉴톤합금 (Newton alloy) 비스무트(Bi)가 주성분인 3원계 합금으로 용융점이 95℃인 저용점합금중 하나이다. 조성은 비스무트 50%, 연(Pb) 32%, 주석(Sn) 16% 등이다.

뉴트럴존 (neutral zone)   서로 마주보는 펀치로부터 전달되는 압력이 성형체의 내부에서 평형되는 구역으로 밀도 분포상 가장 낮은 값이 되는 층.

늘림성형성 (punch stretch formability, punch stretchability)   평판 또는 이미 성형된 제품의 일부를 부풀게 하고 돌출시켜 소정의 모양, 치수로 성형할 수 있는 정도를 말한다. 또한 눌림성형성은 재료의 가공경화능에 의존하는 것이므로 인장시험에서 구한 n값도 늘림 성형성의 지표로 사용된다.

늘림성형시험 (punch stretch forming test)   다이스 홈내에 위치하는 시험편의 부분을 펀치로 압입함으로써 2축인장 변형이 주체인 늘림성형을 하여 그 한계를 구하는 시험이다. 에릭슨시험, 올젠컵시험, 순수늘림성형시험 등이 있다. 또한 강제펀치 대신 액압을 사용하여 시험편에 늘림성형 변형을 시키는 액압팽창시험도 있다. 늘림성형한계(팽출한계)는 균열을 발생시키지 않고 늘림성형할 수 있는 한계를 말하며 보통 성형깊이로 나타낸다.

능고토광 (magnesite)   마그네사이트라고 하며 삼방정계의 투명한 광물로 마그네슘(Mg)의 중요한 광물이고 MgO를 45~47% 함유하고 있다. 내화물재료, 시멘트재료, 사리염, 마그네슘염 등에 사용된다.

능망가니즈광 (rhodochrosite)   망가니즈(Mn)의 탄산염 광물이며 담홍색의 마름모형 결정으로 망가니즈을 47.8% 함유하고 있다. 이 광석은 배소하는 것에 의해 탄산의 일부가 탄산가스로서 제거되어 망가니즈의 품위를 높일 수 있으므로 품위가 낮은 망가니즈 20%까지의 광석을 이용할 수 있다.

능아연광 (smithsonite)   아연원광의 하나로 아연(Zn)의 산화광석이며 탄산염 광물로 아연을 약 52% 함유하고 있다. 삼방정계의 능면체구조를 갖고 있으며 다소 딱딱한 광질로 회거나 회색이며 유리광택이 난다.

니레지스트 (Ni resist)   내식내열용 합금주철의 하나로 인장강도는 166~205N/㎟이며 바탕은 오스테나이트조직이다. 화학조성은 탄소(C)

3.0%, 규소(Si) 1.5%, 망가니즈(Mn) 1.0%, 니켈(Ni) 12~22%, 크로뮴(Cr) 2.0%, 동(Cu) 0~7% 등이다.

니몰 (Nimol) 내열내식용 합금주철의 하나로 바탕은 오스테나이트조직이고 비자성이다. 화학성분은 니켈(Ni) 14% 이하, 크로뮴(Cr) 14% 이하, 동(Cu) 6% 이하 등이다. 인장강도는 137~284N/㎟.

니스 (niece) 미국 스크랩규격인 ISRI(Institute of Scrap Recycling Industries, Inc)규격중 양백절삭스크랩(nickel silver turnings)을 말한다.

나이오븀 (niobium) 원소기호 Nb, 원자번호 41, 원자량 92.9064, 비중 8.57, 용융점 2,470℃, 결정구조 체심입방정, 주기율표상 Ⅴa족에 속하는 은백색금속으로 고순도재는 연성이 커서 극저온에서도 인성을 잃지 않는다. 나이오븀은 독일명으로 영어명은 나이오븀이며 미국에서는 콜롬븀이라고도 한다. 이 원소는 항상 탄탈럼(Ta)과 공존하기 때문에 그리이스신화에 나오는 신 탄탈럼루스의 딸 니오베의 이름을 따서 나이오븀이라고 명명되었다. 회백색의 탄탈럼과 비슷한 금속으로 천연에는 항상 탄탈럼과 공존하고 있으며 탄탈럼라이트 또는 콜럼바이트로부터 가수분해시켜 유기용매 등에 의해 탄탈럼과 나이오븀을 분리추출한다. 내열성, 내식성이 양호하고 가공성이 뛰어나며 강과 같은 정도의 열전도도를 갖고 있다. 또한 합금에 첨가하면 그 특성을 높이는 성질이 있다. 특히 스테인리스강속에 미량첨가는 입계부식방지에 유효하다. 전해콘덴서, 화학장치재료, 원자연료 피복재, 합금첨가제 등에 이용된다.

나이오븀-탄탈럼광석 (niobium-tantalum mineral) 나이오븀(Nb)과 탄탈럼(Ta)을 함유하는 광물은 많지만 그중 공업적으로 중요한 것은 콜롬브석((FeMn)Nb$_2$O$_6$)과 탄탈럼럼석((FeMn)Ta$_2$O$_6$)이다. 이 둘은 단독으로 나오는 경우가 없고 나이오븀 탄탈럼럼산 제2철(Fe(NbO$_3$·TaO$_3$)$_2$)로서 결합해서 산출되는 경우가 많다. 이밖에 최근에 중요해지기 시작한 것은 파이로클로아(RNb$_2$O$_6$·R(TiTa)$_3$)가 있다. 주요 생산지는 나이지리아, 캐나다, 미국, 브라질 등이다.

니오브 (niobium) ☞ 나이오븀

니칼로이 (nicaloi) Fe-Ni계 고도자율 합금의 상품명이다.

니켈 (nickel) 원소기호 Ni, 원자번호 28, 원자량 58.69, 비중 8.9, 용융점 1,455℃, 비등점 2,730℃, 결정구조 면심입방정, 주기율표상 Ⅷ족에 속하는 은백색의 강자성 금속으로 공기중 상온에서는 녹슬지 않으며 가열하면 산화니켈이 된다. 질산 및 희황산에는 녹지 않으며 알칼리에도 침해 당하지 않는다. 이 특성을 이용해 스테인리스나 기타 특수강에의 첨가제, 각종 비철금속과의 합금, 전기통신기기, 도금, 촉매, 화폐 등 다방면에 이용한다. 순수한 니켈은 주조성, 가공성, 내식성이 뛰어나 판, 관, 봉, 선, 분말형태로 다방면에 사용된다. 순니켈을 분류하면 스테인리스강 29%, 고니켈합금 16%, 도금용 15%, 니켈강용 15%, 철강주물 12%, 큐프로니켈등 동-니켈합금 4%, 니켈-철합금 등 기타 9%로 되어 있다. 제조법은 니켈, 페로니켈 등 목적에 따라 다르다.

니켈강 (nickel steel) 니켈은 크로뮴이나 망가니즈에 비해 고가이면서 담금질성에 미치는 영향은 작기 때문에 순수한 니켈강은 별로 쓰지 않는다. 다만 두꺼운 것이 노멀라이징 또는 어닐링 상태에서 사용될 경우에는 바탕인 페라이트를 강하게 하고 저온도에서의 취성은 없다. 띠톱에 사용된다.

니켈광석 (nickel ore) 규니켈광, 비니켈강, 황비니켈광, 홍비니켈광, 니켈화, 황니켈광, 펜트랜다이트광, 침니켈광 등이 있으며, 성분에 따라 황화광, 산화광, 비화광으로 대별할 수 있다. 이중 산화광의 규니켈광과 황화광인 펜트랜다이트광이 중요하다. 세계 최대의 산지는 캐나다로 온타리오주 서드베리(Sudbery)지방을 중심으로 세계 산출량의 약 80%가 산출된다. 이 외에 구소련과 뉴칼레도니아에서 많이 생산된다. 캐나다 서드베리주에서 산출되는 광석은 펜트랜드광, 뉴칼레도니아의 것은 규니켈광(garnierite)이다. 페로니켈을 생산하기 위한 광석은 규니켈광이다.

니켈내열합금 (nickel base heat resistant alloy) 니켈(Ni)을 주성분으로 하는 내열합금이다. ☞ 니켈초내열합금

니켈당량 (nickel equivalent) 스테인리스강의 조성을 추정할 때에 사용하는 용어로 조직상 니켈(Ni)과 똑같은 작용을 하는 다른 원소 함유량 %에 그것의

작용효과에 따라 계수를 곱하여 그 합계로 표시한 값이다. 금속조직에 대한 작용효과라는 점에서는 크로뮴(Cr)을 대표하는 페라이트 생성원소와 니켈을 대표하는 오스테나이트 생성원소로 대별되며 이 오스나이트 생성원소의 작용효과를 표시하는 것이 니켈당량이다. 니켈당량은 %Ni+0.5×%Mn+30×%C의 식으로 나타낸다.

니켈도금 (nickel plating, nickeling) 니켈로 도금한 것을 말하며 미관을 아름답게 하거나 방청 또는 연질금속의 내마모 등을 목적으로 사용되고 있다. 피도금재를 음극으로 하고 양극에는 전해 니켈판을 사용한다. 니켈을 양극으로 하는 전기도금 이외에도 화학도금이 있다. 용액으로는 질산니켈, 염화니켈, 황산니켈, 암몬이 있는데 황산니켈이 가장 많이 사용되고 있다. 니켈도금은 철강, 동(Cu)합금, 다이캐스트제품의 방식이나 장식을 목적으로 이용되며 그 변색을 막기 위해서 그 위에 얇은 크로뮴(Cr)도금을 하는 경우가 많다.

니켈-동합금 (nickel copper alloy) 모넬메탈과 동일하다. 니켈(Ni) 63~70%, 동(Cu) 30% 전후인 합금으로, 이 외에 철(Fe), 망가니즈(Mn), 실리콘(Si)을 소량 함유한다. 강도, 내식성이 우수해 콘덴서, 냉각관 등에 이용된다.

니켈루페 (nickel luppe) 니켈을 함유한 입자철로 산화니켈광(가니라이트)을 배소시켜서 만든다. 페로니켈의 원료가 된다.

니켈린 (nickelin) 저항선에 이용하는 니켈(Ni)과 동(Cu)과 아연(Zn)의 합금. 표준 배합은 동 55~75%, 니켈 18~32%, 나머지는 아연이다.

니켈매트 (nickel matte) 니켈(Ni) 등의 용광로 및 반사로 제련과정에서 노의 하중에 침전하는 유가니켈을 말하는데 철(Fe), 유황(S)을 많이 함유하고 있으며, 니켈광석과 니켈금속의 중간물이라고 할 수 있다. 니켈함유량이 30% 정도이며 전로에서 철분과 유황분을 제거하여 품위 75~80% 정도로 만든다.

니켈봉 (nickel rod, nickel bar) 전신가공한 니켈의 봉으로 탄소니켈봉과 저탄소니켈봉이 있다. 사용처와 화학성분은 니켈판과 동일하다.

니켈브리켓 (nickel briquette) 합금주물용으로 사용되는 조개탄 모양으로 분

괴된 니켈이다. (그림참조)

니켈쇼트 (nickel shot) 입자상의 금속니켈을 말한다.

니켈스파이스 (nickel speiss) 비화니켈광석의 용광로 제련시에 생기는 니켈(Ni), 비소(As), 철분(Fe)을 함유하는 것으로 이를 산화배소하여 산화니켈을 만든다.

니켈브리켓

니켈실버 (nickel silver) ☞ 양백

니켈주물 (nickel casting) 니켈(Ni) 95% 이상, 동(Cu) 1.25% 이하, 철(Fe) 3% 이하, 규소(Si) 2% 이하, 망가니즈(Mn) 1.5% 이하 등으로 구성되어 있으며 수산화나트륨, 탄산나트륨, 염화나트륨 등을 취급하는 제조장치의 밸브 및 펌프 등에 사용된다.

니켈지금 (nickel metal, nickel ingots) 특수강, 주단강, 합금롤, 화폐 등에 이용하는 용해용 니켈과, 니켈도금에 이용하는 도금용 니켈로 대별할 수 있다. 통상 니켈과 코발트(Ni+Co)의 품위가 98.0%에서 99.98% 정도인 것이 이용되고 있다. KS D 2307에서는 니켈과 코발트함량에 따라 니켈지금을 Ni1, Ni2, Ni3, Ni4 등 네 가지 종류로 규정하고 있다. 주요 생산국으로는 중국, 노르웨이, 일본, 호주, 캐나다, 뉴칼레도니아 등이다.

니켈초내열합금 (nickel base superalloy) 니켈을 주성분으로 하는 초내열합금으로 1906년 개발된 니크로뮴합금을 기초로 하고 고온강도를 최대화하기 위해 고용화 열처리와 시효처리를 하며 주로 제트엔진의 재료로 사용된다.

니켈카보닐 (nickel carbonyl) 니켈과 일산화탄소의 화합물로 일산화탄소를 포함한 환원금속의 반응을 통해 생산하며 주로 니켈도금에 사용한다.

니켈캐소드 (nickel cathode) 주로 도금용으로 사용하기 위한 판형태의 순수한 니켈(99.98% 이상)로 음극형태의 원판 또는 4각형으로 절단한

니켈캐소드

제품이다. 4각형 모양의 니켈판 크기는 수요자의 요구에 따라 가로·세로가 1″×1″, 2″×2″, 4″×4″ 등이 있다. 4각니켈이라고도 부른다. (그림참조)

니켈크라운 (nickel crown) 캐나다 팔콘브릿지(Falconbridge)사에서 개발한 왕관형 모양으로 만들어진 도금용 니켈로 니켈캐소드에 비해 도금성이 좋으며 불순물 발생이 적은 이점이 있다. 니켈크라운제품에 유황(S) 0.02%을 첨가한 디-크라운(D-Crown)제품도 있다. (그림참조)

니켈크라운

니켈-크로뮴강 (nickel chromium steel) 니켈(Ni) 1~3.5%, 크로뮴(Cr) 0.2~1.0% 정도를 함유하는 구조용 합금강으로 크로뮴, 니켈은 담금질성을 향상시키는 첨가원소이나 니켈을 이 정도 함유함으로써 뜨임상태에서의 기계적 성질이 안정되므로 옛부터 사용되고 있는 강인강이다. 단, 니켈이 들어가서 가격이 비싸지므로 담금질성이 특히 요구되는 대형에 사용된다. 18-8강 등의 스테인리스강도 물론 니켈크로뮴강인데 일반적으로는 위와 같은 구조용강을 가르킨다. 즉 광의의 니켈크로뮴강은 니켈과 크로뮴을 함유하는 특수강 전부를 의미한다. 또한 저니켈계는 구조용, 고니켈계는 특수용도용으로서 상용되며 니켈 단독강에 비해 연성이 그다지 저해하지 않고 인장강도와 항복점이 높아져서 담금질성이 향상된다. 고니켈강은 특히 내식성, 내열성이 우수하다.

니켈-크로뮴 몰리브데넘강 (nickel chromium molybdenum steel) 구조용 니켈크로뮴강에 몰리브데넘을 미량 첨가해서 담금질성을 한층 개선하고 뜨임에 의한 연화저항성을 크게 하는 동시에 불림취성을 작게 한 강종이다. 경도가 높고 강인하며 내마모성이 우수하다. KS D 3707(금속기호 SNCM)에 규정되어 있다.

니켈-크로뮴전열선 및 강대 (nickel chromium electric heating wire and band) 고온용 전기저항 발열체에 사용하는 니켈-크로뮴(Ni-Cr)합금선 및 강대를 말한다. 일반적으로 니크로뮴선(nichrome wire)이라고 약칭하고 있다.

니켈-타이타늄합금 (nickel titanium alloy) 니켈-타이타늄(Ni-Ti계)합금으

로 니켈과 타이타늄이 1대1 또는 그 부근에 있는 까닭에 다음과 같은 몇가지 특성을 가지고 있다.

(1) 니켈-타이타늄합금은 쌍정형 합금으로 제진성이 우수한 합금이다.
(2) 형상기억합금이다.
(3) 변태온도가 0℃ 이하의 재료에서는 응력을 가하여 변형왜곡을 주어도 응력을 제거하면 약간의 히스테리시스는 있지만 원래로 돌아가는 초탄성 특성이 있다.
(4) 철(Fe), 몰리브데넘(Mo)으로 일부를 치환하면 내식성, 내마모성이 뛰어난 재료가 된다.

니켈판 (nickel sheets, nickel plate) 압연하여 평평하게 만든 니켈의 판으로 탄소니켈판(탄소 0.15% 이하)과 저탄소니켈판(탄소 0.02% 이하)으로 나누어지며 탄소를 제외한 나머지 조성으로는 니켈(Ni) 99.0% 이상, 철(Fe) 0.4% 이하, 동(Cu) 0.25% 이하, 망가니즈(Mn) 0.35% 이하, 규소(Si) 0.35% 이하, 황 (S) 0.1% 이하 등이다. 탄소니켈판은 수산화나트륨제조장치, 식품제조장치, 약품제조장치, 전자전기부품 등에 사용되며 저탄소니켈판은 해수담수화장치, 제염장치, 원유 증류탑 등에 사용된다.

니켈합금 (nickel alloy) 니켈을 주성분으로 한 합금을 말하며 내열합금, 내식합금, 전자기 재료로써 중요한 것이 많다. 자성재료, 전기재료, 내식재료, 초내열합금 등으로서의 특수 성질과 용도를 가진 것이 여러 종류가 있다.
(1) 자성재료 : 순니켈은 상온에서 강자성을 가지며 다른 원소와 넓은 범위에서 고용체를 만드는 경우가 많고 자기상수의 조정이 쉽다. 35~80%의 니켈-철(Ni-Fe)합금을 퍼멀로이라고 부르며 전화용 단전기, 초크코일, 자기차폐, 자기헤드 등에 널리 쓰이고 있다. 45% Ni-25% Co-Fe의 퍼민바와 50% Ni-Fe의 이소펌은 자계강도의 넓은 범위에서 투자율이 바뀌지 않기 때문에 정투자율(定透磁率)재료라고 하며 약전(弱電)용 자심재료에 적당하다.
(2) 전자재료 : Ni-Cu합금에서 열기전력이 최대인 니켈 40% 부근의 합금은 콘스탄탄으로서 동과 철을 조합하여 열전대에 사용하고 있다. Ni-10% Cu합금을 크로멜이라고 하며 Ni-3.5% Al-0.5% Fe의 알루멜과 조합하여 열전대로 사용하고 있다.
(3) 내식재료 : 니켈은 질산이 아닌 이상 모든 산에서 잘 견디며 알칼리에서는 고온수용액에서도 용융상태에서는 전혀 침해되지 않으며 염산과 염산가스

에 대해서도 내식성을 가지고 있다. 따라서 니켈과 몰리브데넘, 동, 크로뮴 등을 합금성분으로 하여 뛰어난 내식합금을 만들고 있다.

〔4〕초내열합금 : Ni-Cr계를 기본으로 알루미늄(Al), 타이타늄(Ti), 몰리브데넘(Mo), 텅스텐(W), 코발트(Co), 나이오븀(Nb), 탄탈럼(Ta), 붕소(B), 지르코늄(Zr), 하프늄(Hf), 탄소(C) 등의 합금원소를 첨가하여 초내열합금이 개발되어 사용되고 있다. 이밖에 인코넬(Cr, Fe, Mn, Si), 나이모닉(Cr, Co, Fe, Ti, Al), 니크로뮴(Cr, Fe, Mn), 니칼로이(Fe), 하스텔로이(Cr, Fe, Mo), 넬메탈(Cu, Fe, Mn), 플라티노이드(Cu, Zn, Fe, Mn) 등이 있다.

니켈합금봉 (nickel alloy rod, nickel alloy bar)　전신가공한 니켈합금의 봉으로 화학성분에 따라 니켈-동합금봉, 니켈-동-알루미늄-타이타늄합금봉, 니켈-몰리브데넘합금 1종봉, 니켈-몰리브데넘합금 2종봉, 니켈-몰리브데넘-크로뮴합금봉, 니켈-크로뮴-철-몰리브데넘-동합금 1종봉, 니켈-크로뮴-철-몰리브데넘-동합금 2종봉, 니켈-크로뮴-몰리브데넘-철합금봉 등이 있으며 해수담수화장치, 염산제조장치, 산세척장치, 요소제조장치, 석유화학 산업장치, 공업용 노 등에 사용된다. KS D 6720에 규정되어 있다.

니켈합금선 (nickel alloy wire)　전신가공한 니켈합금의 선으로 니켈-동합금선과 니켈-동-알루미늄-타이타늄합금선이 있으며 모두 니켈함량이 63% 이상이다. 해수담수화장치, 제염장치, 원유증류탑, 고경도를 필요로 하는 볼트, 스프링 등에 사용된다.

니켈합금주물 (nickel alloy casting)　니켈-동합금주물, 니켈-몰리브데넘합금주물, 니켈-몰리브데넘-크로뮴합금주물, 니켈-크로뮴-철합금주물 등 네 종류가 있으며 화학제조장치의 밸브 및 펌프, 약품이나 식품제조장치의 밸브 등에 사용된다. KS D 6023에 규정되어 있다.

니켈합금판 (nickel alloy sheets, nickel alloy plate)　압연하여 평평하게 만든 니켈합금의 판으로 화학성분에 따라 니켈-동합금판, 니켈-동-알루미늄-타이타늄합금판, 니켈-몰리브데넘합금 1종판, 니켈-몰리브데넘합금 2종판, 니켈-몰리브데넘-크로뮴합금판, 니켈-크로뮴-철-몰리브데넘-동합금 1종판, 니켈-크로뮴-철-몰리브데넘-동합금 2종판, 니켈-크로뮴-몰리브데넘-철합금판 등이 있으며 해수담수화 장치, 염산제조장치, 산세척장치, 인산제조장치, 공업용 로, 가스터빈 등에 사용된다.

니켈화 (annabergite) 산화니켈 분말형태로 산화니켈(NiO) 37.4%와 비소(As)를 함유한다.

니크로뮴 (nichrome) 니켈(Ni)과 크로뮴(Cr)의 합금으로 철(Fe)과 망가니즈(Mn)을 함유한다. 주사용처는 니크로뮴선으로써 전열기, 전기로의 발열체 및 저항체에 이용된다.

니크로뮴선 (nichrome wire) 전열선 및 전열대로 사용되는 니켈-크로뮴합금선으로 일반적으로 선직경이 0.05~13.2㎜ 정도까지 생산되고 있다. ☞ 니켈-크로뮴합금선

니크로뮴합금 (nichrome alloy) 니켈(Ni) 80%, 크로뮴(Cr) 20% 합금된 전열용 저항재료이다. ☞ 니크로뮴

니플용 황동선 (brass wire for nipple) 동(Cu) 60~64%, 연(Pb) 0.7~1.7%, 철(Fe) 0.2% 이하, 아연(Zn)이 나머지로 되어 있으며 피삭성, 냉간단조성이 좋으며 자전거의 니플 등에 사용된다.

니하드 (Ni-hard) 내마모용 니켈 크로뮴주철의 하나로 니켈(Ni) 4.25~4.75%, 크로뮴(Cr) 1.4~2.5%를 함유하며 경도는 525~725HB, 인장강도는 274~509N/㎟이다.

닐로 (Nilo) 니켈(Ni) 36~50%, 나머지는 철(Fe)인 Fe-Ni계 저 열팽창계수의 합금을 말하는 것으로 흔들이 봉, 서모스탯, 발열체, 전자관 씰선, 아연유리, 소다 유리용 씰선 등에 사용된다.

다결정 (polycrystal) 많은 결정(단결정)들이 집합하여 어떤 고체로 만들 때 이것을 다결정이라고 한다. 일반적으로 금속이라고 하면 다결정체이며 다결정에서는 다수의 결정립이 여러 방위로 향해 있기 때문에 각 결정이 가진 물성상의 이방성이 평균화 및 안정화된 상태로 되어 있다. 다결정속의 미끄럼은 결정입계에 의해 저지되기 때문에 변형저항이 커서 항복응력이 증가한다. 또한 원자입계 확산이 결정립내보다 빠르기 때문에 입계석출 및 입계부식이 쉽게 발생한다.

다공질 (looseness) 금속재료 전체에 걸쳐서 또는 중심부에 부식이 단시간에 진행하여 해면상으로 나타난 것.

다듬질 (smoothing) 주형의 모서리를 둥글게 하거나 목형을 뺄 때 목형 주위의 모래가 목형에 부착된 채로 올라오는 일이 없도록 주걱으로 목형주위의 모래면을 세게 눌러두는 것.

다듬질 롤 (smoothing mill) 주로 이음매없는 관의 성형 후 내외면을 평활하게 함과 동시에 관의 두께를 균일하게 하는 기계이다. 북모양의 롤 2개를 교차시켜서 장치한 속에 맨드릴 끝에 플러그를 설치한 봉을 위의 관속에 끼워넣고 플러그가 교대로 롤의 교호부에 있도록 해서 롤을 회전시키면 외면은 롤의 압력과 마찰로 평활하고 정확한 외경이 되며 또 내면에서도 플러그의 직경에 의해 보다 정확한 내경이 되어 두께가 균일해진다. 이들 외에 플러그를 사용하지 않은 것, 반원형의 공형이 있는 2개의 롤 사이를 통과시키는 것 등 여러가지가 있다.

다듬질 롬 (finishing loam) 끝기형, 긁기형, 주형 또는 코어를 조형할 경우 입자가 고운 주물사에 점토와 수분을 다소 많이 섞어서 주물표면을 깨끗하게 하기 위해 주형표면에 얇게 바르는 소형(燒型)용 주물사이다.

다듬질압연 (finish rolling) ☞ 마무리압연

다듬질작업 (finishing operation) 압연완성품은 압연 후 일련의 마무리 공정을 거쳐 완전한 제품이 되는데 이 작업을 다듬질 또는 정정작업이라고 한다. 작업내용은 완성품의 품종, 형상, 재질 등에 따라 다른데 일반적으로 서냉, 검사, 홈제거, 손질, 치수재기, 부가가공, 검사, 분류, 도장, 마킹, 묶음, 포장 등이다.

다르세합금 (Darcet alloy) 비스무트(Bi) 50%, 주석(Sn) 25%, 연(Pb) 25의 조성을 갖는 비스무트합금이다. 용융점이 93℃인 저융점합금으로 보일러의 안전플러그, 화재경보기 등에 사용된다.

다심선 (multi-core wire) 매트릭스중에 복수가닥의 심선이 들어 있는 구조의 선으로 다수 가닥의 심선을 가진 선재구조를 나타낸다. 특히 심선이 가늘고 다수가닥인 경우 극세다심선이라고 한다.

다우메탈 (Dow metal) 마그네슘(Mg)이 주성분인 마그네슘-알루미늄(Mg-Al)합금으로 알루미늄(Al) 11~18%, 망간(Mn) 0.5~1% 등이 첨가되어 있다. 주물이나 단조품으로 생산되는 경량금속이며 큰 강도가 요구되지 않는 항공기, 자동차, 계산기 등의 부품용으로 사용된다.

다운코일러 (down coiler) 마무리압연에서 압연된 스트립을 두루말이 형식으로 감아 코일로 만드는 설비.

다이 (die) 금형의 일부이며 성형체 또는 재가압체의 윤곽을 만들어내기 위한 공구.

다이나맥스 (Dynamax) 니켈(Ni) 65%, 철(Fe) 33%, 몰리브데넘(Mo) 2% 인 투자율의 철심재료이며 호이스팅 철심으로서 두께 0.05mm인 얇은 박으로 사용된다.

다이렉트본드 내화물 (direct bonded refractories) 입자가 서로 직접 결합된 조직을 갖고 있는 내화물로 크로뮴마그네시아질과 마그네시아 벽돌로 페리클레이스, 스피넬 등이 상호 결합한 것 등으로 높은 열간강도를 갖는 특징이 있다.

다이스강 (dies steel) 크로뮴(Cr)을 중심으로 텅스텐(W), 몰리브데넘(Mo), 바나듐(V) 등을 첨가한 공구강으로 금속의 인발, 압출, 다이캐스트형 등에 이용된다. KS D 3753 합금공구강에 통합되어 STD기호를 붙여서 표시하고 있다. 용도는 드로잉 다이스, 트리밍 다이스, 게이지, 나사전조 다이스, 프레스형, 다이캐스트형, 압출 다이스 등 냉간 금형용강이 STD 1, 11, 12 등 세 종류, 열간 금형용강이 STD 4, 5, 6, 61, 62 등 다섯 종류가 규정되어 있다.

다이오드 (diode) 2극 진공관으로 최근에는 모든 반도체 디바이스를 말한다. 재료로는 실리콘(Si), 저마늄(Ge) 등의 원소반도체 뿐만 아니라 GaAs, GaP, InP, CdTe, PbS 등 화합물반도체, 아몰퍼스반도체 등도 사용된다. 다이오드는 구조적 분류와 기능적 분류가 있는데 구조적 분류에는 접합형 다이오드, 점접촉형 다이오드, 핀다이오드, 쇼트키 다이오드, MOS다이오드 등이 있으며 기능적 분류에는 정류용 다이오드, 정전압 다이오드, 가변용량 다이오드, 마이크로파 다이오드, 발광 다이오드, 레이저 다이오드, 포토 다이오드, 스위칭 다이오드 등이 있다.

다이캐스트 (die cast) ☞ 다이캐스팅

다이캐스팅 (die casting) 고정밀도로 가공된 내열강제금형속에 용융합금을 약 7~10MPa의 고압으로 압입(壓入)하는 주조방식과 이 방법에 의해 생산된 제품을 말한다. 가장 대표적인 금형주조법으로 제품의 정도(精度)가 높고, 기계가공이 간단하여 대량생산에 적합하며 사용재질로는 알루미늄(Al)과 아연(Zn)이 가장 많다. 영국에서는 프레저 다이캐스팅(pressure die casting)이라고 하여 중력금형주조와 구별하여 사용한다. 생산성과 경제성이 높은 대량생산방식이 가능하며 다른 주조방식과 비교할 때 생산속도가 매우 빠르다.

제품의 치수정밀도가 높고 복잡한 형상이나 얇은 제품도 생산할 수 있다. 또한 응고시 냉각속도가 빠르기 때문에 조직이 미세하고 강도가 높으며 주물표면도 매끈매끈하여 도금 등의 표면처리가 용이하다. 그러나 주조시에 금형안에 공기가 혼입되기 때문에 제품을 가열하면 공기집이 생기는 경우가 많으며 일반적으로 열처리에 의한 기계적 성질의 개선과 용접이 곤란하다. 최근에는 금형안에 사전에 산소를 충전해 놓았다가 사출된 용탕과 산소를 반응시킴으로써 진공다이캐스트와 같은 효과를 얻는 기술이 개발되어 있다. 다이캐스트기는 플런저식, 압축공기식, 수압식 등이 있으며 플런저식은 연(Pb), 주석(Sn), 아연 등 저온 용융금속에 적합하고 압축공기식과 수압식은 알루미늄, 동(Cu) 등 고온 용융금속에 적합하다. 다이스용 강재는 저탄소강, 크로뮴바나듐강, 크로뮴텅스텐강 등이 사용된다.

다이캐스팅용 마그네슘합금지금 (magnesium alloy ingots for die casting) 다이캐스팅용으로 사용되는 마그네슘합금지금으로 화학성분에 따라 6가지로 분류된다. 지금 1종 A는 주조성이 양호하고 기계적성질이 우수하다. 1종 B는 1종 A보다 내식성이 떨어지나 그밖의 성질은 동등하다. 1종 D는 1종 A보다 내식성이 우수하나 그밖의 성질은 동등하다. 2종 A는 연신율과 인성이 양호하지만 주조성이 약간 떨어진다. 2종 B는 2종 A보다 내식성은 양호하고 그밖의 것은 동등하다. 3종 A는 고온강도가 양호하지만 주조성은 약간 떨어진다. 각각의 화학성분은 KS D 2333에 규정되어 있다. 한편 KS규격과 유사한 합금지금의 외국규격 기호는 JIS H 2222, ASTM B 94, NF A57 102, BS 2970, DIN 1729 등이다.

다이캐스팅용 아연합금지금 (zinc alloy ingots for die casting) 화학성분에 따라 1종과 2종이 있으며 알루미늄(Al) 3.9~4.3%, 동(Cu) 1.25% 이하, 마그네슘(Mg) 0.03~0.06%, 연(Pb) 0.003% 이하, 철(Fe) 0.075% 이하 등이다.

다이캐스팅용 알루미늄재생합금지금 (secondary aluminium alloys for die casting) ☞ 다이캐스팅용 알루미늄합금지금

다이캐스팅용 알루미늄합금지금 (aluminium base alloy for die casting) 다이캐스트는 양산성, 경제성 면에서 가장 뛰어난 알루미늄합금 주물의 제조법으로 주류를 이루고 있다. 용탕을 순간적으로 압입응고시키기 때문에 공기

와 가스배출이 완전하지 못해 주물내부에 결함발생이
불가피하다. 다이캐스팅합금은 주물용보다 종류가 적
으며 엔진용 크랭크케이스, 재봉기암, 카메라바디 등
에 사용된다. KS D 2331에는 1종(Al-Si계), 3종(Al-
Si-Mg계), 5종(Al-Mg계), 6종(Al-Mg계), 10종(Al-
Si-Cu계), 10종Z(Al-Si-Cu계), 12종(Al-Si-Cu계),
12종Z(Al-Si-Cu계), 14종(Al-Si-Cu계) 등 9종류로
규정되어 있다. (그림참조)

다이캐스팅용 알루미늄합금

다중가역식 압연기 (reversing multiple rolling mill) 압연용 특수압연기로 가역식이다. 6단롤 압연기, Y형 압연기(구식 및 신식), 12단, 20단롤 압연기, 센지미어압연기 등의 종류가 있다. 모두 다 워크롤의 구경을 작게 하고 압연하중에 의해 워크롤이 완곡되는 것을 방지하기 위해 그 상하에 2열 또는 3열의 구경이 큰 받침롤(백업롤)이 설치되어 있다.

다중용접 (multi layer welding) 용착 비드를 여러종 겹치는 용접.

다중템퍼링 (multiple tempering) ☞ 되풀이 템퍼링

단결정 (single crystal) 일반적인 금속이나 합금은 다결정이지만 단일 결정으로 구성되어 있는 결정질의 고체를 말한다. 즉 고체구조에서 원자배열이 일정한 규칙성이 있는 경우를 말한다. 반도체로서 사용되는 저마늄(Ge)이나 실리콘(Si) 등은 모두가 단결정체이다.

단계담금질 (interrupted quenching) ☞ 들어올리기 담금질

단계압출 (stepped extrusion) 테이퍼재를 만들기 위해 단계적으로 외경을 변화시켜 기계적 가공량을 감소시키는 압출법의 한 형식이다.

단계적 담금질 (stepped quenching) 금속을 담금질할 때 일어나기 쉬운 변형이나 담금질 균열의 위험을 감소시키면서 충분히 담금질 경화시키기 위해 행해지는 방법으로 단 한번에 고온에서 저온까지 냉각시킬 때 재료의 크랙이나 손상 또는 변형을 방지하고자 할 때 계단식으로 한계를 주고 하는 담금질을

말하며 시간담금질 또는 열욕담금질과 같은 종류이다. 즉 임계냉각속도로 Ar″점 바로 위까지 냉각시킨 후 서냉시키는 것으로 오스테나이트→ 마르텐사이트의 변화가 시험편 내외부에 한결같이 서서히 일어나기 때문에 담금질 균열이나 담금질 변형이 발생하기 어려워진다.

단광 (briquetting, ore briquetting) 분광을 괴상으로 성형하는 것으로써 입광의 단광화법에 의해 만들진다. 분광에 적당한 수분과 점결제를 가해 브리켓머신으로 가압 성형하는 것에 의해 만들어진다.

단광법 (briquetting, ore briquetting) 광석용련의 전처리의 하나로, 용광로에서 노내 통기성을 좋게 하기 위하여 분광을 일정 크기의 괴상으로 성형하는 것을 말한다.

단동 (red brass, gilding metal) 동(Cu)과 아연(Zn)의 합금(황동)중에서 동함량이 78% 이상인 것을 말하며 동함유량이 높은 것은 97% 정도까지 있다. 미려하고 강도와 내식성이 뛰어나며 가공성도 풍부하기 때문에 판, 스트립, 선으로서 건축용, 각종 장신구, 가구류에 사용된다. (그림참조)

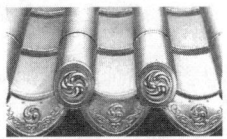
단동으로 만든 동기와

단동선 (red brass wire) 색상이 아름답고 전연성 및 내식성이 좋다. 장식품, 장신구, 철망 등에 사용된다. KS D 5103에는 C2100, 2200, 2300, 2400 등 네 가지로 분류했으며 동(Cu)함량은 C2100이 94~96%, C2400이 78.5~81.5%이며 연(Pb) 및 철(Fe)함량은 각각 0.05% 이하이다.

단동판 (red brass sheets) 색과 광택이 아름답고 전연성, 심가공성, 내식성이 우수하다. 건축용, 장신구, 화장품케이스 등에 사용된다.

단련 (forging) ☞ 단조

단면감면율 (reduction of area) ☞ 단면감소율

단면감소율 (reduction of area) 윤활제를 사용하여 다이스에 의해 선 및 봉을 인발가공할 경우 혹은 다이스와 플러그에 의해 관을 인발할 경우 그 가공정도를 나타내는 척도이다. 가공전의 단면적에 대한 가공 후의 감소 단면적을 백분율로 나타낸다. 단면감소율이 증가하면 인장강도와 경도가 증가하고 신장이나 수축이 저하된다.

단면수축률 (percentage reduction of area, reduction of area) 시험편의 파단 후의 최소단면적과 그 원단면적의 차를 원단면적에 대한 백분율로 나타낸 것으로 원형단면인 시험편에 대해서만 구한다.

단섬유 (short fiber, discontinuous fiber) 섬유길이가 짧거나 또는 짧게 절단한 섬유로 휘스커를 포함한다. 강화재로서 사용한 경우 복합재료내에 불연속적인 상태로 존재한다.

단속시험 (interrupted corrosion test) 연속시험 진행중 소정의 시간간격으로 시험환경에서 1회 이상 시험편을 꺼내서 주로 시험편의 부식상황을 관찰하는 시험이다.

단순프레스 (single action press) 단순프레스는 단순 슬라이드 프레스로 그 이외의 운동장치나 압력장치가 없는 것을 말한다. ☞ 프레스

단심선 (single core wire) 매트릭스중에 한가닥의 초전도 심선이 들어있는 구조의 선.

단열소자 (adiabatic demagnetization) 상자성체를 등온상태에서 자화한 후 단열상태에서 자장을 제거함으로써 냉각해서 극저온을 얻는 방법이다.

단열안정화 (adiabatic stabilization) 심선을 세선화함으로써 자기 불안정성을 회피하는 방법이다.

단열층 (heat insulating layer) 열을 차단하기 위해 특별히 설치된 층.

단자구형자석 (single domain type magnet) 단자구입자를 사용한 자석은

자장속의 어닐링과 자장속의 배향에 의해 높은 잔류자속밀도와 보자력을 얻게 된다. Fe, FeO·Co, Mn-Bi, BaO·6Fe$_2$O$_3$등은 단자구형 자석으로 큰 보자력을 얻을 수 있다.

단조 (forging) 금속을 소성이 있는 상태에서 변형시키는 것을 말하며 보통 압연, 인발에 의한 가공법은 단조라고 하지는 않는다. 해머, 수압기 등으로 가공하므로 단조품이라든가 자유단조품이라고 부르는 경우가 있다. 단조의 목적은 형을 만드는 것, 성장한 결정입자를 파괴하여 인성을 부여하는 것(단련이라고도 한다)으로 재료의 낭비를 없애고 양질의 기계적 성질을 만들기 위

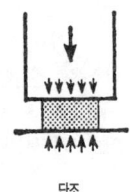

단조

한 것이다. 재료의 가열온도에 따라 열간, 온간, 냉간단조 등으로 나누어지며 단조형상에 따라 형단조, 자유단조로 나누어지고 변형방법에 따라 직접압축과 간접압축으로 분류된다. (그림참조)

단조균열 (forging crack) 단조용재에 고온에서의 변형능력 이상의 과대한 가공도를 가할 때 생기는 균열로 표면이나 내부에 생긴다. 특히 내부에 발생하는 균열은 편석이 많은 재료에서 발생하기 쉽다. 재료의 치수와 앤빌 폭의 관계나 온도에 주의하면 방지할 수 있다. 단조흠, 표면흠이라고도 불린다.

단조담금질 (direct quenching from forging temperature) 오스포밍(ausforming)을 말하며 소재를 높은 온도로 가열하여 외력을 가해 일정한 형상으로 만든(열간단조) 다음 곧바로 담금질하는 것을 말한다. 단조를 안정 오스테나이트 상태에서 하는 것과 준안정 오스테나이트 상태에서 하는 것 등 두 가지가 있다.

단조롤 (forging roll) 단조로 만들어지는 롤의 총칭이다. 주로 전기로에서 생산된 강괴로 단조에 의해 만들어진 후 적당한 열처리를 한다. 표면경도가 높고 강인하며 점성이 강해서 냉간이나 비철금속의 압연에 사용된다.

단조모재 (forging stock) 일반적으로 소재를 절단하여 단조를 위해 준비된 것을 말한다. 형단조의 경우에는 수가 많으므로 절단과 단조를 따로따로 하지만 자유단조인 경우에는 괴를 직접 연속적으로 절단, 단조하는 경우가 많으므로

일반적으로는 이 말을 사용하지 않는 것이 보통이다. 단조모재는 중량이 갖추어져 있고 흠이나 스케일이 없어야 한다.

단조방안 (forging process) 단조품을 만들 경우 용해, 조괴, 단조, 거친 절삭, 열처리 등 사용목적에 따라 품목마다 제조하는 방법을 정해서 작업한다. 이 방법을 정리한 것이 단조방안이다. 따라서 내용은 공정의 순서, 온도와 그 관리방식, 단조비, 단조형상과 치수, 검사와 품질확인 등이 중요한 항목이다.

단조비 (forging ratio) 단조작업의 목적은 크게 나누어 성형과 재질개선에 있는데 이 효과의 품위수준의 표준을 얻기 위해 단조비의 규정이 있다. 일반적으로 단조전의 단면적을 단조 종료 후의 단면적에서 뺀 수치를 나타내는 것이 근본적인 사고방식이다. 따라서 단조과정의 단조비는 불명확하기 때문에 최근에는 단련성형비에 의해 순차표시하는 방법이 채용되고 있다. 단조비가 매우 커지면 방향성도 두드러지게 커지고 반대로 인성은 저하된다.

단조성 (forgeability) 소재에 균열파괴를 일으키지 않는 범위에서 성장결정입자를 미세화하고 인성을 증가시키기 위하여 여러가지 단조방법이 있다. 단조의 난이도는 변형방법 및 온도에 따라 달라서 그 난이도를 나타내는 척도를 단조성이라고 한다. 일반적으로 단조성은 재질 고유의 점성변형의 정도 및 변형소요력, 변형속도 등과의 관계로 나타내진다.

단조용 가열로 (forge heating furnace) 소재를 고온으로 가열해서 소성변형을 쉽게 하기 위해 사용하는 노이다. 열효율을 높이고 산화와 과열을 방지하며 균일하게 가열할 수 있어야 할 필요가 있다. 현재 사용되고 있는 노를 사용연료에 따라 분류하면 가스로, 중유로, 석탄로, 전기로(간접식, 직접식, 고주파식) 등이 있으며 가장 많이 보급되어 있는 것은 중유로이지만 일정한 소재를 다량으로 흘려 보내며 산화가 적은 고주파 전기로도 이용도가 증가하고 있다. 또 구조에 따라 분류하면 반사로, 머플로, 연속로(회전식, 압출식) 등이 있으며 이중에서 반사로가 가장 널리 보급되어 있는데 회전식 연속로도 스탬핑 단조공장에 적합하므로 이용되기 시작하고 있다. 그리고 최근에는 공기예열방식을 채용하여 열효율이 크게 향상되고 있다.

단조용 기중기 (forging crane) 큰 단조품을 쥐고 상하, 좌우 회전을 하는데

92 | 단조용 황동봉

사용하는 기중기이다. 일반 기중기에 비해 물체를 들어 올려 운반할 뿐 아니라 작업중에 프레스 등의 압력이 상당히 가중되기 때문에 구조는 견고하고 강하지 않으면 안된다.

단조용 황동봉 (brass rod for forging)   열간단조성이 양호한 황동봉이다. 정밀단조에 적합하고 절삭성이 양호하기 때문에 일반 단조작업을 하기에 적합하다. 단조용 황동봉의 성분은 동(Cu)이 57~62% 정도 함유되어 있고 아연(Zn), 연(Pb), 주석(Sn), 철(Fe) 등이 첨가되어 있다.

단조종료온도 (forging finishing temperature)   단조작업의 목적의 하나는 결정입자를 치밀하게 하는 것이지만 결정입자는 온도가 높으면 성장하는 것이므로 고온에서 종료하면 냉각될 때까지 다시 결정이 커진다. 이 때문에 가능한 한 입자가 성장하는 온도 이하로 하는 것이 좋다. 그러나 가공을 변태온도 이하까지 계속하면 결정입자는 작아지지만 변형이 남아 소위 냉간가공을 한 셈이 되므로 작업은 변태온도 바로 위에서 종료하는 것이 좋다. 이와 같이 단조를 끝냈을 때의 온도를 종료온도라고 한다. 작은 것은 종료온도를 조절할 수 있지만 큰 것은 거친 단조시에 온도의 단조여유를 남겨두고 최후의 마무리 단조에서 종료온도로 완료하도록 조절할 필요가 있다.

단조중량 (forging weight)   단조치수가 정해지면 그 중량을 계산해서 치수나 중량 그리고 형상에 맞는 주괴를 결정한다. 이 단조할 형상의 중량을 단조중량이라고 한다.

단조치수 (forging dimension)   단조품은 자유단조품과 형단조품으로 나누어지는데 어느 것이든 최종적으로 설비나 기계의 부품을 만드는 것이므로 흑피 상태 그대로 사용하는 부분과 기계가공에 의해 마무리가공되는 부분이 있다. 후자의 기계가공되는 부분은 단조 다듬질 여유가 주어진다. 흑피 그대로 사용하는 곳은 그 치수가 단조할 목표치수이다. 이처럼 단조할 목표치수를 단조치수라고 한다.

단조테르밋 (forging thermit)   알루미늄금속분말과 산화철을 혼합한 것으로 점화하면 고열을 발생하는데 이것을 이용하여 용해철로 용접하는 것을 테르밋용접이라고 한다.

단조품 (as forgred products) 흑피품이라고
도 하며 단조 성형된 채로의 형상인 것이다.
대형 단조품에서는 균열방지 등을 위해 노멀
라이징한 후 템퍼링이 행해진다. (그림참조)

황동 단조품

단조효과 (forging effect) 재료의 강인화 정
도를 말하며 일반적으로 단조비로 나타내든
지 기계적 성질로 나타낸다. 해머단조는 충격적으로 표면에, 또는 프레스단조
는 정적으로 중심부에 각기 단조효과가 큰 곳에 사용하는 앤빌의 폭에 따라
효과도 달라진다. 또한 기계용량이 커질 수록 중심부까지 효과가 있으므로 큰
단조품은 대용량을 필요로 한다.

단주름 (double teem) 주피 전주에 수평방향으로 생기는 탕경계 흔적을 말한
다. 발생원인은 상주법 주입작업시 일시중단에 의한다. 단주입이라고도 한다.

단중 (unit weight) 단위 질량의 약어.

단차회피제어 (automatic jumping control, AJC) 열간압연 설비의 권취기
에 있어서 유압에 의한 래퍼 롤의 갭 설정기구를 이용해 유압서보의 고속응답
을 이용해서 스트립의 겹 단차부에서 래퍼 롤과의 충돌을 회피하도록 갭을 제
어하여 톱 마크의 깊이를 큰 폭으로 경감시키는 제어방식이다.

단축성형 (uniaxial pressing) 분말을 단일축을 따라 가압하여 성형하는 것.

단층 (fault) 지각변동으로 인해 지각이 갈라져서 한 쪽은 가라앉고 한 쪽은 솟
아 어긋나서 맞지 않는 지층을 말한다.

단판 판재를 정적으로 전단할 때의 발생품.

닫힘용접 (enclosed welding) 용융금속이 용접부에서 흘러나가지 않도록 용
융풀을 만들어 금속으로 둘러싸고 위로 용접을 진행하는 방법이다. 인클로즈
드 웰딩이라고도 한다.

담금질 (quench hardening, quenching) 소입이라고 하며 오스테나이트화 온도에서 급랭하여 경화시키는 조작으로 반드시 경화를 목적으로 하지 않고 단지 급속히 냉각하는 조작을 말할 때도 있다. 또한 오스테나이트상태에서 압연하여 그 후 압연라인 위에서 곧장 담금질도 여기에 포함되며 이것을 압연 후 직접 담금질이라고 말할 때도 있다. 보통담금질, 시간담금질, 열욕담금질, 마르담금질, 오스템퍼 등의 종류가 있다.

담금질경화 (quench hardening) 담금질에 의해 경화되는 현상을 말하며, 담금질제로는 물, 얼음물, 식염수 등이 사용된다. 경화의 주요 원인은 마르텐사이트조직의 출현에 의한다.

담금질균열 (quenching crack) 담금질 응력에 의해 생기는 균열.

담금질변형 (quenching distortion) 담금질에 의해서 생기는 모양 또는 치수의 변화.

담금질성 (hardenability) 금속의 달구어지기 쉬운 정도를 담금질성이라고 하며 보통 달구어진 깊이로 비교한다. 즉, 경화심도의 대소로, 담금질경도의 대소는 아니다. 담금질성은 변태곡선이 장시간측에 있을수록 커진다. 담금질성에 영향을 미치는 화학성분이 있으며 결정입도 상당히 영향을 미친다.

담금질액 (quenching medium, coolant) 담금질에 사용되는 냉각액을 말한다. 담금질액의 중요한 것으로는 식염수, 물, 오일 등이 있다.

담금질응력 (quenching stress) 담금질로 생기는 잔류응력으로 내외부의 냉각의 시간적인 차로 기인되는 열응력과 변태에 따른 변태응력이 있으며 일반적으로 양자가 조합되어 생긴다.

담금질처리 (quenching treatment) 용체화처리 후 급랭시켜서 석출을 저지하는 조작이며 또 급속하게 냉각시키는 조작을 말하는 경우도 있다. 형상기억합금인 경우에는 급랭시켜도 규칙-불규칙변태와 마르텐사이트변태가 생기는 경우가 있다.

담반 (chalcanthite) $CuSO_4 \cdot 5H_2O$의 조성을 지닌 천연에서 산출되는 황산동으로 동(Cu)을 약 22.2% 함유하고 있다. 동광산의 갱내수에 함유되어 침전동의 원료로서 채취된다. 약재로도 쓰는 황산동으로 빛이 푸르고 돌같이 단단하다. ☞ 황산동

담홍은광 (proustite) 은(Ag)의 비황화광물로 은을 약 65.4% 함유하고 있다.

대기산화법 (aemosphere oxidation process) 타이타늄의 착색법의 하나로 대기산화법은 전기로 등을 사용한 대기 중에서 가열한 타이타늄 표면에 얇은 산화피막을 형성시키는 방법이다. 타이타늄에서의 독특한 색깔은 가열에 의해 표면에 성장한 산화피막으로부터의 반사광과 산화피막 내부를 통과하여 산화피막 과 타이타늄의 계면에서 반사한 내부 반사광의 간섭작용에 의해 발색하기 때문에 다양한 색조 는 피막의 두께에 의해 결정된다.

대상조직 (banded structure) 압연 또는 단신 방향으로 나란히 줄지어 있는 편석조직으로 띠모양조직이라고 한다.

대역용융 (zone melting) ☞ 존 정제

대융정제 (zone refining) ☞ 존 정제

대체냉매 (alternative refigerant) 1987년 몬트리얼 의정서가 제정되어 프레온(CFC)의 사용 및 생산을 규제하는 법적인 기준의 틀이 마련됨에 따라 우수한 열역학적, 물리화학적 특성을 가짐과 동시에 오존층붕괴지수가 0.0이고 지구온난화지수가 낮은 혼합냉매가 프레온의 대체제로 많이 개발되고 있는데, 널리 사용되어온 R12를 대체할 수 있는 R22의 대체 냉매로는 R32를 포함한 HFC 혼합냉매들이 고려되고 있으며 R22의 대체냉매로서 고려되고 있는 주요 HFC냉매로는 R407C와 R410A 등을 들 수 있다.

대합금무게백분율 (weight percentage to alloy) 합금무게에 대한 수소질량의 백분율이다. 수소저장량의 비교평가시 질량백분율이 유용하지만 대수소화물 무게 백분율을 H/M과 비례하지 않기 때문에 대합금무게 백분율을 사용하는 쪽이 평가하기 쉽다.

댄디 (Dandy) 미국 스크랩규격인 ISRI(Institute of Scrap Recycling Industries, Inc)규격중 큐프로니켈 클리핑(new cupro-nickel clips and solids)을 말하며 순수한 큐프로니켈의 클리핑, 판, 관 및 기타 압연스크랩을 말한다.

댐핑재 (damping materials) ☞ 제진재

더미코일 (dummy coil) 라인정지시 또는 프로세스를 바꿀 때 사용되는 코일로서 기본적으로 제품이 되지 않은 코일.

더빌법 (Durvill process) 탕고임부와 주형이 하나로 고정된 주형을 경사지게 놓은 다음 먼저 용탕은 탕류에 주입하고 그 다음에 서서히 정상위치로 회전시킴으로써 탕이 주형부로 조용히 흘러 들어가도록 하는 주입법이다. 소용돌이가 일어나지 않아 용탕표면의 산화피막 등의 혼입을 막을 수 있어 그러한 혼입을 특히 꺼리는 알루미늄청동주물 등에서 채용하고 있다.

던트 (Daunt) 미국 스크랩규격인 ISRI(Institute of Scrap Recycling Industries, Inc)규격중 사용했던 큐프로니켈스크랩(old cupro-nickel solids)을 말하며 순수하고 양질인 큐프로니켈괴의 사용된 스크랩을 가리킨다.

덤핑관세 (anti-dumping duties) 외국으로부터의 수입품에 대해서는 일반적으로 수입관세가 부과되지만 상대국의 덤핑이라고 간주되는 상품에 대해서는 자국산업을 보호하기 위해 특별히 고율의 징벌적인 관세를 가해 수입을 저지하는 나라가 많다. 이것을 덤핑관세라고 한다.

덧살제거 (reaming) 관의 절단면에 덧살이 붙어 있으며 원형 단면적을 축소시킬 뿐만 아니라 유체의 흐름에 저항요소가 된다. 따라서 절단작업이 끝나면 반드시 관내외부의 덧살을 제거하여 원래의 원형단면이 유지될 수 있어야 한다. 특히 배관작업시 접합부 틈새가 균일하지 못하면 누설의 원인이 된다. 덧살제거용 공구로는 내면만을 가공할 수 있는 것, 내외면을 모두 가공할 수 있는 것, 내면과 구멍의 덧살제거 전용 등 여러가지 종류가 있다.

데드메탈 (dead metal) 압출, 압축 등 소성가공시 공구마찰에 의한 구속 때문에 흐름을 일으키지 않고 정지해 있는 금속재료의 부분을 말한다.

데이나이트광 (danaite) 코발트(Co)의 비황화광물로 코발트를 3~9% 함유하고 있다.

덴드라이트 (dendrite) 고용체 합금이 응고할 때의 고체·액체계면 형태의 하나로 그 형상이 나무를 닮은 데서 수지상정이라고 부른다. 입방구조를 가진 결정에서는 ⟨100⟩방향을 우선방위로 하는 것과, 이것과 교차하는 2차, 3차의 것으로 구성되어 있다. 액상과냉영역의 유무에 따라 구속덴드라이트와 자유덴드라이트로 구분된다.

델타 (Delta) 미국 스크랩규격인 ISRI(Institute of Scrap Recycling Industries, Inc)규격중 납땜 큐프로니켈스크랩(soldered curpro nickel solids)의 통칭으로 경납(brazing), 연납(soldering) 큐프로니켈괴로, 이음매 및 테두리를 잘라낸 스크랩이나 기타 일체의 이물질을 내포하지 않은 것을 말한다.

델타맥스 (Deltamax) 퍼멀로이합금(50% Ni-Fe계)중 하나로 냉연가공 후에 1,000~1,200℃의 수소로에서 재결정시키면 (100)[001]이 압연방향과 일치하는 집합조직이 되어 히스테리시스특성을 얻게 된다. 자기증폭기, 펄스트랜스 등의 철심에 이용된다. 이소펌(Isoperm)의 소재가 된다.

델타메탈 (delta metal) 특수황동의 일종으로 동(Cu) 및 아연(Zn)을 주성분(46 황동)으로 하며, 소량의 철(Fe), 연(Pb), 망가니즈(Mn)을 함유하는 합금이다. 결정입자가 미세하여 인장강도, 인성이 크며 내식성이 우수하다. 특히 대기 및 해수에 대해 내식성이 크다. 주물로서도 치밀한 조직을 얻을 수 있으며 고온과 상온에서 압연단조할 수 있다. 주요 조성은 동 54~56%, 아연 39~42.3%, 철 0.38~1.3%, 연 0.37~1.8%, 망가니즈 1.8% 이하, 인(P) 0.1% 이하이다. 광산, 선박, 화학공업용 기계부품 등에 사용된다.

뎁쓰 (Depth) 미국 스크랩규격인 ISRI(Institute of Scrap Recycling Industries, Inc)규격중 니켈-동합금스크랩(miscellaneous nickel copper and nickel copper iron)의 총칭이다.

도가니 (crucible) 자기성 용기 또는 흑연, 진흙, 기타 내화물로 만든 금속용융용 용기를 말한다. 용도에 따라 점토, 흑연, 석영, 도자기, 백금, 연철제 도가니 등이 있다.

도가니로 (crucible furnace) 도가니로 금속을 용해하는 노(爐)를 말하며 금속이 연소가스에 직접 접촉하지 않으므로 금속의 성분은 변화를 받는 경우가 적으나 열효율이 낮아서 용해비가 많이 든다. 정확한 성분을 필요로 하는 금속의 용해에 적합하다.

도금 (plating) 금속의 방식성, 내마모성, 장식성 등을 목적으로 모재인 금속 표면위에 금속피복을 행하는 조작이다. 도금법에는 용융도금, 전기도금, 기상도금, 용사, 화학도금 등이 있으며 용융도금이 일반적으로 많이 채용되고 있다. ☞ 용융도금, 전기도금

도금균열 액체금속 속에서 고체금속은 그들의 조합에 따라서 취화(액체금속취화)되고 이 경우 응력조건에 따라서 균열이 발생한다. 대표적인 것이 철-아연 (Fe-Zn)의 조합에 의한 아연도금균열이다.

도금용 니켈양극 (nickel anode for electroplating) 전기도금용 양극니켈이며 전기니켈에 산화니켈의 미립자를 형성시킨 디폴라라이즈드 니켈양극 (depolarized nickel anode), 전기니켈에 탄소(C)와 실리콘(Si)을 첨가한 카보나이즈드 니켈양극(carbonized nickel anode), 타이타늄용기와 조합한 공모양의 니켈볼양극(nickel ball anode) 등이 있다.

도유 (oiling) 산세가 완료된 스트립이 재산화되는 것을 방지하고 수요자가 재가공시 가공성을 양호하게 하기 위하여 표면에 방청유를 도포하는 것.

도전율 (electric conductivity) 전기전도도, 전기도전율 혹은 전도율이라고 부르며 물질에 대해 전류가 어느 정도 쉽게 통과할 수 있는 정도를 말한다. 도전율은 온도, 압력 등 물리적 요인과 물질조성에 영향을 받고 있는데 순수한 금속일 경우 합금의 경우보다 높으며 절대온도에 반비례한다. 도전율은 물체

의 (전기밀도)/(전기장)로 표시한다.

도전재료 (materials for electric conductivity) 일반적으로 전류를 잘 통과시키고 전기손실이 적은 재료를 말한다. 그중 대표적인 것이 동(Cu) 및 동합금과 알루미늄(Al) 및 알루미늄합금 등이다. 동은 은(Ag) 다음으로 전기저항성이 낮고 가공성, 내식성이 좋기 때문에 전선, 케이블 등에 사용된다. 알루미늄의 경우 도전율이 동의 약 60%이며 가공성, 내식성 등이 우수해 송전용으로도 사용된다.

도프 (dope) 금속재료에서 특별한 특성을 나타내거나 소멸시키기 위해 금속재료에 소량 원소(불순물)를 첨가시키는 것을 말한다. 특히 반도체 재료의 특성을 발휘하기 위해 불순물을 첨가하는 경우가 많다. 불순물을 첨가시키는 방법으로는 결정성장에 첨가하는 방법, 성장후 확산법에 의해 첨가하는 방법, 이온화 원자를 자기장으로 가속시켜 표면에 투여하는 이온 임플랜테이션(ion implantation) 등이 있다.

도프제 (dope, dopant) 소결중 또는 소결제품을 고온에서 사용할 때 재결정이나 입자성장을 억제하기 위하여 금속분말에 미량 가하는 물질이다.

도프텅스텐 (doped tungsten) 텅스텐(W)에 알루미나, 토리아(Th_2O_3), 레늄(Re) 등을 첨가시켜 결정입계를 강화시킨 텅스텐으로 백열전구 등에 사용하는 텅스텐선의 소재가 된다.

동로드 (Copper Rod) 횡단면의 최대 치수가 6㎜를 초과하는 것으로 순도 99.99%의 전기동을 주원료로하여 생산되며 통신선, 전력선, 에미멜선, 전기·전자 기기용선, 선박용선, 자동차용 전선 등 광범위한 산업에 쓰이는 기초재이다.

돌로마이트 (dolomite) 석회석과 마그네시아로 구성되어 있으며 돌로마이트에 규산, 알루미나, 산화철 등을 소량 함유시켜 염기성 내화벽돌등 내화재료로 사용된다. 색, 조직, 기타 물리적 성질이 석회암과 유사하지만 좀 더 견고하고 용해가 잘 안되기 때문에 석회암보다 다소 저항력이 강하다. ☞ 백운석

돌로마이트벽돌 (dolomite brick) 돌로마이트광석을 소성한 돌로마이트 클링커를 원료로 하는 것과 해수로부터 침전시켜 수산화마그네슘과 생석회의 혼합물을 소성한 클링커를 원료로 하는 것의 두 종류가 있다. 후자를 구별해서 합성돌로마이트벽돌이라고 한다. 돌로마이트벽돌은 조성상 염기성 슬러그에 대해 매우 강한 내식성을 보인다. 용도는 시멘트 킬른용, 전기로 등이 있다.

돌로마이트 클링커 (dolomite clinker) 제조법에 따라 천연, 합성, 전용으로 분류되며 성질상으로는 안정화, 준안정화, 미안정화로 대별된다. 미안정화는 천연산 돌로마이트광을 그대로 고온 소성한 것인데 공기중의 수분과 반응해서 수산화칼슘을 생성, 분해붕괴된다. 준안정화는 산화철을 가해서 소성한 것으로 표면이 코팅되어 내소화성은 향상되어 있지만 아직 유리된 CaO를 함유하고 있기 때문에 소화성은 남아 있다. 안정화는 사문암 등을 가해서 유리된 CaO를 고내산화성의 $3CaO \cdot SiO_2$로 만든 것으로 소화에 대해 안정되지만 침식은 약하다. 돌로마이트 내화물로는 내식성 향상을 위해 준안정화품이 주가 되고 있다.

동 (copper) 원소기호 Cu, 원자번호 29, 원자량 63.546, 비중 8.96, 용융점 1,084.5℃, 비등점 2,580℃, 결정구조 면심입방체, 주기율표상 Ⅰb족인 적색을 띤 금속으로 연하고 인성이 풍부하다. 전성, 연성이 우수하며 주조성, 가공성이 뛰어나고 열, 전기전도율이 높다(전도율은 금속중에서 은(Ag) 다음이다). 또한 아연(Zn), 금(Au), 연(Pb) 등과 같이 비자성이고 내식성이 양호하며 융합성이 풍부하여 합금을 만들기 쉬운 특성 때문에 순수한 동 뿐만 아니라 합금동인 황동이나 청동으로써 선, 판, 스트립, 관, 봉형태로 만들어져 사용되고 있다. 또한 우수한 전기 및 열전도도 때문에 전기공업 관계에 가장 널리 이용되며, 황동, 청동, 단동, 인청동, 양백(洋白), 백동 등 합금의 종류는 매우 다양하다. 이외에, 황산동, 염화동, 산화동 등의 화합물로서도 농약, 의약, 안료 등에 이용된다. 대표적인 동의 광석으로는 황화광과 산화광이 있으며, 산화광은 통상의 방법으로는 선광이 곤란하기 때문에 다른 처리방식에 의하고 있다. 황화광은 채굴조광을 주로 해서 부유선광에 의해 정광으로 만들고, 용광로, 반사로, 자용로 등에서 용련해서 매트와 슬래그로 비중차에 의해서 분리시켜 철분이 높은 슬래그는 수쇄하여 시멘트 원료 등으로 이용되며 매트(matte, $2Cu_2S \cdot FeS$ 화합물)는 레이들에 담아 전로로 보내져서 철(Fe)은 슬래그로 제거되고 유황은 산화시켜 SO_2가스로 제거되면서 조동(blister)을 얻게 된다. 이를 양극동으로 주조하여 전기분해하면 99.99%의 전기동으로 산출된다. 산화광은 황산으로 침출시켜 이 용액을 전해하거나 편석법, 기타 방법에 의해 가루상의 금속동을 얻고 있고 이밖에 여러 종류의 다른 제법이 있다. 세계 생산량은 철, 알루미늄에 이어 세번째로 많으며 주요 생산국으로는 미국, 칠레, 잠비아, 일본, 카자흐스탄, 중국, 벨기에, 독일, 호주, 캐나다, 페루, 러시아 등이 있다.

동강 (copper steel) 동(Cu)은 일반적으로 강중의 불순물이라 여겨져 0.5% 정도 이상이면 열간가공성을 해쳐 표면상태를 악화시킨다. 그러나 0.3% 정도의 첨가는 그다지 기계적 성질을 저하시키지 않고 오히려 치밀한 녹을 발생시켜 대기중에 부식을 견딜 수 있게 된다. 그래서 특히 동을 첨가한 것을 동강 혹은 함동강이라고 해서 미국에서는 상당히 널리 사용되고 있다.

동개발협회 (Copper Development Association) 미국 뉴욕에 본부사무실과 각주에 사무실을 두고 1963년에 설립된 미국의 동관련 단체로서 1997년말 현재 회원수가 약 70개업체에 달하고 있다. 이 협회는 미국 동업계의 시장개발과 기술서비스 제공 등을 목적으로 하고 있다. 약칭으로 CDA라고 부른다.

동관 (copper tube, copper pipe) 동 및 동합금으로 만든 관으로써 사용처에 따라 배관용 동관과 산업용 동관, 콘덴서용 동관으로 구분된다. 생산공정은 용해, 주조, 압출, 인발, 탐상조사, 권취, 소둔, 검사 등을 거쳐 만들어 진다. 배관용 동관은 상수도관, 가스배관, 냉온수배관 등에 사용되며 제품형태별로 직관, 팬 케이크형, 레벨 라운드형, 벤딩형(온돌배관형) 등이 있다. 또한 규격별로는 K형, L형, M형 3가지로 분류되며 비규격으로 N형이 있다. K형은 두께가 두껍고 모든 배관에 사용할 수 있으며 L형은 지하매설관, 옥내외 냉수 및 유수 급수관, 회수관, 상하수도관 등에 사용되며 M형은 K형 및 L형보다 두께가 얇고 경질소둔관으로 온냉수의 급수관, 증기난방용 관, 지하의 하수관, 통기관 등에 사용된다. 공업용 동관은 전기, 전자, 기계, 공조부품 등에 사용되며 무산소동, 인탈산동관과 타프피치동관 등으로 구별되며 그냥 ACR(냉동공조기기)

동관

동관이라고 부르기도 한다. (그림참조)

동관이음쇠 (pipe fittings of copper) 배관용 동관에 끼워 경납땜을 만든 동 및 동합금관의 이음쇠로 T, 90°엘보A, 90°엘보B, 90°엘보C, 45°엘보A, 45°엘보B, 45°엘보C, 리듀서, 소켓, 캡 등이 있다. 그중 90°엘보C와 45°엘보C는 수관에 사용되며 90°엘보B와 45°엘보B는 암관 및 수관에 사용되며 나머지는 모두 암관에 사용된다. KS D 5578에 규정되어 있다. (그림참조)

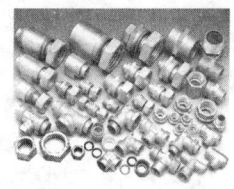
동관이음쇠

동광석 (copper ore) 자연동, 황화광석, 산화광석으로 대별된다. 황화광은 황동광, 휘동광, 반동광, 동람 등, 산화광은 적동광, 흑동광, 공작석, 남동석, 녹염동광, 수담반 등이 중요하다. 일반적으로 산화광은 지표에 가깝고, 황화광은 하층에 존재하고 있다. 황화광은 세계 각지에서 산출, 산화광은 중앙아프리카와 칠레에 고품위인 것이 많으며, 또 자연동은 미국의 미시건주 슈피어리어지방의 것이 잘 알려져 있다. 남안데스산맥의 고지, 중앙아프리카 및 미국 서부의 산악지대가 3대 생산지이다. 주요 동광석 생산국으로는 칠레, 폴란드, 미국, 중국, 캐나다, 페루, 호주, 멕시코, 러시아, 카자흐스탄, 인도네시아, 파푸아뉴기니, 잠비아, 자이레 등이 있다.

동괴 (copper ingot, copper ingot bar) 동의 주괴로 전기동(또는 건식정제동)을 합금 제조용으로 주조한 것을 말한다.

동-니켈합금 (copper nickel alloy) 동-니켈합금은 전율고용체로 니켈(Ni) 55% 부근에서 가장 높은 전기저항, 경도, 인장강도를 가진다. 대표적인 동-니켈합금으로는 동에 니켈 5~30% 첨가한 큐프로니켈, 니켈 18%, 아연(Zn) 24%를 합금한 양은 등이 있으며 양은은 스프링효과가 뛰어나 통신기용 재료에 사용된다. 또한 동에 Ni_2Si를 첨가, 전선용에 사용하는 코르송합금 등이 있다.

동도금 (coppering, copper plating) 동(Cu)은 보통 전기도금에 많이 이용되

며 모재금속의 방수, 내마모성, 장식용 등으로 사용되고 있다. 동은 공기중에서 변색되기 쉽지만 열 및 전기전도도가 양호하고 연하며 연마하기 쉬운 이점이 있다. 그래서 철강재에 있어서 동합금, 아연다이캐스트, 알루미늄플라스틱, 기타 소지금속상의 하지도금과 장식용 하지도금, 전주용 기계부품, 침탄방지용, 착색용 등에 널리 이용된다. 동도금강판을 크게 분류하면 산성액과 알칼리액으로 구분되어지며 산성액으로는 황산동도금액이 주로 사용된다. 시안화동도금액은 1가 이온으로서 1암페어에 2.372g의 동을 석출시키며 황산동도금액은 2가 이온으로서 1암페어에 1.186g의 동을 석출시킨다.

동람 (covelline, covellite morphism, regional metamorphism) ①지각 변동 등에 의해 기존의 광상이 파쇄되고 변형되는 것 ②동황화광물로 6각판상으로 불투명하고 짙은 남청색의 광석으로 보통 휘동광과 함께 발견된다.

동로드 (copper rod) 횡단면의 최대 치수가 6㎜를 초과하는 것으로 순도 99.99%의 전기 동을 주원료로하여 생산되며 통신선, 전력선, 에미멜선, 전기·전자 기기용선, 선박용선, 자 동차용 전선 등 광범위한 산업에 쓰이는 기초재이다. ☞ 동봉

동버스바 (copper bus bar) 동(Cu) 함량 99.9% 이상으로 압연, 인발된 동버스바는 전기전도성 및 굽힘성이 매우 뛰어나 다량의 전류를 효율적으로 공급할 수 있는 배전용, 스위치 등에 사용된다. (그림참조)

동버스바

동복강선 (copper clad stranded cable) 강선의 표면에 동(Cu)을 피복한 전선을 말하며 인장강도가 매우 크기 때문에 지주가 없는 장거리간 송전용으로 적합하다.

동볼 (copper ball) 인탈산동보다 인(P)함량이 높은 (0.04~0.06%) 것을 사용하여 만든 볼모양의 동으로 전기도금용 양극소재이다. 전기도금시 판보다 양극면적이 넓고 작업이 간편하며 손실이 거의 없는 것이 특징이다. 제조방법으로는 대량생산에 적합한 압출 및 단조공정에 의해 실시하며 볼직경은 38, 45, 55㎜ 등을 기준으로 하며 인쇄회로기판(PCB)용

동볼

등에 사용된다. 함인동볼이라고도 부른다. (그림참조)

동봉 (copper rod, copper bar) 전신가공한 단면이 원형, 정사각형, 직사각형, 정육각형인 동으로 만든 것으로 KS D 5101에 규정되어 있다. 동로드라고 부르는데 지름이 8.0㎜를 기본으로 하며 이를 세선가공하여 전력선, 통신선, 에나멜선 등을 만들고 있다.

동분 (copper powder) 분말이나 야금용 전해동분 또는 분무동분을 말하며 동분제조법에 따라 전해법에는 KE 1종, KE 2종이 있으며 분무법에는 KA 1종과 KA 2종으로 나누어져 있다. 그중 동(Cu)의 함유량은 KE 1종만이 99.6% 이상이고 나머지는 99.5% 이상이다. KS D 2105에 규정되어 있다.

동비 (copper to superconductor volume ratio) 구리비라고 하며 안정화재로서 동을 사용하는 복합 초전도선에서의 동(Cu)과 초전도체의 부피비(단면적 비)이다.

동빌릿 (copper billet) 전기동(또는 건식정제동)을 원통형으로 주조한 것. 관, 봉 제조용. (그림참조)

동빌릿

동선 (copper wire) 동(Cu)으로 만든 선을 말한다. 동 60%, 아연(Zn) 40%(46 황동)를 기본으로 동함량에 따라 여러 종류가 있으며, 동 70%인 것은 전연성이 크고, 동 60%인 것은 단단하며 인장강도가 우수하다. 일반적으로는 황색이지만 동의 함유량이 증가함에 따라 금색에 가까워진다. 전성, 연성이 풍부하기 때문에 용도는 매우 넓어서, 신동품에서는 동판 이상으로 소비량이 많다. KS D 5103에서는 타프피치동선과 인탈산동선으로 분류된다. 타프피치동선은 전기, 열전도성이 우수하고 전연성, 내식성, 내후성이 좋아 전기용, 화학공업용, 작은 나사, 못, 철망 등에 사용된다. 인탈산동선은 전연성,용접성, 내식성, 내후성이 좋으며 C1220은 환원성 분위기속에서 고온으로 가열하여도 수소취화를 일으킬 염려가 없고 C1201은 C1220보다 전기전도성이 좋아 작은 나사, 못, 철망 등에 사용된다. 지름 8㎜짜리 동로드를 대선, 중선 등 신선라인에서 가공하여 지름 0.4~3.2㎜의 연동선 및 경동선으로 신선하여 사용하고 있다.

동소변태 (allotropic transformation) 한 물질이 특정온도에서 원래의 결정구조에서 다른 결정구조로 변하는 것을 말한다. 칼슘(Ca)이 450℃에서 면심입방격자에서 조밀육방격자로 변하거나, 타이타늄(Ti)이 880℃에서 조밀육방격자에서 면심입방격자로 변하는 것이 이에 속한다. 비철금속중 코발트(Co)의 경우 430℃에서의 변태는 마르텐사이트변태로 알려지고 있다.

동손 (copper loss) 변압기 손실인 철손, 동손, 미주(迷走)부하손실중 하나로 변압기의 1차 권선과 2차 권선의 저항에서 오는 손실을 말한다. 부하를 가했을 경우 발생하므로 부하손실이라고 한다.

동스크랩 (copper scrap) KS D 2104에 분류기준이 규정되어 있으며 동스크랩은 1호 동선설, 2호 동선설 등 12가지로 분류된다. (그림참조)

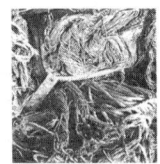

동스크랩

[1] 1호 동선설 : 지름 또는 두께가 1.3㎜ 이상인 동선 및 소선의 지름이 1.3㎜이상인 동연선의 순량인 것으로서 비닐피복, 땜납, 도금 등의 열처리한 것을 혼입하지 않은 것. 여기서 말하는 동선 및 동연선은 KS C 3101, 3102, 3104, 3105, 3106, 및 KS D 5103의 C1100을 말한다. 동피복강선 등의 다른 재료 및 다른 물질이 혼입되어서는 안된다.

[2] 2호 동선설 : 지름 또는 두께가 0.35㎜ 이상 1.3㎜ 미만인 동선 및 소선의 지름이 0.35㎜ 이상 1.3㎜ 미만인 동연선의 순량인 것 또는 지름 또는 두께가 0.35㎜ 이상인 동선의 비닐피복 등을 열처리한 순량인 것 또는 지름 또는 두께가 1.3㎜ 이상인 동선의 땜납, 도금 등을 열처리한 순량인 것을 말한다. 여기서 말하는 동선 및 동연선은 1호 동선설에서 규정한 것과 동일하며 동피복강선 등의 다른 재료 및 다른 물질이 혼입되어서는 안된다.

[3] 1호 소편동 : 동선 또는 동연선을 소편 가공한(단절선) 순량인 것으로서 동함량이 99.9% 이상인 것. 여기서 말하는 동선 및 동연선은 1호 동선설에서 규정한 것과 동일하며 동피복강선 등의 다른 재료 및 다른 물질이 혼입되어서는 안된다. 브리켓된 것(수입 또는 유압기에 의해 덩어리 모양으로 굳어진 것)에 대해서는 인수도 당사자 사이의 협정에 따른다.

[4] 2호 소편동 : 동선, 주석도금 전선, 동연선 또는 주석도금 동연선을 소편 가공한 것으로서 동함량이 99% 이상인 것이며 또한 불순물의 허용량은 주석 0.3% 이하, 알루미늄 0.01% 이하, 니켈 0.05% 이하, 철 0.03% 이하, 안티

모니 0.01% 이하 등에 적합해야 한다. 여기서 말하는 동선 및 동연선은 1호 동선설에서 규정한 것과 동일하며 주석도금 동선은 KS C 3120, 3121에서 규정한 것 또는 그 동등 이상인 것을 말한다. 동피복강선 등의 다른 재료 및 다른 물질이 혼입되어서는 안된다. 브리켓된 것에 대해서는 인수도 당사자 사이의 협정에 따른다.

(5) 3호 소편동 : 동선, 주석도금 동선, 동연선 또는 주석도금 동연선을 소편 가공한 것으로서 동함량이 97% 이상인 것이며 또한 불순물 허용량이 알루미늄 0.50% 이하, 기타 금속 또는 절연물 1% 이하에 적합해야 한다. 여기서 말하는 동선, 주석도금 동선, 동연선 및 주석도금 동연선은 2호 소편동에서 규정한 것과 동일하며 동피복강선 등의 다른 재료 및 다른 물질이 혼입되어서는 안된다. 브리켓 된 것에 대해서는 인수도 당사자 사이의 협정에 따른다.

(6) 상품동설 : 두께 0.30㎜ 이상의 KS D 5101, 5201, 5301의 C1020, 1100, 1201, 1220, KS D 5545의 C1220, KS D 5530의 C1020, 1100 및 KS D 5401의 C1011의 판, 조, 관 및 봉과 이들에 준한 것의 설로서 순량인 것. 다만 1호 동선설 또는 길이가 10㎜ 이하인 작은 조각을 혼입해서는 안된다. 동합금, 동피복강판 등의 다른 재료 및 다른 물질이 혼입되어서는 안된다.

(7) 보통동설 : 지름 또는 두께가 0.35㎜ 이상 1.3㎜ 미만인 KS C 3121의 주석도금 경동선, KS C 3120의 주석도금 연동선을 열처리한 것. 상품동설에 해당되지 않은 KS D 5201, 5101, 5301의 C1020, 1100, 1201, 1220, KS D 5545의 C1220, KS D 5530의 C1020, 1100, KS D 5401의 C1011, 0.35㎜ 이상의 KS D 5103의 C1201, 1220 및 KS D 5401의 C1011과 이들에 준하는 것의 설로서 부식된 것, 너무 태운 것, 다른 재료 및 다른 물질을 혼입하지 않은 것. 동합금, 동피복강선, 동피복강판 등의 다른 재료 및 다른 물질을 혼입해서는 안된다.

(8) 하품동선 : 1호 동선설, 2호 동선설, 상품동설, 보통동설에 해당되지 않은 동선, 동판, 동조, 동봉, 동관, 동주물의 설로서 고동합금(동함유량이 98.6% 이상 99.3% 이하인 합금), 청동, 황동 등의 다른 재료 및 철 등의 다른 물질이 혼입되지 않고 땜납, 타르, 물때 등이 적은 것.

(9) 동절삭설 : 동 절삭설로서 고동합금, 황동, 청동 등의 다른 재료 및 철, 각종 알루미늄합금, 모래 등의 다른 물질이 혼입되지 않고 기름 및 수분이 적은 것. 다만 줄가루, 톱가루 등이 혼입되어서는 안된다.

(10) 잡동동설 : 하품동설에 해당되지 않은 동선(고동합금선을 포함한다), 동

판, 동조, 동봉, 동관 및 동주물의 설과 동절삭설에 해당하지 않은 동절삭설.

〔11〕 단동설 : KS D 5201, 5103의 C2100, 2200, 2300, 2400 및 KS D 5301의 C2200, 2300과 이들에 준한 것의 설로서 순량인 것.

〔12〕 단동절삭설 : 단동설에 기재한 것의 절삭설로서 다른 재료 및 다른 물질이 혼입되지 않고 기름 및 수분이 적은 것. 다만 줄가루, 톱가루 등이 혼입되어서는 안된다.

동-실리콘-몰리브데넘-바나듐주강 (copper silicon molybden vanadium steel casting) 영국에서 개발된 것으로 실리콘(Si) 1.5%, 동(Cu) 1.8%, 바나듐(V) 0.3%를 함유하며 동의 석출경화, 몰리브데넘(Mo)과 바나듐의 복합 탄화물 석출에 의한 2차경화 그리고 실리콘이 마르텐사이트 분해를 늦추는 등의 복합효과를 갖게 한 것으로 고강도, 고경도 주강이다.

동-아연-알루미늄합금 (copper-zinc-aluminium alloy) 동(Cu)에 아연(Zn) 18~22%, 알루미늄(Al) 1.6~3% 정도 첨가한 합금으로 결정립이 미세하고 내해수성이 73황동이나 애드미럴티황동보다 우수한 내식성 황동이다. 여기에 비소와 규소를 소량 첨가하면 알브락, 니켈과 크로뮴을 첨가하면 알루미브라스가 된다. 이밖에 소성가공이 용이하고 가격이 저렴한 형상기억합금으로도 사용되고 있다.

동양극 (Copper Anode) 인탈산동보다 높은 0.04~0.06% P를 함유, 균일한 P 분포로 도금성과 생산성이 우수하며 인쇄회로기판(PCB)의 전기도금용 등으로 쓰인다.

동애노드 (anode copper) 동의 전해정련에 있어서의 양극판이다. 양극동이라고도 한다. 전로 조동을 정제로에 장입하여 산화조업으로 불순물을 슬래그로 제거한 후 용탕속에 경유 또는 천연가스를 불어 넣어 산화조업으로 과산화된 산화동을 다시 동으로 환원시킨 후 전해제련에서 물리·화학적으로 적합한 형태의 양극으로 주조한 것이다.

동와이어바 (copper wire, copper wire bar) 전기동을 전선제조용으로 주조한 선으로 침목과 같은 형태를 하고 있다. 건식정제동으로도 만들며 HCFR (high conductivity fire refined copper)이라고도 한다.

동용접관 (copper welded pipe) 고주파 유도가열 용접 및 티그 용접한 동의 용접관으로 인탈산동 용접관이 있으며 보통급과 특수급으로 나누어진다. 압관성, 굽힘성, 수축성, 용접성, 내식성, 열전도성이 좋고 환원성 분위기속에서 고온으로 가열하여도 수소취성의 염려가 없으며 열교환기, 화학공업용, 급수 급탕용, 가스관 등에 사용된다.

동우라늄광 (torbernite) 우라늄의 원광이며 인산염 광물로, $(UO_2)O$를 61% 함유하고 있다.

동위원소 (isotope) 양자의 수가 같으면서 중성자 수가 다른 원소, 즉 전자의 배치는 같지만 원자핵의 구조가 다른 것을 말한다.

동위원소효과 (isotope effect) 임계온도가 구성원소 원자량의 제곱근에 반비례하는 것으로 이 효과는 BCS이론에 의해 설명된다. ☞ BCS이론

동이력 (dynamic hysteresis) 점탄성체가 가해진 응력이 제거되면 탄성변형은 시간의 경과와 함께 서서히 회복하지만 점성유동으로 생긴 변형은 잔류하는 현상을 응력과 변형의 관계도 안에 그린 폐곡선이다.

동재 (copper slag) 동제련공정에서 발생하는 찌꺼기로서 동광석에 포함되어 있는 철분을 규사, 석회석 등을 첨가하여 철화합물로 만들어 비중차이를 이용하여 분리 제거시킨다. 화학조성은 FeO, Fe_3O_4, SiO_2, CaO, Al_2O_3 등으로 구성되어 있다.

동적 수소저장특성 (property of dynamic hydride formation) 수소화 및 탈수소화 반응의 비평형 상태에서 나타나는 제반 물성을 말하며 반응속도, 초기 활성 등을 포함한다.

동적 안정화 (dynamic stabilization) Nb_3Sn 테이프 등의 경우에 표면에 동 (Cu)으로 피복함으로써 자속의 운동을 제어하는 것.

동정광 (copper concentrate) 채굴된 동광석을 부유선광법에 의해 선광하여 동함량을 30% 내외의 품위로 높인 200메시 정도의 가는 입자상 분말로서

이를 용광로나 자용로에서 정련하여 조동을 만든다. 주요 성분은 동(Cu), 철(Fe), 유황(S), 규사(Si)로 되어 있으며 금(Au), 은(Ag) 등이 소량 포함되어 있다.

동주물 (copper casting) 순동으로 만든 주물로 동함유량에 따라 1종(99.5% 이상), 2종(99.7% 이상), 3종(99.9% 이상) 등 3종류가 있다.

동-철합금 (copper iron alloy) 동(Cu)에 1~3%의 철(Fe)과 0.01~0.15%의 인(P)을 첨가한 동합금으로 기계적 성질이 우수하다.

동축케이블 (coaxial cable) 장거리 시내전화 선로용 케이블로써 도체를 동축 원통으로 배열한 케이블이며 1회선으로 동시에 다수의 송화를 할 수 있다.

동케이크 (copper cake) 전기동 또는 건식정제동를 후판상으로 주조한 것으로써 판제조용의 압축하지 않은 동이다.

동-콘스탄탄열전대 (copper constantan thermocouple) 열전대의 일종으로 300℃ 이하의 온도에서 사용된다. ☞ 열전대

동판 (copper sheet, copper plate) 판으로 압연한 동제품을 말하며 KS D 5201에 규정되어 있다. 무산소동판과 타프피치동판, 인탈산동판 등이 있다. 무산소동판은 전기, 열전도성, 전연성, 드로잉 가공성이 우수하고 용접성, 내식성, 내후성이 좋아 환원성 분위기 속에서 고온으로 가열하여도 수소취화가 일어나지 않는다. 타프피치동판은 전기, 열전도성이 좋고 전연성, 드로잉 가공성, 내식성, 내후성이 좋다. 인탈산동판은 전연성, 드로잉 가공성, 용접성, 내식성, 내후성 등이 좋으며 고온에서 가열하여도 수소취화가 일어나지 않는다.

동판부식 (copper corrosion) 기름중에 함유되어 있는 미황산 및 부식성 유황물질로 인한 금속의 부식여부 확인시험.

동피복 알루미늄선 (copper clad aluminium wire) 알루미늄선위에 10% 정도의 동(Cu)을 씌운 선으로써 동과 알루미늄(Al)의 금속간화합물 생성에 따라 가공시 박리현상이 일어날 수 있기 때문에 알루미늄선 표면위에 두 금속과 화

합물을 만들지 않는 제3의 금속으로 도금한 후 동피막을 씌워 사용하고 있다.

동합금 (copper alloy) 동(Cu)이 지닌 물성에 강도 등의 특성을 부여하기 위해 아연(Zn), 주석(Sn), 알루미늄(Al), 니켈(Ni), 규소(Si), 연(Pb), 망간(Mn), 베릴륨(Be), 철(Fe) 등 하나 이상의 합금원소를 첨가한 것을 말하는데 동은 융합성이 풍부하기 때문에 합금을 만들기 쉬워서 종류가 매우 많다. 황동(동, 아연), 청동(동, 주석), 인청동(동, 주석, 인), 양백(동, 아연, 니켈), 알루미늄청동(동, 아연, 알루미늄) 등이 있으며 동합금의 2원계 상태도에는 황동형(Cu-Zn, Cu-Ti, Cu-Cd), 청동형(Cu-Sn, Cu-Si, Cu-Al, Cu-Be), 공정형(Cu-Pb, Cu-P, Cu-Cr), 전율고용형(Cu-Ni) 등 4가지가 있다.

(1) Cu-Zn계 : 일반적으로 황동이라고 부르며 생산량이 가장 많고 단동, 73황동, 65-35황동, 46황동 등이 있고 아연의 함량을 조정하여 그 양만큼 다른 금속을 첨가시켜 길드메탈, 커머셜 브론즈, 레드 브라스, 로 브라스, 네이벌 황동, 애드미럴티 황동, 고력황동 등이 있다.

(2) Cu-Sn계 : 청동이라고 부르며 강도, 스프링성 개선에 유효하며 인을 0.03~0.5% 첨가하면 유동성이 개선된다. 주석 6~8%의 합금을 250℃에서 어닐링하면 인청동이 되며 주석 4%, 연 4%, 아연 3%의 합금은 절삭성이 좋아 쾌삭인청동이라고 한다.

(3) Cu-Al계 : 알루미늄을 7~12% 함유하는 합금을 알루미늄청동이라고 하고 강도, 내식성이 뛰어나 선박의 추진기, 프로펠러 재료로서 사용된다.

(4) Cu-Ni계 : 니켈 10~30% 합금에 소량의 철, 망간을 첨가한 것을 큐프로 니켈이라고 하며 내해수성이 뛰어나다. 또한 니켈의 일부를 아연으로 치환한 금속을 양은이라고 한다.

(5) Cu-Be계 : 석출경화형 합금으로 동에 베릴륨 0.4~2.0%, 코발트 0.2~0.6%를 첨가하는 것이 일반적이며 내마모성, 내식성 등이 우수해 고급 스프링재료, 용접용 전극 등으로 사용된다.

(6) Cu-Ti계 : 온도에 따라 용해도가 변하는 담금질-템퍼링에 의한 시효경화형 합금으로 고력스프링 재료나 고력전도용 재료로서 사용된다.

(7) Cu-Cr계 : 석출경화형 합금으로 용접용 전극재료에 적합하다.

동합금관 이음쇠 (pipe fittings of copper alloy) ☞ 동관이음쇠

동합금봉 (copper alloy rods, copper alloy bars) 전신가공한 단면이 원형,

정사각형, 직사각형, 정육각형 등의 동합금으로 만든 봉으로써 압출봉과 드로 잉봉으로 나누어지며 화학성분에 따라 황동봉, 쾌삭황동봉, 단조용황동봉, 네이벌황동봉, 알루미늄청동봉, 고강도황동봉 등이 있다. 황동봉은 냉간 단조성, 전조성, 열간가공성이 좋아 기계부품, 전기부품 등에 사용된다. 쾌삭황동봉은 절삭성이 우수하고 C3601, C3602는 전연성이 좋기 때문에 볼트, 너트, 작은 나사, 스핀들, 기어, 밸브, 라이터 등에 사용된다. 단조용황동봉은 열간단조성이 좋고 정밀단조에 적합할 뿐만 아니라 피절삭성이 좋아 밸브, 기계부품에 사용된다. 네이벌황동봉은 내식성 특히 내해수성이 좋아 선박용 부품, 샤프트 등에 사용된다. 알루미늄청동봉은 강도가 높고 내마모성, 내식성이 좋아 차량기계용, 화학공업용, 선박용 기어 피니언, 샤프트 부시 등에 사용된다. 고강도황동봉은 강도가 높고 열간단조성, 내식성이 좋아 선박용 프로펠러축, 펌프축에 사용된다.

동합금선 (copper alloy wire) 전신가공한 단면이 원형, 직사각형, 정사각형, 정육각형 등 동합금으로 만든 선으로써 단동선, 황동선, 니플용 황동선, 쾌삭황동선 등으로 구분된다. 단동선은 색상이 아름답고 전연성, 내식성이 좋아 장신구, 파스너, 철망 등에 사용된다. 황동선은 전연성, 냉간단조성, 전조성이 좋아 리벳, 작은 나사, 핀, 코바늘, 스프링 등에 사용되며 니플용 황동선은 피삭성, 냉간단조성이 우수해 자전거 니플에 사용된다. 쾌삭황동은 피삭성이 우수하며 전연성이 좋아 볼트, 너트, 작은 나사, 전자부품, 카메라부품 등에 사용된다.

동합금스크랩 (copper alloy scrap) KS D 2104에 다음과 같이 규정되어 있다.
〔1〕 1호 탄피설 : 폭탄뇌관을 떼어낸 소각하지 않은 KS D 5201의 C2600의 탄피설로서 다른 재료 및 다른 물질이 혼입되지 않은 것. 다만 부식된 것을 제외한다.
〔2〕 2호 탄피설 : 미사격 및 불발탄을 제외한 소각하지 않은 KS D 5201의 C2600의 권총, 소총, 및 기관포의 뼈대 탄피설로서 탄두, 철 등의 다른 물질이 혼입되지 않은 것. 다만 부식된 것은 제외한다.
〔3〕 3호 탄피설 : 소각된 KS D 5201의 C2600의 탄피설로서 탄두, 철, 재 등의 다른 물질이 혼입되지 않은 것. 다만 부식된 것은 제외한다.
〔4〕 1호 신황동설 : 두께 0.2㎜ 이상의 KS D 5201의 C2600, 2680, 2720 및 이에 준하는 것을 절단 또는 편칭한 순량의 신설. 다만 1변 10㎜ 이하의

작은 조각이 혼입되어서는 안된다. KS D 5201의 C3560, 3561, 3710, 3713, 4621, 4640의 설이 혼입되어서는 안된다.

(5) 2호 신황동설 : 두께 0.2㎜ 이상의 KS D 5201의 C2801 및 이에 준하는 것을 절단 또는 편칭한 순량의 신설. 다만 1변 10㎜ 이하의 작은 조각이 혼입되어서는 안된다. KS D 5201의 C3560, 3561, 3710, 3713, 4621, 4640의 설이 혼입되어서는 안된다.

(6) 상품 황동설 : 두께 0.2㎜ 미만의 KS D 5201의 C2600, 2680, 2720, 2801 및 이에 준하는 것을 절단 또는 편칭한 순량의 신설. 1호 신황동설 및 2호 신황동설에 규정한 것의 고설로서 순량인 것. KS D 5103, KS D 5301의 C2600, 2700, 2800 및 KS D 5545의 C2600, 2680과 이에 준하는 것의 설로서 순량인 것. KS D 5201의 C3560, 3561, 3710, 4621, 4640 및 KS D 5301의 C4430, 6870, 6871, 6872와 그밖의 다른 재료가 혼입되어서는 안된다.

(7) 황동봉 지금설 : KS D 5101의 C3601, 3602, 3603, 3604, 3712, 3771, KS D 5103의 C3501 및 KS D 5201의 C3560, 3561, 3710, 3713과 이들에 준하는 설로서 다른 물질이 부착되어 있지 않은 것. KS D 5301의 C4430, 6870, 6871, 6872, KS D 5101의 C6782, 6783 및 KS D 6001의 모든 황동주물과 그밖의 다른 재료가 혼입되어서는 안된다.

(8) 보통 황동설 : 상기 (1)~(7)에 해당하지 않은 황동판, 조, 관, 봉 및 선과 이것에 준하는 것의 설로서 다른 물질이 부착되지 않은 것. KS D 5301의 C4430, 6870, 6871, 6872 및 그밖의 다른 재료가 혼입되어서는 안된다.

(9) 황동 절삭설 : 황동판, 조, 봉, 선, 관의 절삭설로서 철, 각종 알루미늄합금, 흙, 모래 등의 다른 물질이 혼입되지 않고 기름 및 수분이 적은 것. 다만 줄가루, 톱가루 등이 혼입되어서는 안된다. KS D 5301의 C4430, 6870, 6871, 6872, KS D 5101의 C6782, 6783 및 KS D 6001의 모든 황동주물과 그밖의 다른 재료가 혼입되어서는 안된다.

(10) 네이벌 황동설 : KS D 5201의 C4621, 4640 및 KS D 5101의 C4622, 4641과 이들에 준하는 것의 설로서 순량인 것.

(11) 인청동설 : KS D 5506의 C5111, 5102, 5191, 5212, KS D 5202의 C5111, 5102, 5191, 5212의 봉 및 지름 1.3㎜ 이상인 선과 이들에 준하는 것의 설로서 순량인 것. KS D 5102의 C5341, 5441의 설이 혼입되어서는 안된다.

(12) 인청동 절삭설 : 인청동설에 규정된 것의 절삭설로서 기름 및 수분이 적

은 것. 다만 줄가루, 톱가루 등이 혼입되어서는 안된다. KS D 5102의 C5341, 5441의 절삭설이 혼입되어서는 안된다.

〔13〕 인청동망 설 : KS D 5557중의 제지용 인청동망, KS D 5556중의 인청동망 및 KS D 5102의 C5111, 5102, 5191, 5212의 지름 1.3㎜ 미만인 선과 이들에 준하는 것의 설로서 다른 재료 및 다른 물건이 혼입되지 않은 것.

〔14〕 잡종 인청동설 : 〔11〕~〔13〕에 해당하지 않은 인청동설 및 KS D 5102의 C5341, 5441 설로서 다른 재료 및 다른 물질이 혼입되지 않은 것.

〔15〕 양백설 : KS D 5506의 C7351, 7451, 7521, 7541, KS D 5102의 C7451, 7521, 7541, 7701과 이들에 준하는 것의 설로서 순량인 것. KS D 5102의 C7941의 설이 혼입되어서는 안된다.

〔16〕 양백 절삭설 : 양백설의 절삭설로서 다른 재료 및 다른 물질이 혼입되지 않고 기름 및 수분이 적은 것. 다만 줄가루, 톱가루 등이 혼입되어서는 안된다. KS D 5102의 C7941의 절삭설이 혼입되어서는 안된다.

〔17〕 잡종 양백설 : 양백설에 해당하지 않은 양백설. 양백절삭설에 해당하지 않은 양백 절삭설 및 KS D 5102의 C7941설로서 다른 물질이 혼입되지 않은 것.

〔18〕 베릴륨 동설 : KS D 5202의 C1700, 1720 및 KS D 5102의 C1720과 이들에 준하는 실로서 순량인 것.

〔19〕 베릴륨 동 절삭설 : 베릴륨 동설의 절삭설로서 다른 재료 및 다른 물질이 혼입되지 않고 기름 및 수분이 적은 것. 다만 줄가루, 톱가루 등이 혼입되어서는 안된다.

〔20〕 잡종 베릴륨 동설 : 베릴륨 동설에 해당하지 않은 베릴륨 동의 설 및 베릴륨 동절삭설에 해당하지 않은 베릴륨 동 절삭설로서 다른 물질이 혼입되지 않은 것.

〔21〕 백동설 : KS D 5201의 C7060, 7150 및 KS D 5301의 C7060, 7100, 7150, 7164와 이에 준한 것의 설로서 순량인 것.

〔22〕 백동 절삭설 : 백동설의 절삭설로서 다른 재료 및 다른 물질이 혼입되지 않고 기름 및 수분이 적은 것. 다만 줄가루, 톱가루 등이 혼입되어서는 안된다.

〔23〕 알루미늄 청동설 : KS D 5201의 C6140, 6161, 6280, 6301 및 KS D 5101의 C6161, 6191, 6241과 이들에 준하는 것의 설로서 순량인 것.

〔24〕 알루미늄 청동 절삭설 : 알루미늄 청동설의 절삭설로서 다른 재료, 다른 물질이 혼입되지 않고 기름 및 수분이 적은 것. 다만 줄가루, 톱가루 등이 혼입되어서는 안된다.

(25) 니켈 동합금설 : KS D 5546의 니켈 동합금 판 및 KS D 5539의 이음 매없는 니켈 동합금관과 이에 준하는 설로서 수량인 것.

(26) 니켈동합금 절삭설 : 니켈동합금설의 절삭설로서 다른 재료, 다른 물질이 혼입되지 않고 기름 및 수준이 적은 것. 다만 줄가루, 톱가루 등이 혼입되어서는 안된다.

(27) 잡종 니켈동합금설 : 니켈 동합금설에 해당하지 않은 니켈동합금설 및 니켈동합금 절삭설에 해당하지 않은 니켈동합금 절삭설로서 다른 물질이 혼입되지 않은 것.

(28) 상품 황동 주물설 : KS D 6001의 황동 주물 및 이들에 준한 것의 설로서 그밖의 다른 재료가 혼입되지 않은 순량인 것.

(29) 보통 황동 주물설 : 상품 황동 주물설에 해당하지 않은 황동 주물의 설로서 수량인 것.

(30) 황동주물 절삭설 : 상품 황동주물설 및 보통 황동주물설의 절삭설로서 다른 재료 및 다른 물질이 혼입되지 않고 기름 및 수분이 적은 것. 다만 줄가루, 톱가루 등이 혼입되어서는 안된다.

(31) 고강도 황동 주물설 : KS D 6007의 고강도 황동 주물 및 이들에 준하는 것의 설로서 수량인 것.

(32) 고강도 황동주물 절삭설 : 고강도 황동주물설의 절삭설로서 다른 재료 및 다른 물질이 혼입되지 않고 기름 및 수분이 적은 것. 다만 톱가루, 줄가루 등이 혼입되어서는 안된다.

(33) 잡종 황동설 : 상기 (8)~(10) 및 (28)~(32)에 해당하지 않은 황동판, 조, 봉, 관 및 황동주물의 설 및 절삭설로서 철, 기타 다른 물질이 혼입되지 않은 것.

(34) 냉각기 설 : 항공기, 자동차 등의 냉각기의 설로서 알루미늄, 철, 기타 다른 물질이 부착되지 않은 것.

(35) 상품 청동주물설 : KS D 6002의 청동주물 2종, 3종 및 KS D 6010의 인청동 주물과 이들에 준하는 것의 설로서 1개 무게가 30kg 이하 3kg 이상의 순량인 것.

(36) 중품 청동주물설 : KS D 6002의 청동주물 7종 및 이것에 준하는 설로서 1개의 무게가 30kg 이하 1kg 이상의 순량인 것.

(37) 보통 청동주물설 : KS D 6002의 청동주물 6종 및 이것에 준하는 설로서 1개 무게가 30kg 이하 200g 이상의 순량인 것.

(38) 하품 청동주물설 : 청동주물 1종 및 이것에 준하는 설로서 1개 무게가

30kg 이하 200g 이상인 순량인 것.

〔39〕 상품 청동주물 절삭설 : 상품 청동 주물설의 절삭설로서 다른 물질 및 다른 재료가 혼입되지 않고 기름 및 수분이 적은 것. 다만 톱가루, 줄가루 등이 혼입되어서는 안된다.

〔40〕 보통 청동주물 절삭설 : 중품 및 보통 청동 주물설의 절삭설로서 다른 물질 및 다른 재료가 혼입되지 않고 기름 및 수분이 적은 것. 다만 톱가루, 줄가루 등이 혼입되어서는 안된다.

〔41〕 하품 청동주물 절삭설 : 하품 청동 주물설의 절삭설로서 다른 물질 및 다른 재료가 혼입되지 않고 기름 및 수분이 적은 것. 다만 톱가루, 줄가루 등이 혼입되어서는 안된다.

〔42〕 베어링용 청동주물설 : KS D 6011의 연일 청동주물 및 이것에 준하는 것의 설로 순량인 것.

〔43〕 베어링 청동 주물절삭설 : 베어링 청동 주물의 절삭설로서 다른 물질 및 다른 재료가 혼입되지 않고 기름 및 수분이 적은 것. 다만 톱가루, 줄가루 등이 혼입되어서는 안된다.

〔44〕 알루미늄 청동주물설 : KS D 6015의 알루미늄 청동주물 및 이것에 준하는 것의 설로서 순량인 것.

〔45〕 알루미늄 청동주물 절삭설 : 알루미늄 청동주물설의 절삭설로서 다른 물질 및 다른 재료가 혼입되지 않고 기름 및 수분이 적은 것. 다만 톱가루, 줄가루 등이 혼입되어서는 안된다.

〔46〕 잡종 청동 주물설 : 상기 〔35〕~〔45〕에 해당하지 않은 청동주물 및 절삭설로서 다른 물질이 혼입되지 않은 것.

〔47〕 은입동설 : KS C 2671의 정류자편 2종으로 동과 은의 함량이 99.9% 이상 순량인 것으로서 은함량이 0.15~0.25%인 것.

동합금스프링재 (copper alloy materials for spring) 현재 실용화된 스프링용 동합금으로는 황동, 청동, 베릴륨동, 금 및 은계합금과 황동을 혼합시킨 것 등이 있다. 이들의 특성은 탄성한도 및 탄성계수, 피로한도가 높고 성형가공성이 좋으며 자성이 없다는 것이다.

동합금용접관 (copper alloy welded pipe) 고주파 유도가열 용접 및 티그 용접한 동의 용접관으로 황동용접관, 애드미럴티 용접관, 백동용접관 등이 있으며 각각 보통급과 특수급으로 나누어진다. 황동용접관은 압관성, 굽힘성, 수축성, 도금성이 좋으며 열교환기, 커튼봉, 위생관, 모든 기기부품, 안테나 로드 등에 사용되며 애드미럴티 용접관은 내식성이 좋아 가스관, 열교환기용 등에 사용된다. 백동용접관은 내식성 특히 내해수성이 좋고 비교적 고온의 사용에 적합하여 악기용, 건재용, 장식용, 열교환기용 등에 사용된다. KS D 5545에 규정되어 있다.

동합금판 (copper alloy sheets, copper alloy plates) 압연한 동합금의 판으로 단동판, 황동판, 쾌삭황동판, 주석함유동판, 애드미럴티 황동판, 네이벌 황동판, 알루미늄청동판, 백동판, 인쇄용동판, 뇌관용동판, 악기리드용 황동판 등이 있다. KS D 5201에 규정되어 있다.

되풀이템퍼링 (multiple tempering) 한번에 템퍼링으로 효과가 충분하지 않을 때 템퍼링을 2~3회 되풀이 하는 조작으로 다중템퍼링이라고 한다.

두랄루민 (duralumin) 대표적인 고력 알루미늄합금으로 알루미늄(Al)에 동(Cu) 3.5~5.0%, 마그네슘(Mg) 0.2~0.8%와 소량의 철(Fe), 규소(Si)를 첨가한 열처리형 합금이다. 500℃ 부근에서 물에 담금질한 후 시효처리하면 시효경화에 의하여 인장강도가 380~400MPa에 이르게 된다. 시효경화성이 강하고 저온과 고온에서도 강도와 신장을 유지하기 때문에 항공기 부품이나 경합금 구조용 재료로서 널리 사용된다. 두랄루민이란 명칭은 독일 Durener Metall Werk AG가 판매하기 시작한 상품명에서 유래된 것이다.

두부팽창 (spongy top) 용융금속을 주형에 주입한 후에 주괴 두부가 해면상으로 불규칙하게 부풀어 오른 것으로 주요 발생원인은 리빙액션의 불량, 세미킬드 및 킬드금속에서의 탈산부족에 의한다.

둑 (gate, ingate) 탕구계의 일부분으로 용탕이 세로 탕구에서 탕도를 지나 주형공간으로 유입되는 부분을 말한다. 둑 위치의 배치 및 단면형상과 치수는 주형내의 탕의 유량, 용탕의 온도경사, 탕주변의 상태 등을 지배하며 주물의 완성도에 영향을 미친다.

뒤붙임 (backing, backing material) 그루브의 바닥부의 뒤에서 대는 재료로 이에 의해 충분한 용입을 주고 동시에 용락을 방지한다. 부재와 동종 또는 이

종인 금속이나 세라믹, 석면, 입자상 플럭스 등의 내열성 비금속재료가 사용된다.

뒤붙임모래 (backing sand) 이면사, 바닥사, 압사 등으로 불린다. 표면사 위에 겹쳐서 다져 주형내의 빈곳을 채워서 표면사를 지탱함과 동시에 주탕시의 탕압이나 가스압에 대해 주형에 충분한 강도를 갖게 하는 것.

뒤틀림 (twisting) 봉제품에서 볼 수 있는 현상으로 일부분이 뒤틀린 것 또는 전장에 걸쳐 일정한 피치로 뒤틀린 것이 있다. 원인은 리더 공형의 형상불량, 마무리 유도장치의 조정불량, 트위스트 장치가 있는 것에서는 그 조정불량에 의한다. 이외에 냉간압연, 조질압연 후 절판으로 했을 때 판의 대각선 방향으로 휘는 것을 가리키는 경우도 있다. 이는 상하 워크롤의 축심이 지나지 않는 소위 크로스 상태에서 압연했을 때 발생하는 것이다.

듀나이트 (dunite) 감람석(olivine)의 일종으로 철고토 감람석이라고 부른다. 마그네시아와 철분이 풍부한 것이 특징이며 내화도가 높고 열팽창도가 낮아서 내화벽돌의 원료로서 주물사로도 사용된다. 또한 균열로의 바닥재로도 이용되고 있다.

듀라나메탈 (durana metal) 동-아연(Cu-Zn계)합금으로 동 59~65%. 주석(Sn) 2%, 알루미늄(Al) 2%, 철(Fe) 0.4~2%, 나머지 아연의 합금이다. 철이 첨가되어 있기 때문에 강도가 크고 점성도 비교적 잃지 않은 특징이 있으며 항장력이 커서 선박판, 선박용 기계부품에 사용된다.

듀라니켈 (Duranickel) 니켈(Ni) 94%, 알루미늄(Al) 4.5%의 니켈합금으로 Z-nickel이라고 부르는 시효경화성 합금이다. 시효경화에 의해 기계적 성질이 개선되며 고강도 및 내식성을 요하는 기계부품 등에 사용된다.

듀롱-프티의법칙 (Dulong-Petit's rule) 고체의 정용비열 C_v가 $3R = 24.9(J/mol \cdot K)$와 같다고 하는 법칙으로써 고온 영역의 단원자 결정에서 잘 성립하며 고체의 각 원자가 탄성진동을 하는 것으로서 에너지 등분배 법칙으로부터 유도되는 법칙이다.

듀린벌 (Durinval) 시효경화로에 의해 경도를 높여서 크로노메타용 스프링에 사용하는 합금으로 조성은 니켈(Ni) 42%, 알루미늄(Al) 2%, 티타늄(Ti) 2%, 나머지 철(Fe) 등이다.

듀멧선 (Dumet wire) 전자관, 전구, 방전램프, 반도체 디바이스 등의 연질 유리 봉입부에 사용되며 철-니켈합금을 심재로 하고 동(Cu)을 피복한 복합선으로 다시 표면을 옥시다이스드 다듬질 또는 보레이트 다듬질을 한 것이다. KS D 5603에는 1종과 2종으로 구분했으며 1종은 전자관, 전구, 방전램프 등에 사용하고 2종은 반도체 디바이스에 사용된다. 주요 화학성분으로는 니켈(Ni) 41~48%, 망간(Mn) 0.20~1.25%, 규소(Si) 0.3% 이하, 탄소(C) 0.1% 이하, 황(S) 0.02% 이하, 인(P) 0.02% 이하, 나머지는 철(Fe)로 구성되어 있다.

드라이플레이팅 (dry plating) ☞ 건식도금

드로브 (Drove) 미국 스크랩규격인 ISRI(Institute of Scrap Recycling Industries, Inc)규격중 동베어링스크랩(copper bearing scrap)의 통칭으로 동재, 철분을 함유하는 동, 황동재 등으로 이루어지는 각종 스크랩을 말한다.

드로스 (dross) 금속이나 용융도금을 할 때 표면 또는 바닥부에 발생하는 이물질(앙금)을 말한다. 금속의 산화물 또는 금속간화합물이 주성분이며 이에 불순물의 산화물을 함유하고 있다.

드로잉 (drawing) 재료를 잡아 당겨서 단면을 작게 하는 작업으로 보통은 상하면을 압축하고 그 다음에 90° 회전시켜 다른 변을 압축해서 사각형으로 만들면서 늘린다. 재료의 중심까지 단련하려면 앤빌 폭이 넓은 쪽이 효과적으로 응력이 큰 편이 좋다. 그러나 앤빌 폭이 지나치게 넓은 경우에는 불균형한 연신이 된다. 인발이라고 한다.

드로잉가공 (drawing process) 선, 봉, 관 등을 냉간 또는 열간에서 소재단면보다 작은 치수의 다이스를 통해 드로잉하여 다이스 구멍과 같은 모양의 단면의 제품을 제조하는 가공법이다.

드로잉 다이 (drawing die) 선재의 외경을 가늘게 하기 위해 다이스(원추형

또는 나팔상의 구멍을 준 틀)를 통과시켜 인발작업을 하는데 이 틀을 말한다.

드류드 (Druid)　미국 스크랩규격인 ISRI(Institute of Scrap Recycling Industries, Inc)규격중 절연된 동선스크랩(insulated copper wire scrap)의 총칭이다.

드림 (Dream)　미국 스크랩규격인 ISRI(Institute of Scrap Recycling Industries, Inc)규격중 하급 동스크랩(light copper)의 통칭으로 동의 함유량이 통상 92%(최저 88%)의 동판 홈통, 물주전자, 보일러, 기타 이와 관련된 각종 동스크랩을 말한다.

드링크 (Drink)　미국 스크랩규격인 ISRI(Institute of Scrap Recycling Industries, Inc)규격중 정련용 황동스크랩(refinery brass)의 통칭으로 동 함유량이 61.3% 이상, 철 5% 이하인 황동, 청동스크랩 및 불순물을 내포하는 동스크랩으로 이루어지며 정련용으로 사용할 수 있다.

드와이트 로이드소결기 (Dwight-Lloyd sintering machine)　동(Cu), 연(Pb), 철(Fe)의 분광에 이용하는 연속식 소결기로 소결기 끝에서 원료를 장입해서 표면에 점화하고 다른 끝에서 소결이 완료된 케이크를 배출, 이것을 파쇄, 냉각, 체분리해서 소결광으로 만든다. 연광의 소결에 가장 널리 이용되고 있다.

들어올리기 담금질 (interrupted quenching)　시간담금질(time quenching)의 일종으로 담금질 온도로 가열된 소재를 처음에 물 또는 오일에 담금질해서 적당한 시간을 유지한 후 들어올려서 공기중에서 냉각하고 적당한 시기를 보아 다시 수중급랭 또는 유중급랭을 한다. 단계담금질이라고 한다.

들어올림 각도 (angle fall)　샤르피 또는 아이조드 충격시험에서 해머를 자유로이 달아맨 상태에서 시험편을 타격하기 위하여 소정의 높이까지 해머를 들어올렸을 때 해머의 회전각도로써 시험기마다 미리 정해져 있다.

등방향성자석 (isotropic magnet)　모든 방향에 거의 같은 자성을 갖는 영구자석으로 일반자석이 이에 속한다.

등베기 (setting down) 소재의 어느 선을 경계로 해서 한 쪽을 소재의 치수대로 남기고 다른 쪽을 늘려서 가늘게 하는 작업이다. 이 작업은 해머나 프레스 등으로 직접 가압하기만 해서는 정확한 각을 줄 수가 없으므로 끌이라고 불리는 도구를 사용해서 벤자국을 내놓고 가압하면 정확한 각을 줄 수가 있다.

등압성형법 (isostatic pressing) 분말을 모든 방향으로부터 거의 같은 압력으로 성형하는 것으로써 성형체 또는 소결체에 적용하는 경우를 포함하며 정수압성형이라고도 한다.

등축정조직 (equiaxed structure) 결정입자의 길이가 어느 방향이나 거의 같은 것으로 구성되어 있는 조직이다. 주로 주물에 생기는 조직의 하나로 등방적 형상과 무질서한 결정방위를 가진 결정립이다.

디디뮴 (didymium) 네오디뮴(Nd)과 프라세오디뮴(Pr)의 화합물로 원래는 하나의 희토류 원소라고 생각되어 왔으나 나중에 양 원소로 분리되었다. 마그네슘(Mg)합금의 강도를 높이기 위한 첨가제로 사용되며 이밖에 세라믹 콘덴서, 유리 착색제 등에 사용된다. 디딤이라고도 한다.

디딤 (didym) ☞ 디디뮴

디스프로슘 (dysprosium) 원자기호 Dy, 원자번호 66, 비중 8.54, 용융점 1,407℃, 비등점 2,600℃, 주기율표상 Ⅲa족에 속하는 희토류 원소이다. 가드린석 등에 함유되어 소량 존재하며 저온에서 초전도성을 보인다.

디아스폴 (diaspore) 알루미늄(Al) 원광석의 일종으로 알루미나를 약 85% 함유하는데 대광상을 형성하지 않기 때문에 알루미늄원료로서의 가치는 적다.

디코이 (Decoy) 미국 스크랩규격인 ISRI(Institute of Scrap Recycling Industries, Inc)규격중 큐프로니켈 절삭스크랩 및 보링스크랩(cupro-nickel turnings and borings)의 총칭으로 순수한 양질의 건조된 큐프로니켈의 절삭스크랩 및 보링스크랩을 말한다.

디프드로잉 (deep drawing) 다이스 위의 금속판을 편치로 컵모양이나 깡통모양으로 아주 깊게 만드는 성형가공을 말하며 수축률이 큰 것이 특징이다.

디프드로잉성 (deep drawability) 다이스면 위에 소재가 다이스홈내로 조여 들어갈 수 있는 정도로써 그 정도에 따라서 드로잉성(DQ), 디프드로잉성(DDQ), 초디프드로잉성(EDDQ)으로 구별하여 호칭된다.

디프드로잉시험 (deep drawing test) 다이스면 위에 있는 시험편부분을 펀치의 힘으로 다이스 홈내로 조여 넣어서 디프드로잉(깊은 인발성) 한계를 구하는 시험이다. 스워프트 디프드로잉시험, 에릭슨 디프드로잉시험, 원뿔 다이 디프드로잉시험 등이 있다.

디프드로잉한계 (deep drawing limit) 균열이 발생하지 않고 디프드로잉할 수 있는 최대의 시험편 지름을 말하며 펀치지름과의 비를 한계단면수축비 (L.D.R. 로 약칭)또는 한계단면수축률(한계 단면수축비의 역수) 등으로 표시한다.

디플렉터 롤 (deflector roll) 일반적으로 연속설비에 사용하는 롤로 구동되지 않고 단순히 판의 방향을 위나 아래로 변경하기 위한 롤을 말한다. 또 프로세서의 일부로서도 사용되어 스트립을 벤딩시켜 재질의 개선에 사용하는 롤을 가리키는 경우도 있다.

딜러 (dealer) 일반적으로 판매업자를 가리키는 말이다. 그밖에 상품 및 금융 선물중개사, 스크랩업자, 오퍼중개상 등을 지칭하는 경우도 있다.

딜러토미터 (dilatometer) 고온에서 금속의 열팽창을 측정하기 위하여 Cheverard에 의해 고안된 팽창계이다. 피검사체를 용융 석영제 관에 넣고 같은 용융 석영봉으로 눌러 관과 봉의 상대 변위를 거울로 검출해 열팽창을 구한다.

딜레이테이블 (delay table) 열간압연공장에서 조압연기와 마무리압연기 사이의 롤러 테이블.

딜리버리섹션 (delivery section) 연속산세, 어닐링, 도금라인 등에서 출구측 부분을 말한다. ☞ 엔트리 섹션

딱지흠 (scab) 조괴작업에 있어서 스플래시(주형 내에서의 용융금속이 튀어 오름)나 분피시의 캘리버 홈, 스캘핑 불량에 의한 조괴표면의 거칠어짐의 원인으로 주괴를 압연하면 그 표면에 박편의 거스러미 같은 것이 여러 곳에 발생한다. 그 형상은 주로 산의 형상인데 일부 변형된 것은 선상, 미상 등이 있다. 그 대책으로는 주형내면의 손질, 주입, 특히 용탕주입 초기의 주의, 주입 속도의 조정 등을 들 수 있다.

딱지균열 (scab crack) 주형주입 작업시에 조괴 표면에 발생한 이중 표면으로 형용융상처 등이 원인이 되어 발생한 금이 간 흠집이다.

땜납 (solder) 납땜에서 이음부분을 충전하는, 모재보다 용융점이 낮은 금속 또는 합금을 말한다. 땜납의 요구 특성은 모재보다 용융점이 낮아야 하며, 모재와 습윤성이 좋아야 한다. 또한 좁은 틈새라도 모세관 현상으로 충분히 침투해야 하며 용융땜납의 성분이 균일해야 한다. 이밖에 기계적, 화학적 성질이 부합되어야 하며 모재와 친화성이 있는 원소들로 조성되어야 한다. (그림, 상태도참조)

땜납

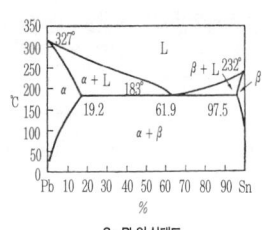

Sn-Pb의 상태도

뜨임 (tempering) ☞ 템퍼링

뜨임경화 (temper hardening) 담금질한 금속을 뜨임(템퍼링)하여 경화시키는 조작. ☞ 템퍼경화

뜨임색 (temper color) 뜨임할 때 금속표면에 나타나는 일종의 산화막의 색. ☞ 템퍼색

뜨임취성 (temper-brittleness) ☞ 템퍼취성

라듐 (radium) 원소기호 Ra, 원자번호 88, 원자량 226.0254, 비중 5.0, 용융점 약 700℃, 비등점 약 1,140℃, 결정구조 체심입방체의 방사성 금속원소로 백색의 알칼리토금속중 하나이다. 실온에서는 표면이 흑화되며 물, 산에 녹아서 수소를 발생한다. 알카리토금속중에서 화학적으로 가장 활성적이며 역청우라늄광중에 미량 존재한다.

라디오 (Radio) 미국 스크랩규격인 ISRI(Institute of Scrap Recycling Industries, Inc)규격중 혼합된 연납 및 경납스크랩(mixed hard and soft scrap lead)의 총칭으로 방사성물질이 없어야 한다.

라미네이션 (lamination) 성형체 또는 소결체내에 생기는 층모양의 결함.

라베스상합금 (Laves phase alloys) 금속간화합물중 원자지름의 비가 1.225 또는 이에 근사한 값을 갖는 가장 조밀하게 충전된 구조를 가진 합금이다. $MgCu_2$, $MgZn_2$, $MgNi_2$ 등이 있으며 그외의 합금으로는 Ti-Mn계, Ti-Cr계, Zr-Mn계 등이 있다.

라베스상 화합물 (Laves compound) AB_2형 조성의 일련의 금속간화합물을 말한다. 구성원소의 반지름비가 1.1~1.4의 범위에 존재하며 결정구조는 입방대칭의 $MgCu_2$(C-15형), 육방대칭의 $MgZn_2$(C-14형)과 $MgNi_2$(C-36형)가 있다. 초전도성을 나타내는 화합물인 C-14형, C-15형에 집중되어 있으며

HfV$_2$ 등이 알려져 있다.

라벨 (Label)　미국 스크랩규격인 ISRI(Institute of Scrap Recycling Industries, Inc)규격중 사용하지 않은 황동 클리핑스크랩(new brass clippings)의 총칭으로 연(Pb)를 함유하지 않는 순수하고 양질의 황동판의 신클리핑 스크랩이며 일체의 이물질을 함유하지 않고 직경 0.25인치 이하인 블랭킹 스크랩이 10%를 넘지 않으며 문츠메탈과 네이벌황동을 제외한 것을 말한다.

라소라이트 (rasorite)　붕사원광으로 붕소(B)의 원료가 된다.

라스트 노운 가격결정방식 (last known pricing method)　런던금속거래소(LME) 시세를 기준으로 하는 수입계약시 가격결정 방식의 하나이다. 가장 늦게 알았다는 의미로, 알 수 있는 최종의 LME가격으로 가격결정을 한다. 예를 들면, 현물 도착월의 LME 3개월 선물시세의 라스트 노운을 조건으로 전기동 수입계약했다고 하면, 매입자는 현물 도착월의 임의의 날의 LME시세로 가격을 정할 수가 있지만 가장 늦게 안 가격이 조건이기 때문에 가격결정일 전날보다 하루 전의 시세를 지정할 수는 없다. 다시 말해 가격을 결정하는 날 아침의 개장시세가 정식 계약가격이 된다. 이에 대해 아직 알려져 있지 않은 어느날 아침 이후의 개장시세를 계약조건으로 하는 것을 언노운(unknown) 방식이라고 한다. 또 이와는 별도로 LME의 각종 월평균시세로 가격을 정하는 월평균가격(monthly average)방식도 있다. 그러나 우리나라의 실물거래에 있어 라스트 노운방식을 채택하는 경우는 거의 없으며 대부분 언노운 또는 월평균가격을 적용하고 있다.

라우탈 (lautal)　알루미늄합금중 Al-Cu-Si계 합금을 총칭하는 것으로 Al-Cu계 합금에 규소(Si)를 첨가하고 있기 때문에 유동성이 좋고 주조균열이 적으며 피삭성, 용접성, 내기밀성에도 우수하다. 또한 열처리가 가능하여 금형 또는 사형용 알루미늄합금으로서 널리 사용된다. 조질시효시키면 두랄루민과 같은 정도의 강도를 얻을 수 있다. 자동차, 항공기, 선박 등의 부품에 사용된다. ☞ 알루미늄합금

라이닝 (lining)　① 코팅과 거의 동의어지만 비교적 두꺼운 피복에 대해서 라이닝이라고 한다. 장식 목적 혹은 내열성을 갖는 칠보, 법랑 등을 글라시 라이

닝, 내약품성과 내마모성을 갖는 고무의 피복을 고무 라이닝, 금속표면의 페놀, 에폭시, 폴리에스테르, 염화비닐 등의 피복을 플라스틱 라이닝이라고 한다. ② 노 또는 물품의 내면에 용도에 따라 다른 재료를 부착시키는 것을 말한다. 각종 제강로 및 레이들 등은 내화물로 안을 댄다. 일명 내장이라고도 한다.

라이트 게이지 (Light Gauge) 라이트 게이지는 국내외 호일 제조업체의 원자재인 재 압연용 알루미늄 코일로 용도상 호일, 핀으로 구분된다.

라크 (Lark) 미국 스크랩규격인 ISRI(Institute of Scrap Recycling Industries, Inc)규격중 황동 뇌관스크랩(yellow brass primer)을 말한다.

라테라이트 (laterite) 철광석의 일종으로 홍토철광라고 하며, 풍화작용이 심한 열대지방에 널리 분포하는 잔류광석으로, 철(Fe), 니켈(Ni), 크로뮴(Cr)과 알루미나를 함유한다.

란타노이드 (lantanoid) 란타넘(La, 원자번호 57)에서 루테튬(Lu, 원자번호 71)까지 15개 원소의 총칭이다. 제 1 희토류라고도 부른다. 란타노이드의 특징은 핵외 전자위치에 있다. 통상 란타노이드는 +3가 이온이 되지만 외곽전자배치는 란타넘의 0에서 루테튬의 14까지 순차적으로 늘어난다. 특정 모멘트에서 광학적, 자기적 특성을 발휘하기 때문에 레이저 재료, 영구자석, 고온 초전도체 등에 사용된다.

란타니드 (lanthanide) 란타노이드와 비슷하지만 란타노이드에서 란타넘(La)를 제외한 세륨(Ce, 원자번호 58)에서 루테튬(Lu, 원자번호 71)까지에 해당하는 14개 원소의 총칭이다.

란타넘 (lanthanum) 원소기호 La, 원자번호 57, 비중 6.17, 용융점 920℃, 비등점 3,470℃, 결정구조 육방정계, 주기율표상 Ⅲa족에 속하는 은백색의 희토류 원소이다. 세륨(Ce)과 함께 가장 대표적인 희토류 원소로 활성이기 때문에 기름속이나 불활성 분위기속에서 보존한다. 발화성을 이용해 발화합금, 형광등 점등 등에 사용되는 이외에 저온에서의 초전도성을 이용해 전자공업용에 사용되고 산화물은 광학렌즈에 이용되며 수소저장합금으로도 주목받고 있다.

래틀러값 (rattler value) 성형체를 회전하는 틀안에 반복해서 낙하시켜 그 질량감소율로 나타내는 성형체의 모서리 강도.

랙스 (Racks) 미국 스크랩규격인 ISRI(Institute of Scrap Recycling Industries, Inc)규격중 연스크랩(lead-soft scrap)의 총칭으로 드로스, 배터리, 극판, 압출튜브, 활자합금, 황동부품 및 일체의 불순한 연화합물을 함유하지 않은 순수하고 질이 좋은 연스크랩을 말한다.

랜치 (Ranch) 미국 스크랩규격인 ISRI(Institute of Scrap Recycling Industries, Inc)규격중 주석스크랩(block tin)을 말하며 액체, 땜납, 황동커플링, 퓨터, 펌프, 다기류를 포함하지 않는 주석 함유량이 최소한 98% 이상인 스크랩을 말한다.

램 (Lamb) 미국 스크랩규격인 ISRI(Institute of Scrap Recycling Industries, Inc)규격중 소총 탄피스크랩(brass small arms and rifle shells, clean muffled)를 말하며 73 황동스크랩을 말한다.

랭크스 (Ranks) 미국 스크랩규격인 ISRI(Institute of Scrap Recycling Industries, Inc)규격중 퓨터스크랩(pewter)의 통칭. 식기류 및 소다수용기로 이루어지며, 최소한 84%의 주석을 함유해야 한다.

런던금속거래소 (London Metal Exchange) 일반적으로 LME시장이라고 부른다. 1881년(전신은 1876년)에 설립되었으며 동(Cu), 연(Pb), 아연(Zn), 주석(Sn), 알루미늄(Al), 니켈(Ni), 알루미늄합금(Al alloy)의 국제 거래가 이루어지며 거래 총액은 세계 비철금속가격의 지표로서 여러 가격중에

LME 링거래

서 가장 중요한 의미를 지닌다. 거래는 토요일, 일요일, 경축일을 제외하고 매일 전장 및 후장으로 각 2회 이루어지고 있다. 장이 시작되기 전에 프리마켓(pre-market), 오전장과 오후장 모두 2번째 링(second ring) 거래종료 후, 장외거래(kerb trading)가 있다. LME위원회는 오전장의 2번째 링 거래종료 후, 잔금 결제의 기준으로써 공시가격(official price)과 세틀먼트가격

(settlement price : 결제가격, 오전장의 현물매가와 같은 가격) 등을 발표하고 있다. 이 세틀먼트가격은 각종 거래의 기준가격으로써 가장 널리 이용되고 있다. 거래의 대상이 되는 품종은 LME시장에 등록한 브랜드에 한한다. 품위는, 전기동, 와이어바, grade A급 전기동, 연 99.97% 이상, 아연 99.995% 이상, 주석 99.85% 이상, 알루미늄 99.70% 이상(철 0.20% 이하, 규소 0.1% 이하), 니켈 99.80% 이상이다. 거래단위(lot)는 동, 연, 아연, 알루미늄 각각 25톤, 주석이 5톤, 니켈이 6톤, 알루미늄합금 20톤이다. 유럽, 미국, 싱가포르, 일본 등에 있는 LME의 공식창고(warehouse)로부터 현물의 수수가 이루어진다. 각 품목별 거래시간은 다음과 같다. (그림, 표참조)

구 분		런던시간	한국시간
Pre-market		8:00-11:45	5:00-8:45
First Ring	Aluminium Alloy	11:45-11:50	8:45-8:50
	Tin	11:50-11:55	8:50-8:55
	Aluminium	11:55-12:00	8:55-9:00
	Copper	12:00-12:05	9:00-9:05
	Lead	12:05-12:10	9:05-9:10
	Zinc	12:10-12:15	9:10-9:15
	Nickel	12:15-12:20	9:15-9:20
Interval		12:20-12:30	9:20-9:30
Second Ring	Copper	12:30-12:35	9:30-9:35
	Interval	12:35-12:40	9:35-9:40
	Tin	12:40-12:45	9:40-9:45
	Lead	12:45-12:50	9:45-9:50
	Zinc	12:50-12:55	9:50-9:55
	Aluminium	12:55-13:00	9:55-10:00
	Nickel	13:00-13:05	10:00-10:05
	Aluminium Alloy	13:05-13:10	10:05-10:10
Kerb Trading		13:10-13:30	10:05-10:10
First Ring	Lead	15:20-15:25	12:20-12:25
	Zinc	15:25-15:30	12:25-12:30
	Copper	15:30-15:35	12:30-12:35
	Aluminium	15:35-15:40	12:35-12:40
	Tin	15:40-15:45	12:40-12:45
	Nickel	15:45-15:50	12:45-12:50
	Aluminium Alloy	15:50-15:55	12:50-12:55
Interval		15:55-16:00	12:55-1:00
Second Ring	Lead	16:00-16:05	1:00-1:05
	Zinc	16:05-16:10	1:05-1:10
	Copper	16:10-16:15	1:10-1:15

구 분		런던시간	한국시간
Second Ring	Aluminium	16:15-16:20	1:15-1:20
	Tin	16:20-16:25	1:20-1:25
	Nickel	16:25-16:30	1:25-1:30
	Aluminium Alloy	16:30-16:35	1:30-1:35
Kerb Trading	Nickel	16:35-16:45	1:35-1:45
	Zinc & Lead	16:35-16:50	1:35-1:50
	Aluminium Alloy & Tin	16:35-16:55	1:35-1:00
	Copper & Aluminium	16:35-17:00	1:35-1:00
After Hour Trading		17:00-19:00	1:00-3:00

레늄 (rhenium) 원소기호 R, 원자번호 75, 원자량 186.207, 비중 21.3, 용융점 약 3,170℃, 비등점 약 5,760℃, 결정구조 조밀육방정, 주기율표상 Ⅶa족에 속하는 은백색의 희유금속으로 용융점이 매우 높고, 내열성, 내식성이 우수하다. 공기중에는 안정되어 있지만 1,000℃ 이상에서는 산화된다. 염산에는 침해되지 않지만 황산, 질산에는 녹는다. 가공성이 나빠서 열간에서만 간신히 가능하다. 천연에는 철망가니즈중석, 탄타라이트, 가드린석, 콜럼바이트, 비백금 등에 소량 함유되어 산출된다. 화학반응의 촉매, 필라멘트, 전기접점, 열전대, 만년필 펜촉 등에 사용된다.

레니에라이트 (renierite) 저마늄(Ge)의 광석으로 비화물과 황화물의 혼합광석이다. 자이레 및 남서아프리카에서 주로 산출된다.

레몬 (Lemon) 미국 스크랩규격인 ISRI(Institute of Scrap Recycling Industries, Inc)규격중 모넬 주물스크랩(Monel castings)으로 니켈함량이 60% 이상인 순수하고 양질의 보통모넬, S모넬, H모넬의 주물로 이루어지며, 이물질 및 일체의 불순물을 함유하지 않은 것을 말한다.

레벨러 (leveller) 롤러를 상하 지그재그로 각기 4~9개 배열한 금속판을 평평하게 하는 장치이다. 교정조건에 따라 핫 레벨러와 콜드 레벨러로 나눈다. 전자는 압연직후의 금속판을 대상으로 라인내에 설치해서 열간상태에서 사용하는 데에 반해 후자는 핫 레벨러를 사용할 수 없는 것, 교정이 다 안된 것과 핫 레벨러 이후에 생긴 형상불량 판에 대해 오프라인에서 사용한다.

레어메탈 (rare metal) 소비량에 비해 생산량이 적은 금속을 말한다. 오늘날에는 국가의 공급상황에 따라 정책적인 용어로 사용되는 수도 있는데 배합금속에서는 절대량이 많더라도 그 국가의 자원이 절대적으로 적을 경우 레어메탈로 취급하는 경우가 있다. 비철금속산업에서는 일반적으로 산출량이 적은 금속으로 취급되는데 백금(Pt) 및 백금계의 팔라듐(Pd), 이리듐(Ir), 로듐(Rh), 리튬(Li), 베릴륨(Be), 비스무트(Bi), 카드뮴(Cd), 주석(Sn), 안티모니(Sb), 저마늄(Ge), 지르코늄(Zr), 탄탈륨(Ta), 회토류금속 및 알카리토금속, 알카리금속 등 전자공업에서 사용되는 금속원소도 레어메탈로 간주한다.
☞ 희유금속

레이디 (Lady) 미국 스크랩규격인 ISRI(Institute of Scrap Recycling Industries, Inc)규격중 뇌관이 있는 탄피스크랩(brass shell cases with primers)를 말하며 73 황동 탄피이다.

레이블 (Label) ☞ 라벨

레이스 (Lace) 미국 스크랩규격인 ISRI(Institute of Scrap Recycling Industries, Inc)규격중 뇌관이 없는 탄피스크랩(brass shell cases without primers)으로 73 황동 탄피이다.

레이저용접 (laser beam welding) 레이저광선을 열원으로 하는 용융용접법의 일종으로 레이저로서는 탄산가스 레이저, YAG레이저 등이 사용된다.

레이크 ① (Lake) 미국 스크랩규격인 ISRI(Institute of Scrap Recycling Industries, Inc)규격중 소총 탄피스크랩(brass small arms and rifle shells, clean fired)를 말하며 73 황동의 순량인 스크랩을 말한다. ② (rake) 광석 분급기의 하나로 입자의 대소를 수중의 침강속도에 의해 분류한다. ③ (rake) 절삭공구에서 칩이 미끄러 떨어져 나간 면.

레이크동 (lake copper) 미국 미시건주의 슈피어리어호 지방에서 산출되는 동(Cu)을 말한다.

레이크스 (Rakes) 미국 스크랩규격인 ISRI(Institute of Scrap Recycling Industries, Inc)규격중 배터리 손잡이 스크랩(battery lugs)의 총칭으로 최

소한 연함유량이 97% 이상이어야 한다.

레인즈 (Rains) 미국 스크랩규격인 ISRI(Institute of Scrap Recycling Industries, Inc)규격중 배터리스크랩(drained whole batteries)의 총칭으로 액체나 기타 이물질을 제거한 배터리스크랩을 말한다.

레일스 (Rails) 미국 스크랩규격인 ISRI(Institute of Scrap Recycling Industries, Inc)규격중 배터리 기판스크랩(battery plates)의 총칭이다.

레토르트 (retort) 증류아연이나 수은의 제조에 이용하는 가열기 용기 및 도가니를 말한다.

렌드 (lend) ☞ 렌딩

렌딩 (lending) 렌딩이라고 하며 선물거래에서 원월물을 매입하는 동시에 근월물을 매도하는 행위로 매입포지션의 기간연장을 위한 것이다.

렌츠 (Rents) 미국 스크랩규격인 ISRI(Institute of Scrap Recycling Industries, Inc)규격중 연드로스(lead dross)의 총칭이며 안티모니과 주석 등의 이물질은 매매당사간의 합의에 의해 잔류할 수 있다.

로듐 (rhodium) 원소기호 Rh, 원자번호 45, 비중 12.4, 용융점 1,960℃, 비등점 3,687℃, 결정구조 면심입방정, 주기율표상 Ⅷ족의 은백색으로 광택이 있는 귀금속으로 단단하고 전연성이 있다. 백금족 원소 가운데 전기 및 열전도가 가장 높다. 공기중에서 안정되어 있지만 가열하면 산화되고 1,100℃ 이상에서는 이 산화물이 분해된다. 내산성이 매우 뛰어나 황산, 염산, 질산에도 녹지 않으며 염소와 반응한다. 냉간에서는 가공이 어렵지만 열간에서는 쉽게 가공할 수 있다. 오스뮴(Os), 이리듐(Ir) 등 다른 금속족에 수반되어 미량밖에 산출되지 않고, 귀금속중에서도 가장 가치가 높은 편이다. 열전대, 저항체, 전기접점, 고온계, 장식품, 반사경의 도금재 등에 사용된다. 주요 생산국으로는 남아프리카공화국, 러시아, 미국 등이다.

로드밀 (rod mill) ① 광석 분쇄기의 일종으로 광석을 분쇄하기 위해 사용되는 기계로 볼밀의 강구 대신 철봉을 이용한 것이다. ② 선재압연기를 말한다.

로드와 바 (rod and bar) 로드와 바의 차이는 형상에 따른다. 알루미늄봉의 경우, 미국에서는 환봉을 로드라고 하고 각봉 또는 각형에 가까운 봉을 바라고 부르고 있다. 또 동이나 황동봉의 경우는 환봉, 육각봉, 팔각봉 등을 로드라고 하며 정방형, 직사각형, 버스바에 가까운 형상인 것을 바라고 부른다.

로렌슘 (lawrencium) 원소기호 Lr, 원자번호 103, 질량수 257, 반감기 8초의 핵종으로 칼리포르늄(Cf)를 가속한 붕소이온으로 조사(照射)해 만들어진다.

로렌츠힘 (Lorentz force) 운동하는 전자에 작용하는 $e(E+V\times B)$ 크기의 힘으로 이 결과 초전도체중 양자화 자속이 로렌츠힘을 받으면 그 힘은 J를 전류밀도로 하여 단위부피당 $J\times B$가 된다. (e : 전자의 전하, V : 전자의 속도, E : 전장의 세기, B : 자속밀도)

로스콜석 (roscoelite) ☞ 바나딘운모

로엑스 (Lo-ex) 알루미늄합금의 일종으로 주물용 Al-Si-Cu-Mg계 합금의 총칭이다. KS에서는 AC4D, AC8C 두가지로 규정되어 있으며 내연기관의 피스톤용으로 널리 사용된다. 주조성이 양호하고 내마모성, 용접성, 내식성이 나쁘지 않으나 피삭성은 다소 떨어진다. 대표적인 합금조성은 규소(Si) 12~15%, 니켈(Ni) 1.5~2.5%, 마그네슘(Mg) 0.75~1.25%, 동(Cu) 0.5~1.0%, 나머지 알루미늄(Al)이다.

로우지스 (Roses) 미국 스크랩규격인 ISRI(Institute of Scrap Recycling Industries, Inc)규격중 일반 배빗메탈 스크랩(mixed common babbitt)를 말하며 주석함량이 8% 이상이어야 하며 아연과 동이 다량 함유되어서는 안된다.

로즈합금 (Rose alloy) 비스무트합금이다. 비공정형 3원계합금으로 용융점이 95~110℃인 저융점합금이며 조성은 비스무트(Bi) 50%, 연(Pb) 28%, 주석(Sn) 22%로 되어 있다.

로크웰경도 (Rockwell hardness) 로크웰 경도시험에서 전후 2회의 기준하중에서 압자의 침입깊이 h로부터 HR=a-(b×h)로서 산출되는 값이다. 여기서 a 및 b는 로크웰경도의 스케일마다 정해진 고유의 값이다. KS에서는 기준하중 98.07N(10kgf)일 때 로크웰경도 29.42N(3kgf)을 로크웰 슈퍼피셜 경도라고 한다. 로크웰 경도기로 측정되는 경도는 보통 B경도와 C경도의 두 종류가 있다. B경도는 비교적 연질인 시편의 경도측정에 이용되며 직경 1/16인치의 강구로 하중 980N을 사용한다. C경도는 경질 강재 및 담금질 시편의 측정에 이용되며 다이아몬드 추체로 하중이 1,470N이다. 둘 다 움푹 패인 골의 깊이를 기초로 경도를 나타낸다.

로크웰경도시험 (Rockwell hardness test) 기준하중의 표에 나타난 특정한 모양, 치수의 원추상인 다이아몬드 압자, 강구압자 또는 초경합금구 압자를 일정한 기준하중으로 시료의 시험편에 눌러 붙인다. 다시 일정한 시험하중까지 하중을 가하여 압자를 압입하고 재차 시험하중으로 되돌렸을 때 압자의 침입깊이를 최초에 기준하중을 가했을 때의 침입깊이를 기준으로 측정하고 그 크기로부터 경도를 측정하는 시험이다. (그림참조)

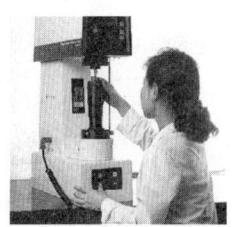
로크웰경도시험

로터리킬른 (rotary kiln) 원통형의 회전소성로로서 경사를 준 원통형 회전로가 한 쪽에서 원료가 장입되고 다른 한 쪽에서 제품이 연속적으로 쏟아져 나온다. 출구측에 버너가 있고 축방향으로 장입구측을 향해 가스나 기타 연료로 가열을 한다. 시멘트공업, 알루미늄제련 등에 사용되고 있다.

로트 (lot) ① 제품, 반제품, 원재료 등의 단위개체 또는 단위분량의 어떤 목적 아래 같은 조건으로 처리하는 양. ② 런던금속거래소(LME)에서 거래되는 기본단위를 말한다. 동(Cu), 알루미늄(Al), 아연(Zn), 연(Pb)의 경우 1로트는 25톤이며 니켈(Ni)은 6톤, 주석(Sn)은 5톤, 알루미늄합금은 20톤을 기준으로 최소 거래단위이며 그 기준의 배수가 되는 양으로 거래되고 있다.

로프스 (Ropes) 미국 스크랩규격인 ISRI(Institute of Scrap Recycling Industries, Inc)규격중 연분동(저울추) 스크랩(lead weights)의 총칭이다.

롤 (roll) 롤은 단조에 있어서 두드리는 망치역할을 함과 동시에 재료를 이동시키는 역할을 하는 것으로 주철, 주강, 단강, 합금강으로 만들어진다. 롤은 압연하는 부분의 몸통부, 이를 지탱해서 압연하중을 받는 부분의 네크, 구동력을 전달하는 부분인 웨블러의 3부분으로 이루어져 있다. 용도로는 금속판용에 이용하는 평롤과 봉 등에 이용되는 몸통부에 홈을 판 롤이 있다. 롤을 짜넣어 압연기의 뼈대가 되는 것을 롤스탠드라고 한다. (그림참조)

롤가공

롤가이드 (roll guide) 압연에서 재료를 롤에 물릴 경우 정확하게 물리지 않으면 사고가 일어나거나 판형상을 헤치게 된다. 또한 재료가 롤에서 떠나는 경우에도 재료가 롤에 휘감기는 일도 있다. 이러한 현상을 방지하기 위해 롤의 가이드가 필요하며 유도장치, 안내장치, 가이드 장치 등으로도 불리며 목적에 따라 여러 형상의 것이 있다.

롤마모 (roll abrasion) 롤의 재질, 압연조건, 압연제품 등에 의해 좌우되며 제품의 형상과 성질에 악영향을 미친다.

롤마크 (roll mark) 압연제품이 표면흠의 하나로 판에 접하는 롤 표면의 벗겨짐, 마모, 곰보, 표면의 거칠어짐 등은 압연되는 판표면을 헤친다. 공형의 결손이나 마모 등도 표면을 헤쳐 상품가치를 저하시킨다. 롤표면에 이물질이 부착되어 판에 흠을 발생시키는 경우도 있다. 그리고 롤 부근의 유도장치의 상태가 나빠서 긁힌 상처를 주는 경우도 있다.

롤성형법 (roll diffusion bonding) 롤 압하력으로 바탕재 금속의 소성유동 및 확산접합을 이용하여 복합화하는 방법이다.

롤압착법 (roll press) 롤에 의해 서로 다른 두 종류 이상의 금속판을 압착하는 방법.

롤커브 (roll curve) 롤은 탄성적으로 다소 휘게 되므로 롤 간격을 평행하게 해서 판의 양 테두리와 중앙부의 두께를 동일하게 하려면 롤 중앙부의 직경을 조금 크게 부풀려 주는데 이것을 롤커브 또는 롤크라운이라고 한다. 롤의 휘어짐은 압연하는 판의 경도, 롤의 재질, 직경, 몸통 등에 따라 다르기 때문에 평탄도가 좋은 판을 압연하려면 롤의 마모나 온도에 의한 팽창 등의 영향도 함께 고려해서 신중하게 결정하지 않으면 안된다.

롤크라운 (roll crown)   롤 커브와 같은 의미로 보통은 압연 개시전의 롤 커브는 凸형이기 때문에 이렇게 표현하는 경우가 많다. ☞ 롤커브

롬 (loam)   산모래나 강모래에 점토수를 섞어 진흙처럼 반죽해서 주로 회전형 조형의 주형이나 코어 표면에 이용한다. 조형 후에는 소성해서 소성형으로 하는 주형재료이다.

롱 (long)   선물을 매입하는 행위를 말한다. 매입(buy)과 같은 의미로 숏(short)에 상대되는 말이며 일반적으로 향후 가격이 상승할 것으로 전망될 때 취하는 선물거래 행위이다.

롱톤 (long ton)   화물의 중량단위로 2,240파운드 또는 1,016.1kg이다. 영국을 중심으로 사용되고 있으며 영국톤, 대톤, 중톤이라고도 한다. 약자로 L/T 또는 l.t로 표기한다.

롱포지션 (long position)   선물을 매입한 상태를 말한다. 숏포지션(short position)의 반대개념으로 매입포지션이라고도 한다. 선물을 매입한 후 만기 일전까지 매입한 선물포지션을 청산하기 위해 재매도하거나 현물로 인수해야 하며 이러한 매입청산 행위를 리퀴데이션(liquidation)이라고 한다.

루비듐 (rubidium)   원소기호 Rb, 원자번호 37, 원자량 85.4678, 비중 1.53, 용융점 39℃, 비등점 638℃의 은백색의 알칼리금속으로 매우 부드럽다. 산소에 대한 친화력이 매우 좋아 상온에서 자연발화하며 공기속에서는 보라빛 불꽃을 내면서 연소한다. 물에서는 격렬하게 반응하여 공기 또는 산소가 존재하면 폭발한다. 따라서 붕규산 유리의 앰블슐이나 진공 또는 불활성가스 분위기에서 보존한다. 다른 알칼리금속에 수반되어 산출되는데, 산출량은 매우 적고, 용도도 광전관, 시약용 등의 좁은 분야에 한정되어 있다.

루테늄 (ruthenium)　　원소기호 Ru, 원자번호 44, 원자량 101.07, 비중 12.45, 용융점 약 2,310℃, 비등점 약 4,050℃, 결정구조 조밀육방정, 주기율표상 Ⅷ족의 백색의 광택이 나는 귀금속으로, 백금(Pt)에 수반되어 산출된다. 백금족 원소 가운데 가장 딱딱하며 열간에서도 매우 가공성이 나쁘다. 내산성이 매우 우수하며 왕수에서도 녹지 않으며 가격은 백금족 원소중에서 가장 싸다. 전기접점등 전자부품, 금속의 경화제, 배기가스 촉매 등으로 사용된다.

루테튬 (lutetium)　　원소기호 Lu, 원자번호 71, 원자량 174.967, 용융점 1,663℃, 비등점 3,400℃, 비중 9.84인 희토류 원소의 하나로 희토류중 토륨 다음으로 존재량이 적다.

루틸 (rutile)　☞ 금홍석

루퍼라인 (Looper Line)　　스프립 열간 마무리 압연 단계에서는 압연중에 압하 및 속도의 부조화에 의해 과도한 루프(늘어짐)가 발생하면 접힘등 미스롤 발생의 위험이 높고 또 과도한 장력 발생으로 폭 부족이나 두께 부족이 생길 수 있기 때문에 스텐드간의 장력을 적절하게 유지해야 한다. 이를 위해 일정하게 밀어올리는 역할을 해주는 루퍼(Looper)로 스텐드간의 스트립을 들어올려 장력의 적절함 여부를 판단한다. 루퍼를 따라 주행하게 하는 구조로 만든 것을 기계식 루퍼, 전동기를 이용해서 작동시키는 루퍼를 전자식 루퍼라고 한다.

루페 (luppe)　　직접제강법에 따라서 입상의 환원철을 말하며 입철(粒鐵)이라고 한다. 성분은 장입원료의 양부에 따라서 큰 차이가 있는데 순수한 것은 우수한 제강용 원철이 되고 불순물이 많은 것은 선철제조용 원료로서 용광로에 장입된다. ☞ 니켈루페

리드프레임 (reed frame)　　반도체 패키지의 내부와 외부회로를 연결, 전기를 전달하고 반도체를 지지하는 버팀대 역할을 함께하는 반도체 핵심부품으로 동을 소재로 정밀 가공한 제품이다.

리드프레임재 (lead frame materials)　　IC회로분야가 획기적으로 발전하면서

기존 철합금(Fe-Ni, Fe-Co 등) 사용이 줄어들면서 경제성과 열방사를 충족시키는 동(Cu)합금이 각광을 받게 되었다. 리드프레임에 사용되는 동합금으로는 Cu-Ni-Sn합금, Cu-Ni-Si합금, Cu-Fe-Sn합금, Cu-Fe-P합금 등이 사용되고 있다. 최근에는 고강도, 고전기전도도 등의 요구에 따라 입자분산형 동합금과 다른 금속과의 복합재료가 연구되고 있다. 리드프레임재의 기본 요건은 기계적강도가 우수하고, 인성이 크며, 열전도성이 좋고 열팽창계수가 실리콘과 비슷해야 하며 도금성 및 내압땜성이 양호하고 내응력부식균열 민감성, 내열성이 뛰어나야 한다. (그림참조)

리드프레임

리머 (Lemur) 미국 스크랩규격인 ISRI(Institute of Scrap Recycling Industries, Inc)규격중 모넬 절삭 및 보링스크랩(Monel turnings and borings)의 총칭으로 니켈 함유량이 최소한 60% 이상인 순수하고 양질의 건조된 보통 모넬 또는 R모넬의 절삭스크랩, 보링스크랩을 말한다.

리멀로이 (Remalloy) Koster에 의해 발견된 코발트(Co) 12%, 몰리브데늄(Mn) 20%를 함유하고 있는 Fe-Co-Mo합금으로써 열간가공이 가능한 석출경화형 자석강이며 Koster합금 혹은 Comel이라고도 부른다.

리브 (rib) 주물에서는 두께변화가 큰 부분이나 두께 교차부에 균열이 발생하기 쉬우므로 이들 부분을 강화하기 위해서 대는 보강뼈대를 리브라고 한다.

리빙스토나이트 (livingstonite) 리빙스톤광이라고 하며 수은(Hg)의 황화광물로 수은 22%와 안티모니(Sb)을 함유하고 있다.

리사지 (litharge) 일산화연으로 밀타승(密陀僧)이라고도 한다. 연괴를 용해해서 만들며 농약, 도료, 안료, 염화비닐 안정제 등에 사용한다.

리소폰 (lithopone) 황화아연과 황산바륨의 혼합물로 백색 안료이다.

리액트 앤드 와인드법 (react and wind technique) 반응열처리에 의해 초전도체를 생성시킨 후 초전도선을 코일 권선하는 방법이다.

리칭 (leaching) ☞ 용해, 침출법

리퀴데이션 (liquidation) 선물시장에서 갖고 있는 매입포지션(롱포지션, long position)을 만기일 이전까지 반대 포지션 즉, 선물매입을 통해 청산하는 것을 말한다. 매입청산이라고 한다.

리튬 (lithium) 리듐이라고도 부른다. 원소기호 Li, 원자번호 3, 비중 0.534, 용융점 180.7℃, 비등점 1,342℃의 부드러운 은백색의 알칼리금속으로, 금속원소중에서 가장 가볍다. 화학적으로 매우 활성이고 습한 공기중에서는 심하게 산화한다. 리튬은 활성이 매우 크기 때문에 그 자체로는 구조용 금속재료로 사용할 수 없지만 알루미늄(Al) 또는 마그네슘(Mg)과 합금시키면 대단히 가벼운 강력합금이 된다. 장석, 인반석, 리티아휘석, 리티아운모 등에 Li_2O로서 3~9% 정도 함유되어 있어, 이를 염화물로 하여 용융염전해하면 금속리튬이 얻어진다. 리튬광의 최대의 산지는 로데시아로, 연간 5만톤 이상을 산출한다. 이밖에 우간다, 남아프리카공화국, 아르헨티나, 브라질, 수리남, 스페인 등에서 산출된다. 리튬은 다른 금속에 첨가하면 합금 특성이 증가하기 때문에 연합금이나 알루미늄합금의 첨가제로서 이용된다. 또한 중성자흡수 단면적이 커서 원자로의 제어봉에 사용된다. 또한 시약, 탈산제, 탈가스제로서의 용도가 있다. 최근에는 리튬건전지의 양극재료, 촉매와 건조제 및 파인세라믹스로서 사용된다.

리튬폴리머 전지 (lithium polymer batteries, LPB) 미국의 베일런스와 벨코어사가 1990년 일본의 소니가 개발한 리튬이온 전지에 대항하기 위해 개발한 것으로 리튬이온 전지와 함께 2차 전지로 각광받고 있다. 1998년 6월에 세계 최초로 베일런스와 아일랜드 공장에서 양산하기 시작한 리튬폴리머 전지는 휴대기(노트북, 휴대폰 등)의 전원으로 사용이 크게 증가하고 있으며 2차 전지 가운데 가장 얇게 할 수 있고 사용하는 전해질이 고체 또는 상온겔 형태이기 때문에 리튬이온 전지에 비해 안정성이 높은 특징을 가지고 있다.

리티아운모 (lepidolite, lithia mica) 리튬의 원광석으로 산화리튬(Li_2O)을 4% 정도 함유하고 있다. 비늘운모라고도 한다.

리티아휘석 (spodumene) 리튬의 중요한 원광석으로 산화리튬(Li_2O)을 5% 정도 함유하고 있다. 황휘석이라고도 한다.

리퀴드메탈 (Liquid Metal) 천연 금속인 지르코늄에 타이타늄과 구리, 니켈 등을 섞어서 만든 합금 소재를 말한다. 표면이 마치 액체처럼 미끄럽다고 해서 리퀴드 메탈, 즉 액체금속으로 불리고 있다. 이 소재는 기존의 값비싼 타이타늄 합금과 비교했을때 강도는 2.5배, 탄성 도는 무려 3배 이상 뛰어나다. 이는 일반 금속이나 합금이 냉각시 물질 본래의 결정모양으로 되돌아 가는데 반해 리퀴드 메탈은 고체 상태에서의 원자구조를 유지하기 때문. 이로 인해 취약부분이나 없어 강도와 탄성이 매우 높다. 그러면서도 리퀴드 메탈은 생산 원가가 타이타늄 합금의 3분의 1수준에 불과 하다. 무게도 철보다 훨씬 가볍다. 게다가 금속과 달리 부식이 전혀 없다. 또한 플라스틱처럼 고온에서 자유로운 성형이 가능하고, 강도 대비 두께가 얇다. 이로 인해 금속의 장점과 플라스틱의 장점이 한데 모인 꿈의 신 소재로 평가 받고 있다.

리포비츠합금 (Lipowitz's alloy) 비스무트합금이며 용융점이 72℃인 저융점 합금이다. 조성은 비스무트(Bi) 50%, 연(Pb) 27%, 주석(Sn) 13%, 카드뮴(Cd) 10% 등이다.

릴레이 (Relay) 미국 스크랩규격인 ISRI(Institute of Scrap Recycling Industries, Inc)규격중 연피복 케이블스크랩(lead covered copper cable)의 총칭으로 이물질이 혼입되어 있지 않은 것을 말한다.

릴마크 (reel mark) 권취기 및 코일 끝부분에 발생된 코일 내경의 큰 요철형 홈으로서 유니트 롤(unit roll) 및 맨드릴(mandrel)이 원인이 된다.

링단조 (ring forging) 소재를 압축해서 중앙에 구멍을 뚫은 후 심봉을 삽입해서 심봉과 앤빌 사이에서 단조하고 내외경을 넓혀서 목적하는 링을 만드는 것을 링단조라고 한다. 구멍확대단조라고 불리며 일반적으로 자유단조품중에 상당히 많은 작업이다.

링밀 (ring mill) 보통 링상 단조품은 자유단조하는데 그 수가 많을 때는 스탬핑, 수평단조기에 의해 만든다. 그러나 이들 방식들은 발출 경사나 기계 능력에 따라 한도가 많은데 링밀은 자유단조와 스탬핑의 중간적인 작업에 가까워서 심봉을 고정시키고 거칠게 단조된 것을 삽입하여 외축으로부터 원형 연신 롤러가 작동해서 심봉과 롤러 사이에서 일종의 압연이 행해지면 링은 점차로 커져서 완료가 된다. 거친 단조품은 해머에 의해 자유 단조되고 나면 프레스에 의해 만들어지며 그 중심의 구멍은 밀의 심봉보다 조금 더 크다.

마그날륨 (magnalium) 마그네슘(Mg)과 알루미늄(Al)의 합금으로 마그네슘을 10~30% 함유하는 알루미늄합금으로 가볍고 강도가 매우 높은 것이 특징이다. 19세기말에 개발되었으나 내식성 극복에 어려움이 있어 상용화되지 못했다. 최근에는 내식성이 개선되어 특히 해수에 대해 내식성이 뛰어나기 때문에 경량 고강도 구조재료로서 주조품이 사용되고 있다.

마그네사이트 (magnesite) ☞ 능고토광

마그네슘 (magnesium) 원소기호 Mg, 원자번호 12, 원자량 24.305, 비중 1.74, 용융점 651℃, 비등점 1,107℃, 결정구조 조밀육방정, 주기율표상 Ⅱa족의 은백색의 금속이다. 해수에 염화마그네슘으로서 다량으로 함유되어 있으며, 클라크수 1.93으로 금속원소중 규소(Si), 알루미늄(Al), 철(Fe), 칼륨(K), 나트륨(Na), 칼슘(Ca) 다음으로 존재량이 많다. 은백색의 광택이 있지만 습기찬 공기에 접하게 되면 산화막이 형성된다(색이 선명함을 잃는다). 본질적으로 활성이며 내식성은 좋지 않지만 금속가공성은 양호하다. 금속중 리튬(Li), 나트륨, 칼륨 다음으로 가벼워서(알루미늄의 약 2/3수준) 알루미늄 등과의 경합금으로써 항공기의 구조재, 자동차, 운반기의 부품에 널리 사용된다. 또한 환원성이 강해서, 타이타늄(Ti), 지르코늄(Zr) 등의 환원제, 니켈(Ni)의 탈산제로써 사용된다. 이밖에 전기방식의 양극, 노듈러 주철에의 첨가제 등에 용도가 있다. 금속마그네슘은 산화마그네슘의 열환원법, 혹은 염화마그네슘의 용융염 전해법에 의해 만들며, 원료는 전자의 경우 돌로마이트(백운석) 또는 마그네사이트(능고토광), 후자의 경우 주로 해수를 이용하고 있다 (타이타늄제련의 부산물로서 얻어지는 염화마그네슘에서 재생시키는 방법도 있다). 통상 얻어지는 순도는 99.9% 또는 99.8% 이상이다.

마그네슘-니켈지금 (magnesium nickel ingots) 화학성분에 따라 1종과 2종이 있으며 각각 A등급과 B등급이 있다. KS D 2327에 따르면 A등급은 주로 전자관용 니켈 및 니켈합금과 니켈합금 전신재로 사용한다. B등급은 주로 니켈 및 니켈합금주물에 사용된다. 주괴는 취급하기 편리한 모양과 치수로 하며 특히 지정이 없을 경우 지름 또는 변이 약 25~40mm인 원통, 각 또는 사각형의 단면으로 된 길이 약 300~400mm의 것으로 한다.

마그네슘-동지금 (magnesium copper ingots) 화학성분에 따라 1종과 2종이 있으며 각각 A, B의 두 등급이 있다. KS D 2328에 따르면 A등급은 주로 니켈합금, 동합금 전신재 등으로 이용되며, B등급은 주로 니켈합금, 동합금주물에 이용한다. 주괴는 취급하기 편리한 모양과 치수로 하며 특히 지정이 없을 경우 지름 또는 변이 약 25~40mm인 원통, 각 또는 사각형의 단면으로 된 길이 약 300~400mm의 것으로 한다.

마그네슘지금 (magnesium ingots) KS D 2314에서 마그네슘지금을 화학성분에 따라 1종과 2종으로 분류하고 있다. 1종은 마그네슘(Mg) 함량이 99.9% 이상이며 2종은 99.8% 이상이다.

마그네슘합금 (magnesium alloy) 마그네슘을 주성분으로 하는 합금으로 기계적 성질을 개선하기 위해 한 종 이상의 금속을 첨가하여 만든다. 마그네슘합금은 알루미늄합금에 비해 내식성이 뒤지고 생산비용이 높으며 절삭가공에서 발화위험성이 높기 때문에 사용에 한계가 있다. 그러나 실용금속재료중 경량이고 강도가 높고 피삭성이 양호하고, 용접도 가능하기 때문에 향후 이용확대가 기대된다. KS에서는 마그네슘합금지금의 경우 1~5종까지, 판의 경우 1종, 4종, 5종, 7종, 이음매없는 관은 1종, 2종, 4종, 봉은 1~6종까지, 압출형재는 1~6종까지를 규정하고 있다.

마그네슘합금관 (magnesium alloy pipe) ☞ 이음매없는 마그네슘합금관

마그네슘합금 다이캐스팅 (magnesium alloy die castings) 주요 합금성분으로는 알루미늄(Al) 3.5~9.7%, 아연(Zn) 1.0% 이하, 망가니즈 (Mn)0.15% 이상, 규소(Si) 0.5% 이하, 동(Cu) 0.35% 이하, 니켈(Ni) 0.03% 이하, 철(Fe) 0.005% 이하, 나머지가 마그네슘(Mg)이다. KS D 6017에는 6종류가 규정되어 있다. 주조성, 내식성, 인성, 고온강도 등이 양호해 자동차부품, 항공기부품, 스포츠용품, 컴퓨터부품, 전자기기부품 등에 사용된다.

마그네슘합금봉 (magnesium alloy bars) 마그네슘합금을 압출제조하여 단면이 원형, 직사각형, 정사각형, 정육각형, 정팔각형 등으로 된 것으로 화학성분에 따라 1~6종까지 6종류가 있다. KS D 6724에 규정되어 있다.

마그네슘합금 압출형재 (magnesium alloy extruded shapes) 마그네슘합금의 압출형재로 1~6종까지 6종류로 나누어져 있다. KS D 6723에 규정되어 있다.

마그네슘합금주물 (magnesium alloy castings) 사형 및 금형으로 만들며 1종, 2종, 3종, 5종, 6종, 7종, 8종 등 7종류가 있다. 1종은 강도와 인성이 있으나 주조성은 약간 떨어지고 비교적 단순한 모양의 주물에 적합하며 일반용 주물, 3륜차용 하부 휠, 텔리비전 및 카메라부품, 쌍안경 몸체, 직기용 부품 등에 사용된다. 2종은 인성이 있고 주조성이 좋으며 내압주물에 적합하다. 일반용 주물, 크랭크 케이스, 트랜스미션, 기어박스, 레이더용 부품, 공구용 지그 등에 사용된다. 3종은 강도가 있으나 인성이 약간 떨어지고 주조성이 좋아 엔진용 부품, 인쇄용 새들 등에 사용된다. 5종은 강도 및 인성이 있으며 내압주물에 적합하고 일반용 주물, 엔진용 부품 등에 사용된다. 6종은 강도와 인성이 요구되는 고력주물, 경기용 차륜산소통 브리켓 등에 사용되는데 T5처리 시 인성이 좋아진다. 7종은 강도와 인성이 요구되는 고력주물, 인렛 하우징 등에 사용되며 T5 및 T6처리시 인성이 증가된다. 8종은 주조성, 용접성, 내압성이 있으며 상온강도는 낮지만 고온에서의 강도의 저하는 적다. 내열용 주물, 엔진용 부품기어 케이스, 컴프레서 케이스 등에 사용된다.

마그네슘합금판 (magnesium alloy sheets) 마그네슘합금을 압연한 판으로 판표준두께는 0.4~6.0mm이다. 마그네슘함량에 따라 1종, 4종, 5종, 7종 등 4종류가 있다. 1종은 가볍고 전연성이 좋으며 구조용, 전극판, 식각판 등에 사용된다. 4종은 가볍고 적당한 강도와 연신율을 가지며 전연성이 우수해 구조용 등에 사용된다. 5종은 가볍고 높은 강도를 가지며 구조용 등에 사용된다. 7종은 가볍고 전연성이 특히 좋으며 2차가공성이 우수하며 전극판, 식각판 등에 사용된다.

마그네시아 (magnesia) 산화마그네슘을 말한다. MgO의 분자식을 가지며 결정은 페리클래이스라고 부른다. 마그네슘의 탄산염이나 수산화물을 가열하면 비교적 저온에서 분해되어 산화마그네슘이 된다. 마그네시아는 활성으로 물과 작용해서 고결된다. 이러한 마그네시아를 경소(硬燒) 마그네시아, 가소 마그네시아라고 불러 마그네시아 시멘트, 약품, 제지, 마그네슘원료 등으로 이용된다. 경소 마그네시아는 X선으로는 페리클래이스의 결정이 보이지만 현미경적으로는 1,200℃ 정도부터 결정이 인정된다. 그리고 더욱 고온으로 가열하면 그 실비중이 3.47~3.56 이상이 된다. 그 경우 현저하게 체적의 수축을 수반하여 활성이 상실된다. 1,600℃ 정도 이상에서 구운 것을 경소 또는 사소(死燒) 마그네시아 또는 마그네시아 클링커라고 하며 중요한 염기성 내화물 재료이다.

마그네시아 클링커 (magnesia clinker) 천연산 마그네사이트광으로 마그네사이트(능토광) 등을 소성시켜 산화마그네슘의 함유율을 높인 것으로 제강용 노재로 사용한다. 수활석($Mg(OH)_2$) 혹은 해수에서 추출한 수산화마그네슘을 1,500℃ 이상에서 활성을 잃을 때까지 충분히 구운 치밀질로 수화(水和)에 대해 강한 저항성을 갖는 소성물질이다. 보통 경소(硬燒) 또는 사소(死燒) 마그네시아 또는 마그네시아 클링커라고 부르며 페리클래이스의 결정을 주성분으로 한다. 제조에는 보통 샤프트 킬른이나 로터리 킬른 등이 사용된다. 소성온도는 대개 1,500~1,900℃, 고순도품은 1,900℃ 이상이나 원료, 특히 그 함유 불순물의 종류나 양에 따라 달라서 Fe_2O_3나 기타 존재는 페리클래이스의 발달을 조장하거나 또는 사소화를 촉진시킨다. 사소 마그네시아는 대표적인 염기성 내화재료로 충분히 소성된 것은 쉽게 소화되지 않고 탄산가스와도 결합하기 어려우며 또 내화도가 높아 염기성 스크랩 등의 화학적 침식에 강한 저항성을 갖는다.

마그넷와이어 (magnet wire) ☞ 권선

마그녹스 (Magnox) 원자로의 연료피복관으로 개발된 마그네슘합금으로 냉각 제인 고온의 탄산가스에 대한 내산화성을 개선하기 위해 알루미늄(Al)과 베릴륨(Be)을 소량 첨가한 것이다. 이밖에 마그네슘에 지르코늄(Zr) 혹은 망가니즈(Mn)을 첨가한 것도 마그녹스로 불리운다.

마그마 (magma) ☞ 암장

마르담금질 (marquenching) 일종의 중간담금질로 재료를 Ms(Ar″)바로 위의 열욕에 담금질하고 항온 유지한 후 공랭시켜 Ar″ 변태를 서서히 일으키는 조작을 시행한다. 이 방법에 의하면 재료의 내외부가 동시에 서서히 마르텐화하기 때문에 담금질 균열이나 담금질 굽힘이 생기지 않는 이점이 있다.

마르에이징 (maraging) 극저탄소합금 마르텐사이트를 시효에 의해서 경화시키는 조작.

마르텐사이트 (martensite) 마르텐사이트변태에 의해 생긴 저온쪽의 상을 말하며 마르텐사이트는 모상에서 냉각에 의해서만 생기는 것이 아니라 모상상태에서 응력을 가함으로써도 생길 수도 있다.

마르텐사이트변태 (martensitic transformation) 고체상 변태의 일종으로 고온에서 안정된 상(모상)의 온도영역에서 냉각시켰을 때 어느 온도에서 전단 변형적인 기구로 저온상(마르텐사이트)으로 변화하는 변태를 말한다. 마르텐사이트변태의 특징은 무확산형 변태이며 표면기복(형상변화)을 수반하고 모상과 마르텐사이트 결정격자 사이에는 격자대응이 있고 양결정 사이에는 특정 결정방위 관계가 있다. 또한 특정 정벽면을 갖고 있다.

마르템퍼 (martemper) 마르템퍼는 Ar″ 구역(Ms~Mf)의 항온 처리로 Ms점 이하의 열욕(100~200℃)에 담금질하고 항온변태가 상당히 진행할 때까지 항온 유지한 후 꺼내서 공랭시킨다. 마르템퍼에 의하면 마르텐사이트의 자기 템퍼링 담금질 응력의 해제, 과냉 오스테나이트의 베이나이트화 등에 의해 경도는 그다지 저하하는 일없이 충격치가 높은 것을 얻을 수 있다.

마르템퍼링 (martempering) 마르텐사이트 생성온도 구역의 상부 또는 그보다 약간 높은 온도로 유지한 후 냉각제 속에 담금질하여 각 부가 똑같이 그 온도가 될 때까지 유지한 후 서냉하는 조작이다. 그 목적은 담금질에 의한 방법이나 균열을 방지함과 더불어 적당한 담금질 조직을 얻는데 있다.

마르티스 (lime) 연마제중에서 가장 중요한 것으로 주성분은 돌로마이트를 배소한 것을 유지로 굳힌 것이다. 보통 알루미나를 혼입한다. 백색으로 풍해되기 쉬운 결점이 있으나 도금면 등의 광택을 내는 부분에 사용한다.

마모 (wear) 기계적 작동에 의해 일어나는 물체표면의 손실로 마찰의 경우보다 많은 요인에 영향을 받는다. 마모는 기구형태별로는 응착마모, 연마마모, 부식마모, 피로마모 등으로 구분된다.

마무리압연 (finish rolling) 압연공정에 있어서 조압연에 이어 행해지는 최종 성형압연으로 마무리압연에서는 치수형상, 재질 등 완성품 품위가 결정되므로 그 역할이 크다. 다듬질압연이라고도 한다.

마무리압연기 (finishing roll, finishing mill, finisher) 복수의 압연기군에 의해 압연작업을 할 경우 최후의 압연기를 마무리압연기라고 한다. 연속압연기에서는 마지막에 있는 몇몇 스텐드의 압연기를 합쳐서 마무리압연기라고 부르는 경우도 있다. 마무리압연기는 압연제품의 형상이나 치수를 높은 정도로 마무리할 것을 목적으로 하고 있어 압하율은 적게 취하는 것이 보통이다.

마이스너효과 (Meissner effect) 자장중에 초전도체를 두었을 때 표면으로부터 자장침입길이 정도의 영역을 제외하고는 자장이 완전히 초전도체로부터 배제되는 효과를 말한다. 완전 반자성 상태를 마이스너상태라고 한다. 이러한 상태를 흐르는 전류를 마이스너전류라고 하며 표면에 편재하고 자장의 침입을 차폐한다. 마이스너효과는 제1종 초전도체 및 하부 임계자장 이하의 자장중의 제2종 초전도체에서 일어난다.

마이크로캡슐화 (micro-encapsulation) 미립자화된 수소저장합금 표면을 다공성 금속박막으로 피복하는 것으로 수소저장합금의 미립자화에 따른 열전도의 저하나 비산에 의한 성능저하 등 공학적 성능의 저하를 방지하는 개선대책의 하나이다.

마진 (margin) 시세폭으로 동일물품이 시장 시세간에 생긴 가격의 차액, 원가와 판매가의 차이, 어음금액과 선취금액의 차이 등을 말한다.

마찰계수 (friction coefficient) 두 면이 접촉할 경우 면에 수직으로 작용하는 응력으로 인해 면에 평행한 움직임이 저항을 받게 되며 이 저항의 최대값은 수직저항에 비례하고 접촉면적의 대소와는 관계없다. 이 비례상수를 마찰계수라고 한다. 일반적으로 응착하기 쉬운 금속의 조합이 큰 마찰계수를 나타낸다. 주요 금속의 마찰계수로는 연(Pb)대 연(Pb)이 1.2, 동(Cu)대 동(Cu)이 1.4, 니켈(Ni)대 니켈(Ni)이 0.8, 연대 연강(軟鋼, mild steel)이 0.4, 니켈대 연강이 0.4 등이다.

마찰용접 (friction welding) 금속부재를 접촉시켜 가압하면서 접촉면에 상대운동을 일으켜 발생하는 마찰열을 이용하는 용접이다.

마티센법칙 (Mathiessenn's rule) 금속의 전기저항률이 격자진동에 기인하는 저항률과 불순물 산란에 의한 저항률로 분리할 수 있음을 나타내는 법칙이다. 불순물에 의존하는 저항률은 온도에 의존하지 않는다.

막비등 (film boiling) 액체중에서의 열전달에서 열전달면이 증가막으로 완전히 덮여져 버린 상태.

말로트합금 (Malott metal) 용융점이 95℃인 저용융점합금중 하나인 비스무트합금으로 조성은 비스무트(Bi) 46%, 주석(Sn) 34%, 연(Pb) 20% 등이다.

말릭 (Malic) 미국 스크랩규격인 ISRI(Institute of Scrap Recycling Industries, Inc)규격중 사용했던 양백스크랩(old nickel silver)을 말하는데 양백의 판, 관, 봉, 선, 망의 스크랩으로 이루어지며, 납땜의 여부는 관계없으나 일체의 이물질을 함유하지 않은 것을 말한다.

망가닌 (manganin, manganin alloy) 망가니즈(Mn) 10~15%, 니켈(Ni) 1~5%를 함유하는 동합금으로 미량의 철(Fe), 규소(Si)를 첨가한 합금이다. 저항률의 온도계수가 작아도 동에 대한 열기전력이 작기 때문에 전기저항기에 이용한다. 대표적인 조성은 86% Cu-12% Mn-2% Ni이다.

망가니즈 (manganese) 원소기호 Mn. 원자번호 25, 원자량 54.938, 비중 7.43, 용융점 1,245℃, 비등점 2,095℃, 주기율표상 Ⅶa족에 속하는 금속이다. 회색의 광택이 있는 금속으로, 딱딱하고 잘 깨진다. 건조한 공기중에서는 안정되어 있지만 습기가 높은 경우는 쉽게 산화된다. 통상 비자성이지만 결정격자를 넓히는 처리를 통해 강자성을 나타내게 된다. 페로망가니즈의 원료가 되며 망가니즈과 알루미늄(Al)의 준안정적인 금속간화합물은 Mn-Al자석이 되며 특수강, 동(Cu), 알루미늄 등의 첨가제, 제강의 탈산, 탈황제 등에 사용된다. 망가니즈 광물은 많지만, 대부분 산화강으로 테르밋법에 의해 환원되거나 전기로제련 또는 전해에 의해 순수한 금속망가니즈을 얻을 수 있다. ☞ 금속망가니즈

망가니즈강 (manganese steel) 망가니즈(Mn)을 합금원소로 함유하고 있는 강으로 망가니즈 1~2%를 함유하는 저망가니즈강은 고장력강으로서 수요가 증대하고 있다. 고망가니즈강은 탄소(C) 1.0~1.4%, 망가니즈 11~14%를 함유하며 주로 주강으로서 특수궤조, 파쇄기, 라이너 등의 내마모부품에 사용되고 있다.

망가니즈광석 (manganese ore) 연(軟)망가니즈광, 폴리아나이트, 망가니즈토, 능망가니즈광, 갈망가니즈광, 휘망가니즈광 등이 있다. 보통은 산화물이나 수산화물을 주체로 하는 광석인데 탄산염, 규산염, 황화물 등도 있다. 규산염인 장미휘석은 두드러지게 견고하고 파쇄가 곤란할 뿐 아니라 환원도 어려우므로 사용이 거의 불가능하다. 또한 황화물인 황망가니즈광(alabandite)도 그대로는 사용이 불가능하여 배소 등에 의해 유황을 제거하지 않으면 안된다. 망가니즈광석중에는 철을 많이 함유하는 것이 있기 때문에 이것으로 표준품위의 페로망가니즈을 제조하기에는 부적당하다. 주요 생산지대는 CIS, 남아프리카, 중국, 호주, 브라질, 인도, 짐바브웨공화국 등이며 최근에는 호주에서 개발되고 있다.

망가니즈단괴 (manganese nodule) 심해바다에 산재해 있는 직경 5~20㎝ 정도의 괴상의 광석으로 망가니즈 이외에 코발트(Co), 니켈(Ni), 동(Cu) 등을 함유하고 있다. 현재까지 조사된 바에 의하면 심해에 산재한 망가니즈단광을 1조7,000억톤으로 추정되고 있으며 그중 니켈이 164억톤, 동이 88억톤, 코발트가 58억톤 정도가 함께 묻혀 있는 것으로 알려져 있다.

망가니즈-몰리브데넘주철 (manganese molybden steel casting)　탄소(C)가 0.3~0.4%, 망가니즈(Mn)이 1.2~1.6%, 몰리브데넘(Mo)이 0.15~0.35%이며 노멀라이징, 템퍼링해서 큰 톱니바퀴에, 담금질템퍼링을 해서 톱니바퀴, 바퀴 혹은 지퍼의 이 등에 이용된다.

망가니즈산염 (manganate)　망가나이트, 수망가니즈광

망가니즈선철 (manganese pig iron)　망가니즈분을 특히 다량으로 함유하고 있는 선철의 총칭으로 35%를 경계로 해서 일반적으로 10~20%의 망가니즈을 함유하는 것을 스피겔 또는 스피겔 아이젠이라고 한다. 또한 망가니즈 함유량이 35% 이상 특히 40~82%를 페로망가니즈이라고 한다. 망가니즈선철은 전기로, 용광로에서 만들어진다.

망가니즈-알루미늄자석 (manganese aluminium magnet)　망가니즈(Mn)과 알루미늄(Al)으로 만들어진 높은 자석 특성을 나타내는 영구자석재료이다. 범용적으로 사용되지 못하며 스피커, 스위치, 회전센서 등의 음향기기나 제어기기 등에 일부 사용되고 있다.

망가니즈중석 (hubnerite)　$MnWO_4$의 조성을 갖는 텅스텐(W)의 광석으로 산화텅스텐(WO_3)을 약 76.6% 함유하고 있다.

망가니즈철 (ferro manganese)　☞ 페로망가니즈

망가니즈청동 (manganese bronze)　황동에 약 3% 이하의 망가니즈(Mn)을 첨가한 고력황동을 말한다. 그러나 망가니즈은 동(Cu)속에 약 20%까지 고용되면 강도를 개선시키지만 20% 이상 되면 깨지기 쉽게 된다. 강도, 내식, 내열성이 양호하여 볼트, 너트류와 증기관 선박용 터빈, 밸브 등에 이용된다. 또한 동 86%, 망가니즈 12%, 니켈(Ni) 2%의 합금을 망가닌이라고 한다. ☞ 망가닌

망가니즈토 (wad)　망가니즈흙이라고 하며 산화망가니즈광석으로 망가니즈 함유량이 불규칙하다.

매시브변태 (massive transformation)　조성은 변하지 않고 결정구조만 변하

는 변태로 핵생성 성장형 상변태이다. 모상과 생성 매시브상의 계면에 원자가 빠르게 움직이면서 매시브상이 생성되고 성장은 열활성형이며 성장속도는 초당 10~20㎜ 정도이다. Cu-19% Al, Cu-37~38% Zn합금 등이 체심입방격자에서 면심입방격자로 변하는 것이 그 예이다.

매도청산 (short covering) ☞ 숏커버링

매도포지션 (short position) ☞ 숏포지션

매입청산 (liquidation) ☞ 리퀴데이션

매입포지션 (long position) ☞ 롱포지션

매장광량 (ore reserve) 광석매장량으로 광물이 땅속에 묻힌 분량.

매트 (matte, regulus) 동(Cu), 니켈(Ni) 등의 용광로 및 반사로 제련에 있어서, 노의 하중에 침전하는 유가물을 말하는데 철, 유황을 많이 함유하고 있으며, 동매트($Cu_2S \cdot FeS$)의 경우, 화합물중 동 또는 니켈의 품위는 25~70%로서 노의 종류 및 반응공기량의 투입조건에 따라 조절이 가능하다. 광석과 금속의 중간물이라고 할 수 있는 것으로, 동매트는 전로에서 환원시켜서 품위 98% 이상의 조동(粗銅)으로 만든다. 또 니켈매트는 전로에서 철분과 유황분을 제거하여 품위 75~80% 정도로 만든다.

매트릭스 (matrix) 모지(母地)조직, 모재(母材)를 뜻하며 복합재료의 바탕재료이다. 금속조직에서 석출입자등 다른 상을 포용하고 있는 소지(素地)를 말한다. 금속조직중의 본바탕 부분으로 유리되어 있는 다른 결정과 구분해서 사용된다. 복합다심 초전도선에서는 모재로서 동(Cu), 알루미늄(Al) 등의 순금속 또는 Cu-Ni, Cu-Sn, Cu-Ga 등의 합금이 사용된다. ☞ 바탕재

매트릭스비 (matrix to superconductor ratio) 복합 초전도선을 구성하고 있는 매트릭스와 초전도체의 부피비로 특히 매트릭스가 동(Cu)일 경우 동비 또는 구리비라고 한다.

맥석 (vein-stuff, vein-stone, gangue) 광맥중에 광석과 함께 존재하는 가치 없는 광물을 말하는데 예를 들어 동광맥속에 존재하는 석영 등이 이에 속한다.

맨드릴 (mandrel) ① 코일을 권취하는 주설비로 코일을 감는 역할을 단독으로 수행하여 내경을 4단계로 확대축소의 조정이 가능한 설비. ② 이음매없는 관제품의 경우 관안에 밀어 넣어 내부의 성형을 쉽게 하도록 하는 심봉.

맬러카이트 (malachite) ☞ 공작석

머독의 안정화기준 (Maddock's stability criterion) 발열부분인 상전이 전이부분과 초전도 영역사이의 온도 구매에 의한 냉각효과를 고려한 안정화 기준이다.

머큐리 (mercury) ☞ 수은

머플로 (muffle furnace) 용융벽을 설치한 간접 가열로로 터널형 가열실내에 니크로뮴선, 탄화규소 등을 저항체로 넣은 것으로 열처리용이나 기타 용도로 널리 사용된다.

먼츠메탈 (Muntz metal) ☞ 문츠메탈

멀라이트 (mullite) $3Al_2O_3 \cdot 2SiO_2 \sim 2Al_2O_3 \cdot SiO_2$인 화학조성을 갖는 알루미나의 규산염이다. 카올린, 셀리사이트, 파이로필라이트 등의 점토질 원료에서는 1,000~1,200℃로, 언덜류사이트, 카이아사이트, 실리머나이트에서는 1,350~1,530℃에서 멀라이트가 생성한다.

메론 (Melon) 미국 스크랩규격인 ISRI(Institute of Scrap Recycling Industries, Inc)규격중 황동관 스크랩(brass pipe)의 총칭이다.

메시 (mesh) 체눈의 크기를 나타내는 단위로 금속분말의 입자크기를 나타내는 단위이다. 길이 1인치 사이에 있는 체의 구멍수(눈수)로 나타낸다. 따라서 메시의 수가 많을 수록 체눈이 가늘고 작아진다. 입자지름 크기를 d라고 하면 메시번호 N은 N=1/d로 표시된다. 독일의 체에서는 1평방 센티미터의 눈수로 표시하고 있다

메이저 (Major)　　미국 스크랩규격인 ISRI(Institute of Scrap Recycling Industries, Inc)규격중 사용하지 않은 양백클리핑스크랩(new nickel silver clippings and solid)의 총칭으로 니켈함량이 10%, 12%, 15%, 18%, 20%에 해당해야 한다.

메이즈 (Maize)　　미국 스크랩규격인 ISRI(Institute of Scrap Recycling Industries, Inc)규격중 사용하지 않은 혼합 양백클리핑(mixed new nickel silver clippings)의 총칭이다.

메일러 (Malar)　　미국 스크랩규격인 ISRI(Institute of Scrap Recycling Industries, Inc)규격중 사용하지 않은 종류별 양백클리핑(new segregated nickel silver clippings)의 총칭으로 한 종류의 양백클리핑으로 이루어지며, 치수 0.25인치 이하의 블랭킹스크랩을 10% 이상 함유하지 않은 것을 말한다.

메카니컬합금분말 (mechanical alloyed powder)　　고에너지 교반 등의 기계적 처리로 얻어지며 다른 재료의 입자를 결합 또는 포함하고 있는 분말.

메탈로이드 (metalloid)　　반금속이라고 하며 재질적으로 금속특성이 있지만 화학적으로는 금속적 성질과 비금속적 성질을 함께 가진 원소이다. 또한 외관이 금속일 경우에 한정하는 경우도 있다. ☞ 반금속

메탈리콘 (metallikon)　　금속용사법의 총칭으로 용융아연(Zn), 알루미늄(Al), 카드뮴(Cd) 등을 안개상으로 하여 방식할 금속에 분무하는 방법이다. 내열용도 및 내마모성이 요구되거나 비금속물질에 전도성을 부여 또는 전기적 접촉개선에 사용된다. 일본 메탈리콘주식회사에서 처음으로 사용한 말이다. ☞ 금속용사법

메트릭톤 (metric ton)　　물체의 중량단위로 1,000kg 또는 2,204.62파운드이다. 그냥 톤이라고 부르며 미터톤, 불란서톤이라고도 한다. 주로 유럽대륙에서 사용되며 우리나라에서도 일반적으로 사용되는 중량단위로 통상 톤이라고 말할 경우 적용되는 단위이다.

멘델레븀 (mendelevium) 원자기호 Md, 원자번호 101의 초우라늄원소이다. 질량수 247에서 259 사이에 13종의 핵종이 존재하며 그중 질량수 258이 55일의 반감기를 가지며 α붕괴를 한다. 멘델레븀은 수용액속에서 +3가의 악티노이드 성질을 나타낸다.

면심입방격자 (face centered cubic lattice) 입방격자의 각 면(6개)의 중심에 각기 원자가 존재하는 결정구조를 말한다. FCC로 표시한다. 동(Cu), 알루미늄(Al), 금(Au), 은(Ag), 니켈(Ni) 등이 이 결정구조를 갖고 있다. 이러한 격자구조를 가진 금속은 취성파괴가 되지 않는 특징이 있다. (그림참조)

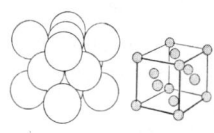

면심입방격자

명반석 (alunite) $K_2AlO_3(OH)_6(SO_4)_2$의 조성을 갖는 알루미늄(Al)의 원광석으로 보크사이트 다음으로 중요하다.

모나자이트 (monazite) ☞ 모나즈석

모나즈석 (monazite) 란타넘(La), 세륨(Ce) 등의 희토류 원소와 토륨(Th)의 가장 중요한 원광석이다. 갈색의 괴, 사립상(砂粒狀)광물로 희토류 산화물 60~65%와 토륨산화물 5~10%를 함유한다.

모넬메탈 (Monel metal) 니켈-동합금으로 니켈함량이 50% 이상되는 합금을 말한다. 대표적인 조성은 니켈(Ni) 67%, 동(Cu) 30%, 철(Fe), 망가니즈(Mn) 실리콘(Si) 등이 3% 정도 첨가된 합금으로 모넬합금이라고도 한다. 캐나다 온타리오주 서드베리지방에서 자연합금으로서도 산출되며 캐나다 Inco사가 1905년경부터 판매하기 시작했는데 그 당시 이 회사의 사장이 A. Monel이었기 때문에 그의 이름이 붙여졌다. 고강도, 내식성, 내열성이 양호하여 터빈날개, 펌프부품, 밸브부품, 화학 및 식품공업용 장치에 사용된다. 개량합금으로는 상기 조성의 보통모넬 외에 0.035%를 첨가하여 쾌삭성을 부여한 R모델, 알루미늄(Al) 2.75%를 첨가하여 석출경화성을 부여, 담금질경화가 가능한 K 및 KR모델, 규소(Si) 첨가량을 늘린 주물용 H 및 S모델 등이 있다.

모노크로라이드법 (monochloride process) 알루미늄(Al)의 직접제련법으로 캐나다의 알칸 알루미늄사(Alcan Aluminium Co)가 개발한 보크사이트로부터 직접 알루미늄을 제련하는 방식으로, 보크사이트를 탄소재료와 함께 전기로에서 가열용융해서 알루미늄 모합금을 만들고, 이를 염화알루미늄으로 화학반응시켜 품위 99.7% 이상의 순수한 알루미늄을 얻는다. 그러나 연구는 중단되어 실용화 되지는 못했다.

모놀리틱도체 (monolithic conductor) 초전도체와 안정화재 또는 초전도체와 안정화재 및 보강용 금속이 이음매없는 상태로 접합된 선재이다. 통상 몇회의 압출가공이나 냉간가공에 의해 제작되는 복합 초전도선을 가리킨다. 복합된 바탕재의 계면은 금속적으로 접합되어 있는 것이 기본이지만 계면에 일부 공극을 잔존시킨 것이나 이종금속을 충전한 것도 이 범주에 넣는다.

모래주석 (stream tin) ☞ 사주석

모상 (parent phase) 상변태에서 여러 상중 고온쪽의 상을 말한다. 오스테나이트 혹은 고온상이라고도 한다.

모암 (country rock) 광맥을 품고 있는 바위.

모자이크금 (mosaic gold) 금색 합금용 황동으로 동(Cu) 65%, 아연(Zn) 35%로 되어 있다. 이 조성에서 아연을 적게 하면 황금색이 변하며 내식성이 떨어진다. 황화 제2주석의 분말과 같이 모조금으로 장식용에 사용된다.

모재 (matrix) ☞ 매트릭스

모합금 (master alloy, mother alloy) 중간합금이라고 하며 합금을 용제할 때 사용하는 고농도의 중간합금으로 분할과 계량이 용이하도록 만들어진다. 한 금속과 다른 금속을 용해하여 합금을 만들 경우 직접 혼합하여 용해하는 것보다는 모합금을 사용하여 배합하는 쪽이 용해조작과 온도조절이 간단하고 또 합금 품질도 균일해져 편석의 우려가 적고 경제적인 효과를 얻을 수 있다. 특히 용융점이나 비중의 차가 큰 경우, 한 쪽이 매우 활성인 경우, 사전에 안정되고 저융점인 모합금을 만들어 놓았다가 이것을 얇게 해서 소정의 합금을 용제한다. 모합금은 순금속과 달라서 허용된 불순물량이 많으나 합금용해 비용이 저렴하다. 일례로 알루미늄에 첨가되는 금속중에는 알루미늄보다 용해하기 어려운 것이 있기 때문에 합금제조시 직접 첨가하면 용해가 어렵다. 따라서 모합금을 만들어 두었다가 소요량을 알루미늄속에 첨가하여 용해하면 작업이 쉽고 성분도 균일하게 된다. (그림참조)

모합금

모합금분말 (master alloy powder) 한 개 이상의 성분을 비교적 다량 함유하고 있는 합금분말로 소결 후에 소정의 최종조성을 얻기 위해 다른 분말을 첨가한다.

몬테리 (Monterrey) 멕시코에 위치한 미국 아사코(Asarco)사의 몬테리정련소에서 생산되는 연(Pb)의 브랜드명.

몬테아미아타 (Monte Ammiata) 이탈리아의 세계적으로 유명한 수은(Hg) 생산지역이다.

몬트로이다이트 (Montroydite) 수은(Hg)의 산화광물로 수은을 약 92.6% 함유하고 있다.

몰드 (mold, mould) 금형 이외의 포밍용 틀의 총칭으로 루소분말소결, 슬립캐스팅, 사출성형, 등압성형 등에 사용한다.

몰리브데넘 (molybdenum) 원소기호 Mo, 원자번호 42, 원자량 95.94, 비중 10.22, 용융점 2,610℃, 비등점 3,700℃, 결정구조 체심입방체, 주기율표상 Ⅶa족에 속하는 은청색의 금속이다. 은백색의 광택이 있는 금속이며 상온에서는 단단하고 잘 깨지지만, 고온에서는 전연성을 가져 단조할 수가 있기 때문에 열간가공으로 선, 봉, 판 등을 만든다. 몰리브데넘을 첨가한 특수강은 소입성이 좋고 강도, 인성, 내마모성이 뛰어나 기계부품 등으로 재료성능이 우수하다. 특수강의 첨가제, 제강의 탈산, 탈황제, 내열합금, 진공관, X 선관 등에 이용된다. 주로 부유선광에 의해 휘수연광에서 고품위의 정광으로 만들어지며 원광의 품위는 보통 MoS_2가 1% 정도이다. 제조법은 정광을 배소해서

MoO_3로 만들고 암모니아를 추출해서 몰리브데넘암모늄($(NH_4)_2MoO_4$) 용액으로 만들어 산에 의해 몰리브데넘산(H_2MoO_4)을 침강시키고 태워서 MoO_2로 만든다. 이를 수소로 환원시켜 금속몰리브데넘을 얻는다.

몰리브데넘강 (molybden steel) 몰리브데넘(Mo)은 뜨임연화방지와 2차 경도가 크게 나온다는 것이 알려져 있는데 질화강은 뜨임취성을 방지하는 중요한 첨가원소이다. 기타 크로뮴(Cr), 니켈(Ni) 등과 함께 각종 구조용강에 첨가되는데 몰리브데넘만으로 된 강은 별로 실용화되지 않고 있다.

몰리브데넘광 (molybdenite) 휘수연광. ☞ 몰리브데넘광석

몰리브데넘광석 (molybdenium ore) 몰리브데넘(Mo)을 함유하고 있는 광석은 휘수연광, 수연연광, 수연화, 황연광 등이 있는데, 휘수연광이 가장 중요하다. 페로몰리브데넘의 원료로서 사용되는 광석은 거의 모두가 휘수연광으로 황화물이다. 황화몰리브데넘은 이전에는 황화물인 채로 사용되었으나 현재는 계단형 배소로에서 배소해서 산화물로 바꾸고 난 후 브리켓으로 사용된다. 주요 생산 국으로는 미국, 칠레 등이다.

몰리브데넘봉 (molybdenium rods) 조명 및 전자기기용 웰즈, 서포트 등에 사용된다. 몰리브데넘(Mo)이 99.9% 이상 함유되어 있다.

몰리브데넘선 (molybdenium wires) 조명 및 전자기기용 그리드, 앵커, 맨드릴 등에 사용되며 몰리브데넘(Mo) 함량이 99.95% 이상과 99.90% 이상이 있다. 제품의 마무리상태는 신선한 그대로, 화학처리, 전해연마, 열처리 등 제품이 있다.

몰리브데넘판 (molybdenium sheets) 몰리브데넘(Mo)이 99.9% 이상 함유되어 있으며 조명 및 전자기기용으로 사용되는데 두께는 0.1~0.7mm이다.

몰리브데넘합금 (molybdenium alloy) 몰리브데넘(Mo)에 타이타늄(Ti), 지르코늄(Zr), 나이오븀(Nb), 탄탈럼(Ta), 하프늄(Hf), 알루미늄(Al), 탄소(C) 등을 첨가한 합금이며 재결정온도가 상승하여 고온강도가 우수하다. 따라서 열처리용 보트, 다이캐스트 금형 등 고온구조용으로 사용된다. 또한 용접성도

지니고 있어 용접구조용 재료로도 사용된다. 이밖에 Mo-Re합금, Mo-W합금 등은 열전대에 이용된다.

무산소 고전도동 (oxygen free high conductivity copper, OFHC)   ☞ 무산소동

무산소동 (oxygen free copper, OFC) 산소를 함유하지 않은 동(Cu)으로, 가공성이 우수하여 전자공업용에 적합하다. 전기동을 무연전극 도가니에 넣고 진공주조하면 함유불순물이 적어지면서 순도가 99.99% 이상의 동이 얻어진다. 진공용해 무산소동은 용해과정에서 일부 휘발되어 제거될 뿐만 아니라 동속에 용해되어 있는 가스도 제거된 다. 무산소동의 산소 함량은 0.001% 이하이며 유해가스가 적기 때문에 수소취성과 같은 결함이 발생하지 않는다. 높은 전도율을 가지고 있기 때문에 무산소 고전도동(OFHC)이라고도 부르며 진공관재료 등에 사용된다. 높은 도전성과 열전도성, 내수소취성, 우수한 가공성, 용접성 및 땜납성을 갖추었으며 내충격성 및 내열성도 우수하고 균일한 조직을 가졌다. (그림참조)

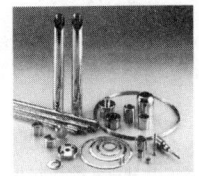

무산소동제품

무산소동판 (oxygen free copper sheets) 동(Cu)함량이 99.96% 이상인 동판으로 전기 및 열전도성, 전연성, 심가공성이 우수하고 용접성, 내식성, 내후성 등이 좋다. 환원성 분위기 중에서 고온으로 가열하여도 수소취화가 일어나지 않으며 전기용, 화학공업용 소재로 사용된다.

무산소은입동 (silver bearing copper) 무산소은입동은 산소 함량이 10ppm 이하의 무산소동에 고전도성 원소인 은(Ag)을 미량 첨가함으로써 무산소동 수준의 전기전도를 유지하면서 300℃ 이상 고온에서도 연화방지효과를 가지고 우수한 기계적 성질을 유지하는 고부가가치 소재다. 산업의 고도화 에 따라 자동차, 가전 등 수요산업들이 수요가 점차 늘어나고 있다.

무수망초 (Sodium Sulfate Anhydride) 무수망초는 세제 무기 Builder, 염료 제조 및 혼합제 염료, pH 조절제, 염색 촉진제 및 유리 제조시 NaOH 공급원 및 Bubble 제거용으로 사용된다.

무수크로뮴산 (chromic acid anhydride) 삼산화크로뮴으로 크로뮴도금, 크로뮴화합물의 원료에 이용한다.

무수텅스텐산 (tungstic acid anhydride) 산화텅스텐으로 금속텅스텐의 원료가 된다.

무연쾌삭 (unlead free-cutting) 환경친화소재의 일종으로 납 (Pb)이 함유된 쾌삭황동합금을 대체하기 위해 Pb 대신 Bi, Si 등 절삭성 향상 효과를 주는 원소를 첨가하여 만든 합금으로 주로 봉제품으로 가공되어 절삭 및 단조가공용 소재로 쓰인다.

무연 황동 (Lead-Free Brass) 우수한 절삭 가공성을 유지하면서도 납 용출이 없는 환경 친화적인 무연소재이며 식품관련 제품, 수전 금구, 음료수용 배관 부품 등에 쓰인다.

무외장 동축 해저케이블 (non-armoured coaxial submarine cable) 다중전화용 장거리 해저케이블.

무전해도금 (electroless plating) 전극의 작용에 의하지 않고 단지 용액속에 담그는 것에 의해 도금하는 방법으로 여기에는 가니젠도금이라고 불리는 특수한 촉매를 사용해서 하는 니켈도금방법이나 이온화 경향의 차이에 의한 치환법을 포함한다.

문츠메탈 (Muntz metal) 동(Cu) 60%, 아연(Zn) 40%인 46 황동을 말한다. 영국인 G. F. Muntz가 고안(1832년)한 것이라고 해서 이 이름이 붙여졌다.

물리탐광 (geophysical prospecting) 광물이나 암석의 고유한 물리적인 특성, 즉 밀도, 탄성, 전기전도율 등을 이용한 탐광법이며 중력탐광, 전기탐광, 자력탐광, 탄성파탐광 등이 있다.

물질안전보고자료 (Material Safety Date Sheet, MSDS) 미국 노동성 산하 노동안전위생국(Occupational Safety & Health Administration, OSHA)이 1983년 약 600여종의 화학물 질의 유해 기준을 마련하고자 한 것으로부

뮤메탈 (Mumetal) 니켈(Ni) 75%, 철(Fe) 20%, 동(Cu) 5%의 표준조성을 가진 Ni-Fe-Cu계 고투자율 합금으로 크로뮴(Cr)을 첨가시킴으로써 초고투자율화 시켜 현재 음성주파 헤드용 등에 사용되고 있다. 앞서 언급한 화학 물질에 대한 정보와 응급시 알아야 할 사항. 둘째, 응급 상황시 대응 방법. 셋째, 유해 상황 예방책. 넷째, 기타 중요한 정보 등이다.

뮤메탈 (Mumetal) 니켈(Ni) 75%, 철(Fe) 20%, 동(Cu) 5%의 표준조성을 가진 Ni-Fe-Cu계 고투자율 합금으로 크로뮴(Cr)을 첨가시킴으로써 초고투자율화 시켜 현재 음성주파 헤드용 등에 사용되고 있다.

미광 (tailing) 선광잔사. ☞ 광미

미국철강노조 (United Steel Workers of America) ☞ USW

미끄러짐 (slip) 금속의 결정은 거기에 어떤 힘을 가하면 결정끼리 가장 미끄러지기 쉬운 면을 경계로 해서 그 상하의 결정이 어긋나는데 이것을 미끄러짐이라고 한다.

미네럴 (mineral) 광물, 광석, 무기물이란 뜻이다.

미니스팽글 (mini spangle) 공기와 아연(Zn)분말의 혼합물을 강판표면에 분사하여 아연입자가 스팽글의 성장을 억제시켜 도장성을 향상시킨 제품.

미립자자석 (fine particle magnet) 자성체를 미립화시키면 어떤 임계직경 이하가 되었을 때 자벽이 없어지고 단자구 입자가 되어 보자력이 향상된다. 특히 단축성이 큰 결정자기이방성의 경우 높은 보자력을 얻게 되는데 이와 같은 종류의 것을 미립자자석이라고 한다. 알니코자석, Fe-Cr-Co자석, ESD자석, 희토류자석 등이 이에 속한다.

미메타이트 (mimetite) $Pb_5Cl(AsO_4)_3$의 조성을 갖는 연광석으로 연(Pb)을 약 69.6% 함유하고 있다.

미분 (fine powder) 최대 크기 45㎛ 이하의 입자로 된 분말. 서브시브분말이라고 한다.

미분쇄기 (fine grinder, pulverizer, pulverizing mill) 지름 약 0.5~1㎝ 정도 크기의 재료를 200메시(지름 약 0.07㎜)의 분말로 만드는 분쇄기이다.

미분화 (pulverization) 수소화 및 탈수소화의 반복에 의해 합금이 미세한 분말형태로 변하는 현상이다. 분말화, 미분말화 또는 분화라고도 한다.

미세립 초소성합금 (fine grained superplastic alloys) 마이크로미터 정도의 미세한 결정립으로 이루어지는 합금이며 초소성을 나타낸다. 미세결정의 합금을 그 용융점의 0.5~0.7 정도의 절대온도로 나타낸 온도영역에서 느린 속도로 변형시키면 수백~수천%의 최대 신장률을 나타내는 수가 있다. 이러한 합금중에는 감쇠능이 높은 것이 많다.

미슈메탈 (misch metal) 희토류 원소 약 90%와 철(Fe) 약 10%의 합금으로 철강의 첨가제 및 발화합금 (희토류 약 70%, 철 약 30%)의 원료로써 이용된다. 희토류 원소의 조성은 세륨(Ce) 약 40~50%, 란타넘(La)20~40%를 함유하는 Ce족 희토류 원소 혼합물이다. 과거에는 발화합금으로 이용되었으나 최근에는 압전소자로 대체되었다.

미스 롤 (miss roll) 압연작업시 잘못하여 최종롤을 통과하지 않은 제품을 말한다. 마지막 롤을 통과했어도 흠이나 재질에 결함이 있는 발생품과는 구별된다.

미정제동 (unrefined copper) 제련된 동(Cu)으로 정련하지 않은 동을 말하며 조동 등이 이에 해당한다.

미청산계약분 (open interest) ☞ 오픈인터레스트

미크론 (micron) 길이의 단위로 1,000분의 1㎜, 즉 0.001㎜이다.

밀도 (density) 물질의 어느 온도에서의 단위체적당 질량을 말한다. 단위는 g/㎤이다. 통상 그 체적에는 재료내부의 기공의 체적도 포함된다.

밀도분포 (density distribution) 성형체 또는 소결체의 내부에서 부분적인 밀도의 차이를 수치로 표시한 것.

밀스프링 (mill spring) 압연재가 롤 사이에 들어가면 압연기 자체의 간격에 의해서 롤갭(roll gap)이 증가하는 상태.

밀에지 (mill edge) 압연재의 가장자리의 일종으로서 압연으로 자연히 생긴 에지 그대로 절단되어 있지 않은 것을 말한다. 이에 대해 열연이나 냉연코일의 귀부분을 사이드 트리머나 슬리터 등으로 규정폭으로 잘라서 정돈한 에지를 트림 에지라고 한다.

밀착압연 (tight rolling) 박판에서 표면에 산화피복을 만들고 판의 점착을 방지하며 판과 판을 밀착시켜 압연하는 것을 말한다. 일반적으로 박판의 규소(Si) 또는 인(P)의 함유량을 가감하여 압연도중에 산화피복을 만들기 위해 판을 겹쳐서 열간에 박리할 필요가 있다. 밀착압연법에는 회수에 따라 원더블(one-double)과 리더블(re-double)의 방법이 있으며 0.03mm의 박판을 만들 수 있다.

밀타승 (litharge) 일산화연. ☞ 리사지

밀폐소둔 (closed annealing) 머플이나 소둔상자 등을 사용해 외부와 완전히 차단하고 소둔하는 무산화소둔(non-oxidizing annealing)이다. 출입구를 완전히 밀폐하고 그 안에 불활성 가스를 통과시키거나 진공으로 만들어 산화를 막는다. 이 방법으로 소둔하면 열처리 전의 광택을 해치지 않으므로 광휘소둔(bright annealing)이라고 한다.

바 (bar) ☞ 로드와 바

바나듐 (vanadium) 원소기호 V, 원자번호 23, 비중 6.1, 용융점 1,900℃, 비등점 3,000℃, 결정구조 체심입방정, 주기율표상 Ⅴa족에 속하는 회색의 광택이 있는 금속으로 단단하다. 염산에 대해 뛰어난 내식성을 갖고 있으며 가성소다용액에도 양호한 내식성을 가지고 있으나 질산에는 부식된다. 니켈(Ni), 코발트(Co), 규소(Si) 등보다 용융점이 높아 내열성이 매우 우수하므로, 특수강(주로 공구강)에의 첨가제, 각종 비철금속과의 합금, 핵연료의 피복재, 항공기 및 미사일의 구조재 등에 이용된다. 금속바나듐은 원광석으로부터 오산화바나듐(V_2O_5)을 분리하고 염소를 화합시켜 염화바나듐으로 만들어 이것을 칼슘(Ca) 또는 알루미늄(Al)과 함께 용제를 가해 환원시켜서 얻는다. 원광으로는 바나딘운모, 카르노석, 바나딘석 등이 있다.

바나듐강 (vanadium steel) 바나듐(V)을 함유하는 강을 말하는데 바나듐은 가격관계에 있어 크로뮴(Cr), 망가니즈(Mn), 니켈(Ni)처럼 합금원소로써 보편적이지 못하다. 그러나 결정입도의 세밀화, 뜨임연화저항, 2차경화, 탄소 혹은 질소와의 친화력이 강한 점을 이용해서 고속도강이나 고합금공구강에 0.2~4.5% 첨가되고 또 고장력강에 0.1% 정도 함유된 것도 사용되고 있다.

바나듐광석 (vanadium ore) 패트론광(오산화바나듐), 바노키사이트, 카르노석, 바나딘연광(바나디나이트), 로스콜석(바나딘운모) 등이 있으며, 갈연광

(바나디나이트)이 가장 중요하다. 주요 산출지역은 미국, 페루, 남서아프리카, 남아프리카 등이다.

바나듐주철 (vanadium cast iron) 기계적 강도, 내마모성, 내열성을 높일 목적으로 바나듐(V)을 0.005~0.5% 첨가한 주철이다. 몰리브데넘(Mo), 니켈(Ni), 타이타늄(Ti) 등과 함께 첨가하는 경우가 많다.

바나디나이트 (vanadinite) ☞ 바나딘연광

바나딘연광 (vanadinite) 바나디나이트 또는 갈연광이라고 하는 바나듐(V)의 원광석으로 오산화바나듐(V_2O_5) 19%와 연(Pb)을 함유한다.

바나딘운모 (roscoelite) 바나듐(V)의 원광석으로 조성($H_8K(MgFe)(AlV)_4(SiO_2)_{12}$)이 복잡하고 오산화바나듐 외에 알루미늄(Al), 마그네슘(Mg), 철(Fe) 등을 함유한다.

바델라이트 (baddeleyite) 천연에서 산출되는 산화지르코늄으로 지르콘과 함께 지르코늄(Zr)의 중요한 원광석이다. 주요 생산지는 브라질이다.

바륨 (barium) 원소기호 Ba, 원자번호 56, 원자량 137.33, 비중 3.5, 용융점 725℃, 비등점 1,640℃의 은백색의 부드러운 알칼리토금속이다. 천연에서 중정석(황산염광물) 및 독중석(탄산염광물)으로서 산출되는데 산출량은 적다. 합금첨가제, 안료, 진공관 게터, 유리 등에 이용된다.

바스트나사이트 (bastnasite) 희토류 광물로서 란타넘(La), 세륨(Ce) 등을 주성분으로 하며, 이 외에 각종 희토류 원소를 함유하고 있다.

바스트나석 (bastnasite) ☞ 바스트나사이트

바이메탈 (bimetal) 저팽창금속과 고팽창금속을 맞붙인 합판으로 온도변화에 따른 양금속간의 팽창 차에 의해 굽힘응력을 이용한 것으로 저팽창측에는 인바등 철(Fe)과 니켈(Ni)의 합금, 고팽창측에는 황동을 사용한 것은 저온용이며 저팽창측에 니켈, 고팽창측에 Fe-Ni-Cr합금을 사용하면 고온용이다. 바

이메탈은 일반적으로 접점을 붙여서 온도스위치로 사용한다.

바이메탈판 (bimetal plate)　인바와 황동판 등 두 종류의 금속판을 접착시킨 것으로 저온용에 사용된다. ☞ 바이메탈

바이브랄로이 (Vibralloy)　철(Fe) 50%, 니켈(Ni) 40%, 몰리브데늄(Mo) 9%의 성분을 갖는 항탄성재료의 합금을 말한다. 동기용 전동차, 표준 진동자 등의 통신회로, 측정회로, 전송회로, 시계보도 시험기용 용수철 재료로서 폭넓게 사용된다.

바이어스법 (bias method)　일방향 형상기억 효과를 표시하는 형상기억합금에 가열시 뿐만 아니라 냉각시에도 형상변화하도록 코일 스프링, 판 스프링 등을 사용하여 외부응력을 가하여 양방향 동작을 반복시키는 방법.

바이어스 스프링 (bias spring)　바이어스법에서 외부응력을 부하하기 위하여 사용되는 스프링.

바이칼로이 (Vicalloy)　석출경화형 자석합금의 일종으로 코발트(Co) 52%, 바나듐(V) 14%, 나머지 철(Fe)을 함유하고 있으며 우수한 성질을 나타내지만 가격이 비싸다.

바이칼로이자석 (Vicalloy magnet)　바나듐(V) 6~16%, 코발트(Co) 36~62%, 나머지 철(Fe)인 영구자석합금.

바이탈륨 (Vitallium)　코발트합금의 일종으로 크로뮴(Cr) 27%, 몰리브데늄(Mo), 철(Fe) 0.5%를 함유하고 있다. 뛰어난 내식성과 주조가공성으로 치과용 주조합금으로 사용되기 시작하여 최근에는 항공기 엔진, 생체재료, 정형외과용 등에 사용된다.

바탕재 (matrix)　복합재료의 바탕재료. ☞ 매트릭스

박 (foil, leaf)　판가운데서 두께가 얇은 범위(0.005~0.4㎜)를 박이라고 하며 알루미늄박을 비롯하여 주석박, 동박, 금박, 탄탈럼박, 타이타늄박 등이 있다.

박은 전해 또는 압연에 의해 만들어지며 가장 많이 사용되는 것은 알루미늄박이며 일반적으로 동박은 0.15mm 이하, 알루미늄박은 0.2mm 이하를 말한다.

박리 (exfoliation) 금속표면에서 박편이 벗겨져 나가는 것을 말한다. 부식이 원인인 경우가 있고 고하중을 받아서 침탄층이나 경화층이 벗겨져 나가는 경우도 있다.

반금속 (semimetal) 금속과 비금속의 중간성질을 나타내는 원소로 주기율표상 붕소(B)와 아스타틴(At)을 연결하는 선상과 그 부근의 원소를 나타내는데 인(P), 붕소(B), 셀레늄(Se), 황(S)은 절연체, 규소(Si), 저마늄(Ge), 텔루륨(Te)은 반도체, 비소(As), 안티모니(Sb)은 금속이라 하여 반금속과 구별할 때가 있다. 일반적인 반금속으로는 흑연(graphite)과 비스무트(Bi)가 있다. 반금속은 자유전자를 가지지만 밀도가 금속보다 작고 전기전도도가 금속과 반도체의 중간정도이다.

반도체 (semiconductor) 저온에서 그다지 전류를 흘려보내지 않지만 고온상승에 따라 고전도성을 나타내는 물질을 말한다. 저마늄(Ge), 세륨(Ce), 고순도 실리콘(Si), 고순도 텔루륨(Te), 고순도 비스무트(Bi) 등이 이 성질을 갖고 있다. 트랜지스터, 정류기, 벌리스터, 서미스터, 광전지, 태양전지, 전자냉동장치 등에 널리 이용된다.

반도체용 고순도 황산 제조 기술 반도체 제조에 필요한 많은 화학약품 중 황산은 웨이퍼세정, 에칭 공정 등 핵심공정에 널리 사용되는 기초 화학약품으로써 미립자 및 불순물이 완전히 제거된 초고순도가 요구되고 있다. 고 순도 황산 제조기술은 고려아연이 제조하는 기술로 순수 자체 기술력에 의한 국산화 유일품목 중의 대표적 화학약품으로써 현재 반도체 GIGA D-RAM 또는 100 나노미터 선폭에 사용되고 있다. 2단계 응축 액에 의한 불순물 흡수제거 기술 등이 개발되어 신기술 공정이 도입된 생산공정으로 현행 0.1nm 미립자 제거 및 0.01 ppb 이하의 제품이 유지되고 있으며, 반도체 공장에 공급 수입대체에 기여하고 있다.

반동광 (bornite) 보나이트로 중요한 황화동광석이다. 적갈색의 괴상으로 동(Cu) 55.5%, 유황(S) 28%와 철(Fe) 등을 함유하고 있다.

반려암 (gabbro) 심성암의 하나로 휘석과 사장석으로 된 광물로 입상조직을 가졌다. 푸른 색을 띤 흑색 또는 암녹색에 백색이 섞였다.

반메탈 (bahn metal) 칼슘(Ca) 0.7%, 나트륨(Na) 0.6%, 나머지 연(Pb)인 베어링합금중 하나이다. 주석(Sn)이 주성분인 화이트메탈보다 굽힘강도, 고온경도, 용융온도가 높기 때문에 화이트메탈의 대용품으로 사용된다.

반사로 (reverberatory furnace, air furnace) 광석의 제련, 금속의 용해, 정제에 이용한다. 금속정련용과 용해용 두 가지가 있으며 구조도 비슷하고 성분조절이 쉽다는 장점을 갖고 있다. 연소실과 가열실 두 부분으로 나누어져 있으며 연료는 가열물과 직접 접촉하지 않고 불꽃에 의해 금속 또는 광물을 가열한다. 연료는 석탄, 가스, 기름을 사용하며 용해용으로는 칠드주철, 가단주철제조에 사용한다. 분광의 대량처리가 가능하기 때문에 동광제련에 적합하며 미국, 잠비아, 캐나다, 일본, 멕시코 등지에서 적용하고 있다. 반사로 제련에 의한 전기동 제조공정은 분광을 배소로에 장입하여 황산을 제거한 후 반사로와 전로를 거쳐 조동을 만든 후 정련로와 전해조를 거쳐 전기동을 생산한다. 전로 이후의 공정은 용광로 제련, 자용로 제련 등과 같다.

반송케이블 (carrier-frequency cable) 다수의 통화전류를 다른 주파수의 고주파 전류(반송파)에 실어 보내는 케이블로 1회선으로 동시에 다수 송화를 할 수 있다.

반암 (porphyry) 반상(斑狀)의 구조를 가진 화성암으로 보통 백색, 회색, 황색 등이며 알칼리 장석, 석영 등을 반정으로 하며 운모, 각섬석을 포함한다.

반암광상 (porphyry deposit) 황동광이나 휘동광이 반암사이에 널리 존재하고 있는 광상으로 미국과 캐나다 등 북미지역에 많이 존재한다.

반암구조 (porphyritic structure) 화성암속에 반상의 큰 결정이 존재하고 있는 상태.

반암동광 (porphyry copper ore) 반암사이에 동(Cu)용액이 스며들어 작은 결정을 이루고 광물이 동 특유의 빛깔로 물들여져 있는 동광으로 황동광과 휘동광이 많다.

반응소결 (reaction sintering) 두 종류 이상의 성분분말을 소결과정중에 반응시키는 소결로 소결분위기와 분말을 반응시키는 소결을 포함한다.

반응속도 (rate of reaction) 수소 고용체상과 수소화물상의 몰(mol)분율의 시간에 따른 변화로서 수소저장(방출)속도와 구별된다. 다만 고용한도가 클 경우에는 금속과 수소의 몰비(H/M)의 시간에 따른 변화로 할 경우도 있다.

반자성 (diamagnetism) 반자성계수가 영이 되는 모양에서 자화율이 음이 되는 자성이다. 일반적으로 초전도체는 반자성을 나타낸다.

반자성체 (diamagnetic substance) 물체에 자기장을 작용했을 때 대자(帶磁)가 자기장과 반대방향을 갖는 것을 말하며 물체의 대자율은 음수이고 이를 반자성 대자율이라고 한다. 비스무트(Bi)와 안티모니(Sb)은 상당히 강한 반자성을 갖고 있다.

반제품 (semi-finished products) 가공이 불충분하여 아직 정제품, 즉 완제품이 될 수 없는 제품.

반토 (alumina) 산화알루미늄을 말한다. ☞ 알루미나

반토혈암 (aluminous shale) 알루미나를 함유한 광석이며 공업적으로는 거의 이용되지 않는다.

반트 (Vaunt) 미국 스크랩규격인 ISRI(Institute of Scrap Recycling Industries, Inc)규격중 니켈-철 배터리스크랩(edison batteries)의 총칭이다.

발리 (Baley) 미국 스크랩규격인 ISRI(Institute of Scrap Recycling Industries, Inc)규격중 1호 동선스크랩(No.1 copper wire)을 말하며 주석칠을 한 것, 피복, 합금선을 제외한 순수하고 양질의 동선으로 이루어지며 선경이 B&S 와이어 게이지 16번(1,295㎜)보다 작아야 하며 이물질을 포함하지 않은 것을 말한다.

발색알루미늄합금 (aluminium alloy for self-color anodizing) 알루미늄을

황산이나 유기산을 함유한 전해욕으로 양극 산화처리하면 산화피막 자체가 발색하게 된다. 내후성이 강하기 때문에 빌딩의 외장재나 커튼월, 베란다 등에 사용된다.

발연황산 (Fuming Sulfuric Acid) 농질산 제조 및 술혼화제, 탈수제, 산화제 및 화학이나 염료 등 제조에 사용된다. 용도는 니트로화합물 (Nitro Compounds), 염료물질 (Dye - Stuffs), Chloro Sulfuric Acid, 화약 (Blasting Powder), 의료용 제조 (Manufacture of Medicine) 등이다.

발열반응 (exothermic reaction) 화학반응에 있어서 발열이 수반되는 반응을 말한다.

발열체 (heating element) 전기로 저항 발열체의 총칭으로 니크로뮴선과 탄소규소봉 등이 대표적인 것이다.

발화점 (ignition point, ignition temperature) 착화점, 착화온도, 발화온도라고도 한다. 공기 또는 산소중에서 물체를 일정온도 이상으로 가열하면 연소에 의한 발열속도가 연소에 의한 냉각속도보다 커져서 외부로부터 점화되지 않더라도 발화하여 연소를 계속하게 된다. 이 최저온도를 착화점 또는 발화점이라고 한다.

발화합금 (pyrophoric alloy) 철(Fe)과 미슈메탈과의 합금으로 라이터, 가스버너 등의 점화에 이용하는 세륨을 주성분으로 한다. 철을 함유한 금속간화합물인 $FeCe_3$, $FeCe_5$ 등이 충격으로 불꽃을 튀기는 것에 착안한 것이다. 표준 조성은 세륨(Ce), 란타넘(La), 네오디뮴(Nd), 프라세오디뮴(Pr) 기타 희토류 원소가 약 70%, 철(Fe)이 약 30%이다.

방붕석 (boracite) 방붕광(方崩鑛)으로 붕소(B)의 원광석이다. 조성은 $Mg_7C_{12}B_{16}O_{30}$이다.

방사선 투과시험 (radiographic test) 방사선을 시험체에 조사하여 투과된 방사선 세기의 변화로부터 결함의 상태, 구조 등을 조사하는 비파괴시험이다. 선원으로는 X선, 감마선 또는 중성자선이 이용된다.

방사성금속 (radioactive mineral, radioactive metal) 우라늄(U), 토륨(Th) 등의 방사성 원소를 함유하는 금속의 총칭이다. 높은 원자량으로 방사능을 가졌으며 $α$, $β$, $γ$의 방사선을 낸다. 전자핵이 붕괴하면서 플러스(+)전하를 가진 $α$선을 방사하고 마이너스(-)전하를 가진 $β$선은 $α$선보다 가볍고 빠르게 방사된다. 또한 $γ$선은 X선과 유사하나 투과력은 X선보다 강하고 두꺼운 방사선촬영에 이용된다.

방식아연 (zinc anode) 전기방식에서 희생양극이 되는 아연으로 음극적 방식은 피방식체 위에서 음극반응을 일으키며 동시에 방식아연 위에서 양극반응을 일으킴으로써 이루어진다. 방식아연 소모를 줄이기 위해 수소발생을 일으키기 쉬운 불순물을 줄이고 피방식체와의 사이에서 발생하는 전압을 크게하여 표준전극전위가 낮은 원소를 첨가한 합금을 사용하고 있다. 방식아연은 선박, 항만구조물, 소형 철구조물 등에 이용된다.

방식용 마그네슘양극 (magnesium galvanic anode) 전기방식의 음극방식법 중에서 양극에 마그네슘 및 마그네슘합금을 이용한 희생양극을 말한다. 해수, 담수, 토중에서 사용하며 합금성분에 따라 1~3종이 있다. ☞ 전기방식

방식용 아연양극 (zinc galvanic anode) 전기방식의 음극방식법중에서 양극에 아연 및 아연합금을 이용한 희생양극을 말한다. ☞ 전기방식

방식케이블 (anticorrosive cable) 지중전류에 의한 전식(電食)방지를 위해 연(Pb)피복 위에 합성고무, 비닐, 유리섬유 등으로 방식층을 입힌 전력케이블이다.

방안광 (senarmontite) 안티모니(Sb)의 산화광석으로 안티모니를 약 41.6% 함유하고 있다. 안티모니광 혹은 방안티모니광이라고도 한다.

방연광 (galena) 가장 중요한 연(Pb)광석으로 황화연이다. 연(鉛)회색의 육면체 황화광으로 금속광택이 나며 연을 약 86.6% 함유하고 있다. 금(Au), 은(Ag), 섬아연광 등을 수반하여 산출되는 경우가 많다.

방전가공 (Electrical Discharge Machining, EDM) 방전가공이란 스파크 가공(spark machining)이라고도 하는데, 전기의 양극과 음극이 부딪칠 때 일

어나는 스파크를 가공하는 방법이다. 스파크로 일어난 열에너지는 가공하고자 하는 재료를 녹이거나 기화시켜 제거함으로써 원하는 모양으로 만들어 준다. 물론 방전은 아주 작게 또 아주 빠르게 일어나도록 제어되고, 시편의 가공부분은 아주 작은 입자가 되어 녹거나 기화되어 제거되기 때문에 정밀가공이 가능하게 된다.

방진재 (damping materials) ☞ 제진재

방진합금 (damping alloys) 합금단체이며 외부에서 가해진 진동에너지를 각종 기구에 의해서 그 합금재료의 계내에서 열에너지로 변환하여 소비함으로써 감쇄시키는 능력을 가진 합금이다. 방진감쇠능이 크고 물리적, 화학적, 기계적 특성이 기구재료로 사용할 수 있는 합금으로 Mg-Zn계, Cu-Zn-Al계, Cu-Ni-Al계, Cu-Mn계 등이 대표적이다. 이밖에 형상기억합금으로 알려진 니티놀합금(Ni-Ti계)도 처리에 따라 방진효과가 나타난다. ☞ 제진합금

방청 (rust prevention) 금속제품의 녹 방지를 완전하게 하여 녹으로 인한 품질과 성능의 저하를 없애고 항상 사용하기에 적합한 상태로 유지하기 위한 모든 방법과 수단.

방출압 (desorption pressure) 설정온도에서의 수소방출시 겉보기 평형상태에서의 수소압력으로서 해리압 또는 평형분해압이라고도 한다.

방카주석 (Bangka tin, Banka tin) 인도네시아 방카섬에서 산출되는 주석을 말한다. 상업적으로는 인도네시아의 탐방티마(PT Tambang Timah)사에서 제련한 주석괴를 말한다. ☞ 방카틴

방카틴 (Banka tin) 인도네시아 국영 주석제련업체인 탐방티마(PT Tambang Timah)사가 생산하는 주석품위 99.9% 이상되는 주석괴의 브랜드명이다. 고품위 주석으로 석도강판용으로 우리나라에 많이 수입되고 있다.

배관용 동관 (copper water tube) ☞ 동관 (그림참조)

온돌배관용동관

배관용 타이타늄관 (titanium pipes for ordinary piping) ☞ 타이타늄관

배럴도금 (barrel plating) 배럴(통)안에 대상물을 넣고 회전시키면서 도금을 하는 것으로 회전도금이라고도 부른다.

배빗메탈 (Babbitt metal, Babbitt) 주석(Sn) 80~90%, 안티모니(Sb) 5~10%, 동(Cu) 5~10%인 베어링용 합금이다. 자동차용 엔진등 특히 고속고하중용 베어링에 사용되고 있다. 미국인 Isac Babbitt이 개발하였다고 해서 그의 이름이 붙여졌는데 처음에는 Sn-Sb-Cu계의 백색합금에 대해서만 배빗메탈이라고 불렸으나 현재는 화이트메탈의 별명으로서 Pb-Sn-Sb계 합금도 배빗메탈이라고 부르게 되었다. ☞ 화이트메탈

배소 (roasting) 광석제련 전처리의 한 방법으로 산화를 촉진하거나 증발하기 쉬운 성분을 제거하기 위하여 광석을 용융점 이하의 온도에서 가열하는 것으로 산화배소, 염화배소 등이 있다.

배소로 (roaster, roasting furnace) 광석배소에 사용되는 가열로.

배터리 (battery, cell) ☞ 전지

백관 (white pipe) 표면에 아연으로 도금한 강관을 말한다.

백금 (platinum) 원소기호 Pt, 원자번호 78, 비중 21.45, 용융점 1,769.3℃, 비등점 3,827℃, 결정구조 면심입방정, 주기율표상 Ⅷ족의 은백색 광택이 나는 금속이다. 귀금속의 일종으로 백금족중 가장 많이 산출된다. 매우 무겁고 내식성 및 내산성이 우수하며 전연성이 풍부하고 가공성이 좋다. 도금방식용 전극, 이화학용기기, 전자기기, 배기가스 촉매, 점화플러그, 치과용, 장식용 등에 널리 이용된다. 백금광물로서는 스페릴라이트, 쿠페라이트, 이리도스민 등이 있으며, 이리도스민은 다른 백금족을 수반하여 사백금의 형태로 산출된다. 주요 생산국으로는 남아프리카공화국, 러시아, 북미 등이다.

백금-로듐합금 (platinum rhodium alloy) 로듐(Rh) 5~40%를 첨가한 백금합금으로 경도와 내열성이 개선시킨 것으로 도가니재료, 열전대, 저항재료,

촉매 등에 사용한다.

백금-루테늄합금 (platinum ruthenium alloy) 백금에 루테늄(Ru) 5~10%를 첨가한 것으로 매우 단단하기 때문에 전기접점, 플러그 등에 사용된다.

백금-이리듐합금 (platinum iridium alloy) 백금(Pt)에 이리듐(Ir)을 5~20% 첨가한 합금으로 매우 단단하고 내식성, 내열성이 뛰어나다. 전기접점, 저항재료, 플러그, 펜축 등에 사용된다.

백금족원소 (platinum group metals) 주기율표상 Ⅷ족에 속하는 원소중 백금(Pt), 루테늄(Ru), 이리듐(Ir), 팔라듐(Pd), 오스뮴(Os), 로듐(Rh) 등 6가지 원소를 말한다. 모두 은백색금속으로 귀금속에 속하며 클라크수가 10^{-6} 이하로 화학적 성질이 유사하다. 용융점이 높고 내식성이 우수하며 백금이 천연백금으로서 드물게 산출되는 것 외에는 이리도스민, 오스미리듐 등으로서 천연합금 상태로 산출된다. 주요 생산지역으로는 남미, 러시아, 캐나다 등이다.

백금-팔라듐합금 (platinum palladium alloy) 백금(Pt)에 10~15%의 팔라듐(Pd)을 첨가한 합금으로 경도를 향상시킨 것이다. 장식재료 등에 주로 사용된다.

백금합금 (platinum alloy) 백금에 내식성과 내열성을 개선하고 경제적인 이유 등으로 팔라듐(Pd), 로듐(Rh) 등 백금족 원소와 금(Au), 은(Ag), 동(Cu), 니켈(Ni) 등 원소를 첨가시켜 사용하고 있다. Pt-Pd합금, Pt-Rh합금, Pt-Ir합금, Pt-Ru합금 등이 대표적이다.

백금흑 (platinum black) 흑색의 미분상 백금을 말한다. 염화백금 또는 헥사이클로로 백금족의 수용액을 환원하여 만든다. 산소와 수소에 대한 흡입력이 강해 강력한 산화 및 환원촉매로 사용된다. 주용도는 촉매, 수소전극 등이다.

백동 (Cupro nickel, copper nickel, white copper) 동(Cu)과 니켈(Ni)의 이원합금으로 전율고용체를 만든 합금으로 큐프로니켈이라고 한다. 니켈 10~30%와 동 70~90%의 합금조성을 가졌고 전연성, 내열성, 내식성이 양호하여 콘덴서, 냉각기, 선박용, 해수취입

큐프로니켈관

구용 관판 등에 이용된다. 또한 철(Fe)과 망가니즈(Mn)을 소량 첨가하면 비교적 고온에 견딜 수 있으며 내해수성이 뛰어나게 된다. 이밖에 규소나 주석을 첨가하면 시효경화성을 갖게 되어 스프링재료로 사용할 수 있다. 화폐용 백동은 니켈 25%, 동 75%의 합금이다. (그림참조)

백동용접관 (Cupro nickel welded pipe) 동합금용접관중 하나로 내식성 특히, 내해수성이 좋고 비교적 고온의 사용에 적합하다. 악기용, 건재용, 장식용, 열교환기 등에 사용된다.

백동판 (Cupro nickel sheets) Cu+Ni+Fe+Mn의 합계가 99.5% 이상이어야 하며 내식성, 특히 내해수성이 좋고 비교적 고온의 사용이 적합하다. 열교환기용 관판, 용접관 등에 사용된다.

백색주석 (white tin) 상온에서 안정적인 정방정의 β상 주석(Sn)을 말한다. 전성이 풍부하고 은백색을 띠고 있다. 즉, 주석에는 두 가지의 동소체가 있는데 그중 상온에서 안정적인 정방형의 β-Sn을 말한다.

백심가단주물 (white heart malleable casting) 표면이 백색인 가단주물로 표층이 탈탄되어 페라이트로 되어 있으며 내부는 얼마간 템퍼링(뜨임) 탄소를 생성시킨다. 백선주물을 밀스케일과 함께 어닐링 포트에 넣어 900℃ 정도로 가열해서 만들어진다. 박물에 적합하며 용접이 쉽다.

백안광 (valentinite) 안티모니(Sb)의 산화광석으로 안티모니을 약 83.3% 함유하고 있다.

백업롤 (back-up roll) 작업롤의 완곡 및 절손을 방지하기 위해서 이용되는 보강롤이다.

백연 (white lead) ☞ 연백

백연광 (cerussite) 연(Pb)의 탄산염 광석으로서 백색, 회색, 회흑색을 띠고 있고 산화연(PbO)을 약 83.5% 함유하고 있다.

백열 (incandescence, white heat) 물체가 매우 고온으로 가열되면 백색광선을 내는데 이와 같은 상태를 백열이라고 한다.

백운석 (dolomite) 돌로마이트라고 하며 $MgCO_3CaCO_3$의 조성을 지니는 마그네슘(Mg)의 광물로 산화마그네슘(MgO)이 16~21% 함유되어 있다. 마그네슘원료 외에, 제강용 노재로써도 사용된다.

백워데이션 (backwardation) 선물시장에서 콘탱고(contango)와 상반되는 표현으로서 근월물 가격이 원월물 가격보다 비싸게 나타나는 현상을 말하며 이러한 현상은 근월물의 공급이 부족해질 경우 발생한다. 즉 주요 생산업체나 생산지역의 생산중단이나 파업 그리고 주요 생산국에서의 정치적 불안 등으로 수급상 문제가 발생될 경우 주로 발생하며 간혹 대규모 투자가나 투기자들의 시장개입으로도 발생하고 있다. 이와 같은 시장을 백워데이션시장 혹은 비정상시장이라고 말한다.

백워데이션시장 (backwardation market) ☞ 백워데이션

백피 (white metal) 동제련에서 매트중에 철분을 슬래그로 제거하고 남은 황화동(Cu_2S)을 백피라고 한다. 백피라 하여 응고후 색깔은 은백색이고 동함유량이 80% 전후이다. 백피중의 유황을 공기와 반응시켜 SO_2가스로 제거하면 조동(blister)이 산출된다.

버력 (goaf, gob) 광물의 성분이 섞이지 않은 잡석 또는 물밑의 기초를 다지기 위하거나 수중구조물의 밑부분을 방호하기 위해 물속에 넣는 돌을 말한다.

버스바 (bus bar) 고전류를 유도하기 위한 봉상의 금속을 말하며 전도성이 뛰어나 각종 도체나 스위치 바에 사용된다. 동버스바와 알루미늄버스바가 있으나 일반적으로 버스바하면 동버스바를 뜻하는 경우가 많다. KS D 5530에 동버스바에 대한 규정이 있다.

버치 (Birch) 미국 스크랩규격인 ISRI(Institute of Scrap Recycling Industries, Inc)규격중 2호 동선스크랩(No.2 copper wire)을 말한다. 동 함유량

밀버치

이 보통 96%(최소 94%)인 각종의 동선으로 이루어지며, 지나친 납칠, 주석칠, 납땜, 동합금선 등이 없어야 하고 과도한 오일, 철분, 비금속류, 절연물을 포함하는 모선(毛線), 소선(燒線)을 각각 제거한 것을 말한다. (그림참조)

버치 클리프 (Birch & Cliff)   미국 스크랩규격인 ISRI(Institute of Scrap Recycling Industries, Inc)규격중 2호 동선스크랩(버치)과 중급 동스크랩(클리프)이 혼합된 것을 말한다.

버클 (buckle, rat tail)   용탕의 열에 의해 표면이 팽창을 일으켜 주형 표면층의 일부가 심부층에서 박리되어 용탕면으로 압출되고 그 균열부로 탕이 침입해서 생긴 주물의 표면결함을 말한다. 또 정도가 경미하여 박리까지는 되지 않고 주물의 표면에 작고 불규칙한 선으로서 탕면에 압입된 버클을 맥상버클이라고 한다.

버클륨 (berkelium)   원자기호 Bk, 원자번호 97, 질량수 247외 7종류의 방사성 동위원소를 갖고 있는 초우라늄원소중 하나이다.

버터링 (buttering)   맞대기 용접을 할 경우 모재의 영향을 막기 위해 용접면에 다른 종류의 금속으로서 페이싱하는 것.

버프 (buff, buff wheel, burring wheel)   금속의 표면 등을 연마하는 원형의 천이나 가죽을 봉합하여 만든 것으로 이곳에 연마재를 묻혀 금속표면 등을 연마가공한다.

번오프 (burn off)   가열에 의한 탈왁스.

벌리 (Burly)   미국 스크랩규격인 ISRI(Institute of Scrap Recycling Industries, Inc)규격중 사용했던 니켈스크랩(old nickel scrap)의 총칭이다. 니켈 함유량이 최소 98% 이상이고 동함유량이 0.5% 이하인 니켈압연, 봉, 관제품의 순수하고 질좋은 스크랩으로, 납땜(solder), 땜납(brazing), 단용접된 것 및 페인트된 것을 제외한다.

법랑 (porcelain enamel)   금속바탕 등에 유리질의 유약을 도포하여 구운 것 또는 일반적인 법랑의 유약인 규산분을 많게 해서 내산성을 개량한 것을 내산법랑이라고 한다. 화학공업기기 등에 이용한 것을 글래스 라이닝이라고 부르는 경우도 있다. 또한 일반적으로 법랑의 유약에 내화성 원료를 첨가해 비교적 높은 온도에서의 내열성을 개량한 것을 내열법랑이라고 한다.

베리 (Berry) 미국 스크랩규격인 ISRI(Institute of Scrap Recycling Industries, Inc)규격중 1호 동선스크랩(No.1 copper wire)을 말하며 주석칠을 한 것, 피복, 합금선을 제외한 순수하고 양질의 동선, 케이블, 개장선으로 이루어지며, 선경이 B&S 와이어 게이지 16번(1.295mm) 보다 작아야 하며 담금질한 선이나 이물질을 포함하지 않은 것을 말한다.

베릴 (beryl) ☞ 녹주석

베릴륨 (beryllium) 원소기호 Be, 원자번호 4, 원자량 9.01218, 비중 1.85, 용융점 1,290℃, 비등점 2,770℃, 결정구조 조밀육방정, 주기율표상 Ⅱa족에 속하는 은백색의 매우 가벼운 금속이다. 상온에서는 무르지만 열을 가하면 전연성이 생기며 동(Cu), 알루미늄(Al), 니켈(Ni) 등에 첨가하면 합금특성이 증대되기 때문에 베릴륨-동 모합금(베릴륨 약 4%)으로써 전자·전기기기 부품, 용접전극, 안전공구, 플라스틱용 금형 등에 사용되고 베릴륨-알루미늄 모합금(베릴륨 약 5%)으로써 탈산제, 합금첨가제 등에 사용된다. 또한 금속 베릴륨은 중성자 흡수성 등 핵특성이 우수하기 때문에 원자로의 반사재, 감속재료로 사용되며 용융점이 높고 내열성이 양호하기 때문에 항공기의 구조재 등으로도 사용된다. 그러나 불순물의 영향을 받기 쉽다는 단점도 있다. 베릴륨의 광물로서 경제적으로 이용되고 있는 것은 녹주석 뿐이다. 이것을 배소시켜 산화베릴륨을 만들고 다시 염화베릴륨으로써 용융염 전해하거나, 불화베릴륨으로써 마그네슘환원을 시키면 금속베릴륨이 얻어진다.

베릴륨-동 (beryllium copper) 실용 동합금중 가장 단단하고 강한 합금으로 용체화처리에 의해 연화하고 시효처리에 의해 경화하는 열처리경화성 합금이다. 베릴륨-동은 베릴륨(Be) 1.6~2.1%와 소량의 코발트(Co), 니켈(Ni), 철(Fe) 등이 함유되어 있으며 판, 선, 주물로서 특수용도에 사용된다. 인장강도가 크고 내마모성, 내식성, 내피로성이 뛰어나며 스프링성과 도전율이 우수해 전기통신기기, 기계부품 등에 사용된다.

베릴륨-동 모합금 (copper beryllium master alloy) 베릴륨 4% 정도를 함유하는 모합금으로 산화베릴륨과 동(Cu)가루에 탄소(C)를 가하고, 이것을 환원시켜서 만든다. 용체화처리에 의해 연화되고 시효처리로서 경화하는 열처리경화성 합금이다. 고강도, 고경도, 내마모성, 비발화성, 내식성이 양호하며, 높은 열·전기전도도, 우수한 스프링성 등의 우수한 특성이 있다. 캠, 부시, 펌프임펠러, 플라스틱 금형, 기타 기계부품, 전기부품, 안전공구 등에 용도가 매우 광범위하다. KS D 2329에서는 1종(Be 3.8~4.3%)과 2종(Be 3.2~3.8%) 두 가지로 규정하고 있다. 주괴의 무게는 1kg, 2kg, 10kg로 세 종류가 있으며 치수는 1kg, 2kg이 150~300mm, 10kg은 250~500mm로 한다.

베릴륨-동봉 (beryllium copper rod, beryllium copper bar) KS D 5102에 규정되어 있으며 베릴륨(Be)이 1.8~2.0% 첨가되어 있고 Cu+Be+Ni+Co+Fe의 총 합금성분이 99.5% 이상이어야 한다. 내식성이 좋고 시효경화 처리전은 전연성이 풍부하며 시효 경화처리후는 내피로성, 도전성이 증가한다. 시효경화처리는 성형가공후에 한다. 주로 항공기 엔진부품, 프로펠러, 볼트, 캠, 기어, 베어링, 점용접용 전극 등에 사용된다.

베릴륨-동선 (beryllium copper wire) KS D 5102에 규정되어 있으며 성분, 특성 등이 베릴륨-동봉과 동일하다. 주로 코일스프링, 스파이럴 스프링, 부러시 등에 사용된다.

베릴륨-동지금 (beryllium copper alloy) ☞ 베릴륨동모합금

베릴륨-동판 (beryllium copper sheets, beryllium copper plate) 베릴륨-동 모합금을 소재로 한 베릴륨(Be) 2% 전후와 코발트(Co) 0.2% 정도를 함유하는 동합금판으로 내피로성, 내마모성, 내식성 및 스프링성 특성이 특히 양호하며 전기전도도도 높다. 또한 고온에서 안정되어 있으며 비자성으로, 접촉불꽃을 내지않는 특성이 있다. 고급 스프링재로써 통신기, 전기기기, 계측기 등에 용도가 광범위하다. KS D 5202에서는 C1700과 C1720 등 두 종류로 규정되어 있으며 C1700은 베릴륨이 1.60~1.79%, C1720은 베릴륨이 1.80~2.00% 포함되어 있다.

베릴륨-알루미늄 모합금 (aluminium beryllium master alloy) 베릴륨(Be)

5% 정도를 함유하는 모합금으로 알루미늄(Al)과 마그네슘(Mg)합금의 탈산, 첨가제에 이용한다.

베릴륨-알루미늄지금 (beryllium aluminium alloy) ☞ 베릴륨-알루미늄 모합금

베릴코합금 (berylco alloy) 석출경화형 베릴륨-동(Be-Cu)합금으로 매우 높은 탄성 및 내피로성을 갖고 있어 스프링이나 전기재료로 사용된다.

베어 (bear) 시황을 표현하는 말로써 쓰이는데 강세장(bull)과 반대개념으로 가격의 약세를 뜻한다.

베어링강 (bearing steel) 롤링 베어링의 강구, 롤러, 내륜, 외륜에 쓰이는 합금강으로 고속으로 변동하는 반복하중을 극복해야 하므로 높은 피로강도와 내마모성이 요구돼 강철의 청정도와 조직의 균일성이 중요시하여 제조된다. 일반적으로 고탄소크로뮴강이 대표적인 강종이며 이밖에 고탄소 크로뮴강과 니켈-크로뮴-몰리브데넘강이 있다. (그림참조)

베어링

베어링용 동-연합금 (copper lead alloy for bearing) 동(Cu)과 연(Pb)을 주성분으로 하는 베어링 합금이며 이밖에 소량의 니켈(Ni)(또는 은(Ag)), 주석(Sn), 철(Fe)을 함유한다. 연함유량이 5~25% 정도이며 연함량이 높아질수록 윤활성이 뛰어나 고속에 적합하지만 경도가 떨어진다. 켈멧 베어링이라고도 부른다.

베어링용 알루미늄합금 (aluminium alloy for bearing) 알루미늄(Al)에 주석(Sn)을 첨가한 베어링 합금이며 이밖에 소량의 동(Cu), 니켈(Ni), 마그네슘(Mg)을 함유한다.

베어링합금 (bearing metal) 베어링용 합금의 총칭으로 화이트메탈이 가장일반적이다. 주석(Sn)을 첨가한 알루미늄합금, 니켈(Ni)을 첨가한 동-연합금등도 있다. 이 합금은 강, 청동, 주철 등을 뒷쇠로 하고 얇은 두께로 라이닝하여 사용하는 경우가 대부분이다.

베어마켓 (bear market) 가격이 하락되어 있는 시장을 말한다. 즉 약세시장(약세분위기)이다.

베이스메탈 (base metal) ☞ 비금속

베이어법 (Bayer's process) 가장 대표적인 알루미나의 제련법으로 가성소다를 이용하는 알칼리법으로, 1888년에 오스트리아의 K.J.Bayer가 특허를 취득했기 때문에 그의 이름이 붙여졌다.

베츠법 (Betts process) 연(Pb)의 가장 대표적인 전해정제법으로 규불화수소산에 소량의 젤라틴을 첨가한 전해액을 이용한다.

베타 안정형원소 (β-stabilizer in titanium alloys) 타이타늄합금에서 결정계가 고온안정상의 체심입방정이 되도록 조성하기 위해 첨가하는 원소를 말한다.

베타 텅스텐구조 (β-tungsten type structure) 니오븀(Nb), 갈륨(Ga), 규소(Si), 주석(Sn), 바나듐(V) 등 초전도임계온도가 높은 금속간화합물(A_3B형)을 가진 구조로 A-15형 구조라고 한다. B원자가 체심입방격자배열을 취하고 A원자가 2개씩 격자상수의 $\frac{1}{2}$ 간격으로 덤벨상으로 결합하여 면심위치에 있는 구조를 말한다.

베타 타이타늄합금 (β-titanium alloy, beta titanium alloy) β 타이타늄합금은 $\alpha+\beta$합금에 비해 열처리가 쉽고 경화능이 크며 BCC 구조에 의한 연신율의 증가 등 많은 이점이 있을 뿐만 아니라 파괴인성에도 뛰어난 특성을 보여 용해, 제조 및 재현성에 문제가 있음에도 불구하고 항공기용 구조용 재료로서 그 사용 범위가 확대되고 있다. 처음으로 상용화된 β합금은 50년대 중반 Rem Cru Titanium사에서 개발된 Ti-13V-11Cr-3Al으로, 소둔처리 후에도 β상이 쉽게 유지되어 가공이 용이하고 가공 후 다시 시효처리하여 고강도를 얻을 수 있는 장점이 있다.

베타황동 (β-brass, beta brass) 아연(Zn)이 36~45% 함유하고 있는 황동으로 체심입장격자를 갖고 있다. 약 480℃ 이하에서 규칙적인 배열을 하며 β상에 유해불순물이 고용됨으로써 열간가공은 쉽지만 냉간가공은 어렵다.

벡토라이트 (Vectolite) Fe_3O_4와 $CoO \cdot Fe_2O_3$인 산화금속분말을 소결한 미국 자석의 상품명으로 비중이 가볍고 항자력이 매우 높지만 잔류자기가 작다.

벤딩롤 (bending roll) ☞ 굽힘롤

벤딩작업 (bending work) 금속재료의 판이나 관 등 혹은 2차 가공제품을 어떤 목적으로 지그나 프레스 또는 3~4개의 롤에 의해 열간 혹은 상온에서 구부려 영구변형을 주는 작업을 말한다.

벤딩합금 (bending alloy) 박관 등의 굽힘가공시 충전재로 이용하는 저융점 합금.

벤토나이트 (bentonite) 몬모리오나이트를 주로 하는 점토광물의 혼합체로 물에 불리면 강한 팽윤성을 나타내며 강한 점착력을 보이므로 펠릿의 조립 점결제나 시추시의 공벽 고화제 등으로 사용된다. 주성분은 몬모리오나이트($Al_2O_3 \cdot 4SiO_2 \cdot H_2O$)와 바이델라이트($Al_2O_3 \cdot 3SiO_2 \cdot xH_2O$)의 미결정이며 자중의 5~15배로 팽창한다.

벨메탈 (bell metal) 종청동이라고 하며 동(Cu)과 주석(Sn)의 합금이다. 종을 만드는데 사용되며 주석이 20~25% 함유되어 있고 동의 β상이 250℃에서 기지속에서 δ상을 석출하는 것으로 고하중용 베어링합금으로 사용된다.

벨트래퍼 (belt wrapper) 스트립 밀의 권취기에 스트립 끝이 말려 들어가게 하는 장치로 두께가 2~3㎜ 이하인 것에 이용한다. 벨트의 재료로는 천이 들어간 합성고무가 많이 이용되어 왔으나 최근에는 수명을 늘리기 위해 스테인리스 철망을 엮은 와이어 메시나 합성 피혁 등도 채용되고 있다.

벨티지 케이블 (belted type paper insulated power cable) 도체에 절연기름종이를 말고, 연(Pb)으로 피복한 지중 배선용 케이블.

벽개 (cleavage) 운모처럼 일정한 방향으로 깨지기 쉬운 성질을 말한다. 즉 결정속에서 어느 일정방향으로 정렬된 결정격자면과 수직방향으로 응력이 작용했을 경우에 발생하는 균열을 말한다.

벽개면 (cleavage plane) 벽개가 일어나기 쉬운 면을 말한다. 벽개면은 결정 분리현상이 일어나는 원자결합이 가장 약한 면이라고 할 수 있다. BCC금속에서는 (100)면이, HCP금속에서는 (0001)면이 일반적으로 벽개면이 된다.

변성 (degeneration) 물리적 요인이나 화학적 요인으로 인해 금속의 성질이나 구조가 변화하는 것을 말한다.

변성광상 (metamorphic deposit) 광상이 변성작용의 영향을 받아 본래의 광물조성과는 다른 성질이 된 광상을 말하는데 기존의 광상이 열이나 압력 등의 작용에 의해 변질되어 생긴 광상으로 열작용에 의해 변질된 광상을 열변질광상, 동력작용에 의해 변질된 광상을 동력변질광상이라고 한다. 함동황화철광상 등이 이에 속한다.

변성암 (metamorphic rock) 변성작용에 의해 그 조직이나 성질이 변해버린 광석을 말한다.

변성작용 (metamorphism) 깊은 땅속의 암석이나 광물이 열, 압력, 마그마 등의 작용에 의해 변질되는 것을 말한다.

변질작용 (metamorphism) ☞ 변성작용

변태 (transformation) 온도를 상승 또는 하강시켰기 때문에 어떤 공간격자가 다른 공간격자로 변화하는 현상을 변태라고 한다. 변태는 공간격자의 변화이기 때문에 이에 수반해서 금속의 물리적, 기계적, 화학적 성질이 거의 모두 변화하는 것이 일반적이다. 이 변태가 있기 때문에 담금질, 어닐링, 시효 등의 중요한 수많은 현상을 일으킨다. 변태는 이를 일반적으로 고찰하면 하나의 상이 다른 상으로 변화하는 형상으로 고상에서 액상으로 변화하는 용융현상과 같다.

변태쌍정 (transformation twin) 상변태시에 형성되는 쌍정을 말한다.

변태점 (transformation temperature) 합금의 온도를 상승 또는 하강시킨 경우 등에 어떤 상이 다른 상으로 변화하는 온도를 말한다. 모상에서 R상 또는 R상에서 모상으로의 변태시에는 아래에 대응하는 변태점이 있다. 이 R상

변태인 경우에도 아래에 준한 기호를 사용하는 경우도 있다. 변태점을 나타내는 표시는 다음과 같다. (그래프참조)

(1) M_s : 냉각시 모상에서 마르텐사이트변태가 개시되는 온도.
(2) M_f : 냉각시 모상에서 마르텐사이트변태가 종료되는 온도.
(3) A_s : 가열시 마르텐사이트에서 모상으로의 변태가 개시되는 온도.
(4) A_f : 가열시 마르텐사이트에서 모상으로의 변태가 종료되는 온도.

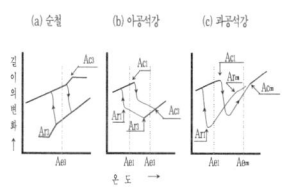

변태온도선도

변형 (strain, deformation) 물체가 외력을 받아 응력을 유발시키면 반드시 어떤 종류의 변형을 일으킨다. 이 변형량을 그 변형을 일으킨 원래 길이로 나눈 값을 변형이라고 한다. 즉 외력에 의한 재료의 모양변화를 변형이라고 하며 탄성변형과 소성변형의 두 가지가 있다. 압연, 단조의 경우는 감면(reduction)이라고도 한다. 최초 두께와 변형후의 두께 차이를 최초의 두께로 나눈 백분율로 감면량을 나타낸다. 변형량과 가열온도에 따라 내부 결정립도의 세밀화가 달라지는데 마무리 직전의 감면의 양이 가장 중요하다. 변형에는 응력의 종류에 따라 각각 인장변형(tensile strain), 압축변형(compressive strain), 전단변형(shearing strain)의 세 종류가 있다.

변형경화 (strain hardening) 스트레인경화라고도 하며 재결정온도 이하에서 소성변형을 일으켜 경도와 강도를 증대시키는 현상을 말한다.

변형시효 (strain aging) 상온가공을 한 금속이 그 후의 시효로 경화하는 현상을 말한다. 스트레인시효라고 부른다.

변형-온도곡선 (strain-temperature curve) 일정 응력시험에서 변형과 온도와의 관계를 표시하는 곡선.

보강재 (reinforcing member) 기계적 강도를 증대시키기 위해서 사용하는 구조재이다. 초전도선의 보강재로서는 스테인리스강, 알루미늄합금 등이 사용된다.

보강형 초전도체 (reinforced superconducting wire) 전자력과 취급상 생기는 응력 및 변형에 견디도록 보강재료를 복합한 초전도선.

보나이트 (bornite) ☞ 반동광

보난자 (bonanza) 부광체라고 하며 광상 가운데 유용한 광석(고품위 광석)이 많은 부분을 말한다.

보로우 (borrow, borrowing) 선물거래에서 근월물 매입과 원월물 매도를 동시에 하는 행위로 매도포지션의 기간을 연장시키기 위한 것이다. 렌드(lend, 렌딩)와 상대적인 말이다.

보론 (boron) ☞ 붕소

보론섬유 (boron fiber) ☞ 붕소섬유

보르노나이트 (bournonite) ☞ 차골광

보르식섬유 (borsic fiber) CVD법으로 얻어진 붕소섬유. ☞ 붕소섬유

보링 (boring) 시추라고 하며 탐층, 탐정, 탐광 등을 위해 지하의 지층두께, 광물질 등을 조사하기 위한 굴착작업을 말한다.

보링스 (borings) 금속공작물의 속을 바이트로 가공할 때 생기는 스크랩으로 시장에서는 일반적으로 가루라고 불리고 있다.

보링스스크랩 (borings scrap) ☞ 보링스

보링탐광 (boring) 시추탐광

보상도선 (compensating lead wire) 열전대의 온도측정부로부터 계기 또는 냉접점까지의 길이가 멀 때 열전대에 연결하여 사용하는 한 쌍의 전선이다. 넓은 온도범위에서 사용가능하며 열전대의 특성과 유사한 특성을 가진 재료

가 사용된다. 백금-백금로듐 열전대에는 Cu-1% Ni합금이, 크로멜 알루멜 열전대는 동-콘스탄탄 또는 철-콘스탄탄이 보상도선으로 사용된다.

보세창고인도조건 (Ex-bond) 무역거래의 일종으로 보세창고에서 매수인이 물건을 인도받는 것으로 물품인도와 함께 물품에 대한 위험부담이 매수인에게 이전된다. 따라서 매수인은 원하는 장소까지 물품을 운반할 경우 발생되는 비용을 부담해야 한다.

보자력 (coercive force) 강자성 재료를 자화하면 어느 값의 잔류자화가 남으나 여기에 역자장을 작용시켜 그 잔류자화를 제로(0)로 감소시키는데 필요로 하는 역자장의 강도이다. 영구자석에 있어서는 이와 같은 보자력이 강한 것이 좋다. 보통 Hc의 기호로 표시한다.

보조점결제 (supplementary binder) 점토질 점결제를 배합한 배합사에 보조적으로 소량 첨가하는 것으로 2차 점결제라고도 한다. 당밀, 덱스트린, 콘스타치, 모노글 등이 있다. 보조 점결제의 목적은 생형의 강도를 증가시키는 것과 표면사에 가축성을 주어 표면 안정성을 증가시키는 스캐브(scab) 등의 주조 결함을 방지하는 것이다.

보크사이트 (bauxite) 알루미나를 주성분으로 하는 알루미늄의 원광석으로 표준조성은 $Al_2O_3 \cdot 2H_2O$이다. 프랑스인 벨티에가 1821년 남프랑스의 Les Baux 부근에서 발견된 것이라고 해서 이 이름이 붙여졌다. 암석의 풍화분해작용이 심한 열대지방에서 많이 산출되며, 알루미나(산화알루미늄)를 통상 50~60% 함유하고 있다. 이밖에 산화철, 산화마그네슘 등을 함유하는 경우가 많다. 알루미늄의 원료 이외에 중성내화재료로 사용된다. 주요 생산국으로는 호주, 자마이카, 브라질, 러시아 등이다. (그림참조)

보크사이트 야적장

보트 (boat) 소결시 성형체 등을 넣는 상자모양의 용기.

복사율 (emissivity) 열방사체의 방사 발산도와 그것과 같은 온도에서 흑체의 방사발산도의 비.

복층도금 (multi layer plating) 다른 금속을 2층이나 3층 이상으로 겹쳐 쌓아서 도금할 경우와 동일 금속으로 다른 성질의 도금피막을 2층 또는 3층 이상으로 겹쳐 쌓아서 도금하는 경우가 많다. 전자의 제법으로서는 바탕금속 위에 순서대로 다른 금속을 전기도금하는 방법과 바탕금속 위에 전기도금이나 화학도금하고 나서 다른 금속을 그위에 화학도금하는 방법이 있다. 후자의 제법으로서는 동일 금속으로 무광택 도금과 광택도금을 겹쳐 쌓아서 하는 방법 등이 있다.

복합가공법 (composite process) 복수의 바탕재를 조합한 복합체에 신선이나 압연 등의 가공과 열처리를 하여 얻어진 가는 선내에 목적으로 하는 필라멘트 모양의 초전도체를 얻는 초전도선의 제조방법이다. 니오븀-타이타늄(Nb-Ti) 초전도선이나 브론즈법 등의 화합물 초전도선 제조방법의 총칭이다.

복합도금 (composite plating) 분산도금이라고도 불리며 보통의 전기피막 혹은 화학도금피막안에 고체 미립자를 균일하게 분산시키는 것이다. 제법으로서는 보통의 전기도금이나 화학도금의 욕안에 0.01~10% 정도의 화학적으로 불활성인 고체 미립자를 현탁시키는 것에 의해 도금피막속에 고체 미립자가 공석해서 복합도금이 된다.

복합법칙 (rule of mixture) 복합재료의 탄성률, 강도, 그밖의 물성치를 주로 하여 섬유 부피함유율의 함수로서 나타낸 관계식이다.

복합분말 (composite powder) 각입자가 2개 이상의 다른 재료로 되어 있는 분말.

복합재료 (composite materials) 두 종류 이상의 소재를 합체해서 만든 것으로 각 소재의 특성을 발휘하거나 새로운 특성을 발휘하게 된다. 복합재료는 소재에 따라 금속-금속, 금속-무기, 금속-유기, 무기-무기, 무기-유기, 유기-유기 등으로 구분되며 최근에는 섬유강화 재료가 대표적인 복합재료로 사용되고 있다. 섬유강화형 복합재료에는 장섬유와 단섬유로 크게 구분하며 장섬유에는 탄소섬유, 유리섬유, 보론섬유, 유기섬유, 탄화규소섬유, 알루미나섬유, 금속섬유 등이 있고 단섬유에는 세라믹스, 탄소, 금속 등이 있다.

본선인도조건 (Free on Board) 물품이 지정선적항에서 본선의 난간을 통과할 때 매도인의 의무가 완료되는 무역거래조건의 하나이다. 따라서 매수인은 원하는 장소까지의 운송비용 및 보험료 등을 부담해야 한다. 약칭으로 FOB 조건이라고 나타낸다.

볼밀 (ball mill) 광석을 미세하게 분쇄하는데 사용하는 회전분쇄기로 광물입자 또는 도료 등의 초미립자를 만들 경우 물을 사용하는 습식과 물을 사용하지 않는 건식이 있다. 특수강 또는 니켈판으로 안을 댄 원통형 또는 원추형 드럼안에 주철 등의 볼(분쇄하는 원료에 따라 다르다)을 넣고 원료와 함께 회전시켜 분쇄한다. 회전중 드럼내에서의 강구는 어느 높이까지 내벽에 따라 들어 올려져 나중에는 벽에서 떨어져 낙하한다. 그 때의 충격과 강구의 회전운동에 의해 광석입자를 분쇄한다. 강구의 직경은 25~150㎜ 정도로 여러가지 크기의 것을 섞어서 장입한다.

볼프람 (wolfram) 텅스텐(W)을 말한다. ☞ 텅스텐

볼프람철광 (wolframite) 텅스텐(W)의 원광인 철망가니즈 중석이다.

봄베 (bombe, bomb) 압축가스나 액화가스를 저장하거나 운반하기 위한 원통형의 철제용기이며 수은용기의 플라스크를 봄베라고도 한다. 또한 수은의 중량단위로써 사용하는 경우가 있는데 1봄베는 34.5㎏이다.

봉 (rod, bar) ☞ 로드와 바

부광 (rich ore, high grade ore) 빈광의 반대말로 광석속에 유용한 광물이 다량 매장되어 있는 광석을 말한다.

부광체 (bonanza) ☞ 보난자

부동태 (passivity) 금속이나 합금이 어떤 액체속에서 가스를 발생시키거나 용해되지 않게 되어 안정한 상태가 되는 것을 말한다. 예를 들면 철을 농질산속에 넣으면 얼마 안 있어 용해가 정지해 버리는데 이와 같이 금속이 이론적으로 예측되는 화학반응성을 잃고 있는 상태를 부동태 또는 수동태라고 한다. 동(Cu)의 전해정련의 경우 양극이 황산동 용액중에서 용해되지 않는 경우에

종종 볼 수 있는데 이는 주로 양극조동중 철족금속(Fe, Ni, Co, Cr) 등의 영향과 조동중에 포함된 산소 및 전해과정중 과전압에 의한 Cu_2O 형성 등의 원인으로 전해효율을 저하시키게 된다. 최근에는 부동태방지를 위해 적당한 주파수의 교류를 흘려주는 PRC(Periodic Reverse Currency)전해공법이 개발되어 있다.

부동태피막 (passive film) 부동태화로 인해 금속표면을 얇게 덮고 있는 산화피막을 말한다. 화학적으로 안정하여 내식성을 발휘하고 있지만 이 피막이 파괴되면 집중적인 양극반응으로 인해 용해속도가 매우 빠르게 작용한다. 따라서 응력부식균열의 원인이 되고 있다.

부동태화 (passivation) 외부에서 가해진 전위 또는 산화력으로 금속표면에 매우 얇은 산화물 피막으로 씌여져 내식성이 크게 개선되는 것을 말한다. 스테인리스강이나 타이타늄합금에서는 자발적으로 부동태화 한다.

부두인도조건 (Ex dock, Ex wharf, Ex quay) 매매조건의 하나로 계약물품을 지정 도착항의 부두에 하역하여 그곳에서 인도하는 것으로 보세창고인도조건이나 공장인도조건과 매수인의 의무가 유사하다. 부두시설 사용료는 매도인 부담이 되고 통관비용, 관세, 반출비용 등은 매입자가 부담한다.

부분경화 (selective hardening) 부품의 각부에 필요한 성질을 주기 위하여 국부적으로 담금질 등의 경화처리. ☞ 국부경화

부분합금화분말 (partially alloyed powder) 분말입자가 완전 합금화분말 상태로 되어 있지 않은 분말.

부석 (pumice, loose rock piece) 수면에 반쯤 드러나 있는 뜬 것과 같이 보이는 암석을 말한다.

부시 (bush) 구멍내면에 끼워박는 두께가 얇은 원통을 말하는데 일종의 베어링이다.

부식 (corrosion) 대기권, 습기, 기타 조건에 의해 금속이 화학적 또는 전기화

학적으로 점차 변질되는 것을 말한다. 즉 금속 주위의 수분이나 산소, 유황, 염소 등과 반응하여 산화물이나 황화물, 염화물 등의 작용으로 용해 또는 녹 등의 생성물을 만들어 소모되는 현상이다. (그림참조)

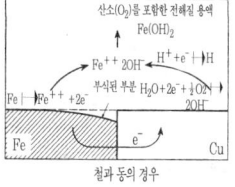

전기적 부식현상

부식공 (etching pit) 부식형태의 일종으로 에칭시 재료표면에 오목하게 패이는 것을 말한다.

부식방식시험 (corrosion test) 액체나 기체중에서 금속의 부식이 일어나기 쉬운 정도 및 방식처리의 효과를 조사하는 시험이다. 용해시험, 전기화학시험, 고온산화시험, 고온부식시험, 내후성시험 등이 있다.

부식피로 (corrosion fatigue) 부식환경하에서 어떠한 방식도 하지 않은 재료를 이용했을 경우에 반복하중에 의한 피로가 부식당하지 않은 경우와 비교해서 단시간에 발생하는 피로이다.

부싱 (bushing) ☞ 부시

부원료 (subsidiary raw material) 주원료 이외의 금속의 품질을 좋게 하거나 특수합금을 위해 투입되는 원료를 말한다.

부유물 (float, scum) 용융금속면에 뜨는 이물질.

부유선광 (flotation) 선광법의 일종으로 황화광의 선광법으로서 가장 널리 채용되고 있다. 금속분말은 물에 잘 젖지 않으며, 암석의 분말은 물에 잘 젖는 특성을 이용한 것으로 광석을 볼밀로 분쇄하여 진흙으로 만든 다음, 이 광액에 기포제와 포집제를 가해 휘저어 섞으면 광석은 거품의 표면에 부착되어 회수된다. 한편, 물에 잘 젖는 폐석은 액속에 침하하기 때문에 자동적으로 선별이 이루어진다.

부자재 (subsidiary material) 주원료를 뺀 재료로서 공장을 가동하는데 반드시 사용되는 물질.

부착량시험 (coating mass test) 금속소지에 도금된 부착량을 측정하는 시험으로 도금의 종류에 따라 여러가지 측정방법이 있다.

부틸합성고무 전력케이블 (butyl rubber insulated power cable) 도체를 부틸합성고무로 절연, 크롤로플랜으로 피복한 전력케이블이며 고온, 고열인 장소에 적합하다.

부풀음 (blistering) 가스발생에 의하여 소결체의 표면에 수포상의 부풀음이 생기는 것.

부피비중 (bulk specific gravity) 물체중의 외기와 통한 구멍(개구 기공)과 내부에 가두어진 구멍(밀폐 기공)을 포함한 부피용적으로 물체의 질량을 나눈 수치.

부하시간 (time for the application for the test force, loading time) 압입경도시험에서 시료에 압자를 압입하는 속도 표시법의 일종이다. 시료에 접촉한 압자에 시험하중을 가하기 시작해서 완전히 규정된 크기의 하중에 달할 때까지의 시간이다.

분광 (smalls, mine smalls, fine, small ore, fine ore) 분상(가루형태)으로 부서진 광석.

분광분석 (spectrum analysis) 원자스펙트럼이 각 원소에 따라 고유한 것이라는 점을 이용해 여러가지 물질의 스펙트럼을 검사하고 그 속에 함유되어 있는 원소의 정량(定量) 및 정성(定性)을 분석하는 것을 말한다. 정성인 경우 이것만으로 알 수 있으나 정량인 경우 표준시료를 동일조건으로 구하고 스펙트럼의 투과도를 마이크로광도계로 측정하여 이것으로 분석값을 산출하여 알아내고 있다.

분금 (parting) 합금에서 금(Au)을 분리하는 것. 금, 은합금의 경우 질산을 넣고 가열하면 은(Ag)은 질산은용액으로 분리되고 고상의 금이 침전하게 된다.

분급 (classification, grading, classifying, sizing) ① 광석 입자의 대소를 분류하는 것으로 입도의 크기에 따라 같은 것끼리 몇가지 등급으로 나누는 것 ② 물, 공기 등 유체속에서 광석입자의 침강속도가 그 입자의 크기에 따라 다름을 이용해 광석을 둘이상의 입자군으로 나누는 조작.

분급기 (classifier) 광석을 입도크기에 따라 분류하는 기계장치.

분급물 (fraction, cut) 분급된 분말의 개개의 부분.

분말 (powder) 최대크기 1㎜ 이하인 입자의 집합체. (그림참조)

분말단조 (powder forging) 단조에 의하여 프리폼에 모양의 변화를 수반하는 고밀도화 가공을 하는 것으로 분말야금으로 제조되는 소결품을 다시 고강도 고밀도로 만들기 위해 소결품을 다시 스탬핑 단조한다.

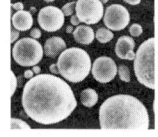

인청동분

분말법 (powder metallurgy process) 동(Cu)과 니오븀(Nb)의 혼합분말을 압축, 신선, 압연 등의 가공으로 얻어진 선에 외부로부터 주석(Sn)을 확산시키는 열처리를 함으로써 Nb_3Sn 화합물을 생성시키는 화합물 초전도선의 제조방법이다. 알루미늄(Al)과 니오븀의 혼합분말을 사용하여 동일한 방법으로 Nb_3Al 화합물 초전도선이 생긴다.

분말불꽃시험 (powder spark test) 금속분말을 가스불꽃이나 적열 전열기 속에 낙하시켜 생기는 불꽃에 의해 재질을 판정하는 간편법이다. 불꽃형태가 그라인더 불꽃과 동일한데다가 그라인더에서는 불꽃이 안나는 비철금속(알루미늄, 동, 마그네슘 등)에 대해서도 적용할 수 있다는 점이 특징이다.

분말성형법 (dust press) 분말에 적당한 습분을 주어 금형안에서 가압하는 방법으로 건식성형과 반건식성형이 있다.

분말압연 (powder rolling) 분말을 회전하고 있는 한 쌍의 롤 사이에 넣어 연속해서 압연재로 만드는 것.

분말야금 (powder metallurgy) 금속 및 금속-비금속의 분말제조와 성형소결에 의한 제품제조에 관한 기술이다. 즉 금속분말을 용해, 주조과정을 거치지 않고 가압한 후 가열이나 가압, 가열을 동시에 하고 그 금속가루의 표면끼리를 용착시켜서 고체금속을 만든다. 분말야금은 1900년대초 텅스텐가공에 응용하기 시작한 소결야금법으로 제조공정은 밀도레벨, 형상 등에 따라 여러가지가 있다. 자동차, 전기기구, 재봉틀 등 대량생산 기기의 부품에 널리 응용되며 오일을 먹인 베어링부품은 오일함유 베어링부품으로써 널리 이용되고 있다. 재질적으로도 고밀도의 인성이 높은 것이 만들어지고 있다.

분말야금법 (powder metallurgy) 바탕재 금속분말과 강화재를 혼합하여 가압, 소결하면서 일체화하는 방법.

분말야금재료 (powder metallurgical materials) 금속분말을 사용한 소결재료로 소결금속재료 또는 소결합금재료라고도 한다.

분말야금제품 (powder metallurgical product) 분말야금재료로 된 제품으로 소결금속제품 또는 소결합금제품이라고도 한다. (그림참조)

각종 분말야금제품

분말화 (disintegration) 원료를 분말로 하는 것.

분무경화 (fog hardening) 안개상태의 냉각액 속에서 하는 담금질로 담금질 변형이 적기 때문에 특수경화에 응용되고 있다.

분무분말 (atomized powder) 분무화로 제조된 분말로 애터마이즈분말이라고도 한다.

분무화 (atomization) 용융금속을 비산시켜 분말로 하는 것.

분사경화 (spray hardening) 냉각제를 분사해서 하는 경화처리.

분산강화합금 (dispersion strengthened materials) 금속기지상에 미세한 다른 금속상 또는 비금속상이 분산되어 있어 열간강도가 우수한 분말야금재료로 1,000℃ 이상의 고온에서 크리프에 견디고 열충격에 강한 합금이다. 매트릭스와 융합하지 않고 매트릭스속에 분말을 분산시켜 고온도열화가 적은 것이 특징이다.

분산도금 (dispersion coating)　전기도금에 의해 금속도금층에 비금속 또는 다른 금속을 균일하게 분산 공석시켜 복합재료로 만드는 것을 말한다.

분쇄 (milling, grinding, pulverizing)　① 볼밀(ball mill) 등으로 광석 등을 잘게 분쇄하여 유용광물과 모암, 맥석 등을 분리하는 것. ② 분쇄와 동시에 하나의 입자성분 표면을 다른 성분의 분말로 덮어쌓는 것. ③ 밀링머신으로 공작물을 절삭하는 것.

분쇄기 (mill)　광석등 대상물을 잘게 분쇄하는 기계.

분쇄분말 (pulverized powder)　분쇄하여 제조된 분말.

분체도장 (powder coating)　도장법에는 ① 피도장물의 표면을 분체의 용융점 이상으로 예열하고 분체를 뿌려서 융착시키는 분체 산포법. ② 공기와 혼합한 분체의 유동층 안에 예열한 소재를 넣고 피막을 형성시키는 유동침지법. ③ 대전한 분체입자를 소재를 향해 비산시키는 정전 분체분사법. ④ 공기와 혼합한 분체의 유동층 상층에 대전한 분체의 클라우드를 만들어 소재를 접촉시키는 정전류침법. ⑤ 분체를 현탁분산시킨 수용성 수지(카오틴 바인더)의 희석 용액을 피도장물을 극으로 해서 전해시키는 전착법 등이 있다.

불 (bull)　시황을 표현하는 말로써 쓰이는데 약세장(bear)과 반대개념으로 가격의 강세를 뜻한다.

불규칙 형상분말 (irregular powder)　대칭성이 없는 입자로 된 분말.

불균일화 (disproportionation)　한 종류의 합금상이 수소화, 탈수소화에 의해 두 종류 이상의 상을 생성하는 반응을 말한다. 주로 가역적인 열화가 생기며 합금의 분해라고도 한다.

불리온 (bullion) 금(Au), 은(Ag)의 지금(괴)를 말하며 또한 조연(Pb)을 불리온이라고 부르는 경우가 많다. ☞ 조연

불림 (normalizing) 결정립을 미세화하여 기계적 성질개선을 위해 Ac_3 또는 Acm점 이상의 온도에서 가열후 공랭시키는 조작이다. 소둔이라고도 부른다. ☞ 노멀라이징

불마켓 (bull market) 가격이 상승되어 있는 시장을 말한다. 즉 강세시장(강세분위기)이다.

불소 (fluorine) 원소기호 F, 원자번호 9, 원자량 18.998, 할로겐족 원소의 하나로 천연에 형석, 빙정석 등에 함유되어 산출된다.

불수강 (stainless steel) ☞ 스테인리스강

불순물 (impurity) 금속중에는 탄소(C) 이외에 항상 여러가지 원소가 함유되어 있으며 그 성질에 따라 금속성 불순물, 비금속성 불순물, 가스불순물 등 세가지로 분류된다. 금속성 불순물에 속하는 것은 규소(Si), 인(P), 유황(S), 망가니즈(Mn) 등이며 비금속 불순물은 철이나 망가니즈 등의 산화물, 황화물 및 규산염 등으로 비금속개재물이라고 한다. 금속성 불순물은 유황을 제외하고는 철이나 비철금속에 대해서 어떤 용해도를 갖고 있어 진짜 합금을 만들지만 비금속성 불순물은 기계적으로 금속 속에 개재되어 있을 뿐이다. 가스불순물은 항상 다소는 금속중에 함유되어 있고 중요한 것은 수소, 질소 및 일산화탄소 등이다. 금속은 이들 불순물에 의해 물리적, 기계적 성질이 현저하게 영향을 받는다.

불용성양극 (insoluble anode) 도금에 사용하는 화학적 또는 전기화학적으로도 잘 용해되지 않는 양극으로 백금(Pt), 탄소(C), 연(Pb), 타이타늄(Ti) 등이 이용되고 있다.

불화물 (fluoride) 불소(F)와 다른 원소와의 화합물.

붕사 (borax) 붕산나트륨의 백색결정체로 강한 열에 녹이면 유리와 비슷하게 변한다. 천연산도 있으나 붕산을 가성소다로 중화시켜 만든다. 붕소(B)의 원료가

된다. 방부제, 에나멜, 유리의 원료, 납땜, 금속의 검출, 접합 등에 사용된다.

붕소 (boron) 원소기호 B, 원자번호 5, 원자량 10.811, 비중 2.3, 용융점 2,030℃, 비등점 2,550℃, 결정구조는 α 사방정계, α 정방정계, β 사방정계가 있으며 주기율표상 Ⅲb족의 반(半)금속이다. 순수한 것은 판상 혹은 침상의 결정으로 보통 흑갈색의 무정형 고체이며 매우 딱딱하다. 성질은 규소와 비슷하며 공기속에서 변하지 않지만 약 300℃ 이상에서는 산화한다. 질소, 탄소, 규소 등과 반응하여 붕화물을 형성한다. 천연에 붕사, 방붕석, 회붕석, 조회붕석, 붕산석 등에 함유되어 산출된다. 결정의 미세화제로 사용되며 미량만 첨가해도 담금질성이 향상된다. 원자로의 차폐재 및 제어재, 로케트의 연료, 제강의 첨가제, 동(Cu)의 탈산제, 반도체의 첨가제 등에 이용된다.

붕소강 (boron steel) 구조용강에 0.02~0.003% 정도의 붕소(B)를 첨가한 것으로 이 정도의 처리로도 강의 담금질성이 현저하게 증가한다. 내마모강 등에 사용되었으나 최근에는 고장력강에 사용되고 있다. 붕소의 분석은 어려워서 보통 첨가량으로 따지므로 첨가합금의 조성, 첨가방법(보통 출강전에 알루미늄(Al), 철-타이타늄(Fe-Ti) 등으로 충분히 탈산, 탈질한 후 레이들내에 첨가한다)에 주의할 필요가 있다.

붕소광석 (boron mineral) 붕소를 함유하고 있는 광석으로 칸석($Na_2B_4O_7 \cdot 4H_2O$), 붕사($Na_2B_4O_7 \cdot 10H_2O$), 조회붕사($CaNaB_5O_9 \cdot 8H_2O$), 회붕사($CaB_6O_{11} \cdot 5H_2O$) 등이 있으며 주요 생산지는 미국, 터키, 칠레, CIS 등이다.

붕소섬유 (boron fiber) 텅스텐선 또는 탄소섬유 등을 심선으로 하여 붕소(보론)를 화학증착(CVD)법에 의해 피복하여 지름 100㎛ 이상의 선재로 만들어진 것을 말한다. 붕소섬유는 인장강도 3,300MPa, 탄성률 400GPa, 비중 2.31이며 비강도와 비탄성률이 매우 높다. 붕소섬유는 일반적으로 금속과 반응성이 높아 붕소위에 B_4C나 SiC를 다시 피복하여 각각 B_4C섬유와 보르식(borsic)섬유를 만든다.

붕화물 (boride) 붕소(B)와 다른 원소와의 화합물.

브라운광 (braunite) 망가니즈(Mn)의 산화광석으로 갈망가니즈광이라고도 한다. 철흑색으로 딱딱하고 무거우며 망가니즈가 높은 것 치고는 규산(SiO_2)이 높은 것이 많다. 순수한 브라운광은 고품위의 금속망가니즈이며 망가니즈을 69.6% 함유하고 있다. 브라우나이트라고 한다.

브레이즈용접 (braze welding) 경압용접과 마찬가지로 홈을 가진 이음매에 용융첨가하여 모재를 녹이지 않고 용접하는 방법이다.

브레이징 (brazing) 브레이징은 압접이나 고상확산접합과 같이 타이타늄과 이종 금속과의 접합에 적용 되는 경우가 많으며, 활성확산접합(Activated diffusion bonding) 또는 천이액상확산접합(Transient liquid phase diffusion bonding) 등으로 불리기도 한다. 가열방식에 따라 Torch brazing, Furnace brazing, Induction brazing, Dip brazing, Resistance brazing, Exothermic brazing 등이 있지만, 산소와의 친화력이 강한 타이타늄의 경우 Furnace brzing이나 Induction brazing에 의해 주로 접합된다. ☞ 경납땜

브레이크 (break) 선물시장에서 급격한 가격의 하락.

브로커 (broker) 중개업자, 중개인의 의미로 수수료를 받기 위해 판매나 구입 주문을 하는 업자를 브로커라고 하는데 선물거래소에서 선물의 매도 또는 매입을 의뢰받은 중개업자를 말한다. 넓은 의미에서는 거래소의 회원사로서 상품시장에서 거래하는데 중개해 주는 회사를 말하기도 한다.

브론즈 (bronze) ☞ 청동

브론즈법 (bronze process) 브론즈(Cu-Sn합금)내에 다수의 니오븀(Nb)봉을 배치한 복합체를 가공하여 얻어진 가는 선에 열처리를 하여 니오븀와 브론즈의 계면에 필라멘트모양의 Nb_3Sn 화합물을 생성시키는 화합물 초전도선의 제조방법으로 V_3Ga 화합물 초전도선에도 동일한 방법을 적용할 수 있다.

브로민 (bromine) 원소기호 Br, 원자번호 35, 할로겐족 원소의 하나로 천연에 마그네슘(Mg), 칼륨(K) 등과의 화합물 형태로 존재하며, 해수 또는 간수를 황산으로 처리해서 추출한다. 염료, 용제, 의약, 각종 붕화물의 제조에 이용한다.

브리넬경도 (Brinell hardness) 브리넬경도시험에서 사용된 시험하중을 영구 오목부의 표면적으로 나눈 값이다. 강구압자를 사용하였을 때에는 경도기호 HBS를 또 초경합금구 압자를 사용하였을 때에는 경도기호 HBW를 사용한다. 재료의 종류에 따라 직경이 정해져 있는 강구를 정해진 하중으로 시험편에 세게 눌러서 생긴 오목한 부분의 직경 및 깊이로 산출되는 경도의 표시방법이며 시험기에는 유압형, 지례형, 진자형 등 세 종류가 있고 하중은 4,903N, 7,354N, 9,806N, 29,419N의 네 종류가 있다. 압자의 직경은 10㎜ 및 5㎜의 두 종류가 있다.

브리넬경도시험 (Brinell hardness test) 구압자를 일정한 시험하중으로 시료의 시험면에 압입하여 생긴 영구 오목부의 크기로부터 시료의 경도를 측정하는 시험이다. KS에서는 지름 5㎜ 또는 10㎜의 강구 혹은 초경합금구를 사용하여 29,400N, 14,700N, 9,800N, 7,350N, 4,900N(3,000kgf, 1,500 kgf, 1,000kgf, 750kgf, 500kgf)의 하중에 의한 시험이 규정되어 있다.

브리스터동 (blister copper) ☞ 조동

브리징 (bridging) 입자가 서로 누르거나 엉겨서 분말중에 이상하게 큰 공극을 형성하는 것.

브리켓 (briquet) 브리케팅이라고 불리는 입광의 단광화법에 의해 만들어진 단광의 명칭이다. briquette로도 표시하는데 분광에 적당한 수준의 점결제를 가해 브리케팅 머신으로 가압 성형하여 만든다. 니켈브리켓 등이 사용된다.

브리타니아메탈 (britannia metal) 주석(Sn), 안티모니(Sb), 동(Cu)의 합금이며 이밖에 연(Pb), 아연(Zn)을 함유하는 경우도 있다. 대표적인 조성은 주석 90% 전후, 안티모니 10% 전후, 동 1% 정도이다. 은(Ag)을 닮은 합금으로, 식기류, 화병에 이용된다.

블라스트법 (blasting) 바탕의 전처리로서 입자를 분사해서 녹이나 오일 등의 부착오염을 제거하기 위한 기계적 청정법이다. 규사나 연마제 등의 광물입자를 투사하는 것을 샌드 블라스트, 철가루나 커트 와이어를 투사하는 것을 쇼트 블라스트, 예리한 각이 있는 철조각을 투사하는 것을 그릿 블라스트라고

한다. 이에 대해 광물의 미립자를 부유시킨 액체를 분사하는 것을 액체 호닝이라고 한다.

블랭크 (blank) 후가공을 하기 전의 성형체로 예비소결체 또는 소결체라고 한다.

블렌딩 (blending) 여러가지 조성의 분말을 혼합하여 동일조성으로 만드는 것.

블로우 (blow) 기포집의 일종으로 냉각쇠로 사용하는 스트랩, 면봉, 삽입물 또는 코어 받침대 등에 녹이 있으면 녹이 급탕과 작용해서 가스가 발생하거나 혹은 부착수분에서 수증기를 발생시킨다. 이것을 냉각쇠 등의 주위에 기포를 발생시켜 주물소를 만들어 코어 받침대나 삽입물의 융착을 방해하는데 이 현상을 블로우라고 한다.

비가역식 압연기 (non-reversing mill) 작업롤회전이 정방향만 가능하고 역방향으로는 압연이 불가능한 압연기.

비가역 형상기억효과 (irreversible shape memory effect) ☞ 일방향 형상기억효과

비결정질금속 (non-crystalline metal) 비정질금속. ☞ 아몰퍼스합금

비금속 ① (base metal) 귀금속에 대응하는 말로써 공기중에서 산에 침해되기 쉽고 가열시 쉽게 산화되고 이온화 경향이 비교적 큰 금속의 총칭이며 대부분의 금속이 이에 해당한다. 즉 알칼리금속, 알칼리토금속 등이 이에 속하는데 철(Fe), 동(Cu), 알루미늄(Al), 아연(Zn), 주석(Sn), 연(Pb), 텅스텐(W), 몰리브데늄(Mo) 등이 있다. ② (non-metal) 금속의 성질을 갖지 않은 물질. 비금속원소.

비금속개재물 (non-metallic inclusion) 금속내에 개재하고 있는 고형체의 비금속성 불순물, 즉 철(Fe)이나 망가니즈(Mn), 규소(Si), 인(P) 등의 합금원소의 산화물, 황화물, 규산염 등을 총칭해서 비금속개재물이라고 한다. 비금속개재물은 응력집중의 원인이 되며 일반적으로 모양이 큰 것은 피로한계를

저하시킨다. 금속의 응고과정에 있어서 금속내로 석출되거나 말려드는 비금속성 개재물로 매크로 조직시험과 마이크로 조직시험으로 조사하는데 전자에서 말하는 개재물이란 육안으로 인지할 수 있는 비금속개재물을 말한다.

비금속광물 (non-metallic minerals) 금속광물 이외의 공업광물의 총칭이다. 석영, 형석, 석회석, 규석, 운모, 중정석, 유황, 흑연, 규조토, 장석, 석면, 점토, 석고, 명반석, 규사 등을 말한다.

비금속원소 (non-metallic elements) 금속원소로의 성질을 전혀 가지지 않은 원소로 불활성가스인 헬륨(He), 네온(Ne), 아르곤(Ar), 크립톤(Kr), 카세논(Xe), 라돈(Rn)과 할로겐족의 불소(F), 염소(Cl), 브로민(Br), 아이오딘(I), Ⅵb족의 산소(O), 유황(S), Ⅴb족의 질소(N), 인(P), Ⅲb족의 붕소(B), Ⅰa족의 수소(H) 등이 이에 속한다. 이들 원소들은 화학적, 물리적 공통 특성은 없으며 불활성가스를 제외한 비금속원소의 산화물은 산성을 띤다. 비금속원소들은 금속 속에 함유되어 취성을 일으키는 원인이 되고 있으며 한편으로는 경화와 강화효과를 위해 의도적으로 이들을 첨가하는 경우도 있다.

비금속재료 (non-metallic materials) 금속재료 이외의 공업적으로 사용되는 재료의 총칭이다. 일반적으로 유기 및 무기재료를 합쳐 부르는 경우도 있다. 대표적인 것으로는 플라스틱, 고무, 종유, 섬유, 유리, 시멘트, 연삭재, 세라믹스 등이 있다.

비니켈광 (chloanthite) 니켈의 비화광석으로 니켈(Ni)을 약 28.1% 함유하고 있다.

비데르만-프란츠의 법칙 (Wiedermann-Franz's rule) 금속에서 온도가 일정할 때의 열전도도 κ와 전기전도도 σ사이에 나타나는 관계로 $\kappa/\sigma = L_0 T$로 표시한다. (L_0 : 로렌츠 상수, T : 열역학 온도)

비드 (bid) 어떤 일정한 가격으로의 매입주문으로 구매호가라는 의미로 관용되는 시장용어이다. 서방세계의 상품 및 주식시장에서는 매매 쌍방의 호가로 시세를 나타내고 또 중간값으로 나타내는 경우도 있다.

비등점 (boiling point) 액체가 끓는 온도이며 영문약자로 B.P 혹은 b.p라고 표시하며 비점이라고도 부른다.

비밀착압연 (loose rolling) 밀착압연의 상대적인 것으로 판과 판사이에 분탄, 톱밥 등을 삽입하여 판의 밀착을 방지하며 압연하는 제조방법이다.

비백금 (sperrylite) ☞ 스페리라이트

비산연 (lead arsenate) 비소살충제로 쓰이는 농약.

비소 (arsenic) 원소기호 As, 원자번호 33, 원자량 74.91, 비중 5.75, 용융점 817℃, 주기율표상 Ⅴb족에 속하는 회색의 광택이 있는 부드러운 금속이다. 천연에 유리되어 존재하는 경우도 있지만 대개는 황화물로서 산출된다. 삼산화비소(As_2O_3)를 목탄과 함께 녹여서 얻을 수 있는데 다량으로 만들려면 황비철광(FeAsS)을 녹인다(FeAsS=FeS+As). 회색, 황색 두 종류의 동소체로 전자는 보통의 비소로 얼마간의 금속광택을 지니며 능면체의 결정(육방정계)이다. 경도 3~4인 금속에 속하는 열의 양도체로 용융점 817℃, 비중 5.73으로 이황화탄소에 녹지 않는다. 황색의 동소체는 비소의 증기를 냉각하면 생기며 투명하고 연처럼 딱딱하지 않은 소결정(등축정계, 구조는 아직 모름)이고 비중 1.97, 전기에 유도되지 않는다. 이산화탄소에 녹으며 마늘냄새가 난다. 수증기와 함께 휘발되며 강한 환원성을 지닌다. 백인과 성질이 비슷하지만 불안정해서 약하게 달구든지 빛을 조사(照射)하면 회색으로 변하기 쉽다. 비소의 화학적 성질은 인(P)과 유사하면서 그보다 훨씬 금속에 가까운 성질을 보인다. 공기중에서 400℃로 가열하면 청백색의 불꽃을 내고 삼산화비소를 생성시킨다. 할로겐, 유황과는 직접 작용한다. 희황산 및 저온에서의 희질산에 의해서는 거의 변화하지 않고 염산과는 공기와의 공존하에서 작용해서 염화비소를 만든다. 농황산, 다소 진한 초산과 작용해서 아비산이 되며 농초산에 의해 비산이 된다. 알칼리와 용융하면 아비산염이 된다. 비소는 소총의 탄환제조시, 경도를 높이기 위해 연(Pb)속에 소량을 섞는다. 삼산화비소, 비산연은 살충제로서 농약으로 이용되며 또한 비소의 유기화합물에는 살발산 등과 같은 치료약이 있다.

비소모전극식 아크 용해법 (non-consemable arc remelt) 타이타늄의 용해법 하나로 VAR에서 이용하는 소모전극 대신에 비소모전극을 이용해서 아크의 가열에 의해 용해하는 방법이다. 초기에 방식으로 사용된 텅스텐과 흑연은 용융 타이타늄과의 반응에 의한 소모가 있어 비소모전극으로는 적절치 못하였으나, 최근에는 이를 보완하는 수냉동을 전극으로 이용한 비소모전극이 개발되고 있다.

비수용액 전기도금 (non-aqueous eletro-plating) 수용액으로부터의 전착이 곤란한 금속이라도 비수용액으로부터 전착되는 것이 있는데 액체 암모니아를 이용한 베릴륨도금 등이 그것이다.

비스머스괴 (Bismuth Ingot) 저융점합금(Fusible Alloys), 의료용소재(Medical Supplies), 절삭성향상첨가제(Metallurgy Additives), 화장품(Cosmetics), 촉매제 (Catalysts) 등의 용도로 사용된다.

비스무트 (bismuth) 창연, 비스무스 혹은 비스무드라고도 부른다. 원소기호 Bi, 원자번호 83, 원자량 208.9804, 비중 9.8, 용융점 271℃, 결정구조 α-비소형의 능면체구조, 주기율표상 Vb족에 속하는 약간 붉은 기를 띤 은백색의 반금속으로 딱딱하고 깨지기 쉽다. 주석(Sn), 카드뮴(Cd), 연(Pb) 등과 함께 저융점 금속에 속하기 때문에 정밀한 주조가 가능하다. 비스무트의 광물로서는 휘창연광, 자연창광, 텔

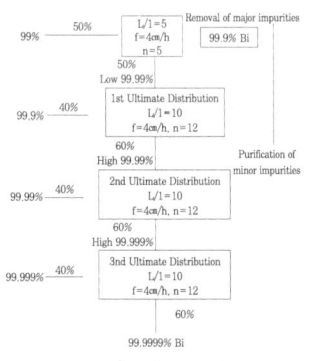

비스무트 제조공정의 공정도

루륨창연광, 산화창연광 등이 있는데, 비스무트만을 목적으로 채굴되는 예는 적고, 통상 연연련의 부산물로서 채취된다. 합금 첨가제로서의 용도가 많으며 고순도품은 텔루륨(Te)와 합금되어 전자냉동소자에 이용된다. 또한 망가니즈(Mn)과의 합금은 자성재료로 사용된다. 주요 생산국으로는 중국, 페루, 멕시코, 호주, 일본, 캐나다 등이다. (공정도참조)

비스무트합금 (bismuth alloy) 비스무트를 주성분으로 연(Pb), 주석(Sn), 카

드뮴(Cd), 인듐(In) 등과의 합금이다. 공정조직 또는 공정조성에 가까운 것이 많으며 용융점이 대부분 50~140℃ 사이의 저용점합금이다. 비스무트합금은 체적변화가 거의 없어 정밀주조에 사용되며 상온에서 비교적 저하중하에서 크리프변형을 일으키기 쉬운 기계적 성질을 갖고 있다. 비스무트합금은 납땜, 각종 퓨즈, 스프링쿨러, 정밀주형 등에 사용된다.

비시효성 (non-aging properties) 기계적 성질 및 가공성이 실용상 지장을 일으킬 만한 경시변화(經時變化)를 안하는 성질. 일반적으로 심가공용 냉간압연재에 대해서 요구되는 성질로서 일반적으로 가공할 때에 팽창변형을 일으키지 않는 성질을 말한다.

비열 (specific heat) 물체의 온도를 1℃ 올리는데 필요한 열량을 그 물체의 열용량이라고 하고 물체 1g의 열용량을 비열이라고 한다. 물체의 열용량은 비열×질량(cal/℃)으로 표시한다.

비자성체 (non-magnetic materials) 강자성체에 대한 약자성체의 총칭이다. 자기장에 자화되지 않는 물체를 비자성체라고 하지만 엄밀한 의미에서 완전 비자성체란 존재하지 않으며 통상 상자성체, 반강자성체 혹은 반자성체 등 약자성체를 가리키는 말이다. 상자성체는 스핀이 항상 열진동하고 있어 자화방향이 정해지지 않다가 강자장안에서 얼마간 자화되는 물체이다. 반강자성체는 교환상호작용으로 양극스핀과 음극스핀이 서로 같은 수로 배열된 물체이며 반자성체는 전자의 궤도운동이 원인이 되어 생기는 자성으로 자기방향과는 반대로 자화되는 작은 자성체이다.

비정상시장 (abnormal market) ☞ 백워데이션

비정질 (amorphousness) 고체이면서 결정으로 되어있지 않은 결정체.

비정질 수소저장합금 (hydrogen absorbing amorphous alloys) 비정질구조를 가진 수소저장합금으로 수소와의 친화력이 강하고 주로 Ⅳa족 전이원소에 동(Cu), 니켈(Ni) 등의 다른 금속을 첨가하여 용해 후 급랭하여 얻는다. 증착법, 스패터법 등에 의해 박막을 얻는 경우도 있다. Ti-Cu계, Ti-Ni계, La-Ni계 등이 알려져 있고 이 합금의 특징은 압력-조성간의 등온곡선에서 편평부가

없고 수소저장에 따른 부피팽창이 비교적 적다.

비정질합금 (amorphous alloy) 고체이면서 결정으로 되어 있지 않은 합금으로 비정질금속, 아몰퍼스합금 등으로 부른다. ☞ 아몰퍼스합금

비중 (specific gravity) 4℃의 순수한 물과 같은 체적의 중량비를 말한다.

비중선광 (gravity concentration) 입도에 큰 차이가 없는 광물들을 분리시키는데 사용되는 것으로 광석과 보통 암석의 비중차를 이용한 선광법이다. 광석을 진동하는 판위에 물과 함께 흘려 보내 침전시간의 차이에 의해 광석과 폐석을 선별한다. 중력선광이라고도 한다.

비철금속 (non-ferrous metals) 철(Fe) 이외의 금속의 총칭이다. 금속원소의 종류는 60가지 이상이며 반금속 등을 포함하면 70여종에 이르고 있다. 산업상 분류하면 저융점금속과 고융점금속, 비금속과 귀금속, 중금속과 경금속, 보통금속과 희유금속, 이밖에 내화금속, 활성금속, 고순도금속, 신금속, 특수금속 등으로 나누어진다.

비철금속스크랩 (non-ferrous metals scrap) 동(Cu), 연(Pb), 아연(Zn), 알루미늄(Al), 주석(Sn), 니켈(Ni) 등의 단독 또는 합금 및 그 가공품들의 스크랩의 총칭이다. 스크랩이란 2차가공 공정중에 발생한 것과 노후화 등으로 인해 본래의 용도에 도움이 안되게 된 것을 합해서 말한다.

비철금속합금 (non-ferrous alloy) 철(Fe) 이외의 금속을 주체로 한 합금을 말한다. 대표적인 것으로는 알루미늄(Al), 동(Cu), 연(Pb), 주석(Sn), 마그네슘(Mg), 니켈(Ni)합금 등이 있다.

비철제련 (non-ferrous smelting) 자연계에 존재하는 금속화합물을 금속의 물리・화학적 성질을 이용하여 철(Fe)을 제외한 동(Cu), 알루미늄(Al), 아연(Zn), 연(Pb) 등의 목적금속으로 채취하는 것.

비커스경도 (Vickers hardness) 비커스경도시험에서 사용한 시험하중을 영구 오목부의 표면적으로 나눈 값.

비커스경도시험 (Vickers hardness test) 대면각 136°의 정사각뿔인 다이아몬드 압자를 일정한 시험하중으로 시료의 시험면에 압입하여 생긴 영구 오목부의 크기로부터 시료의 경도를 측정하는 시험이다. KS에서는 시험하중 9.807~490.3N(1kgf~50kgf)에서의 시험방법이 규정되어 있다. 또한 시험하중 9.807N(1kgf)이하의 미소경도시험으로서 구별되고 있다.

비코발트광 (smaltite) 코발트(Co)의 비화광석으로 코발트를 약 28% 함유하고 있다.

비탄성률 (specific modulus) 재료의 탄성률을 밀도로 나누어 나타내는 것을 말한다. 역학특성상 중요한 요소로 비탄성률과 비강도가 클수록 가볍고 역학특성이 뛰어난 재료로 평가하고 있다. 비탄성률이 높은 대표적인 재료로는 탄소섬유강화 플라스틱, 보론섬유강화 플라스틱 등이 있다.

비틀림 (torsion, twist, twisting) 재료의 한 끝을 고정시키고 다른 끝을 도구 사이에 끼워 재료의 축중심선에 대해 회전시키는 것을 말한다.

비틀림시험 (torsion test) 재료에 비틀림 모멘트를 주어 이를 비틀고 그 때의 비례한계, 항복점, 인장강도, 강성률 등을 측정하는 방법. 시험편으로는 보통 환봉이 사용된다. 시험편 표면의 축선방향으로 표식선을 그어 비틀림 회수의 측정을 할 수 있고 또 재료가 균일하면 이 표식선은 나선상이 되며 게다가 그 피치가 같아지지만 재료가 불균일하면 피치에 차이가 난다. 따라서 이에 의해 재료의 균일성을 쉽게 시험할 수가 있다.

비파괴검사 (non-destructive examination) 제품을 파괴하지 않고 결함의 유무 등을 조사하는 시험이다. 대표적인 검사법으로 초음파탐상법, 자분탐상법, 와류탐상법, 침투탐상법 등이 있다. 전자기의 응용에 의한 자분탐상과 와류탐상은 제품의 표층부분의 검사로 널리 이용되고 있으며 침투탐상법은 표면에 드러나 있는 결함의 탐상에 유효하다. 결함으로부터의 초음파 반사를 탐지하는 초음파 탐상법은 주로 내부결함의 탐상에 널리 이용된다.

비파괴검사법 (non-destruction inspection) 제품의 건전성을 알기 위해서 피검사재를 절단, 산세 등을 해서 직접 검사하는 방법이 가장 확실하지만 그렇게 해서는 제품이 못쓰게 되고 만다. 그래서 제품 그대로의 상태에서 결함의 존재를 검사하는 방법이 채용되는데 이에는 자분탐상, 초음파탐상, 침투탐상법 등이 있다.

비파괴시험 (nondestructive test) ☞ 비파괴검사

비표면적 (specific surface area) 분말의 단위질량당 표면적.

비화광 (arsenide ore) 금속 비화물의 형태로 산출되는 광석의 총칭이다. 니켈(Ni)과 코발트(Co)의 광석이 많다. 주요 비화광으로는 홍비니켈광(NiAs), 비니켈광($NiAs_2$), 비코발트광($CoAs_2$), 코발트광($CoAs_2$), 황비니켈광(NiAsS), 휘코발트광(CoAsS), 황비동광(Cu_2AsS_4) 등이 있다.

비화학양론적 조성영역 (non-stoichiometric region) 고상의 단일 수소화물상으로 존재하는 조성의 범위이다. 수소화물상으로 변태 후 수소의 계속적인 용해에 따라 일정한 온도 하에서 저장압이 변하는 영역으로 수소화물상 영역, β상 또는 γ상 영역이라고도 한다.

빈광 (low grade ore, poor ore) 광물속에 유용한 광석의 품위가 떨어지거나 그 양이 줄어드는 것을 말하는데 광산수명이 오래될 수록 발생되는 현상이다. 이럴 경우 광산의 생산성이 급격히 감소하기 때문에 폐광시키거나 저품위 광석으로도 생산성을 높일 수 있는 장비를 설치하여 사용하고 있다.

빌릿 (billet) 관 및 봉제품을 만들기 위한 것으로 원통형으로 주조된 지금을 말한다. 압출기의 생산능력 및 용량에 따라 사용되는 빌릿의 지름과 길이가 다른데 알루미늄(Al)빌릿의 경우 소형 압출기에는 지름 5인치 빌릿을 주로 사용하고 중대형 압출기에는 6인치이상 12인치까지도 사용하고 있다. 동(Cu)빌릿과 알루미늄빌릿이 대표적이다.

빙정석 (cryolite) Na_3AlF_6의 조성을 지닌 나트륨(Na), 불소(F), 알루미늄(Al)의 화합물이다. 주로 알루미늄전해의 용제로 사용한다. 인공적으로는 불화수소산에 수소화알루미늄과 소다회를 화합해 석출시켜서 얻을 수 있다. 천연으로는 북극의 그린랜드섬에서만 산출된다.

사광 (placer, sandy ore) 사금, 사철, 사(모래)주석 등과 같이 사력광상을 형성하고 있는 광물의 총칭.

사광상 (placer) 풍화 분해작용에 의해 금속광물이 사력에 혼입, 집합해서 생긴 것으로 사력광상, 충적광상 등으로 부른다.

사금 (placer gold, stream gold, alluvial gold) 강변이나 해변의 모래, 자갈 속에 섞인 알갱이 또는 비늘모양의 금(Au).

사력광상 (placer) ☞ 사광상

사마륨 (samarium) 원소기호 Sm, 원자번호 62, 원자량 150.36, 비중 7.7, 용융점 1,072℃, 비등점 1,794℃, 주기율표상 Ⅲa족에 속하는 란타노이드라고 부르는 희토류 원소중 하나이다. 중성자 흡수단면적이 희토류 원소중에서 가드늄 다음으로 크다. 동소변태는 734℃와 992℃에서 일어나는데 α상은 능면체격자, β상은 조밀육방격자, γ상은 체심입방격자이다. 금속사마륨은 희토광석인 모나자이트 등으로부터 분리정제해서 얻는다. 금속간화합물 형태로 영구자석에 사용되며 세라믹 콘덴서의 원료와 촉매 그리고 원자로의 주조재료나 차폐재료로 사용된다.

사마르스키석 (samarskite) 우라늄의 원광석으로 우라늄(U), 셀륨(Ce), 이트륨(Y), 철(Fe) 등을 함유하는 니오븀-탄탈럼산염으로 (UO₂)O 12~20%를 함유하고 있다.

사면동광 (tetrahedrite) ☞ 황동광

사문석 (serpentine) 짙은 녹색과 백색이 섞인 암석으로 성분으로는 보통 37~40%의 산화마그네슘(MgO)을 함유하고 있다. 감람암이나 휘석에서 변질된 것으로 규산분은 40% 정도 함유하는 암석을 일반적으로 초염기성암이라고 한다. 용도는 고로 조재제(造滓劑) 등이다.

사방정계 (orthorhombic system) 사방정형이라고도 부르며 한 결정에서 x, y, z 등 3축의 길이가 모두 다르고 3축이 모두 서로 수직으로 되어 있는 결정 구조를 갖는 결정체의 총칭이다.

사방정형 (orthorhombic system) ☞ 사방정계

사염화타이타늄 (titanium tetrachloride) 스펀지타이타늄의 제조과정에서 얻어지는데 스펀지타이타늄을 마그네슘(Mg)으로 환원시켜서 만든다.

사이드 트리밍 시어 (side trimming shear) 열연이나 냉연코일의 귀부분을 규정된 폭으로 잘라 정돈하는 작업을 하는 전단기이다. C-Cr계 환날의 절삭용구가 사용되며 절단속도 30~90m/분. 속도는 페어 오프릴, 코일러, 핀치롤 등과 같이 제어되지 않으면 안된다. 트림에지는 부속된 쵸퍼나 코일러에서 처리된다.

사이징 (sizing) 소정의 치수를 얻기 위하여 하는 재압축.

사이클론 분급기 (cyclone classifier) 분급기의 일종으로 짧은 원통 아래에 가늘고 긴 원추형을 접합한 것이다. 원통부에는 상구와 급광구가 있고 원추부 하단에 하구가 있다. 원통부에서 접선방향으로 광액을 펌프로 압입해 종축방향으로 회전시키면 원심력의 작용으로 굵은 입자는 외측으로 모이고 벽면에 따라 낙하해서 하구로 배출된다. 사이클론은 기체가 작아서 설비면적에 대한 처리능력이 크고 분급정도가 좋기 때문에 최근에는 많이 사용된다.

사주석 (stream tin) 주석(Sn)광석이 풍화작용에 의해 분해되고, 흐르는 물에 의해 운반되어 사력속에 혼재되어 있는 것으로 말레이반도나 인도네시아 등에서 산출된다.

사철 (iron sand) 사광의 하나로 암석중의 자철광이 풍화작용으로 분해되어 사력 속에 집합되어 생긴 것이며 타이타늄(Ti)분을 많이 함유하고 있어, 타이타늄의 원료가 된다. 사철은 암석내에 포함된 철광물이 암석의 풍화, 분해의 결과 유리되어 세밀한 입자가 되어 그 일부가 현지에 잔류되어 대부분 하수, 파랑, 바람 등에 의해 운반되어 퇴적한 것이다. 사철의 광물성분은 주로 자철광, 타이타늄철광, 적철광, 갈철광 등으로 여기에 여러가지 광물이 붙어 다닌다. 그중에서 특히 많은 것이 자철광이다. 사철이 일반적으로 철광석과 다른 점은 타이타늄을 함유하고 있다는 것이다.

사출성형 (injection molding) 수지 등의 바인더를 가하여 유동화시킨 원료분말을 몰드내에서 사출해서 성형하는 것.

사형 (sand mould) 모래로 만든 주형을 말한다. 건조형과 생형이 있는데 건조형은 주탕전에 건조시킨 것으로 보통 건조로 속에서 건조시키지만 대기 건조형, 배소형 등이 있으며 중물 및 대물에 적합하다. 배소형은 토오치 등으로 형틀의 표면만을 건조 또는 소성시킨 것이다.

사형주물 (sand casting) 주형재료에는 내열성, 성형성, 통기성, 유동성 등의 외량이 풍부하고 가격이 저렴한 것이 요구된다. 이에 대해 적당한 점토분을 함유하는 규사가 가장 적합하다. 일반적으로 규사를 주성분으로 하는 모래는 주형을 만든 다음 여기에 용탕을 주입하여 만든 주물을 사형주물이라고 말한다. 주철, 주강, 주물 동합금의 경우 거의 사형주물로 생산된다.

산금 (vein gold) 황동광, 섬아연광, 방연광 등에 수반되어 산출되는 금(Au)을 말한다.

산세 (pickling) 표면처리의 전처리로써 이용되고 있는 것으로 금속표면에 생성되는 산화피막을 산으로 용해 제거하는 것이다.

산소부화제련법 (oxygen enrichment smelting process) 산소부화공기(산소 50~70%)를 이용해서 동정광으로부터 단번에 조동을 제조하는 방식이다. 용광로, 반사로 등과 같은 2단 공정을 거치지 않고, 건조된 정광을 직접 자용로에 분사하면서 산소부화공기를 불어넣어 정광에 함유되어 있는 철(Fe)과 유황(S)의 산화 발열을 이용하여 용련과 환원을 동시에 행한다. 현재 세계 주요 동제련소에서 많이 채택하고 있는 공법이다.

산화광 (oxide ore) 금속 산화물의 형태로 산출되는 광석의 총칭이며 각종 금속의 원광석으로써 중요한 것이 많다. 중요한 산화광으로 적동광(Cu_2O), 동람(CuO), 흑동광(CuO), 남동광($2CuCO \cdot 3Cu(OH)_2$), 공작석($CuCO \cdot 3Cu(OH)_2$), 수담반($CuSO_4 \cdot 3Cu(OH)_2$), 녹염동광($CuCl_2 \cdot 3Cu(OH)_2$), 적철광(Fe_2O_3), 타이타늄철광($FeTiO_3$), 금홍석(TiO_2), 주석석(SnO_2), 연망가니즈광(MnO_2), 섬우라늄광(UO_{2+X}), 능아연광($ZnCO_3$), 백연광($PbCO_3$), 회중석($CaWO_4$), 수연납광($Pb(MoO_4)$), 규니켈광, 마그네슘(Mg), 철(Fe), 니켈(Ni)을 함유하는 함수규산염, 탄화염광물 등이 있다.

산화니켈 (nickel oxide) 녹색의 분말로 탄화니켈을 가열하면 얻을 수 있는데 일반적으로 니켈제련의 중간공정에서 얻어지며, 매트 등을 산화시켜서 만든다. 소결시킨 것은 니켈옥사이드신터라고 한다. 유리, 도자기 등의 착색제에 이용되는 외에, 페로니켈을 대신하는 특수강용의 첨가제로서도 용도가 넓어지고 있다.

산화동 (copper oxide) 산화 제1동(Cu_2O)과 산화 제2동(CuO)이 있다. 천연에서 전자는 적동광, 후자는 흑동광 및 동람으로서 존재하는데 공업적으로는 동의 전해 또는 가열에 의해 만든다. 안료, 촉매, 전지의 감극제 등에 이용한다.

산화란타넘 (lanthanum oxide) La_2O_3의 조성을 지니는 란타넘(La)의 삼산화물로서 유리에 첨가하면 굴절율이 높아지고, 내구성을 좋게 하기 때문에 광학용으로 널리 이용된다.

산화물 초전도재료 (oxide superconductor) 화합물 초전도재료중에서 특히 산소를 구성원소로 하는 재료로서 주로 결정구조는 페르브스카이트 구조로서 각 사이트 금속이온 치환에 의해 다양한 변형이 가능하다. 액체질소 온도 이상의 초전도 임계온도를 가진 계가 몇가지 발견되어 있다.

산화배소 (oxidizing roasting) 제련의 전처리로써 행해지는 배소의 일종이다. 광석을 산화물로 바꾸는 것으로 가장 일반적인 배소법이다.

산화베릴륨 (beryllium oxide) 녹주석을 처리해서 수산화 베릴륨으로 만들고, 이를 배소시켜서 만든다. 분말과 성형품이 있다. 고순도금속 용해용 도가니, 내화물, 전자기기부품, 원자로의 감속재 등에 이용된다.

산화세륨 (cerium oxide) CeO_2의 조성을 갖는 세륨(Ce)의 제2산화물로서 연마제, 광학유리, 필터 등에 이용된다.

산화안티모니 (antimony oxide) ☞ 삼산화안티모니

산화알루미늄 (aluminium oxide) ☞ 알루미나

산화 제2수은 (mercuric oxide) 일반적으로 그냥 산화수은이라고 불리며 적색 및 황색의 두 종류가 있다. 연저(鉛底)도료, 건전지, 공업약품 원료 등에 이용된다.

산화창연광 (bismite) 비스무트(Bi)의 광물이며 산화광석으로 비스무트를 약 89.66% 함유하고 있다.

산화코발트 (cobalt oxide) 코발트(Co)의 산화물로 흑·회색의 분말이다. 동(Cu), 니켈(Ni) 제련의 부산물로써 생산되며, 통상 코발트의 품위는 70% 이상 된다. 주로 도자기나 유리의 착색제로 이용된다.

산화텅스텐 (tungsten oxide) 월프라마이트, 회중석, 망가니즈중석 등에 75~80% 함유되어 있으며 광석을 농염산 등으로 처리하여 만든다. 황색분말로 금속텅스텐의 원료가 된다.

산화타이타늄 (titanium oxide) 타이타늄(Ti)의 산화물로 백색분말이다. 타이타늄화이트라고도 한다. 일루미나이트 또는 타이타늄 슬래그로 만든다. 도료, 안료, 잉크, 그림물감 등에 이용된다.

삼산화안티모니 (antimony trioxide)   산화안티모니의 하나로 백색분말이다. 안티모니을 배소시켜서 만들며 백색안료, 법랑, 유리안티모니 염류의 제조에 이용한다.

삼원합금 (ternary alloy)   3개의 기본원소로 된 합금.

삼황화안티모니 (antomony trisulphide)   ☞ 안티모니

상대밀도 (relative density)   다공질체의 밀도와 그것과 동일 조성인 재료의 기공이 없는 상태의 밀도와의 비로 통상 백분율로 표시하고 밀도비라고도 한다.

상변태 (phase transformation)   물질의 집합상태가 다른 상으로 변하는 것을 말하는데 기체⇌액체, 액체⇌고체, 고체⇌고체(결정구조의 변화) 등이 있다. 상전이라고도 한다.

상부임계자장 (upper critical magnetic field)   제2종 초전도체에 자장을 가했을 때 혼합상태가 파괴되고 상전도 상태로 전이할 때의 자장을 말한다.

상부항복점 (upper yield point)   인장 시험과정중 시험편 평행부가 항복을 일으키기 이전의 최대 하중을 평행부의 원단면적으로 나눈 값이다. KS에서는 위항복점, 위항복응력으로 표시한다. (그래프참조)

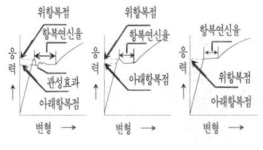

항복점 및 항복 연신율선도

상전도상태 (normal conducting state)   초전도체의 전기저항이 영이 아닌 통상의 전기전도 상태로 임계온도 이상의 온도 또는 임계자장 이상의 자장하에서 생긴다.

상전도전파속도 (normal zone propagation velocity)   초전도 선재중의 일부에 상전이가 생긴 경우에 상전이 영역이 선재의 길이방향으로 넓어져 갈 때의 초전도와 상전도의 계면의 이동속도를 말한다.

상전이 (phase change) 열역학적으로 다른 것과 명확히 구별되는 균일한 부분인 상이 어떤 적당한 조건 하에서 다른 상으로 변화하는 현상이다. 전이점에서 열역학 포텐셜의 1차 편미분이 불연속이 되고 잠열을 수반하는 것을 1차 상전이, 연속이면서 잠열을 수반하지 않는 것을 2차 상전이라고 한다. 초전도 전이인 경우 자장중의 제1종 초전도체에서는 1차 상전이이며 그 이외는 2차 상전이이다.

상주주조 (top pouring, top casting) 상주법이라고 하며 주형틈부에서의 용융금속의 유입구가 주형의 상부에만 붙어 있는 주입법이다.(그림참조)

상향계단법 (overhand stopping) 갱내채굴법의 일종으로 위를 향해 계단형으로 파고 들어가는 방법.

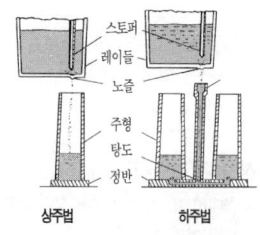

새보우 (Sabot) 미국 스크랩규격인 ISRI(Institute of Scrap Recycling Industries, Inc)규격중 스테인레스 스크랩(stainless steel scrap)의 총칭이다. 크로뮴(Cr) 16% 이상, 니켈(Ni) 7% 이상, 몰리브데넘(Mo) 0.5% 이하, 동(Cu) 0.5% 이하, 인(P) 0.045% 이하, 유황(S) 0.03% 이하인 순수하고 양질인 스테인레스 스크랩을 말한다.

새시 (sash) 알루미늄압출제품중 하나로 건축용 창틀 등에 사용되는 알루미늄압출재이다. 공업용 혹은 산업용과 건축용 새시로 대별되는데 공업용으로 사용되는 기기 등과 일반 아파트 창틀이나 건물외장창틀에 사용되고 있다.

새시바 (sash bar) 창틀의 재료가 되는 가공하기 전의 길게 늘어진 알루미늄 압출재로 단면이 여러가지 형상의 것으로 되어 있다.

새시프레임 (sash frame) 알루미늄새시로 만든 단면이 다양한 형상을 갖는 프레임으로 자동차 등에 사용된다.

샌더스트 (sendust) 철-규소-알루미늄(Fe-Si-Al)의 3원합금으로 투자율이 높은 특성을 갖는다. 자기 헤드재 등으로 사용된다.

생광제련 (pyritic smelting) 황화광에 함유되어 있는 유황과 철을 열원으로 해서 자용시키는 제련법이다.

생석회 (CaO) 방해석으로부터 형성된 석회석($CaCO_3$)을 1기압 900℃ 정도로 가열하면 흡열반응을 일으켜 이산화탄소(CO_2)가 분해되어 생성되는 물질로 석회석을 킬른 속에서 가열해서 얻어진 석회산화물을 말한다. 산화칼슘과 같다.

생주물 (as cast) 기계가공없이 주조한 그대로의 미가공인 주물을 말한다.

샤르피 충격시험 (Charpy impact test) 샤르피 충격시험기를 사용하여 시험편을 노치부가 지지대 사이의 중앙에 오도록 40mm 간격이 있는 두개의 지지대 위에 올려 놓고 노치부의 뒷면을 해머로 1회만 충격을 주어 시험편을 파단시킨다. 이 때의 흡수에너지, 충격치, 파면율, 전이온도 등을 측정하는 시험이다. (그림참조)

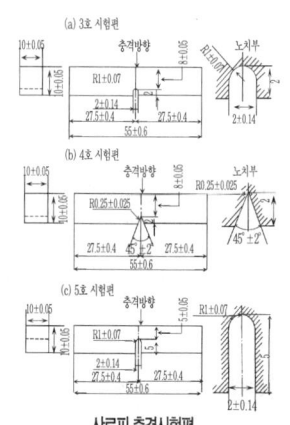

샤르피 충격시험편

샤프트로 (shaft furnace) 세로형 노를 말하는 것으로 가로형에 대비하는 말이다. 설비비가 싸고 열효율은 좋으나 불균일하게 가열되기 쉽고 용착되기 쉽다. (그림참조)

샤프트로

서멧 (cermet) 니켈(Ni), 크로뮴(Cr), 코발트(Co) 등의 고융점금속과, 탄화물, 산화물, 붕화물, 질화물,

규화물, 포화물 등의 금속화합물을 소결시켜 만든 초내열재인 소결복합재료를 말한다. 서멧은 고용융점, 고온 내산화성, 내식성, 고온강도, 크리프 파단강도, 높은 열전도도, 저열팽창률, 금속과의 양호한 부착성, 낮은 비중 등을 갖추어야 한다. 서멧중에서 탄화물계 서멧은 기계적 특성이 우수하기 때문에 오래전부터 절삭공구, 내열응용 부품으로 사용되고 있고 이밖에 제트 엔진이나 로케트 엔진에 사용한다.

서멧공구 (cermet tool) 서멧을 사용한 공구의 총칭이다.

석고 (gypsum) 백색의 괴상광물로 매우 부드럽다. 금속광물에 수반되어 흑광광상에서 많이 나오며 시멘트나 건축용재에 이용된다.

석류석 (garnet) 가넷이라고 하며 알루미늄(Al), 마그네슘(Mg), 칼슘(Ca), 철(Fe) 등을 함유하는 규산염 광물로 단단하기 때문에 연마제로 이용되며 아름다운 것은 보석이 된다.

석면 (asbestos) 사문석 및 각섬석에서 변질생성된 섬유상결정의 광물로 매우 유연하고 1,200℃의 고온에서도 타지 않으므로 보온재 및 내화재로 적합하며 각종 석면제품, 슬레이트, 고압관 등에 사용한다. 또한 브레이크 라이닝과 실(seal)에도 사용된다. 주요 생산국은 캐나다, 남아프리카공화국, 일본 등이다. 현재는 발암물질로 분류되어 공업용 사용이 규제되고 있다.

석석 (cassiterite, tin stone) ☞ 주석석

석출 (precipitation) ① 과포화고용체중에서 과잉으로 고용되어 있는 원자가 고용체의 결정격자에서 이탈해서 새로운 상을 형성하여 고용체상과 새로운 상이 공존하는 안정상태로 되는 현상. ② 기체나 액체중에서 고체가 분해되어 나오는 것, 예를 들면 도금액으로부터 도금이 되는 것과 같은 현상이다.

석출강화 (precipitation strengthening) ☞ 석출경화

석출경화 (precipitation hardening) 고체상속에서 별개의 새로운 고체상이 출현하는 것을 말한다. 석출은 과포화 고용체가 안정된 상태로 변하고자 과포

화도를 구동력으로 원자의 확산에 의해 일어나는 반응이다. 따라서 석출물의 형성으로 경화되는 현상을 석출경화라고 한다. 석출경화현상을 이용한 대표적인 경우는 석출경화형 알루미늄합금으로 Al-Cu-Mg계, Al-Mg-Si계 및 Al-Zn-Mg계 등이 있다.

석회석 (limestone) 탄산칼슘($CaCO_3$)을 주성분으로 하는 광물로 주로 방해석으로 이루어진다. 불순물로는 알루미나, 실리카, 철, 인을 소량 함유하고 있는 경우가 있다. 주요 용도는 시멘트, 제철용 용제, 화학공업용 등이다. 제철용 석회석은 치밀한 품질이 요구되며 고로, 전기로, 전로의 용체로서 사용되는데 자용성 소결용 원료로서도 대량으로 사용된다.

선 (wire) 선재를 주로 하여 신선등 냉간가공을 하여 코일상으로 감은 것이다. 단면 모양은 원형, 장방형, 육각형, 정방형 등이 있다.

선광 (mineral dressing, concentration, milling) 채광과 제련의 중간과정으로 광석을 파쇄한 후 목적한 금속의 품위를 높이는 공정으로 채굴한 조광을 유용광물과 맥석으로 분류한다. 즉 광물이 갖고 있는 물리적, 화학적 성질의 차이를 이용하여 유용광물과 모암이나 맥석을 분리하는 것이다. 채굴된 광석의 품위를 높이고 수송비나 제련비를 경감시킬 목적으로 하지만 만약 광석중에 제련상 유해한 성분이 있으면 이를 제거하기 위해서도 이용된다. 선광의 종류에는 수선, 수세법, 부유선광, 비중선광, 자력선광 등이 있다.

선광광미 (mill tailing) 선광의 찌꺼기.

선광비 (ratio of concentration) 선광에 있어서의 조광과 정광의 물량비.

선단효과 (end effect) 주형에 주탕한 경우 주물의 외표면은 주형측으로의 열전도에 의해 급냉각되어 표층부보다 내부를 향해 온도경사를 만든다. 내부 고온부로부터 선단부를 향하는 급탕이 행해져 표층부에서 내부를 향해 충실한 응고가 진행하는데 이것을 선단효과라고 한다.

선재 (wire rod) 봉상으로 열간압연된 금속재로서 코일상으로 감긴 것을 말한다. 단면은 원형, 정방형, 육각형, 특수형 등이며 철강의 경우 재질과 용도에 따라 보통선재와 특수선재로 대별된다. KS에서는 연강선재와 경강선재로 나누고 다시 특수용도용 심선용선재와 피아노선재로 규정하고 있다. 비철금속의 경우 동 및 동합금선(봉), 알루미늄 및 알루미늄합금선(봉), 타이타늄 및 타이타늄합금선(봉), 팔라듐 및 팔라듐합금선(봉), 몰리브데넘(봉)선, 텅스텐선(봉), 니켈 및 니켈합금선(봉), 마그네슘합금봉, 망가니즈선 등을 규정하고 있다. 그냥 선재라고 할 경우 강철로 만든 선재를 말한다.

선지름 (diameter of wire) 전류가 흐르는 소선이나 케이블 등의 도체의 최외각 지름의 총칭이다. 일반적으로 코팅이나 절연을 한 소선이나 도체의 최외지름을 다듬질 바깥지름, 또 무처리인 것을 나선지름 또는 도체지름이라고 한다. 원단면을 갖지 않는 도체에 대해서는 등가면선을 가진 원의 지름을 등가지름이라고 한다.

선측인도조건 (Free Alongside Ship) 매도자(수출자)가 선적항 본선의 선측(뱃전)까지의 모든 비용을 부담하고 매수자가 그 이후의 비용을 부담하는 조건으로 영문 약칭으로 FAS라고 나타낸다.

선택산화 (selective oxidation) 합금중의 특정성분만 산화되는 현상을 말하며 우선산화라고도 부른다. 금속산화물에 있어 각각 해리압을 갖고 있으며 해압 이하로 산소분압이 내려가면 산화물은 불안정하게 되면서 분해된다. 즉, 해리도가 낮은 쪽의 원소성분만이 산화되는 것이다. 예를 들면 니켈-크로뮴합금에서 저산소분압하에서 가열하면 크로뮴만 산화되고 니켈은 산화되지 않는다.

선플라티나 (Sunplatina) 니켈(Ni)과 크로뮴Cr)이 주성분인 합금으로 치과재료의 크라운, 안경테 등에 사용된다. 주요 성분은 니켈 약 88%, 크로뮴 약 11.5%, 미량의 철(Fe), 알루미늄(Al), 규소(Si)가 첨가되어 있다. 가공성향상과 은납을 위해 은(Ag) 및 동(Cu)을 첨가하는 경우도 있다. 치과재료용 합금이라고 한다.

설 (scrap) ☞ 스크랩

섬록암 (diorite) 심성암의 하나로 주로 사장석과 각섬석으로 되어 있다. 건축용 석재에 사용된다.

섬아연광 (zinc blende, sphalerite) 가장 중요한 아연(Zn)광석으로 황화광이다. 아연 50~67%, 유황(S) 33%, 기타 철(Fe), 망간(Mn), 카드뮴(Cd) 등을 소량 함유한다. 방연광, 황철광 등을 수반하여 산출되는 경우가 많다.

섬우라늄광 (uraninite) 우라늄(U)의 중요한 광물로 흑색이다. 비중이 10.0으로 매우 무겁다. 천연으로 산출되는 산화우라늄으로 일반적으로 팔면체 혹은 육면체의 결정인데 비결정질인 것은 역청우라늄광(피치블랜드)이라고 불리며 우라늄의 가장 대표적인 광석이 되고 있다.

섬유강화금속 (fiber reinforced metal) 금속재료를 강하게 하기 위해 그 기지금속보다 강한 섬유상의 재료로 강화시킨 것을 말한다. 즉 알루미늄 등의 금속 속에다 섬유다발을 통과시킨 금속기 복합재료이며 가볍고 강한 탄소섬유, 탄소규소섬유, 알루미나섬유, 붕소섬유 등이 사용된다. 섬유강화형 금속의 특징은 경량고강도이고 고온에서도 경량고강도가 유지된다는 점이다. 또한 기지가 금속이기 때문에 열 및 전자기특성과 내환경특성이 플라스틱기와 다른 점이다. 섬유강화금속은 현재 금속계 신소재의 하나로 취급되고 있다. FRM이라고 표시한다.

섬유배향각 (fiber orientation angle) 기준방향과 섬유가 이룬 각도.

섬유부피함유율 (volume fraction of fiber) 복합재료의 겉보기 부피에 대한 섬유의 부피 비율.

섬유상분말 (fibrous powder) 섬유모양의 입자로 된 분말.

섬유상조직 (fibrous structure) 금속을 가공하면 결정립자는 장력방향으로 늘어서게 되고 마지막에는 마치 섬유를 묶어놓은 것처럼 된다. 이러한 조직을 섬유상조직이라고 한다. 강하게 가공한 채로의 금속판이나 금속선은 모두 이 섬유상조직을 띤다. 섬유상조직을 보이는 것의 기계적 성질은 섬유방향으로 평행한 경우와 직각인 경우에 따라 각각 다르며 일반적으로 인장강도와 연신율은 섬유와 평행한 경우일 때가 더 크다. 섬유상조직은 이를 재결정온도 이상으로 가열함으로써 표준조직으로 고칠 수 있다.

성층암 (stratified rock) 수성암이라고 하며 암석의 조각, 생물의 유해, 화학적 침전물 등이 퇴적하여 된 암석을 말한다. 보통 퇴적암과 동일하다.

성형성 (compactibility) 성형체 강도 또는 래틀러값으로 비교하는 분말의 성형되기 쉬운 정도.

성형연선형도체 (compacted stranded conductor) 모놀리틱스 또는 연선을 소선으로 하여 도체측 주위에 꼬아 합쳐서 평각 모양으로 압축성형한 것이다. 소선은 반드시 초전도체만인 것은 아니고 일부가 안정화 금속소선, 보강용 소선인 경우가 있다. 도체측을 따라 보강용 테이프 모양 소선을 사용하는 경우도 있다.

성형자심 (powder magnetic core) 연질자성의 금속 또는 합금 분말표면에 전기절연 피막을 만들어 이것을 성형해서 만든 자심이다.

성형제 (green compact) 분말을 성형한 그대로의 것.

성형체강도 (green strength) 성형체의 기계적 강도.

성형체밀도 (green density) 성형체의 밀도로 성형밀도라고 한다.

세그리게이션법 (segregation process) 산화동광석의 처리방식중 하나로 산화광 혹은 산화광과 황화광의 혼합광석에 염소와 석탄을 가해 약 700℃로 가열하여 환원시키는 방식이다. 광석중의 동(Cu)은 염화동이 되며 기화, 환원시켜 가루상의 금속동이 얻어진다. 미국 광산국이 개발한 방식이다. 이밖에 일본 미쓰이금속이 흑광의 유효한 처리방법으로서, 이와 비슷한 방식을 개발하고 있다. 또한 잠비아의 앵글로 아메리카사가 난용성의 저품위 산화동광석의 효과적인 처리방식으로서 세그리게이션법과 유사한 방식을 개발하고 있다.

세그먼트다이 (segmented die) 몇개로 구분한 것을 볼스터 또는 열간압입링으로 조립하여 만든 다이.

세라믹섬유 (ceramic fiber) 무기섬유의 일종이며 정확한 규정이 정해진 것은 없으나 일반적으로 Al_2O_3가 40~65%, SiO_2가 35~55% 정도인 산화물계의 고내열성 무기질섬유를 말한다. 세라믹섬유는 내산성, 내알칼리성, 전기절연성, 내열충격성, 흡음성을 갖고 있다. 주로 고온용 단열재, 고온 내마모용 복합재료로 사용된다.

세라믹섬유강화 알루미늄합금 (ceramic fiber reinforced aluminium alloys) 세라믹섬유와 알루미늄합금을 복합화한 것으로 CVD법으로 만든다. 이것의 특징은 높은 강도를 가진 복합재를 쉽게 만들 수 있다는 점이며 내마모성을 목적으로 한 섬유강화 알루미늄합금이 이미 선진국에서는 자동차 엔진의 피스톤부분에 적용되고 있다. 최근에는 탄소섬유강화 알루미늄합금 개발에 관심을 보이고 있다.

세라믹스 (ceramics) 도자기류를 말하는데, 넓은 의미에서 보통 내열법랑질인 것을 말한다.

세라믹코팅 (ceramic coating) 금속표면에 세라믹을 피복하는 것으로 금속의 내산화성, 내식성, 단열성, 절연성 등의 특성을 부여하기 위해 행한다. 세라믹 코팅법에는 법랑법(용액세라믹법), 용사법, 증착법 등이 있다. 법랑법은 유리질 유약에 Al_2O_3, ZrO_2, TiO_2, CeO_2 등의 내화성재료를 첨가하여 매트상 피복을 형성시키는 방법이다. 법랑법보다 내열성, 내마모성이 우수한 것이 용사법인데 산화물 뿐만 아니라 WC, TiC, Cr_3C_2 등 탄화물도 용사재료로 사용한다. 증착법은 용사법이나 법랑법에 비해 고품질의 피막을 얻고자 할 경우에 사용되는데 치밀한 피막이 얻어지기 때문에 얇고도 특성효과가 높다.

세로세이프 (Cerrosafe) 다원계 비공정형 비스무트합금으로 용융점이 70~90°C인 저용점합금이며 주요 성분으로는 비스무트(Bi) 40%, 연(Pb) 40%, 주석(Sn) 11.5%, 카드뮴(Cd) 8.5% 등이다.

세륨 (cerium) 원소기호 Ce, 원자번호 58, 원자량 140.12, 비중 6.9, 용융점 795°C, 비등점 3,468°C, 동소변태를 일으키며 주기율표상 Ⅲa족에 속하는 란타노이드라고 불리우는 희토류 원소의 하나로 회색을 띠운다. 세륨은 희토류 원소 가운데 매장량이 가장 많아서 희토광석인 모나자이트, 바스트네사이트, 염화희토에는 50% 이상이 함유되어 있다. 용융염전해와 환원에 의하여 분리정제되며 순금속은 전연성이 많고 공기중에서 격심하게 산화하며 산에 용해된다. 영구자석, 촉매, 발화합금(미슈메탈), 알루미늄합금 첨가제, 광학유리, 필터, 연마제 등에 이용된다.

세륨메탈 (cerium metal) 세륨족의 금속간화합물인 미슈메탈의 다른 이름이며 세륨(Ce)을 주성분(함유량 약 50%)으로 한다.

세르반타이트 (cervantite) 안티모니(Sb)의 광석이며 산화광으로 안티모니을 약 79% 함유하고 있다.

세슘 (cesium) 원소기호 Cs, 원자번호 55, 원자량 132.0953, 비중 1.9, 용융점 28.5℃, 비등점 670℃, 주기율표상 Ⅰa족에 속하는 알칼리금속의 일종으로 매우 가벼우며 연하다. 활성이 높으며 단독으로 사용되는 경우는 거의 없고, 화합물로서 광전관의 박막 등에 이용된다.

세이브스 (Saves) 미국 스크랩규격인 ISRI(Institute of Scrap Recycling Industries, Inc)규격중 사용된 아연다이캐스트 스크랩(old zinc die cast scrap)의 총칭으로 철이나 부속품이 달린 각종 아연합금의 다이캐스트 스크랩이며 보링스크랩, 절삭스크랩, 드로스조각, 철수 등이 섞여 있지 않은 것을 말한다.

세틀먼트 (settlement) ☞ 세틀먼트가격

세틀먼트가격 (settlement price) 결제가격으로 런던금속거래소(LME)의 오전장의 2번째 링(second ring)의 현물매도가격을 말한다. 런던금속거래소에서는 전장 종료후, 차액 결제의 기준가격으로서 공시종가(official closing price)를 발표하고 있는데 이것이 세틀먼트가격이다. 엄밀하게 말하며 매매가격은 아니지만, 실제로는 현장의 매도가가 그대로 세틀먼트가격에 적용되고 있다. 각종 거래의 기준가격으로서 이용되고 있다.

센지미어밀 (Sendzimir mill) Tadeusz Sendzimir의 발명에 의한 압연기로 열간용과 냉간용이 있다. 견고한 일체형 단조제 하우징 안에 직경이 다단몰의 조합으로 이루어져 있으며 6단, 12단, 20단 세 종류가 있다. 구동은 중간롤로

하며 최상단의 보강롤의 효과에 의해 매우 높은 압하율과 뛰어난 치수정도를 얻을 수 있어서 가공경화가 큰 재료를 능률적으로 압연하는데 적합하다. Z-mill이라고도 부른다. (그림참조)

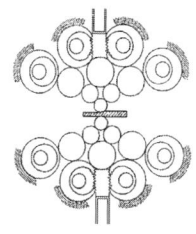

센지미어밀

셀레늄 (selenium) 원소기호 Se, 원자번호 34, 원자량 78.96, 비중 4.8, 용융점 217℃, 비등점 685℃, 결정구조 조밀육방격자, 주기율표상 Ⅵb족에 속하는 유황족 원소중 하나이다. 동소체가 많은 금속원소로 빛을 비추면 전기 전도율이 증가하는 성질이 있다. 셀레늄광물로서는 셀레늄동광, 셀레늄연광, 셀레늄유황 등이 있는데, 산출량은 적고, 통상 동전해의 전해전물로부터 금(Au), 은(Ag) 등의 귀금속을 회수하는 과정에서 용해로의 배기가스로부터 부산물로서 채취되거나 또는 황산제조시에 연매(煙媒)로부터 회수된다. 정류기, 유리의 착색제, 광전지, 철강에의 첨가제 등에 이용된다. 주요 생산국으로는 일본, 칠레, 캐나다, 미국, 벨기에, 잠비아, 페루 등이다.

셸몰드 (shell moulding process) 대표적인 정밀 주조법의 하나이다. 수지점경제를 배합한 합성사를 예열한 금형에 접촉시키고 열경화시켜서 만든 속이 빈 얇은 주형을 맞추어 그 주위에 금속 쇼트볼이나 입자가 큰 모래를 채워넣어 받침으로 삼아서 탕에 주입한다. 주물표면과 정도가 모두 양호하고 주형의 통기성이나 주물에 대한 냉각속도가 커서 건전한 주물을 만들기 쉽다. 대량생산에도 적합하다. 점결재로는 주로 열경화성 석탄수지에 촉진제로서 우로트로핀을 10% 정도 배합한 것이 사용된다. 독일의 Johannes Croning에 의해 발명된 것으로 크로닝법 또는 C프로세스라고도 불리고 있다.

셸프 (Shelf) 미국 스크랩규격인 ISRI(Institute of Scrap Recycling Industries, Inc)규격중 1차 아연지금 다이캐스트 드로스(prime zinc die cast dross)의 총칭으로 아연함량이 최소한 85% 이상 되어야 한다.

소결 (sintering) 분광석 단광법의 하나로 펠리타이징이 미분광석의 처리방법인데 비해 소결은 상대적으로 입자가 굵은 광석의 단광법이다. 분광입자를 결합하여 강도를 증가시키기 위해 행하는 열처리로 고상소결과 액상소결이 있다. 소결로의 가열은 일반적으로 니크로뮴, 칸탈, 슈퍼칸탈, 실리콘카바이드, 텅스텐 등의 발열체를 이용한다. 환원성 소결분위기는 주로 분해 암모니아가 사용되며 동계 및 철계 성형체소결에 사용된다. 소결온도는 철-흑연, 철-동-흑연, 철-니켈-흑연 등 철계는 1,100~1,150℃, 청동, 황동 등 동계는 750~1,000℃이다. 크로뮴, 망가니즈 등을 함유하는 합금강분일 경우 1,200~1,300℃에서 소결한다.

소결고속도강공구 (sintered high speed steel tool)　고속도 공구강에 상당하는 조성의 합금분말을 원료로 하는 치밀한 소결강을 사용한 공구의 총칭으로 분말 하이스공구라고도 한다.

소결균열 (sintering crack)　소결에 의하여 생기는 소결체의 균열.

소결기 (sintering machine)　그라나와트(GW)식, AIB식, 드와이트 로이드(DL)식 등이 있으며 그라나와트식과 AIB식은 불연속식이기 때문에 대규모 공장엔 부적합하며 컨베이어 모양으로 연속적으로 성형품을 만드는 드와이트 로이드식이 주로 사용된다.

소결기계부품 (sintered machine part)　기계의 구성부품으로 사용되는 분말 야금제품.

소결내화금속 (sintered refractory metal)　분말야금법으로 제조한 텅스텐(W), 몰리브데넘(Mo), 탄탈럼(Ta), 레늄(Re) 등의 고융점금속 및 그 합금의 총칭이다.

소결다층재료 (sintered multi-layer materials)　성분이 다른 두 개 이상의 층으로 된 분말야금재료.

소결단조 (sinter forging)　소결체에 사용하는 분말단조.

소결뒤틀림 (warpage)　소결에 의하여 생기는 소결체의 뒤틀림.

소결마찰제품 (sintered friction part)　마찰부품으로 사용하는 마찰계수가 높은 재료로 된 분말야금제품.

소결밀도 (sintered density) 소결체의 밀도.

소결복합재료 (sintered composite materials) 소결에 의하여 상호간에 거의 화학적 변화가 일어나지 않는 성분분말을 사용한 분말야금재료.

소결분위기 (sintering atmosphere) 소결시 사용하는 노내 분위기.

소결산화니켈 (nickel oxide sinter) 소결시킨 산화니켈로 니켈(Ni)의 품위가 70% 이상이다.

소결알루미늄합금 (sintered aluminium alloy) 베어링용과 구조용에 사용되는 소결과정으로 만들어진 알루미늄합금이다. 알루미늄합금분말을 열간압출하여 고체화시킨 후 열처리를 행하고 미량 원소를 첨가함으로써 고강도와 내열성 및 내응력부식성을 갖게 된다. 대표적인 소결알루미늄합금으로는 Al-Cu합금, Al-Si합금, Al-Zn-Mg-Cu합금 등이 있다. 주용도는 함유 베어링이나 필터 등에 사용된다.

소결자석 (sintered magnet) 영구자석으로 사용하는 분말야금제품.

소결자심 (sintered core) 자심으로 사용하는 연질자성의 분말야금제품.

소결재료 (sintered materials) 제조과정에서 분말 또는 성형체의 소결을 한 재료.

소결전기브러시 (sintered electric brush) 전기기용 브러시로 사용하는 동 및 탄소를 주성분으로 하는 분말야금제품.

소결전기접점 (sintered electric contact) 전기접점으로 사용하는 내아크 소모성 및 내용착성이 우수한 재료가 된 분말야금제품.

소결집전판 (sintered contact strip) 팬터그래프 집전자용 집전판으로 사용하는 도전성 및 마모특성이 우수한 재료로 된 분말야금제품.

소결제품 (sintered products) 소결재료로 된 제품.

소결체 (sintered compact) 분말 또는 성형체를 소결하는 것.

소결타이타늄합금 (sintered titanium alloy) 분말야금법으로 만들어진 타이타늄합금으로 단조 및 절삭가공보다 부품제조에 있어 생산비용을 절감할 수 있다.

소결필터 (sintered filter) 여과재로 사용하는 다공질의 분말야금제품.

소결함유베어링 (oil-impregnated sintered bearing) 베어링으로 사용되는 개방기공에 윤활유를 채운 분말야금제품.

소결합금 (sintered alloy) 분말소결로 만든 합금으로 소결강, 소결 동합금, 소결 알루미늄합금, 소결 타이타늄합금, 소결 초합금, 분산강화형 합금, 초경합금, 중합금 등이 있다.

소노스톤 (Sonostone) 영국에서 개발된 망가니즈-동(Mn-Cu)계 방진합금의 하나이다. 망가니즈(Mn) 54%, 동(Cu) 37%, 알루미늄(Al) 4%, 철(Fe) 3%, 니켈(Ni) 1.5%를 함유하고 있으며 감쇠능이 큰 주조용 합금이다. 주요 용도는 잠수함 스크루, 착암기 드릴, 방음차륜, 볼 베어링 등이다.

소둔 (annealing) 타이타늄의 소둔 처리에는 가공 소둔(mill annealing), β 소둔 (β annealing), 재결정 소둔(recrystallization annealing) 등이 있다. 가공 소둔은 모든 가공 생 산품에 적용되는 일반적인 소둔 처리이며, 냉간 또는 열간 가공된 미세조직을 완전히 변환 시키지 않고 잔류시키는 열처리이다. β 소둔은 타이타늄합금의 β 변태 이상의 온도에서 유지한 뒤, 서냉시키는 열처리이다. 재결정 소둔은 타이타늄합금의 인성을 향상시킬 목적으로 실시하며, $\alpha+\beta$ 영역의 상단에서 유지한 뒤 서냉시키는 열처리이다. (그림 참조) ☞ 어닐링

소둔로

소려 (tempering) ☞ 템퍼링

소선 (strand) 연선, 성형 연선, 편조선 등의 초전도선과 초전도케이블을 구성하는 최소단위의 초전도선이다. 일반적 형태는 둥근선이 많고 그 구성은 단심선, 다심선, 절연선인 수가 많다.

소성 (plasticity) 탄성의 반대성질로 외력에 의해 변형이 생겨도 파괴되지 않고 외력을 제거해도 변형이 잔류할 때에는 그 재료는 소성을 갖는다고 말한다. 예를 들면 연(Pb), 금(Au) 등은 소성이 풍부한 재료이다.

소성변형 (plastic deformation) 일반적으로 응력이 제거된 후에도 소실되지 않은 변형을 소성변형 또는 점성변형이라고 한다. 이 소성변형안에 탄성변형을 포함하는 경우도 있다. 이 때에는 탄성변형을 배제한 나머지를 순수한 소성변형이라고 한다.

소입 (quenching) ☞ 담금질

소준 (normalizing) ☞ 노멀라이징

소킹 (soaking) 열간압연에서 재료를 균일하게 가열하는 것으로 균열의 목적으로 한 부분을 균열로라고 부르며 연속식 가열로에서 균열을 목적으로 한 부분을 균열대라고 한다. 열간압연에서는 완성품의 품질 및 압연작업성, 특히 재료의 내부 온도차가 작아지도록 균일하게 가열하는 것이 필요하다.

소화 (slaking) 칼시아, 마그네시아, 돌로마이트 등이 수분을 흡수해서 수산화물이 되는 현상이다. 소화되면 강도를 잃고 입자가 붕괴해 고운 가루로 변화한다.

손절매도(입)주문 (stop loss order) ☞ 스톱 로스 오더

솔더링 용접 (Soldering) 동관과 동관이음새를 접합하는 용접으로 용접부위를 급속 가열하여 순간 접합하는 방법이다. 저온에서 접합함으로써 모재 변형을 극소화해 용접부위의 안정과 수명을 극대화 및 공사비용 절감 등의 장점을 가진다. 솔더링 용접에 필요한 재료는 주석이 중요한 요소로 작용하며, 주석(Sn)과 동(Cu)은 친화력이 크기 때문에 관과 이음새를 결합할 때 완전한 응찰력을 만들어 접합후의 강도는 동관 단독의 강도와 같거나 더 강하다. 솔더

링 작업에 필요한 용접재료는 주석, 은, 납, 안티모니 등이다.

쇄광 (crushing, breaking, comminution) 채굴조광을 파쇄하여 맥석을 분리하는 것으로 일반적으로 최대 300㎜ 정도 크기의 광석을 12㎜ 이하로 분쇄한다.

쇼트 알루미늄 (shot aluminium) 입자상 알루미늄 (Al)으로 림드강 주입작업에서 주형내의 리빙액션이 심할 경우에 주형내에 투입해 리빙액션을 조절하기 위해 사용한다. 최근에는 킬드강에서도 출강유속에 투사해 탈산과 입도조정을 하고 있다. (그림참조)

쇼트 알루미늄

숏커버링 (short covering) 매도포지션을 청산하는 것으로 매도청산이라고 한다. 만기일 이전에 매입하거나 현물로 인도함으로써 포지션을 청산하는 것이다.

숏톤 (short ton) 네트 톤(net ton)과 동일하며 화물의 중량단위이다. 2,000파운드, 907.2㎏으로 미국을 중심으로 이용되며, 미(美)톤이라고도 한다.

숏포지션 (short position) 롱 포지션의 상대되는 것으로 선물시장에서 매도한 상태를 말하는데 매도포지션이라고 부른다.

수냉 (water cooling) 수중에서 급랭시키는 조작을 말한다. 수냉에 의해 경화되는 것을 수담금질(water quenching)이라고 하며 수냉에 의해 반대로 약해져서 인성을 증가시키는 것을 수인(water toughening)이라고 한다.

수도용 연관 (lead pipes for water supply) 정수두(靜水頭) 0.74MPa이하의 수도에 사용하는 연관 및 라이닝연관이다. 연관 특종, 연관 1종, 연관 2종, 연관 3종, 라이닝연관 특종, 라이닝연관 1종, 라이닝연관 2종, 라이닝연관 3종 등으로 분류되어 있다.
〔1〕연관특종 : 텔루륨(Te) 0.015~0.025%를 첨가한 연관으로 굽힘성이 좋고 내수충격성이 높으며 높은 급수압력에 적당하고 인장강도는 약 19.6N/㎟ 정도이다.
〔2〕연관 1종 : 순연(Pb)의 연관으로 굽힘성이 우수하고 일반적 급수압력에 적당하며 인장강도는 약 13.2N/㎟ 정도이다.
〔3〕연관 2종 : 안티모니(Sb) 0.1~0.3%를 첨가한 연관으로 굽힘성이 좋고

일반적 급수압력에 적당하며 인장강도는 약 $15.2N/mm^2$ 정도이다.

[4] 연관 3종 : 안티모니(Sb) 0.15~0.35%, 주석(Sn) 0.05~0.15%를 첨가한 연관으로 내수충격성이 높고 높은 급수압력에 적당하며 인장강도는 약 $17.1N/mm^2$ 정도이다.

[5] 라이닝연관 특종 : 연관 특종에 폴리에틸렌 분체 라이닝을 한 관으로서 굽힘성이 좋고 내수충격성이 높으며 급수압력에 적당하고 인장강도는 약 $19.6N/mm^2$ 정도이다.

[6] 라이닝연관 1종 : 연관 1종에 폴리에틸렌 분체 라이닝을 한 관으로서 굽힘성이 우수하고 일반적 급수압력에 적당하며 인장강도는 약 $13.2N/mm^2$ 정도이다.

[7] 라이닝연관 2종 : 연관 2종에 폴리에틸렌 분체 라이닝을 한 관으로서 굽힘성이 좋고 일반적으로 급수압력에 적당하며 인장강도는 약 $15.2N/mm^2$ 정도이다.

[8] 라이닝연관 3종 : 연관 3종에 폴리에틸렌 분체 라이닝을 한 관으로 내수충격성이 높고 높은 급수압력에 적당하며 인장강도는 약 $17.1N/mm^2$ 정도이다.

수망가니즈광 (manganite) 은백색으로 아금속 광택을 띠며 주상 또는 섬유상을 이루고 있는 망가니즈의 산화광물로 산화망가니즈(Mn_2O_3)을 약 89.76% 함유하고 있다. 가열하면 수분을 잃고 이산화망가니즈계가 된다.

수산화물 (hydrate, hydroxide) 수산기 'OH'를 갖는 무기화합물의 총칭이다.

수산화 알루미늄 (aluminium hydroxide) Al_2O_3의 함량이 65% 전후이며 이 밖에 SiO_2, Fe_2O_3, Na_2O 등이 함유된 것으로 인조대리석, 페인트, 종이, 유리 등에 사용된다.

수선 (hand picking, hand sorting) 인공적인 광석분리방법으로 사람의 손으로 광석을 선별하는 것을 말하며 보통 30mm 이상의 괴광 선별에 이용하고 있다. 수선법이라고 한다.

수소고용체상 (hydrogen solid solution phase) 금속수소화물을 형성하지 않고 수소원자가 격자내부에 고용되어 있는 부분을 말하며 α상이라고 한다. 이 영역에서 수소농도는 압력의 $\frac{1}{2}$승에 비례하는 시버트의 법칙에 따른다.

수소밀도 (hydrogen density) 금속수산화물의 단위 부피당 함유하고 있는 수소량이다. 단위는 mol H_2/cm^3 또는 Normal cc/cm^3가 사용된다.

수소방출 (hydrogen desorption) 수소저장의 반대현상으로 수소해리라고 한다.

수소방출속도 (rate of hydrogen desorption) 공학적인 겉보기 수소방출 속도이다. 반응속도와는 달리 열 및 물질이동의 영향을 포함하고 있다.

수소원자위치 (atomic site of hydrogen) 수소저장합금중에 저장된 원자상태의 수소가 수소화물 결정중에 들어가 있는 위치이다.

수소저장 (hydrogen absorption) 수소가 원자상태로 해리되어 금속격자 사이로 들어가는 현상으로 수소흡수라고 하기도 한다.

수소저장량 (hydrogen storage capacity) 합금이 수소화된 상태에서 단위 합금량당 포함되어 있는 수소량의 비율이다. 통상 합금질량에 대한 수소질량의 백분율 또는 원자수의 비(H/M)로 나타낸다.

수소저장속도 (rate of hydrogen absorption) 공학적인 겉보기 수소저장 속도이다. 반응속도와는 달리 열 및 물질이동의 영향을 포함하고 있다.

수소저장합금 (hydrogen absorbing alloys) ☞ 수소흡장합금

수소취성 (hydrogen embrittlement) 수소의 흡수에 의해 금속재료가 취약해지는 현상으로 수소저장합금은 다량의 수소를 흡수했을 때 극도로 취화되어 미분화가 진행된다. 이 용기에서는 내압탱크나 열교환기 등 고온고압의 수소와 접촉하는 부분의 기계적 강도에 영향을 준다.

수소투과성 (hydrogen permeability) 금속중 수소가 통과하는 성질을 말하며 수소의 투과속도로 표시한다.

수소해리 (hydrogen desorption) ☞ 수소방출

수소화 (hydrogenation) 금속과 수소가 반응하여 금속수산화물을 생성하는 과정 또는 그 현상을 말한다.

수소화물상 (hydride phase) 합금중에서 금속수소화물을 형성하고 있는 부분으로서 β상 또는 γ이라고 한다.

수소화열 (heat of hydride formation) 수소화반응시 발생하는 반응열로서 반응 엔탈피 변화량과 같고 단위 수소당량의 열량으로 표시한다.

수소화의 엔탈피변화치 (enthalpy change of hydride formation) 수소화 반응시 일어나는 엔탈피의 변화치를 말하며 수소를 고용한도까지 용해한 금속상으로부터 수소를 상으로 변태할 때의 값이다. 단위 수소당량의 열량으로 표시되며 평형분해압-온도선도의 기울기로부터 구한다.

수소환원감량 (hydrogen loss) 수소기류중에서 분말 또는 성형체를 가열했을 때 질량감소의 백분율.

수소흡수 (hydrogen absorption) ☞ 수소저장

수소흡장 아몰퍼스합금 (hydrogen absorbing amorphous alloys) 비정질 수소흡장 합금. 수소와의 친화력이 강하다. 주로 IVa족 전이금속으로, 동(Cu), 니켈(Ni) 등의 다른 금속을 가해 용해후 급랭시켜서 얻을 수 있다.

수소흡장합금 (hydrogen absorbing alloys) 금속수소화물중 특이한 성질을 갖는 것을 말하는데 일반적으로 금속결합형 수소화물을 가리키는 경우가 많으며, 수소와의 친화력이 강한 금속과 친화력이 약한 금속의 합금이다. 이 합금에는 다량의 수소가 저장되며, 그 수소는 가열 또는 감압에 의해 방출되어 냉각 또는 가압에 의해 흡장된다. 그 방출 및 흡장은 가역적이며, 그 반응속도는 빠르다. 금속수소화물중에서 특히 수소의 흡장 및 방출의 반응이 빠르고 그 가역성이 높은 합금을 수소흡장합금이라고 부른다. 또한 수소저장합금이라고도 한다. 수소저장합금이 지녀야 할 특성은 ① 수소저장량이 크고 방출량도 커야 한다. ② 상온에서 적당한 평형해리압을 나타내야 한다. ③ 값이 저렴해야 한다. ④ 수소저장과 방출을 반복해도 수소저장 특성이 열화되지 않아야 한다. 현재까지 발견된 합금중에서 이와 같은 제성질을 만족시키는 것은 FeTi, LaNi, Mg_2Ni 등이 있다.

수연 (molybdenum) ☞ 몰리브데늄

수연납광 (wulfenite)   연(Pb)과 몰리브데늄(Mo)의 산화광석으로 연 56%와 몰리브데늄 26%를 함유한다. 황연광이라고도 한다.

수율 (yield, yield rate, weight recovery)   일반적으로 원재료 투입에 대한 생산제품의 백분율을 의미한다. 선광에 있어서 피드량에 대한 정광의 비율 또는 채굴된 것중 최종적으로 출하할 수 있는 정광의 비율을 말한다. 정품수율은 원재료 투입에 대한 정품생산 비율을 의미하며 시급수율은 원재료 투입에 대한 시급생산비율을 의미한다.

수은 (mercury, quicksilver)   원소기호 Hg, 원자번호 80, 원자량 200.59, 비중은 액체일 때 13.546, 고체일 때 14.2, 용융점 -38.36℃, 비등점 357℃, 결정구조는 -39℃ 이하의 상압에서 능면체, 주기율표상 Ⅱb족에 속하는 은백색의 액체금속이다. 상온에서 유일한 액상금속으로 상온에서 거의 산화되지 않으며 철(Fe), 백금(Pt), 니켈(Ni), 코발트(Co), 망가니즈(Mn) 이외의 거의 모든 저용점금속과 아말감(수은합금)을 만드는 성질이 있다. 자연적으로 유리되어 산출되는 경우는 적고 대부분 황화물로 존재한다. 전기장치, 온도계, 의약, 선저(배바닥) 도료, 가성소다전해, 수은주 등에 이용된다. 금속수은은 진사(辰砂)를 레토르트로, 직립로 또는 회전로에서 가열해서 만든다. 주요 생산국은 스페인과 이탈리아로, 두 국가의 생산량이 세계 총생산의 반 이상을 차지한다. 이밖의 주요 생산국으로는 터키, 미국, 러시아, 멕시코 등이다.

수은광석 (mercury ore)   자연수은, 진사, 몬트로이드광, 리빙스톤광 등이 있는데 진사가 가장 중요하다. 주요 생산지는 스페인과 이탈리아로 알마덴(스페인)과 몬테아미아타(이탈리아)가 알려져 있다.

수은지금 (mercury)   표면에 얼룩이 보이지 않는 고순도 수은(Hg)과 표면에 분리되어 뜨는 철, 녹, 기타 이물질이 보이지 않는 보통 수은이 있다. 고순도 수은의 증류잔사는 0.001% 이하, 보통 수은은 0.01% 이하이다. 고순도 수은은 보통 1kg, 3kg, 5kg 용량의 폴리에틸렌제 용기에 넣어 포장하며 보통 수은은 34.5kg 용량의 철제용기로 포장한다.

수중압출 (under water extruding) 관이나 봉을 수조내의 물속으로 압출하여 공랭시보다 표면 산화스케일이 발생이 적고 급랭에 의해 표면홈 발생을 감소할 수 있는 압출방법으로 동 및 동합금 제품의 압출에 널리 이용된다.

수증기처리 (steam treatment) 철계 소결재료를 과열 수증기중에서 가열하고 개방기공을 포함한 전표면에 사삼산화철의 피막을 형성시키는 것.

수지상결정 (dendrite) 용융금속이 응고할 때 수지상 골격으로 발달한 1차 결정을 말한다. 단조 또는 압연 후에도 그 형태를 그대로 지니고 있는 것을 가리킨다. ☞ 덴드라이트

수지상분말 (dendritic powder) 수지모양의 입자로 된 분말.

수지상조직 (dendritic structure) 용융합금이 응고할 때 최초로 정출하는 부분과 그 뒤에 정출하는 부분은 조성이 다르며 이같은 불평형 때문에 수지상이 된 조직을 말한다. 수지상조직은 기계적 성질이 나쁘기 때문에 응고를 서서히 하든지, 적당한 고온에서 장시간 완전 뜨임질을 하여 균일조직으로 만들어 사용한다.

수지함유연납 (resin flux cored solder) 용제(수지)를 심으로 한 선상의 땜납으로, 전기기기의 배선접속에 이용한다. 주석(Sn)의 함유량은 40%에서 63%까지의 것이 있다.

수축 (shrinkage) 액체상의 금속(용금)이 응고할 때의 수축을 말한다. 용금이 응고할 때나 응고 후 온도의 저하에 따라 용적이 감소하는 것이다.

수축공 (shrinkage) ☞ 수축중공

수축중공 (shrinkage cavity) 수축공 또는 수축소라고 하며 용융금속이 고체로 변할 때의 액체수축이나 응고수축에 의해 외부로부터 탕의 보급이 없으면 최종 응고부는 탕이 부족하여 결국 공동을 만들고 만다. 이를 수축중공이라고 하며 냉각조건에 의해 집중형이나 분산형으로 발생한다.

수퍼닐바 (Supernilvar) 니켈(Ni) 31%, 코발트(Co) 7%, 나머지는 철(Fe)

의 합금으로 미국 웨스팅하우스 일렉트릭(Westinghouse Electric)사의 브랜드명이다. 열팽창계수가 압연상태에서는 제로(0)인 것이 특징이다.

수퍼멀로이 (Super malloy) 벨전화(Bell Telephone)연구소에서 개발한 고투자율을 갖는 자심재료의 상품명이다. 성분은 니켈(Ni) 79%, 철(Fe) 15%, 몰리브데넘(Mo) 5%, 망가니즈(Mn) 0.5%, 기타(C+Si+S) 0.5% 이하 등이다.

수퍼얼로이 (super alloy) super heat-resisting alloy의 약칭으로 고온강도, 내고온산화성, 고온크리프 저항 등의 고온특성이 특히 우수한 합금의 총칭으로 제트엔진이나 기타 우주기기용 초내열합금을 말한다. 초합금이라고도 한다. 합금의 종류는 많으나, 주성분은 니켈(Ni), 코발트(Co) 혹은 크로뮴(Cr)이다.

수퍼인바 (super invar) 종래의 인바(Ni 36%, 나머지 Fe)에 코발트(Co)를 첨가해서 열팽창계수를 극도로 작게 한 합금이다. 성분은 니켈(Ni) 31.5%, 코발트 5%, 철(Fe) 63.5% 등이다.

순동 (pure copper) ☞ 전기동

순알루미늄 (pure aluminium) ☞ 알루미늄지금

쉐브렐상 화합물 (Chevrel compound) $MM_{o8}X_8$형 조성의 Mo_8X_8 클러스터이온과 M이온으로 이루어지는 화합물이다. 여기에서 M은 연(Pb), 동(Cu), 란타넘(La) 등 4가에서 1가까지의 금속원소, X는 황(S), 셀레늄(Se), 텔루륨(Te) 등의 칼코겐원소로 이루어진다. 이 화합물중 $PbMo_8S_8$은 임계자장이 극히 높다.

쉬라이트 (scheelite) ☞ 회중석

슈링키지법 (shrinkage stopping) 갱내 채광방식의 일종으로 암반이 단단한 광상인 경우 채굴시에 널리 채용되고 있다. 지주를 세우지 않고 상향으로 파들어가 채굴후의 공동(空洞)에 광석을 쌓아올리고 이를 발판으로 해서 계속 파들어가는 방법이다.

슈피겔철 (spiegeleisen) ☞ 경철(鏡鐵)

스무스바디 강심알루미늄 스트랜드 (smooth body ACSR) 알루미늄의 소선을 압축, 변형시켜 선의 지름을 작게 하고 점적률을 향상시킨 알루미늄 꼬임선.

스웨이징 (swaging) 가는 선가공에서 2개 이상의 다이스를 이 주위를 회전하는 캠으로 반복해서 고속도로 두드림으로써 선재를 연신하는 가공법이다.

스웨팅 (sweating) 소결 또는 열처리중에 액상성분이 소결체의 표면에 스며나오는 현상.

스카른광물 (skarn mineral) 마그마의 가스체와 석회암 등이 반응을 일으켜 성분을 교대해서 생긴 광물을 말한다.

스칸듐 (scandium) 원소기호 Sc, 원자번호 21, 원자량 44.95591, 결정구조는 조밀육방정의 α상과 면심입방정의 β상이 있는 희토류 원소의 하나이다. 엷은 회백색을 띠었다. 가드린석, 월프라마이트 등에 함유되어 소량이 산출된다.

스캘핑 (scalping) 금속재료의 홈이나 결함을 적게 하기 위해 압연하기 전에 표면의 손질을 하는데 껍질 벗기기는 그 한 방법으로 재료의 전 표면에 걸쳐 수㎜의 두께로 공작기계를 사용해 표면을 벗겨낸다. (그림참조)

A슬래브 면삭기

스캡스 (Scabs) 미국 스크랩규격인 ISRI(Institute of Scrap Recycling Industries, Inc)규격중 사용하지 않은 아연다이캐스트 스크랩(new zinc diecast scrap)의 총칭으로 불순물이 없는 아연합금다이캐스트로 도금 및 도장이 되어 있지 않은 것을 말한다.

스컬 (Scull) 미국 스크랩규격인 ISRI(Institute of Scrap Recycling Industries, Inc)규격중 아연주물 슬래브 및 지금스크랩(zinc die cast slabs or pigs)의 총칭으로 아연함량이 최소한 90% 이상이어야 하며 니켈 0.1% 미만과 연 1% 미만이어야 한다.

스코어 (Score) 미국 스크랩규격인 ISRI(Institute of Scrap Recycling Industries, Inc)규격중 사용했던 아연의 스크랩(old scrap zinc)을 말하는데 아연판, 뚜껑,

방식판 및 합금이 아닌 주물이 건조된 순수한 양질의 스크랩을 말한다.

스코프 (Scope)　미국 스크랩규격인 ISRI(Institute of Scrap Recycling Industries, Inc)규격중 사용하지 않은 도금된 아연다이캐스트 스크랩(new plated zinc die cast scrap)을 말한다.

스쿠트 (Scoot)　미국 스크랩규격인 ISRI(Institute of Scrap Recycling Industries, Inc)규격중 아연주물로 만든 자동차 그릴스크랩(zinc die cast automotive grilles)의 총칭이다.

스퀘어셋법 (square-set stopping)　광석채굴법의 일종으로 광석을 채굴한 후 목재를 우물정(井)자 모양으로 짜서 연약한 암반을 지탱하고, 이를 발판으로 해서 채굴해 나가는 방법이다.

스퀴즈 (squeeze)　선물 또는 실물시장에서 실물공급량이 부족하여 특정 인도월(특히 근월물)의 가격이 급등하는 현상을 말한다.

스크라입 (Scribe)　미국 스크랩규격인 ISRI(Institute of Scrap Recycling Industries, Inc)규격중 파쇄되어 분류된 자동차용 다이캐스트 주물스크랩(crushed clean sorted fragmentary die cast scrap, as produced from automobile fragmentizers)의 총칭이다.

스크랩 (scrap)　설(屑)이라고 부르며 일반적으로 스크랩이라고 하면 비철금속의 스크랩을 의미하며 철스크랩의 경우 통상 고철이라고 부른다. ☞ 비철금속스크랩

스크럽 (Scrub)　미국 스크랩규격인 ISRI(Institute of Scrap Recycling Industries, Inc)규격중 아연드로스(hot dip galvanizers slab zinc dross)의 총칭으로 아연도금시에 생기는 아연함량 92% 이상의 슬래그상 아연드로스를 말한다. 철수 및 고철을 함유하지 않는 것을 말한다.

스크롤 (Scroll)　미국 스크랩규격인 ISRI(Institute of Scrap Recycling Industries, Inc)규격중 분류가 안된 다이캐스팅스크랩(unsorted fragmentizers die cast scrap)의 총칭으로 아연이 65% 이상이어야 하며 불

용성물질이 5%를 초과해서는 안된다.

스크린 (Screen) 미국 스크랩규격인 ISRI(Institute of Scrap Recycling Industries, Inc)규격중 사용하지 않은 아연 클리핑(new zinc clippings)의 총칭이다. 순수한 양질의 아연판 또는 인쇄판의 신클리핑으로, 이물질이나 부착물을 함유하지 않으며 부식되지 않은 것을 말한다.

스탈페스케이블 (stalpeth cable) 통신케이블의 일종이며 폴리에틸렌, 종이, 펄프 등으로 절연시킨 선심을 알루미늄(Al) 테이프로 싼 다음, 다시 강(鋼)테이프로 싸고, 그 위를 폴리에틸렌으로 피복한 케이블로, 주로 시내전화선로에 이용된다. 방습효과가 우수하며 연(Pb)을 사용하지 않기 때문에 경량으로, 전식(전기화학부식)의 우려도 없다.

스태나이트 (stannite) 아주석산염.

스태네이트 (stannate) 주석산염.

스탬핑 (stamping) 낙하하는 망치의 충격을 이용하여 하는 분쇄.

스털링실버 (Sterling silver) 은(Ag)에 동(Cu)을 첨가한 은합금으로 저온열처리에 의해 경화특성을 보인다. 대기중에 아황산가스와 반응하여 황화되거나 가열에 의해 산화되기 쉬우며 그 결과 표면이 흑색으로 변한다. 주요 성분으로는 은 92.5%, 동 7.5%이며 은제품, 공예품, 기념메달 등에 사용된다.

스테인리스강 (stainless steel) 스테인리스란 녹을 발생시키지 않는다는 뜻으로 불수강(不銹鋼)이라고도 한다. 크로뮴(Cr)만으로 된 스테인리스강과 크로뮴-니켈스테인리스강이 있는데 후자는 18%Cr-8% Ni 인 18-8스테인리스강이 대표적이다. 내식성, 내산화성, 내열성이 뛰어나며 또한 기계적 강도, 가공성, 용접성도 모두 양호하다. 화학용, 식품용, 건축용을 비롯해 가정용품에서부터 원자력공업, 우주산업에 이르기까지 폭넓게 사용되고 있다. KS에서는 스테인리스강의 규격을 규정하고 있다. 강종기호는 대표적으로 STS 304(18-8표준강), STS 430(18크로뮴 표준강), STS 410(13크로뮴 표준강)과 같이 사용된다. (P.234~235 표참조)

부동태 피막의 구조

구 분	스 테 인 리 스 강	일 반 탄 소 강
형 상	Cr2O3	Fe-Oxide층
특 징	● 피막이 얇고 치밀하여 외부 산소의 침투가 어렵다. ● 산(酸), 고온, 방사선 등 가혹한 환경에서는 피막이 파괴되어 녹이 슨다.	● 피막이 두껍고 다공질이기 때문에 외부산소의 침투가 용이하다. ● 일반적인 대기 환경에서도 쉽게 녹이슬며, 근본적으로 녹 발생을 방지할 수 없다.

스테인리스강의 일반특성

구 분	기 본 조 직		
	Austenite계	Ferrite계	Martensite계
대 표 강 종	STS 304	STS430	STS410
대 표 성 분	18%Cr - 8%Ni	18%Cr	13%Cr
열 처 리	고용화 열처리	어닐링	어닐링후 급냉
경 화 성	가공 경화성	비Quenching 경화성	Quenching 경화성
주 용 도	건축물 내외장재 주방용기 화학 Plant 항공기용	건축재 자동차부품 가전용 주방기구 식기류	수공구, 칼 기계부품 병원용기 수술용구
품질특성 내식성	고	고	중
강 도	고	중	고
가 공 성	고	중	저
자 성	비자성	상자성	상자성
용 접 성	고	중	저

스테인리스강판 표면가공규정

표면가공의 기호	적 용
No. 2D	냉간압연후 열처리, 산세 또는 이것에 준하는 처리를 하여 가공한 것이다. Dull Roll 가공을 최후로 가볍게 냉간압연한 것도 포함한다
No. 2B	냉간압연후 열처리, 산세 또는 이것에 준하는 처리를 한 후 적당한 광택을 얻을 정도로 냉간 압연한 것이다.
No. 3	KS L 6001(연마재 입도)에 따라 100~120번으로 연마하여 가공한 것이다.
No. 4	KS L 6001에 150~180번으로 연마하여 가공한 것이다.
#240	KS L 6001에 따라 240번으로 연마하여 가공한 것이다.
#320	KS L 6001에 따라 320번으로 연마하여 가공한 것이다.
#400	KS L 6001에 따라 400번으로 연마하여 가공한 것이다.
B A	냉간 압연후 광휘 열처리를 한 것이다. (Bright Annealing)
HL(Hair Line)	적당한 입도의 연마재로 연속 연마무늬가 생기도록 연마하여 가공한 것이다.

스테인리스강의 강종별특성

오스테나이트계

강종	조 성	특 성	주 용 도
304	18Cr-8Ni	가장 많이 사용되는 강종으로 Ni이 함유되어 내식성, 내열성이 뛰어나며 저온 강도를 가지고 있어 기계적 성질도 양호하고 열처리로는 경화되지 않고 자성이 없다.	가정용 기구:식기, 나이프, 실내배관, 보일러 자동차부품 와이퍼, 머플러, 백미러, 건축자재
304L	18Cr-9Ni-저C	304의 극저탄소강으로 내식성은 비슷하나 용접 후 혹은 응력제거 열처리 후의 입계부식에 대한 저항성이 뛰어나서 열처리 없이도 내식성을 보유한다.	304가 입계부식에 견디지 못하는 화학공업, 석탄공업, 석유공업, 약품저장 Tank등 열처리가 곤란한 부품, 건축물에 사용
316조	18Cr-12Ni-2.5Mo	해수를 기초로 각종 내부식성을 향상시킨 강종으로 2.0-3.0%의 Mo첨가와 동시에 Ni함량을 크게 하였으며 가공경화성은 대단히 크며 자성은 없다.	제지, 화학성분, 합성수지, 염료, 초산 및 비료등의 제설비, 사진공업, 식품공업 해안 부근의 건축물외장재
316L	18Cr-12Ni-2.5Mo -저C	316의 극저탄소강 316의 성질에 내입계 부식성을 갖도록 한것	용접후 Tempering이 되지 않는 부품에 사용

마르텐사이트계

강종	조 성	특 성	주 용 도
410	13Cr	Martensite계의 대표 강종으로 가격은 유리하나 일반 내식강으로 부식 환경에는 견디기 어렵다. 가공성은 우수하고 열처리에 의해 경화된다.	일반 칼날, 기계부품, 석유 정제장치, 볼트·너트, 펌프, Shaft
420J	13Cr-0.2C	소입상태에서 경도가 높고 410보다 내식성이 높은 강종	터빈 블레이드
420J 2	13Cr-0.3C	420J보다 소입 후 경도가 높은 강종	칼날, 노즐, 밸브, 막대자용

페라이트계

강종	조 l 성	특 성	주 용 도
430	18Cr	Cr계의 대표 강종으로 가장 일반적인 강종이며 Austenite계에 비하여 가격이 저렴하며, 양호한 내열성, 내식성을 가지고 있어 가공면에서 유리하지만 심한 굴곡 및 Drawing용에는 난점이 있다. 열처리에 의해 자경성이 있으며 자성을 가지고 있다.	자동차 부품, 초산제조 설비, 연소실, 건축물, 세탁기, 버너, 각종 Tank, 기타 전기기구

스테클리의 안정화기준 (Stekley's stability criterion) 초전도체에 다량의 안정화재를 부착시켜 어떠한 원인으로 초전도체가 상전도로 전이했을 때에도 안정화재에 분류한 전류의 줄 발열이 표면으로부터 액체 헬륨에 의해서 냉각되는 열량을 상회하지 않도록 동작전류를 선택하는 실용 초전도 선재의 안정기준이다.

스테파나이트 (stephanite) 은(Ag)의 황화광물로 은 68.4%와 안티모니(Sb)을 함유하고 있다.

스텔라이트 (stellite) 코발트(Co)를 주성분으로 하는 내열, 내식합금이다. 크로뮴(Cr), 텅스텐(W), 탄소(C)와 이밖에 몰리브데넘(Mo)을 함유하는 경우도 있다. 경도가 높고 내식성, 내마모성을 가진다. 주로 날 끝부분, 내열기관의 밸브헤드, 고압펌프의 실링 체크밸브, 원심분리기의 에지(edge) 등에 덧씌우기를 하기 위한 용착봉으로서 사용된다. 대표적인 성분은 크로뮴 28~32%, 텅스텐 8% 이상, 탄소 1.8% 이하, 철 2.5% 이하, 나머지 코발트이다. 주로 공구용 재료로서 이용된다.

스톡파일 (stockpile) 물자의 저장을 의미하는데, 협의로는 미국의 전략물자의 비축을 가리키며, 광의로는 모든 국가들의 전략비축 및 전략비축물자를 스톡파일이라고 부르고 있다. 미국의 전략물자비축은 전략·긴급물자 비축법(strategic and critical materials stock piling act)에 의거하여 1946년부터 시작되었다. 우리나라의 경우 조달청이 이와 같은 기능을 수행하고 있다.

스톱 (stop) 가격폭 제한으로 제한선까지의 등하락을 상한가, 하한가라고 한다.

스톱 로스 오더 (stop loss order) 선물시장에서 어떤 일정가격이 되었을 때 더 이상의 손실을 막기 위해서 하는 매도, 또는 매입주문이다. 시장가격보다 특정가격에 이르면 마켓 오더(market order)가 되는 주문으로써 현재보다 높은 가격에 매도주문은 현재보다 낮은 가격에 낸다. 만일 시장가격이 특정가격에 이르면 다음에 체결되는 가격에 이 주문이 체결됨으로 주문을 낸 가격에 항상 체결되는 것은 아니다. 손절매도(입)주문이라고 한다.

스트라이크 도금 (strike plating) 비교적 저농도의 도금욕조 안에서 통상의 전류밀도보다 높은 상태에서 단시간의 도금을 하는 것을 말한다.

스트레이트주석 (straits tin) 말레이시아산 주석(Sn)의 별명으로 말레이시아의 주석제련업체인 Escoy Smelting사와 Malaysia Smelting사에서 생산된 주석괴의 브랜드를 말한다.

스트레인경화 (strain hardening) ☞ 변형경화

스트론튬 (strontium) 원소기호 Sr, 원자번호 38, 원자량 87.62, 비중 2.6, 용융점 768℃, 비등점 1,384℃, 은백색의 부드러운 알칼리토금속의 일종이다. 단독으로 사용되는 경우는 거의 없고, 화합물 또는 합금 등으로 만들어 폭죽, 요업, 금속의 탈산제, 용제, 정화제로 이용된다. 스트론튬의 광물로서는 천청석, 스트론티안석 등이 있으며, 영국, 파키스탄, 멕시코, 이탈리아, 아르헨티나 등에서 산출된다.

스트론티안석 (strontianite) 스트론튬(Sr)의 탄산염광물로 스트론튬석이라고도 한다.

스트립 (strip) 스트립밀에서 연속압연된 박판을 장척인 채로 코일로 말아 놓은 것이다. 열간압연한 것을 핫스트립코일 그리고 다시 냉간압연한 것을 콜드스트립코일이라고 한다.

스트립밀 (strip mill) 광폭 판재를 제조하는 연속압연기로 열간 스트립과 냉간스트립밀로 대별된다. 스트립밀에 의한 제품 분야는 두께와 폭이 모두 광범위하여 그 부속설비 등으로 폭이 좁은 판재 등도 제조할 수 있다.

스파이스 (speiss) 금속광석을 제련할 때 발생하는 금속비화물이나 안티모니화합물을 말한다.

스팽글 (spangle) 용융아연도금에서 도금아연이 응고과정에서 결정내부가 수지상으로 발달함에 따라 도금표면에 형성되는 꽃모양을 말한다. 아연(Zn)에 소량의 연(Pb), 비소(As), 안티모니(Sb) 등을 첨가하면 스팽글의 모양이나 크기를 제어할 수 있다. 스팽글의 크기에 따라 미니마이즈드 스팽글, 제로 스팽글 등으로 구분한다.

스펀지타이타늄 (titanium sponge) 타이타늄(Ti)정련으로 만들어진 바탕쇠를 스펀지라고 한다. 타이타늄은 용융점이 높아서 고온에서는 활성이 증가하여 취급이 어렵다. 이를 피하기 위해 용융점 이하에서 환원반응을 실시하면 반응생성물을 제외한 부분이 미세한 구멍으로 남는데 이와같이 얻어진 타이타늄을 스펀지타이타늄이라고 한다. 제련방법에 따라 마그네슘환원법 스펀지타이타늄과 나트륨환원법 스펀지타이타늄이 있다. KS D 2353에는 1~4종으로 분류하고 각각을 마그네슘환원법 스펀지타이타늄과 나트륨환원법의 스펀지타이타늄으로 구분했다. 마그네슘환원법의 스펀지타이타늄의 입도는 0.84~12.7㎜가 90% 이상이며 12.7㎜를 초과하는 것과 0.84㎜ 미만인 것이 각각 5.0% 이하이다. 또한 나트륨환원법의 스펀지타이타늄의 입도는 0.149~12.7㎜가 80% 이상이며 12.7㎜를 초과하는 것은 5.0% 이하, 0.149㎜ 미만인 것은 15% 이하이다.

스페리라이트 (sperrylite) 백금(Pt)의 광물로 다른 백금족과 함께 사백금의 형태로 산출된다. 비소(As)를 함유하여 비백금이라고도 한다.

스페이서 (spacer) 서로 인접한 두 개의 물체 사이에서 그들의 접촉을 방지하기 위하여 삽입하는 재료로 적층 단열법에서 반사막을 지지하기 위한 재료, 마그넷에서 전기절연과 냉각채널 확보의 양자를 목적으로 하여 도체사이에 끼어 넣는 것이다.

스펠터 (spelter) 제련과정을 통한 조(粗)아연을 말한다.

스프리트다이 (split die) 두 개 이상의 부분으로 되고 성형체를 꺼내기 위해 분할할 수 있는 다이.

스프링강 (spring steel) 용수철용 특수용도강으로 실리콘(Si), 망가니즈(Mn), 크로뮴(Cr), 바나듐(V) 등을 적당히 첨가한 강이다. 탄소계, 실리콘망가니즈계, 망가니즈크로뮴계, 크로뮴바나듐계 등의 강철로서 주로 열간에서 겹친 판스프링, 코일스프링 등으로 성형하고 열처리를 행하여 스프링 성능을 부여한 강이다. 넓은 의미의 스프링강은 피아노선, 경강선, 스테인리스강선, 오일템퍼선, 냉간압연강대 등과 같이 냉간가공 및 열처리로서 스프링 성능을 높여서 그대로 선스프링, 박판스프링 등 소형 스프링으로 성형하는 강철도 포함된다. 탄소강으로는 0.4~1.0%, 합금강으로서는 0.45~0.65%의 Mn강,

Si-Mn강, Si-Cr강, Cr-V강 등이 사용된다. KS D 3701에서는 7종이 규정되어 있는데 스프링 이외의 용도로도 사용되며 내식성이 필요한 스프링에는 13크로뮴강이나 석출경화형 스테인리스강 등이 사용된다.

스프링백 (spring back)　다이로부터 빼낸 다음 압축방향에 직각으로 측정한 금형 치수에 대한 성형체 또는 재가압체 치수의 증가.

스프링용 베릴륨동판 (copper beryllium alloy for spring)　내식성이 좋고 시효화 처리전은 전성이 좋고 시효경화 처리후는 내피로성, 전도성이 증가한다. 밀하든(mill harden)재를 제외하고 시효경화처리는 성형가공후에 행한다. KS D 5202에 따르면 기본 성분은 베릴륨(Be) 1.6~2.0%, 니켈(Ni)과 코발트(Co)의 합계가 0.2% 이상, 니켈과 코발트와 철(Fe)의 합계가 0.6% 이하, 동(Cu), 베릴륨, 니켈, 코발트, 철의 합계가 99.5% 이상이어야 한다. 고성능 스프링, 계전기용 스프링, 전기기기용 스프링, 마이크로 스위치, 시계용 기어, 퓨즈 클립, 커넥터, 소켓 등에 사용된다.

스프링용 양백판 (nickel silver sheets for spring)　광택이 아름답고 전성, 내피로성, 내식성이 우수하다. 특히 저온어닐링이 되어 있으므로 고성능 스프링재에 적합하며 질별 SH는 거의 굽힘가공을 하지 않은 판스프링에 사용된다. 커넥터, 릴레이, 전기통신기기, 계측기 등의 용수철재로 사용되며 탄성이 특히 뛰어나다. KS D 5202의 규정에 따르면 기본성분은 니켈(Ni) 16.5~19.5%, 동(Cu) 54~58%, 망가니즈(Mn) 0.5% 이하, 철(Fe) 0.25% 이하, 연(Pb) 0.1% 이하, 그 나머지는 아연(Zn)이다.

스프링용 인청동판 (phosphor bronze sheets for spring)　용수철용 양백판과 같은 분야에 사용하는 용수철재로, KS D 5202에 따르면 기본 성분은 주석(Sn) 7~9%, 인(P) 0.03~0.35%, 연(Pb) 0.05% 이하, 철(Fe)0.1% 이하, 아연(Zn) 0.2% 이하, 동(Cu)과 주석과 인의 합계가 99.5% 이상이다. 전성, 내피로성, 내식성이 좋으며 저온어닐링이 되어 있으므로 고성능 스프링재에 적합하다. 사용용도는 스프링용 양백판과 거의 비슷하다.

스프링한계치 (KB치, Limiting stress of plate spring)　박판스프링 재료의 사용응력한계를 나타내는 값을 말하며, 반복휨식 및 모멘트식 시험에 의해 구해진다. 반복휨식에서는 폭 10mm, 길이 약 200mm의 시험편을 굳게 죄어대고 자유단에서 약 3mm되는 부하점에 지는 쇠붙이를 접촉시켜, 4mm의 휨변위를 매분 200회의 속도로 50회 부여하여 시험 편내력의 분포를 안정시킨다. 이어서 휨변위량을 편식롤러의 조절을 통하여 단계적으로 증가시키면서 각개 변위량마다에 매분 200회의 속도로 50회의 반복휨을 주되, 그때마다 부하점의 영구휨을 측정하는데 이 영구휨이 C1700, C1720에서는 0.075mm, C5210, C7701에서는 0.1mm를 넘을 때까지 행하여, 각각 0.075mm 또는 0.1mm에 상당하는 표면 최대응력 값을 구하여 이것을 스프링한계식(Kb0.075 또는 Kb0.1)으로 한다. 독일 규격(DIN)에서는 종탄 성계수를 고정밀도로 측정하는 동시에 간편하게 Kb 값을 측정하는 2점 지지방식을 채용하고 있다. 최근에 일본에서도 이 방식을 채용하는 사례가 많아진 바, 이로서 종래에는 측정할 수 없었던 베릴륨강이나 17-7PH 스테인리스강 등 고탄성재료의 Kb 값 측정도 가능하게 되었다.

스피겔 (spiegeleisen) ☞ 스피겔아이젠

스피겔아이젠 (spiegeleisen) 망가니즈(Mn)을 10~25% 정도 함유하는 철(Fe)합금으로 이밖에 5% 정도의 탄소(C)와 2% 이하의 규소(Si)를 함유한다. 망가니즈분을 특히 다량으로 함유하고 있는 선철을 망가니즈선이라고 하며 그중 망가니즈분이 30% 이하의 것을 스피겔 혹은 스피겔아이젠이라고 부른다. 제강의 탈산, 탈황제 및 합금첨가제에 이용한다.

슬라이스 (slice) 금속의 얇은 조각.

슬라임 (slime) 극니(極泥). ☞ 양극슬라임

슬래그 (slag) ☞ 광재

슬래브 (slab) 후판상으로 주조한 반제품의 지금이며 아연지금은 괴형상 이외에 보통 이 형태로 거래된다. 알루미늄지금도 판, 박의 제조용에는 이 형태로 주조되고 있다.

슬래브아연 (slab zinc) 후판상으로 주조한 아연지금이다.

슬래브 압연기 (slabbing mill) .. 판재의 소재인 슬래브를 전문으로 하는 분괴 압연기의 총칭이다. 상하 두 개의 역전이 가능한 롤이 있어서 긴 몸통과 2~5개의 홈공형을 갖추고 있으며 세로롤을 갖춘 유니버설 타입의 것이 있다.

슬러그 (slug) 소형 단조품이나 압출품을 만들기 위한 금속의 원판소재를 말한다.

슬러리화 (slurrying) 수소저장합금을 액체중에 분산시켜 슬러리 상태로 만드는 것이다. 액체상태의 수소저장매체로 할 수 있기 때문에 취급이 쉬워진다.

슬리터 (slitter) 스트립 코일의 양 끝을 잘라서 정돈하든가 또는 폭이 긴 방향으로 여러가닥으로 절단하기 위해 사용되는 기계이다. (그림참조)

슬리터

슬립캐스팅 (slip casting) 물을 가해서 슬러리상태로 한 분말을 다공질 석고 등의 몰드에 주입하고 건조시켜 성형하는 것.

습곡 (folding) 지층이 지각변동에 의한 압력으로 인해 물결모양으로 휘는 현상.

습식제련 (hydrometallurgy, wet smelting) 황산 등의 용액을 이용하여 용매에 의하여 목적금속을 추출하던가 치환 또는 환원하는 방법으로 열에 의해서 용융시키지 않고 광석을 처리하는 방식.

승화 (sublimation) 고체가 액화하지 않고 직접 증기로 되는 현상이다. 고체가 증기가 되고 그리고 나서 다시 바로 응축되기까지의 변화를 총칭하는 경우도 있다. 이 현상은 나프탈린, 유황 등에서 볼 수 있으며 정제에 이용된다.

시간담금질 (time quenching) 담금질에서 빠르게 혹은 느리게 식히기 위해서는 냉각도중에 속도변화를 하지 않으면 안된다. 이 냉각속도의 변화를 냉각시간에 의해 조정하는 담금질을 말한다. 즉, 처음에는 물로 빨리 식히고 적당한 시간이 지났을 때 들어 올려서 공랭이나 유냉시킨다. 이 담금질의 요령은 들어 올리는 시간을 확인하는 것으로 물건의 직경 3mm에 대해 1초간 물에 담근 후에 들어올리는 것이 좋다.

시내알루미늄쉬드케이블 (aluminium sheathed city cable) 연(Pb) 대신 알루미늄(Al)으로 감싼 철도배선용 케이블로 연을 사용하지 않았기 때문에 가벼우며 차폐효과가 높고 유도장해(통신선이 고압 송전선에 가까우면 통신회로에 전압, 전류가 유발되어 통신이 방해받는데, 이 현상을 말한다)를 방지할 수 있다는 이점이 있다.

시내케이블 (city cable) 시내 전화선로용 전선으로 쌍형과 별형(星型)이 있다. 쌍 케이블은 도체를 종이, 펄프, 플라스틱 등으로 절연한 선심 2개(송화용과 수화용)를 서로 꼬아서 1쌍으로 만들어 필요한 수 만큼의 쌍을 집합하여 연피복 혹은 플라스틱피복을 하고 있다. 별케이블은 선심 4개를 별모양으로 배열해서 마무리 외경을 작게 한 케이블이다.

시멘트동 (cement copper) ☞ 침전동

시안화물 (cyanide) 청화칼리, 청화소다, 페로시안화칼리, 페로시안소다 등을 말한다.

시약 (reagent) 화학분석에서 물질을 검출 및 정량하는데 사용되는 약품.

시어 (shear) 스트립 코일의 양 끝을 잘라서 정돈하든가 또는 폭방향으로 절단하기 위해 사용하는 기계. (그림참조)

시차주사 열량측정법 (differential scanning calorimetry) 시료 및 기준물질을 조정된 속도로 가열 또는 냉각하는 환경중에서 동일한 조건하에 놓고 시료 및 기준물질의 온도가 동일하게 유지하도록 양자에 가한 단위시간당 에너지 입력의 차를 온도의 함수로 측정하는 방법으로 일반적으로 입력보상 시차주사 열량측정이라고 한다. 형상기억합금의 경우에는 측정에 의해 얻어진 곡선으로부터 변태점을 구할 수 있다.

시어공정

시추 (boring, deep boring) ☞ 보링

시추탐광 (boring) 광상탐상을 위해 경고한 날 끝(비트)에 의한 압쇄 또는 절삭작용으로 암석 또는 지층속으로 깊은 구멍을 파는 것을 말한다. 코어 또는 슬러지를 시추구멍에서 채취하는 것으로 지질상황, 품위, 매장량 등을 확인할 수 있어 합리적이며 완전한 광상개발 계획을 세울 수가 있다. 시추에는 충격식과 회전식이 있다.

시트 (sheet) 시트와 플레이트의 차이는 두께에 있으며, 박판을 시트, 후판을 플레이트라고 한다. 미국에서는 알루미늄판의 경우, 0.006~0.249인치인 것을 시트, 0.25인치 이상인 것을 플레이트, 동판 및 황동판의 경우 0.187인치 이하인 것을 시트, 0.188인치 이상인 것을 플레이트라고 부르고 있다.

시트인서트법 (sheet insert bonding) 주체가 되는 바탕재 금속보다 낮은 용융온도의 금속시트를 시트상 프리폼 사이에 삽입, 적층하여 성형하는 방법이다.

시효 (aging) $\alpha+\beta$합금과 준안정 β합금을 용체화처리 후, 시효처리를 실시하면 급냉에 의해 형성된 마르텐사이트의 과포화 β상 기지에 미세한 평형상 α상이 석출되어 합금의 강도를 향상시킨다. 시효처리 온도와 시간은 타이타늄합금의 요구되는 강도에 따라 결정되며, 일반적으로 과시효되지 않는 온도와 시간을 선택한다. 그러나 치수 안정성을 위하여 요구되는 인성과 강도가 만족되는 범위내에서 과시효 처리하기도 한다.

시효경화 (age hardening) 금속 또는 합금이 담금질 후, 시간의 경과와 함께 경도를 더하는 현상을 말하는데 담금질 후, 상온에 방치한 상태에서 시효경화를 나타내는 것을 뜨임(템퍼링)시효라고 한다. 중요한 시효경화성 합금으로서는 고력 알루미늄합금과 베릴륨동이 있다.

시효처리 (aging treatment) 담금질 또는 가공에 의하여 생긴 불안정상을 안정화하기 위한 열처리이다. 타이타늄-니켈(Ti-Ni)합금에서 석출을 촉진시키고 동 계열합금에서 모상을 안정화시키기 위하여 행한다.

신괴 (primary ingot, virgin ingot) 1차 괴(지금)을 말하며 일반적으로 제련 및 정련과정을 거쳐 나온 일정 품위를 갖춘 순수한 괴를 말한다. 일례로 1차 알루미늄괴, 1차 아연괴 등이 이에 해당한다.

신금속 (newer metal) 저마늄(Ge), 고순도 실리콘(Si), 탄탈럼(Ta), 니오븀(Nb), 인듐(In), 텔루륨(Te), 지르코늄(Zr), 하프늄(Hf) 등을 말하며 명확한 구분도 정의도 없으나 일반적으로 세계 제2차 대전후 새로이 용도가 개척된 금속을 가리켜 말한다.

신동 (wrought copper) ☞ 신동제품

신동제품 (wrought copper alloy) 동(Cu) 및 동합금을 정련하여 주괴로 만든 후 단조, 압연, 인발, 신선 등의 가공공정을 거쳐 만든 동판, 동선, 동봉, 동관 및 그 합금제품 등의 총칭이다. 순동제품으로는 무산소동, 인탈산동, 타프피치동 등의 제품이 있고 합금제품으로는 단동, 황동, 청동, 백동 등이 있다. 순동제품은 주로 전선류에 많이 사용되며 합금제품은 내열성, 내마모성, 내식성이 우수해 각종 기계부품, 전기전자부품, 선박 등에 사용된다.

신생조동 (primary crude copper) ☞ 일차 조동

신선 (wire drawing) 각종 선재 2차제품을 제조하려면 선재를 여러번 다이스(원추형의 구멍이 있는 공구)를 통과시켜 상온에서 가늘게 뽑아 코일상으로 마는 작업이 행해진다. 이 작업에 의해 정도가 높은 단면치수를 갖는 선이 만들어진다. 다이스를 한 번 통과할 때마다 인발된 선의 인장강도는 점점 높아진다.

신선기 (wire drawing machine) 신선작업에 사용되는 기계장치를 신선기라고 한다. 보통 다이스를 고정시키는 장치와 인발드럼(원통형의 회전물로 인발력을 줌과 동시에 인발된 선을 저장해 두는 것)을 갖추고 있으며 전동기로 구동한다. 인발 드럼의 회전축이 수직으로 되어 있는 것을 종형, 수평으로 되어 있는 것을 횡형이라고 한다. 또 인발시 사용하는 감마제가 분말상인 것을 사용하는 신선기를 건식, 액상인 것을 사용하는 신선기를 습식이라고 분류하는 경우도 있다. (그림참조)

신선기

실 (Seal) 미국 스크랩규격인 ISRI(Institute of Scrap Recycling Industries, Inc)규격중 아연도금강판 아연슬래브 상부드로스(continuous line galvanizing slab zinc top dross)의 총칭이다. 용융아연도금강판용 아연욕조내 윗면에 부유한 아연찌꺼기로 아연함량이 90% 이상이다.

실란 (silane) Si_nH_{2n+2} 조성을 가진 수소화규소의 총칭이며 단지 SiH_4만을 가르키는 경우도 있다. 규화마그네슘등 규화물에 산을 작용시켜서 얻는데 각각의 비등점이 다른 것을 이용해 정제분리된다. 고순도 금속실리콘의 원료가 된다.

실루민 (Silumin) 주조용 알루미늄-규소(Al-Si)합금으로 유동성, 내식성이 좋으며 부피가 얇고 복잡한 형상제조에 많이 사용된다. ☞ 알루미늄합금

실리마나이트 (silimanite) $Al_2O_3 \cdot SiO_2$의 화학성분을 갖는 안달루사이트, 카이아나이트와 동질이상으로, 이들을 실리마나이트족이라고 부르고 있다. 1,545℃에서 무라이트로 전이되는데 두드러진 용적변화는 보이지 않는다. 인도, 남아프리카에서 주로 산출된다.

실리카 (silica) 이산화규소(SiO_2)이며 천연산 광물은 석영으로써 산출되며 가열에 의해 크리스토바라이트, 트리디마이트로 변한다. 규석벽돌의 주성분으로 납석, 점토질 내화물에는 55~80% 함유되어 있다.

실리콘 (silicon, silicium) 규소라고 하며 원소기호 Si, 비중 2.42, 용융점 1,410℃, 비등점 3,280℃, 원자량 28.09, 원자번호 14의 주기율표상 제 Ⅳ족에 속하는 원소이다. 암회색의 결정으로 원광석은 규산염광물의 형태로 대부분의 암석에 수반되어 산출되며, 지각중 산소 다음으로

실리콘단결정

존재량이 많다. 가장 중요한 원광석은 규사로, 이를 코크스와 함께 전기로에서 환원시키면 금속 실리콘이 얻어진다. 용도는 광범위하여, 제강의 탈산제, 특수강의 첨가제, 동(Cu), 청동(bronze), 알루미늄(Al), 마그네슘(Mg) 등의 합금용, 연마제 등에 이용된다. 또 반도체의 고순도 실리콘은 트랜지스터, 다이오드, 전력용 정류기, 태양전지 등에 사용된다. 반도체로 사용되는 실리콘은 갈색의 분말로 비중이 2.35(무정형), 2.33(결정), 경도 7, 용융점 1,420℃, 비등점 2,335℃로 극초단파용 관석검파기에 사용된다. (그림참조)

실리콘망가니즈 (silicon-manganese) 실리콘(Si), 망가니즈(Mn)과 철(Fe)의 합금으로, 함유량은 망가니즈이 60~70%, 실리콘이 14~25% 정도이다. 제강의 탈산·탈황제, 합금 첨가제에 사용된다. 매우 다방면에 유용한 합금으로 중·저탄소 페로망가니즈의 원료로서 사용된다. KS D 3717에 규정되어 있다.

실리콘청동주물 (silicon bronze casting) ☞ 실진청동

실진청동 (silzin bronze) 동(Cu)과 아연(Zn)과 실리콘(Si)의 합금으로 표준적인 조성은 동 80~88%, 아연 9~15%, 실리콘 3.2~5.0%이다. KS D 6014에 1~3종까지 분류되어 있다. 강도, 유동성이 뛰어난 것 외에도, 특히 해수에 대해 내식성이 양호하여 주로 주물로써 선박용 부품에 이용된다. 단련재로서 유용한 성능이 있고 철도 기타 일반용재로서 사용된다.

실진청동주물 (silzin bronze casting) ☞ 실진청동

심 (Seam) 미국 스크랩규격인 ISRI(Institute of Scrap Recycling Industries, Inc)규격중 아연도금강판 아연슬래브 하부드로스(continuous line galvanizing slab zinc bottom dross)의 총칭이다. 용융아연도금강판용 아연욕조내 바닥면에 잔존하는 아연찌거기로 아연함량이 92% 이상이다.

심성암 (abyssal rock, plutonic rock) 마그마가 지하에서 냉각 응고하여 이루어진 화성암의 하나이다.

싱글스탠드 (single stand) 한 개의 스탠드만으로 구성되어 있는 압연기를 복수스탠드의 압연설비와 구별할 경우에 사용된다. 분괴압연기, 중판압연기, 조질압연기, 센지미어 다단압연기 등은 싱글스탠드인 경우가 많다.

쌍정 (twin) 인접하는 두 개의 결정입자가 같은 결정구조를 가지며 또한 두 개 결정입자의 방위가 회전대칭, 거울상 대칭 등의 대칭 관계가 있는 결정이다. 일반 금속에서 볼 수 있는 쌍정의 종류에는 변형쌍정, 변태쌍정, 어닐링쌍정 등이 있다.

써트 (Thirt) 미국 스크랩규격인 ISRI(Institute of Scrap Recycling

Industries, Inc)규격중 알루미늄드로스 스크랩(aluminium drosses, spatters, spillings, skimmings and sweet)의 총칭이다.

쓰롭 (Throp)　미국 스크랩규격인 ISRI(Institute of Scrap Recycling Industries, Inc)규격중 용융알루미늄 스크랩(sweated aluminium)의 총칭이다.

아결정립 (subgrain: 亞結晶粒) 하나의 결정립 내에 나타나는 미세한 여러 개의 결정립으로 이러한 아결정립들 사이의 방위차는 결정립들 사이의 방위 차이에 비해 훨씬 작다. 아결정립들은 금속조직안에서 원자간의 인력으로 굳게 결집한다.

아래항복점 (lower yield point) 아래항복응력이라고 하며 인장시험의 과정중 시험편 평행부가 항복을 일으키기 시작한 후 일정한 하중상태에서의 최소하중(관성에 의한 것은 제외)을 평행부의 변형전 단면적으로 나눈 값이다. 하(부)항복전, 하(부)항복응력으로도 표현한다. (그래프참조)

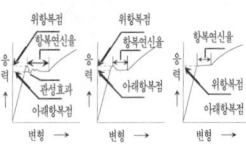

항복점 및 항복 연신율선도

아로마 (Aroma) 미국 스크랩규격인 ISRI(Institute of Scrap Recycling Industries, Inc)규격중 사용하지 않은 니켈스크랩(new nickel scrap)의 총칭이다. 니켈(Ni) 함유량이 99% 이상, 코발트(Co) 함유량이 0.25% 이하, 동(Cu) 함유량이 최대 0.5%인 판, 바, 관 등의 니켈스크랩을 말한다.

아말감 (amalgam) 수은합금 즉, 수은(Hg)과 다른 금속의 합금을 말한다. 연(Pb), 주석(Sn), 아연(Zn), 카드뮴(Cd) 등은 아말감이 쉽고 금(Au), 은

(Ag), 동(Cu)은 서서히 아말감이 되며 니켈, 백금은 아주 천천히 아말감이 되지만 철(Fe), 망가니즈(Mn), 텅스텐(W)은 거의 아말감을 형성하지 못한다. 따라서 수은용 용기에는 철제가 사용된다. 아말감은 치과용, 유기합성용, 부식용도에 사용된다.

아말감법 (amalgamation process) 수은(Hg)을 이용해서 금(Au), 은(Ag)을 광석으로부터 분리시키는 귀금속제련법의 일종이다. 다른 금속을 녹여 합금을 만들기 쉬운 수은의 성질을 이용한 것이다. 수은을 바른 동판위에 금, 은 등을 포함한 사금 또는 이수금은광으로 된 분말과 수은을 혼합한 것을 흐르게 하여 금, 은과 수은의 혼합물을 동판에 부착시켜서 이것을 수집하여 레토르트 속에 넣고 수은을 증류하여 금, 은을 채취한다.

아망가니즈산염 (manganite) 망가나이트.

아메리슘 (americium) 원소기호 Am, 원자번호 95, 질량수 243의 초우라늄 원소중 하나로 질량수 241의 동위원소가 있다. 연기탐지기 등의 선으로 사용된다.

아몰퍼스합금 (amorphous metals, amorphous alloys) 결정화하지 않은 금속, 즉 원자가 광범위에 걸쳐 규칙적인 배열을 이루지 않고 있는 금속을 말한다. 비정질합금이라고도 한다. 액체급랭법, 기상급랭법 등으로 합금을 액체나 기체상태에서 급랭함으로써 얻는다. 형상은 리본상, 박대, 세션, 세입, 박막 등이 있으며 강인성, 내식성, 연자성 등 우수한 성질을 갖고 있다. 아몰퍼스합금은 금속-반금속합금과 금속-금속합금 등 두 가지로 나눈다.

아비산 (arsenious acid, white arsenic) 무색 분말 또는 결정으로, 비소화합물의 원료, 농약, 비산연, 비산칼슘, 유리의 탈색제, 쥐약, 의약, 금속비소의 원료, 촉매, 비료의 탈황제, 염료의 제조, 어망 및 피혁의 방부제 등에 이용된다.

아비트리지 (arbitrage) ☞ 재정거래

아스베스토 (asbestos) ☞ 석면

아스타틴 (astatine) 원소기호 At, 원자번호 85, 질량수 210, 주기율표상 Ⅶb족에 속하는 원소로 상온에서 고체이며 화학적 성질이 할로겐과 유사하며 아이오딘보다는 금속성이 강하다.

아연 (zinc) 원소기호 Zn, 원자번호 30, 원자량 65.38, 비중 7.133, 용융점 419.5℃, 비등점 906℃, 결정구조 조밀육방정, 주기율표상 Ⅱb족에 속하는 청백색의 결정성 금속이다. 상온에서는 무르나 100~150℃ 부근에서 전연성을 발휘한다. 공기중에서는 거의 녹슬지 않으며 산화된 산화아연은 백색을 띄게 된다. 아연철판, 기타 도금, 동과의 합금, 아연판, 다이캐스트, 아연화, 아연말 등에 널리 이용된다. 지구상에는 아연화합물이 널리 분포되어 있으며 황아연광이나 능아연광에서 주로 산출된다. 아연의 제련법에는 여러 종류가 있다. 아연정광을 배소시켜, 황산에서 침출, 황산아연으로 만들고, 이 용액을 전해시키면 순수한 금속아연이 얻어진다. 이를 전기로에서 용해, 후판상으로 캐스팅한 것이 전기아연이다. 이것이 습식아연인데, 증류아연을 제조하는 증류법(건식법), 연 및 아연을 동시에 제련하는 ISP법 등이 있다. 세계 주요 생산국으로는 중국, 호주, 캐나다, 프랑스, 일본, 스페인, 미국, 멕시코, 독일, 벨기에 등이다. (공정도참조)

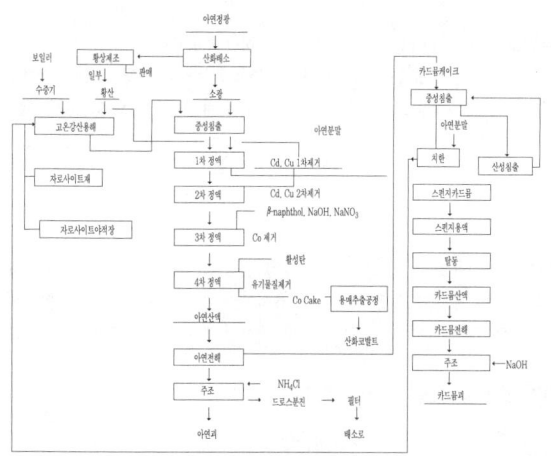

아연제련공정

아연광석 (zinc ore) 섬아연광, 맥아연광, 프랭클린광, 홍아연광, 규아연광, 이극광 등이 있다. 이중 섬아연광이 가장 중요하다. 주요 생산국은 호주, 캐나다, 미국 등이다.

아연당량 (zinc equivalent) 황동에 제3의 원소를 첨가시키면 기계적 성질이 향상되는데 이런 경우 조직적으로 각 상들의 양적 비율에 변화를 주게된다. 따라서 첨가원소의 효과를 황동속의 아연효과로 환산하여 몇배에 해당하는지를 수식적으로 나타낸 것을 아연당량이라고 한다. 아연당량을 구하는 공식은 $(100 \times Cu\%)/(100+(Al\%+Si\%+Sn\%+Pb\%+Mn\%+Fe\%+Ni\%) \times$ (첨가원소의 아연당량-1))이다.

아연도금 (zincing, galvanizing, zinc plating, zinc galvanizing, zinc coating) 전기도금 또는 용융도금에 의해 금속재료의 표면에 아연을 피복시켜 내식성 등을 개선시키는 것을 말한다.
〔1〕딥 코팅법(침적도금법) : 피처리물을 스케일제거 및 플럭스 처리나 수소환원후 용융아연조에 담가서 행하는 도금.
〔2〕전기도금법 : 도금액안에서 아연을 양극, 피처리물을 음극으로 해서 전류를 보내 도금한다.
기타 딥코팅에 의한 아연도금량은 우리나라의 도금강판중에서 최대이다. 이 제품은 아연철판 혹은 아연도금강판이라 불려 내식성, 내구성이 크기 때문에 지붕 등의 건재나 양동이 등의 기물에 널리 사용되며 최근에는 구조물에도 많이 이용되고 있다.

아연도금강판 (galvanized steel sheets) 아연을 도금한 강판의 총칭이다. 용융아연도금강판과 전기아연도금강판으로 대별된다. 전자는 순아연도금 외에 합금화 용융아연도금강판, 용융아연알루미늄합금화도금강판, 후자에는 순아연도금 외에 아연철, 아연니켈 등 전기아연합금도금강판이 있다. 용도에 따라 다양한 종류의 제품이 만들어지고 있다.

아연드로스 (zinc dross) 아연도금시에 발생하는 침전찌꺼기를 말한다. 부유한 찌꺼기는 아연찌꺼기라고 한다. 아연화, 아연말 등의 원료가 된다.

아연말 (zinc powder, zinc dust) 아연 드로스, 아연괴 등을 용융분사해서 만든다. 또 증류아연 제조찌꺼기의 부산물로서도 얻을 수 있다. 아연분(가루)이라고도 한다. 도료, 염료, 도금 등에 이용한다.

아연백 (zinc white) ☞ 아연화

아연볼 (zinc ball) 직경 2~4㎜ 정도의 볼모양의 순수한 아연으로 전기아연도금강판(EGI)의 아연도금에 사용되고 있다. 아연볼을 넣은 욕조에 황산액을 부어 자동으로 아연의 농도를 균일하게 함으로써 균일한 아연도금이 가능하다. 이러한 도금용 아연볼 이외에도 단추모양의 쇼트형(shot type)과 부정형 등이 다수 있어 실용화되고 있다.

아연스크랩 (zinc scrap) 순수한 아연스크랩, 아연판 스크랩, 철판 드로스 등이 있다. 사용하지 않은 아연스크랩은 순수하고 양질의 아연판 절단스크랩, 아연판 스크랩 이외의 철판에 아연도금을 할 때 생기는 도금 찌꺼기 등이 있다.

아연-연재련 통합 공정 지하자원으로 연과 아연은 광석 상태에서부터 공존하기 때문에 이들 두 금속 중 어느 하나만을 제련하는 공장은 나머지 하나를 불순물로 처리해야 하기 때문에 생산원가 뿐만 아니라 환경적인 측면에서도 불리하게 된다. 이에 따라 아연제련 공정에서 발생한 중간 생성물인 각종 잔재의 대부분은 더 이상 저장조(Pond)에 적치할 필요가 없이 연제련 공장의 QSL공정과 Zinc Fuming공정에 투입되어 유가금속은 회수되고 최종 배출물은 환경적으로 안정한 슬래그로 나오게 되며 이는 산업용 골재 등으로 재활용되게 하는 공정이다.

아연염 (zinc salt) 산화아연(아연화), 염화아연, 황산아연 등의 총칭으로 안료, 의약품 등에 이용된다.

아연욕조 (zinc pot) 아연을 용융시켜 스트립이 연속적으로 통과하면서 도금하는 설비로서 재질은 세라믹이며 온도관리는 460~480℃이다.

아연잔재 처리기술 (Zinc Fuming Technology) 고려아연이 개발한 기술. 세계적으로 아연의 약 80%는 습식제련공법에 의해 생산되고 있으며 지난 수십 년 동안 가장 활발한 기술개발 분야 중 하나는 아연 정광에 함유된 철(Fe)

성분을 어떤 형태의 화합물로 만들어 제거하느냐 하는 것이었다. 이런 공법들은 Jarosite, Hematite, Goethite 등으로 명명되었다. 이러한 철을 함유한 아연잔재들은 10% 내외의 아연, 수 %의 연 및 기타 미량의 중금속을 함유하고 있으며 습식 제련에서 발생된 물질인 관계로 쉽게 중금속이 용출 됨으로써 플라스틱으로 라이닝 된 저수지 (Pond) 형태에 저장하는 방법이 일반적이었다. 이러한 저장방법이 한계가 있다고 판단, 건식잔재처리공법을 개발하기로 하고 1990년부터 호주 Ausmelt사의 공법을 도입하여 1995년 공장가동을 시작하여 이를 세계 최초로 상용화에 성공하였다. 하지만 가동률이나 유가금속 회수율 등은 초기에 낮은 편이어서 지속적인 개발을 통해 고려아연 독자적으로 Lance Tip과 냉각기술 등을 개발하여 현재는 가동률이 90% 가량 될 정도로 우수한 기술력을 확보하게 되었으며 국내에서는 지난 2000년 9월과 2002년 9월에 과학기술부와 환경부로부터 각각 국산신기술(KT)과 환경신기술(ET) 인증을 획득하였다.

아연정광 (zinc concentrate)　아연괴를 만들기 위한 원료로서 부유선광법에 의해 선광한 것이며 일반적으로 아연품위가 50% 이상이다.

아연 정광 직접 침출법 (Direct Leaching Process)　일반적으로 아연광석 중 아연이 황화물(ZnS) 형태로 주로 존재하며 ZnS는 황산(H_2SO_4)과 반응이 잘 안되어 습식 제련에 필요한 아연 액을 잘 만들지 못한다. 따라서 황산과 반응을 용이하게 하기 위하여 배소 공정을 두어 산화물(ZnO) 형태로 전환한 다음 황산(H_2SO_4)과 반응하여 아연 액을 만들게 되는데 Direct Leaching 조업은 고온, 고산 하에서 ZnS를 황산과 산소로 직접 반응시켜 아연 액을 만드는 프로세스를 말하며, 따라서, 배소 공정 없이 아연 액 생산이 가능하여 생산성 향상 및 원가절감 효과가 있다.

아연지금 (slab zinc, zinc metal)　전기아연, 증류아연, 정류아연이 있다. 전기아연은 광석을 황산아연용액으로 하여 전해, 증류아연은 광석을 레토르트로 환원증류, 정류아연은 증류아연을 다시 정류해서 만든다. 특별히 뜬 찌꺼기로 만드는 증류아연을 재생증류아연이라고 한다. 이들은 대부분 후판형태의

아연괴

아연으로 거래된다. 증류아연은 일반용 도금, 전기아연과 정류아연은 연속아연도금, 신동품, 다이캐스트에 적합하다. KS D 2351에서는 아연지금을 화학성분에 따라 6종류로 분류하고 있다. 아연함량은 1종의 경우 99.995% 이상(고순도아연지금), 2종은 99.99% 이상(특종아연지금), 3종은 99.97% 이상(보통아연지금), 4종은 99.6% 이상(증류아연지금특종), 5종은 98.5% 이상(증류아연지금 1종), 6종은 98.0% 이상(증류아연지금 2종) 등이다. 방식용 아연은 철 0.001%의 고순도 아연지금을 사용한다. 또한 일반적으로 스페셜 하이 그레이드(special high grade)아연은 아연함량 99.995% 이상의 특급품을 말하는 것으로 약칭으로 S.H.G 아연이라고 부르며 하이 그레이드(high grade)아연은 아연함량 99.95% 이상의 고급품을 말하는 것으로 약칭으로 H.G 아연이라고 부르며 프라임 웨스턴(prime western)아연은 약칭으로 P.W아연이라고 한다. 현재 런던금속거래소(LME)에서 상장, 거래되는 것은 S.H.G 아연이다. (그림참조)

아연찌꺼기 (zinc skimmings) 아연도금시에 발생하는 부유물 찌꺼기.

아연판 (zinc sheet, zinc plate) KS D 5515에 따르면 아연판은 1~3종으로 구분되는데 1종은 건전지 및 일반용, 2종은 凸판 및 평판의 인쇄용, 3종은 방식용이다. 아연판은 표면이 평활하고 홈, 균열, 비틀림, 기타 결함이 없어야 하며 특히 인쇄용 아연판은 에칭(etching)이 고르게 되어 있어야 한다. 아연함량은 1종이 99.5% 이상, 2종은 99.0% 이상, 3종은 98.5% 이상이어야 한다.

아연합금 (zinc alloy) 아연기합금(zinc base alloy)이라고도 부르며 아연을 주성분으로 하여 목적, 용도에 따라 동, 알루미늄, 마그네슘 등을 적절히 첨가한 것이다. 아연을 주성분으로 하는 주조용 합금의 주된 것이 다이캐스트용 합금이다. KS D 2311에 따르면 다이캐스팅용 아연합금은 1종과 2종 두 가지로 분류된다. 합금성분을 살펴보면 1종은 알루미늄(Al) 23.9~4.3%, 동(Cu) 0.75~1.25%, 마그네슘(Mg) 0.03~0.06%, 연(Pb) 0.003%이하, 철(Fe) 0.075% 이하, 카드뮴(Cd) 0.002% 이하, 주석(Sn) 0.001% 이하, 아연 나머지, 2종은 알루미늄 23.9~4.3%, 동 0.03% 이하, 마그네슘 0.03~0.06%, 연 0.003%이하, 철 0.075% 이하, 카드뮴 0.002% 이하, 주석 0.001% 이하, 나머지 아연으로 되어 있다.

아연합금다이캐스팅 (zinc alloys die casting)   1종(Zn-Al-Cu계)과 2종(Zn-Al계)이 있다. 1종은 기계적성질과 내식성이 우수하며 자동차 브레이크 피스톤, 시트벨트 감김쇠, 컨버스, 플라이어 등에 사용된다. 2종은 주조성과 도금성이 우수하고 자동차 라디에이터 그릴 몰·캬뷰레터, VTR드럼 베이스, 테이프 헤드·CP커넥터 등에 사용된다. 연(Pb), 카드뮴(Cd), 주석(Sn)의 합계가 0.01%를 초과하지 않는다.

아연화 (zinc white, zinc oxide, zinc flower)   산화아연으로 백색의 분말이며 아연백이라고도 한다. 제조법은 금속아연을 가열해서 만드는 프랑스법과 아연광석을 가열해서 만드는 미국법이 있다. 도료, 안료, 고무, 도자기, 의약품 등에 이용된다.

아연화연분 (lead suboxide powder)   금속연 및 일산화연의 중간물로 가루로 된 연(Pb)으로, 녹방지 도료, 축전지의 극판충전제, 리사지, 연단(鉛丹), 연백(鉛白), 기타 연화합물의 원료로써 이용된다.

아이디얼 (Ideal)   미국 스크랩규격인 ISRI(Institute of Scrap Recycling Industries, Inc)규격중 사용한 모넬판 및 괴(old Monel sheet and solids)의 총칭으로 박판, 판, 관, 봉, 단조품, 망과 같은 보통 모넬 또는 R모넬로 이루어지며, 이물질이나 일체의 불순물을 함유하지 않은 것을 말한다.

아이보리 (Ivory)   미국 스크랩규격인 ISRI(Institute of Scrap Recycling Industries, Inc)규격중 황동주물 스크랩(yellow brass casting)의 총칭으로 도가니 용해에 적합한 황동주물 스크랩이며 한 쪽 치수가 12인치를 넘지 않으며, 단조품, 실리콘청동, 알루미늄청동 및 망가니즈청동을 함유하지 않은 것을 말한다.

아인슈타이늄 (einsteinium)   원소기호 Es, 원자번호 99, 질량수 252(반감기 250일)의 초우라늄원소중 하나로 질량수 252 이외에 10종류의 동위원소를 갖고 있다.

아크리트 (Akrit)   탄소(C) 1.5~5%, 코발트(Co) 30~55%, 크로뮴(Cr) 15~35%, 텅스텐(W) 10~20%, 철(Fe) 0~5%인 Co-Cr-W합금이다. 스

테라이트와 같은 것으로 공구용 구조합금의 일종으로 절삭공구, 각종 형, 광산용 기계 부품의 덧씌우기 등에 사용된다.

아크용해 (arc melting)   전극과 금속 사이에 아크로 직접 통전하든가 또는 전극간의 아크로 간접적으로 가열하여 금속이나 합금을 녹이는 것을 말한다.

아타카마이트 (atacamite)   아타카마광. ☞ 녹염동광

악티늄 (actinium)   원소기호 Ac, 원자번호 89의 악티니드금속중 하나이다.

악티니드금속 (actinide metals)   악티늄(Ac, 원자번호 89)에서 로렌슘(Lr, 원자번호 103)까지 원소의 총칭으로 악티니드(악티노이드) 혹은 제2 희토류원소라고 한다. 원자번호가 증가함에 따라 원자속의 f전자가 증가한다. 모든 원소가 금속이며 용융점까지 보통 1~2번의 상변태를 일으킨다. 토륨(Th)에서 아메리슘(Am)까지는 금속상 용융점이하에서는 체심입방격자를 갖고 있다. 악티니드금속은 산화되기 쉽고 분말은 공기중에 발화한다. 또한 화학적으로 매우 안정된 산화물을 생성한다. 이중 원자번호 93번이상인 넵튜늄(Np), 플루토늄(Pu), 아메리슘(Am), 퀴륨(Cm), 버클륨(Bk), 캘리포늄(Cf), 아인슈타이늄(Es), 페르뮴(Fm), 멘델레븀(Md), 노벨륨(No), 로렌슘(Lr) 등은 천연적으로 존재하지 않고 인공적으로 만든다.

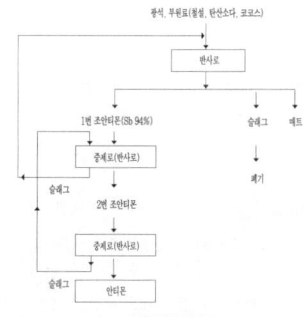

안티몬제련 공정도

안식각도 (angle of repose)   수평면에 자유로 낙하된 분말에 의하여 형성된 산 모양의 밑변각도.

안정성역전치 (rule of reversed stability)   이원계 합금의 생성열과 수소화열 간에 성립되는 일정한 규칙성으로 생성열이 큰 합금은 수소화열이 적게 예측된다. 즉, 금속간화합물을 안정화하는 원소를 첨가할 경우 그 수소화물은 반

대로 불안정되는 현상을 말한다.

안정화 (stabilization) 초전도 마그네트가 설계대로의 성능을 표시하며 안전하게 운전되기 위한 기술의 총칭이다. 이것에는 부분 안정화와 완전 안정화가 있다.

안정화재 (stabilizer) 초전도체에 복합화되어 초전도체의 안정성을 증가시키는 상전도 금속재료이다. 동(Cu) 및 알루미늄(Al) 등은 극저온에서 전기저항이 낮고 열전도가 좋기 때문에 초전도체를 잘 냉각하여 임계온도 이하로 유지함과 동시에 외부 자속변동을 감쇠시켜 초전도로부터 상전도로의 전이를 억제한다. 또 전이했을 때에도 전류를 바이패스시켜 발열을 억제하고 헬륨(He)에 열을 전달하여 냉각하므로 안정화재로서 사용된다.

안정화 초전도선 (stabilized superconducting wire) 완전 안정화, 본질적 안정화 등의 안정화 수법에 따라 설계한 초전도선이다. 일반적으로 동(Cu) 등의 안정화재와 복합되어 있다.

안티모니 (antimony) ☞ 안티몬

안티모니 (antimony) 원소 기호 Sb, 원자번호 51, 원자량 121.76, 비중 6.62, 용융점 630.5℃, 비등점 1,380℃, 결정구조 삼방정계, 주기율표상 Ⅴb족에 속하는 청색을 띤 은백색의 금속으로 매우 무르다. 실온에서 안정적이고 산화되지 않지만 고온에서는 3가 및 5가 산화물을 만든다. 다른 금속에 첨가하면 그 금속을 딱딱하게 하는 특성이 있어, 경연, 활자합금, 화이트메탈, 주물합금 등에 널리 이용된다. 이밖에 고순도인 것은 반도체재료가 된다. 또 황화안티모니은 폭죽, 성냥, 산화안티모니은 안료로 사용된다. 안티모니합금은 용융점이 낮고 아름답기 때문에 미술주물용으로 사용되고 공업용으로는 베어링합금중 주석-연(Sb-Pb)합금이 있다. 금속안티모니는 주로 건식제련에 의해 만든다. 현재 실용화되어 있는 건식제련에는 다음과 같은 방법이 있다. (공정도참조)

〔1〕광석을 산화배소시켜 산화안티모니을 만들고, 이를 환원시킨다.

〔2〕광석을 용리(溶離)시켜 조(粗)황화안티모니을 만들고, 이를 고철과 함께 용융, 침전시켜 채취한다.

안티모니광 (senarmontite) ☞ 방안광

안티모니광석 (antimony ore) 휘안광, 자연 안티모니, 모광, 방안광, 백안광, 황안광 등이 있다. 세계 최대의 산지는 중국이며 이밖에 러시아, 남아프리카공화국, 볼리비아, 멕시코 등에서 널리 산출된다.

안티모니지금 (antimony metal) 특종, 1종, 2종이 있다. KS D 2309에서는 안티모니성분을 특종은 99.5% 이상, 1종은 99.0% 이상, 2종은 98.5% 이상으로 규정하고 있다.

알니코 (alnico) 영구자석으로 Fe-Ni-Al합금과 Fe-Ni-TI합금에서 발전된 알루미늄(Al), 니켈(Ni), 코발트(Co), 철(Fe)계의 합금자석이다. 주조법으로 만든 주조자석과 소결법으로 만든 소결자석 두 종류가 있다. 알니코자석의 특징은 자화방향이 〔100〕방향으로 결정성장을 제어하고 한 방향으로 주상정을 성장시킬 수 있다는 것이다. 알니코자석은 제조공정을 변화시킴으로써 여러 가지 성능의 자석을 얻을 수 있으며 자장의 처리, 결정의 배열화, 밀향첨가물 등에 의해 자기특성이 개선되고 있다. 대표적인 것은 알니코 5자석, 6자석, 8자석 등이 있는데 알니코 5자석은 가장 표준적인 영구자석이고 알니코 8자석은 알니코자석중 가장 보자력이 큰 자석이다.

알니코자석 (alnico magnetic) ☞ 알니코

알드레이 (Aldrey) 주로 송전선으로 사용되는 알루미늄합금으로 알루미늄(Al)에 마그네슘(Mg) 0.5%와 규소(Si) 0.5%, 철(Fe) 0.3%를 첨가하고 시효 경화처리한 후 도전재료로 사용한다. 인장강도와 도전율이 우수하고 가공성이 용이하고 전기저항이 적다.

알런덤 (alundum) 염기성 내화재료의 일종이며 내화점토를 포함하는 연삭재용 용융알루미나(Al_2O_3)이다. 용융점은 약 2,100℃이며 다공질로서 열팽창계수가 적어 온도의 급격한 변화에 견딜 수 있다.

알루마이트 (alumite) 애노다이징법의 일종으로 알루미늄 및 알루미늄합금을 양극산화처리(전기분해)하여 표면에 다공질 피막을 형성시키고 그 위에 다시

화학적으로 안정된 내식성 피막을 형성시키는 표면처리방법이다. 알루미늄의 방식용 피막처리로 널리 채택되고 있다. 협의의 의미로 옥살산 수용액처리에서 얻어진 황색의 자연발색피막을 뜻하며 광의의 의미로는 알루미늄의 양극 산화처리의 총칭이다.

알루마이트법 (alumite method) 알루미늄(Al) 또는 알루미늄합금을 양극, 연(Pb)을 음극으로 하여 산성수용액속에서 전해하면 양극의 알루미늄이 용출하여 부품표면에 산화물 층을 형성하는 것을 말하는데 건축용 알루미늄새시, 식기, 장식품용 등에 사용된다.

알루멜 (alumel) 니켈(Ni) 94%, 알루미늄(Al) 2~3%, 규소(Si) 1%, 망가니즈(Mn) 2.5%, 철(Fe) 0.5%인 니켈합금으로 크로멜과 함께 1,200℃ 이하의 온도에서 사용되는 CA열전대(서모커플)에 이용된다.

알루모웰드선 (alumoweld wire) 알루미늄복강선의 일종.

알루미나 (alumina) 반토 혹은 산화알루미늄(Al_2O_3)를 말한다. 알루미나는 단단하여 내구성이 있고 열에 강하며 화학약품에도 침해되지 않는다. 알루미늄의 원광인 보크사이트 안에는 알루미나가 45~60% 정도 함유되어

알루미나

있다. 백색의 고체분말로 천연에서 코런덤으로서 산출된다. 알루미나는 알루미늄의 정련원료 뿐만 아니라 화학약품, 내화물, 도자기, 절연제품, 레이저 소재 등에 사용된다. 알루미늄제조의 중간제품이나 용융 알루미나는 그대로 연삭재로 이용된다. 공업적으로 만든 알루미나의 가장 대표적인 제법은 바이어법이다. 바이어법은 보크사이트를 가성소다(수산화나트륨)에 녹여서 알루민산 소다용액을 만들고 여기에 석출시킨 알루미늄을 약 1,300℃로 가열소성해서 만드는 방법이다. 알루미나에는 α형, β형, γ형 알루미나가 있는데 α형 알루미나는 불순물이 없는 알루미나단결정으로 투명 또는 반투명의 백색코런덤이 되는데 루비와 사파이어 등 보석이 속한다. 이들은 알루미나원료로 2,050℃의 고온으로 인공합성할 수 있다. β형 알루미나는 $Na_2O \cdot 11Al_2O_3$로서 순수한 산화알루미늄이 아니다. γ형 알루미나는 수산화알루미늄의 가열탈수로 얻어지는데 이를 활성알루미나라고 부른다. (그림참조)

알루미나섬유 (alumina fiber) 알루미나를 주성분으로 하는 섬유 즉, 섬유화된 알루미나이다. 강화용, 내열용으로 개발된 섬유이며 강화용 섬유는 알루미나를 85~100% 함유하고 이밖에 산화규소를 함유하고 있다. 내열용은 강화형보다 알루미나의 양이 적다. 알루미나섬유의 특징은 내열성이 뛰어나 공기 속에서는 1,000℃ 이상에서도 강도저하가 적고 용융금속에 침식되기 어려우며 전기절연성이라는 점이다. 제조방법에 따라 여러가지 결정구조를 얻을 수 있으며 단결정인 것과 다결정인 것이 있으며 각각 단섬유, 장섬유가 있다.

알루미나이징 (aluminizing) 철강의 내열성 및 내식성을 향상시키기 위해 표면에 알루미늄으로 확산피복하는 것을 말하는데 방법으로는 용융도금법, 용사법, 확산침투법, 전기도금법, 클래드법 등이 있다. 그중 용융도금법이 작업이 용이하고 연속작업이 쉽다는 점에서 많이 채용되고 있다. 그러나 알루미늄은 용융점(660℃)이 높기 때문에 용융아연도금에 비해 피도금체의 전처리, 활성화, 알루미늄의 산화방지 등 생산기술적으로 어려움이 많다. 한편 페로알루미늄 등의 분말에 의한 방법을 캘로라이징라고 한다.

알루미나화이트 (alumina white) 백색의 부드럽고, 부피가 큰 무정형 알루미나분말로 인쇄용 잉크의 전백제(투명인쇄잉크, 빅토리아) 원료, 그림물감, 크레용의 체질(體質) 등에 사용된다.

알루미늄 (aluminium, aluminum) 원자번호 13, 원자기호 Al, 원자량 26.98, 비중 2.698, 용융점 660℃, 비등점 2,060℃, 결정구조 면심입방정, 주기율표상 Ⅲ족의 은백색의 경금속이다. 지표면에 산소, 규소 다음으로 가장 많이 존재하며 금속원소로는 제1위이다. 가볍고 미려하며 전연성에 풍부하고 내식성이 뛰어나다. 열전도도, 전기전도도가 높아 빛과 열을 잘 반사하고 무자성, 무취, 무독 등 인체에 무해하며 위생적이

알루미늄 제조공정

고 내식성이 매우 우수한 금속이다. 현재 이용되고 있는 일반적인 알루미늄의 제법은, 바이어법과 홀-해롤트법을 조합한 것으로, 보크사이트에서 알루미나를 만들기까지의 공정과, 알루미나를 전해해서 알루미늄을 얻기까지의 공정으로 나뉘어진다. 알루미나는 보크사이트에 가성소다를 혼합, 가열용융하여 알루민산소다로 만들고, 가수분해해서 수산화알루미늄을 석출, 이를 고온소성시켜서 만든다. 이 알루미나를 전해로에서 환원시키면 순수한 알루미늄이 얻어진다. 얻어진 알루미늄의 순도는 일반적으로 99.7% 이상이며 순도를 99.9~99.999%까지 정제한 고순도 알루미늄도 생산되고 있다. 세계 알루미늄생산국으로는 미국, CIS, 노르웨이, 캐나다, 베네수엘라, 중국, 독일, 호주, 바레인, 브라질, 인도 등이 있다. (공정도참조)

알루미늄관 (aluminium tube, aluminium pipe) 알루미늄 및 알루미늄합금으로 만들어진 관으로 KS D 6713에 따르면 알루미늄 및 알루미늄합금조와 알루미늄합금 브레이징 시트를 고주파 유도가열 용접한 용접관과 알루미늄 및 알루미늄합금판을 불활성가스 아크용접 또는 이와 동등한 아크용접관이 있으며 각각 9종류씩 분류되어 있다. 또한 용접관은 치수허용차의 정도에 따라 보통급과 특수급으로 나누어져 있다. 또한 이음매없는 관은 KS D 6761에 19종류를 규정하고 있다.

알루미늄괴 (aluminium ingot) ☞ 알루미늄지금

알루미늄 단조품 (aluminium forgings) 틀단조한 알루미늄단조품이다. 마무리가 양호해야 하며 메우기 또는 용접 등의 보수가 없어야 한다. KS D 6770에 규정되어 있다.

알루미늄도금 (aluminium plating) 용융도금법에 의하는 것이 일반적으로 내고온산화, 내황화성, 내식성 면에서 우수한 표면피복법이다. 알루미늄욕과는 별도로 용융플럭스욕을 이용하는 2욕법과 알루미늄위에 플럭스를 놓기만 하는 알루미늄욕법, 수소환원후 용융알루미늄침지법 등이 있다. 그리고 진공증착법이 있지만 생산량이 적다.

알루미늄도금강판 (aluminized steel sheets) 박강판의 표면에 알루미늄을 용융도금한 것으로 제품의 표층은 알루미늄층, 철과 알루미늄의 합금층, 모재

인 강판으로 되어 있고 알루미늄이 갖고 있는 내열성, 내식성 등의 특징을 갖춘 강판이다. 용도는 내열성을 살려 스토브, 버너, 자동차 머플러, 파이프, 각종 히터용구 등이 있다. 또한 내식성이 있다는 점에서 석유화학 장치부품, 생선상자, 지붕 등에도 이용된다.

알루미늄도장판 (painted aluminium sheets)　건축용으로 사용되는 것으로 알루미늄 및 알루미늄합금판 위에 소부도장을 행한 것이다. 산과 알칼리에 색이나 광택변화가 적어야 하며 도막의 부풀림이나 박리가 생기지 말아야 한다. 도막두께는 보통 13μm 이상을 사용하며 그 종류는 원판, 색, 광택에 따라 구분하는데 원판의 경우 KS D 6701에서 규정한 1050, 1100, 1200, 3003, 3203, 3004, 3005, 3105, 5005, 5052 등으로 하며, 색의 경우 황적계통, 흑계통, 적계통, 청계통, 녹계통, 갈색계통, 황색계통, 회색계통, 백계통, 기타 등 10종류로 구분된다. 또한 광택으로는 광택도가 70% 이상일 경우 광택, 20~70% 일 경우 반광택, 20% 미만일 경우 무광택으로 구분한다.

알루미늄박 (aluminium foil)　박중에 가장 많이 사용하는 제품으로 알루미늄 박용 알루미늄판(0.35~0.6mm)을 재압연하여 두께를 얇게 만든 것으로 두께는 일반적으로 0.005~0.2mm 사이이다. 식품, 담배, 약품 포장용, 보온·보냉용, 표면장식용 외에, 고순도품은 전해콘덴서에 이용한다. KS D 6705에서는 크게 7종류로 구분되어 있으며 전기통신용, 전해커패시터용, 냉난방용으로는 합금번호 1085, 1070, 1050 등이 사용되고 장식용, 전기통신용, 건재용, 포장용, 냉난방용에는 1N30, 1100이, 용기용, 냉난방용에는 3003과 3004가 사용된다.

알루미늄복강선 (aluminium clad stranded steel cable)　강선의 표면에 알루미늄을 증착, 피복시킨 전선으로 인장강도가 커서 섬과 섬 사이와 같이 지주가 없는 장거리 가공(架空) 송전선에 이용된다.

알루미늄봉 (aluminium rod, aluminium bar)　전신가공한 단면이 원형, 직사각형, 정사각형, 정육각형, 정팔각형인 알루미늄 및 알루미늄합금으로 만든 봉제품이다. 압출봉과 인발봉으로 크게 나누어지며 압출봉은 지름이 6~350mm, 인발봉은 1.2~100mm 사이이다. KS D 6763에 규정되어 있다.

알루미늄브라스 (aluminium brass) 황동에 알루미늄(Al)을 첨가한 합금. 내식성, 특히 내해수성이 양호하여, 콘덴서, 가열기관, 냉각기관 등에 이용된다.

알루미늄빌릿 (aluminium billet) 관, 봉, 형재의 제조에 적합하도록 원통형으로 주조한 알루미늄지금이다. 일반적으로 지름 125~300㎜ 사이이며 압출기의 용량에 따라 사용업체별로 다르다. (그림참조)

알루미늄 빌릿

알루미늄새시 (aluminium sash) 알루미늄압출재중 건설 창호용 새시를 말한다. 무피막새시가 사용됐으나 최근에는 여러 종류의 색상을 가진 피막을 입힌 컬러새시가 유행하고 있는데 대표적인 것으로는 블랙컬러새시, 화이트컬러새시, 스텐컬러새시, 브론즈컬러새시 등이 있다. 보통 그냥 새시라고 부르기도 한다. (그림참조)

배란다용 알루미늄새시 (아파트용)

알루미늄선 (aluminium wire) 전신가공한 단면이 원형인 알루미늄으로 만든 선제품이다. 강도가 비교적 낮으나 전도성, 내식성, 용접성 등이 양호하다. 선의 지름은 1.2~100㎜ 정도이다. KS D 6763에 규정되어 있다. (그림참조)

알루미늄선

알루미늄스크랩 (alumimium and aluminium alloy scrasp) 알루미늄판, 조, 봉, 선, 관, 형재 등의 스크랩 및 가공공정에서 발생된 스크랩을 말한다. KS D 2106에서는 분류기준에 따라 알루미늄합금스크랩을 포함하여 총 28종류로 규정했다.

〔1〕 알루미늄전선설 1급 : 알루미늄 99.65% 이상, 지름 2.0㎜ 이상의 알루미늄전선(KS C 3111, 3112, 3113, 3129의 규격 동등 또는이상의 것)이며 부식된 것, 피복, 강심 기타 이물을 포함하지 않아야 한다. 알루미늄합금선 등의 이재를 혼입하지 말아야 한다.

〔2〕 알루미늄전선설 2급 : 알루미늄 99.65% 이상, 지름 2.0㎜ 이상의 알루미늄전선(KS C 3111, 3112, 3113, 3129의 규격 동등 또는 이상의 것)설로

피복 또는 강심을 포함하지 않아야 한다. 또한 부식된 것 및 부착이물은 합계 2.0% 미만이어야 한다. 알루미늄합금선 등의 이재를 혼입하지 말아야 한다.

(3) 알루미늄선설 1급 : 알루미늄 99.0% 이상, 지름 2.0mm 이상의 알루미늄선의 설이며 부식한 것, 피복 기타 이물을 포함하지 않아야 한다. 알루미늄합금선 등의 이재를 혼입하지 말아야 한다.

(4) 알루미늄선설 2급 : 알루미늄 99.0% 이상의 알루미늄선의 설이며 피복, 세선, 철선, 강선 등을 포함하지 않아야 한다. 또한 부식된 것 및 부착이물은 합계 2.0% 미만이어야 한다. 알루미늄합금선 등의 이재를 혼입하지 않아야 한다.

(5) KS D 6763(알루미늄 및 알루미늄합금봉 및 선)별 알루미늄합금선설 1급 : 지름 2.0mm 이상의 1종류의 알루미늄합금선의 설로서 부식한 것, 피복, 기타 이물을 함유하지 않아야 한다. 동일 합금 이외의 이재를 혼입하지 않아야 한다.

(6) KS D 6763(알루미늄 및 알루미늄합금봉 및 선)별 알루미늄합금선설 2급 : 1종류의 알루미늄합금선의 설로서 피복, 세선, 철선, 강선 등을 포함하지 않아야 한다. 또한 부식한 것 및 부착이물은 합계 2.0% 미만이어야 한다. 동일 합금 이외의 이재를 혼입하지 않아야 한다.

(7) 알루미늄신설 1급 : 알루미늄 99.0% 이상, 두께 0.50mm 이상의 알루미늄판 및 조, 알루미늄골판, 알루미늄봉 및 알루미늄관과 이에 준하는 것의 신설로서 기름, 그리스, 페인트, 비닐 기타 이물을 포함하지 않아야 한다. 또 한 변 또는 길이가 10mm 이하의 작은 조각을 함유하지 않아야 한다. 알루미늄합금판 등의 이재를 혼입하지 않아야 한다.

(8) 알루미늄신설 2급 : 알루미늄 99.0% 이상, 두께 0.30mm 이상의 알루미늄판 및 조, 알루미늄골판, 알루미늄봉 및 알루미늄관과 이에 준하는 것의 신설로서 기름, 그리스, 페인트, 비닐 기타 이물의 부착은 합계 2.0% 미만이어야 한다. 또 한 변 또는 길이가 10mm 이하의 작은 조각을 함유하지 않아야 한다. 알루미늄합금판 등의 이재를 혼입하지 않아야 한다.

(9) 알루미늄고설 : 알루미늄 99.0% 이상, 두께 0.30mm 이상의 알루미늄판, 알루미늄판재, 가정기물 등의 고설이며 부식한 것 및 부착이물은 합계 2.0% 미만이어야 한다. 또한 기름 공관, 맥주깡통, 캡, 원판 및 한변 또는 길이가 10mm 이하의 작은 조각을 함유하지 않아야 한다. 알루미늄합금판 등의 이재를 혼입하지 않아야 한다.

(10) 알루미늄박신설 : 알루미늄 99.30% 이상의 알루미늄박(KS D 6705,

6706의 규격 동등 또는 이상의 것)의 신설로 한 변 또는 길이가 10㎜ 이하인 것, 양극산화된 것, 인쇄되어 있는 것을 포함하지 않아야 한다. 또 종이, 오물, 기타 일체의 이물을 포함하지 않아야 한다. 알루미늄합금박 등의 이재를 혼입하지 않아야 한다.

〔11〕 알루미늄박고설 : 알루미늄 99.30% 이상의 알루미늄박(KS D 6705, 6706의 규격 동등 또는 이상의 것)의 고설로 한 변 또는 길이가 10㎜ 이하인 것, 양극산화된 것, 인쇄되어 있는 것을 포함하지 않아야 한다. 또 부식된 것, 종이, 오물, 기타 일체의 이물을 포함하지 않아야 한다. 알루미늄합금박 등의 이재를 혼입하지 않아야 한다.

〔12〕 알루미늄합금전신재신설 : 1종류의 알루미늄합금 전신재의 신설이며 기름, 그리스, 페인트, 기타 이물을 포함하지 않아야 한다. 또한 두께 0.50㎜ 이하의 판설 및 한변 또는 길이가 10㎜ 이하의 작은 조각을 포함하지 않아야 한다. 동일 합금 이외의 이재를 혼입하지 않아야 한다.

〔13〕 알루미늄합금전신재고설 : 1종류의 알루미늄합금 전신재의 설이며 부식한 것 및 부착이물은 합계 2.0% 미만이어야 한다. 또한 두께 0.30㎜ 이하의 판설 및 한변 또는 길이가 10㎜ 이하의 작은 조각을 포함하지 않아야 한다. 동일 합금 이외의 이재를 혼입하지 않아야 한다.

〔14〕 알루미늄합금전신재혼합신설 : A5000계 합금중 마그네슘함유율 3.0% 이상인 것과 A2011합금 및 A7000계 합금 이외의 2종류 이상의 알루미늄합금전신재의 신설로 기름, 그리스, 페인트, 기타 이물을 포함하지 않아야 한다. 또 두께 0.50㎜ 이하의 판설 및 한 변 또는 길이가 10㎜ 이하의 작은 조각을 함유해서는 안된다.

〔15〕 알루미늄합금전신재혼합고설 : A5000계 합금중 마그네슘함유율 3.0% 이상인 것과 A2011합금 및 A7000계 합금 이외의 2종류 이상의 알루미늄합금전신재의 고설로 부식된 것 및 부착이물은 합계 2.0% 미만이어야 한다. 또 두께 0.30㎜ 이하의 판설 및 한 변 또는 길이가 10㎜ 이하의 작은 조각을 함유해서는 안된다.

〔16〕 알루미늄합금공관신설 : 알루미늄합금공관을 사용치 않은 것 및 스탬핑설로 인쇄나 래커도장이 되어 있어도 좋으나 철판, 오물, 기타 이물을 포함하지 않아야 한다. 철 부착공관 및 철제공관을 혼입하지 않아야 한다.

〔17〕 알루미늄합금공관고설 : 알루미늄합금 공관의 사용이 끝난 것으로 액체를 포함하지 않아야 한다. 또한 부식된 것 및 부착이물은 합계 2.0% 미만이어야 한다. 철 부착공관 및 철제공관을 혼입하지 않아야 한다.

〔18〕 알루미늄합금자동차주물설 : 자동차부품의 알루미늄합금 주물(KS D 6006, 6008의 규격 동등 또는 이상의 것)설로 철강, 동합금, 화이트메탈 기타 가른 종류의 금속부품, 히드로나륨주물(KS D 6008의 AC7A, AC7B 및 KS D 6006의 ADC5, ADC6의 것), 베어링용 알루미늄합금주물(KS D 6012) 및 한변 또는 길이가 30㎜ 이하의 작은 조각을 함유하지 않아야 한다. 또한 기름, 그리스는 합계가 2.0% 미만이어야 한다.

〔19〕 알루미늄합금기계주물설 : 알루미늄합금 자동차주물설 이외의 기계부품의 알루미늄합금 주물설로 철강, 동합금, 화이트메탈, 기타 다른 종류의 금속부품과 히드로나륨 주물 및 베어링용 알루미늄합금 주물을 포함하지 않아야 한다. 또한 기름, 그리스는 합계 2.0% 미만이어야 한다.

〔20〕 알루미늄잡주물설 : 알루미늄합금 자동차주물설 및 알루미늄합금 기계주물설에 해당하지 않은 알루미늄주물 및 알루미늄합금 주물설로 철강, 동합금, 화이트메탈, 기타 다른 종류의 금속부품과 히드로나륨 주물 및 베어링용 알루미늄합금 주물을 포함하지 않아야 한다. 또한 기름, 그리스, 부식된 것 및 부착이물은 합계 2.0% 미만이어야 한다.

〔21〕 알루미늄절삭설 : 알루미늄 99.0% 이상의 알루미늄절삭설로 부식된 것, 철강, 절삭제, 기타 이물을 함유하지 않아야 한다. 또 840㎛(20메시) 이하의 가는 분말을 3.0% 이상 포함하지 않아야 한다. 이재를 혼입하지 않아야 한다.

〔22〕 알루미늄합금절석설(알루미늄합금전신재 및 KS D 6006, 6008의 것) : 1종류의 알루미늄합금 전신재 또는 주물의 절삭설로서 부식된 것, 철강, 절삭제, 기타 이물을 함유하지 않아야 한다. 또 840㎛(20메시) 이하의 가는 분말을 3.0% 이상 함유하지 않아야 한다. 동일합금 이외의 이재를 혼입하지 않아야 한다.

〔23〕 알루미늄합금전신재절삭설 : A5000계 합금중 마그네슘함유율 3.0% 이상인 것과 A2011 합금 및 A7000계 합금 이외의 알루미늄합금 전신재의 절삭설로서 부식된 것, 철강, 절삭제, 기타 이물을 함유하지 않아야 한다. 또한 840㎛(20메시) 이하의 가는 분말을 3.0% 이상 함유하지 않아야 한다.

〔24〕 알루미늄합금주물절삭설 1급 : 히드로나륨주물 및 베어링용 알루미늄합금주물을 제외의 알루미늄합금 부품의 절삭설로 부식된 것, 철강, 절삭제, 기타의 이물을 포함하지 않아야 한다. 또한 840㎛(20메시) 이하의 가는 분말을 3.0% 이상 함유하지 않아야 한다.

〔25〕 알루미늄합금주물절삭설 2급 : 히드로나륨주물 및 베어링용 알루미늄합

금 주물을 제외한 알루미늄합금 주물의 절삭설로서 철강, 마그네슘합금, 스테인리스강, 절삭제의 합계는 2.0% 미만이어야 한다. 또 줄가루, 톱가루 등을 포함하지 않아야 한다.

〔26〕 알루미늄 및 알루미늄 동라디에이터설 : 알루미늄 라디에이터 또는 동관에 알루미늄판을 부착한 라디에이터의 설로 철강 기타 동 이외의 일체의 이물을 포함하지 않아야 한다.

〔27〕 알루미늄블록괴 : 알루미늄설 및 알루미늄합금설을 취급상 편리하도록 주입하여 잉곳한 것으로서 용해슬러그, 부식 기타의 이물을 포함하지 않아야 한다. 주문자의 요구가 있을 경우에는 견본 또는 분석표를 첨부하여야 한다.

〔28〕 기타 알루미늄설 : 알루미늄설 및 알루미늄합금설로서 〔1〕~〔27〕에 해당하지 않는것.

알루미늄스트립 (aluminium strip, aluminium coiled sheet) 알루미늄압연제품을 코일상으로 말아놓은 것.

알루미늄슬래브 (aluminium slab) 알루미늄판의 제조에 적합하도록 후판상으로 주조한 알루미늄지금. (그림 참조)

알루미늄슬래브

알루미늄슬러그 (aluminium slug) 알루미늄판을 원판상으로 편칭한 것으로 치약용 튜브의 소재로 사용되며 튜브는 원판을 충격 압출기로 압출하여 만든다.

알루미늄아연합금도금강판 (aluminium zinc alloyed steel sheets) ☞ 갈바륨

알루미늄압연재 (rolled aluminium products) 압연한 알루미늄 및 알루미늄합금의 판, 조 등을 말한다. 알루미늄박까지 포함시키는 경우도 있다. KS D 6701에서는 알루미늄박을 제외한 압연제품을 32종류로 규정하고 있다. (그림참조)

알루미늄압연제품

〔1〕 1085 : 순알루미늄으로 강도는 낮지만 성형성, 용접성, 내식성이 좋다. 반사판, 조명기구, 장식품, 화학공업용 탱크, 도전재 등

(2) 1080 : 1085와 동일

(3) 1070 : 1085와 동일

(4) 1050 : 1085와 동일

(5) 1100 : 강도는 비교적 낮지만 성형성, 용접성, 내식성이 좋다. 일반기물, 건축용재, 전기기구, 각종용기, 인쇄판 등

(6) 1200 : 1100과 동일

(7) 1N00 : 1100보다 약간 강도가 높고 성형성도 우수하다. 일용품등

(8) 1N30 : 전연성, 내식성이 좋다. 알루미늄박지등

(9) 2014 : 강도가 높은 열처리합금이다. 접합판은 표면에 6003을 접합하여 내식성을 개선한 것이다. 항공기용재, 각종 구조재 등

(10) 2017 : 열처리합금으로 강도가 높고 잘삭가공성이 좋다. 항공기용재, 각종 구조재 등

(11) 2219 : 강도가 높고 내열성, 용접성이 좋다. 항공우주기기등

(12) 2024 : 2017보다 강도가 높고 절삭가동성도 좋다. 접합판은 표면에 1230을 접합하여 내식성을 개선한 것이다. 항공기용재, 각종 구조재 등

(13) 3003 : 1100보다 약간 강도가 높고 성형성, 용접성, 내식성이 좋다. 일반용기물, 건축용재, 선박용재, 파인재, 각종 용기 등

(14) 3203 : 3003과 동일

(15) 3004 : 3003보다 강도가 높으며 성형성이 우수하고 내식성이 좋다. 음료통, 지붕판, 도어 패널재, 컬러알루미늄, 전구베이스 등

(16) 3104 : 3004와 동일

(17) 3005 : 3003보다 강도가 높고 내식성도 좋다. 건축용재, 컬러알루미늄 등

(18) 3105 : 3003보다 약간 강도가 높고 성형성, 내식성이 좋다. 건축용재, 컬러알루미늄, 캡 등

(19) 5005 : 3003과 같은 정도의 강도가 있고 내식성, 용접성, 가공성이 좋다. 건축내외장재, 차량 매장재 등

(20) 5052 : 중간정도의 강도를 가진 대표적인 합금으로 내식성, 성형성, 용접성이 좋다. 선박, 차량, 건축용재, 음료통 등

(21) 5652 : 5052의 불순물 원소를 규제하여 과산화수소의 분해를 억제한 합금으로써 기타 특성은 5052와 같은 정도이다. 과산화수소용기등

(22) 5154 : 5052와 5083의 중간 정도의 강도를 가진 합금으로 내식성, 성형성, 용접성이 좋다. 선박, 차량용재, 압력용기 등

(23) 5254 : 5154의 불순물 원소를 규제하여 과산화수소의 분해를 억제한 합금으로서 기타 특성은 5154와 같은 정도이다. 과산화수소용기등

(24) 5454 : 5052보다 강도가 높고 내식성, 성형성, 용접성이 좋다. 자동차용 휠등

(25) 5082 : 5083과 거의 같은 정도의 강도가 있고 성형성, 내식성이 좋다. 음료통등

(26) 5182 : 5082와 동일

(27) 5083 : 비열처리합금중에서 최고의 강도가 있고 내식성, 용접성이 좋다. 선박, 차량용재, 저온용 탱크, 압력용기 등

(28) 5086 : 5154보다 강도가 높고 내식성이 우수한 용접구조용 합금이다. 선박용재, 압력용기, 자기디스크 등

(29) 5N01 : 3003과 거의 같은 정도의 강도가 있고 화학 또는 전해연마 등의 광휘처리 후의 양극산화처리로 높은 광휘성이 얻어진다. 성형성, 내식성도 좋다. 장식품, 부엌용품, 명판 등

(30) 6061 : 내식성이 양호하고 주로 볼트, 리벳접합의 구조용재로서 사용된다. 선박, 차량, 육상구조물 등

(31) 7075 : 알루미늄합금중 최고의 강도를 갖는 합금의 한가지만 접합판은 표면에 7072를 접합하여 내식성을 개선한 것이다. 항공기용재, 스키 등

(32) 7N01 : 강도가 높고 내식성도 양호한 용접구조용 합금이다. 차량 기타 육상구조물등

알루미늄압출형재 (extruded aluminium shape) 알루미늄 및 알루미늄합금 빌릿을 압출기를 통해 일정 모양으로 길게 바(bar)형태로 뽑아낸 제품으로 일반 건축용(창호새시)과 공업용으로 대별된다. KS D 6759에서는 합금종류에 따라 17가지로 분류되며 각각 보통급과 특수급으로 나누었다. 알루미늄압출형재는 합금번호에 따라 분류 및 특성은 다음과 같다.

(1) 1100 : 강도가 비교적 낮으나 압출가공성, 용접성, 내식성이 양호하다. 전기기기부품, 열교환기 등에 사용된다.

(2) 1200 : 1100과 동일

(3) 2014 : 열처리합금으로 강도는 높다. 항공기용재, 스포츠용품에 사용된다.

(4) 2017 : 2014와 동일

(5) 2024 : 2014와 동일

〔6〕 3003 : 1100보다 약간 강도가 높고 압출가공성, 내식성이 양호하다. 열교환기용재, 일반기계부품 등에 사용된다.

〔7〕 3203 : 3003과 동일

〔8〕 5052 : 중정도의 강도를 가진 합금으로 내식성, 용접성이 양호하다. 차량용재, 선박용재 등에 사용된다.

〔9〕 5454 : 5052보다 강도가 높고 내식성, 용접성이 양호하다. 용접구조용재 등에 사용된다.

〔10〕 5083 : 비열처리합금중에서 가장 강도가 높고 내식성, 용접성이 양호하다. 선박용재 등에 사용된다.

〔11〕 5086 : 내식성이 양호한 용접구조용 합금이다. 선박용재 등에 사용된다.

〔12〕 6061 : 열처리형 합금으로 내식성도 양호하다. 토목용재, 스포츠용품 등에 사용된다.

〔13〕 6N01 : 6061보다 강도가 약간 낮으나 복잡한 단면모양의 두께가 얇은 대형 중공형재가 얻어지고 내식성, 용접성이 양호하다. 차량용재 등에 사용된다.

〔14〕 6063 : 대표적인 압출용합금으로 6061보다 강도가 낮으나 압출성이 우수하고 복잡한 단면모양의 형재가 얻어지고 내식성, 표면처리성도 양호하다. 새시 등의 건축용재, 토목용재, 가구, 가전제품 등에 사용된다.

〔15〕 7003 : 7N01보다 강도가 약간 낮으나 압출성이 양호하고 두께가 얇은 대형형재가 얻어진다. 기타 특성은 7N01과 거의 동일하다. 차량용재, 용접구조용재 등에 사용된다.

〔16〕 7N01 : 강도가 높고 더욱이 용접부의 강도가 상온방치에 의해 모재강도와 가까운 곳까지 회복한다. 내식성도 양호하며 차량, 기타 육상구조물, 용접구조용재 등에 사용된다.

〔17〕 7075 : 알루미늄합금중 가장 강도가 높은 합금의 하나로 항공기용재 등에 사용된다.

알루미늄와이어바 (aluminium wire bar)　전선제조에 적합하도록 침목형으로 주조한 알루미늄지금으로 장대알루미늄이라고도 한다.

알루미늄용 땜납 (brazing filter metal for use on aluminium alloy)　연(Pb), 주석(Sn), 아연(Zn) 등을 주성분으로 하며 기계적 성질을 개선하기 위

해 소량 원소들을 첨가한 땜납이다. 저온 땜납(Pb계, Sn계, Sn-Zn계), 중온 땜납(Zn-Cd계, Zn-Sn계), 고온 땜납(Zn-Al계, Zn계)으로 구분되는데 저온 땜납은 습성과 강도가 약하나 알루미늄의 리드선 등에 사용되며 중온 땜납은 습성과 강도도 양호하다. 고온 땜납은 저온 및 중온 땜납에 비해 이음매강도와 내식성이 강하다.

알루미늄용접관 (aluminium welded pipe) ☞ 알루미늄관

알루미늄용접봉 (aluminium welding rods) 알루미늄의 수동 티그용접 또는 산소 아세틸랜 가스용접에 사용하는 용접봉이다. 화학성분에 따라 A1070-BY, A1100-BY, A1200-BY 등 세 종류로 구분되어 있으며 봉의 지름은 1.6~5.6mm이며 단위포장무게는 2kg, 5kg, 10kg, 20kg 등이다. 또한 봉의 종류별로 끝면 또는 끝면에서 10mm 이내에 채색을 해야 한다. KS D 7028에 규정되어 있다.

알루미늄 용접와이어 (aluminium welding wires) 자동 또는 반자동 미그용접 혹은 티그용접에 사용하는 알루미늄 용접 와이어이다. A1070-WY, A1100-WY, A1200-WY 등 세 종류로 구분되어 있으며 와이어의 지름은 10.6mm와 0.8mm이며 1두루마리 와이어 무게는 0.5kg, 2kg, 5kg, 10kg, 15kg, 20kg 등이다. KS D 7028에 규정되어 있다.

알루미늄재생지금 (secondary aluminium ingot) 2차 알루미늄지금 혹은 재생괴라고 부르며 알루미늄스크랩을 용해 처리하여 재생시킨 괴이다. 전신재나 탈산에 쓰이는 알루미늄재생지금은 KS D 2303에 따라 1~6종까지 6종류로 규정되어 있다. 1~3종까지는 전신재용으로 사용되며 4~6종까지는 탈산용으로 쓰인다.

알루미늄전선 (aluminium wire and cable) 도체로 알루미늄(Al)을 사용한 전선이다. 알루미늄은 동(Cu)보다 전도율이 낮아서 동의 약 60% 밖에 안되므로, 동전선과 같은 전기저항을 갖게 하려면 단면적을 1.6배(선지름은 1.28배)로 하지 않으면 안되는데 비중이 동의 약 $\frac{1}{3}$에 지나지 않으므로 이론적으로는 알루미늄선은 동선의 $\frac{1}{2}$의 중량이면 된다는 말이 된다. 송전용으로는 경알루미늄선이 널리 사용되는데 경알루미늄의 강도를 보강하기 위헤 강선과

함께 만든 철심알루미늄연선 그리고 알드레이라고 부르는 석출경화형 합금인 강력 알루미늄합금선이 장거리 송전선 등에 사용된다.

알루미늄지금 (primary aluminium ingot, virgin aluminium ingot)   1차알루미늄지금 혹은 보통 알루미늄괴라고 부르는 것으로 보크사이트에서 만들어진 알루미나로 만든 신괴이다. 보통 잉곳 외에, 판용 슬래브, 관 및 봉용 빌릿, 전선용 와이어바가 있다. KS D 2304에서는 성분에 따라 특1종, 특2종, 1종, 2종, 3종 등 5가지로 분류하고 있다. 알루미늄지금의 함량은 특1종이 99.90% 이상, 특2종이 99.85% 이상, 1종이 99.7% 이상, 2종이 99.50% 이상, 3종이 99.00% 이상으로 되어 있다. (그림참조)

알루미늄괴

알루미늄 질별(조질)기호 (temper designation for aluminium and aluminium alloy)   질별 또는 조질이란 제조과정에서 가공 및 열처리조건의 차이로 얻어지는 기계적 성질의 구분을 나타내는 말로 알루미늄 및 알루미늄합금의 질별기호는 다음과 같다.

■ 기본기호의 뜻

(1) F(2)(제조한 그대로의 것) : 가공경화 또는 열처리에 대하여 특별한 조정을 하지 않는 제조공정에서 얻는 것.

(2) O(어닐링한 것) : 전신재에 대해서 가장 연질의 상태를 얻도록 어닐링한 것이며 주물에 대해서는 연신율의 증가 또는 치수안정화를 위해 어닐링한 것.

(3) H(3)(가공경화한 것) : 적당한 연질로 하기 위해 추가 열처리의 유무에도 불구하고 가공경화에 의하여 강도가 증가된 것.

(4) T(열처리에 따라 F, O, H 이외의 안정된 질별로 한 것) : 안정된 질별로 하기 위해 추가 가공경화 유무에도 불구하고 열처리한 것.

■ HX기호의 뜻

(1) H1 : 가공경화만 한 것으로 소정의 기계적 성질을 얻기 위해 추가로 열처리를 하지 않고 가공경화한 것.

(2) H2 : 가공경화 후 적당하게 연화 열처리를 한 것으로 소정의 값 이상으로 경화한 다음 적당한 열처리로 소정의 강도까지 저하한 것. 상온에서 시효연화하는 합금에 대해서 그 질별은 H3 질별과 거의 같은 강도를 갖는다. 기

타 합금에 대해서는 이 질별은 H1 질별과 거의 같은 강도를 가지나 연신율은 약간 높은 값을 나타낸다.

(3) H3 : 가공경화 후 안정화 처리를 한 것으로 가공경화 후 저온 가열로 안정화 처리한 것. 그 결과 강도는 약간 저하하며 연신율은 증가한다. 이 안정화 처리는 상온에서 서서히 시효연화하는 마그네슘을 함유하는 합금에만 적용한다.

■ HXY기호의 뜻

(1) HX1 : 인장강도가 O와 HX2의 중간인 것. (1/8경질)
(2) HX2 : 인장강도가 O와 HX4의 중간인 것. (1/4경질)
(3) HX3 : 인장강도가 HX2와 HX4의 중간인 것. (3/8경질)
(4) HX4 : 인장강도가 O와 HX8의 중간인 것. (1/2경질)
(5) HX5 : 인장강도가 HX4와 HX6의 중간인 것. (5/8경질)
(6) HX6 : 인장강도가 HX4와 HX8의 중간인 것. (3/4경질)
(7) HX7 : 인장강도가 HX6과 HX8의 중간인 것. (7/8경질)
(8) HX8 : 단면감소율이 대략 75% 냉간가공하였을 때 얻어지는 인장강도의 것. (경질)
(9) HX9 : 단면감소율이 대략 75% 이상 냉간가공하였을 때 얻어지는 인장강도의 것 (특경질)

■ TX기호의 뜻

(1) T1 : 고온가공에서 냉각 후 자연시효시킨 것으로 압출재와 같이 고온의 제조공정에서 냉각 후 적극적인 냉간가공을 하지 않고 충분히 안정된 상태까지 자연시효시킨 것. 따라서 교정하여도 그 냉간가공의 효과가 작은 것.

(2) T2 : 고온가공에서 냉각 후 냉간가공을 하고 다시 자연시효한 것으로 압출재와 같이 고온의 제조공정에서 냉각한 후 강도를 증가시키기 위하여 냉간가공을 하고 다시 충분히 안정된 상태까지 자연시효시킨 것.

(3) T3 : 용체화처리 후 냉간가공하고 다시 자연시효시킨 것으로 용체화처리 후 강도를 증가시키기 위하여 냉간가공하고 다시 충분히 안정된 상태까지 자연시효시킨 것.

(4) T4 : 용체화처리 후 자연시효시킨 것으로 용체화처리 후 냉간가공을 하지 않고 충분히 안정된 상태까지 자연시효시킨 것. 따라서 교정하여도 그 냉간가공의 효과가 작은 것.

(5) T5 : 고온가공에서 냉각후 인공시효 경화처리한 것으로 주물 또는 압출재와 같이 고온의 제조공정에서 냉각 후 적극적인 냉간가공을 하지 않고 인공

시효 경화처리한 것. 따라서 교정하여도 그 냉간가공의 효과가 작은 것.

(6) T6 : 용체화처리 후 인공시효 경화처리한 것으로 용체화처리 후 적극적인 냉간가공을 하지 않고 인공시효 경화처리한 것. 따라서 교정하여도 그 냉간효과가 작은 것.

(7) T7 : 용체화처리 후 냉간가공하고 다시 인공시효 경화처리한 것으로 용체화처리 후 강도를 증가시키기 위하여 냉간가공을 하고 다시 인공시효 경화처리한 것.

(8) T8(3) : 용체화처리 후 냉간가공하고 다시 인공시효 경화처리한 것으로 용체화처리 후 강도를 증가시키기 위하여 냉간가공을 하고 다시 인공시효 경화처리 한 것.

(9) T9(3) : 용체화처리 후 인공시효 경화처리를 하고 다시 냉간가공한 것으로 용체화처리 후 인공시효 경화처리를 하고 강도를 증가시키기 위해 다시 냉간가공한 것.

(10) T10 : 고온가공에서 냉각후 냉간가공하고 다시 인공시효 경화처리한 것으로 압출재와 같이 고온의 제조공정에서 냉각후 강도를 증가시키기 위해 냉간가공을 하고 다시 인공시효 경화처리한 것.

■ TXY기호의 뜻

(1) T31(3) : T3의 단면적 감소율이 대략 1%로 한 것으로 용체화처리 후 강도를 증가시키기 위하여 단면감소율 대략 1%의 냉간가공을 하고 다시 자연시효 시킨 것.

(2) T351(3) : 용체화처리 후 강도를 증가시키기 위해 냉간가공을 하고 1.5% 이상 3% 이하의 영구변형을 주는 인장가공으로 잔류응력을 제거한 후 다시 자연시효시킨 것.

(3) T3511(3) : 용체화처리 후 강도를 증가시키기 위해 냉간가공을 하고 1% 이상 3% 이하의 영구변형을 주는 인장가공으로 잔류응력을 제거하고 자연시효시킨 것. 다만 이 인장강도 후 사소한 가공은 허용.

(4) T361(3) : T3의 단면 감소율을 대략 6%로 한 것으로 용체화처리 후 강도를 증가시키기 위해 단면감소율이 대략 6%인 냉간가공을 한 것.

(5) T37 : T3의 단면 감소율을 대략 7%로 한 것으로 용체화처리 후 강도를 증가시키기 위해 단면감소율이 대략 7%인 냉간가공을 한 것.

(6) T42(3) : T4의 처리를 사용자가 한 것으로 사용자가 용체화처리 후 충분한 안정상태까지 자연시효 시킨 것.

(7) T451(3) : 용체화처리 후 1.5% 이상 3% 이하 영구변형을 주는 인장가

공으로 잔류응력을 제거하고 다시 자연시효시킨 것.

(8) T4511(3) : 용체화처리 후 1.5% 이상 3% 이하 영구변형을 주는 인장가공으로 잔류응력을 제거하고 다시 자연시효시킨 것. 다만 이 인장가공 후 사소한 가공은 허용된다.

(9) T61 : 담금질에 의한 변형의 발생을 방지하기 위해 온수로 담금질하고 다음에 인공시효 경화처리한 것. 주물의 경우 용체화처리 후 인공시효 경화처리한 것. T6처리에 의한 것보다 높은 강도를 얻기 위해 인공시효 경화처리한 것.

(10) T62(3) : T6의 처리를 사용자가 한 것으로 사용자가 용체화처리 후 인공시효 경화처리한 것.

(11) T651(3) : 용체화처리 후 1.5% 이상 3% 이하의 영구변형을 주는 인장가공으로 잔류응력을 제거하고 다시 인공시효 경화처리한 것.

(12) T6511(3) : 용체화처리 후 1.5% 이상 3% 이하의 영구변형을 주는 인장가공으로 잔류응력을 제거하고 다시 인공시효 경화처리한 것. 다만 이 인장가공후 사소한 가공은 허용.

(13) T652(3) : 용체화처리 후 1% 이상 5% 이하의 영구변형을 주는 압축가공으로 잔류응력을 제거하고 다시 인공시효 경화처리한 것.

(14) T73 : 용체화처리 후 기계적 성질과 응력부식 균열성을 조정하기 위해 과시효 처리한 것.

(15) T7352(3) : 용체화처리 후 1% 이상 5% 이하 영구변형을 주는 압축가공으로 잔류응력을 제거한 후 다시 기계적 성질과 응력부식 균열성을 조정하기 위해 과시효 처리한 것.

(16) T74 : 용체화처리 후 기계적 성질과 응력부식 균열성을 조정하기 위해 과시효 처리한 것.

(17) T7452(3) : 용체화처리 후 1% 이상 5% 이하 영구변형을 주는 압축가공으로 잔류응력을 제거한 후 다시 기계적 성질과 응력부식 균열성을 조정하기 위해 과시효 처리한 것.

(18) T81(3) : T8의 단면감소율을 대략 1%로 한 것으로 용체화처리 후 강도를 증가시키기 위해 단면감소율을 대략 1%인 냉간가공을 하고 다시 인공시효 경화처리한 것.

(19) T83(3) : T8의 단면감소율을 대략 3%로 한 것으로 용체화처리 후 강도를 증가시키기 위해 단면감소율을 대략 3%인 냉간가공을 하고 다시 인공시효 경화처리한 것.

〔20〕 T851(3) : 용체화처리 후 강도를 증가시키기 위해 냉간가공을 하고 1.5% 이상 3% 이하의 영구변형을 주는 압축가공으로 잔류응력을 제거하고 다시 인공시효 경화처리한 것.

〔21〕 T852(3) : 용체화처리 후 강도를 증가시키기 위해 냉간가공을 하고 1% 이상 5% 이하의 영구변형을 주는 압축가공으로 잔류응력을 제거하고 다시 인공시효 경화처리한 것.

〔22〕 T861(3) : T361을 인공시효 경화처리한 것으로 용체화처리 후 강도를 증가시키기 위해 단면감소율이 대략 6%인 냉간가공을 하고 다시 인공시효 경화처리한 것.

〔23〕 T87(3) : T37을 인공시효 경화처리한 것으로 용체화처리 후 강도를 증가시키기 위해 단면감소율이 대략 7%인 냉간가공을 하고 다시 인공시효 경화처리한 것.

※ 주 : (2) : 전신재에 대해서는 기계적 성능을 규정하지 않는다. (3) : 전신재에만 적용.

알루미늄청동 (aluminium bronze) 암스브론즈라고도 부르며 알루미늄(Al)을 7~12% 정도, 그 외에 철(Fe), 니켈(Ni), 망가니즈(Mn)을 소량 함유하는 동합금이다. 전연성이 크고 열간 및 냉간가공성이 우수하다. 암스브론즈는 알루미늄 8~12%, 니켈 0.5~2%, 철 2~5%, 망가니즈 0.5~2%를 함유하는 특수 알루미늄청동이며 단단하며 강하고, 내식성 및 내마모성이 뛰어나, 샤프트, 기어, 차량, 화학공업기계, 선박용 튜브플레이트, 고압밸브 등에 이용된다. 철, 니켈, 망가니즈 등을 소량 첨가하면 결정립의 미세화 등을 통해 기계적 성질이 개선된다.

알루미늄청동주물 (aluminium bronze castings) 화학성분에 따라 1~4종까지 구분되어 있으며 4종의 사형주조를 제외하고는 각각 사형주조와 연속주조로 나누어져 있다. 주요 합금성분으로는 동(Cu) 71~90%, 알루미늄(Al) 6~10%, 철(Fe) 1~5%, 니켈(Ni) 0.1~6.0%, 망가니즈(Mn) 0.1~15%, 소량의 주석(Sn), 아연(Zn), 연(Pb)으로 되어 있다.

알루미늄캔스톡 (aluminium can stock) 알루미늄캔 용기를 만드는 알루미늄압연판의 총칭이다. 알루미늄캔

알루미늄캔

바디재, 탭재, 엔드재 등이 있다. (그림참조)

알루미늄캘로라이징 (aluminium calorizing) 수소분위기의 용기안에 알루미늄분말, 소결방지제, 촉진제, 부품 등을 혼합하고 850~950℃ 정도로 가열한 후 12시간 이상 회전시켜 알루미늄분말을 부품에 침투시키는 것을 말한다. 이같은 처리로 부품의 표면에 내열성이 우수한 알루미늄합금이 형성되며 보일러나 화학공업용 부품소재로 사용된다.

알루미늄커튼월 (aluminium curtain wall) 고강도 알루미늄합금을 원료로 대형 건축물의 외장 창호새사용으로 사용하는 알루미늄압출형재의 총칭이다. 커튼월공사는 주로 일괄수주형식으로 진행되고 있다.

알루미늄-크로뮴-몰리브데넘강 (aluminium chromium molybdenum steel) 크로뮴(Cr) 1.3~1.7%, 몰리브데넘(Mo) 0.15~0.3%, 알루미늄(Al) 0.7~1.2% 정도를 함유하는 구조용 합금강이다. 표면에 질화를 행한 강으로 내식성, 내마모성이 우수하여 기어, 실린더 라이너 등에 이용된다. 대표적인 질화강으로는 KS D 3756에서 1종류만을 규정하고 있다. 이 강종은 열간압연, 열간단조 등 열간가공에 의해 만들어져서 다시 단조, 절삭 등의 가공과 열처리를 하고 주로 기계구조용으로 사용한다.

알루미늄판 (aluminium sheet, aluminium plate) ☞ 알루미늄압연재

알루미늄판도체 (aluminium bus conductor) 알루미늄 합금번호 1060으로 만든 압연 및 압출도체를 말한다. KS D 6762에 규정되어 있다.

알루미늄페이스트 (aluminium paste) 고순도 알루미늄을 주원료로 제조한 페이스트상의 알루미늄안료이다. 알루미늄분말 또는 박을 미네럴 스피리트 또는 올레인산을 넣은 볼밀중에서 분쇄, 연마한 극히 얇은 인편상의 알루미늄 입자이다. 건축물 방청제, 페인트안료, 합성수지 첨가물 등으로 사용된다.

알루미늄피복 (aluminizing, aluminium coating) ☞ 알루미나이징

알루미늄합금 (aluminium alloy) 알루미늄(Al)에 철(Fe), 규소(Si), 망가니

즈(Mn), 마그네슘(Mg), 아연(Zn), 니켈(Ni) 등을 첨가한 합금으로 첨가원소의 종류에 따라 Al-Mn계, Al-Si계, Al-Mg계, Al-Cu계, Al-Mn-Mg계, Al-Cu-Mg계, Al-Mg-Si계, Al-Mg-Zn계 등이 있다. 이들은 1000계에서 7000계까지의 7종으로 분류되어 있다. 이중 3000, 5000, 6000계의 합금이 통상 내식성 알루미늄합금이라고 불리고 있으며, 1000계(순 알루미늄계)를 합해서 부식에 강한 부류에 들어간다. 무엇보다도, 특수한 환경을 제외하고 알루미늄의 내식성은 순알루미늄이 가장 좋으며 합금화되면 저하된다. 내식성합금이란 합금화해서 강도의 향상이나 기타 고기능을 부여해도 비교적 내식성이 떨어지지 않는 합금이라는 의미이다. 또 알루미늄합금은 단련용 합금(압연, 압출, 단조용)과 주물용 합금으로 대별되며, 다시 냉간가공한 채로 열처리를 하지 않은 비열처리합금과 열처리를 하여 강도를 높이는 열처리합금으로 분류할 수가 있다. 알루미늄합금의 호칭은 Alcoa기호(미국 Aluminum Company of America사의 호칭법)가 세계적으로 가장 널리 이용되어 왔으나, 미국 알루미늄협회(Aluminum Association)가 각사의 기호를 고쳐,새로이 A.A.기호를 채용했기 때문에 현재는 이것이 알루미늄합금의 표준적인 호칭법으로서 이용되고 있다. A.A.기호를 살펴보면

(1) 1000계 : 99% 이상의 순 알루미늄

(2) 2000계 : Al-Cu-Mg계 합금

(3) 3000계 : Al-Mn계 합금

(4) 4000계 : Al-Si계 합금

(5) 5000계 : Al-Mg계 합금

(6) 6000계 : Al-Mg-Si계 합금

(7) 7000계 : Al-Zn-Mg-Cu계 합금 등으로 분류된다.

이밖에 중요한 주조용 알루미늄합금으로는

(1) 라우탈(Al-Cu계) : 기계적 성질 및 주조성이 뛰어나다. 분배관, 밸브, 기타 일반용.

(2) 실루민(Al-Si계) : 주조성이 양호하고 두께가 얇은 주물용.

(3) 감마실루민(Al-Si-Mg계) : 기계적 성질, 주조성이 양호하며 자동차, 선박, 항공기 부품용.

(4) Y합금(Al-Cu-Ni-Mg계) : 주조성은 떨어지나 내열성이 우수하다. 피스톤, 실린더 헤드용.

(5) 히드로날늄(Al-Mg계) : 내식성이 양호하여 화학공업, 선박용으로 사용.

(6) 로엑스(Al-Si-Cu-Ni-Mg계) : 내열성이 양호하며 피스톤용으로 사용.

알루미늄합금 다이캐스팅 (aluminium alloys die casting) 1종(Al-Si계), 2종(Al-Si-Mg계), 3종(Al-Mg계), 4종(Al-Mg계), 7종(Al-Si-Cu계), 7종Z(Al-Si-Cu계), 8종(Al-Si-Cu계), 8종Z(Al-Si-Cu계), 9종(Al-Si-Cu계) 등 9종류가 있다.

〔1〕 1종 : 내식성, 주조성은 좋으나 내력은 어느 정도 낮다. 자동차 메인 플레임, 프론트 패널, 자동제빵기 내부솥 등에 사용된다.

〔2〕 2종 : 충격치와 내력은 좋고 내식성도 1종과 거의 동등하지만 주조성은 좋지 않다. 자동차 휠캡, 이륜차 크랭크 케이스, 자전거 휠, 선박외기 프로펠러 등에 사용된다.

〔3〕 3종 : 내식성이 가장 양호하고 연신율, 충격치가 높지만 주조성은 좋지 않다. 농기구 암, 선박외기 프로펠러, 낚시도구 등에 사용된다.

〔4〕 4종 : 내식성은 3종 다음으로 좋고 주조성은 3종보다 약간 좋다. 이륜핸들 레버·윈커홀더, 선박외기 프로펠러 케이스, 자기디스크 장치 등에 사용된다.

〔5〕 7종 : 기계적성질, 피삭성, 주조성이 좋다. 자동차 실린더 헤드커버, 이륜차 소버 사이드커버, 크랭크케이스, 농기구 기구 케이스 커버, 카메라몸체, VTR프레임, 미싱 암헤드 등에 사용된다.

〔6〕 7종Z : 7종과 거의 동등하지만 주조 갈라짐성과 내식성은 약간 좋지 않다. 7종과 사용용도가 같다.

〔7〕 8종 : 기계적성질, 피삭성, 주조성이 좋다. 7종과 사용용도가 같다.

〔8〕 8종Z : 8종과 거의 동등하지만 주조 갈라짐성과 내식성은 약간 좋지 않다. 7종과 사용용도가 같다.

〔9〕 9종 : 내마모성이 우수하고 주조성, 내력은 좋지만 연신율이 좋지 않다. 자동차 자동변속기용 오일펌프 바디, 이륜차 인서트, 하우징 클러치 등에 사용된다.

알루미늄합금관도체 (aluminium pipe bus conductor) 알루미늄합금번호 6101, 6061, 6063으로 만든 관도체로 보통급과 특수급으로 나누어져 있다. KS D 6762에 규정되어 있다.

알루미늄합금단조품 (aluminium alloy forgings) 틀단조 또는 자유 단조한 알루미늄합금단조품이다. 마무리가 양호해야 하며 메우기 또는 용접 등의 보수가 없어야 한다. KS D 6770에 규정되어 있다.

알루미늄합금도장판 (painted aluminium alloy sheets)　☞ 알루미늄도장판

알루미늄합금땜납 (aluminium alloy brazing filler metals)　납땜에 사용하는 알루미늄합금 땜납이다. 선, 봉, 판 등이 있으며 KS D 7043에 규정되어 있다.

알루미늄합금박 (aluminium alloy foils)　☞ 알루미늄박

알루미늄합금봉 (aluminium alloy rods)　전신가공한 단면이 원형, 직사각형, 정사각형, 정육각형, 정팔각형인 알루미늄합금으로 만든 봉이다. 압출봉과 인발봉으로 나누어져 있으며 합금별로는 KS D 6763에 규정되어 있다.

알루미늄합금브레이징시트 (aluminium alloy brazing sheets)　납땜에 사용하는 알루미늄합금 브레이징 시트이다. KS D 7043에 규정되어 있다.

알루미늄합금선 (aluminium alloy wire)　전신가공한 단면이 원형인 알루미늄합금으로 인발하여 만든 선이다. KS D 6763에 규정되어 있다.

알루미늄합금스크랩 (aluminium alloy scraps)　☞ 알루미늄스크랩

알루미늄합금압출형재 (aluminium alloy extruded shape)　☞ 알루미늄압출형재

알루미늄합금용접관 (aluminium alloy welded pipe)　☞ 알루미늄관

알루미늄합금용접봉 (aluminium alloy welding rods)　알루미늄합금의 수동 티그용접 또는 산소 아세틸랜 가스용접에 사용하는 용접봉이다. 화학성분에 따라 8종류로 구분되며 기타 사항은 알루미늄용접봉과 동일하다. ☞ 알루미늄용접봉

알루미늄합금용접와이어 (aluminium alloy welding wires)　자동 또는 반자동 미그용접 혹은 티그용접에 사용하는 알루미늄합금용접와이어이다. 화학성분에 따라 8종류로 구분되어 있으며 기타 사항은 알루미늄용접와이어와 동일

하다. ☞ 알루미늄용접와이어

알루미늄합금주물 (aluminium alloy casting) 금형주물, 사형주물 등의 주물용 알루미늄합금이다. Al-Cu, Al-Si, Al-Mg의 이원계를 기본으로 각각을 조합하고 다른 원소도 첨가한 다원계합금이다. Al-Cu계 합금은 기계적 성질이 뛰어나지만 내식성과 주조성이 좋지 않다. Al-Si계 합금은 주조성이 뛰어나기 때문에 얇은 대형 주물과 형상이 복잡한 주물에

알루미늄합금주물

쓰인다. Al-Mg계는 내식성 특히, 내해수성이 뛰어나며 인성, 양극산화성도 좋으나 주조성은 좋지 않다. KS D 6008에서는 합금계에 따라 17종류로 규정해 놓았다. (그림참조)
[1] 주물 1종A(Al-Cu계) : 기계적 성질이 우수하고 절삭성도 좋으나 주조성이 좋지 않다.
[2] 주물 1종B(Al-Cu-Mg계) : 기계적 성질이 우수하고 절삭성도 좋으나 주조성이 좋지 않으므로 주물의 모양에 따라 용해, 주조방안에 주의를 요한다. [3] 주물 2종A(Al-Cu-Si계) : 주조성이 좋고 인장강도는 높으나 연신율이 적다. 일반용으로 우수하다.
[4] 주물 2종B(Al-Cu-Si계) : 주조성이 좋고 일반용으로 널리 사용된다.
[5] 주물 3종A(Al-Si계) : 유동성이 우수하고 내식성도 좋으나 내력이 낮다. [6] 주물 4종A(Al-Si-Mg계) : 주조성이 좋고 인성이 우수하며 강도가 요구되는 대형주물에 사용된다.

알루미늄호일

[7] 주물 4종B(Al-Si-Cu계) : 주조성이 좋고 인장강도는 높으나 연신율이 적다. 일반용으로 널리 사용된다.
[8] 주물 4종C(Al-Si-Mg계) : 주조성이 우수하고 내압성, 내식성이 좋다.
[9] 주물 4종CH(Al-Si계) : 주조성이 우수하고 기계적 성질도 우수하다. 고급주물에 사용된다.
[10] 주물 4종D(Al-Si-Cu-Mg계) : 주조성이 우수하고 기계적 성질도 좋다. 내압성이 요구되는 것에 사용된다.

〔11〕 주물 5종A(Al-Cu-Ni-Mg계) : 고온에서 인장강도가 높다. 주조성이 좋지 않다.

〔12〕 주물 7종A(Al-Mg계) : 내식성이 우수하고 인성과 양극산화성이 좋다. 주조성은 좋지 않다.

〔13〕 주물 8종A(Al-Si-Cu-Ni-Mg계) : 내열성이 우수하고 내마모성도 좋으며 열팽창계수가 작다. 인장강도가 높다.

〔14〕 주물 8종B(Al-Si-Cu-Ni-Mg계) : 내열성이 우수하고 내마모성이 좋으며 열팽창계수가 작다. 인장강도도 높다.

〔15〕 주물 8종C(Al-Si-Cu-Mg계) : 내열성이 우수하고 내마모성이 좋으며 열팽창계수가 작다. 인장강도가 높다.

〔16〕 주물 9종A(Al-Si-Cu-Ni-Mg계) : 내열성이 우수하고 열팽창계수가 작다. 내마모성이 좋으나 주조성이나 절삭성이 좋지 않다.

〔17〕 주물 9종B(Al-Si-Cu-Ni-Mg계) : 내열성이 우수하고 열팽창계수가 작다. 내마모성이 좋으나 주조성이나 절삭성이 좋지 않다.

알루미늄합금판 (aluminium alloy sheets) ☞ 알루미늄압연재

알루미늄합금판도체 (aluminium alloy bus conductor) 알루미늄합금 번호 6101로 만든 압연 및 압출도체를 말한다. KS D 6762에 규정되어 있다.

알루미늄호일스톡 (aluminium foil stock) 얇은 호일제품에 사용되는 알루미늄압연판의 총칭으로 호일스톡, 핀스톡, 클래드재 등이 이에 속하며 은박지, 호일, 자동차용 공조기, 에어콘 등에 사용된다. (그림참조)

알루미늄황동 (aluminium brass) 알브락 또는 알루미브라스라고 부르며 아연(Zn) 약 22%를 함유하고 있는 황동에 1.8~2.5%의 알루미늄(Al)과 0.02~0.06%의 비소(As)를 첨가한 합금이다. 이것에 규소(Si) 0.2~0.5%를 첨가하면 알브락이 된다. 내식성 특히, 내해수성이 좋다. 대표적인 화학성분은 동 78.5%, 알루미늄 2%, 규소 0.3%, 비소 0.05%, 나머지는 아연으로 이루어져 있다.

알루미늄황인선 (aluminium wire rod) 알루미늄와이어바를 가열해 열간 압

연롤로 길게 늘인 것으로 알루미늄 전선용의 중간제품으로 이를 다시 신선기로 뽑아 늘려서 알루미늄전선으로 만든다.

알루미브라스 (alumi-brass) ☞ 알루미늄황동

알루민산염 (aluminate) 알루미나와 화합한 금속산화물.

알브락 (albrac) ☞ 알루미늄황동

알칼리금속 (alkali metals) 주기율표 Ⅰ족에 속하는 리튬(Li), 나트륨(Na), 칼륨(K), 루비듐(Rb), 세슘(Cs), 프란슘(Fr) 등 6개원소의 총칭이다. 1가의 원소로, 모두 다 가볍고 연하다. 융용점과 비등점이 낮으며 밀도가 작다는 것이 특징이다. 다른 원소와 화합하기 쉽고, 상온에서 물을 분해해서 수소를 발생시키는 성질이 있다. 석유, 파라핀 속에 담가서 보존한다.

알칼리토금속 (alkali earth metals) 주기율표상 Ⅱ족에 속하는 베릴륨(Be), 마그네슘(Mg), 칼슘(Ca), 스트론튬(Sr), 바륨(Ba), 라듐(Ra) 등 6개 원소의 총칭이며 베릴륨과 마그네슘을 뺀 나머지 4개원소만을 가르키는 경우도 있다. 2가의 원소로 모두 백색의 가벼운 금속으로 비등점과 용융점이 비교적 낮다. 화학적으로 활성이 높으며 상온에서 공기속에 방치하면 습기와 반응하여 수산화물 피막이 형성된다. 알칼리금속과 같이 상온에서 물을 분해해서 수소를 발생시킨다. 불활성가스나 질소를 봉입해서 보존한다. 금속은 환원제, 산화물은 세라믹스의 재료로 사용된다.

알코니자석 (alconi magnet) ☞ 알니코

알클래드 (alclad) 고력 알루미늄합금판 위에 다시 순도가 높은 알루미늄판을 클래드화 하여 내식성을 한층 더 높인 것을 말한다.

알파안정형원소 (α-stabilizer in titanium alloy) 타이타늄(Ti)합금의 결정구조를 조밀육방격자로 만들기 위해 첨가하는 원소를 말한다.

알파타이타늄합금 (α-titanium alloy) 결정구조가 조밀육방격자인 타이타늄

합금을 말한다.

알팩스 (alpax) 주조용 알루미늄합금으로 실루민을 말한다. ☞ 실루민

알페스케이블 (alpeth cable) 통신케이블의 일종으로 폴리에틸렌으로 절연시킨 선심을 알루미늄테이프로 감싸고, 다시 폴리에틸렌으로 피복한 케이블로, 시내, 시외전화선로에 이용된다. 고주파 특성이 뛰어나며, 연(Pb)을 사용하지 않기 때문에 가벼우며 전기에 의한 부식이 일어나지 않는 장점이 있다.

암설 (debris, waste rock) 폐석.

암스브론즈 (arms bronze) 항공기 부품 등에 사용되는 특수 알루미늄청동이다. ☞ 알루미늄청동

암장 (magma) 마그마를 말하며 암석이 되기 전의 용융상태의 물질로 휘발성과 비휘발성 물질을 함유하고 이것이 식어서 각종 광물을 생성시킨다. (그림참조)

화산에서 분출하는 마그마

암장광석 (magmatic deposit) 암장으로부터 분화작용에 의해 생긴 광상.

암프코메탈 (Ampco metal) 주물용 알루미늄청동합금으로 마찰저항이 매우 작지만 강도와 경도가 매우 우수해 심가공용 금형소재로 사용된다.

압밀화 (consolidation) 용기중의 합금분말이 수소저장과 방출의 반복과정의 결과로 용기중의 일부분에 조밀하게 충전되고 다시 팽창에 의한 응력으로 인해 고밀도로 굳어지는 현상으로 용기를 변형 또는 파괴시키는 경우가 있고 치밀화라고도 한다.

압연 (rolling) 회전하는 두 개의 원통형 롤사이에서 행해지는 소성가공이다. 단조, 압출, 인발 등의 가공에 비해 압연은 비교적 단순한 형상의 제품을 능률적으로 만들 수 있는 매우 우수한 가공법이다. 압연가공에 영향

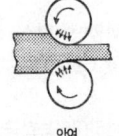

압연

을 미치는 인자로서는 재료의 종류와 상태, 롤과 재료의 표면상황, 윤활제, 롤 구경, 전후면의 장력, 소재의 치수 및 형상, 압연후의 재료의 치수와 형상, 공형압연시에는 공형의 치수와 형상, 압연온도, 속도, 롤, 하우징의 탄성적 특성 등을 들 수 있다. (그림참조)

압연기 (rolling mill) 압연기는 그에 들어가는 압연롤의 개수 및 배치, 압연기의 배열의 형식, 압연작업의 목적 등에 의해 분류된다. 먼저 롤의 개수에 따라 이중식(이단식이라고도 한다), 삼중식(삼단식), 사중식(사단식)압연기로 불리며 그 이상의 롤이 있는 것은 총괄해서 다중식(다단식)압연기라고 불리며 6중식, 12중식, 20중식 등이 있다. 또 롤의 배치상 롤을 Y형으로 배치한 Y형 압연기, 다수의 소구경 롤을 대구경 롤주위에 배치한 플래니테리밀, 이중식을 2식 조합한 복이중식압연기, 수평롤과 세로롤을 조합한 유니버설압연기 등이 있다. 압연기의 수를 가능한 한 적게 하면서 다량의 압연가공을 하기 위해서는 롤의 회전방향을 정역전이 가능한 구조로 해서 1스탠드에서의 패스횟수를 증가시키는 것이 효과적이다. 압연기 배열의 대표적인 것으로는 단기, 일축식, 다축식, 크로스컨트리식, 연속식(직렬식), 반연속식, 조합식 등이 있다. (그림참조)

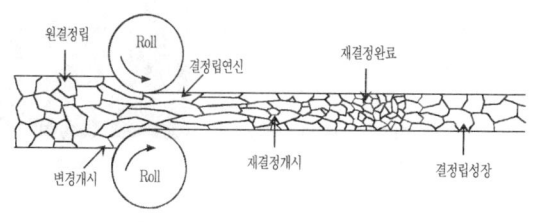

압연의 원리

압연제품 (rolled products) ☞ 알루미늄압연재

압축균열 (pressing crack) 성형공정중 성형체에 형성되는 균열.

압축비 (compression ratio) 충전된 분말의 체적을 성형체의 체적으로 나눈 값.

압축성 (compressibility) 성형체의 상대밀도로 비교하는 분말의 압축되기 쉬운 정도.

압축성형 (compacting pressing) 분말을 압축하여 분말에 소정의 모양 및 치수를 부여하는 것.

압출 (extrusion) 상온 또는 융용점 부근까지 가열된 금속재료를 압출기 안에 넣고 압출기 금형의 틈으로 금속재료를 큰 압력을 가해 압출하여 관, 봉, 선, 튜브 등을 만드는 가공법을 말한다. 수압이나 유압프레스에 의한 정적압출과 토클 프레스에 의한 충격압출이 있다. 또한 냉간압출과 열간압출 그리고 직접압출과 간접압출로 구분된다. 최근에는 충격압출과 냉간압출이 각광을 받고 있다. 압출에 필요한 힘은 다이의 형태, 압출조건, 빌릿의 재질 등에 의존한다. (그림참조)

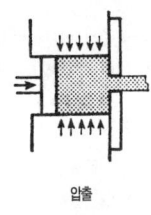

압출

압출가공 (extrusion) ☞ 압출

압출기 (extruding machine, pusher, extruder) 압출가공에 사용되는 기계장치로 대부분 수평형이다. 압출형재의 크기나 모양에 따라 가압규모가 다르며 이에 따라 압출기의 규모가 다르다. (그림참조)

알루미늄압출기

압탕 (feeder head, riser) 주조시에 용탕의 수축으로 발생하는 구멍을 방지하기 위한 부가부분을 말한다. 주형에 주입된 용탕은 상온까지 냉각하는 동안 액체수축, 응고수축, 고체수축을 한다. 응고는 주형벽면을 따라서 시작되며 먼저 외형이 고체화되고 나서 내부의 미응고부는 주위의 응고진행부로 차례대로 탕이 끌려가 마침내 최종 응고부를 채워야 할 탕량이 부족하기 때문에 공간(수축소)을 발생시키게 된다. 이를 방지하기 위해 부가해서 본체의 최종 응고부로 급탕할 필요가 있으며 이 부가부분을 압탕이라고 한다. 즉 압탕은 수직관의 효과와 수축소방지 효과를 겸하고 있다.

압하량 (rolling reduction) 롤에서 압연되고 있는 재료의 롤 입구의 높이를 h1, 롤 출구의 높이를 h2로 하면 $\varDelta h = h1-h2$를 압하량이라고 부른다. 일반적으로 가능한 최대 입하량은 롤의 맞물림, 롤강도, 전동기 용량, 압연재의 변형형태 등에 의해 제한을 받는다.

압하스케쥴 (reduction schedule) 압연을 할 경우 1회의 패스에 있어서의 최대 단면 압축률은 재료의 취성, 맞물림 각, 원동기 용량 등에 의해 규제된다. 이들의 제조건을 고려하여 가능한 한 고능률로 고품위의 완제품을 압연하기 위한 각 패스에 있어서의 단면압축계획을 압하스케쥴이라고 한다. 이는 오랜 경험과 여러가지 실험결과에 의거하여 작성되는데 최근에는 이들의 자동화도 진전되어 가고 있다.

압하율 (reduction ratio) 입측의 두께와 압연후 출측의 두께와의 비율을 말한다.

압환경도 (radial crushing strength) 압환하중으로부터 일정한 방법으로 구해진 원통모양 소결체 또는 성형체의 강도를 말한다.

압환하중 (radial crushing load) 원통모양 소결체 또는 성형체를 축에 평행한 두 면에서 압축하여 균열이 생기기 시작했을 때의 하중.

애노다이징 (anodizing) 양극산화를 말한다. 금속면의 청정, 연마, 산화처리를 요할 경우 전해액중 양극에 금속을 두고 불활성금속을 음극에 두어 전류를 통하게 하는 방법이다. 보통 알루미늄제품의 표면을 산화피막으로 감싸서 부식되지 않도록 하는 것을 말한다. 일반적으로는 알루마이트로 통용된다. (그림참조) ☞ 알루마이트

표면처리설비

애노드 (anode) 양극을 말하는데 전해정련 혹은 전기도금에 있어서의 양극금속을 말한다. 예를 들면 동정련시의 조동의 양극판, 니켈도금시의 양극니켈 등이 이에 해당한다.

애노드 스크랩 (anode scrap) 전해정련에 있어서의 양극판의 남은 불용해성

찌꺼기이다. 애노드슬라임과 같은 의미이다.

애노드 슬라임 (anode slime) 양극니. ☞ 양극슬라임

애놀라이트 (anolyte) 양극액 혹은 애노드액.

애드미럴티메탈 (Admiralty metal) ☞ 애드미럴티황동

애드미럴티황동 (Admiralty brass) 애드미럴티 메탈이라고도 부르며 황동에 주석을 첨가한 73 황동을 말한다. 표준조성은 동(Cu) 70%, 아연(Zn) 29%, 주석(Sn) 1% 등이다. 내식성, 특히 내해수성이 우수하며 콘덴서, 냉동기관, 가열기관, 증류기관 등에 이용된다.

애드미럴티황동용접관 (Admiralty brass welded pipe) 동합금용접관중 하나로 내식성이 좋아 가스관, 열교환기 등에 사용된다.

애드미럴티황동판 (Admiralty brass sheets) 내식성, 특히 내해수성이 우수하다. 두꺼운 것은 열교환기용 관판, 얇은 것은 열교환기, 가스배관용 용접관 등에 사용된다.

액상소결 (liquid phase sintering) 두 종류 이상의 성분을 포함한 혼합분말 또는 성형체의 소결과정중에 액상이 존재하는 소결이다.

앤드리스로프운반 (endless rope haulage) 순환하는 로프에 의해 지상의 광석을 실은 차량 등을 견인 수송하는 궤도순환 운반방식이다.

앤빌 (anvil) 단조작업에서 직접소재를 올려 놓고 여러가지 작업을 하는 대를 가리키는데 경우에 따라서는 몸통 하부에 대는 대를 가리키기도 한다. 이외에 해머프레임이나 두부를 지탱하면서 지하에 박혀 있는 부분을 말하는 경우도 있다. 따라서 전자는 단강품에 생크를 파고 내마모성을 필요로 하지만 후자는 해머 낙하시의 진동방지용으로 주강재가 많으며 중량이 낙하질량의 15~20배가 되지 않으면 기계 자체에 진동을 발생시켜 정도가 나빠지거나 파손되기도 한다.

앤티모나이드 (antimonide) 안티모니화물.

앤티모네이트 (antimonate) 안티모니산염.

야금 (metallurgy) 원래는 광석에서 금속을 추출하는 것을 말했으나 현재는 금속의 정련 또는 합금을 만드는 것까지 전체를 말한다. 이 분야를 화학적으로 연구하는 학문분야를 야금학이라고 한다.

양극동 (anode copper) ☞ 동애노드

양극산화 (anodizing) 바탕금속을 양극으로 해서 전해를 하는 것에 의해 바탕 표면이 산화되거나 또는 부동태화 되어 용액중의 전해질 음이온과 바탕이 일으켜 산화피막을 형성하는 것을 말한다. 알루미늄에 널리 사용되며 애노다이징이라고 한다. 양극산화법에 의한 타이타늄 착색의 특징은 색조가 풍부하여 10종류의 기본 유 채색 전부를 발색시킬 수 있고 다른 착색 금속재에 비하여 채도가 높고 페인트와 같은 선명 한 색채를 얻을 수 있을 뿐만 아니라 색조가 양극산화 전압에 의하여 결정되기 때문에 색조 제어가 용이하다. 여기서는 가장 일반적인 직류전원을 이용하여 수용액 중에서 양극산화하 는 방법, 레이저 조사에 의한 착색기술, 교류전해에 의한 양극산화법, 전해액으로 용융염을 사용한 용융염전해법과 같은 다양한 양극산화법에 대하여 살펴보고자 한다. 이와 같은 착색 법은 모두 양극산화에 의해 표면에 생성된 얇은 산화피막 표면의 반사광과 내부 반사광의 간섭작용에 의하여 일어나는 발색원리를 이용한 것이다.

양극슬라임 (anode slime) 금속의 전해정제에 있어서의 전해조의 침전물. 조동, 조연 등을 전해정련할 때, 음극에 석출되지 않고 양극의 밑에 불용해성 잔류물로 조에 침전되는 것으로, 금(Au), 은(Ag), 셀레늄(Se) 등을 함유하고 있으며, 이들은 부산물로서 채취된다. 그냥 슬라임이라고도 한다.

양극 아연 괴 (Zinc Anode Ingot) 전기도금용 (Electro-Plating)으로 사용되며 순도 99.995% 이상의 SHG Zinc Slab를 고객의 요구에 맞도록 전기 도금용 Anode로 형상화한 제품이다. 고려아연이 생산 중이다.

양방향동작 (two-way action) 형상기억합금이 가열, 냉각에 의해 가역적으로 형상변화을 반복하는 현상으로 내인적 양방향 동작과 외인적 양방향 동작이 있다.

양방향성형 (double action pressing) 서로 마주보는 양방향으로 단축성형하는 것.

양방향 형상기억처리 (two-way shape memory treatment) 양방향 형상기억 효과를 부여하는 열처리로 고온보상내에 내부응력장을 도입하기 위한 열처리이다. 이를 위한 방법으로는 트레이닝, 구속가열, 강변형, 구속시효처리 등이 있다.

양방향 형상기억효과 (two-way shape memory effect) 고온과 저온 양쪽의 형상을 가역시켜 놓고 외부응력을 가하지 않아도 가열시 뿐만 아니라 냉각시에도 형상 변화하는 형상기억효과이다. 구속시효 처리시 니켈과잉 타이타늄-니켈(Ti-Ni)합금에 나타나는 양방향 형상기억합금효과를 특히 전체방향 형상기억 효과라고 하고 트레이닝, 구속가열 혹은 강변형의 양방향 형상기억합금 처리로 생긴 양방향 형상기억효과보다도 저온에서의 회복력 및 회복량이 크다. 가역형상기억효과라고도 한다.

양백 (nickel silver) 동(Cu), 아연(Zn), 니켈(Ni)의 합금으로 조성은 동 50~70%, 아연 10~30%, 니켈 10~20%, 이밖에 소량의 망가니즈(Mn)을 함유한다. 은백색의 미려한 합금으로 잘 변색되지 않으며 가공성 및 내식성, 전연성이 양호하기 때문에 판, 봉, 선으로써 양식기, 장식품, 계측기, 전기통신기기, 의료기기, 건축용 철물 등에 광범위하게 사용된다. 니켈실버, 저면실버, 양은 등 여러 이름으로 부른다.

양백봉 (nickel silver rod, nickel silver bar) 연(Pb)을 0.8~1.2% 첨가해서 피삭성을 부여한 양백봉이다. 광택이 좋고 미려하며 내피로성, 내식성이 좋다. 작은 나사, 볼트, 너트, 전기기기부품, 악기, 의료기기, 시계부품 등에 사용된다. KS D 5102에서는 C7521, 7541, 7701 및 쾌삭양백인 7941 등 4종류로 분류하고 있다.

양백선 (nickel silver wire)   KS D 5102에 따르면 양백봉과 조성이 거의 같으며 특수스프링재료에 적합하다. 직선스프링, 코일스프링으로서 계전기, 계측기, 의료기기, 장식품, 안경부품, 연질재, 헤드재 등에 사용된다.

양백스크랩 (nickel silver scrap)   ☞ 동스크랩

양백판 (nickel silver sheet, nickel silver plate)   광택이 아름다우며, 전연성, 내피로성, 내식성이 좋다. 특히 C7351, C7521은 수축성이 풍부하다. 용도는 수정 발진자 케이스, 트랜지스터캡, 볼륨용 섭동편, 장식품, 양식기, 의료기기, 건축용, 관악기 등이다. 또한 스프링용 양백(C7701)도 전성, 내피로성, 내식성이 우수하다.

양은 (German silver, nickel silver)   ☞ 양백

어닐링 (annealing)   금속의 연화 또는 결정조직의 조정이나 내부응력을 제거하기 위해 적당한 온도로 가열한 후 천천히 냉각시키는 조작을 말한다. 이를 통해 잔류응력 제거, 경도 저하, 피삭성 향상, 냉간가공성 향상, 결정조직의 조정, 필요한 기계적 및 물리적 성질을 얻을 수 있다. 어닐링에는 완전어닐링, 부분어닐링, 연화, 구상화, 수중어닐링, 가단화, 흑연화 등이 있다.

어댑터 (adapter)   금형세트의 일부이며 금형을 금형홀더의 적절한 위치에 유지하기 위한 공구이다. 금형을 누르고 받치는 판 등이 있다.

어프로치테이블 (approach table)   가열로나 압연기에 소재를 진입시키는 롤러 테이블.

억제제 (depressor, depressant, inhibitor)   두 종류 이상의 혼합광석을 선광하는 데 사용하는 시약으로 어떤 광물의 부유는 억제하고, 다른 광물의 부유는 억제하지 않는 특성을 지닌다. 청화소다, 황산아연, 석회 등이 이에 속한다.

언노운 가격결정방식 (unknown pricing)   ☞ 라스트 노운 가격결정방식

언더드래프트 (under draft) 상하롤중 하롤에 의한 가공을 크게 해서 압연재료가 롤 출구에서 위를 향해 나오도록 하는 압연방법을 말한다. 이러한 작업은 롤러 테이블이나 유도장치를 보호하기 위해 하롤의 구경을 상롤보다 크게 하는 방법에 의해 행해진다.

언더필시스템 (underfill system) 소정의 충전과 피더의 이동 종료 후 다이를 상승 또는 아래펀치를 하강시켜 다이 윗면으로부터 분말을 가라앉혀 충전하는 방법이다.

언로더 (unloader) 부두에서 광석 및 석탄 등의 낱개로 된 원료를 쌓아 올리는 데에 전용으로 사용하기 위해 설치된 크레인으로 특별히 크레인이라고 하지 않고 언로더라고 부른다. 일반적으로 기내에 호퍼와 벨트 컨베이어를 갖추고 그래브 버킷을 사용해서 저장광석으로 연결되는 컨베이어로 이송하거나 직접 안벽의 화물차나 부선에 적재하도록 되어 있다. 소형인 것은 로프 트로이형, 중형은 수평인입식, 대형은 맨트로리식으로 되어 있다. 최근에는 대형 전용선의 취항에 따라 그 취급량이 증가하고 있어 1,500~2,500t/h의 능력을 갖춘 것도 출현하고 있다.

언코일러 (uncoiler) 코일상으로 말아 놓은 소재를 푸는 장치이다. 설비는 비교적 간단해서 회전할 수 있는 심봉 등에 코일을 걸고 외주의 한 끝을 꺼내어 코일 몸체를 회전시키면서 끝을 펴서 물어낸다.

에너브 (Enerv) 미국 스크랩규격인 ISRI(Institute of Scrap Recycling Industries, Inc)규격중 청동주물 절삭스크랩(red brass composition turnings)의 총칭이다.

에너지전이온도 (energy transition temperature) 연성파면율 100%가 되는 최저 온도에 대응하는 흡수에너지와 취성파면율 100%가 되는 최고온도에 대응하는 흡수에너지의 평균흡수에너지에 상당하는 온도를 말한다. 간편한 방법으로 연성파면율 100%가 되는 최저 온도에 있어서의 흡수에너지의 $\frac{1}{2}$ 값에 상당하는 온도로써 구하는 경우가 많다.

에르븀 (erbium) 원소기호 Er, 원자번호 68, 원자량 167.26, 비중 9.16, 용

융점 1,497℃, 비등점 2,900℃의 희토류 원소의 하나이다. 가돌린석 등에 함유되어 소량 존재한다. 저온에서 초전도성을 나타내므로 전자공업의 특수한 분야, 예를 들면 기억 측정장치 등에 이용된다.

에릭슨시험 (Erichsen test) 금속박판의 변형능을 조사하는 시험이다. 금속박판은 압출가공에 의해 여러가지 형상의 물건으로 성형되는데 이 경우 판금은 소요변형에 견뎌야 하고 또 균열을 일으켜서는 안된다. 이러한 판금의 시험에 에릭슨시험이 이용된다. 시험편을 다이스와 주름 누르개로 체결하고 홈지름 27㎜의 다이스 홈내에 구지름 20㎜의 펀치로 늘림성형시키는 시험이다.

에린 (Erin) 미국 스크랩규격인 ISRI(Institute of Scrap Recycling Industries, Inc)규격중 청동 기계부품 절삭스크랩(machinery or hard brass borings)의 총칭으로 함유 성분은 동 75%, 주석 6% 이상, 연 6~11%인 청동 기계부품의 절삭 스크랩이며 안티모니가 0.5% 이하, 아연, 안티모니, 니켈 이외의 불순물이 0.75% 이하인 것을 말한다.

에머리 (emery) 금강사이며 강구슬의 일종으로 자철광을 함유하며 연마재로 이용한다. 전해법으로 제조되며 SiO_2 8~13%, Fe_2O_3 4~10%, Al_2O_3 77% 이상 함유되어 있다.

에버브라스 (everbrass) ☞ 알루미늄황동

에버브라이트 (Everbrite) 동(Cu) 60~65%, 니켈(Ni) 30%, 철(Fe) 3~8% 인 Cu-Ni합금으로 내식성이 좋아서 터빈, 노즐, 블록, 특히 터빈날개재로 사용된다.

에보니 (Ebony) 미국 스크랩규격인 ISRI(Institute of Scrap Recycling Industries, Inc)규격중 포금스크랩(composition or red brass)의 총칭으로 포금스크랩, 밸브, 베어링 기타 기계부품의 스크랩(동, 주석, 아연, 연으로 이루어지는 각종 주물을 포함)을 말한다.

에지강도 (edge strength) 성형체의 에너지에서의 파괴에 대한 강도로 일반적으로는 래틀러값으로 평가한다.

에칭 (etching) ① 금속면에 도금, 도장 등을 하기 위해 탈지와 상세척을 실시한 후에 산화막을 제거하기 위해 산용액에 담그는 것. ② 금속조직을 관찰하기 위해 적당한 부식액을 사용하여 금속의 조직을 드러나게 하는 일 또는 착색하는 일. ③ 알루미늄박을 사용하여 전해콘덴서를 만들 때 알루미늄박 표면을 산으로 부식시켜 조직표면적을 확대시키는 것 등을 에칭이라고 한다.

엔젤 (Engel) 미국 스크랩규격인 ISRI(Institute of Scrap Recycling Industries, Inc)규격중 청동 기계부품 스크랩(machinery or hard brass solids)의 총칭이다. 함유 성분은 동 75%, 주석 6% 이상, 연 6~11%인 청동 기계부품으로, 안티모니가 0.5% 이하, 아연, 안티모니, 니켈 이외의 불순물이 0.75% 이하인 것을 말한다.

엔트리 섹션 (entry section) 일반적으로 압연기를 하나의 라인으로 볼 때 이용하는 단어로 압연기의 스탠드를 중심으로 소재를 스탠드로 공급하는 설비를 말한다. 또 완성품을 반출하는 설비를 딜리버리 섹션이라고 한다. 예를 들면 스트립 냉간압연기에서는 코일 컨테이너, 코일 리프트, 코일 리와인더 등의 설비를 총칭해서 엔트리 섹션이라고 하고 또 권취하는 장치, 코일 컨베이어 등을 딜리버리 섹션이라고 부른다.

엘더 (Elder) 미국 스크랩규격인 ISRI(Institute of Scrap Recycling Industries, Inc)규격중 순수하고 양질인 배빗 포금 부싱(genuine babbit-lined brass bushings)의 총칭으로 포금부싱 및 자동차 이외의 기타 기계의 베어링 스크랩을 말한다.

엘린바합금 (Elinvar alloys) 실온에서 온도변화를 주어도 탄성계수가 거의 변하지 않는 합금으로 철(Fe) 36%, 니켈(Ni) 12%가 첨가된 크로뮴합금이다. 주로 계측기기, 전자기장치, 정밀 스프링 등에 사용된다.

엘보우 (Elbow) 미국 스크랩규격인 ISRI(Institute of Scrap Recycling Industries, Inc)규격중 제지용 청동망스크랩(bronze paper mill wire cloth)의 총칭으로 순량한 종이뜨기 기계의 쇠망으로, 동 87% 이상, 주석 3% 이상, 연 1% 이하인 것을 말한다.

역변태 (reverse transformation) 가열 및 하중제거에 수반하여 생긴 변태를 말한다. 가열할 경우에는 마르텐사이트에서 모상으로, R상에서 모상으로 혹은 마르텐사이트에서 R상으로 변태가 있다. 응력유기변태인 경우에는 마르텐사이트에서 구조가 다른 마르텐사이트의 역변태도 있다.

역삼투 정수설비 시스템 삼투(Osmosis) 현상은 서로 농도가 다른 2종류의 액체 사이에 반투막(Semi-permeable membrane)을 설치하면 물이 저 농도에서 고농도 영역으로 흘러가는 현상을 말한다. 즉 순수한 물과 바닷물을 반투막 사이에 두고 평형에 이르면 순수한 쪽에서 바닷물 쪽으로 물이 이동하게 된다. 역 삼투 법은 삼투현상을 역으로 이용한 것으로 고농도의 물에 인위적으로 압력을 가하여 순수한 물만을 반투막을 통과시켜 정제하는 방법이다.

역인도조건 (at station terms) 무역거래에 있어서 상품을 철도역까지 인도하는데 소요되는 모든 비용을 매도자가 부담하는 조건을 말하며 그 이후에 발생되는 비용은 매수인에게 전가된다.

역청우라늄광 (pitchblende) 피치블렌드라고 하며 우라늄의 가장 중요한 광석이다. 섬우라늄광중 비결정질 괴상광을 말하며, U_3O_8를 80% 정도 함유하고 있다.

연 (lead) 원소기호 Pb. 원자번호 82, 원자량 207.2, 비중 11.34, 용융점 327.4℃, 비등점 1,750℃, 결정구조 면심입방정, 주기율표상 Ⅳb족에 속하는 회은색의 금속이다. 매우 무겁고 재결정온도가 상온이하이므로 가공해도 경화되지 않으며 부드럽다. 그러나 안티모니(Sb), 동(Cu), 아연(Zn), 비소(As) 등이 첨가하면 경화된다. 주석(Sn), 비스무트(Bi), 카드뮴(Cd) 등과 같이 저온에서 용융되며 가소성이 있고 가공성이 뛰어나며 내산성, 내식성이 양호(습기가 닿으면 녹이 슬지만, 건조한 공기나 공기를 함유하지 않는 수중에서는 변화되지 않는다. 또한 초산에는 약하지만, 희황산, 희염산에는 침해당하지 않는다)하다. 전성이 뛰어나지만 인성은 빈약하다. 이러한 성질로 인해 수도관, 축전지 기관, 화학공업용기기, 무기약품, 감마합금, 땜납(solder), 활자합금, 경납, 박, 산탄, 도금, 전선케이블 등에 광범위하게 이용된다. 제법은 전해법(베츠법), 파크스법, 해리스법 등이 있으며 전해법이 가장 일반적으로, 조연을 규불화수소산을 함유한 전해액속에서 전해정련하여 전기연을 얻는다. 조연을 만드는 방법으로는 정광을 소결시켜 석회석, 코크스, 규산광, 스크랩철 등과 함께 용광로에서 용련하는 방법이 일반적이나, 최근에는 정광의 소결과정을 생략하고 정광을 직접 노에 투입, 제련하여 조연을 만드는 직접제련법이 도입되었으며 대표적인 공법으로는 QSL공법, Kivcet공법 등이 있다.

연결기공 (communicating pore) 서로 연결되어 있는 기공으로 개방기공 또는 폐쇄기공인 경우가 있다.

연관 (lead pipes) 연(Pb)으로 만든 관으로 점성이 좋고 전연성이 크며 가공성이 우수하다. 화학성분에 따라 1~5종까지 5종류가 있으며 1종의 연함량은 99.9% 이상이다. 1종은 화학공업용, 2종은 일반용, 3종은 가스용, 4~5종은 통신용으로 사용된다. 3종관은 5.88kPa의 가압에 견디며 4종 및 5종은 관내부에 294kPa의 공기압을 견딜 수 있다.

연관판 (lead tube, lead pipe, lead sheet) 순수한 연(순연)의 관 및 판과 안티모니, 주석, 동을 첨가한 경연관 및 판이 있다. 판은 화학공업 및 건축용재, 관은 수도관, 가스관, 배수관 등에 이용된다.

연광석 (lead ore) 방연광, 백연광, 차골광, 모광, 황산연광, 녹연광, 각연광, 미메타이트, 수연연광 등이 있으며, 방연광이 가장 중요하다. 아연광과 공생하기 쉬우며, 연·아연 혼합광석의 형태로 산출되는 경우가 많다.

연괴 (lead ingot) ☞ 연지금

연금술 (alchimy, hermetic art) 옛날 이집트에서 시작되어 유럽에 퍼진 원시적인 화학기술로 비(卑)금속을 금, 은 등 귀금속으로 변화시키며 또한 불노불사의 영약을 만들려던 화학기술이다.

연납 (solder, soft solder) 통상 땜납이라고 부르며 연납주석, 연납합금 등으로도 불리운다. 연납은 용융점이 낮고 탕흐름성이 좋아 접합금속에 확산되어 접합작용을 한다. 대표적인 연납은 주석(Sn)과 연(Pb)의 합금이며 동 및 동합금, 철강재, 세라믹, 유리 등의 금속화한 면에서의 접합에 사용된다. 주석

(Sn) 20~95%, 연(Pb) 5~80%인 연접용 합금이다. 용융점은 200~300℃ 정도이며 주석과 연의 배합율에 따라 0호에서 4호로 분류된다. 형상은 보통 봉땜납 외에, 실땜납(라디에이터용), 선땜납(전선, 제관용), 수지내포땜납(전기기기의 배선접속용) 등이 있다. 0호의 배합은 주석 60%, 연 40%, 1호는 주석 50%, 연 50,%, 2호는 주석 40%, 연 60%, 3호는 주석 30%, 연 70%, 4호는 주석 20%, 연 80% 이며 1호와 2호가 일반용으로서 가장 널리 사용되고 있다.

연단 (red lead, minium) 사삼산화연(납)의 상품명으로 적연(납)이라고도 한다. 연괴를 가열해서 만든다. 도료, 안료, 광학유리 등에 이용된다.

연도금 (lead plating) 용융도금법에 의한 연(Pb)피복에서는 소재에 다른 금속을 도금하거나 혹은 플럭스 수용액중에서 치환에 의해 중간층을 석출시킨 후에 용융연욕을 침지시킨다. 또한 전기도금법에서는 양극에 순연을 이용한다.

연동 (annealed copper) 순동(pure copper)을 가공하면 경동(hard copper)이 되어 도전율이 낮아지기 때문에 경동의 도전성 및 가공성 개선을 위해 250~300℃의 어닐링로에서 소둔시키거나 경동에 전류를 통하게 함으로써 높은 인장강도와 도전율을 가진 동을 말한다.

연동선 (annealed copper wire) 가소성과 전도율을 높이기 위해, 경동선을 어닐링하여 만든 것으로 전선의 도체로써 이용된다. 인장강도는 26kg/㎟ 이하이며 연신율은 35% 이상, 순도는 99.5% 이상이다.

연마 (polishing, grinding) 연삭과 같이 바탕표면을 사용목적에 따라 가공하는 수단이나 연삭이 주로 형을 만드는 가공인데 반해 연마는 표면을 다듬는 가공이 주가 된다. 즉 연삭은 형상 및 거칠기의 두가지를 다듬는 것이 목적으로 연마는 만들어진 형상의 표면거칠기를 목적에 따라 다듬는 것이다 (드물게는 버제거가공과 같은 형상에 관한 가공도 있다). 연마는 화학적 연마와 물리적 연마로 대별되어 전자에는 전해연마 및 화학연마가 포함되고 후자에는 사포연마와 배럴연마가 포함된다. 가장 저렴하고 이용범위가 넓은 것은 사포연마로 전해연마 및 화학연마도 전후처리로서 사포연마를 하는 경우가 많다.

연마재 (abradant, abrasive materials)   금속표면을 연마할 목적으로 사용되는 여러가지 재료를 말한다. 천연 연마재와 인공연마재가 있으며 천연연마재에는 점토, 규조토, 다이아몬드, 장석, 부석, 석영, 숫돌, 활석 등이 있으며 인조연마재로는 강분, 철분, 강모 등의 금속연마재와 탄화규소, 탄화붕소, 질화금속 등 전기로연마재가 있다.

연망가니즈광 (pyrolusite)   망가니즈(Mn)의 산화광물이며 연질로 목탄모양의 줄이 있으며 망가니즈 63.19%를 함유하고 있다. 망가니즈광석으로서 지극히 평범한 것으로 결정도가 높은 것과 낮은 것이 있다.

연면방전 (surface creepage)   절연물 한 쪽면의 판상전극과 다른 면의 중앙부에 위치한 침상전극 사이에 교류전압을 가했을 때 생기는 방전현상이다.

연백 (white lead)   백연이라고도 하며 염기성 탄산염을 주성분으로 하는 흰색의 안료를 말한다.

연삭성 (grindability)   재료가 연삭되기 쉬운가 어떤가의 성질을 말한다. 일정한 숫돌을 이용해서 (재료의 연삭량)/(숫돌의 감량)의 식으로 기준을 삼는다.

연선 (stranded wire)   복수가닥의 소선으로 구성되는 서로 꼬여져 있는 선의 케이블 또는 그와 같은 선의 케이블 조합으로 이루어지는 초전도체이다. 소선이 코팅 등의 전처리를 한 것 또는 무처리한 것에도 적용된다. 동일한 소선에 의한 연선을 동심연선이라고도 한다. 연선의 방향에 대하여 S꼬임(오른쪽 꼬임)과 Z꼬임(왼쪽 꼬임)의 구별이 있다.

연선가공 (stranding process)   복수개의 소선을 꼬아 합쳐 도체를 만드는 가공방법이다.

연성 (ductility)   재료에 장력을 주어 소성가공을 일으켜 늘릴 수 있는 성질을 말한다. 압연은 이 성질을 이용한 가공방법이다. 연성은 보통 인장시험에 있어서는 연신(elongation) 또는 단면수축(reduction of area)의 대소에 의해 비교된다.

연성파괴율 (percentage ductile fracture) ☞ 연성파면율

연성파면율 (percentage ductile fracture, percentage shear fracture, percentage fibrous fracture) 시험편 파면의 전면적에 대한 연성파괴의 면적 백분율이다. 연성파면이란 섬유상으로 전단 파괴되어 무디고 광택이 없는 파면을 말한다. 연성파괴율이라고도 한다.

연소 (combustion burning) 연료가 급격한 산화반응을 일으켜 열을 발생하는 현상을 말하며 착화온도 이상에서 연소가능하다.

연소점 (fire point) 시료가 클리블랜드 인화점 측정장치내에서 인화점에 달한 후 다시 가열을 계속해 연소가 5초간 계속되었을 때의 최초의 온도를 말한다.

연속도금 (continuous plating) 코일을 되감으면서 연속적으로 하는 도금을 말한다. 강제코일을 사용한 용융아연도금, 전기아연도금, 틴프리스틸 등이 대표적인 연속도금제품이다. 강판 이외에 스테인리스, 알루미늄, 동 등의 코일도 이용된다.

연속식 압연기 (continuous mill) 압연재가 여러기의 스탠드에 걸쳐 있는 동시에 연속적으로 압연되도록 스탠드를 배치한 압연기이다. 고능률, 고품질의 생산을 하기 위한 최신식 압연기는 모두 이 연속식이 채용되고 있다. 대표적인 것으로는 연속강판압연기, 연속조강압연기, 직선식 연속선재압연기, 전연속기 열간스트립밀, 냉간 탠덤압연기 등이 있다. (그림참조)

연속식압연기

연속주조 (continuous casting) 용융금속을 턴디시와 몰드를 거쳐서 연속적인 주조로 슬래브, 빌릿 등 반제품을 제조하는 방법.

연속주조법 (continuous casting process) 용융금속지금을 슬래브, 와이어바, 빌릿 등으로 연속해서 직접 주조하는 방식으로 가공공정이 절감되며, 제품의 수율도 좋다. 치수에 제약을 받지 않으며 길이가 긴 주조품을 만들 수 있는 이점이 있다.

연스크랩 (lead scrap) 연관판스크랩, 전지소(巢)연, 활자스크랩, 경연스크랩, 흑피케이블스크랩, 백피케이블스크랩, 도구연스크랩, 혼합연스크랩 등이 있다. 연관판 스크랩(순수한 양질의 연관), 연관의 스크랩, 상급 연스크랩 전지소연(축전지기판의 스크랩), 활자스크랩(활자합금의 스크랩), 경연스크랩(안티모니와 연의 합금 스크랩), 혼합연스크랩(각종 연의 혼합스크랩), 흑피케이블스크랩(해저케이블등), 백피케이블스크랩(전화케이블등), 도구납스크랩(연기물, 장난감 등의 스크랩) 등이 있다.

연신 (elongation) 재료에 인장력을 가했을 때 축방향에 있어서의 길이의 증가를 말하며 일반적으로 표점거리간의 길이에 대한 하중파단 후의 증가분 비율을 백분율로 나타낸다.

연신도 (elongation rate) 금속가공에 의해 각결정입의 연신된 정도를 말한다. 연신도(E)는 N1/N2이다. (N1 : 결정입자의 연신된 방향에 직각인 일정길이의 선분에 의해 절단된 결정입자의 수, N2 : 결정입자의 연신된 방향에 평행인 N1을 구한 선분과 동일길이의 선분에 의해서 절단된 결정입자의 수)

연신율 (percentage elongation) 인장시험편의 표점간 길이와 원래의 표점거리와의 차. 이 차를 표점거리에 대한 비(변형) 또는 백분율로서 표시하는 경우가 많다. 전연신율, 파단연신율과 같다.

연-안티모니합금 (lead antimony alloy) 순연(pure lead)은 물리적으로 너무 연하기 때문에 구조용 재료로는 부적합하여 이를 개선하기 위해 1% 정도의 안티모니(Sb)을 첨가한 합금이다. 1% 정도를 배합한 합금을 경연이라고도 부르는데 전력 및 통신케이블의 피복용 합금으로 사용된다. 안티모니 1% 이하의 저합금연은 수도의 연관으로 사용되며 4~6%의 중합금연은 경연판재 및 압출관으로 사용하고 9% 정도의 고합금연은 연축전지의 그리드 메탈로 사용된다.

연욕 (lead bath) 용융연을 용기에 담는 것으로 열욕담금질용 냉각제 또는 뜨임용 가열제로도 사용된다. 다만, 연의 비중이 크기 때문에 처리 강재가 떠오르는 불편이 있다. 또한 연욕의 표면이 산화되기 쉬우므로 흑연분말로 커버할 필요가 있다.

연정광 (lead concentrate) 채굴된 연조광을 부유선광법에 의해 선광하여 연(Pb)의 품위를 60% 정도로 높인 것으로 제련과정을 통해 연괴로 나온다.

연주 (continuous casting) 연속주조의 약어. ☞ 연속주조

연주석합금(lead tin alloy) ☞ 땜납

연지금 (pig lead, lead ingot) KS D 2302에서는 화학성분에 따라 1종에서 6종까지의 여섯가지로 분류하여, 각기 성분을 규정하고 있다. 1종은 연(Pb) 함유량이 99.99% 이상, 2종은 99.97% 이상, 3종은 99.95% 이상, 4종은 99.90% 이상, 5종은 99.90% 이상, 6종은 99.50% 이상이다.

연질화 (soft nitriding, nitrocarburizing) 처리물로 질소 또는 탄소 및 질소를 확산시켜 내마모성, 내피로성을 향상시키는 열처리이다. 경도는 높지 않으나 고가인 특수강을 저렴한 탄소강으로 대체할 수 있고 자동차부품과 공구 등의 처리에 많이 사용된다. 염욕연질화, 가스연질화 등이 있다.

연청동 (leaded tin bronze) 주물에 사용하며 주석(Sn) 6~11%를 함유하고 있는 청동에 4~22%의 연(Pb)을 첨가한 합금이다. 주조조직은 대부분 수지상의 α상이며 그 속에 연이 분포되어 있다. 내마모성과 내압성이 뛰어나 중속도 및 고하중용 베어링과 실린더, 밸브 등에 사용된다.

연청동주물 (leaded tin bronze castings) 동(Cu) 70~86.9%, 주석(Sn) 6~11%, 연(Pb) 4~22%, 기타 불순물 등을 함유한 청동주물로 화학성분에 따라 2~5종까지 4종류로 분류된다. 2종은 내압성, 내마모성이 좋아 중고속 고하중용 베어링, 실린더, 밸브 등에 사용한다. 3종은 면압이 높은 베어링에 적합하고 윤활성이 좋아 중고속 고하중용 베어링, 대형 엔진용 베어링에 사용된다. 4종은 3종보다 윤활성이 좋으며 중고속 중하중용 베어링, 차량용 베어링, 화이트메탈의 뒷판 등에 사용된다. 5종은 윤활성, 내어닐링성이 특히 좋으며 중고속 저하중용 베어링, 엔진용 베어링 등에 사용된다.

연축전지 (lead battery, lead cell, lead accumulator) 2차전지의 일종이며 납축전지 또는 그냥 축전지라고 부르며 황산액안에 연기판을 넣음으로써 화

학에너지를 전기에너지로 바꾸는 장치로 자동차 등에 사용된다.

연판 (lead sheets, lead plates)　연(Pb)으로 만든 판으로 연합량이 99.9% 이상이다. 내산성, 방습성이 양호해 화학공업용, 건축용으로 사용된다. 판의 표준두께는 1mm에서 16mm까지 17종류가 있으며 한 장당 무게도 57~907kg 사이이다.

연합금 (lead alloy)　강도, 내마모성, 내크리프성 등을 개선시키기 위해 안티모니(Sb), 주석(Sn), 칼슘(Ca) 등을 첨가한 합금이다. 주요 용도로는 전력케이블의 연피, 축전지용 전극판, 화학공업용 부품, 활자합금, 베어링합금 등이다.

연회 (lead ash)　납재라고도 하며 연지금 용해시에 발생하는 폐기물이다.

열간가공 (hot working)　재결정온도 이상에서 소성가공하는 것을 말한다. 열간가공에서는 변형하면서 동적인 회복 및 재결정이 일어나므로 변형저항이 낮아지고 연성이 증가하여 비교적 작은 힘으로도 큰 소성변형을 줄 수 있다.

열간균열 (hot tear)　주물의 응고중이나 응고 직후의 고온시에, 즉 점성상태에서 탄성상태로 옮겨가는 시기에, 아직 충분한 강도가 생기지 않은 상태에서 주물의 형상변화에 의한 냉각수축의 불균형에 의한 내부응력이 누적되고, 특히 응력집중도가 높은 단면 급변부 등에서 응력이 급증했기 때문에 생기는 균열이다. 터짐이라고도 부른다.

열간단조 (hot forging)　소재의 소성을 크게 하면 단조는 일반적으로 쉬워지므로 가열해서 온도를 올린다. 이렇게 뜨겁게 해 놓고 영구변형을 일으키게 하는 것을 열간단조라고 한다. 대부분의 열간단조와 냉간단조와의 구별은 재결정온도에 의한다.

열간성형법 (hot pressing)　열간에서 단축성형하는 방법으로 프리폼을 열간에서 압축하는 경우를 포함한다.

열간압연 (hot rolling)　금속의 재결정온도 이상의 온도에서 압연을 실시하는 것을 말한다. 열간압연에서는 큰 압하율을 채용할 수 있으므로 경제적인 가공을 할 수 있지만 제품압연에서는 압연종료후 결정의 성장과 변태에 의한 재질의 변화, 치수 정도에 주의해야 한다. 알루미늄슬래브로 열연제품을 만들기 위해 면삭 및 가열처리(440~610℃)하여 재결정온도 이상에서 반복압연으로 두께 2㎜이상의 핫코일을 만든다. (그림참조)

열간압연기

열간압출 (hot extrusion) 미리 가열된 빌릿을 압출기내의 고온 컨테이너에 삽입하고 다른 쪽으로부터 피스톤 모양의 램으로 다이스를 통해 압출해서 봉모양 또는 판모양의 제품을 얻는 가공법이다.

열간인발 (hot drawing) 열간가공의 일종으로 금속재료의 재결정온도 이상에서 인발하는 것을 말하는데 금속재료에 큰 저항을 주지 않고 비교적 손쉽게 재료의 단면적을 줄일 수 있다.

열간정수압프레스법 (hot isostatic pressing) 밀도가 높은 금속바탕복합재료를 얻기 위해 아르곤가스 등의 기체를 압력매체로 하여 고온, 고압력하에서 모든 방향에서 균등하게 가압하는 방법.

열간취성 (hot shortness) 고온에서 물러서(여려서) 가공이 곤란한 것을 말한다. 즉, 열간연성이 낮으면 응고 후나 열간가공시에 균열이나 흠집이 발생하기 쉽다.

열간프레스법 (hot pressing) 진공 또는 불활성분위기중에서 바탕재금속의 용융점 또는 고상선 이하의 온도로 가열하여 일축가압하여 복합화하는 방법이다. 고액공존영역에서 복합화하는 방법도 있다.

열교환기 (heat exchanger, recuperator) 한 매체에서 다른 매체로 열을 이동시키는 장치로서 열의 회수, 전달 및 용도에 맞도록 변환한다.

열교환기용 타이타늄관 (titanium tubes for heat exchangers) ☞ 타이타늄관

열구충전광상 (fissure filling deposit) 광물성분이 암석의 틈새에 채워져서

생긴 광상을 말한다.

열균열 (heat crack) 급격한 가열, 냉각을 하면 재료의 표면에 가는 금이 생기는데 이것을 열균열이라고 한다. 열간공구, 핫 롤 등의 표면에 생기는 금은 열균열의 전형적인 것이다. 열균열을 방지하려면 특히 냉각을 급격(수냉)하게 하지 않도록 해야 한다.

열량 (quantity of heat) 물체가 보유하는 열의 양으로 그 단위로는 Cal, Joule을 많이 사용한다. 1Cal는 대기압하에서 순수한 물 1g을 14.5℃에서 15.5℃로 1℃ 상승시키는데 필요한 열량으로 4.187Joule과 같다.

열변질광상 (pyrometamorphic deposit) 기존의 광상이 접촉변질작용을 받아 변성된 광상으로 적철광이 변질된 것이라고 생각되는 자철광상 등이 있다.

열변형 (thermal strain) 가열이나 냉각중에 재료의 온도가 불균일해지는 것에 의해 재료에 생기는 변형을 말한다.

열사이클시험 (thermal cycle test) 가열, 냉각을 반복한 후 변태점, 형상회복력 등의 형상기억 특성의 변화를 조사하는 시험.

열수광상 (hydrothermal deposit) 열수용액속의 광물이 암석의 틈새나 단층으로 침입하여 생긴 광상이다. 광맥을 이루어, 광맥광상, 맥상광상 등으로 불린다. 황동광, 반동광, 남동광, 섬아연광 등이 나온다.

열역학적 임계자장 (thermodynamic critical magnetic field) 제2종 초전도체에서 영자장하에서의 초전도 상태와 상전이 상태의 자유에너지 밀도의 차 즉, 초전도 응축에너지밀도를 등가적인 자장 에너지 밀도로 두었을 때의 임계자장의 값을 말한다.

열연황동봉 (hot rolled brass rod or bar) ☞ 단조용 황동봉

열욕 (hot bath) 온도가 높은 냉각욕을 말한다. 150℃ 이상의 오일이나 200℃ 이상의 솔트배드(염욕) 또는 350℃ 이상의 연욕 등은 모두 이 열욕이다.

열욕속에 담금질하는 방법을 열욕담금질이라고 하며 오스템퍼나 마르담금질이 이 일종이다.

열용량 (heat capacity) 물질의 온도를 단위온도 만큼 상승시키는데 필요한 열량.

열응력 (thermal stress) 온도의 분포가 고르지 못하므로 발생하는 금속내부의 응력이다. 열응력과 상대적인 변태로 인한 응력을 변태응력이라고 한다.

열전달 (heat transfer) 물체중 열의 이동현상을 대별하면 열전도, 대류, 복사열 및 이들의 조합으로 이루어지며 이들 열의 이동현상의 총칭이다. 이것을 전열 또는 열이동이라고도 한다.

열전대 (thermocouple) 두 종류의 금속을 연결해 한 쪽의 접점을 가열하면 온도차에 의해 기전력이 생기는데, 이 장치를 열전대라고 하며, 온도차와 기전력의 관계를 응용해서 온도를 측정 할 수가 있다. 즉 서로 다른 금속의 한 쪽 끝을 접합하고 다른 한쪽을 어떤 기전력 측정장치를 접합시켜 형성된 루프 (loop)에서 열효과에 의해 기전력을 발생하는 한 쌍의 이종재료의 전도적 도체이다. 이 열전기의 현상을 이용하여 온도를 측정한다. 이종의 금속에는 알루멜과 크로멜, 백금과 백금로듐, 철과 콘스탄탄, 동과 콘스탄탄 등이 이용된다. (그래프참조)

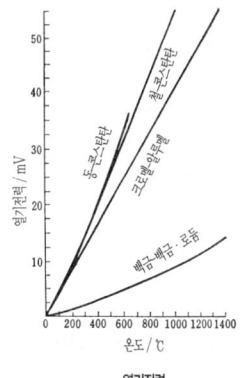

열기전력

열전도 (heat conduction) 열이 물체의 고온부분에서 저온부분으로 물체를 따라 이동하는 형상을 말한다. 물체의 각부위의 온도는 차이가 있기 때문에 고온부위에서 저온부위로 열은 흐른다.

열전도율 (thermal conductivity) 물체속을 열이 전도하는 정도를 나타내는 수치로 열전도에 의해 전달되는 열량은 열이 전달되는 방향과 수직을 이루는 전열면적, 시간, 온도차 등에 비례하는데 이 비례의 정수를 열전도율이라고 한다.

열전효과 (thermoelectric effect) 금속의 한 끝을 고온에 다른 한 끝을 저온에 놓으면 고온 쪽의 전자가 저온 끝을 향해 움직이게 되는데 결국 고온 끝은 전자가 부족해지고 저온 끝은 전자가 과잉 상태가 되어 고온 끝부분이 양극, 저온 끝부분이 음극과 같은 열기전력이 발생하여 전류가 흐르게 된다. 이와 같은 현상을 열전효과라고 한다. 1821년 T. Seebeck이 처음으로 동(Cu)과 비스무트(Bi)에 대해 처음으로 발견했으며 이에 따라 제벡효과라고도 부른다. 이와 같은 현상을 이용한 것이 열전대이다.

열절연재 (heat insulator, heat insulating material) 열의 도체를 절연하는 데 사용되는 부도체를 말한다.

열처리 (heat treatment) 금속에 원하는 성질과 상태를 부여하기 위해서 행하는 가열 및 냉각조작을 말한다. 템퍼링, 노멀라이징, 담금질, 어닐링, 고용화(용체화), 시효(aging), 가공열처리 등이 있다.

열처리형 합금 (heat treatable alloy) 알루미늄합금은 열처리형과 비열처리형으로 나누어지는데 그중 열처리형 알루미늄합금은 알루미늄(Al)에 동(Cu), 마그네슘(Mg), 아연(Zn) 등을 합금시켜 온도변화에 따른 석출현상을 통해 경화시킨 합금이다. Al-Cu-Mg계, Al-Mg-Si계, Al-Zn-Mg계 등이 이에 속한다. 이들 합금은 일정한 온도로 가열하여 용체화처리 후 급랭시켜 자연시효하면 시효경화에 의해 기계적 성질이 개선된다. 그러나 이와는 달리 열처리 효과가 없는 Al-Mn계, Al-Si계, Al-Mg계 등을 비열처리형 합금이라고 한다.

열탄성형 마르텐사이트변태 (thermo-elastic martensitic transformation) 온도변화시 변태에 의한 화학자유에너지의 변화와 변태에 수반되는 탄성변형에너지의 변화가 평형을 유지하면서 일어나는 마르텐사이트변태이다. 이런 종류의 변화에서는 마르텐사이트와 모상계면의 일치성이 좋고 마르텐사이트는 온도의 미소변화에 대응하여 성장 또는 축소한다. 그리고 온도이력이 작은 것이 특징이다.

열팽창 (thermal expansion) 온도의 변화에 따라 재료의 길이, 체적이 증대하는 현상으로 온도 1℃ 상승할 때 증가하는 체적을 0℃의 체적으로 계산한 값을 체적팽창계수라고 하며 온도 1℃ 상승할 때 늘어나는 길이를 0℃의 길이로 계산한 값을 선팽창계수라고 한다. 일반적으로 체적팽창계수는 선팽창계수의 약 3배정도로 본다.

열팽창계수 (thermal expansion coefficient) 열에 의해 팽창한 비율을 단위 온도당 환산한 수치이다. 열팽창측정법에는 diatometer법, 직독법, 빛의 간섭에 의한 방법 등이 있다.

열풍 (hot blast) 용광로내의 연소온도를 높이고 연소속도를 올림으로써 연료비의 절감과 생산량 증대를 위해 노내에 주입하는 뜨거운 공기를 말한다.

열풍로 (hot stove) 용광로의 송풍구에서 노 내로 주입하는 공기를 예열해서 열풍을 만들기 위한 설비로 송풍온도는 1,000℃ 이상이다. 용광로에는 3~4개의 열풍로를 가지고 있으며 연소(축열)와 송풍(통풍)의 상태를 반복한다.

열풍식 큐폴라 (hot blast cupola) 예열한 공기를 송풍하는 큐폴라이다. 열풍온도는 300℃ 전후가 많지만 500℃ 정도인 것도 있다. 재질개선의 효과가 있으며 코크스의 절약도 가능하다. 송풍예열장치에는 큐폴라 배기가스의 현열 및 배기가스내의 산화탄소를 재연소시킨 잠열을 이용해서 열교환 하는 것이 많으나 중유 혹은 천연가스 등 다른 열원을 이용하는 것도 있다.

열피로강도 (thermal fatigue strength) 온도변화의 반복에 기인하여 발생하는 열응력이 되풀이 됨으로써 생기는 파괴를 열피로라고 하며 이에 견디는 성질을 말한다.

열효율 (thermal efficiency) 열에너지의 효율로 열기관에 공급된 열량과 그 열기관이 발생하는 출력과의 비율을 말한다.

염기도 (basicity) 건식제련에서 다성분계 슬래그의 화학적인 성질을 평가하는 척도로 슬래그중의 염기성 성분의 양과 산성성분의 양의 비를 염기도라고 한다. 염기성 성분은 FeO, MnO, CaO, MgO 등이며 산성성분은 SiO_2, P_2O_5

등으로, TiO_2, Al_2O_3, Fe_2O_3, Cr_2O_3등은 양성 성분이라고 한다. (염기도=염기성성분의 총합/산성 성분의 총합)

염기성 전기로 (basic electric furnace) 노 바닥을 마그네시아나 돌로마이트 등의 염기성 내화재로 만들고 염기성 금속을 정련하는 아크로를 말한다. 이 노에서는 금속에 유해한 성분의 제거가 용이하며 염기성 전기아크로라고도 한다.

염기성 전로 (basic Bessemer-converter, Tomas converter) 토마스전로라고도 한다. 염기성 내화재로 안을 댄 노저(바닥)취입전로를 말하며 내화물로서는 돌로마이트와 무수타르를 혼련한 타르 돌로마이트가 사용된다. 노체의 수명은 최근 독일에서는 350~500회, 노 바닥은 50~70회 정도가 표준시 되고 있다.

염기성 탄산동 (basic copper carbonate) 동(Cu)을 습기중에 방치하면 탄산가스의 작용으로 녹청이 발생하는데, 이것이 염기성 탄산동이다.

염기성 탄산아연 (basic zinc carbonate) 아연염에 소다회를 작용시켜서 만든다. 아연화의 원료가 된다.

염기성 탄산연 (basic lead carbonate) 연백(鉛白).

염기성 큐폴라 (basic cupola) 돌로마이트나 마그네시아 등의 염기성 내화물로 내부를 라이닝한 큐폴라.

염욕 (salt bath) 열처리를 위한 가열장비의 일종으로 염화바륨, 염화나트륨 등의 염류를 용융시킨 후 그 속에서 금속재료를 가열하면 재료가 고르게 가열되어 좋은 열처리 효과를 거둘 수 있다. 솔트베스로도 부른다.

염화니켈 (nickel chloride) 니켈을 염산으로 녹여서 만든다. 광택 니켈도금에 이용한다.

염화동 (copper chloride) 염화 제1동(CuCl)과 염화 제2동($CuCl_2 \cdot 2H_2O$)

이 있다. 촉매, 안료 등에 이용한다.

염화마그네슘 (magnesium chloride)　천연에 해수, 지하염수, 암염 등에 함유되어 있는데, 마그네사이트(탄산마그네슘)의 소광을 염화시켜서 만들 수도 있다. 또 스펀지타이타늄의 제조과정에서 부수적으로 발생한다. 금속마그네슘의 원료가 된다.

염화망가니즈 (manganese chloride)　주황색 용해성 결정으로, 도료, 인쇄잉크의 건조제 원료, 질업용 안료의 제조, 염색조제(망가니즈염색) 등에 이용된다.

염화배소 (chloridizing roasting)　광석배소법의 하나로 소광을 염화나트륨을 가해서 이차적으로 배소, 염화동으로 만드는 방법인데 실제 적용되는 경우는 적다.

염화베릴륨 (berylium chloride)　산화 베릴륨과 탄소의 혼합물을 염화시켜 만든다. 이를 용융염전해시키면 금속베릴륨이 얻어진다.

염화아연 (zinc chloride)　무색의 고체로 아연(Zn)을 염산으로 녹여서 만든다. 활성탄, 방부제, 알루미늄압연의 탈산제, 땜납의 용제 등에 이용된다.

염화알루미늄 (aluminium chloride, anhydrous)　순수한 것은 무색, 보통은 미황색의 결정성 분말로, 무수염, 유기합성 반응의 촉매, 석유정제의 크래킹 촉매, 합성고무 및 플라스틱의 중합촉매, 조미료의 첨가제 등에 이용된다.

염화암모늄 (salammoniac)　가스액을 증류 농축한 것에 염산을 가하여 만든 무색무취의 결정으로 암모늄의 염기물로 씁쓸한 짠 맛이 있으며 물에 잘 녹고 알콜에는 약간 녹는다. 공업과 의료상에 사용된다.

염화작용 (chlorination)　어떤 물질이 염소와 화합하는 것.

염화주석 (tin chloride)　주석을 염산에 녹여서 만든 결정체로 염화 제1주석($SnCl_2 \cdot 2H_2O$)과 염화 제2주석($SnCl_4$)이 있다. 환원제, 주석도금 등에 이용한다.

영계수 (Young's modulus) 인장이나 압축할 경우의 탄성계수를 영계수 혹은 영률이라고 한다. 탄성비례 한도내에서는 응력(수직)(σ)과 비뜰어짐(변형)(ε)의 크기는 서로 정비례하므로 $\sigma = E\varepsilon$로 나타내진다. 이 E를 영률이라고 한다.

영구변형 (permanent strain) 잔류변형이 있는 합금을 A_f점 이상의 온도로 가열하여도 완전하게 본래의 형상으로는 돌아가지 않고 남은 변형이다.

영구자석 (permanent magnet) 잔류 자속밀도 및 항자력이 높은 자석으로, MK자석, 알니코자석(MK자석의 미국에서의 상품명) 등이 이것이다. MK자석의 성분은 니켈(Ni) 약 25%, 알루미늄(Al) 약 12%, 나머지가 철(Fe)로, 이외에 코발트(Co)와 동(Cu)을 함유하며, 코발트를 30% 전후로 함유하는 것도 있다. 영국의 임페리얼 스멜팅사(ISC)가 개발했다.

영구전류 (persistent current) ① 초전도체로 만든 닫힌 회로내에 흐르며 시간과 함께 감쇠하지 않는 전류. ② 제1종 초전도체 또는 하부 임계자장 HC1 이하의 자장중의 제2종 초전도체에서는 완전 반자성에 기인하는 전류. ③ HC1 이상의 실용적인 자장중의 제2종 초전도체에서는 자속의 피닝에 기인하는 전류.

영률 (Young's modulus) ☞ 영계수

예비소결 (presintering) 최종소결을 하기 전에 성형체의 취급 및 가공을 쉽게 하기 위하여 낮은 온도에서 하는 예비적 소결이다.

엘로우케익 (yellow cake) 우라늄제련에서 조제련단계에서 분리된 우라늄정광을 말한다. 황색의 중우라늄염산으로 성분은 $Na_2U_2O_7$이며, 이를 정제해서 금속우라늄으로 만든다.

오니온합금 (Onion alloy) 비스무트(Bi) 50%, 연(Pb) 30%, 주석(Sn) 20%의 조성을 갖는 비스무트합금으로 용융점이 92℃인 저용점합금이다. 퓨즈나 안전플러그에 사용된다.

오더파라미터 (order parameter) 긴즈부르그-란다우이론으로 정의된 열역학적 양이다. 그 절대치의 제곱이 초전도 전자의 밀도를 나타내며 일반적으로 초전도 에너지갭에 비례한다. 초전도 형상이 코히어런트한 전자상태인 것에 대응하여 현상론적 양이지만 게이지 불변인 형에 제약을 받아 이 귀결로서 자속이 양자화한다. 오더파라미터 위상의 기울기가 조셉슨전류를 부여한다.

오렌지필 (Orange Peel) 귤의 겉껍질과 같은 작게 움패임이 생긴 도막의 표면을 말한다. 오렌지필이 나타나는 경우는 스프레이시 온도가 너무 높을 때, 스프레이 앞이 너무 셀 때, 도료의 점도가 너무 높을 때, 스프레이시 건의 거리가 너무 멀 때, 스프레이건의 토출량이 너무 적을 때, 피도면의 온도가 너무 높을 때 등이다. 분무칠을 할 때에 도료의 유전성 부족으로 인해서 일어나는 도료 또는 도장상의 결함이나 증발이 늦은 용매를 첨가하던가 아주 묽게 하거나 혹은 스프레이 온도를 적정하게 유지하면 오렌지필은 적어진다. 보통 미세한 오렌지필은 #1000페이퍼로 수연마 후 광택작업을 하며 심한 경우에는 #400-#600 수연마 후 재도장한다.

오버랩 (overlap) 압연방향을 따라서 겹쳐서 접힌 흠으로 롤 조정불량으로 인해 생긴 지느러미 모양의 것이 다음 공형에서 눌려 구부려져 접혀 들어가거나 압연방향이 부적당한 경우 등에 발생한다.

오버필시스템 (overfill system) 미리 충전깊이를 깊게 하여 충전하고 피더(분말운반상자)를 후퇴시키기 전에 소정의 충전깊이가 되도록 다이 또는 아래 펀치를 이동해서 나머지 분말을 피더내에 보내어 충전하는 방법이다.

오볼 (Obole) 미국 스크랩규격인 ISRI(Institute of Scrap Recycling Industries, Inc)규격중 페로니켈크로뮴스크랩(ferro nickel chrome iron scrap)의 총칭으로 니켈과 크로뮴이 각각 12% 이상, 동 0.5% 이하인 것을 말한다.

오산화바나듐 (vanadium pentoxide) V_2O_5의 조성을 지니는 바나듐의 가장 중요한 산화물로 카르노석, 갈연광, 바노키사이트 등, 바나듐의 원광석에 20% 정도 함유되어 있다. 황산 제조용 촉매, 바나듐 화합물의 제조원료 등에 이용된다.

오션 (Ocean) 미국 스크랩규격인 ISRI(Institute of Scrap Recycling Industries, Inc)규격중 혼합 자동차 라디에이터스크랩(mixed unsweated auto radiators)의 총칭으로 각종 자동차 라디에이터의 스크랩을 말한다.

오수토 (asbolite) ☞ 코발트토

오스뮴 (osmium) 원소기호 Os, 원자번호 76, 원자량 190.2, 비중 22.5, 용융점 2,700℃, 비등점 5,020℃의 청회색의 귀금속으로 금속중에서 가장 무겁다. 백금(Pt), 이리듐(Ir)과 합금으로 해서 전기접점, 만년필의 펜끝 등에 이용된다.

오스미리듐 (osmiridium) 천연으로 산출되는 오스뮴(Os)과 이리듐(Ir)의 합금으로 일반적으로 오스뮴 17~50%, 이리듐 20~65%가 함유되어 있고 소량의 백금(Pt), 로듐(Rh), 루테늄(Ru) 등의 백금족이 함유되어 있다. 매우 단단하며 내식성, 내마모성이 우수하며 이리도스민(iridosmine)이라고도 한다. 오스뮴, 이리듐, 로듐, 루테늄 등은 자연에서 단독으로 산출되는 일없이 보통 이처럼 합금상태로 산출된다. 만년필 펜촉으로 사용된다.

오퍼 (offer) 매매계약에 앞서 서로 판매가, 구매가, 수량 및 적재시기 등의 조건을 제시하는 것을 말한다. 상대방의 승락기간을 지정해 기간중에 회답할 것을 의무지우는 것을 펌 오퍼(firm offer)라고 한다. 또한 한 쪽이 거래조건에 불만이 있을 때 반대로 조건을 제시하는 것을 카운터 오퍼(counter offer)라고 한다.

오픈인터레스트 (open interest) 선물시장에서 청산하기 전의 매도 또는 매입의 포지션계약의 총수이며 미청산계약분 혹은 오픈컨트랙트(open contract)라고도 한다.

오픈 프라이스제도 (open price practice) 2000년 10월부터 시행하고 있는 제도이다. 권장 소비자 가격을 생산업 체에서 산정하지 않고 대리점에서 결정할 수 있도록 한 것으로 생산업체가 가격을 광고할 수 없어 소비자의 구매의욕이 저하, 에어컨 판매 감소로 이어지고 있는 것으로 평가된다.

옥소 (iodine) ☞ 아이오딘

옥타늄 (octanium) 코발트(Co) 40%, 크로뮴(Cr) 20%, 니켈(Ni) 15.5%, 철(Fe) 15%, 몰리브데넘(Mo) 7%, 망가니즈(Mn) 2%, 탄소(C) 0.15%, 베릴륨(Be) 0.03%의 합금을 말하는 것으로 열팽창계수가 작고 비자성, 내식성, 내피로성이 좋다. 인장강도가 약 2,549 N/㎟로 소형 용수철, 만년필 펜, 외과용 기구 등에 사용된다.

옥화은광 (iodyrite) 은(Ag)의 옥화광물로 은 45.9%를 함유하고 있다.

온도 (temperature) 뜨겁고 차가운 정도를 나타내는 척도로서 계의 세기성질에 속하는데 온도차에 의해서 열은 고온에서 저온 쪽으로 흐른다. 온도를 표시하는 단위로는 섭씨와 화씨온도가 있는데 보통 섭씨가 사용되며 그 관계식은 ℃=5/9(℉ 32), ℉=9/5℃+32이다. 이상기체의 경우 부피가 제로(0)가 되는 온도를 절대온도로 정의하며 절대온도 T(°K : Kelvine)=273.15+℃이다.

온도이력 (thermal hysteresis) 형상기억합금의 전기저항, 응력, 변형 등 특성치의 온도변화가 가열-냉각에서 동일한 경로를 밟지 않는 현상.

온스 (ounce) 야드 파운드법의 중량의 단위로 28.3495g 또는 1/16파운드. 그러나 금, 은, 약제용 금량(金量)온스는 트로이온스라고 하며 1/12파운드 (31.1035g)이다.

옵션 (option) 선물시장에서 어떤 일정량의 것을 일정한 가격에 사거나(call option) 혹은 파는(put option) 권리의 매매.

와이어바 (wire bar) 전선제조용으로 침목형으로 주조한 지금. 동 와이어바와 알루미늄 와이어바가 있다.

와이어프리폼 (wire preform) 강화섬유 다발중에 금속을 침투시켜 만든 와이어상의 프리폼.

와인 (Wine) 미국 스크랩규격인 ISRI(Institute of Scrap Recycling Industries, Inc)규격중 마그네슘조각판 스크랩(magnesium engraver plates)의 총칭이다.

와인드 앤드 리액트법 (wind and react technique) 코일 권선 후 반응열처리에 의해 초전도체를 생성시키는 초전도 마그넷의 제조방법이다.

와전류손실 (eddy current loss) 금속중에서 자속이 변화할 때에 이 자속변동을 방해하도록 유도되는 와전류에 의해서 생기는 줄 손실이다. 초전도 선재를 구성하는 안정화 재료중에서는 이 손실이 생겨 교류손실의 일부를 이룬다.

와퍼 (Wafer) 미국 스크랩규격인 ISRI(Institute of Scrap Recycling Industries, Inc)규격중 마그네슘클립 스크랩(magnesium clips)의 총칭이다.

완전배소 (dead roast, ultimate roasting) 황화동광의 유황을 완전히 제거하기 위한 목적으로 할 경우 완전배소라고 한다.

완전안정화 (full stabilization) 전류가 전부 상전이 금속을 흘려도 도체가 타서 끊어지지 않은 것을 원리로 하는 안정화법이다.

완전연소 (complete combustion) 산소가 충분히 공급되면서 가열물이 충분히 연소하여 미연소 탄소성분을 내지 않는 상태를 말한다.

완전합금화분말 (completely alloyed powder) 한 분말입자가 그 분말 전체와 동일한 화학성분으로 되어 있는 합금분말.

완전형상 (net shape) 정해진 수치로 정확히 만들어진 소결품의 모양으로 네트 셰이프라고 한다.

왈너트 (Walnut)　미국 스크랩규격인 ISRI(Institute of Scrap Recycling Industries, Inc)규격중 마그네슘스크랩(magnesium scrap)의 총칭이다.

왕수 (aquaregia)　농염산과 농질산을 3대 1의 비율로 혼합한 액체로 산에 잘 녹지 않는 금(Au), 백금(Pt) 등을 용해시키는데 사용된다.

외부확산법 (external diffusion process)　동(Cu) 모재중에 복수개의 니오븀(Nb)봉을 배치한 복합체를 가공하여 얻어진 가는 선의 표면에 주석도금을 한 후 주석을 외부로부터 동중에 확산시키는 열처리를 하고 이어서 반응 열처리를 해서 니오븀 필라멘트 바깥둘레 표면에 Nb_3Sn을 생성시키는 화합물 초전도선의 제조방법으로 V_3Ga등에도 이용된다.

외인적 양방향동작 (extrinsic two-way action)　양방향 형상기억 처리를 실시한 형상기억합금에 외부응력을 가하여 가열, 냉각에 의해 가역적으로 형상변화를 반복하는 동작이다.

요소 (iodine)　☞ 아이오딘

요소적 피닝힘 (elementally pinning force)　하나의 피닝중심에서의 피닝힘의 크기를 말한다. 통상 이 최대치를 말하며 로렌츠힘을 받아 움직이려고 하는 양자화 자속을 피닝하는 힘은 각 피닝중심에서 요소적 피닝힘의 총합이다.

아이오딘 (iodine)　원소기호 I, 원자번호 53, 원자량 126.9045, 비중 4.94, 용융점 386.9℃, 비등점 456℃, 할로겐족 원소의 하나로 옥소 혹은 요소라고도 한다. 수용성 가스함수말, 칠레초석 중에 존재하며, 칠레와 일본이 양대 생산국이다. 의약, X선 조영제, 염료 이외에 신금속의 제련, 비닐 안정제에도 이용한다.

용가재 (filler metal)　☞ 충전재

용광로 (blast furnace)　동(Cu), 연(Pb), 니켈(Ni)광석 등의 용련에 이용하는 노이며 고로라고도 한다. 괴광은 그대로의 상태로, 분광은 열풍에 비산되기 때문에 괴상으로 달구어 굳힌 다음에 석회석, 코크스와 함께 노에 장입하고 열풍을 불러넣어 연소시키면, 유가물은 용융되어 하층부로 가라앉고 찌꺼기는 상층부로 떠올라 분리된다. 노에 가라앉은 유가물을 금속 또는 매트, 떠오른 찌꺼기를 슬래그라고 한다.

용금분무법 (metal spraying process) 메탈리콘을 말한다. ☞ 금속용사법

용련 (smelting) 제련과 동일한 의미이다. 광석이나 기타의 원료로부터 용제를 이용해 목적금속을 추출하는 것으로 용련에 의해 얻은 금속은 아직 불순물을 함유하고 있어, 이를 다시 정제하는 것이 일반적이다. 동(Cu)의 경우를 보면, 동정광에서부터 양극 조동을 주조하기까지를 용련이라고 한다.

용리 (liquation) 광석을 용융시켜 유용한 성분을 용출 분리시키는 것으로 안티모니의 건식제련 등에 이용하고 있다. 안티모니(Sb)의 경우 도가니 또는 반사로에서 45~60%인 고품위 광석을 용융시켜 조황화(粗黃化)안티모니을 얻으며, 이로부터 금속안티모니을 추출하고 있다. 용리 혹은 용출이라고도 하며 용리가 많은 금속일수록 조직이 불균일하다.

용매 (solvent) 기체 또는 고체를 액체에 녹여서 용액을 만들 경우, 그 액체를 용매라고 한다. 또한 액체에 액체를 녹일 경우 많은 쪽의 액체를 용매라고 한다.

용매추출 (solvent extraction) 용제를 이용해 유용한 성분을 용출 분리하는 것.

용선 (hot metal) 용융상태의 금속.

용액 (solution) 가용성 물질이 녹아 있는 액체로 각 부분의 조성이 균일해야 한다.

용융 (melting, fusion, fusing) 고체가 열에 의해 녹아 액체로 되는 현상을 말한다.

용융금속 (molten metal) 용탕안에 용융된 상태의 금속을 가리킨다.

용융금속침투법 (liquid metal infiltration) 용융금속을 섬유사이에 침투시켜

복합재료를 제조하는 방법.

용융도금 (hot dip coating) 피도금재의 내식성, 도장성 등을 개선하기 위해 아연(Zn), 주석(Sn), 알루미늄(Al) 등을 용융상태에서 도금하는 것으로 용융도금강판의 경우 용융아연도금강판, 합금화처리용융아연도금강판, 아연알루미늄합금도금강판, 알루미늄도금강판, 턴도금강판 등이 있다. ☞ 용융도금법

용융도금법 (hot dip coating method) 모체금속를 용융금속속에 침지시켜 모체금속의 표면에 얇은 금속피복을 만드는 도금법이다. 도금욕에는 용융점이 비교적 낮은 금속이 이용되며 공업적으로 아연(Zn), 주석(Sn), 연(Pb), 알루미늄(Al) 등이 사용된다. 핫디프 코팅법으로도 부른다.

용융아연도금 (hot galvanizing) 내식성을 개선할 목적으로 용융아연속에 강재 등을 침지시켜 표면에 아연(Zn)을 도금하는 방법이다. 송전탑, 철구조물, 수도관, 볼트, 너트 등에 적용된다. 이와 같은 철강재를 아연도금한 것을 아연철판, 용융아연도금강판, 함석판 등으로 부른다. (그림참조)

용융아연도금강판공장

용융알루미나 (fused alumina) 연삭재용 알루미나로 보크사이트에 코크스를 가해 용융시키거나, 알루미늄 제련원료인 알루미나를 용융, 서냉시켜 만든다.

용융알루미늄도금 (hot dip aluminium coating) ☞ 알루미나이징

용융연도금 (hot dip lead plating) 용융된 연(Pb)속에 강판을 단시간 침적시켜 강판표면에 연(Pb)을 부착시키는 도금이다. 금속연은 대기속에 그 표면이 산화되지만 더 이상 진행되지 않으며 내산성이 우수하다. 철(Fe)과 연은 금속간화합물이나 고용체를 형성하지 않기 때문에 도금하기 전에 플럭스도포나 아연 및 주석의 밑도금이 우선 행해져야 하며 이밖에 철과 연 각각과 합금을 형성하는 제3의 원소를 첨가시키는 합금욕도 한가지 방법인데 턴도금이 그 예이다.

용융점 (melting point, fusing point) 물질의 1기압하에 있어서의 용해점을 말한다. 금속의 용융점은 수은이 가장 낮고, 텅스텐이 가장 높다. 주요 금속들의 용융점을 살펴보면 다음과 같다. (단위 : ℃)
세슘(Cs) 28.5, 망간니즈(Mn) 1,245, 인듐(In) 156.4, 베릴륨(Be) 1,290, 리튬(Li) 180.7, 실리콘(Si) 1,410, 셀레늄(Se) 217, 니켈(Ni) 1,453, 주석(Sn) 231.9, 코발트(Co) 1,495 , 비스무트(Bi) 271, 팔라듐(Pd) 1,554, 카드뮴(Cd) 321.1, 바나듐(V) 1,900, 연(Pb) 327.4, 백금(Pt) 1,769, 아연(Zn) 419, 타이타늄(Ti) 1,668, 텔루륨(Te) 449, 툴륨(Tm) 1,545, 안티모니(Sb) 630.5, 지르코늄(Zr) 1,852, 마그네슘(Mg) 651, 붕소(B) 2,300, 알루미늄(Al) 660, 니오븀(Nb) 2,470, 저마늄(Ge) 937, 몰리브데넘(Mo) 2,610, 은(Ag) 961.9, 탄탈럼(Ta) 2,996, 금(Au) 1,064, 텅스텐(W) 3,410, 동(Cu) 1,084.5, 레늄(Re) 3,170.

용융염 전해법 (molten salt electrolysis) 타이타늄 용해법의 하나로 용융염 전해법은 다음과 같은 반응에 의해 약 50.0℃의 KCl-LiCl 용융염욕 중에서 음극과 양극에 전위를 인가하여 스펀지 타이타늄을 제조하는 방법이다. 용융염전해법은 환원제를 사용하지 않으므로 연속작업이 가능할 뿐만 아니라, 고순도의 타이타늄을 얻을 있는 장점이 있다. 미국에서 시험생산이 이루어지고 있지만, 전해조의 구조와 재료, 생산성, 경제성의 향상을 위한 연구가 진행중이며, 향후의 타이타늄 제련법으로 주목받고 있다. Kroll법, Hunter법, 용융염전해법에 의해 형성된 스펀지 타이타늄은 Mg, MgCl2, NaCl과 같은 반응생성물 또는 용융염과 혼재된 상태이기 때문에 진공증류법이나 산추출(Leaching)법에 의해서 분리해야 한다. 진공증류법은 주로 일본의 제련회사에서 사용 하고 있으며, 묽은염산을 사용하여 불순물을 제거하는 산추출법은 미국에서 주로 사용하고 있다. Hunter법의 경우 산추출법에 의해서만 이루어진다.

용융주석도금 (hot dip tin coating) 용융주석속에 강판을 침적시켜 그 표면에 주석(Sn)을 부착시키는 도금으로 용융주석도금강판을 열지도금함석판이라고 부른다. 일반적으로 도금량이 많다. 우리나라에서 제조되는 열지함석판은 미국에서는 코크함석판이라고 불리는 것에 상당한다.

용재 (hot charge) ☞ 핫차징

용재장입 (hot charging) ☞ 핫차징

용제 (flux) 플럭스라고도 한다. 광석의 용련, 금속의 정련 등에 있어 용융을 촉진시키거나, 불순물을 부상시키는 용융제로 석회석, 규석, 형석류 등이 이에 속한다. 즉 용광로 등에서 광석을 제련할 때 광석내 암석의 용융온도를 낮추어 쉽게 슬래그로 분리하게 만들며 또한 불순물을 슬래그안에 흡수시킴으로써 정련효과를 높일 수 있고 금속을 도가니속에서 용해할 때, 용접할 때, 납땜할 때 용해한 금속표면을 감싸 산화를 방지시킨다. 알루미늄제련의 경우 빙정석, 식염, 염화칼리, 소다 등을 조합하여 사용하고 납땜할 경우 붕사 등을 사용한다.

용제 (solvent) 용매를 말한다. ☞ 용매

용체화처리 (solution heat treatment) 합금을 고온쪽 고용체 영역까지 가열하여 그 온도를 적당한 시간 유지하여 고용체화하는 처리이다. 고강도, 고연성을 얻기 위한 $\alpha+\beta$합금의 용체화 온도는 β변태온도의 약 40℃ 아래를 선택하는데, 이는 이 조건에서 초석 α상이 잔류하여 연성이 우수하기 때문이다. Ti-6Al-4V 합금의 용체화 조건은 900~970℃ 의 영역에서 유지한다. 파괴인성과 내응력부식성을 향상시키기 위한 용체화 온도는 β 변태 온도 이상에서 실시한 다. 그러나 β 변태 온도 이상에서 용체화처리를 하면 상온 연성이 감소하고, 재열처리를 실 시하여도 연성이 완전히 회복되지 않으므로 주의해야 한다.

용출 (liquation) ☞ 용리

용출시험 (released metal content test) 시료를 용액에 침지시켰을 때 용액 중에 용출하는 금속이온의 양을 측정하는 시험.

용침 (infiltration) 소결체 또는 미소결체의 기공을 그보다 용융점이 낮은 금속 또는 합금으로 채우는 것.

용침밀도 (infilterated density) 용침제의 밀도.

용침체 (infiltrated body) 용침시킨 소결체.

용침법 (liquid metal infiltration) ☞ 용융금속침투법

용침재 (infiltrant) 골격체의 기공을 채우는 금속 또는 합금.

용침합금 (infiltration alloy) 분말야금에서 소결체의 기공을 용융점이 낮은 용융금속으로 채워 넣은 합금을 말한다. 일례로 Cu-Pb용침합금을 만들 경우 동만으로 소결체를 만들고 용융연을 그 기공속에 용침시켜 만든다. 이와 같은 용침법으로 텅스텐 소결체에 용융동을 침지시켜 W-Cu합금을 만들고 있다.

용탕 (molten metal) 용융금속.

용해 ① (dissolution) 물질이 액체속에 녹아 균일한 액체가 되는 현상을 말한다. ② (leaching) 리칭 또는 침출이라고 하며 아연제련시 중성용해 (neutral leaching), 고온고산용해(hot leaching & super hot leaching), 철침전(goethite formation) 등으로 구분되며 중성용해는 배소공정에서 발생된 소광(calcine)중 산에 용해되는 화합물을 1차로 용해하여 정액공정에 중성액을 공급해 주는 공정이며 고온고산용해는 아연회수율을 높이기 위해 난용성 물질인 아연페라이트($ZnO \cdot Fe_2O_3$)를 고온과 고산 조건하에서 용해시키는 공정이다. 철침전은 고온고산 용해시 발생되는 철을 FeOOH(goethite)로 만들어 여과 제거하는 공정이다.

용해대 (melting zone, zone of fusion) 용융대라고 하며 용선로(큐폴라) 등의 용해로에서 장입금속이 용해하는 부분을 말한다.

용해도 (solubility) 포화용액중의 용질의 농도로 용액 또는 용매 100g에 대한 용질의 g수로 나타낸다.

용해로 (melting furnace) 용융로라고 부르며 금속을 용해하는 노의 총칭이다. 용선로(큐폴

용해로

라), 도가니로, 반사로, 전로, 전기로 등이 있다. (그림참조)

우드 (Wood)　미국 스크랩규격인 ISRI(Institute of Scrap Recycling Industries, Inc)규격중 마그네슘기체 스크랩(magnesium dockboards)의 총칭이다.

우드합금 (Wood's metal)　용융이 쉬운 합금의 일종으로 비스무트계의 다원계 공정합금이다. 비스무트(Bi) 50%, 연(Pb) 24~27%, 주석(Sn) 13~14%, 카드뮴(Cd) 10~12%의 저융점합금(66~71℃)이며 주로 전열기의 퓨즈로 사용된다.

우라나이트 (uranite)　동우라늄광, 인회우라늄광 등 인산염 우라늄광물의 총칭이다.

우라네이트 (uranate)　우라늄산염.

우라늄 (uranium)　원소기호 U, 원자번호 92, 원자량 238.0289, 비중 19.07, 용융점 1,133℃, 비등점 3,818℃, 백색의 광택이 있는 금속으로 비중은 텅스텐(W)과 거의 동등하며 원자량은 천연원소중에서 가장 크다. 천연우라늄은 세 종류의 동위체가 있으며 모두 α붕괴를 행한다. 이밖에 질량수 226~242 사이에 16종류의 인공방사성 핵종이 알려져 있으며 금속우라늄은 은백색으로 α(사방정계), β(입방정계), γ(체심입방정)의 세가지 상태가 있으며 668℃에서 $\alpha \rightarrow \beta$, 774℃에서 $\beta \rightarrow \gamma$의 변태가 일어난다. 방사성 동위원소로 235(천연에서 산출된다)와 233(토륨 232에 중성자를 흡수시켜서 인공적으로 만들어진다)은 원자핵분열성이 있어 핵원료로 이용된다. 이밖에, 방전등, X선관의 제조, 도자기, 유리의 착색제, 촉매 등에도 이용된다. 우라늄의 광물 중 중요한 것으로는 역청우라늄광, 카르노석, 인회우라늄광, 서멀스카이트, 동우라늄광, 비동(砒銅)우라늄광 등이 있으며, 주로 남아프리카공화국, 미국, 캐나다, 프랑스, 자이레 등에서 산출된다. 금속우라늄은 옐로우케익으로 사불화우라늄을 만들고, 이를 칼슘 또는 마그네슘 환원시켜서 얻는다.

우선부유선광 (differential flotation, preferential flotation, selective flotation)　연(Pb), 아연(Zn) 등의 혼합광석에 이용하는 부유선광법으로 억

제제를 이용해 한 쪽의 광석의 부유를 억제하고 다른 한 쪽 광석부터 우선적으로 회수해 나가는 방법으로, 섬아연광, 방연광, 황철광 등의 혼합황화광의 선광을 예로 들면, 제일 먼저 청화소다를 억제제로 이용해 섬아연광과 황철광의 부유를 억제하고 방연광을 회수, 그 다음에 석회를 가해 황철광을 억제하고 섬아연광을 회수한다.

운모 (mica) 단사정계 육각판 모양의 규산염 광물로, 박리성이 강하다. 전기의 부도체로, 주로 절연재로 이용된다. 백운모와 흑운모 두 종류가 있다.

운임보험료 및 수수료포함조건 (cost, insurance, freight and commission) 무역 용어로 CIF & C로 표시한다.

운임보험료 및 외환비용포함조건 (cost, insurance, freight and exchange) 무역 용어로 CIF & E로 표시한다.

운임보험료 및 이자포함조건 (cost, insurance, freight and interest) 무역 용어로 CIF & I로 나타낸다.

운임보험료포함조건 (cost, insurance and freight) 무역 용어로 CIF로 나타낸다.

운임포함조건 (cost and freight) 무역 용어로 C&F를 말함.

울트라 (Ultra) 미국 스크랩규격인 ISRI(Institute of Scrap Recycling Industries, Inc)규격중 스테인리스 절삭스크랩(stainless steel turnings)의 총칭으로 18-8스테인리스의 절삭스크랩을 말한다.

워크롤 (work roll) 사중식 압연기 및 다단식 압연기에 있어 균일한 두께 또는 얇으면서 형상이 양호한 것을 얻기 위해 구동되며 직접 피압연재와 접촉하는 롤이다. 워킹롤, 작업롤, 작동롤이라고도 한다.

원성광물 (primary mineral) 암석생성 당시에 생긴 광물을 말하며, 원성광물이 풍화분해작용을 받아 2차적으로 생성된 것을 차생광물이라고 한다.

원심분리법 (centrifugal separator, centrifuge) 원심력을 이용하여 고체와 액체 또는 비중이 서로 다른 액체를 분리하는 방법이다. 사용목적에 따라 여러 형태가 있다.

원심주조 (centrifugal casting) 주형을 회전시키면서 용탕을 주입하는 주조법으로 용탕자체의 원심력으로 질이 치밀한 주물을 얻을 수 있고 또 코어를 사용하지 않아도 된다는 이점이 있다. 주철관, 실린더 라이너 등 내압성을 요구하는 것에는 원심주조로 만들어지는 경우가 많다. 회전하는 축방향에 따라 종형과 수평형 두 종류가 있다.

원주석광 (cylindrite) 주석(Sn)의 광석으로 황화광석이며 주석 외에 연(Pb)과 안티모니(Sb)을 함유하고 있다.

원추형볼밀 (conical ball mill) 회전 분쇄기(마광기)의 일종.

월드 (World) 미국 스크랩규격인 ISRI(Institute of Scrap Recycling Industries, Inc)규격중 마그네슘 선반부스러기 스크랩(magnesium turnings)의 총칭이다.

월평균가격결정방식 (monthly average pricing method) 비철금속 원자재 등을 수입구매 계약할 때 산정기준가격을 선적전월(M-1), 선적당월(M-0), 선적후월(M+1) 등의 산정기간을 정한 상태에서 해당월의 한달동안의 월평균 국제가격을 기준으로 삼아 구매가격을 결정하는 방식으로 향후 가격전망이 불투명하거나 구매가격을 안정적인 수준에서 정하고자 할 경우에 많이 이용된다. 가격변동에 대한 위험부담이 상대적으로 적기 때문에 주로 원자재를 직접 사용하는 제조업체들이 즐겨 사용하는 가격결정방식이다.

위드드로월법 (withdrawal process) 아래 편치를 고정하고 다이를 강제적으로 하강시켜 하는 양방향 성형의 한가지 방법이다.

유기초전도재료 (organic superconductor) 초전도성을 나타내는 유기계 재료이다. BEDT-TTF염, $(TMTSF)_2PF_8$ 등이 알려져 있다.

유도로 (induction furnace) 1차측 전류를 통하면 2차측에 해당하는 피가열물에 유도전류가 생겨 전기적 에너지가 주울(Joule)열에 의해 가열된다. 1차 코일은 동관에 물을 흘려 냉각하여 여기에 고주파전류를 통하면 2차측에 교번전자장을 생기게 하여 도전체(가열물)중에서 생기는 맴돌이에 의해서 급가속 가열된다.

유도 스컬 용해법 (Induction skull melting) 타이타늄의 용해법 하나로 일반적인 유도 용해법과 원리는 동일하지만 도가니가 내화물이 아니고 그림 3.2.9에 나타낸 것처럼 수직방향으로 몇 개로 분할된 세그멘트로 구성된 수냉동도가니를 이용한 점이 다르다. 이 수냉 동제의 세그멘트의 사이(slit)에는 세라믹 등이 매입되어 있고, 전기적으로 절연되어 있다. 이 용해법의 개발 초기에는 Cu도가니와 내부의 용융 금속이 직접 접촉되는 것을 방지하기 위해 CaF_2 등의 슬래그를 용해시에 함께 사용하여 용융금속과 Cu도가니와의 사이에 슬래그를 형성시키는 방식인 유도 슬래그 용해법(Induction slag melting)이 이용되어 졌다.

유동광 (tetrahedrite) 조성이 복잡한 황화동광석으로 동(Cu) 30~55%와 안티모니(Sb)을 함유한다. 사면체를 이루고 있기 때문에 사면동광이라고도 한다.

유동도 (flow rate) 일정량의 금속분말이 유동도 측정장치(hall flowmeter)의 오리피스를 통과하는데 소요되는 시간을 말하는데 보통 50g의 금속분말이 흘러내리는 소요시간을 초로 표시하여 금속분말의 유동도라고 한다. 단위는 sec/50g으로 표시한다. (그림참조)

Density Cup
Hall Flowmeter

유동배소로 (fluosolids roaste) ☞ 플루오솔리드 배소로

유동성 (flow rate, flow time) 일정 방법으로 결정하는 일정량의 분말을 규정된 오리피스로부터 유출하는데 필요한 시간.

유로퓸 (europium) 원소기호 Eu, 원자번호 63, 원자량 151.96, 비중 5.26,

용융점 826℃, 비등점 1,439℃, 결정구조 체심입방정의 희토류 원소중 하나이다. 프로메튬(Pm)을 제외하고 희토류 원소중 산출량이 가장 적은 원소이며 모나즈석, 가돌린석 등에 미량이 함유되어 있다. 희토류 원소중 가돌리늄(Gd), 사마륨(Sm) 다음으로 중성자 흡수단면적이 크다. 2가와 3가의 화합물이 있으며 2가 화합물은 희토류 원소중 가장 안정되어 있고 3가 화합물은 다른 희토류 원소와 화학적 성질이 유사하다. 아이소토프, 우라늄연료제어재 등에 사용되며 산화물은 텔레비전 브라운관의 부활제로 사용된다.

유리 (liberation)   원소가 다른 원소와 화합하지 않고 단체로 존재하거나 화합물중에서 원소가 단독으로 분리되는 것을 말한다.

유망가니즈광 (polianite)   산화망가니즈광석으로 망가니즈(Mn)을 약 63.19% 함유하고 있다.

유맥 (young vein)   지질시대적으로 보았을 때 신생대 제3기에 생성된 광맥.

유연 (softened lead)   조연에서 안티모니(Sb), 비소(As) 등을 제거한 연(Pb)으로 비교적 순도가 높고 재질이 연하다.

유틸리티 니켈 (utility nickel)   우리나라의 코리아니켈과 대만 등 2~3개국에서 생산하고 있는 유틸리티 니켈은 니켈 함유량 97% 이상이며 주로 합금용으로 사용된다. 주요 성분으로는 니켈(Ni) 97% 이상, 코발트(Co) 1.3~1.5%, 철(Fe) 0.4~0.6%, 동(Cu) 0.3~0.35%, 규소(Si) 0.2~0.3%, 탄소(C) 0.15~0.35%, 유황(S) 0.08~0.12%이며 인(P)은 검출되지 않는다. 유틸리티 니켈은 철이 다량 함유된 페로니켈보다 니켈 함유량이 높아 니켈의 순도조절이 용이하고 니켈브리켓이나 그래뉼형의 니켈보다 품위가 낮아 합금용에 적합하다. 따라서 스테인리스, 특수강, 합금, 주물 등에 다량 사용된다.

유황 (sulphur)   원소기호 S, 원자번호 16, 원자량 32.064, 비중 2.07, 주기율표상 Ⅵ족에 속하는 자연유황으로서 천연에서 단독으로 산출되는 것 이외에 금속의 황화물 또는 황산의 형태로 산출된다. 의약, 표백용, 화약, 성냥, 아황산가스, 이황화탄소의 제조 등에 이용된다. 철강에서는 적열취성의 원인이 되며 비철금속에서는 재료에 인성과 기계적 성질에 악영향을 주고 있어 정련 시나 제품제조시에 주의해야 한다. 자연유황의 주요 산출국은 미국, 멕시코, CIS 등이며 주요 생산국으로는 미국, 캐나다, 러시아, 폴란드, 사우디아라비아, 멕시코 등이다.

유황잔재 연소기술 (Sulfur Residue Burning Technology) 아연 제조 공정에서 발생되는 Sulfur Residue(유황잔재)를 Roaster(배소로)에서 태우고 여기에서 발생되는 SO2 Gas를 황산제조 공장에서 완벽하게 처리하고, 또한 Sulfur Residue에서 함유된 각종 유가금속(금, 은, 아연 등)을 회수하는 기술이다.

육방정계 (hexagonal system) 조밀육방정이라고 부르며 HCP 혹은 CPH로 표시한다. 육각주 모양에 입체적인 대칭성을 가졌는데 마름모 꼴 단면을 가진 주상으로 저면에서 서로 $120°$로 교차하는 3개의 축과 직교하는 1개 축으로 되어 있다. 아연(Zn), 마그네슘 (Mg), 베릴륨(Be), 카드뮴(Cd), 타이타늄(Ti), 지르코늄(Zr), 하프늄(Hf) 등이 이 구조로 되어 있다. 통상 이와 같은 결정구조를 가진 금속은 가공성이 힘들지만 변형을 일으키기 어려워 구조용으로 사용되면 그 이점을 발휘할 수 있다. (그림참조)

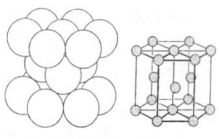

육방격자

윤활제 (lubricant) 성형할 때 분말입자간 사이 또는 공구표면과 분말입자 혹은 성형제와의 마찰을 감소시키기 위해 사용하는 물질로 분말에 첨가하는 경우(분말윤활제)와 다이, 코오로드 등 공구표면에 바르는 경우(금형윤활제)가 있다.

융제 (flux) ☞ 용제

융착 (weld) 금속끼리 서로 접촉압력을 일으키도록 접촉하여 마찰을 일으켜 이 마찰열에 의해 국부적으로 표면온도가 급상승하여 금속끼리 서로 용착하는 현상을 말한다. 이를 방지하기 위해서는 표면거칠기가 적어야 하고 표면경도가 높아야 하며 온도가 높아져도 연화하기 어려워야 하고 서로 용융하는 조

은 (silver) 원소기호 Ag, 원자번호 47, 원자량 107.868, 비중 10.5, 용융점 961.9℃, 비등점 2,163℃, 결정구조 면심입방정, 주기율표상 Ⅰb족에 속하는 은백색의 귀금속이다. 금 다음으로 전연성이 크며 열이나 전기전도율은 금속중에서 가장 크다. 공기중에서는 상온은 물론, 가열해도 산화되지 않는다. 용융점과 밀도가 낮고 내식성이 떨어져 질산, 황산에 잘 녹는다. 고온에서는 내산화성이 우수하지만 공기중에서는 황화물을 만들며 흑색으로 변한다. 가격은 귀금속중에서 가장 싸며 질산은으로써 사진공업에 가장 널리 이용된다. 이외에 전기접점, 도금, 화폐, 장신구, 미술품, 치과용 등 용도는 광범위하다. 은의 광물로서는 자연은, 각은광, 휘은광, 홍은광, 비은광, 휘은동광, 휘안은광, 봉화은광, 헤스광 등이 있으며, 방연광, 섬아연광, 황철광, 황동광 등에 수반되어 산출되는 경우가 많다. 주요 은광석 산출국은 멕시코, 미국, 페루, 캐나다, CIS 등이다. 세계의 은괴 생산국으로는 멕시코, 페루, CIS, 미국, 호주, 칠레, 폴란드, 중국, 캐나다, 볼리비아 등이다. (표참조)

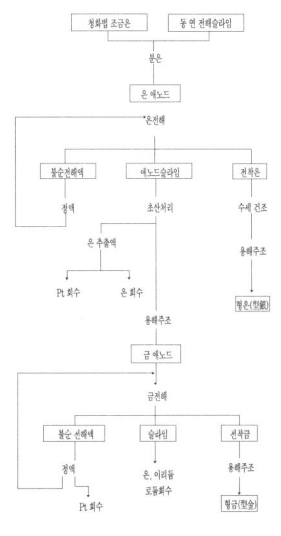

은전해 정련공정

은납 (silver brazing filler metal) 금속의 납땜(브레이징)에 사용하는 은-동 및 은-동-아연을 주성분으로 하는 합금이며 용융점 강화, 청정작용, 강도 등을 개선하기 위해 소량의 카드뮴(Cd), 니켈(Ni), 주석(Sn), 리튬(Li)을 첨가한다. 600~800℃ 정도의 용융점을 갖고 있다. 동 및 동합금, 철강 등의 접합에 사용되며 전도성이 좋아 정밀기기의 납땜으로 사용된다.

은사 (silica sand) 규사를 은사라고 하며 은사에는 천연은사와 인조은사 두가지가 있다. 천연은사는 천연적인 마감으로 모가 달아서 둥글게 되어 있으며 인조은사는 규소원광을 원하는 입도로 파쇄한 것으로 표면의 모가 나 있다. 내화성에는 별차이가 없으나 인조은사는 형사(型砂), 산성제강용의 로바닥용 또는 일반적인 내화재로 사용되며 천연은사는 통기성이 풍부하고 강주물의 형사에 주로 사용된다.

은제련법 (silver smelting process) 은(Ag)은 항상 금(Au)과 공존하기 때문에 은제련도 금제련시 동시에 수행되고 있으며 금제련과 같이 수선법, 청화법, 아말감법이 채용되고 있다. ☞ 금제련법

은지금 (silver bullion) 전해 정련한 은(Ag)을 약 30kg의 주괴로 만든 것으로 감광 재료용인 1종과 일반 공업용인 2종이 있다. KS D 2308에서는 은의 함량이 1종인 경우 99.99% 이상, 2종이 99.95% 이상으로 되어 있다. (그림참조)

은지금

은합금 (silver alloy) 은(Ag)은 전연성이 좋고 전기 및 열전도도가 뛰어나고 고온에서 내산화성이 우수하지만 강도가 작고 단시간내에 연화되는 약점을 가지고 있다. 이를 개선하기 위해 동(Cu), 아연(Zn), 카드뮴(Cd), 주석(Sn), 니켈(Ni), 텅스텐(W) 등과 합금을 만든다. 주요 은합금으로는 Ag-Cu계, Ag-Cu-Zn계, Ag-Ni계, Ag-CdO계, Ag-In계 등이 있다. 은주화, 은용기, 전기접점, 치과용 합금, 치과용 아말감 등에 사용된다.

음극 (cathode) 양극의 반대개념으로 캐소드라고 한다. 두개의 전극간에 전류가 흐를 때 전위가 낮은 쪽을 말한다. 전해질용액에 전기가 흐를 때 플러스(+)이온이 석출되는 쪽을 말하며 배터리의 경우 전류를 외부로 흘러보내는 플러스극이 이에 해당한다.

음극반응 (cathodic reaction) 캐소드반응이라고 한다. 금속과 전해질계면에서 일어나는 환원반응, 전해질로부터 금속으로 플러스(+)의 전류가 흐른다. 양극반응의 역반응이다.

음극방식 (cathodic protection)　외부로부터 피방식체에 전류를 흘려보내는 방법과 피방식체에 저전위금속을 달아 전류를 흘려보내는 방법이 있다. 후자는 금속의 전위차를 이용한 것으로 방식류를 발생시키는 저전위금속으로는 마그네슘, 아연, 알루미늄합금이 이용되고 있다. 즉, 방식대상 금속이 되는 금속에 그 금속보다 이온화경향이 큰 금속을 연결하고 이것을 희생금속으로 하여 방식대상 금속 대신 부식시키는 방법이다. 전기방식은 선박, 강야판, 암벽, 선창, 해수취입구, 지중 매설관 등에 이용분야가 상당히 광범위하다.

응력 (stress)　물에 가해지는 외력에 의해 그 내부에 생기는 힘으로 단위면적당의 힘으로 나타낸다. 외력의 종류에 따라 인장응력, 압축응력, 전단응력, 비틀림응력, 굽힘응력, 굽음응력 등이 있다.

응력-변형곡선 (stress-strain curve)　정온시험에서 응력과 변형의 관계를 표시하는 곡선. 인장시험의 전 과정에 있어서의 시험편 평행부의 공칭응력과 연신율의 관계를 나타내는 곡선으로 보통 세로축의 응력을 나타내고 가로축의 변형을 나타낸다. 재료를 인장했을 경우 그림 (1)번 곡선과 같이 최초 하중의 증가에 의하여 신율이 정비례하는 범위 a점의 비례한계

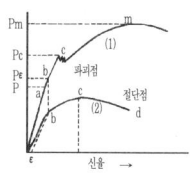

응력 변형선도

(proportional limit)에서 하중을 가중하여도 반드시 비례하여 신장되지 않지만 하중을 제거하면 원길이로 되돌아오는 b점의 탄성한계를 거쳐 하중을 증가시켜 가면서 c점에 이르러 멈춘다. 이 후 일시적으로 신율만이 진행하여 하중은 오히려 감소한다. 어느 정도 신장된 후 드디어 하중과 신율은 최대 곡선을 나타내고 시험편을 경화하고 지름은 가늘게 변형하여 마침내 국부수축을 일으켜 m점(Pm)에서 절단된다. 이 c점을 항복점이라 한다. 일반적으로 c점과 b점은 접근하며 동일점을 접근하여 동일점으로 보아 취급할 경우가 많다. (그래프참조)

응력-변형-온도곡선 (stress-strain-temperature diagram)　응력-변형곡선의 온도 의존성, 응력-온도곡선의 변형 의존성 및 변형-온도곡선의 응력 의존성을 응력-변형-온도의 3축좌표로 표시한 것.

응력부식균열 (stress corrosion cracking)　응력부식균열(SCC)은 금속재료

가 인장응력하에서 특정한 부식환경하에 놓인 경우에 생기는 취성적인 균열 현상으로 재료, 응력, 환경이 특정한 경우에만 발생한다. 일반적으로 응력부식 균열은 균열 끝부분의 금속재료의 용해반응이 균열에 대해서 지배적일 경우 즉, 활성경로형 응력부식(active path corrosion, APC)에 대해서만 이용되며 수소에 기인하는 수소취성(hydrogen enbrittlement, HE)과는 구별된다.

응력-온도곡선 (stress-temperature curve) 일정 변형시험에서 응력과 온도의 관계를 표시한 곡선.

응력-온도상태도 (phase diagram in stress-temperature coordinate) 응력-온도 좌표에서 형상기억합금의 각상의 존재영역을 표시한 상태도.

응력유기 마르텐사이트변태 (stress-induced martensitic transformation) 모상이 안정된 온도영역에서 가한 응력에 의해서 마르텐사이트가 유기되는 변태를 말한다. 유기된 마르텐사이트에 다시 응력이 가해지면 구조가 다른 마르텐사이트로 변태하는 경우가 있다. 이것을 축차변태 또는 다단변태라고 한다.

응력집중 (stress concentration) 둥근 구멍 등의 노치부분이나 재질상, 구조상의 불연속부에 있어서 국부적으로 높은 응력이 생기고 그 근방의 응력상태도 일단 나타나지 않게 된다. 응력집중의 정도는 응력집중계수 α로 표시되며 응력집중의 최대응력을 δmax, 공칭응력을 δ라고 하면 $\alpha = \delta max/\delta$로 주어진다. 이 α를 형상계수라고 한다.

응집분말 (agglomerate powder) 복수입자가 서로 붙어서 된 분말.

의탄성 (pseudoelasticity) ☞ 초탄성

이게탈로이 (igetalloy) 초경합금.

이극광 (calamine) 아연광석이며 규산염 광물로, 아연(Zn) 64.2%를 함유하고 있다.

이런드 (Eland) 미국 스크랩규격인 ISRI(Institute of Scrap Recycling Industries, Inc)규격중 고품위 저연 청동스트랩(high grade-low lead bronze solid)의 총칭으로 분석표가 제시되어야 한다.

이력손실 (hysteresis loss) 이력현상에 의해 열로서 소실되는 에너지손실. (그래프참조)

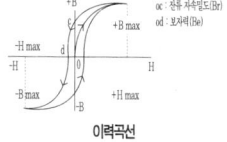
이력곡선

이리도스민 (iridosmine) ☞ 오스미리듐

이리듐 (iridium) 원소기호 Ir, 원자번호 77, 비중 22.4, 용융점 2,443℃, 비등점 4,547℃인 은백색의 광택이 있는 귀금속으로 백금족 원소이다. 단단하고 무거우며 백금(Pt)과 합금하여 만년필의 펜끝, 전기접점, 의료용기구 등에 이용된다.

이멀전탈지법 (emulsion degreasing) 금속표면에 부착된 오염을 제거하는 방법으로써 유화 세정제를 이용하는 것이다. 여기에는 용제와 물을 계면활성제로 미리 이멀전으로 해 놓고 이 액에 침지 또는 이를 분사해서 하는 것과 계면활성제를 첨가한 용제로 세정하고 그 후 수세할 때 이멀전으로써 오염과 용제를 제거하는 두 가지 방법이 있다. 두 방법 모두 특징은 용제만으로 탈지하는데 비해 고형의 오염을 제거하기 쉽다는 것, 물헹구기가 간단하고 쉽다는 것, 또 물과 용매의 혼합형을 사용할 때 고온에서 할 수 있으므로 고비점이며 저렴한 용매를 사용할 수 있다는 것 등이다.

이방성 자석 (anisotropic magnet) 강자성 재료에는 결정방향에 대응하여 자화되기 쉬운 방향이 있다. 따라서 그 방향으로 결정을 정돈하거나 길게 입자들이 정돈됨으로써 자기에 이방성을 띠게 하여 자기적 성능을 향상시킨다. 알니코자석, 바이칼로이, 발륨페라이트 등이 이에 속한다.

이산화저마늄 (germanium dioxide) GeO_2의 조성을 갖는 산화 저마늄이다.

이산화망가니즈 (manganese dioxide) 천연으로 황망가니즈광, 연망가니즈광으로써 산출되며, 인공적으로는 질산망가니즈을 가열하거나 질산망가니즈을 전해해서 만든다. 천연으로 산출되는 것을 천연이산화망가니즈, 전해에 의해 얻은 것을 전해 이산화망가니즈라고 한다. 페로망가니즈, 건전지, 염료 등에 이용한다.

이산화물 (dioxide) 산소원자 두 개와 결합한 화합물.

이산화타이타늄 (titanium dioxide) TiO_2의 조성을 지니는데, 일반적으로는 산화타이타늄으로 통하고 있다. ☞ 산화타이타늄

이상표피효과 (anomalous skin effect) 저온에서 전자의 평균 자유행정이 표피 깊이보다 커지는 경우에 차폐효과가 감소하기 때문에 생기는 표피효과의 다른 상이다. ☞ 표피효과

이상혼합조직 (microduplex structure) 두 개 이상의 다른 상이 조밀하게 혼합되어 있는 조직으로 공정, 석출, 공석 등에 의해서 형성된다. 이러한 조직은 복합형의 감쇠능을 부여한다.

이소펌 (Isoperm) 고투자율합금의 일종으로 초투자율 범위에서 μ이 일정한 항투자율 합금이다. 용도는 주로 통신용 코일로 투자율이 일정하기 때문에 히스테리시스손실(이력손실)이 작다. 이 합금은 퍼멀로이(40~50% Ni-Fe합금) 중 델타맥스를 소재로 하여 50%의 냉간압연를 거쳐 만든 것으로 98.5%강 가공의 1,000~1,200°C의 풀림, 50% 냉간압연으로 높은 항투자율이 유지된다.

이스리규격 (ISRI specifications) ☞ ISRI규격

이온결합형 수소화물 (ionic hydride) 금속 양이온과 수소 음이온으로 구성된 금속수소화물로서 이것의 용해물은 높은 전도도를 가지며 전기분해시 양극에서 수소가 발생한다. 또 수소화 반응시 금속은 수축되고 많은 양의 발열이 수반한다. 이온수소화물 또는 알칼리형 수소화물이라고 하며 알칼리금속 수소화물이 잘 알려져 있다.

이온플레이팅 (ion plating) 증발시킨 원자를 이온화하여 다시 전자장으로 가속시켜 섬유에 부착시키는 방법으로 섬유에 바탕재 금속을 피복하거나 섬유표면을 개질하기 위하여 이용한다.

이원합금 (binary alloy) 두 종류의 원소로 된 합금.

이음매없는 관 (seamless pipes, seamless tube) 이음매가 전혀 없는 관으로 괴, 봉 등을 가열하여 만네스식이나 엘어헐트식 천공 등으로 구멍을 뚫어 두껍고 짧은 중공소재를 제조한 후 이를 압연기 또는 인발기로 얇고 가늘며 길게 연신하여 소정의 외경과 두께로 마무리하여 만든다. 이외에도 유진 세듀르네방식에 의한 열간압출 또는 맨드릴 밀에 의해 생산되는 것이 있다. 보통 열간 마무리를 하는데 특수한 용도의 것은 마무리공정만 냉간에서 한다. 군수용, 고압화학용 등에 사용된다.

이음매없는 니켈관 (nickel seamless tubes) 냉간가공한 6㎜ 초과, 115㎜ 이하 또는 열간가공한 60㎜ 초과, 250㎜ 이하의 니켈로 만든 관으로 1종(니켈관)과 2종(저탄소니켈관)이 있으며 모두 니켈함량이 99% 이상이다.

이음매없는 니켈합금관 (nickel alloy seamless tube) 냉간가공한 6㎜ 초과, 115㎜ 이하 또는 열간가공한 60㎜ 초과, 250㎜ 이하의 니켈합금으로 만든 관으로 3종(니켈-동관), 4종(니켈-크로뮴-철관), 5종(니켈-철-크로뮴관), 5H종(니켈-철-크로뮴관), 6종(니켈-철-크로뮴-몰리브데넘-동관), 7종(니켈-철-크로뮴-실리콘관), 8종(니켈-동-알루미늄관) 등 7종류로 구분된다. 열간가공 또는 냉간가공으로 마무리를 하지만 8종만은 냉간가공 마무리를 행한다. 또한 5H종 및 8종은 고용화 열처리 및 석출경화처리를 행한다.

이음매없는 동관 (copper seamless pipes) 전신가공한 단면이 원형인 이음매없는 동관으로 무산소동관, 타프피치동관, 인탈산동관, 단동관 등이 있다. KS D 5301에 규정되어 있다.

이음매없는 동합금관 (copper alloy seamless pipes) 전신가공한 단면이 원형인 이음매없는 동합금관으로 황동관, 규소청동관, 복수기용황동관, 복수기용백동관 등이 있다. KS D 5301에 규정되어 있다.

이음매없는 마그네슘합금관 (magnesium alloy seamless pipe) 압출에 의해 제조된 단면이 원형인 이음매없는 마그네슘합금관으로 화학성분에 따라 1종, 2종, 3종으로 나누어져 있다. KS D 5573에 규정되어 있다.

이음매없는 알루미늄관 (aluminium seamless pipe) 전신가공한 단면이 원형인 이음매없는 알루미늄관으로 제조방법에 따라 인발관과 압출관으로 구분된다. 또한 합금의 종류로는 1050, 1070, 1100, 1200 등 4종류가 있다. 1050과 1070은 용접성, 내식성이 좋아 화학장치용 재료, 사무실 기기 등에 사용된다. 1100과 1200은 강도가 비교적 낮으나 용접성, 내식성이 좋아 전기기기 부품 및 화학장치용 등에 사용된다. KS D 6761에 규정되어 있다.

이음매없는 알루미늄합금관 (aluminium alloy seamless pipe) 전신가공한 단면이 원형인 이음매없는 알루미늄합금관으로 제조방법에 따라 인발관과 압출관으로 구분된다. 합금별로 용도 및 특성을 살펴보면 다음과 같다.

(1) 2014 : 열처리합금으로 강도가 높고 스크스톡, 이륜차 부품, 항공기 부품 등에 사용.

(2) 2017 : 열처리합금으로 강도가 높고 절삭가공성이 좋다. 일반기계부품, 단조용 소재로 사용.

(3) 2024 : 2017보다 강도가 높고 절삭성이 좋아 항공기부품, 스포츠용품 등에 사용.

(4) 3003 : 1100보다 약간 강도가 높고 내식성이 좋으며 화학장치용 재료, 복사기 드럼 등에 사용.

(5) 3203 : 3003과 동일.

(6) 5052 : 중정도의 강도를 갖는 합금으로 내식성과 용접성이 좋아 선박용 마스트, 광학용 기기, 일반기기용 재료 등에 사용.

(7) 5154 : 5052와 5083의 중간정도의 강도를 갖는 합금으로 내식성, 용접성이 좋다. 화학장치용 재료로 사용.

(8) 5454 : 5052보다 강도가 높고 내식성, 용접성이 좋으며 자동차용 휠 등에 사용.

(9) 5056 : 내식성, 절삭성, 양극산화 처리성이 좋으며 광학용 부품 등에 사용.

(10) 5083 : 비열처리합금중 최고의 강도를 갖고 있으며 내식성, 용접성이 좋다. 선박용 마스트, 토목용 재료로 사용.

(11) 6061 : 열처리형 내식성합금으로 보빈, 토목용 재료, 스포츠, 레저용품 등에 사용.

(12) 6063 : 6061보다 강도는 낮으나 내식성, 표면처리성이 좋다. 건축용 재료, 토목용 재료, 전자기기 부품 등에 사용.

〔13〕 7003 : 7N01보다 강도는 약간 낮으나 압출성이 좋다. 토목용, 용접구조용 재료로 사용.

〔14〕 7N01 : 강도가 높고 내식성이 좋은 용접구조용 합금이다.

〔15〕 7075 : 알루미늄합금중 최고의 강도를 갖는 합금으로 항공기부품 등에 사용. KS D 6761에 규정되어 있다.

이음매없는 타이타늄관 (titanium seamless pipes) ☞ 타이타늄관

이젝션 (ejection) 성형 또는 재압축 종료 후 성형체 또는 재가압체를 다이로부터 빼내는 것을 말하며 압출이라고도 한다.

이중니켈도금 (duplex nickel plating) 소재표면에 유황(S)을 함유하지 않은 무광택 니켈(Ni)도금을 한 후 다시 니켈도금층 위에 유황을 함유한 광택니켈도금을 하는 것을 말한다.

이질동상 (homology, homomorphy) 동질이상의 반대의미로 상이한 화학성분을 갖고 있으나 결정계가 같은 것을 말한다.

이차광물 (secondary mineral) ☞ 차생광물

이차광상 (secondary deposit) ☞ 차생광물

이차광석 (secondary ore) 이차광상으로부터 얻은 광석으로 갱내수에 함유되는 담반 등을 가리켜 말한다.

이차금속 (secondary metal) 재생금속을 말하며 금속스크랩을 용해하여 불순물을 제거한 후 만들어진 것을 말한다.

이차동 (secondary copper) 동스크랩을 용해해서 얻은 재생동을 말한다.

이차부화작용 (secondary enrichment) 지하수나 열수액에 의해 광물 성분이 이동하여 다른 장소에 광상을 형성하는 것으로 이 광상을 이차부광체라고 한다.

이차재결정 (secondary recrystallization) 냉간가공에 의해 결정의 이방성을 발달시킨 금속을 풀림처리를 행함으로써 새로운 결정조직이 생기고 이 재결정을 다시 고온처리하면 또다시 새로운 다른 결정조직이 생기게 되는데 이 조직을 이차 재결정조직이라고 한다.

이차전지 (secondary cell) ☞ 전지

이차조동 (secondary crude copper) 동스크랩을 다시 제련해서 얻은 조동으로 재생조동이라고도 한다.

이터븀 (ytterbium) 원소기호 Yb, 원자번호 70, 원자량 173.04, 비중 6.98, 용융점 819℃, 비등점 1,196℃인 희토류 원소중 하나로 가돌린석 등에 함유되어 소량 산출된다.

이트륨 (yttrium) 원소기호 Y, 원자번호 39, 원자량 88.91, 비중 4.48, 용융점 1,522℃, 비등점 3,338℃, 결정구조 조밀육방정, 주기율표상 Ⅲa족에 속하는 희토류 원소중 하나이다. 모나즈석, 가돌린석에 함유되어 있으며 존재량은 비교적 많다. 노르웨이에서 산출되는 가돌린석은 이트륨을 60%나 함유하는 것이 있다. 중성자흡수단면적이 작기 때문에 항공기 원자로의 재료로 연구가 진행되고 있다. 원자로의 구조재, 마이크로 웨이브의 마그넷 코어 등에 이용된다.

이형동관 (copper fin tube) 이형동관은 공업용 동관의 일종으로 일반적인 동관은 단면적이 평이하여 열전달 효율이 적으나 내외면등 이형가공된 동관은 동일 관직경에 비해 표면단면적이 넓어 열교환 면적을 증가시켜 열전달효율을 극대화시킬 수 있어 콘덴서, 냉동기용 증발기, 오일 쿨러, 기타 열교환기용에 사용된다.

인 (phosphorus, phosphor) 원소기호 P, 원자번호 15, 원자량 30.97376, 비중 1.83, 용융점 80.4℃, 비등점 280℃, 주기율표상 Ⅴb족에 속하는 원소이다. 천연에 인산염의 형태로 인회석 등에 함유되어 산출된다. 금속의 탈산, 청정제, 그리고 강인성을 높이는데에 이용한다. 탈산동은 전자, 인청동은 후자의 좋은 예이다.

인공시효 (artificial aging) 일반적으로 금속조직을 인공적으로 급속히 안정시키기 위해 행해지는 열처리이다. 이에 대해 상온에서 안정화시키는 조작을 상온시효(natural aging)라고 한다. 측정기기 등은 사용중에 치수가 틀어지는 것을 방지하기 위해 담금질 후 100~200℃의 인공시효를 하고 나서 사용하는 것이 일반적이다.

인광석 (phosphate rock, phosphate ore) 인회석이 가장 중요한 광물이며 미국, CIS, 모로코 등에서 많이 산출된다.

인너그루브드튜브 (inner grooved fin tube) (그림참조) ☞ 내면핀튜브

인너그루브드튜브

인동지금 (phosphor copper ingot) 인(P) 8.0~14.5% 이상을 함유하는 동(Cu)합금으로 인청동지금이라고도 한다. KS D 2310에서는 1종A, 1종B, 2종, 3종 등 4종류로 분류하고 있다. 1종A는 동 및 동합금 전신재의 탈산제, 인첨가제에, 1종B는 동 및 동합금주물의 탈산제, 인첨가제 등에 이용한다. 2종은 용융점이 1종보다 낮은 성질을 이용해 동 및 동합금 전신재나 주물의 탈산제, 인첨가제 등에, 3종은 고규소 알루미늄합금 주물의 결정입자 미세화제 등에 사용한다. 지금의 형상은 홈붙이 잉곳(형상), 쇼트(입자상) 등 취급이 편리한 주괴로 만들어야 한다.

인듐 (indium) 원소기호 In, 원자번호 49, 비중 7.31, 용융점 156.4℃, 비등점 2,070℃인 은백색의 매우 연한 원소이다. 용융점이 낮고, 화학적 성질은 알루미늄(Al)과 약간 비슷하다. 공기중에서 비교적 안정하며 수분에 녹슬기 쉽다. 내산성이 있지만 알칼리에는 녹는다. 아연광이나 방연광을 따라서 산출되며, 연(Pb) 및 아연(Zn)제련의 부산물로서 채취된다. 저용점합금, 반도체 첨가제, 트랜지스터, 다이오드의 접점, 금속간화합물 등에 이용된다.

인디안 (Indian) 미국 스크랩규격인 ISRI(Institute of Scrap Recycling Industries, Inc)규격중 K모넬스크랩(K-Monel solids)의 총칭이다.

인바 (invar) 니켈(Ni)과 철(Fe)의 합금으로 인바아 혹은 인바르라고도 한다. 니켈이 36%, 철이 약 64%로, 이외에 0.5% 이하의 망가니즈(Mn)과 0.1%의 탄소(C)를 함유한다. 열팽창계수가 매우 작은(보통 철의 약 10분의 1로 0.9×10^{-5} 정도) 합금으로, 정밀측정기, 시계의 부품 등에 이용된다. 이 형의 합금으로는 코발트(Co) 5%를 첨가한 초불변강이 있다.

인바르 (invar) ☞ 인바

인반석 (amblygonite) 리튬(Li)의 원광석으로 둔각석이라고도 한다.

인발 (drawing) 소성가공의 한 방법으로 다이스의 공경보다 큰 재료를 견인하면서 구멍을 통과시키면 공경에 맞는 단면으로 변형된다. 관재, 축재, 선재 등을 상온이나 열간에서 인발하면 경도가 높은 것이 만들어진다. (그림참조)

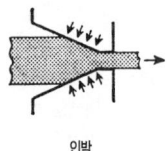

인발

인발가공 (drawing) ☞ 인발

인발관 (drawn tube) 열간금속소재로 만든 전기저항용접관이나 이음매없는 관 등을 소재로 하여 열간 또는 냉간상태에서 잡아 늘려서 뽑아내어 구경을 조정하여 만든 관을 말한다. 일반관보다 정교하고 기계적 성질이 우수하다.

인성 (tenacity, toughness, sectile) 소위 끈기를 말한다. 강도와 변형도가 둘 다 큰 성질로 즉, 인장강도와 연신율이 모두 큰 점으로 대표된다. 일반적으로는 충격시험에 의한 충격치(샤르피, 아이조드)에 의해 비교되며 충격치가 큰 것은 강인함이 크다는 뜻이 된다. 특히 노치부에 있으면 거기에서 균열이 생기기 시작해 구조물 전체에 이르는 경우가 많다. 노치부를 만든 시험편에 충격하중, 굽힘하중, 인장하중 등을 가해서 재료의 인성을 조사하는 시험이 행해지고 있다.

인쇄용동판 (copper sheets for type) 표면이 매끄러우며 내열성이 있다. 그라비어용, 사진철(凸)판용에 사용된다. KS D 5201에는 C1100, 1221, 1404 등으로 나누어져 있다.

인시튜법 (in-situ process) 용해 후 급랭 응고된 동-니오븀(Cu-Nb)합금 혹은 동-바나듐(Cu-V)합금의 괴를 가공하여 얻어진 가는 선 또는 테이프의 표면에 주석(Sn) 또는 갈륨(Ga)도금을 한 후에 확산 열처리하여 서브마이크론 지름의 Nb_3Sn 또는 V_3Ga필라멘트를 선재내에 생성시키는 화합물 초전도선의 제조방법이다.

인장강도 (tensile strength) ☞ 인장력

인장력 (tensile strength) 인장강도 또는 항장력이라고 하며 시편이 절단되기까지 견디는 최대응력을 말한다. 즉 최대 인장하중을 평형부의 원단면적으로 나눈 값이다. 항복 후에 시편이 견딘 최대하중이 위항복점보다 낮은 재료에 대해서는 항복 후의 최대 하중을 평행부의 원단면적으로 나눈 값으로 한다.

인장시험 (tensile test) 재료의 형상이나 재질에 따라 정해진 시험편에 인장하중을 주어 그 변형과 휘어짐을 측정해서 기본적인 기계적 성질(탄성한도, 비례한도, 탄성계수, 항복점, 최대강도, 파단강도, 연신, 단면수축 등)을 알기 위한 시험. (그림참조)

인장시험

인청동 (phosphor bronze) 청동에 소량의 인(P)을 탈산제로 첨가한 합금이다. 탄성, 내식성, 내마모성이 양호하여, 판, 봉, 선, 주물로 하여 스프링, 철망, 부시, 톱니바퀴, 베어링, 임펠러, 제지용 롤 등에 이용한다. 판, 봉, 선용은 주석 (Sn) 3~9%, 인 0.03~0.35% 정도, 주물용은 주석 9~15%, 인 0.05~0.5% 정도를 함유한다. 인은 청동에 약간 고용되지만 고용한도를 넘어서면 Cu_3P로 석출된다.

인청동봉 (phosphor bronze rod or bar) 내피로성, 내식성, 내마모성이 좋다. KS D 5102에서는 4종류로 분류하고 있으며 이밖에 C5341, C5441은 쾌삭 인청동봉으로, 연의 첨가에 의해 피절삭성이 좋아진다. 톱니바퀴, 캠, 커플링, 축, 베어링, 소나사, 볼트, 너트, 섭동부품, 커넥터, 트롤리선 행어 등에 이용된다.

인청동선 (phosphor bronze wire) 내피로성, 내식성, 내마모성이 좋아, 코일

스프링, 나선형 스프링, 스냅버튼, 전기바인더용 선, 금망, 헤더재, 와셔 등에 사용된다. 종류 및 성분은 인청동봉과 동일하다.

인청동스크랩 (phosphor bronze scrap) KS D 2104에서는 인청동스크랩, 인청동 절삭스크랩 및 인청동망스크랩, 잡종인청동스크랩을 설정하여, 각기 품질과 형상을 규정하고 있다. ☞ 동스크랩

인청동주물 (phosphor bronze casting) 내식성, 내마모성이 좋고 경도가 높아 기어, 베어링, 슬리브, 일반기계부품, 유압실린더, 제지용 각종 롤 등에 사용된다. KS D 6010에서는 화학성분에 따라 2종, 2종B, 2종C, 3종B, 3종C 등 5종류로 분류했다. 인(P)의 함량은 2종이 0.05~0.20%, 2종B가 0.15~0.50%, 2종C가 0.05~0.50%, 3종B가 0.15~0.50%, 3종C가 0.05~0.50% 등이다.

인청동판 (phosphor bronze sheet or plate) 전연성, 내피로성, 내식성이 좋다. KS D 5506에서는 4종류로 분류하고 있는데 그중 C5191, C5212는 스프링재에 적합하다. 다만 특히 고성능의 탄성을 요구하는 것은 스프링용 인청동을 사용하는 것이 좋다. 전자, 전기기용 스프링, 스위치, 리드프레임, 커넥터, 다이어프램, 베로, 퓨즈클립, 섭동부품, 베어링, 부시, 타악기 등에 사용된다.

인코넬 (Inconel) 캐나다 인코(Inco)사가 개발한 니켈(Ni)과 크로뮴(Cr)의 합금으로 니켈 73~78%, 크로뮴 13~16%, 철 (Fe) 6~7.5%를 함유하고 있다. 내열성, 내식성이 우수한 합금으로, 항공기의 배기관 등에 사용된다.

인코넬합금 (Inconel alloys) 캐나다 인코(Inco)사가 개발한 니켈(Ni)이 주성분인 내식 및 내열초합금의 총칭이다. Inconel 600, 601, 617, 625, X750, 751 등이 있다.

인탈산동 (phosphorus deoxidized copper) ☞ 탈산동

인탈산동선 (phosphorus deoxidized copper wire) 동(Cu)함량 99.9% 이상이며 전연성, 용접성, 내식성, 내후성 등이 좋다. 환원성 분위기 중에서 고

온으로 가열하여도 수소취화를 일으키지 않으며 전기전도성이 양호하다. 작은 나사, 못, 철망 등에 사용된다.

인탈산동 용접관 (phosphorus deoxidized copper welded pipe) ☞ 동용접관

인탈산동판 (phosphorus deoxidized copper sheets) 전연성, 심가공성, 용접성, 내식성, 내후성, 열전도성이 좋다. 환원성 분위기 속에서 고온으로 가열해도 수소취화가 일어나지 않으며 목욕솥, 탕비기, 개스킷, 건축용, 화학공용 등에 사용된다.

인회석 (apatite) 인(P)광석의 하나.

인회우라늄광 (autunite) 우라늄의 인산염 광물로 $(UO_2)O$를 62.75% 함유하고 있다. 회우라늄운모라고도 한다.

일라이어스 (Elias) 미국 스크랩규격인 ISRI(Institute of Scrap Recycling Industries, Inc)규격중 사용된 연청동 스크랩 및 연청동 절삭스크랩(high lead bronze solid and borings)의 총칭이다.

일렉트로위닝 (electro-winning) 아연(Zn)에 널리 이용되고 있는 전해법으로 전해채취라고도 한다. 아연광석을 황산으로 침출하여 황산아연 용액으로 만들고, 이를 전해하는 방법이다. 산화동광 및 비산화, 황화 혼합광석의 처리에도 응용되고 있다. ☞ 전해채취

일렉트론메탈 (electron metal) 마그네슘(Mg)합금으로 마그네슘에 알루미늄(Al), 아연(Zn), 망가니즈(Mn)을 첨가한 합금이다. 마그네슘의 함유량은 통상 91~92%이며 가볍고 강해서 항공기, 자동차 등의 부품에 이용된다.

일륨 (Illium) 내식 및 내열성이 강한 니켈(Ni)합금으로 모두 주조합금으로 사용된다. 부식에 강하며 내고온성을 갖고 있는 내마모성 니켈합금으로 Illium G, 98, B, W 등 4종류가 있다.

일리늄 (illinium) 프로메튬(Pm)의 초기 원소명이다. ☞ 프로메튬

일린바 (elinvar) 니켈(Ni) 36%, 크로뮴(Cr) 12%와 소량의 망가니즈(Mn), 실리콘(Si), 텅스텐(W)을 함유하는 철(Fe)합금으로 시계의 태엽 등에 이용된다. 일린바르라고도 한다.

일메나이트 (ilmenite) 타이타늄철광으로 사철중에 존재하며 ($FeTiO_3$)TiO_2가 7~20% 함유되어 있다. 일메나이트는 자철광과 자성이 다르기 때문에 자력선광을 통해 선광하고 있으며 금속타이타늄의 원료로 사용되고 있다.

일방향 섬유강화금속 (unidirectionally fiber reinforced metal) 일방향으로 배열되어 있는 섬유로 강화한 금속바탕복합재료.

일방향 성형 (single action pressing) 일방향으로부터 단축성형하는 것.

일방향 형상기억처리 (one-way shape memory treatment) 일방향 형상기억 효과를 부여하는 열처리로 통상 기억시키고 싶은 형상으로 고정시킨 채 열처리한다.

일방향 형상기억효과 (one-way shape memory effect) 고온의 형상만을 기억시켜 놓고 가열시에는 형상변화하지 않은 형상기억 효과를 말하며 비가역 형상기억효과라고도 한다.

일산화물 (monoxide) 산소원자 1개와 결합한 화합물.

일산화연 (lead monoxide) ☞ 리사지

일차동 (primary copper) 동광석에서 나온 동(Cu)이며 신생동이라고도 한다.

일차전지 (primary cell) ☞ 전지

일차조동 (primary crude copper) 동광석에서 나온 조동으로 신생조동이라고도 한다.

일차조직 (primary structure) 용융금속 또는 합금이 응고할 때 형성된 조직

을 일차조직 또는 응고조직이라고 한다. 담금질, 풀림 등의 열처리 또는 압연이나 단조 등의 기계적 처리는 일차조직을 파괴 또는 변화시켜서 이차조직(secondary structure)을 형성하는 수단이다. 일차조직의 영향은 이것이 이차조직이 된 후까지 남은 경우가 많아서 말하자면 유전적 영향을 지니고 있다고 볼 수 있다.

임계상태모델 (critical current state model) 제2종 초전도체중의 자화과정을 설명하기 위해 도식화한 것으로서 초전도체중을 흐르는 차폐전류는 임계전류밀도와 같은 밀도를 가지고 표면으로부터 침입하는 모델이다.

임계온도 (critical temperature) 초전도재료가 그 특성을 나타내는 온도를 말한다. 이는 재료의 가공이나 열처리에 따라 크게 변하지 않는 재료고유의 값이다.

임계자장 (critical magnetic field) 제1종 초전도체에서는 혼합상태로부터 상전도 상태로 전이를 일으킬 때의 자장 또는 제2종 초전도체에서는 마이스너 상태에서 혼합상태로의 전이를 일으킬 때의 하부 임계자장, 초전도 상태에서 상전도 상태로 전이를 일으킬 때의 상부 임계자장 및 열역학적 임계자장의 총칭이다. 통상 초전도 전이에 관계된 상부 임계자장을 의미하는 경우가 많다.

임계전류 (critical current) 초전도체속에 저항 제로(0)에서 흐를 수 있는 최대의 전류치다. 통상 온도와 자장의 증가와 함께 감소한다. 전류에 의해 저항이 영에서 유한한 값으로 전이할 때에는 전압이 완만하게 상승한다는 점에서 저항 제로(0)에서 임계 전류치를 정의할 수 없기 때문에 전장이 $10\mu V/m$, $100\mu V/m$가 되는 점 또는 등가 비저항이 $10^{-13}\,\Omega\,m$, $10^{-14}\,\Omega\,m$가 되는 점을 가지고 정의하는 수가 많다.

임계전류밀도 (critical current density) 도체의 단위면적당 흐르는 임계전류의 값이다. 핀힘밀도를 자속밀도로 나눈 값과 같다. 초전도체의 특성으로서 실용상 가장 중요한 것이며 제조상 이력에 의해 변화한다.

입계부식 (intergranular corrosion) 결정입계에 따라서 진행되고 재료적으로는 파괴영역에 도달할 경우도 있는 것을 말한다. 이 종류의 부식형식으로서는 18-8강의 입자간 부식, 고장력 알루미늄합금의 응력부식, 황동의 시간균열, 아연합금의 선택부식 등이 있다.

입도 (particle size) 체 또는 다른 적당한 방법으로 결정한 개개의 분말입자의 크기.

입도분석 (sieve analysis) 금속분말의 입도는 표준체를 통과하는 금속분말의 중량백분율로 표시한다. 시료 금속분말의 겉보기 밀도가 $1.5g/cm^3$보다 큰 분말은 시료를 100g으로 하고 $1.5g/cm^3$보다 작은 분말은 50g으로 한다.

입도분포 (particle size distribution) 시료분말을 분급하고 각각의 분급물이 점유한 비율을 그 질량, 개수 또는 체적의 백분율로 표시한 것.

입상분말 (granular powder) 구 모양에 가까운 모양의 입자로 된 분말.

입자 (particle) 통상 분리조작으로 그 이상 세분할 수 없는 분말의 단위.

입자강화금속 (particle reinforced metal) 입자상의 강화재를 이용해, 역학적인 특성을 향상시킨 금속기 복합재료.금속재료 또는 세라믹재료로 받아들여지고 있는 석출강화합금, 서멧, 산화물입자분산 강화합금 등은 포함하지 않는다.

입자모양 (particle shape) 입자의 모양.

입자상조직 (granular structure) 입상의 탄화물이 페라이트소지속에 산재해 있는 조직을 말한다.

입자지름 (particle diameter) 단독입자의 크기. 입자모양이 구형일 경우 그 지름으로 표시하지만 구형이 아닌 경우는 측정법에 따라 결정되며 방법마다 다른 값이 된다. 입도지름이라고도 한다.

입철 (luppe) ☞ 루페

잉곳 (ingot) 금속의 주괴로 잉곳케이스에 주입하며 만들어진 사각형 또는 다각형의 주괴를 말한다. 괴 또는 지금(地金)이라고 표현하기도 한다.

잉곳바 (ingot bar) 동잉곳 바.

자구벽 (ferromagnetic domain wall) 강자성체 내부가 자기적으로 분할되어 자발자기를 갖는 영역(자구)의 경계를 말한다. 반복응력에 의해서 자구벽이 비가역적으로 이동해서 자기·기계적인 정이력을 나타내고 진동에너지를 흡수함으로써 감쇠능을 나타낸다.

자기냉동 (magnetic refrigeration) 단열소자현상을 이용한 냉각·냉동방법이다. 초전도 마그넷 및 자성체를 사용하면 높은 자장에서의 적용이 가능하게 된다. 공업적으로는 GGG(가돌리늄 갈륨 거닛)를 사용하여 20~4K 및 4~1.8K의 자기냉동기가 있다.

자기변태 (magnetic transformation) 가열이나 냉각에 의해 자기적 성질이 급변하는 현상을 말하며 자기변태를 일으키는 온도를 자기변태점 또는 큐리점이라고 한다.

자기변형합금 (Magnetostriction alloy) 강자성재료를 자화하면 $10^{-5} \sim 10^{-6}$ 정도의 길이변화를 발생한다. 이것을 자기변형 현상이라고 하며 이 값이 큰 합금을 교류로 자화하여 초음파 발진자 및 여파기 등에 사용한다.

자기저항 (magnetic resistance) 전류가 흐르고 있는 도체를 자기중에 둠으로써 나타나는 저항이다. 일반적으로 저항이 증가하지만 자성금속에서는 저항이 감소한다. 비자성금속에서는 일반적으로 약한 자장에서는 자장의 제곱에 비례하며 고자장에서는 자장에 비례한다. 또한 저온이 되면 증가한다.

자기탐광 (magnetic exploration, magnetic survey) ☞ 자력탐광

자기특성 (magnetic properties) 자성재료가 자화되었을 경우에 그 재료가 나타내는 자기적인 여러 특성이다. 일반적으로 철손, 자속밀도, 투자율, 보자력, 잔류자속밀도 등을 들 수 있다.

자동판두께제어 (AGC, automatic gauge control) 스트립의 전 길이에 대해서 판두께의 정도를 확보하기 위한 제어기능으로 최근의 압연기로는 유압압하장치를 이용해 고응답으로 판두께의 정도 향상이 도모되고 있다. 제어방법으로서는 게이지미터 압하제어, 피드포워드 제어, X선 모니터제어, X선 버니어 압하제어, X선 버니어 장력제어, 말단보상제어, 가속보상(유막보상)제어, 밀 히스테리스(밀 히스테리시) 보상제어 등이 행해지고 있다.

자동판폭제어 (AWC, automatic width control) 스트립 전장에 걸쳐서 판폭 정도를 확보하기 위한 제어기능으로 보통 조압연기의 세로로 개방도를 제어함으로써 행해진다. 최근의 압연기에서는 유압 압하장치를 이용해 고응답으로 판폭의 정도향상이 도모된다. 제어방법으로는 즈스텐드의 폭 실적에 의한 피드포워드 제어, 해당 에저 압연반력에 의한 피드백 제어, 선후단부 폭락에 대한 쇼트스트록 제어 등이 행해지고 있다.

자동형상제어 (auto shape control) 압연기 출측에서 압연된 스트립형상을 측정하여 자동으로 형상교정하는 설비로서 형상교정인자는 WR 및 IMR Shifting 압연유 분사량 조정, spot coolant 분사량 조정 등으로 행한다.

자력선광 (magnetic concentration, magnetic separation) 자력선광기에 의한 선광으로 철분 분리에 이용되고 있다. 여러 광물간의 자성의 차이를 이용하여 광석과 맥석을 분리하는 방법으로 자력선광기는 종전 강자성인 자철광에만 적용되고 있으나 최근에는 고자력을 사용해서 철광석에도 이용하게 되었다. 자력선광기는 건식과 습식이 있는데 대부분 습식이 이용되고 있다. 사용하는 자석은 전자석과 영구자석이 있으며 최근에는 영구자석을 많이 사용하고 있다. 또한 기구의 차이에 따라 드럼형과 벨트형이 있으며 미세한 광

물의 처리에는 드럼형이 적합하다. 크로킷(crocket)형 자력선광기가 대표적인 것이다.

자력탐광 (magnetic prospection) 물리탐광의 일종으로 자력계를 이용하여 자황철광 등 자성 광물을 탐사하는 방법이다. 지하의 자성광상 혹은 자성을 가진 암석이 지구자장내에 존재하기 위해 유도자화되어 그 주위에 자기이상이 발생하고 있는 것을 지표면에서 계측하고 그 결과로 광상의 상황을 추정하고자 하는 탐사법이다. 이 방법은 광물중에서 자성을 갖는 것이 자철광, 타이타늄철광 및 자류철광 등 3가지에 지나지 않으므로 자철광을 다량으로 함유하는 철광상의 탐사법으로서는 상당히 유효하다. 최근에는 정밀한 자력계가 제작되어 이를 항공기에 탑재하고 넓은 지역을 단시간 안에 적은 비용으로 조사하는 공중자기탐광이 급속히 퍼지고 있다.

자막 (Zamark) 다이캐스팅용 아연(Zn)합금으로 미국의 상품명이다. Zn-Al-Cu-Mg계의 원형으로 된 합금으로 ZDC로 표시한다.

자벽 (ferromagnetic domain wall) ☞ 자구벽

자분탐상시험 (magnetic particle test) 자기탐상법의 하나로 강자성체의 표면 부근의 결함을 검출하는 매우 예민한 방법이다. 다만 조작에 주의하지 않으면
(1) 상당한 큰 결함의 검출이 불가능하다.
(2) 검사에 사람의 눈을 필요로 한다.
(3) 결함의 깊이판정이 불가능하다 등의 결함이 있다.

자생분쇄 (autogenous grinding) 광석 등을 분쇄할 때 강구나 환강봉과 같은 분쇄매체를 사용하지 않고 피분쇄물 상호간의 역학적인 작용만으로 하는 분쇄를 말한다. 즉, 서로 부딪히고 비비면서 큰 것이 작은 것을 분쇄하고 거의 같은 것이 서로 비벼 미세한 가루를 발생시켜 가는 방법이다. 분쇄비가 크고 강구나 강봉의 소모가 없으므로 조업비가 싸지만 광석에 따라 적합한 것과 그렇지 못한 것이 있고 분쇄매체에도 피분쇄물에도 맞지 않는 중간 임계입도입자를 많이 발생하기 쉬운 것은 적합하지 않다. 분쇄기로는 건식인 것으로 에어로폴밀, 건습 양쪽인 것으로는 캐스케이드밀 등이 있다. 자동분쇄라고도 한다.

자석강 (magnetic steel) 크로뮴(Cr), 알루미늄(Al), 니켈(Ni), 코발트(Co) 등의 합금원소를 첨가한 합금강으로 담금질 경화, 석출경화 등에 의해서 보자력과 잔류자속밀도가 높은 영구자석적 특성을 지닌 강철이다. 자화강이라고 한다.

자속밀도 (magnetic flux density, magnetic induction) 균일하게 자화된 시료의 단위면적당의 자속단위는 테슬라(T)를 사용한다.

자속양자 (flux quantum) 초전도체 또는 그 고리를 관통하는 자속의 최초의 자속량을 말한다. 자속이 양자화되는 것은 쿠퍼쌍으로 파동함수의 입자성에 따른다.

자속유동 (flux flow) 초전도체에서 자속이 정상적으로 계속 이동하는 것을 말하며 로렌츠힘이 피닝힘을 초과했을 때 발생하며 전기저항의 발생이 관측된다.

자속크립 (flux creep) 초전도체중에 피닝되어 있는 자속이 열적으로 여과되어 다음 피닝중심까지 이동하는 것을 말한다. 이산적이며 소규모로 발생하고 이것에 수반하여 영구전류가 시간과 함께 감쇠한다.

자연금 (native gold) 석영맥 또는 사력 속에 거의 단독인 상태로 산출되는 금(Au)으로 품위는 40%에서 99% 정도까지 있다. 형상은 입자, 털, 나뭇가지 모양 등이 있다.

자연금속 (native metal) 천연에서 산출되는 자연상태의 금속.

자연동 (native copper) 동광맥중에 천연 상태로 산출되는 동(Cu)이며 품위는 약 100%이다. 형상은 대부분 나무가지상이며 미국 미시건주의 슈페리어 호 부근에서 비교적 많이 산출된다.

자연백금 (native platinum) 천연상태로 산출되는 백금(Pt)으로 품위는 일정하지 않다.

자연수은 (native mercury) 진사(辰砂)에 수반되어 천연에서 산출되는 수은

(Hg)으로 품위는 100%이다. 물방울 모양의 형태로 나오는 경우가 많다.

자연시효 (natural aging) 시효가 상온에 방치한 상태에서 이루어지는 현상을 말한다. 인공시효에 대비하는 말이다.

자연안티모니 (native antimony) 천연에서 단독으로 산출되는 안티모니(Sb)으로 안티모니을 100% 함유하고 있으며 극히 적은 양밖에 산출되지 않는다.

자연유황 (native sulphur) 천연에서 단독으로 산출되는 유황(S)으로 황색의 송곳 모양의 결정으로 무르다.

자연은 (native silver) 함은광맥 속에 단독인 상태로 산출되는 은(Ag)이며 품위는 72~100%이다. 입자, 선, 판, 나뭇가지 등의 형태로 나온다.

자연창연 (native bismuth) 천연에서 단체의 상태로 산출되는 비스무트(Bi)로 비스무트를 95~100%를 함유하고 있다.

자용용접 (autogeneous welding) 가스용접을 말하며 산소와 아세틸렌 혹은 산소와 수소 등을 연소시켜 그 연소열로 용접봉을 녹여 용접하는 방법이다. 주로 박판이나 동판, 황동판, 알루미늄판, 두랄루민판의 용접에 사용된다.

자용제련 (autogeneous smelting, flash smelting) 동광석의 제련방식중 하나로 광석 자체에 함유되어 있는 철(Fe)과 유황(S)의 산화발열을 이용하여 연료를 거의 사용하지 않고 용련(溶鍊)하는 방법으로 분광을 그대로 이용한다. 건조로에서 분광의 수분을 제거한 후 약 200℃로 예열된 산소의 혼합기체인 산소부화공기(산소 40~80%)와 함께 노정(爐頂)으로부터 자용로 속으로 불어 넣으면, 매트와 슬래그로 분리된다. 그 다음에는 용광로로 제련이나 반사로 제련과 똑같이 매트를 전로에서 환원시켜 조동을 만든다. 핀란드의 오토쿰프사가 개발한 제련법이며 우리나라 LG금속에서 동제련에 채택하고 있다.

자유결정 (free crystal) 탕 주입 후 주형벽에 접한 용탕의 표층은 급랭되어 미세결정조직을 만들고 그 내측에 주상결정을 발달시키는데 그보다 더 내부는 결정핵 발생수와 결정 성장속도가 균형을 유지하며 방향성을 갖지 않고 자유롭게 성장하는 입자성 결정의 집합체가 되는데 이를 자유결정이라고 한다. 자유결정은 단련이 쉽지만 불순물의 집합이 많아서 균열을 충분히 할 필요가 있다.

자유단조 (free forging) 스탬핑과 달리 특별한 금형을 사용하지 않고 상하 앤빌만으로 단조하는 작업이다. 자유단조는 해머, 프레스에 의해 이루어지지만 수량이 적을 때나 질량이 무거울 때 등에 있어 경제적이다. (그림참조)

자유단조공장

자장침입길이 (penetration depth, London depth) 자장중에 두어진 완전 반자성을 나타내는 초전도체의 표면에 약간 침입하는 자장의 유효한 길이로 런던의 침입길이라고도 한다. 침입길이는 같은 물질이라도 상전이 상태에 있을 때의 전자의 평균 자유행정의 차이 및 온도에 의해서 변화한다.

자철광 (magnetite) 대표적인 산화철광석이며 정팔면체로 흑색 또는 흑갈색이다. 자성이 강하며 무르다. 72.41%의 철을 함유하고 있으며 주성분은 Fe_3O_4이다. 금속광택을 보이며 산출형태로는 분화광상, 페그마타이트광상, 열수성광상, 해안이나 하천바닥의 사철광상 등 광범위하게 산출된다. 제철원료로 적철광과 맞먹는 중요한 광석으로 그 특징은 다음과 같다.

(1) 자성을 가지므로 선광에 의해 저품위광상에서도 고품위 원료를 쉽게 산출할 수 있다.
(2) 소결 또는 펠레타이징용 분광으로서는 산화에 의한 발열이 있어서 유리하다.
(3) 고로용 괴광의 경우는 적철광보다 피환원성이 나쁘다.

자화 (magnetization) ① 자기적인 분극으로서 초전도체인 경우 차폐전류의 분포가 변화하여 자기 쌍극자 모멘트를 발생시키는 현상. ② 단위 부피당 자기 모멘트. 자속의 피닝이 없는 이상적인 경우에는 초전도체의 반자성 때문에 음이며 피닝이 있을 경우에는 자장의 이력에 의해 양이 되는 수가 있다.

자화력 (magnetizing force) 시료를 자화시키는 자계의 세기이다. 단위는 H를 사용하며 암페아 미터(H=A/m)로 나타낸다. 자화력은 전류 이외에 자화된 물체에 의해서도 생긴다.

자화비교방식 (differential method) 두 개의 코일을 병렬로 놓고 사용하여 인접한 부분의 지시의 차를 검출하는 방법으로 관 등의 탐상에 사용된다.

자화시험 (magnetic test) 자석에 흡인되느냐, 안되느냐 강질로 판정하는 법이다. 즉 스테인리스강(18-8강), 고망가니즈강, 니크로뮴선 등은 비자성이기 때문에 자성에 흡착되지 않으므로 다른 재료와 구별된다.

자화전류 (magnetizing current) 시험품에 자속을 생기게 하기 위해서 사용되는 전류.

자화특성시험 (measurement of magnetization characteristic test) 시료의 자화력 H와 자속밀도 B와의 관계를 조사하는 시험이다. 측정에는 업스타인 시험기가 사용된다.

자황철광 (pyrrhotite) 피로타이트라고 부르며 황화철광석으로, 대표적인 함유성분은 철(Fe) 60.38%, 유황(S) 39.62%로 황철광보다 부드럽고 탁한 적색이나 갈색을 띤 것이 많으며 자성이 있다. 산상은 황철광 등과 공존하는 경우가 많다. 자류철광은 최근까지 유황의 함유량이 낮아서 관심을 끌지 못하고 있었으나 요즘은 유황과 철의 원료로서 이용되기 시작했다.

잔류광상 (residual deposit) 암석이 풍화 분해작용에 의해 붕괴되어 암석중의 광물성분이 잔류 또는 화학적으로 집중되어 생긴 광상으로 풍화잔류광상이라고도 한다. 보크사이트, 갈철광석, 주석광석, 망가니즈광석 등이 나온다.

잔류변형 (residual strain) 외력을 가하여 변형시킨 다음 그 외력을 제거하였을 때 남은 변형.

잔류응력 (residual stress) 외력이 작용하지 않고 있는 상태에서 재료나 구조부재 내부에 존재하는 응력을 말하는 것으로 일반적으로는 냉간가공 등의 소성가공, 담금질 등의 열처리나 용접에 의해 발생한다. 잔류응력은 연성적인 재료라면 그 정적강도에 거의 영향을 미치지 않지만 피로나 취성파괴 등 국부적인 응력상태가 파괴를 지배할 경우에는 영향을 미치게 된다. 잔류응력의 제거방법으로서는 풀림이 대표적이다.

잔류응력제거 (stress relieving) 타이타늄 및 타이타늄합금에서 불균일한 열간단조, 판재의 비대칭적 가공, 주조재의 냉각에 의한 수축, 또는 단련재, 주조재 등의 용접에 의해 잔류응력이 발생한다. 이러한 잔류응력을 제품의 강도와 연성을 저하시키지 않고 제거하는 열처리를 잔류응력제거라고 한다.

잔류자속 (residual flux) ☞ 구속자속

잔류자속밀도 (residual induction) 이력곡선에서 자화력이 제로(0)에 상당하는 자속밀도.

잔류저항률 (residual resistivity) 절대영도에서 남은 유한의 전기저항률을 말하는데 불순물과 격자결함에 의한 전자의 산란에 기인하며 온도에 의존하지 않는 일정한 값이다.

잔류저항비 (residual resistance ratio) 실용적으로는 온도 273K 및 4.2K에서의 금속인 전기저항의 비이다. 다만 초전도체인 경우에는 온도 273K와 초전도 임계온도 바로 위에서의 전기저항의 비를 가리킨다. 이 값을 RRR로 표시하며 그 금속의 순도 및 내부변형의 기준이 된다. 값이 클 수록 순도가 높고 변형이 작음을 의미한다.

잔존수소량 (residual hydrogen content) 합금으로부터 수소를 방출한 후 합금중에 남아 있는 수소의 농도이다.

잠열 (latent heat) 1차 상전이에 의해 물질의 상태를 바꿀 때 그 온도를 바꾸지 않고 흡수 또는 발생되는 열량.

장단축비 (aspect ratio) ① 강화섬유 길이와 길이방향에 수직한 단면지름의 비. ② 일반적으로 어떤 기하학적 모양에 대해서 대표적인 2개 방향치수의 비이다. 일반적으로 단섬유 보강 복합재료에서는 단섬유의 길이에 대한 지름의 비를 말하고 특히, 평각선을 이용한 초전도선인 경우는 나비와 두께의 비를

말한다.

장대동 (copper wire bar) ☞ 동와이어바

장미휘망가니즈광 (rhodonite) ☞ 장미휘석

장미휘석 (rhodonite) 산화망가니즈광석으로 산화망가니즈(MnO) 54.15%를 함유하고 있다. 홍색이며 딱딱하고 일반적으로는 작은 결정이 치밀하게 모인 덩어리로 장미휘망가니즈광이라고도 한다. 결정이 굵은 덩어리로 도끼날과 같은 예리한 결정을 하고 있다. 망가니즈(Mn)은 42% 함유되어 있으며 페로망가니즈용으로는 거의 사용하지 않는다.

장석 (feldspar) 화강암이 주성분으로 규산(SiO_2), 알루미늄(Al), 나트륨(Na), 칼슘(Ca) 등으로 되어 있다. 질그릇, 사기그릇의 원료가 되며 비료, 화약, 유리, 성냥 등에 사용된다.

장섬유 (continuous fiber, filament) 연속된 섬유를 말하며 강화재로 사용할 경우 복합재료내에서 연속적으로 된 상태로 존재한다.

장외거래 (kerb trading) 영국 런던금속거래소(LME)에서 오전장과 오후장 사이 즉, 오전장의 2번째 링과 오후장의 1번째 링사이에 링(장)에서의 거래를 중단하고 잠시 쉬는 시간에 링밖에서 거래하는 행위를 말한다. 커브시간은 런던시간으로 13시10분부터 13시30분까지 20분간이다.

장입 (charge) ☞ 차지

재가압체 (repressed compact) 소결체를 재압축한 것.

재결정 (recrystallization) 냉간가공 등으로 소성변형을 일으킨 결정이 가열될 때 내부응력이 감소하는 과정에 있어서 변형이 남아 있는 원래의 결정입자로부터 내부변형이 없는 새로운 결정의 핵이 생기고 그 수를 늘림과 더불어 각각의 핵이 점차 커져 원래의 결정입자와 치환되어 가는 현상이다. 재결정을 일으키는 온도를 재결정온도라 한다. 이 온도는 금속 및 합금의 순도 또는 조

성, 결정내의 소성변형의 정도, 가열온도 등에 의하여 크게 영향을 받는다.

재결정어닐링 (recrystallization annealing) 상온에서 가열한 재료를 변태점 이하의 온도로 가열해서 재결정시켜 경화시키는 처리.

재결정온도 (recrystallization temperature) 응력에 의해 변형된 결정입자가 원시 복원력에 의해 몇 개인가의 작은 결정입자로 변화하는 것을 재결정이라고 하며 이 때의 온도를 재결정온도라고 한다. 일반적으로 가공도가 높아지면 재결정온도는 낮아지는데 어느 일정한 가공도가 되면 대개 일정한 온도로 된다.

재고 (stock) ①생산제품중 판매되지 않은 장기재고품. ②LME창고, 트레이더, 중간상, 생산자, 수요자 등이 보유하고 있는 재고의 총칭이다.

재생괴 (secondary ingot) ☞ 재생지금

재생사 (reclamation sand) 주조후에 틀분해에 의해 떨어뜨린 주형모래에서 협잡철편, 소결사괴 등을 제거하고 파쇄체로 걸러서 유해한 미분말을 제거하고 새로이 점결제 수분을 보급한 후 혼련해서 표면사나 이면사로써 재사용할 수 있도록 성능을 회복시킨 모래이다.

재생알루미늄 (secondary aluminium) ☞ 알루미늄재생지금

재생연 (secondary lead) 연관, 연판 등의 순 연스크랩을 재용해 혹은 합금연의 스크랩을 파크스법, 해리스법 등에 의해 정련한 연과 전지 등의 연스크랩를 재생시킨 것이다. (그림참조)

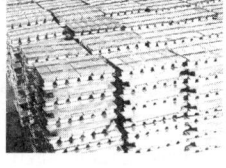

재생연

재생주석 (secondary tin) 함석에서 전해 회수한 것과 도금찌꺼기등 주석재를 녹여 재생시킨 것이 있다. 전자를 특히 전해주석이라고 하며, 후자를 일반적으로 재생주석이라고 부르고 있다.

재생증류아연 (redistilled zinc) ☞ 아연지금

재생지금 (secondary metal, secondary ingot)　스크랩을 재용해시켜 지금형태로 만든 것을 말한다.

재소결 (resintering)　소결체의 성질을 개선할 목적 또는 소정의 치수를 얻기 위하여 소결체를 다시 소결하는 것이다. 다만 예비소결체의 소결은 재소결이라고 하지 않는다.

재압축 (repressing)　주로 물리적 성질을 개선하기 위한 목적으로 소결체를 재압축하는 것으로 넓은 의미에서 사이징 및 코이닝을 포함한다.

재정거래 (arbitrage)　차익금을 바라고 하는 상거래의 일종으로 한 시장에서 매입하여 다른 시장에서 같은 물건의 같은 양을 매도하는 동시매매에 의해 이익을 취하려는 행위를 말한다.

저먼실버 (German silver) ☞ 양백

저압주조 (low pressure die casting)　도가니속에 가열 유지한 용탕 표면상에 공기 또는 질소가스를 이용해 $0.2 \sim 1.0 kg/cm^2$의 가압을 하고 용탕내에 삽입한 스톡스속에 용탕을 밀어 올려 위쪽 주형에 충전시키고 응고가 완료된 시점에서 압력을 뽑아 용탕을 도가니로 되돌려 보내도록 한 장치이다. 압탕구가 불필요하므로 주조수율이 높아 알루미늄합금 등에 많이 사용된다.

저온어닐링 (lonnealing, low temperatrure annealing)　상온가공 등에 의한 내부응력(스트레스)을 제거해서 연화시키거나 담금질 또는 담금질 변형을 적게 하기 위한 전처리를 이용하는 어닐링이다. 가열온도는 450~600℃가 적당하다. 스트레스는 450℃ 이상으로 가열하지 않으면 제거되지 않는다.

저온형 수소화물 (low temperature hydride)　표준 분해온도가 50℃ 정도 이하인 수소화물로서 La-Ni계, Mn-Ni계, Ti-Fe계, Ti-Mn계 등이 있다.

저융점금속 (low melting metal)　주기율표상 Ⅰa~Ⅱa족과 Ⅱb~Ⅲb족에 속

하는 금속들의 용융점은 낮은 것들이 대부분이다. 저용점의 기준은 명확하지 않지만 일반적으로 실온에서 250℃ 이하에서 찾고 있으며 또한 이들 금속의 합금들도 2~5원계의 공정합금 또는 공정조직에 가까운 조성을 갖고 있어 100℃ 이하의 용융점을 갖고 있는 것들이 대부분이다.

저융점합금 (fusible alloys) 용융점이 낮아 비교적 쉽게 용해할 수 있는 합금을 말하는데 일반적으로 용융점이 주석(231.9℃) 이하인 합금의 총칭이다. 주석과 연, 주석과 비스무트, 연과 비스무트 등 각종 합금이 있다. 휴즈, 저온 땜납, 소화전, 치과재료 등에 이용된다.

저장압 (absorption pressure) 설정온도에서의 수소저장시 겉보기 평형상태에서의 수소압력을 말한다.

저장에너지 (stored energy) 형상기억합금의 초탄성을 이용한 경우 합금에 저장된 에너지로 그 에너지는 하중을 제거할 경우의 응력-변형곡선과 변형축이 형성하는 면적(EU)으로 표시되며 하중부하시에 형상기억합금에 흡수된 전체 기계적 에너지는 하중부하시의 응력-변형곡선과 변형축이 형성하는 면적(EL)으로 표시한다. EU/EL을 에너지 저장효율이라고 한다.

저주파 유도로 (low frequency induction furnace) 1차측 코일을 통과하는 저주파 전류로 2차측 용융금속에 유도전류를 일으켜 온도를 높이고 그 안의 원료를 용해하는 노(爐)이다. 먼저 일정량의 금속을 다른 노에서 용해시킨 후 이 노에 주입해서 거기에 원료를 장입한다. 조업중에는 끊임없이 일정량의 용탕을 노내에 남겨주고 다음 재료를 장입하지 않으면 안되므로 동종의 재료에 의한 연속용해가 아니면 불편하다. 전력소비량이나 원료의 용해손실이 적어서 경제적인 노이다. 홈(channel)형과 도가니(coreless)형이 있다.

저항용접 (resistance welding) 접합할 부재의 접촉부를 통하여 전류를 흐르게 하고 이곳에 발생하는 저항열로 가열하여 압력을 가해서 접합하는 용접법이다.

적동광 (cuprite) 중요한 산화동광석이며 암갈색으로 무겁다(비중 6.1). 동(Cu)을 약 88.8% 함유하고 있다.

적열취성 (red shortness) 고온취성 혹은 열간취성이라고 하며 열간가공의 온도범위에서 금속이 깨지기 쉬운 성질로 주로 유황성분이 원인이 된다.

적철광 (hematite) 가장 중요한 철(Fe)광석으로 주성분은 Fe_2O_3이다. 금속광택 또는 아금속광택을 띠며 강회색, 홍적색의 산화광으로 자성은 없고 무르다. 비중 5.3이며 철을 69.94% 함유한다. 초생광물로서는 화성암 광물로 또는 고온의 열수광상, 접촉교대광상으로 자철광과 함께 산출된다. 그러나 대규모 적철광상은 퇴적성이다. 예를 들면 북미, 캐나다, 브라질, 인도, 호주 등에 존재하는 슈피리어호형 광상은 고품위의 적철광을 대량으로 매장하고 있다. 제철원료로서의 특징은 ① 고로에서의 피환원성은 비교적 양호 ② 소결성은 자철광에 비해 뒤떨어진다 등이다.

적층단열 (multilayer insulation) 진공단열에서 단열재로서 반사율이 높은 재료와 그 지지재인 스페이서를 교대로 하여 적층함으로써 단열하는 방법이다.

적합성 (compatibility) 강화재와 바탕재의 상호특성으로 그 평가는 계면에서의 반응성, 젖음성, 접착성 등으로 평가하며 복합재료에 부합되는 특성에서 판단된다.

전구체계섬유 (fiber form precursor) 섬유상의 고분자 재료로 금속 알코키시드 등으로부터 소성시킨 섬유이다. 탄소섬유, 탄화규소섬유, 알루미나섬유 등이 이에 속한다.

전기금 (electrolytic gold) 전기정련한 금(Au)으로 대부분 약 1~10kg의 주괴로서 거래된다.

전기니켈 (electrolytic nickel) ☞ 니켈, 니켈지금

전기도금 (electroplating) 금속에 대한 표면피복법의 일종으로 전해작용에 의해 바탕금속의 표면에 다른 금속을 석출 접착시켜 금속표면의 방청, 내마모, 장식을 하는 방법이다. 일반적으로 바탕금속을 음극, 피복금속을 양극으로 하고 피복금속의 염류용액을 전해액으로 해서 실행한다.

전기동 (electrolytic copper, electrolytic cathode copper) 전기동지금 또는 동캐소드이라고 부르며 조동을 전기분해에 의해 음극에 석출된 동, 즉 캐소드(음극판) 그 자체이며 일반적으로는 이것을 전선제조용으로 주조한 와이어바도 포함하여 전기동이라 부르고 있다. 조동을 전기분해하여 전기동과 함께 금(Au), 은(Ag), 백금(Pt), 셀레늄(Se)

전기동

및 황산동, 기타 부산물 등을 동시에 생산하고 사용 전해액은 강산성 황산동액을 쓴다. 전해방법으로는 조동을 양극으로 하고 음극에 동박판을 걸어 전해하는 것으로 직렬식과 병렬식이 있는데 현재는 주로 병렬식이 사용된다. KS D 2341에서는 전기동을 1종과 2종으로 분류하며 1종은 동(Cu)함유량이 99.9% 이상, 2종은 99.90% 이상을 말하며 품질이 균일하고 사용상 해로운 성분이 함유되지 말아야 한다. (그림참조)

전기동지금 (electrolytic cathode copper) 전기동을 말한다. ☞ 전기동

전기로 (electric furnace) 일반적으로 전기를 이용해서 금속이나 합금을 가열하는 노를 말하는데 금속의 고유저항을 이용한 저항로나 전극봉사이의 아크열을 이용한 아크 또는 니크로뮴선을 가열하는 유도로로 분류된다. (그림참조)

전기로

전기방식 (electrolytic protection) 전류를 흘려보내는 방법으로 금속의 부식을 방지하는 것을 말한다. 음극(cathode)방식과 양극(anode)방식의 두가지 방법이 있으며 전류를 흘려보내는 방법에는 유전(流電)양극방식과 외부전원방식이 있다. 전기화학적 부식제어, 전기화학적방식, 유전방식법 등으로도 불린다.
〔1〕음극(캐소드)방식법 : 피방식금속을 음극으로 한 후 전류를 주어 금속의 용해속도를 억제시키는 방법이다. 외부전원을 사용하여 불용성양극을 사용하는 방법과 철강 등에 대해 아연(Zn), 알루미늄(Al), 마그네슘(Mg) 및 그 합금을 양극으로 갈바닉 부식을 응용한 유전양극을 이용하는 방식이 있다. 외부전원방식은 대형구조물에 널리 사용되고 유전방식은 소형구조물이나 선박에

널리 이용된다.

(2) 양극(애노드)방식 : 양극전류에 의해 피방식금속을 부동태화 하여 부식을 경감시키는 것으로 소요전력이 적고 과방식에 의한 수소취화의 염려가 없는 장점을 가지고 있지만 부동태의 안정성과 전위제어가 어려워 많이 사용하지 않고 있다.

전기방식전류 (electrolytic protection current) 전기방식을 위해 흘려보내는 전류.

전기분해 (electrolysis) ☞ 전해정련

전기아연 (electrolytic zinc) ☞ 아연, 아연지금

전기아연도금 (electro galvanizing) 전해법에 의해 내식성을 높이기 위해 금속표면에 아연(Zn)피복을 입히는 것을 말한다. 일반적으로 용융아연도금보다 도금부착량이 적고 균일하며 표면도 평활하기 때문에 도장 마무리성, 도장후 내식성이 우수하다. 도금처리가 상온에 가깝고 원판의 재질특성을 유지할 수 있다는 것 때문에 재질선택의 폭이 넓고 가공성이 뛰어나다는 것이 큰 특징이다.

전기연 (electrolytic lead) ☞ 연, 연지금

전기영동도금 (electrophoretic plating) 도료, 금속분말 등의 콜로이드물질을 전도성 용액속에 현탁시켜 전기를 통하게 하면 콜로이드가 전극에 석출되어 전극의 금속표면을 피복하게 되는 도금법이다.

전기용 알루미늄지금 (virgin aluminium ingots for electrical purposes) 전기제품용으로 사용되는 알루미늄(Al)지금으로 각성분을 살펴보면 알루미늄 99.65% 이상, 규소(Si) 0.1% 이하, 철 (Fe) 0.25% 이하, 동(Cu) 0.005% 이하, 망가니즈(Mn) 0.005% 이하, 기타(Ti+V) 0.005% 이하이다.

전기용접 (electric welding) 아크열 또는 전기저항열 등 전기를 사용해서 부재를 가열하여 행하는 용접방법이다. 아크용접법이나 전기저항용접법 등이

포함된다.

전기은 (electrolytic silver)　전해정련한 은. ☞ 은지금

전기저항법 (electric resistance method)　전기저항의 온도에 따른 변화를 측정하고 상변태에 따라 전기저항이 이상하게 변화하는 것을 이용하여 변태점을 구하는 방법.

전기전도율 (electric conductivity)　☞ 전도율

전기주석 (electrolytic tin)　전해정련한 주석. ☞ 주석

전기주조법 (electro-casting process)　일반 주조와는 달리 전기도금의 원리에 의한 방법이다. 금속의 전착성을 이용해서 3차원 곡선을 갖는 복잡한 형상의 금속제품을 얻을 수 있다. 전기도금과 다른 점은 전기도금이 μ단위의 전착으로 소지금속과의 강한 접착이 요구되는데에 반해 전기주조법에서는 두께가 30mm에 이르는 경우가 있어 소지체(원형)의 박리가 용이해야 할 필요가 있다. 최근에는 플라스틱용 금형으로서의 개발이 추진되고 있는데 실용화도 진행되고 있다. 전주법으로 줄여서 부르기도 한다.

전기집진기 (electrostatic precipitation)　직류 고전압을 가스중의 방전극과 집진극에 흘려 가스중에 포함되어 있는 분진류에 코로나방전을 발생시킴으로써 가스중의 입자가 대전되어 정전기력에 의해 집진극에 포집시키는 가스정화장치이다.

전기탐광 (electric prospection)　금속광상을 탐사하는 방법으로 광상의 분극작용을 이용, 지중에 전류를 보내 전위차, 저항 등을 측정해서 광상의 위치를 측정하는 탐상법이다.

전단 (shearing)　금속재료의 절단에 가장 널리 사용되는 방법이다. 상대하는 날 사이에 재료를 눌러 끼우고 전단력에 의해 재료의 전단저항(전단강도)이 파괴되어 두 개의 부분으로 절단된다. 전단과정은 먼저 절단날이 재료에 먹어 들어가 구부러져 절단면에 미끄러짐을 발생시킨다. 절단면을 깨끗하게 만드

는 데에는 날의 각, 간격 그리고 형상이 중요하다.

전단강도 (shear strength) ☞ 강성

전단균열 (shear crack) 전단응력으로 판의 전단면에 발생하는 잡아 찢어지면서 나타나는 균열.

전단기 (shear) 압연된 소재를 적당한 길이 또는 폭으로 잘라서 정돈하기 위해 가장 일반적으로 사용되고 있는 것이 전단기이다. 전단기에는 직날 전단기, 환 전단기, 플라잉 전단기 등이 있다.

전단탄성률 (shear modulus) ☞ 강성률

전도율 (electric conductivity) 금속의 전기전도도를, 고유저항의 역수로 표현한 것으로 일반적으로는 20℃에서의 표준연동의 전도율을 100으로 하여, 이 비율로 각종 금속의 전도율을 나타내고 있다. 금속별로 살펴보면 은(Ag) 106, 표준연동 100, 금(Au) 71.6, 알루미늄(Al) 61, 규소청동 45, 황동 34, 아연 (Zn) 28.2, 니켈(Ni) 25, 철(Fe) 17.2, 연(Pb) 7.9 등이다. 동과 알루미늄이 전도재료로써 가장 실용적이라는 것을 알 수 있다.

전람 (cable) 케이블의 일종으로 전선과의 명확한 구별은 없으나, 일반적으로 녹색물로 외장한 전선중 구조가 복잡하고 굵은 것을 가리킨다.

전략비축 (strategic stockpile) ☞ 스톡파일

전력용 초전도케이블 (superconducting power cable) 전기적으로 절연시킨 초전도체와 이것을 극저온으로 유지하기 위한 열절연 용기로 구성된 케이블로 케이블 중간에 어떤 간격으로 냉각 순환장치를 설치할 필요가 있다. 고전류밀도 대용량의 전력수송용으로 사용된다.

전력케이블 (power cable) 전력선.

전련 (electrolytic refining) 전해정련의 약어. ☞ 전해정련

전로 (converter) 제강로의 일종으로 서양배 모양을 한 용기로 지지축 주위로 360도 회전할 수 있는 구조로 되어 있으며 바닥분사, 횡분사, 상분사 세 종류의 형식이 있다. 현재는 상분사 전로가 순산소분사정련의 채용에 의해 대부분을 점유하고 있다. 동제련에서는 원통형 회전타입의 P-S전로가 사용된다. (그림참조)

전로

전로법 (Bessemerizing, converting) 제강법의 일종으로 제강로로서 전로라고 불리우는 통모양, 혹은 서양배 모양의 노를 이용해 노 내에 넣은 용선속에 산화성가스(공기, 산소, 수증기, 탄산가스 등)을 불어 넣어 용선내의 불순물을 산화제거함과 동시에 그 때 발생하는 산화열을 이용함으로써 외부로부터 열을 보급하지 않고 강을 용제하는 방법이다. 전로법은 다른 제강법에 비해 정련작업이 매우 간단하고 시간이 적게 걸리므로 생산능률이 매우 높으며 설비도 간단해서 설비비가 싼 것이 특징이다.

전류리드 (current lead) 전류를 도입하는 역할을 갖는 금속선으로 초전도기기에 사용하는 경우 통전에 의해 발생되는 줄 열과 이것을 통해서 전해지는 침입열의 조정에 배려가 필요하다.

전류밀도 (current density) 단위면적당 전류치이다. 초전도 복합체에서는 선재의 단면적으로 나눈 전류치와 초전도 부분만의 단면적으로 나눈 값이 구별되어 사용된다.

전리 (electrolytic dissociation) ① 기체나 액체의 원자 및 분자가 전기를 띤 원자나 원자단이 되는 것. ② 산, 염기 및 염류가 물에 녹을 경우 분자의 일부분이 이온으로 분해하는 것.

전변형 (total strain) 상온에서 측정한 표점거리에 대한 시험온도에서의 연신율의 비를 변형으로 하여 완화시험중에 있어서 일정하게 유지되는 변형이다. 전변형은 탄성변형과 소성변형으로 되어 있다.

전선재 (electrical wire) 전류를 흘려보내는 선으로 대부분 동(Cu)이나 알루미늄(Al)을 사용하고 있다. 전선재를 용도별로 분류하면 크게 다섯 가지로 분류된다. (그림참조)

전선

〔1〕 전력용 : 송배전 및 배선용으로 가공전선과 지하배선이 있다. 대체로 용량이 큰 전선이며 각종 전력케이블이 이에 속한다.

〔2〕 통신용 : 아날로그 또는 디지탈신호를 보내는 전선으로 전화용 전선이 대표적이며 최근에는 광섬유가 각광을 받고 있다.

〔3〕 권선용 : 전기에너지와 기계에너지를 상호 교환하는데 사용하는 전선으로 자석코일이나 마그넷와이어 등이 있다.

〔4〕 특수기기용 : 각종 전자전기장치의 내부연결 전선으로 전자, 전기기기, 자동차, 우주항공 등 광범위하게 사용되고 있다.

〔5〕 복합케이블용 : 시스템케이블로 전력, 제어용, 신호, 보안용 등의 회로를 복합시켜 만든 케이블이다.

전성 (malleability) 단조 또는 압연 등에 의해 재료에 균열이 만들어지지 않고 판으로 전연할 수 있는 성질을 말한다.

전신재 (wrought products) 구조용 재료로써 판, 봉, 형재, 관, 선, 단조품 등의 전신재(展伸材)와 금형, 다이캐스트 등의 주물재료로 대별된다. 전신재는 압출가공, 압연가공, 인발가공, 단조 등의 전신법으로 가공되는데 가공시에는 주조조직속에 있던 큰 이물질이 파괴되어 조직이 균일하게 됨으로써 가공이 용이하게 된다. 또한 성형과 함께 가공경화에 의한 재료개량도 이루어진다.

전연성 (punch strechability) 평판 또는 이미 성형된 제품의 일부를 부풀게 하든가 튀어나오게 하는 소정의 형상치수로 성형할 수 있는 정도이다.

전열재 (materials for electric heater) 전열선이라고 부르는 발열체(히터) 저항재료로서 니크로뮴(Ni-Cr, Ni-Cr-Fe), 칸탈(Fe-Cr-Al-Co) 등의 합금이다.

전위 (dislocation) 금속결함의 하나로 금속결 정내 원자들의 배열이 나란하지 않고 엇갈려 있는 상태를 말하는데 칼날전위(edge dislocation)와 나선전위(screw dislocation), 혼합전위 등이 있다. 칼날전위는 결정속의 한 단면에서 하단은 일정한 배열을 하고 있으나

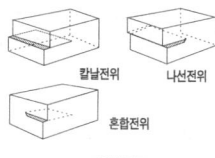

전위의 종류

상단은 칼날을 사이에 끼워넣은 것과 같은 모양을 하고 있는 전위이며 나선전 위는 한 축을 중심으로 360° 회전하여 한 원자층이 상하로 엇갈리는 모양이 나타나는 것을 말한다. 또한 혼합전위는 칼날전위와 나선전위가 혼합하여 생 긴 전위를 말한다. (그림참조)

전위강화 (dislocation hardening) 결정결함의 밀도를 증가시킴으로써 즉, 전 위를 증가시키면 강도의 변화가 발생하는데 전위의 밀도가 커지면 서로의 간 섭에 의해 변형되기 어렵게 된다. 이러한 전위증가로 인해 변형되기 힘들게 되는 것을 전위강화라고 한다.

전위길이 (transposition length) 필라멘트 또는 소선이 도체측 주위에 그 상 대위치가 교차하도록 구성된 전위도체에서 전위하는 1주기의 길이.

전위밀도 (dislocation density) 금속에서의 전위밀도는 1cm³의 결정안에 존재 하는 전위의 총길이를 말한다. 어닐링재에서는 $106 \sim 108 cm/cm^3$, 가공경화재 는 $1,010 \sim 1,012 cm/cm^3$ 정도이다.

전위선 (dislocation line) 결정중에 존재하는 격자결함이며 선모양으로 분포 되어 있는 것으로 전위와 같은 것이다. ☞ 전위

전위형 방진합금 (damping alloys of dislocation type) ☞ 전위형 제진합금

전위형 제진합금 (damping alloys of dislocation type) 반복응력에 따라 불 순물 원자에 의해서 고착되어 있던 전위가 이탈하여 전위선이 진동하고 정이 력현상을 나타냄으로써 진동에너지를 흡수하는 합금이다.

전이온도 (transition temperature) 어떤 재료에 대해 여러 온도에서 충격시

험을 하였을 때 흡수에너지가 급격히 저하(또는 상승)하든지 파면의 겉모양이 연성에서 취성(또는 취성에서 연성)으로 변화하는 등의 현상에 대응하는 온도이다. 일반적으로 성질이 급변하는 온도를 전이온도라고 한다. 변태점 등이 그 일례인데 보통 충격치가 급변하는 온도,

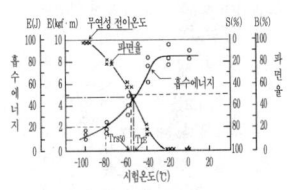

파면전이온도 및 에너지 전이온도선도

즉 저온취성을 보이는 온도를 말하는 경우도 있다. 충격치의 전이온도는 보통 충격치의 최대치의 $\frac{1}{2}$이거나 취성파면율이 $\frac{1}{2}$이 되는 온도를 채용한다. (그래프참조)

전자관용 니켈봉 (nickel bars for electronic tube) 전자관에 사용되는 니켈봉으로 니켈(Ni+Co)의 함량이 99% 이상이다. KS D 5585에 규정되어 있다.

전자관용 니켈선 (nickel wires for electronic tube) ☞ 전자관용 니켈봉

전자관용 니켈판 (nickel sheets for electronic tube) 전자관 등에 사용되는 니켈판으로 니켈(Ni+Co)함량이 99.0% 이상, 망가니즈(Mn)이 0.3% 이하이다.

전자관용 무산소동봉 (oxygen free copper rod for electron device) 전신가공한 전자관용 무산소동(Cu)의 봉으로 압출봉과 인발봉으로 나누어져 있다. KS D 5401에 규정되어 있다.

전자관용 무산소동선 (oxygen free copper wires for electron device) 전신가공한 전자관용 무산소동의 선으로 선경이 8~50mm이다. KS D 5401에 규정되어 있다.

전자관용 무산소동판 (oxygen free copper sheets for electron device) 전신가공한 전자관용 무산소동의 판으로 동(Cu) 99.99% 이상을 함유하고 있고 연(Pb), 아연(Zn), 비스무트(Bi), 카드뮴(Cd), 수은(Hg), 세륨(Ce) 등을 미량 함유하고 있다. KS D 5401에 규정되어 있다.

전자관용 이음매없는 무산소동관 (oxygen free copper seamless pipes for electron device) 전신가공한 전자관용 이음매없는 무산소동의 관으로 보통급과 특수급으로 나누어져 있다. KS D 5401에 규정되어 있다.

전자관음극용 니켈판 (nickel sheets for cathode of electronic tube) 전자관 음극 등에 사용되는 니켈판이다. 니켈(Ni+Co)의 함량이 99.2% 이상이며 1~4종까지 네 종류가 있다.

전자관음극용 이음매없는 니켈관 (nickel tube for cathode of vaccum tube) 전자관 음극용에 사용되는 이음매없는 니켈관이다. 1~4종까지 네 종류가 있으며 니켈(Ni+Co)의 함량은 99.02% 이상이다. 관의 길이는 특별한 지정이 없을 경우 500mm 이상의 부정척으로 한다.

전자빔용해 (electron beam melting) 전자빔을 전자렌지에 접속시켜서 금속이나 합금을 용해하는 것이다. 여러 가지 용해법 중에서 가장 높은 진공 (1~10-4Pa)중에서 용해가 가능하고, 또 전자빔의 에너지 밀도가 높기 때문에 고융점 금속의 용해에 적합하다. 그 때문에 Nb, Ta, V 등의 용해에 자주 이용되고 있다. 최근 에는 대형의 전자총을 제작할 수 있게 되었기 때문에 비교적 생산량이 많은 타이타늄과 타이타늄합금의 제조에도 적용되고 있고, 미국에서는 총 출력 2.4MW와 3.3MW 급의 대형로가 실용화되고 있다.

전자탐광 (electromagnetic prospecting) 전기탐광의 일종으로 대지에 전류를 흘려보내 전자장을 만들어 자장내의 금속광물을 탐사하는 방법이다.

전자황산 (Electronic Sulfuric Acid) 전자황산은 반도체 제조공정 중에서 주로 세정 공정에 사용된다. 에칭(Wet Etching)을 포함한 웨이퍼(Wafer) 가공 시에 실리콘 표면에 부착되어 있는 유기물과 금속 오염물질은 고순도 황산이 첨가됨으로써 쉽게 산화되어 제거된다.

전지 (battery, cell) 화학작용으로 화학에너지를 전기에너지로 바꾸는 장치로 한번 전류를 방전해 버리면 재사용이 불가능한 것을 1차 전지라고 하

산업용 배터리

며 전류를 충전하면서 수회에 걸쳐 반복하여 사용할 수 있는 것을 2차전지 또는 축전지 혹은 배터리라고 한다. (그림참조)

전착도장 (electro deposition coating) 수성용 도료를 넣은 탱크 안에 금속재 피도장물을 침지시키고 피도장물과 대극사이에 직류전류를 보내 피도장물 표면에, 전기적인 도막을 형성시키는 도장법으로 전기영동(泳動)도장, 전기도장이라고 한다. 전착도료는 아니온(anion)형 전착도료와 카티온형 전착도료로 분류된다. 최근에는 자동차 차체용 전착도료는 종래의 아니온형에서 카티온형으로 이행하고 있다. 전해도장이라고 한다.

전처리 (pre-treatment) 도금 또는 도장을 실시하기 위해 대상물의 표면을 청정화하거나 도금, 도장반응을 활성화시키기 위해 사전에 실시하는 제반작업이다. 특히 각종 수지를 부착시키기 위한 인산염처리, 크로뮴산처리 등을 가르키기도 한다.

전청 (pre-cleaning) 침투액의 결함내부에서의 침투를 방해하고 결함지시무늬의 형성에 악영향을 주는 원인인 표면의 오염 및 이물질을 미리 제거하는 조작으로 냉연코일 표면에서 압연유, 미세한 산화물이 묻어 있는데 노부에서 압연유, 산화물을 제거하는 작업이다.

전토 (Junto) 미국 스크랩규격인 ISRI(Institute of Scrap Recycling Industries, Inc)규격중 납땜 모넬판 및 괴(soldered Monel sheet and solids)의 총칭으로 브레이징(brazing) 또는 땜납(soldering)한 보통 모넬(혹은 R모넬) 판 및 괴로 이음매, 잘라낸 가장자리 스크랩 및 일체의 불순물을 제외한 것을 말한다.

전해 (electrolysis) ☞ 전해정련

전해담금질 (electrolytic quenching) 전해액속에 음극으로 한 처리물과 양극 사이를 통전하여 처리물을 가열하여 전해액으로 급랭시키는 방법이다.

전해로 (electrolytic furnace) 주로 알루미늄(Al)이나, 마그네슘(Mg)의 제조에 사용하는 노이며 원료를 고온으로 용융하여 전해시켜 필요금속을 얻는다.

전해박리법 (electrolytic stripping method) 전해액 안에서 도금층을 전기화학적으로 제거할 때 시료의 전위·시간곡선을 구하여 이로 부터 도금의 부착량을 측정하는 시험이다. 아연(Zn), 주석(Sn), 크로뮴(Cr) 등의 부착량시험에 사용된다.

전해부식 (electrolytic etching) 전해시 양극에 금속이 용출하는 것을 이용하여 금속표면의 결정조직을 노출시키거나 이것을 이용하여 부식판을 만들기도 한다.

전해분말 (electrolytic powder) 전해석출하여 제조된 분말.

전해산세법 (electrolytic pickling) 금속재료의 스케일을 제거하거나 표면을 청정하기 위해 금속재료를 양극이나 음극으로 해서 전해를 하는 산세법의 일종이다. 장점으로는 산세시간의 단축, 산농도나 철염 함유량에 따른 산세속도의 무영향 등을 들 수 있다. 반면 전원을 필요로 하며 또한 작업공정이 복잡하다.

전해아연 (electrolytic zinc) 전해채취에 의해 만들어진 순수한 아연(Zn)을 말한다.

전해액 (electrolyte) 금속의 전해제련에 이용하는 액체이다. 물에 녹여서 이온을 만드는 물질, 예를 들면 유리산 등을 말한다.

전해연마 (electrolytic polishing) 전기분해를 이용해서 금속표면의 요철을 가다듬고 광택을 주는 방법으로 양극측에 피연마체를 놓고 음극측에 그 재료로 적합한 금속판(예를 들면 연, 스테인리스강) 또는 탄소봉 등을 놓고 이것을 특정한 전해욕조 안에서 용해시키는 것이다. 이 방법의 성패는 화학연마와 같이 전해연마욕의 적부에 달려 있으며 이 연마욕은 인산계(인황산계를 포함), 과염소산계 및 황산계와 대별된다. 어느 욕을 사용할 것인지를 결정하는 것은 어려운 일이지만 금속의 표면조직이 균일한 것이 전해연마의 제1조건이다. 그런 의미에서 철강제품의 경우 오스테나이트조직이 전해연마에 가장 적합하며 이것이 스테인리스강에 전해연마가 가장 널리 이용되고 있는 이유이다.

전해열처리 (electrolytic heat treatment) 전해액 또는 염욕속에서 음극으로 한 처리물과 양극 사이에서 통전하여 처리물을 가열 후 냉각하는 열처리이다.

전해욕조 (electro-bath) ☞ 전해조

전해이온화망가니즈 (electrolytic manganese dioxide) ☞ 이산화망가니즈

전해정련 (eletrolytic refining) 조금속으로 만든 양극판(애노드)과 순금속으로 만든 음극판(캐소드)을 전해액이 들어있는 전해조에 넣고 전류를 흘려 양극판이 이온으로 전해액중에 녹아 들어가 음극판에 전착되도록 하는 전해제련의 일종이다. 동(Cu)의 경우 조동을 주조해서 양극판으로 만들고 얇은 압연동판으로 만든 음극의 종판과 함께 전해조에 장입시켜 전류를 통하게 하면 양극판은 이온이 되어 전해액에 녹아 동분은 음극에 부착되고 금(Au), 은(Ag), 셀레늄(Se) 등의 불순물은 침전된다.

전해제련 (electrolytic refining) 전기분해에 의해 금속을 정련하는 것으로 전해정련(electrolytic refining)과 전해채취(electro-winning)로 나눈다. 금(Au), 은(Ag), 연(Pb), 비스무트(Bi), 주석(Sn) 등은 전해정련에 의해 순금속을 생산하고 아연(Zn), 카드뮴(Cd), 망가니즈(Mn), 크로뮴(Cr) 등은 전해채취를 한다. 동(Cu) 및 니켈(Ni)의 경우, 전해정련을 할 수도 있고 전해채취를 할 수도 있다. 전해제련에 의해 얻은 순금속을 전기동, 전기아연, 전기연, 전기니켈 등으로 부른다.

전해조 (electro-bath, electrolytic cell) 전기분해를 행하는 장치를 말한다.

전해주석 (electrolytic tin) ☞ 재생주석

전해질 (electrolyte) 물 등의 용매에 용해되고 그 용액이 전기전도성을 갖게 되어 전류를 통하면 전기분해현상을 일으키는 물질을 말한다. 즉 수용으로 됐을 경우 전리(電離)하여 이온을 생기게 하고 전류를 이끌 수 있는 산, 알칼리, 염류 등의 물질을 말한다.

전해채취 (electro-winning) 용액중에 존재하는 금속이온을 순금속으로 회수하기 위하여 그 용액을 전해액으로 하고 불용성 양극판(애노드)과 음극판(캐소드)을 전해액에 장입하여 전류를 통한다. 금속이온은 음극판에 전착되므로 일정두께가 되면 음극판을 들어내 전착된 순금속을 분리하면 된다. 아연의 경

우 아연정광 또는 아연소광을 황산액에 녹여 만든 황산아연액을 정제하여 불순물이 제거된 전해액을 만들고 그로부터 순금속인 아연캐소드를 얻는다.

전해청정라인 (electrolytic cleaning line)   냉간압연된 코일에 압연유 및 이물질이 부착되어 있는 것을 전기분해시켜 탈지시켜 주는 설비.

전해탈지법 (electrolytic degreasing)   금속표면의 유성오염을 제거하는 탈지법의 일종이다. 음극 및 양극의 탈지, 혹은 양자를 조합하는 방법이 이용되며 전해탈지액으로는 알칼리액을 주체로 계면활성제를 첨가한 것이 일반적이다.

절단여유 (trimming width)   일반적으로 냉간마무리 압연판의 가장자리는 절단된 가장자리로 마무리된다. 이것은 냉연제품이 그 사용목적으로 보아 폭의 치수공차나 가장자리의 품질에 대해 요구도가 높기 때문이다. 냉연제품의 코일 폭은 절단해야 할 치수만큼 넓게 압연되는데 이 부분을 절단여유라고 한다. 한 쪽 귀가 5~15㎜가 보통으로 사이드 트리머로 절단한다.

절삭분 (turnings)   절삭스크랩. ☞ 동스크랩, 황동스크랩, 청동스크랩

절삭성 (machinability)   절삭가공할 때의 절삭되기 쉬운 정도를 말한다. 절삭 저항, 사용공구의 수명, 절삭 끝손질면의 정도, 절삭설의 형상과 난이성 등의 특성으로 나타낸다. ☞ 가삭성

절삭스크랩 (turnings scrap)   절삭분이라고도 한다. ☞ 동스크랩, 황동스크랩, 청동스크랩

절삭여유 (machining allowance)   주물의 기계가공을 하는 면에 미리 잡아두는 여유로 가공여유라고도 한다.

절연재료 (insulating materials)   전기절연을 위하여 사용하는 재료로 포르말 수지나 유리섬유 강화 에폭시 등이 사용된다.

절연체 (insulator)   부도체라고 부르며 전기 또는 열을 전달하지 않는 물질을 말한다. 실제로는 전기전도도 및 열전도율이 극히 작은 것을 가르킨다. 주로

콘덴서의 부품으로 사용된다.

절연초전도선 (insulated superconducting wire) 도체를 내장하는 단선, 연선 등을 적당한 절연물로 완전히 피복 절연시킨 절연전선중 특히 도체가 초전도체인 선이다.

점보 (jumbo) 엄청나게 큰 것이라는 의미로, 대형 잉곳, 예를 들면 대형 아연괴를 점보아연(jumbo zinc)라고 부른다. (그림참조)

점보 아연괴

점성 (viscosity) 모든 유체는 유체내에서 서로 접촉하는 두 층이 떨어지지 않으려는 성질을 가지고 있는데 이러한 성질을 점성이라고 한다. 점성의 크기는 점성계수로 나타내며 μ으로 표시한다.

점용접 (spot welding) 겹친 금속부재를 적당히 성형한 전극 끝으로 늘리고 비교적 적은 부분에 전류를 집중시켜 가열하는 동시에 압력을 가하여 접합하는 일종의 저항용접이며 스폿용접이라고도 한다.

점토 (clay) 장석질 암석이 풍화한 것으로 $Al_2O_3 \cdot 2SiO_2 \cdot nH_2O$를 주성분으로 하여 물과 혼합되면 점성을 갖는 성질이 있다.

점토질 (argillaceous substance) 극히 미세한 암석풍화 분해물인 점토를 많이 함유하고 있는 지질을 말한다.

점토질철광 (clay iron stone) 갈철광과 점토의 혼합물을 말한다.

점판암 (clayslate) 수성암의 하나로 약간 굳은 점토로 되어 있다.

점퍼선 (jumper) 회로의 절단 부분을 잇는 짧은 전선으로 차량의 연결기에 이용된다.

접착알루미늄박 (laminated aluminium foils) 알루미늄박에 종이 또는 셀로 판지 등을 접착제로 접착한 접착알루미늄박이다. 식품가공 및 용기용으로 사용되는 것은 가공시 인체에 해로운 윤활유 등이 없어야 하며 판상 또는 타래산으로 되어 있다. 접착알루미늄박의 투습도는 $10g/m^2 \cdot 24h$ 이하이어야 한다.

접촉광상 (contact mineral) 암석이 접촉변성 작용을 받았을 때 본래의 암석 중의 광물이 재결정하여 생긴 새로운 광물, 즉 접촉변질 작용에 의해 새롭게 생긴 광물을 말한다.

접촉교대광상 (pyrometasomatic deposit, contact-metamorphic deposit) 접촉광물을 수반하며 고열, 고압하에서 생긴 교대광상으로 자철광, 황동광, 섬아연광 등이 나온다.

접촉변성작용 (contact-metamorphism) 마그마가 암석에 접촉되어 그 열작용으로 기존의 암석 및 암석중의 광물을 변성암으로 변질시키는 것을 말한다.

정광 (concentrate, heading, shipping ore) 채광과 제련의 중간과정인 선광에 의해서 맥석, 불순물 등이 제거되어 제련에 적합하도록 유용한 금속의 품위를 높인 광석인데 일반적으로 그 품위는 동(Cu)정광이 30% 전후, 연(Pb)정광은 60% 전후, 아연(Zn)정광은 50% 전후이다.

정동 (refined copper) 전기동, 건식정제동 등 제련한 동(Cu)의 총칭으로 캐소드, 케이크, 빌릿, 잉곳, 와이어바 등 모든 형상의 것을 가리킨다. 정련동이라고도 한다.

정동소 (copper refinery) 동정련소를 말한다. ☞ 정련소

정량분석 (quantitative analysis) 화학분석법의 하나로 물질속에 어떤 성분이 얼마만큼 함유되어 있는지를 측정하는 분석법이다. 중량분석, 용량분석, 폴라로그래프분석, 원소분석 등이 있다.

정련 (refining) 용련(熔鍊)에 의해 얻은 조(거친)금속내의 산화물, 가스, 기타 불순물을 제거하기 위해 다시 정제하는 것.

정련동 (refined copper) ☞ 정동

정련소 (refinery) 광석이나 기타 원료에 함유된 유용한 금속을 추출하여 정제하는 곳을 말한다.

정류 (reflux refining) 증류아연을 정제하는 것을 말한다. 비등점의 차이를 이용한 것으로 증발응축을 반복하여 아연보다 저비점과 고비점의 불순물을 제거한다. 미국 뉴저지 지크사가 개발한 뉴저지방식이 널리 알려져 있다.

정류아연 (reflux refined zinc) 증류아연을 정제해서 아연의 품위를 높인 것.

정방정계 (tetragonal system) 서로 직교하는 3개의 결정축중 두 횡축은 길이가 같고 상하로 뻗은 한 축은 길이가 달리하는 결정계이다.

정성분석 (qualitative analysis) 화학분석법중 하나로 물질이 어떤 성분원소로 되어 있는지를 검출하는 분석법이다. 각각의 고유한 화학적 및 물리적 성질을 이용하여 분석한다.

정수압압출 (hydrostatic extrusion) 초전도소재 등을 조합해서 넣은 빌릿을 압출기내에 컨테이너에 삽입하고 가열하여 컨테이너의 다이스 구멍으로부터 빌릿을 유출시켜 봉 모양 복합체의 단면을 감소시키는 가공법이다.

정액 (purification) 아연제련시 용해공정에서 넘어오는 중성액에 아연말 및 Sb_2O_3를 투입하여 이온화 경향차를 이용, 후속공정인 전해조업에 악영향을 미치는 동(Cu), 카드뮴(Cd), 코발트(Co) 등 불순물을 제거시켜 신액을 만드는 공정이다.

정적 수소저장특성 (property of static hydride formation) 수소화 및 탈수소화 반응의 평형상태에서 나타나는 제반물성을 말하며 편평부의 압력, 편평부의 경사, 히스테리시스, 수소함유율, 유효수소량, 수소화열 등을 포함한다.

정제알루미늄 (refined aluminium) ☞ 고순도알루미늄

정제알루미늄지금 (refined aluminium ingots) 알루미늄(Al) 순도 99.95% 이상을 갖는 알루미늄지금으로 특종, 1종, 2종 등 세 종류가 있다. 알루미늄 함량 99.995% 이상을 특종, 99.99% 이상을 1종, 99.95% 이상을 2종이라고 한다. 제조방법은 3층식 전해정제로 및 편석로에서 제조한다. 화학성분은 KS D 2318에 규정되어 있다.

정제조동 (refined anode copper) 전해효율을 높이기 위해 정제해서 동(Cu)의 품위를 99.5% 이상으로 높인 양극동으로 정제애노드라고도 한다.

정출 (crystallization) 액체상속에서 결정이 생기는 것을 말한다. 즉 용해한 합금으로부터 성분금속이 응고되어 나타나는 현상을 말한다. ☞ 결정작용

젖음성 (wettability) 액체가 고체표면 위에 퍼지는 성질이다. 젖음의 정도는 보통 접촉각의 측정에 의하여 나타내며 고체-기체, 액체-기체, 액체-고체간의 계면장력에 의하여 결정된다.

제련 (smelting) 광석이나 기타 원료로부터 용제를 사용해 함유금속을 추출해서 정제하는 야금학적 반응조작을 말한다. 정련과 구별하기 위해 특히 제(製)라는 글자를 쓴다.

제련소 (smelter, refinery) 광석을 용광로에 녹여서 목적금속을 뽑아 내어 정제하는 곳을 말한다. (그림참조)

제로스팽글 (zero spangle) 용융아연도금강판 표면의에 아연의 결정을 미세화한 스팽글.

LG금속 온산 동제련소

제벡효과 (Seebeck's effect) ☞ 열전효과

제어용 케이블 (control cable) 제어회로기기의 자동 원격 조정을 하기 위한 회로용 전선.

제진재 (damping materials) 외부로부터 재료내에 들어온 진동에너지를 열

에너지로 변환해서 흡수해 버리는 능력이 큰 재료를 말한다. 제진강판, 제진합금 등이 있는데 금속 이외에도 이 능력이 큰 재료가 있으며 광의로 제진재(료)라 하는 경우는 이를 포함한다.

제진합금 (damping alloys) 내부마찰이 크고 진동을 신속히 감쇠시키는 기능을 가진 합금이며 외부로부터 가해진 진동 에너지를 각종 기구에 의해 그 합금재료의 계내에서 열에너지로 변환시켜 소비함으로써 감쇠시키는 능력을 지니는 합금이다. 방진합금 혹은 흡진합금이라고도 한다.

제1종 초전도체 (TypeⅠ superconductor) 반자장 계수가 제로(0)인 초전도체에 외부로부터 자장을 준 경우, 자장의 세기가 임계자장 이하에서 마이스너 효과를 나타내고 자속이 내부에 침입하지 않는 초전도체를 말한다. 자장이 임계자장을 넘으면 초전도 상태는 파괴되고 상전도 상태로 1차 상전이하여 자속이 침입한다.

제2종 초전도체 (TypeⅡ superconductor) 하부임계자장 이하의 자장영역에서 마이스너 상태가 되며 하부임계자장을 넘어 상부 임계자장까지의 자장영역에서는 자속이 침입하여 혼합상태가 되는 초전도체이다.

제1차 크리프 (primary creep) 크리프곡선 초기에 크리프속도가 점차 감소하는 단계로 천이크리프라고도 한다.

제2차 크리프 (secondary creep) 크리프시험에서 크리프속도가 일정하게 되는 단계를 말하며 정상크리프라고도 부른다.

제1호 동선스크랩 (No.1 copper wire) 미국 스크랩규격인 ISRI(Institute of Scrap Recycling Industries, Inc)규격중 발리(Barley) 및 베리(Berry)급 고급 동선을 말한다.

제2호 동선스크랩 (No.2 copper wire) 미국 스크랩규격인 ISRI(Institute of Scrap Recycling Industries, Inc)규격중 버치(Birch)급 동선을 말한다.

젤리롤법 (modified jelly roll process) 브론즈(Cu-Sn합금)의 박(호일)과 메

시모양의 니오븀(Nb)판을 겹쳐 감아올린 복합체를 신선 등의 가공으로 얻어진 가는 선에 열처리를 하여 니오븀과 브론즈의 계면에 Nb_3Sn 화합물을 생성시키는 화합물 초전도선의 제조방법이다.

조광 (crude ore, raw ore) 채굴된 상태 그대로의 광석을 말하며 채굴된 조광은 그대로는 불필요한 광산이 많아서 제련효율이 나쁘고, 운반비용도 많이 들기 때문에 통상 광산에서 파쇄⇒분쇄⇒부유선광이나 기타 선광을 거친 후에야 비로소 제련된다. 조광 품위는 채굴의 자연조건, 금속의 시장가격 등에 의해 좌우되기 때문에 일률적으로 말할 수는 없지만, 동광 1~3%, 연광 2~6%, 아연광 5~15% 정도인 것이 채굴되는 것이 보통이다.

조동 (blister copper, black copper, crude copper) 응고 후 단면을 관찰하면 작은 기포가 많이 발견되어 물집이라는 뜻의 브리스터동이라고도 부르며 전로조동과 정제조동이 있다. 동(Cu) 품위가 0.5~2.0%인 동광석을 선광하여 약 30%로 높인 동정광을 용광로, 반사로, 자용로 등에서 용련하고 전로에서 환원시켜서 만든다. 98% 이상의 품위가 있으나, 아직 불순물이 많아 가공하기에 적합하지 않기 때문에 일부 화학용으로서 사용하는 것 외에는 전해정련해서 전기동, 혹은 건식정련하여 건식 정련동으로 만든다. 제조방법은 동광석속에 함유된 유황(30%)의 산화열을 이용하는 자용로에서 동정광이 용융된 후 비중차이에 의해 매트와 슬래그로 분리되며 매트는 전로로, 슬래그는 전기로로 보내진다. 자용로슬래그와 전로슬래그는 전기로에서 코크스를 이용한 환원반응으로 잔류동을 회수하고 전로로 재장입된다. 전로에서 장입된 매트와 냉재를 이용하여 전로조동을 제조한다. 전로조동은 정제로에 장입되어 산화, 환원을 통해 순도 99.5% 이상의 정제조동이 된다.

조립 (granulation) 충전하기 쉽게 하기 위해서 입자지름이 작은 분말로부터 응집분말을 만드는 것.

조밀육방격자 (hexagonal close-packed lattice) ☞ 육방정계

조사효과 (radiation effect) 물질의 성질이 높은 에너지 입자 및 전자파의 조사에 의해 변화하는 것을 말한다. 초전도체중에 생긴 조사결함중에서도 케스케이드, 보이드, 버블 등은 자속의 피닝중심으로서 작용한다. 다량의 조사결

함 형성에 의해 초전도 특성의 열화가 일어나며 기계적으로도 취화의 원인이 된다. γ선의 조사에 의해 초전도 복합체의 구성요소인 유기물질의 취화가 일어나는 수가 있다.

조셉슨효과 (Josephson effect) 2개의 초전도체가 얇은 절연막으로 격리되었을 때 쿠퍼쌍의 터널효과에 의해 절연막을 통해 흐르는 초전도전류에 관련된 효과로 이와 같은 소자를 조셉슨 접합이라고 한다. 직류 조셉슨효과와 교류 조셉슨 효과가 있다.

조쇄기 (coarse crusher) 광석 등을 적당한 크기로 파쇄하는 기계장치.

조안티모니 (crude antimony) 정제전의 안티모니(Sb)으로 안티모니의 품위는 약 70%이며, 이외에 동(Cu), 철(Fe), 유황(S), 비소(As), 연(Pb) 등을 함유하고 있다. 정제해서 금속 안티모니으로 만드는데 연의 분리가 곤란해서 그대로 경납을 만드는 경우도 있다. 또 성냥, 폭죽, 뇌관이나 안티모니 화합물의 제조에 이용한다.

조압연 (rough rolling) 마무리압연의 최종 성형 및 표면상황의 개선을 목적으로 하고 있는데에 반해 디스케일링, 폭내기, 그리고 마무리에의 준비압연을 주 목적으로 한 것을 말한다.

조압연기 (roughing mill) 마무리압연에 비해 압하율이 크고 롤의 손상이나 마모도 심하므로 일반적으로는 마무리압연과는 별개의 조압연기가 이용된다. 복수의 압연군에 의해 압연작업을 할 경우에는 처음에 1스탠드 또는 다수의 스탠드의 압연기를 조압연기라고 한다.

조연 (bullion, work-lead) 용광로 제련에 의해 얻은 순도 97~98%의 연(Pb)의 괴이다. 금(Au), 은(Ag), 비스무트(Bi), 기타 금속을 함유하고 있는 미정제 연으로 이를 파크스법, 전해법 등으로 정제하여 파크스연, 전기연으로 만든다. 통칭 불리온이라고 부른다.

조질압연 (skin pass, temper rolling) 냉연판재류는 냉간가공에 의해 인성이 감소하고 강도가 증대되는 성질이 있어 사용에 적합하도록 재질을 조정하여 인성을 늘릴 필요가 있다. 이를 위해 판을 어닐링해서 내부응력을 제거한 후 결정입자를 세밀하게 하기 위해 행해지는 가벼운 냉간압연을 말한다.

조질압연기 (skin pass rolling mill, temper rolling mill) 조질압연을 하는 2중 또는 4중식 회전압연기로 얇은 것은 2스텐드 텐덤방식인 것도 있다. 압연기 구동방식에는 ① 작업롤을 구동시키는 방식 ② 동력의 일부로 작업롤을 구동시키고 나머지로 전방 및 후방장력을 가하는 방식 ③ 전동력을 장력으로 해서 가하는 방식의 3방식이 있다.

조피 (coarse metal) 매트.

존정제 (zone refining) 금속의 물리적인 정제법으로 대융(帶融)정제 또는 대역용융이라고도 한다. 저마늄의 효과적인 정제법으로서 시작되었으나, 저마늄에 한하지 않고 비스무트(Bi), 인듐(In), 안티모니(Sb) 등 각종의 고순도 금속의 제법으로서 널리 응용되게 되었다. 대상 금속을 전열코일로 좌에서 우로 용융시키면서 불순물을 말단부로 농축, 제거하는 방법으로, 저마늄(Ge)의 경우, 일레븐 나인(99.999999999%) 정도의 초고순도까지 얻을 수 있다.

종유석 (stalactite) 돌고드름으로 석회암속의 절리면을 따라 흐르는 지하수의 용해작용으로 생긴 고드름모양의 돌을 말한다.

종청동 (bell metal) 벨 메탈이라고 부르며 종 등과 같이 울리는 물체를 만드는데 사용되는 청동의 일종이다. 일반 청동에 비해 주석(Sn)의 함유량이 많으며 타격하면 아름다운 소리가 난다. 표준적인 배합은 동(Cu) 75~80%, 주석 20~25%이다. (그림참조)

종

종판 (mother plate, stripping sheet, starting sheet) 동(Cu) 등의 전해정련에서 음극으로 사용하는 금속의 박판으로서 음극으로 스테인리스나 타이타늄판을 사용하여 전해조내에서 일정시간동안 전해하면 얇은 판이 부착되고 이를 뜯어내어 박판으로 제조하여 사용한다.

주괴 (ingot) ☞ 잉곳

주괴주형 (ingot mold) 정련을 마친 용융금속을 주괴로 만들기 위해 이용하는 주형틀이다. 주형은 보통 주철 또는 덕타일주철재로 그 성분으로는 탄소(C) 3.6~4.5%, 규소(Si) 1.0~1.6%, 망가니즈(Mn) 0.50~0.90%, 인(P) 0.3% 이하, 황(S) 0.07% 이하 등이다.

주물 (casting) ☞ 주조

주물사 (molding sand) 주형을 만들기 위해 사용하는 모래의 총칭으로 규사나 강모래 등 점토분을 거의 함유하지 않은 것과 어느 정도 점토분을 함유하고 천연에서 산출되는 산모래가 있다. 또 특수한 목적으로 사용되는 올리빈샌드, 지르콘샌드 등도 있다.

주물용 고력황동합금지금 (high strength brass ingots for casting) 주물용 고력황동지금으로 화학성분에 따라 1~4종까지 네 가지로 나누어져 있다. 합금성분 조성범위는 다음과 같다. 동(Cu) 55~65%, 아연(Zn) 나머지, 망가니즈(Mn) 0.1~5.0%, 철(Fe) 0.5~4.0%, 알루미늄(Al) 0.5~7.5%, 주석(Sn) 1.0% 이하, 니켈(Ni) 0.4% 이하, 규소(Si) 0.1%.

주물용 마그네슘합금지금 (magnesium alloy ingots for castings) 화학성분에 따라 1종, 2종, 3종, 5종 등 네 종류로 분류되며 사형, 금형 등의 주물용으로 사용된다. KS D 2326에 따른 합금조성을 보면 알루미늄(Al) 5.3~10.7%, 아연(Zn) 3.5% 이하, 망가니즈(Mn) 0.1~0.6%, 규소(Si) 0.2% 이하, (Cu) 0.08% 이하, 니켈(Ni) 0.01%, 마그네슘(Mg) 나머지 등으로 되어 있다.

주물용 알루미늄청동합금지금 (aluminium bronze ingots for casting) 1~4종까지 4종류가 있으며 Cu+Al+Fe+Ni+Mn의 합계가 99.5% 이상을 나타내야 한다. 주요 합금 조성범위를 살펴보면 동(Cu) 71% 이상, 알루미늄(Al) 6.0~10.5%, 철(Fe) 1~6%, 니켈(Ni) 0.1~6.0% 등이며 KS D 2325에 규정되어 있다.

주물용 알루미늄합금지금 (aluminium alloy ingots for casting) ☞ 알루미늄합금주물

주물용 연입철동합금지금 (leaded bronze ingots for casting) 주물용 연입철동합금으로 KS D 2324에 따르면 2종, 3종, 4종, 5종 등 네 가지로 구분되어 있다. 이들 모두 Cu+Sn+Pb+Ni의 합계가 98.5% 이상이 되어야 한다. 주요 합금조성 범위를 살펴보면 동(Cu) 70~86%, 주석(Sn) 6~11%, 연(Pb) 4~22%, 니켈(Ni) 1% 이상 등이며 나머지 철(Fe), 안티모니(Sb), 인(P), 알루미늄(Al), 규소(Si)가 소량 첨가되어 있다.

주물용 인청동합금지금 (phosphor bronze ingots for casting) 주물용으로 사용되는 인청동합금으로 KS D 2322에서는 2종과 3종 두가지로 분류하고 있다. 2종은 동(Cu) 87~91%, 주석(Sn) 9~12%를 함유하고 있고 3종은 동 84~88%, 주석 12~15%를 함유하고 있고 2종 및 3종 모두 인(P), 니켈(Ni), 아연(Zn), 철(Fe), 연(Pb), 비소(As), 알루미늄(Al), 규소(Si) 등 나머지 원소함량은 동일하다. 동의 함유량은 하한치를 만족하지 못할 경우에는 니켈의 규격치 이내로 Cu+Ni로 계산하는 것이 좋다.

주물용 청동 (Bronze Ingot Casting) 내식성, 내압성, 내마모성이 뛰어난 청동합금은 일반기계 부품용, 미술 공예품용, 수전금구용 등으로 활용된다.

주물용 청동합금지금 (bronze ingots for casting) 주물용으로 사용되는 청동이며 KS D 2321에서는 1종, 2종, 3종, 6종, 7종 등 다섯 가지로 분류했다. 각각의 동(Cu)함량을 보면 1종은 79~83%, 2종은 86~90%, 3종은 86.5~89.5%, 6종은 83~87%, 7종은 86~90%이다.

주물용 황동합금지금 (brass ingots for casting) 주물용으로 사용되는 황동으로 KS D 2320에서는 1종, 2종, 3종으로 분류됐다. 1종은 동(Cu) 83~88%, 2종은 65~70%, 3종은 60~65%이다.

주상조직 (columnar structure) 주상(柱狀)구조라고 하는데 주물의 표면층에 가까운 부분에 생성되기 쉬운 조직으로 탕 주입 직후에 용탕에서 주형으로의 급격한 열전도에 의해 급한 온도경사를 생성시켜 결정이 표층에서 안쪽을 향해 급속하게 성장한 결과, 결정입자의 배열이 평행하고 거친 주상으로 된다.

주석 (tin, stannum) 원소기호 Sn, 원자번호 50, 원자량 118.71, 비중 7.3,

용융점 230.9℃, 비등점 2,270℃, 결정구조는 α상이 면심입방격자, β상이 정방격자, 주기율표상 Ⅳb족에 속하는 은백색의 광택이 있는 금속으로 독성이 없으며 전연성이 풍부하다. 상온에서는 공기에 거의 침해받지 않지만 고온에서는 쉽게 산화된다. 함석판, 도금, 연납(solder), 감마합금, 기타 각종 합금 등에 용도가 매우 광범위하다. 광석을 반사로 혹은 용광로에서 제련하여 거친 주석

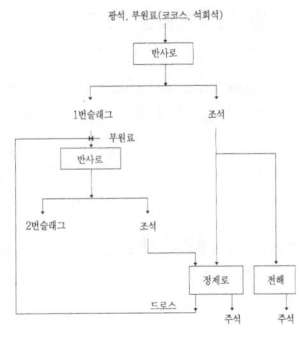

주석제련 공정도

(품위 97%)으로 만들고, 이를 다시 정제로에서 제조하든가 전해정련하면 순수한 주석이 얻어진다. 일반적으로 불순물이 적은 광석은 건식법에 의하며, 불순물이 많은 것은 전해에 의해 정제하고 있다. 주요 생산국으로는 말레이시아, 볼리비아, 중국, 러시아, 인도네시아, 브라질, 쿠바 등이다. (공정도참조)

주석광석 (tin ore)   주석석, 황석광, 테어라이트, 원주석광, 프란카이트 등이 있다. 호주, 중국, 러시아, 말레이시아, 볼리비아, 태국, 인도네시아, 나이지리아, 자이레 등이 주요 생산국이다.

주석도금 (tinning, tin plating)   피처리물의 방청, 내마모성, 장식 등을 위해 강판에 주석 도금한 것으로 소위 딥코팅, 전기도금, 메탈리콘(금속용사)에 의한 방법 외에 연(Pb)을 흘리는 방법으로 주석(Sn)이나 주석-연(Sn-Pb)합금을 접착시키는 것을 가르키는 경우도 있다. 저탄소강판에 주석도금을 한 제품을 함석판이라고 부른다.

주석박 (tin foil)   전성과 연성이 뛰어난 주석을 이용하며 박으로 만든 것인데 주로 포장용으로 사용된다.

주석볼 (tin ball)   지름 2~4㎜ 정도의 구형으로 된 순수한 주석으로 석도강판의 주석도금용으로 사용된다.

주석석 (cassiterite, tin stone) 대표적인 주석(Sn)의 산화광석으로 흑갈색이며 비중이 7.0으로 무겁다. 주석을 약 78.62% 함유하고 있다.

주석지금 (tin metal) 광석에서 나온 신지금과, 함석판, 기타 스크랩에서 나온 재생지금이 있다. 광석에서 생산되는 것은 산주석이라고 불리며, 통상 99.9% 이상의 품위가 있다. 주석품위는 99.9% 이상과 99.85% 이상 두가지가 일반화되었으며 99.9% 이상은 도금재료로, 99.85% 이상은 납땜, 화학공업 등에 사용된다. KS D 2305에서는 주석지금을 Sn 99.85% 이상 한 종류로만 분류하고 있다. 나머지 성분들을 살펴보면 안티모니(Sb) 0.04%, 비소(As) 0.03%, 비스무트(Bi) 0.03%, 동(Cu) 0.04%, 철(Fe) 0.01%, 연(Pb) 0.05%, 카드뮴(Cd) 0.001%, 니켈외(Ni+Co) 0.01%, 황(S) 0.01%, 아연(Zn) 0.005% 등이다. (그림참조)

주석괴

주석청동 (bronze) ☞ 청동

주석크라이 (tin cry) 주석은 실온에서 굽힘가공을 하면 절단되지는 않고 대신 소리가 나는데 이를 주석크라이라고 말한다. 이는 소성가공시 에너지 방출에 의한 현상으로 풀이되고 있다.

주석페스트 (tin pest) 고온안정상인 백색주석이 온도하락에 따라 회색주석으로 변태함으로써 나타나는 부피팽창으로 국부적인 조직붕괴 현상이 나타나는 현상을 말한다. 이는 고온안정상인 α-Sn(정방정계)이 저온안정상인 β-Sn(다이아몬드정계)으로 동소변태한 까닭이다. 주석은 13.2℃에서 동소변태점이 있다.

주석합금 (tin alloy) 주석(Sn)이 주성분인 합금으로 주석함유량이 2~98% 사이로 폭넓게 함유되어 있고 안티모니(Sb), 연(Pb), 동(Cu), 카드뮴(Cd), 알루미늄(Al), 아연(Zn) 등이 첨가되어 있다. 베어링합금(배빗메탈), 땜납, 각종 저용점합금, 화이트메탈 등이 있다.

주조 (casting, founding) 금속가공법의 일종으로 금속을 용해해서 주형에 흘려 넣고 굳은 후 꺼내서 제품화한다. 역사적으로는 기원전 2000년경 이미 청동기의 주조가 행해졌다. 현재 주조제품은 공작기계, 원동기, 펌프, 트랙터 등 현재 사용되는 모든 기계의 부품으로서 중요한 비중을 차지하고 있다. 주조는 단조에 비해 복잡한 형상인 것이나 대형인 것을 간단하고 빨리 만들 수 있고 가공비용도 저렴하지만 제품의 기계적 성질이나 신뢰성 면에서 다소 뒤떨어진다. 주조에

주조공장

이용되는 금속중에 보통주철은 주로 큐폴라에서 용해하고 가단주철, 합금주철, 구상화흑연 등은 전기로에서 용해한다. 주형을 만드는데 사용되는 모형은 주로 나무나 금속으로 만들어지지만 연(Pb)을 이용하는 정밀주조법도 행해지고 있다. 주형을 만드는 재료로는 천연으로 산출되는 산모래, 바다모래, 규사나 인조사 및 그 점결제로서 내화점토, 벤트나이트, 합성수지 등이 이용되며 금속재의 주형도 많이 사용된다. 이들 주형을 능률적으로 제작하기 위해 몰딩머신이나 샌드슬링거 등의 기계가 사용되며 보다 정밀한 주물을 대량으로 제조할 목적으로 다이캐스트, 풀몰드, 프로이드셀프하드닝 믹스쳐법 등의 특수 제조법도 행해지고 있다. (그림참조)

주조결함 (casting defect) 주물표면에 나타난 주조결함으로 모래물기, 스캐브, 블로우홀, 핀홀, 균열, 모래붕괴, 날리기, 버클, 샌드버닝, 주물지름, 탕괴 등을 가리킨다.

주조공장 (foundry) 주조제품을 생산하는 공장.

주조기 (casting machine) 주조에 사용되는 기계.

주조용합금 (castable alloy) 주조제품을 만드는데 사용되는 합금으로 보통 용해온도가 낮고 유동성과 주조 충전성이 양호할 뿐 아니라 가스흡수량과 수축률이 적어야 하는 요건을 갖추고 있어야 한다. 비철금속중 대표적인 주조용 합금을 보면 동합금의 경우 청동(Cu-Sn), 황동(Cu-Zn), 고력황동(Cu-Zn-Mn-Fe-Al-Ni-Sn) 등이 있으며 알루미늄합금의 경우 라우탈(Al-Cu-Si), 실루민(Al-Si), 히드로나륨(Al-Mg), 로엑스(Al-Si-Cu-Ni-Mg) 등이 있다.

준완전형상 (near net shape) 완전성형에 가까운 모양으로 니어 네트 셰이프라고 한다.

중간가공 (preforming) 최종 소결을 하기 전에 성형체 또는 예비소결체에 하는 가공.

중간상태 (intermediate state) 반자장 계수가 제로(0)가 아닌 제1종 초전도체에서 임계자장 이하의 자장중에서 초전도상태와 상전도 상태의 양쪽이 존재하는 상태.

중간어닐링 (intermediate annealing) 브론즈법에 의한 화합물 초전도선의 제조공정 등에서 냉간가공으로 경화된 선재를 연화시키고 이어서 행하는 냉간가공을 쉽게 할 목적으로 하는 어닐링 열처리이다.

중간합금 (mother alloy) ☞ 모합금

중공단조 (hollow forging) 링을 만들고 가운데 구멍에 심봉을 삽입해서 탭으로 내외경을 작게 조이고 길이를 늘리는 작업이다. 일반적인 링단조에 비해 내부까지 단조효과가 크므로 고압용 부품에 이용된다.

중공도체 (hollow conductor) 한 개 또는 그 이상의 속이 빈 부분을 가진 도체로 일반적으로는 중공부분이 도체의 길이방향을 따라 나 있지만 액체 헬륨이나 액체 질소 등의 냉매 유로가 된다는 점에서 내부냉각도체라고도 한다. 유로에 흘리는 냉매로는 액체헬륨과 초임계헬륨이 있다.

중금속 (heavy metal) 밀도가 큰 금속을 말하며 경금속과 명확한 구분은 없으나, 일반적으로 비중이 철(Fe)의 7.87을 기준으로 그 이상인 금속을 말하며, 대부분의 금속이 이에 속한다. 그러나 백금속과 귀금속은 중금속이라고 부르지 않는다. 중요한 중금속의 비중을 살펴보면 다음과 같다.
동(Cu) 8.96 , 비스뮤트(Bi) 9.8, 은(Ag) 10.49, 연(Pb) 11.36, 팔라듐(Pd) 12.16, 수은(Hg) 13.546, 탄탈럼(Ta) 16.6, 우라늄(U) 19.07, 금(Au) 19.32, 카드뮴(Cd) 8.648, 텅스텐(W) 19.3, 코발트(Co) 8.85, 니켈(Ni) 8.9 ,오스뮴(Os) 22.61.

중량분석 (gravimetric analysis) 시료중의 목적성분을 분리하여 조성이 일정한 화합물로서 중량을 평량하거나 또는 그 물질과 화학당량의 관계가 있는 것으로부터 평량하여 간접적으로 정량하는 것.

중량충전 (weight filling) 질량을 측정하는 충전.

중력선광 (gravity concentration) ☞ 비중선광

중력탐광 (gravity prospection) 물리탐광의 일종. 중력편차를 측정하여 지질구조를 탐사하는 방법이다.

중력편석 (gravity segregation) 응고이전의 용융금속중의 합금성분이 비중차이 때문에 용해용기속 또는 서냉의 주형 공간 상하에 발생하는 편석을 말한다. 매크로편석이라고도 부른다.

중석 (tungsten) 텅스텐을 말하는데 스웨덴어의 tung(무겁다) sten(석)이 어원이다. ☞ 텅스텐

중석화 (tungstite) 텅스텐(W)의 광석이며 천연으로 산출되는 삼산화텅스텐을 말한다.

중성내화물 (neutral refractories) 내화물을 화학적으로 산성, 중성, 염기성의 세 종류로 나누는 분류법중 규산질인 산성내화물이나 고토질 염기성내화물에도 속하지 않고 고온에서 각각의 것과 거의 반응하지 않는 조성의 내화물을 중성내화물이라고 한다. 따라서 중성이라는 말은 엄밀한 의미의 화학적 내용을 갖고 있지 않다. 중성내화물의 가장 일반적인 것은 크로뮴벽돌로 알루미나, 멀라이트, 탄화규소로 이루어지는 내화물 등도 다른 종류의 벽돌이나 각종 스크랩에 대해 고온에서의 반응성이 부족하다는 점에서 중성내화물에 속한다.

중액선광 (heavy media separation, heavy fluid separation, sink-float separation) 선광법의 일종이며 원리는 비중선광과 같이 목적 광석과 맥석과의 비중차를 이용한 것이다. 페로실리콘의 가는 분말을 물과 혼합해서 만든

중액에 조광을 넣어 휘저어 섞으면(교반), 폐석은 가벼워서 위로 뜨고, 중석은 무거워서 아래로 가라 앉아서 선별된다.

중온형 수소화물 (medium temperature hydride) 표준 분해온도가 50~200℃정도인 수소화물로서 Ca-Ni계, Ti-Co계, Zr-Mn계 등이 있다.

중정석 (heavy spar, barite, barytes) 바륨(Ba)의 황산염 광물로 천연으로 산출되는 황산바륨이다. 미국, 멕시코, 독일이 주산지이다.

중합금 (heavy metal) 밀도가 16.5g/㎤ 이상인 분말야금재료로 예를 들면 동(Cu)과 니켈(Ni)을 함유한 텅스텐합금이 이에 속한다.

증류아연 (distilled zinc) 아연정광을 배소한 후, 환원제와 함께 기밀한 레토르트에 넣어서 가열, 환원증류시켜서 만든다. 철분과 카드뮴분을 다 제거할 수 없기 때문에 전기아연에 비하면 품위가 낮고, 보통 아연 함유량은 98%에서 98.5%정도이다. 이 증류아연을 다시 정제해서 전기아연과 동등 내지 그 이상의 품위로 높인 것이 정류아연이다.

지그 (jig, jigger) 비중 선광기의 일종으로 물에 담근 망위에 원광을 급광하고 물을 상하로 진동시키면 원광층중 무거운 광물은 하부로, 가벼운 맥석은 상부로 분리되는 것을 이용한 것이다. 지그에 적합한 원광의 크기는 65메시에서 $\frac{1}{2}$인치 범위이다.

지그선광 (jigging) 지그를 이용한 비중선광.

지금 (metal) 거래 및 사용이 편리하도록 일정한 형태로 주조한 것이 많은데, 전기동(캐소드)처럼 전해 정련한 것도 있다. 특정한 형태로 주조한 것을 주조지금이라고 한다.

지르칼로이 (zircaloy) 지르코늄(Zr)에 주석, 니켈, 코발트, 철을 소량 첨가한 합금으로 고온특성이 우수하며 열중성자흡수가 적고 원자로 환경하에서 뛰어난 내식성과 강도를 가지고 있어 원자로연료의 피복재, 기타 구조재에 이용된다. 주요 합금성분으로는 주석(Sn) 1.5%, 철(Fe) 0.07~0.24%, 크로뮴

(Cr) 0.05~0.15%, 니켈(Ni) 0.05% 등이다.

지르코늄 (zirconium) 원소기호 Zr, 원자번호 40, 원자량 91.224, 비중 6.49, 용융점 1,852℃, 비등점 3,580℃, 결정구조는 실온에서 조밀육방정, 862℃ 이상에서 체심입방격자, 주기율표상 Ⅳa족에 속하는 금속이다. 순수한 것은 은백색을 띠고 있지만, 통상은 무정형의 흑색 분말이다. 용융점이 높고, 내식성이 매우 우수하다. 또한, 250℃ 전후로 공기중에서 발화하는 성질이 있다. 화학장치 재료, 게터, 전자관, 섬광전구, 원자로 구조재, 제강용 탈산·정화제, 합금 첨가제 등에 이용된다. 지르코늄의 광물로서는, 지르콘(풍신자광), 바델라이트(바델레이석) 등이 있다. 금속 지르코늄은 통상 스펀지 모양으로 원광석을 염화해서 사염화지르코늄을 만들고, 이것을 마그네슘 또는 나트륨으로 환원시키고, 다시 진공 증류해서 얻는다.

지르코늄-니오븀합금 (zirconium niobium alloy) 원자로 압력관에 사용되는 지르코늄합금으로 지르칼로이의 강도보다 1.5배 정도 강하다. 니오븀(Nb)을 약 2.5% 함유하고 있으며 시료열처리제 또는 가공경화재로 사용된다.

지르코늄합금 (zirconium alloys) 수소와 친화력이 강한 지르코늄(Zr)과 다른 전이금속을 주성분으로 하는 합금으로 라베스상의 Zr-Mn계 등이 있다.

지르코늄합금관 (zirconium alloy tubes) 핵연료 피복관으로 사용하는 이음매없는 합금관으로 Sn-Fe-Cr-Ni계와 Sn-Fe-Cr계가 있다. 소모전극식 아크로로 진공중에서 용제한 주괴로부터 이음매없는 원관을 제조하고 냉간가공 후 적당한 열처리 및 교정을 하며 만든다.

지르코니아 (zirconia) 산화 지르코늄을 가리킨다. 용융점은 2,715℃이며 순수한 결정은 상온에서 단사경계인데 950℃ 부근에서 정방정계로 전이되며 그때의 용적이 급격히 감소하므로 급열급랭에 약하다. CaO, MgO, Y_2O_3 등을 적당량 첨가한 것은 등축정계의 고용체를 생성시키고 이 변태가 없어진다. 이것을 안정화 지르코니아라고 한다. 이 안정화 지르코니아는 열팽창률이 커지므로 일반적으로는 부분 안정화 지르코니아가 이용되어 고온가마의 내장재, 도가니 또는 전기저항 발열체 등의 제조에 이용된다. 내식성을 보이는 우수한 내화물원료이다.

지르콘 (zircon) 지르코늄(Zr)의 원광석으로 산화 지르코늄이 주성분이며 그 외에 실리카, 산화철 등을 함유하고 있다. 사광의 상태로 산출되기 때문에 지르콘사이트라고도한다. 호주가 주산지로, 남아프리카공화국, CIS, 미국, 인도 등에서 산출된다.

지르콘동 (zirconium copper) 동(Cu)에 소량의 지르코늄(Zr)을 첨가한 합금으로 고온특성이 뛰어나다.

지르콘사 (zircon sand) 산화지르콘을 66% 이상 함유한 주형용 모래로 그 특징은 내화도(용융점 2,200℃)가 높다는 것, 열전도도가 규사의 2배, 밀도가 큰 것 등이다. 용탕의 냉각응고를 빠르게 하는 효과가 있으므로 소착방지 효과가 있으며 팽창률이 적어서 주형의 열팽창에 기인하는 버클, 스캐브 등을 방지한다. 다만 대부분 수입품으로 값이 비싸기 때문에 주로 소착방지가 곤란한 특별한 주형이나 코어용으로 사용된다. ☞ 지르콘

지상광상 (superficial deposit) 지표면에 있는 광상.

지연파괴 (delayed fracture) 금속재료가 인장강도 이하의 부하응력이나 잔류응력에 의해 일정 시간이 경과한 후에 갑자기 파괴를 일으키는 것을 말한다. 공업적으로는 비교적 부식성이 약한 자연환경하에서 고장력합금이 인장강도 이하의 부하응력하에서 일정시간 후에 생기는 현상을 말한다. 침입한 수소가 원인일 경우 수소취화균열, 국부적인 애노드용액에 의한 균열을 응력부식균열이라고 하는 경우도 있다.

지이글로탐상법 (Zyglo penetrant method) 형광제를 결합부에 침투시켜 이에 자외선을 쏘인 암실내에서 검사하는 형광탐상법의 하나로 전처리인 세정에 증기탈지법이 채용되고 있다.

지향성응고 (directional solidification) 용융금속 주입후 주형과 접하는 주물 표층에서부터 압탕을 향해 일정한 비율로 온도경사가 연속되면 인접한 고온부에서부터 주물이 응고하고 있는 개소에 항상 용탕이 보급되고 마지막에 압탕의 용탕이 응고된다. 이렇게 방향성을 갖는 응고의 형태를 말하며 주조방안에 있어서 중요한 포인트가 된다. 방향성응고라고 한다.

직류아크전기로 (direct current arc furnace) 노바닥 전극을 가지며 1개 전극봉으로 용해하는 전기로이다. 교류전기로에 비해 전극 원단위의 절감, 전력 원단위의 절감, 노수리용 내화물의 절감, 프리커 발생량의 반감 등의 특징이 있다.

직류조셉슨효과 (DC Josephson effect) 2개의 초전도체를 얇은 절연막으로 격리한 조셉슨 접합에 전류를 흘려도 어느 전류치까지는 전장이 생기지 않는 현상이다. 이것은 쿠퍼쌍의 터널효과에 의한 것으로 이 초전도전류를 조셉슨 전류라고 한다.

직류초전도선 (DC superconducting wire) 직류에 적용하는 초전도선.

직접소결 (direct sintering) 유도가열 또는 통전가열 등에 의하여 소결에 필요한 열을 직접 피소결체에 발생하는 소결이다.

직접압출법 (direct extrusion) 램과 펀치의 진행방향으로 재료가 압출되는 방법을 직접압출법이라고 한다. 역방향으로 재료가 흐르는 방법을 간접 혹은 후방압출법이라고 한다. 직접압출법은 간접압출법에 비해 가공압력은 크지만 긴제품을 제조할 수 있다.

직접제련법 (direct smelting process) 광석으로부터 직접 목적금속을 끄집어 내는 방식이며 비철금속에서는 알루미늄(Al)의 직접제련인 모노크롤라이드 프로세스가 연구되었으나 실용화에 이르지는 못하였다. 연(Pb)의 직접제련기술인 QSL공법, Kivcet공법 등은 실용화되어 전자는 고려아연에서, 후자는 캐나다 코민코(Cominco)사 등에서 가동중에 있다.

직접침출법 (direct leaching process) ☞ DL공법

직접환원 (direct reduction) 산화금속의 환원으로 고체탄소에 의해 직접행해지는 직접환원과 카본 솔루션반응($C+CO_2=2CO$)에 의해 생긴 일산화탄소에 의한 가스직접환원을 총칭해서 직접환원이라고 한다.

진공납접 (vacuum brazing) 납접을 할 때 이를 진공속에서 하는 조작을 말한

다. 종래의 방법에서는 가열에 의한 변형이나 산화, 보호 플럭스의 필요 등의 결점이 있어 이것들을 무산화로를 이용한 것으로 일단 해결하였으나 수소분위기에 의한 폭발의 위험성이나 신니켈합금의 민감성 등으로 문제점이 남아 있어 진공납접이 개발되었다. 사용되는 노는 수냉 레토르트로이며 일반적으로 가열원과 일련의 복사스크린을 갖고 있는 것이 사용되며 진공도는 $10^{-3} \sim 10^{-4}$㎜Hg이다. 가열체의 용융점은 증기압이 중요하며 흑연이나 몰리브데넘이 자주 이용된다. 납땜합금은 결합제가 혼입된 분말상으로 접합부에 바르고 전체를 노에 넣어서 납땜을 한다.

진공단열 (vacuum insulating) 단열방법으로 이중벽으로 둘러싸인 진공조를 이용한 것으로 이 경우 열전달은 진공조중의 가스분압과 벽재의 복사율 및 접촉에 의한 열전달에 따라 결정된다.

진공열처리 (vacuum heat treatment) 진공속에서 가열하는 열처리의 총칭이다. 진공어닐링, 진공담금질, 진공템퍼링 등이 있다.

진공함침법 (vacuum impregnation) 코일의 열화방지를 위해 에폭시 수지를 코일에 함침시켜 선재가 움직이지 않도록 고정시키는 방법중 코일의 구석구석까지 함침될 수 있도록 진공중에서 함침시켜 기포가 남지 않도록 하는 방법이다.

진동체 (shaking screen, vibrating screen) 광석의 입자 분입(分粒)에 이용하는 체의 일종.

진사 (cinnabar) 수은(Hg)의 가장 중요한 광석으로 짙은 홍색, 괴상의 황화광물로 수은을 약 86.2% 함유하고 있다.

진유 (brass) ☞ 황동

질산은 (silver nitrate) 은(Ag)을 질산에 작용시켜서 만든다. 무색의 결정으로, 사진 감광재, 의약, 시약, 각종 은염의 제조에 이용한다. 사진감광재로서의 사용량이 가장 많다.

질화작용 (nitriding) 질화란 철강의 표면을 경화시키기 위해 암모니아가스 또는 기타 질소를 함유하는 적당한 매재속에서 가열하여 그 부분의 질소함유량을 증가시키는 조작을 말한다. 질화온도는 보통 500~550℃로 가열온도가 높으면 경도가 낮아지지만 질화심부는 커진다. 질화시간은 소요질화 심부에 의해 결정되는데 약 50시간에 0.5㎜가 표준이다. 질화후에는 어떤 열처리도 할 필요가 없어서 다른 표면경화법에 비해 편리한 경우가 많다. 질화를 방지하려면 그 부분에 주석도금이나 니켈도금을 하는 것이 좋다.

집합조직 (Texture) 금속재료는 특수한 금속을 제외하고 대부분 결정구조를 이루고 있으며 단결정으로 표현되는 수많은 결정립으로 구성된다. 집합조직이란 이러한 결정립들의 결정방위구조가 분포하고 있는 양상과 그 세기를 해석하는 것을 의미한다. 결정립 크기가 작으면 작을수록 금속의 항복강도가 증가하므로 합금을 제조할 때는 금속의 응고 조건과 냉간 가공, 소둔, 재결정 등이 중요한 변수로 작용한다.

$ty = ti + kd-1/2$

ty : yield stress, ti : friction stress, d : grain diameter

일부 금속 미세구조에서 발견되는 특징으로는 가공 후에 결정립들이 가공 방향과 평행하게 배열되는 것을 발견할 수 있는데 이것을 집합조직(texture)이라고 한다.

차골광 (bournonite) 연광석의 일종이며 황화광석으로 연(Pb) 42.6%, 동(Cu) 14%와 안티모니(Sb)를 함유하고 있다.

차생광물 (secondary mineral) 풍화분해나 기타 작용에 의해 이차적으로 생성된 광물이다. 이차적 광물의 집합체를 이차광상이라고 한다.

차지 (charge) 금속용해 작업에서 용해로에 원료, 용제, 연료 등을 투입하는 것으로 용해로의 규모 및 생산성과 관련있다. 장입이라고도 부른다.

착선인도조건 (Ex ship) 매매조건의 하나로 계약물품을 상대의 항구까지 운반해 본선으로부터 인도하는 매매조건이다. 운임보험료포함(CIF)가격과 다른 것은 판매자가 운임 등의 제경비 및 위험을 부담하고 가져다 준다는 점이다.

착암기 (rock drill, machine drill) 암석에 구멍을 뚫는데 사용하는 기계장치로뚫은 구멍에 폭약을 충전하여 암석을 폭파하는데 사용된다. 구멍의 지름은 2~5cm, 깊이는 2.5m 정도로 뚫는다.

창고인도조건 (Ex warehouse, Ex godown) 매매조건의 하나로 계약물품을 지정한 영업창고로부터 인도하는 것.

창연 (bismuth) ☞ 비스무트

창연광석 (bismuth ore) 자연 창연, 휘강연광, 텔루륨 창연광, 창연화, 산화창연광, 탄산창연광 등이 있다. 통상, 동(Cu), 아연(Zn), 주석(Sn)광석 등에 수반되어 산출된다. 주요 생산지는 페루, 멕시코, 볼리비아 등이다.

천공기 ① (piercing machine, piercing mill) 정관용 기계이다. 주조나 주조한 빌릿중심에 구멍을 뚫어서 중공빌릿을 만든다. 롤식과 프레스식이 있으며 롤식에는 만네스만 방식, 스티펠식, 원추식 등이 있고 또 프레스식에는 에르하르트식, 칼메스식 등이 있다. ② (punching machine) 비철제련의 전로조업에서 용탕속으로 풍구(tuyere)를 통하여 반응공기를 투입하며 이 때 차가운 공기에 의해서 용탕이 풍구안쪽에서 굳어지면 송풍량이 감소하게 되므로 주기적으로 실린더로 작동되는 기계에 의하여 스틸바로 풍구의 막힌 곳을 뚫어 주는 기계장치이다.

천공작업 (piercing) 깊은 구멍을 뚫을 때 구멍이 휘기 쉽기 때문에 구멍의 $\frac{2}{3}$ 정도까지 펀치를 압입해서 한 쪽에 구멍을 뚫고 다음에 재료를 꺼꾸로 해서 반대측에서 펀치를 압입해서 천공을 하면 비교적 정확한 구멍을 뚫을 수 있다. 이 경우 펀치의 중심이 처음 구멍의 중심과 맞지 않으면 주름, 홈 등의 결함이 발생한다.

천연규사 (natural silica sand) 천연으로 산출되는 석영 모래알로 다소 장석이 혼입되어 있다. 주로 유리제조용으로 사용된다.

천연우라늄 (natural uranium) 천연적으로 존재하는 우라늄(U)으로 질량수 234, 235, 238 등의 동위체가 있다. 그중 열중성자 충돌로 핵분열을 일으키는 것은 질량수 235 뿐이며 다른 동위체는 핵분열 반응에 의해 생긴 중성자를 흡수한다.

천연이산화망가니즈 (natural manganese dioxide) ☞ 이산화망가니즈

천이크리프 (transition creep) 제1차 크리프로 크리프시험의 초기에서 변형속도가 점차로 감소하는 단계이다. 순간변형 그림에서 시간 0에서부터 t1까지의 영역을 말한다.

천청석 (celestite) 스트론튬의 황산염광물로 보통 백색이며 때로는 아름다운 청색을 띠기도 한다.

철 (iron) 일반적으로 철 혹은 철강이라고 불리는 금속은 성분의 대부분이 금속원소 Fe로 그외 탄소(C), 규소(Si), 망가니즈(Mn), 인(P), 유황(S) 등이 비금속 5대원소 혹은 니켈(Ni), 크로뮴(Cr) 등 철 이외의 금속원소와의 합금이다. 철은 원자번호 26, 원자량 55.85, 비중 7.85로 순수하게 금속원소 그대로의 모습으로 존재하는 것은 운석외에는 거의 없고 화합물로서 흙, 암석, 광물중에 존재하며 특히 자철광, 적철광, 갈철광, 능철광, 황철광으로서 산출된다. 색은 백색이며 광채가 있고 경질로 잘 용해되지 않으며 강자성이 있어 적열하면 연선이 되고 백열하면 용해된다. 대기중에 습기를 받으면 녹슬기 쉽다. 철과 함께 철 또는 철강의 성질을 가장 좌우하는 것은 0.01%에서 최대 0.7%까지의 비율로 함유되어 있는 탄소(C)의 양이다. 철은 탄소량이 적을수록 연하고 늘어나기 쉬우며 그 함유량이 늘어남에 따라 강도와 경도가 증가하고 거꾸로 탄력성과 신장률은 줄어든다. 철은 강이나 주철의 형태로 기계기구, 토목, 건축, 전기, 가정용품 등 다방면에 사용되고 있다.

철광석 (iron ore) 철분을 함유하는 광석으로 경제적으로 제철원료가 될 수 있는 것을 말한다. 자철광, 적철광, 갈철광, 능철광 등이 있다. 산지는 거의 세계 전역에 걸쳐 있다.

철도인도조건 (Free on Rail, Free on Truck) 상품을 화차에 싣기까지의 모든 비용을 판매자가 부담하는 매매조건의 하나로 영문 약어으로 FOR 또는 FOT로 표시한다.

철망가니즈중석 (wolframite) 월프라마이트라고 하며 텅스텐(W)의 중요한 광석이다. 삼산화텅스텐 75%와 철(Fe), 망가니즈(Mn)을 함유하고 있다.

철중석 (ferberite) 텅스텐(W)의 광석으로 삼산화텅스텐 76.3%와 철(Fe)을 함유하고 있다.

청동 (bronze) 동(Cu)과 주석(Sn)의 합금이며 아연(Zn) 혹은 연(Pb)을 소량 함유하는 것도 있다. 황동 다음으로 대표적인 동합금으로, 황동에 비해 내식성 및 기계적 성질이 우수하나 값이 비싸다. 일반적으로 주조품으로 사용되며 주석청동이라고도 하는데 탈산과 가소성을 양호하게 하기 위해 인(P)과 아연 등을 첨가하는 경우가 많다. 기기류, 미술공예품, 일용품, 화폐, 종, 동상 등에 널리 이용된다. 주석의 함유량과 용도에 따라 종류도 다양하여, 포금(동 86~90%, 주석 8~12%, 아연 소량), 종청동(동 75~85%, 주석 15~25%), 경청동(동 65~70%, 주석 30~35%), 화폐청동(동 95% 전후, 주석 5% 전후, 아연 소량), 연을 함유하는 베어링청동이 있다. 이밖에, 인청동, 알루미늄청동, 망가니즈청동 등이 있으며, 특수청동이라고 불리고 있다. 청동의 색깔은 5% 주석까지 적동색이지만 주석함량이 증가함에 따라 황색기를 띄고 15% 주석이 되면 등황색으로 된다. (상태도, 그림참조)

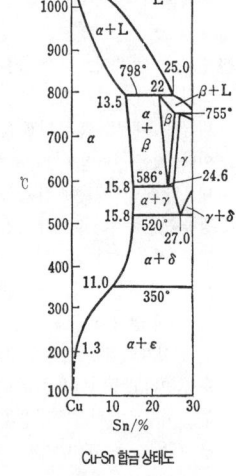

Cu-Sn 합금 상태도

청동스크랩 (bronze scrap) 청동스크랩의 종류는 다음과 같다.

청동으로 만든 검

﹝1﹞ 인청동설 : KS D 5506의 C5111, 5102, 5191, 5212, KS D 5202의 C5111, 5102, 5191, 5212의 봉 및 지름 1.3mm 이상인 선과 이들에 준하는 것의 설로서 순량인 것. KS D 5102의 C5341, 5441의 설이 혼입되어서는 안된다.

﹝2﹞ 인청동 절삭설 : 인청동설에 규정된 것의 절삭설로서 기름 및 수분이 적은 것. 다만 줄가루, 톱가루 등이 혼입되어서는 안된다. KS D 5102의 C5341, 5441의 절삭설이 혼입되어서는 안된다.

﹝3﹞ 인청동망설 : KS D 5557중의 제지용 인청동망, KS D 5556중의 인청동망 및 KS D 5102의 C5111, 5102, 5191, 5212의 지름 1.3mm 미만인 선과 이들에 준하는 것의 설로서 다른 재료 및 다른 물건이 혼입되지 않은 것.

﹝4﹞ 잡종 인청동설 : ﹝1﹞~﹝3﹞에 해당하지 않은 인청동설 및 KS D 5102

의 C5341, 5441 설로서 다른 재료 및 다른 물질이 혼입되지 않은 것.

(5) 알루미늄 청동설 : KS D 5201의 C6140, 6161, 6280, 6301 및 KS D 5101의 C6161, 6191, 6241과 이들에 준하는 것의 설로서 순량인 것.

(6) 알루미늄 청동절삭설 : 알루미늄 청동설의 절삭설로서 다른 재료, 다른 물질이 혼입되지 않고 기름 및 수분이 적은 것. 다만 줄가루, 톱가루 등이 혼입되어서는 안된다.

(7) 상품 청동주물설 : KS D 6002의 청동주물 2종, 3종 및 KS D 6010의 인청동 주물과 이들에 준하는 것의 설로서 1개 무게가 30kg 이하 3kg 이상의 순량인 것.

(8) 중품 청동주물설 : KS D 6002의 청동주물 7종 및 이것에 준하는 설로서 1개의 무게가 30kg 이하 1kg 이상의 순량인 것.

(9) 보통 청동주물설 : KS D 6002의 청동주물 6종 및 이것에 준하는 설로서 1개 무게가 30kg 이하 200g 이상의 순량인 것.

(10) 하품 청동주물설 : 청동주물 1종 및 이것에 준하는 설로서 1개 무게가 30kg 이하 200g 이상인 순량인 것.

(11) 상품 청동주물 절삭설 : 상품 청동 주물설의 절삭설로서 다른 물질 및 다른 재료가 혼입되지 않고 기름 및 수분이 적은 것. 다만 톱가루, 줄가루 등이 혼입되어서는 안된다.

(12) 보통 청동주물 절삭설 : 중품 및 보통 청동 주물설의 절삭설로서 다른 물질 및 다른 재료가 혼입되지 않고 기름 및 수분이 적은 것. 다만 톱가루, 줄가루 등이 혼입되어서는 안된다.

(13) 하품 청동주물 절삭설 : 하품 청동 주물설의 절삭설로서 다른 물질 및 다른 재료가 혼입되지 않고 기름 및 수분이 적은 것. 다만 톱가루, 줄가루 등이 혼입되어서는 안된다.

(14) 베어링용 청동주물설 : KS D 6011의 연일 청동주물 및 이것에 준하는 것의 설로 순량인 것.

(15) 베어링 청동주물 절삭설 : 베어링 청동 주물의 절삭설로서 다른 물질 및 다른 재료가 혼입되지 않고 기름 및 수분이 적은 것. 다만 톱가루, 줄가루 등이 혼입되어서는 안된다.

(16) 알루미늄 청동주물설 : KS D 6015의 알루미늄 청동주물 및 이것에 준하는 것의 설로서 순량인 것.

(17) 알루미늄 청동주물 절삭설 : 알루미늄 청동주물설의 절삭설로서 다른

물질 및 다른 재료가 혼입되지 않고 기름 및 수분이 적은 것. 다만 톱가루, 줄가루 등이 혼입되어서는 안된다.

〔18〕잡종 청동주물설 : 상기 〔7〕~〔17〕에 해당하지 않은 청동주물 및 절삭설로서 다른 물질이 혼입되지 않은 것.

청동주물 (bronze casting) 청동합금지금으로 KS D 6002에서는 1종, 2종, 3종, 6종, 7종 등 10종류로 분류하고 있다. 1종 및 1종C는 유동성, 피삭성이 좋으며 밸브, 주수기, 베어링, 명판, 일반 기계부품 등에 사용된다. 2종 및 2종C는 내압성, 내마모성, 내식성이 좋고 기계적 강도가 좋기 때문에 베어링, 슬리브, 부시, 펌프몸체, 임펠러, 밸브, 기어, 전동기기 부품 등에 사용된다. 3종 및 3종C는 내식성이 2종보다 약간 좋으며 2종의 용도와 거의 유사하다. 6종 및 6종C는 내압성, 내마모성, 피삭성, 주조성이 좋아 밸브, 펌프몸체, 임펠러, 급수전, 베어링, 슬리브, 부시, 일반 기계부품 등에 사용된다. 7종 및 7종C는 기계적성질이 6종보다 약간 좋으며 베어링, 소형 펌프부품, 밸브, 연료펌프, 일반 기계부품 등에 사용된다. 주성분을 살펴보면 동(Cu) 79~90%, 주석(Sn) 2~7%, 아연(Zn) 1~12%, 연(Pb) 7% 이하 등이다.

청화법 (cyanide process) 귀금속제련법의 일종으로 청화칼리(시안화칼륨) 등 시안화물을 이용하여 광석으로부터 귀금속을 추출하는 습식제련법이다. 금(Au)제련에 많이 이용한다.

청화작용 (cyanidation) 시안화작용.

청화처리 (cyaniding) 청화칼리나 청화소다 또는 페로시안화칼리 그리고 페로시안소다 등의 시안화물을 사용하는 표면경화법을 말한다.

체분급 (sieve classification) 체를 사용한 분급.

체심입방격자 (body centered cubic lattice) 입방격자의 중심에 원자가 하나 존재하는 결정구조로 BCC로 표시하며 체심입방격자라고 한다. (그림참조)

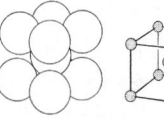

체심입방격자

체적충전 (volume filling) 충전깊이를 설정하는 충전.

초격자 (superlattice) 서로 정확한 배열을 하고 있는 결정구조안에 다른 형의 원자가 들어간 것으로 고용체에 나타나는 결정구조의 일종이다.

초경공구 (hard metal tool) 초경합금을 사용한 공구의 총칭이다.

초경합금 ① (cemented carbide) 고융점금속의 탄화물을 주성분으로 하는 내마모성이 뛰어난 높은 경도의 분말야금재료로 텅스텐 카바이드에 코발트(또는 타이타늄과 코발트)를 첨가한 초경질의 합금이다. 금속의 절삭, 내마모 기계부품에 이용된다. ② (hard metal) 일반적으로 텅스텐, 코발트 탄화물 분말을 결합제를 사용하여 고압으로 압축하고 금속이 용해되지 않을 정도의 고온으로 가열하여 소결시킨 합금을 말하며 일종의 분말야금법으로 만든 합금이다. 절삭공구, 다이스, 내마재, 내열재 등에 사용되며 텅스텐계 이외에도 TiC, Mo_2C, TaC, VC 등을 바인더와 혼합 성형하여 소결한다.

초기활성 (initial activity) 합금조성 후 처음으로 수소화할 때 반응이 쉽게 일어나는 정도를 말한다.

초내열합금 (super heat resisting alloy) ☞ 내열합금

초두랄루민 (superduralumin) 두랄루민보다 마그네슘(Mg)의 첨가량을 약 1.5%까지 많게 한 고력알루미늄합금이다. 두랄루민보다 시효에 의한 석출경화가 더욱 개선되었고 기계적 강도가 높다. 약 500℃에서 용체화처리 후 담금질하여 약 190℃에서 시효처리한다. 주성분은 동(Cu) 3.8~4.9%, 마그네슘(Mg) 1.2~1.8%, 망가니즈(Mn) 0.3~0.9%, 규소(Si) 0.5% 이하, 철(Fe) 0.5% 이하이다. 강력재로 항공기의 외판에 많이 이용된다.

초미분 (ultra fine powder) 최대 크기 1㎛ 이하의 입자로 된 분말.

초산연 (lead acetate) 무색투명한 결정 또는 백색의 알 또는 분말로, 과산화연(염료 제조의 중간 원료), 붕산연(도료·인쇄 잉크의 건조제)의 제조, 의약, 회로(懷爐)용재의 지연제, 염색조제 등에 이용된다.

초우라늄원소 (transuranium element) 원자번호 93 이상인 원소의 총칭으로 천연적으로 존재하지 않고 인공적으로 만들어지는 방사성 핵종이다. 붕괴 반감기는 107년을 넘는 것까지 있다. 초우라늄원소로는 악티늄, 토륨, 프로트악티늄, 우라늄, 넵투늄, 플루토늄, 아메리슘, 퀴륨, 버클륨, 캘리포늄, 아인쉬타이늄, 페르뮴, 멘델레븀, 노벨륨, 로렌슘 등이 있다.

초유동헬륨 (superfluiditive helium) 포화 헬륨의 λ점(2.18K, 5kPa)과 헬륨의 λ선 상한(1.76K, 2.99MPa)을 연결하는 λ선을 경계로 하는 영역의 헬륨이다. 거의 가역적인 열전도를 나타내고 제2음파를 전달하여 또 기기벽 위에 층을 형성하여 흐르는 등의 초유동을 나타내어 초전도 코일의 침지, 강제의 양냉각방식에 사용된다.

초임계헬륨 (supercritical helium) 온도가 Tc(5.22K) Pc(0.227MPa) 이상이고 또한 임계점 부근에 있는 헬륨이다.

초전도상태 (superconducting state) 어떤 종류의 물질의 전기저항이 그 물질에 고유한 온도(임계온도) 이하에서 제로(0)가 된 상태를 말한다. 초전도 상태에는 자속을 완전히 배제하는 완전 반자성 상태와 양자화 자속의 침입을 수반하여 불완전 반자성을 나타내는 혼합상태가 있다.

초전도선 (superconducting wire) 전기를 통하는 부분에 초전도체를 사용한 선으로 일반적으로는 초전도체에 안정화재가 부가된 복합구조가 취해진다.

초전도임계온도 (superconducting critical temperature) 상전도 상태와 초전도 상태 사이의 상전이 온도를 말하는데 일반적으로는 영자장에서의 온도를 가리킨다. BCS이론에 의하면 초전도 임계온도는 초전도 에너지 갭에 비례하는 것으로 알려져 있다.

초전도재료 (superconductive materials) 초전도성을 나타내는 재료로 주로 제2종 초전도체이며 초전도 임계온도, 임계전류, 상부 임계자장의 값이 공학상으로 실용수준에 있는 재료이다. 대표적으로 Nb-Ti합금, Nb_3Sn 등이 있다.

초전도전이 (superconducting transition) 온도가 내려가 상전도 상태로부터 초전도 상태로 이행하는 현상이다. 자장이 없을 때는 잠열을 수반하지 않고 2차 상전이로, 유한의 자장중에서는 제1종 초전도체는 1차 상전이, 제2종 초전도체는 2차 상전이가 된다.

초전도체 (superconductor) 완전 도전성, 완전 및 불완전 반자성, 자속의 양자화, 조셉슨효과 등의 초전도 특성을 나타내는 물질이다.

초전도케이블 (superconducting cable) 한 선 또는 두 선 이상의 초전도선을 한 묶음으로 한 뒤에 적당한 금속 또는 절연물로 완전히 피복한 케이블.

초초두랄루민 (extra superduralumin) 두랄루민, 초두랄루민과 함께 대표적인 고력알루미늄합금으로 영문 약자로 ESD라고 표시한다. 초두랄루민보다도 더 강력한 시효경화형 고력알루미늄합금으로 아연(Zn)을 다량으로 첨가하고 마그네슘(Mg)의 첨가량도 초두랄루민보다 더 많게 한 것이다. 강도는 매우 높지만 시기균열과 응력부식균열 등의 결점을 가지고 있기 때문에 크로뮴, 망가니즈 등을 소량 첨가함으로써 이를 방지하고 있다. 주요 성분은 동(Cu) 1.2~2.0%, 아연 5.1~6.1%, 마그네슘(Mg) 2.1~2.0%, 규소(Si) 0.5% 이하, 철(Fe) 0.7% 이하, 망가니즈(Mn) 0.3% 이하, 크로뮴(Cr) 0.18~0.4% 등이다. 항공기 외판, 기타 구조재로 이용된다.

초탄성 (superelasticity) 응력유기 마르텐사이트변태에 의하여 생긴 변형이 하중을 제거할 때 역변태에 의해 본래의 상태로 되돌아가는 성질이다. 이와 같은 마르텐사이트변태와 관련되는 초탄성을 의탄성이라고도 하며 마르텐사이트 결정내의 쌍정계면의 가역적인 운동에 의해서 생긴 것을 영구 의탄성이라고 하여 구별하는 경우가 있다. 변태 의탄성에서는 탄성변형의 몇배, 몇십배의 변형이 하중제거시 회복된다.

촉매제 (catalyzer, catalyst) 중합 또는 경화를 촉진하거나 반응을 쉽게 일으키기 위해 첨가하는 것. 백금촉매, 황산제조를 위한 오산화바나듐(V_2O_5)촉매 등이 있다.

최대수소저장량 (maximum hydrogen storage capacity) 고압하에서 표시되는 수소저장량의 최대치를 말한다.

최소전파영역이론 (minimum propagation zone method) 초전도 마그넷의 안정성을 얻는 이론의 하나로서 초전도 마그넷의 퀜치는 매우 국소적인 소란으로부터 일어난다고 생각해서 이 소란의 크기를 예측하여 상전도부가 넓어지지 않게 하기 위한 조건을 정하는 수법이다.

추정광량 (probable reserve) 광상속에 유용한 광석을 추정한 광석량.

축전지 (storage battery) ☞ 전지

출재 (slag skimming) 회전로에서 산화조업으로 생성된 슬래그를 노를 기울여 서서히 따라 내는 것.

충격시험 (impact test) 재료의 점성 혹은 무른 정도를 판정하기 위해 소정의 시험편에 충격하중을 가해 파단시키고 그에 소요된 에너지의 대소, 파면의 형상, 변형거동, 균열의 진전거동 등을 측정한다. 최근에는 특히 재료의 저온에서의 취성의 판정이나 재료의 균일성 판정에도 이용된다. 충격시험은 충격하중의 방법에 따라 낙추식, 전자식, 회전원판식이 있다. KS에서는 샤르피 충격시험기를 이용하는 경우와 아이조드충격시험기를 이용하는 경우를 규정하고 있다.

충격압출 (impact extrusion) 연(Pb), 주석(Sn), 알루미늄(Al) 및 그 합금소재를 냉간에서 크랭크 프레스나 토글 프레스 등의 기계 프레스에 의해 힘을 충격적으로 가해 변형속도를 빠르게 해서(1/10초정도) 다이스의 압출구나 다이스와 펀치의 틈으로 압출시켜 밑이 있는 중공단면이나 일반단면의 제품을 성형가공하는 방법이다. 전방압출법과 후방압출법이 있으며 대표적인 제품으로는 튜브형 치약이나 물감케이스, 아연건전지 케이스 등이 있다.

충격용접 (percussion welding) 미리 비축해 놓은 전기적 에너지를 금속의 맞대는 면을 통해 방전시켜 이 때 발생하는 아크에 의해 접합부를 가열하고 방전중이나 직후에 충격적 압력을 가해 접합하는 용접법이다. 열전대 설치 등에 이용된다.

충격치 (impact value) 소정의 시험편에 충격하중을 주어 파단에 요하는 에너

지이다. 시험편, 시험기가 샤르피, 아이조드식 등으로 다르며 충격치의 단위도 다르다.

충적층 (alluvium) 충적토라고 하며 충적기에 생성된 지층으로 자갈, 모래, 진흙, 코칸 등으로 이루어져 있다.

충전 (fill) 다이에 분말을 넣는 것.

충전량 (filling) 다이에 넣는 분말의 양으로 체적 또는 질량으로 정한다.

충전비 (fill factor) 충전된 분말의 높이를 성형체의 높이로 나눈 값.

충전소결 (loose powder sintering) 분말을 가압하지 않은 상태에서 소결하는 것.

충전재 (filler metal) **①** 부품의 일부에 뚫어 놓은 구멍을 메우는 금속 **②** 용접작업에서 모재금속을 용접하기 위해 용접부에 녹여 첨가하는 금속 **③** 주물의 일부를 메우는 금속으로 모래구멍 등을 메우는데 사용된다.

충전채굴법 (filled stopes) 갱내 채굴법의 일종으로 채굴하고 난 곳을 폐석 등으로 채워가는 방식이다.

취성 (brittleness) 일반적으로 단단하고 깨지기 쉬우며 변형이 적은 성질이다. 보통 충격시험에서의 충격치의 대소 또는 파면의 상황에 따라 비교된다.

취성파괴시험 (brittle fracture test) 노치를 만들거나 또는 이에 대신하는 가공을 실시한 시험편 혹은 시험체에 정적 또는 동적하중을 가해서 취성균열의 발생, 전파정지 또는 파단의 조건, 상태 등을 조사하는 시험이다. 온도를 변화시켜 연성-취성 전이곡선을 구하든가 또는 특정온도에서의 성질을 조사한다.

취은광 (bromyrite) ☞ 취화은광

취화은광 (bromyrite) 은(Ag)의 취화광석으로 은을 약 57.4% 함유하고 있다. 취은광이라고도 한다.

층상조직 (lamellar structure) 재료를 구성하는 두 종류 이상의 성분이 층상을 띠는 조직을 말하는 것으로 동정이나 공석에 많이 나타난다. 펄라이트가 대표적인 층상조직이다.

치수변화 (dimensional change) 소결에 의해 생기는 성형체의 치수의 증감으로 백분율로 표시한다.

치수효과 (size effect) 시험편의 치수가 커지면 피로강도가 저하하는 현상을 말한다. 큰 소재로부터 치수가 상당히 다른 시험편을 채취하면 그 치수형상에 의해 재료특성치가 달라지는 것이다. 일례로 고사이클의 피로시험에서는 시험편의 치수가 다르면 피로강도도 다르고 치수가 커짐에 따라 일반적으로 강도가 저하한다.

칠드롤 (chilled roll) 롤은 표면을 딱딱하게 하고 내부를 점성이 강하게 해서 마모와 충격에 동시에 견딜 것이 요구된다. 이를 위해 표면에 금형을 대고 급랭시켜 표면에서 어느 깊이까지 백선화하여 경도를 높이고 내부는 서냉시켜 회주철로 만들어 인성을 늘리는데 이러한 롤을 칠드롤이라고 한다. 칠처리를 쉽게 하기 위해 화학성분은 고탄소규소나 저탄소규소로 하는데 전자쪽이 경도가 높아진다고 여겨지고 있다.

칠드주물 (chilled casting) 용탕을 급랭시켜 표면을 경화시킨 주물, 즉 주물의 어느 면에 금형을 대고 그 부분만 백선화에 의해 경화시킨 주물로 압연작업용 칠드롤은 이 방식을 이용한 것이다. 냉경주물이라고도 한다. 표면이 딱딱할 것이 요구되는 롤, 차량, 파쇄기 등에 이용된다.

침강분석시험 (sedimentation analysis) 정지 유체중에서 분말입자의 낙하 속도차를 이용하여 입도분포를 조사하는 시험이다.

침상분말 (acicular powder) 가는 침모양 입자로 된 분말.

침상조직 (acicular structure) 침상을 이루는 조직의 총칭으로 마르텐사이트, 하부 베이나이트 등이 대표적인 것이다.

침상텔루륨광 (sylvanite)　금(Au), 은(Ag)의 텔루륨화물이다. 금 24.2%, 은 13.3%를 함유하고 있다.

침적물 (deposit)　액체속에 가라 앉아 쌓인 것.

침전 (deposition, precipitation)　① 액체속에 있는 앙금, 불순물 등이 중력의 작용으로 밑바닥에 가라앉는 것 또는 그 물질. ② 용액속의 화학변화에 의해 일어나는 반응생성물 또는 용액중의 용질이 용해도 이상으로 되었을 때 세립상 또는 목화송이 같은 고체가 되어 용액속에 나타나는 현상. ☞ 석출

침전동 (precipitate copper)　시멘트동으로 동광산의 갱내수 등에 함유되어 있는 황산동을 스크랩철류에 침전시켜서 석출한 것이며 분말상으로, 동(Cu) 품위는 60~70% 정도이다.

침전물 (precipitate)　☞ 침전

침전제 (precipitant)　액체속에 섞여 있는 불순물을 침전시키는 화학물질.

침전조 (depositing tank)　현탁액중 고체입자를 침강시키기 위하여 액을 정지상태로 유지하기 위한 탱크를 말한다.

침지냉각 (pool cooling)　액체 헬륨에 직접 담가서 냉각하는 방법.

침철광 (goethite)　갈철광의 구성물질의 하나로 조성은 $FeOOH$이며 Fe_2O_3가 89.86%, H_2O가 10.14%이다. 일반적으로 황갈색, 적갈색을 띠며 조흔은 황색으로 결정질인 것부터 토상의 비정질의 것까지 있다. 경도는 5~5.5, 비중은 3.3~4.28이다. 침철광은 뜨거워지는 것에 의해 탈수되어 적철광으로 변한다.

침출법 (leaching)　광석처리법의 하나로 황산 등을 이용해 광석중의 성분이 빠져 나오게 하는 것을 말한다. 유용금속 또는 불순물 금속을 적당한 용매로 용해 분리하는 방법이며 산화동광석을 희황산으로 침출하는 것이 그 좋은 예이다.

침투법 (infiltration process) 나이오븀(Nb)분말을 압축한 성형체를 주석(Sn) 중탕에 담가서 주석을 성형체내에 침투시킨 후 신선, 압연 등의 가공으로 얻어진 가는 선에 열처리를 함으로써 Nb_3Sn화합물을 생성시키는 초전도선의 제조방법으로 Nb_3Al화합물 초전도선에도 동일방법을 적용할 수 있다.

카날라이트 (carnallite) ☞ 광로석

카니젠도금법 (kanigen process) c(k)atalytic(촉매적) nickel(니켈) generation(생성)의 앞머리를 따서 명명한 무전해(화학) 니켈도금법이다. 즉, 차아인산염을 환원제로 해서 바탕금속표면을 촉매로 하여 니켈이온을 환원, 석출시키는 것으로 전기도금과는 달리 액에 접한 면은 모두 균일한 도금층을 얻을 수 있다는 특징이 있다.

카드뮴 (cadmium) 원소기호 Cd, 원자번호 48, 원자량 112.41, 비중 8.648, 용융점 321.1℃, 비등점 765℃, 결정구조 조밀육방정, Ⅱb족에 속하는 청백색의 연한 금속이다. 화학적성질은 아연과 매우 비슷하다. 금속카드뮴은 연성, 전성이 좋고 저융점금속에 속하며 알칼리에 쉽게 침해되지 않는다. 도금용

카드뮴괴

재, 염화비닐 안정제, 착색안료, 합금, 반도체용 등으로 용도가 광범위하다. 카드뮴의 광물은 종류가 적고, 통상 아연광석에 수반되어 산출되며, 아연제련시, 부산물로서 회수된다. 제법은 증류아연 제조과정에서 채취하는 건식법과 아연 전해시의 카드뮴을 함유하는 침전물로부터 회수하는 습식법의 두 가지가 있다. 카드뮴은 독성이 있기 때문에 사용량이 감소추세를 보이고 있다. (그림참조)

카드뮴동 (cadmium copper)   동(Cu)에 카드뮴(Cd) 1% 정도를 첨가한 합금으로 전도율은 순동에 비해 뒤떨어지나, 기계적 성질이 우수하다.

카드뮴동선 (cadmium copper wire)   카드뮴동으로 만든 꼬임선으로 일반 경동선보다도 인장강도가 커서 강풍, 적설지대에 이용된다.

카드뮴봉 (Cadmium Stick)   순도 99.995% 이상의 품질로 주로 배터리(Batteries), 색소(Pigments), 금속도금, 플라스틱 안정제(Stabilizers) 및 가용 합금(Alloys), 베어링 메탈 등의 합금 소재로 쓰인다.

카드뮴지금 (cadmium metal)   화학성분에 따라 1종과 2종 두 가지가 있다. 1종은 카드뮴(Cd)함량이 99.99% 이상, 2종은 99.96% 이상이다. KS D 2352에 규정되어 있다.

카드뮴합금 (cadmium alloy)   카드뮴이 첨가된 고용체합금으로 용융점이 낮다는 특징이 있다. 대표적인 합금으로는 저융점합금(Bi-Pb-Sn-Cd), 땜납(Ag-Cu-Zn-Cd), 베어링합금(Cd-Ni), 접점재료(Ag-Cd), 동합금(Cu-Cd) 등이 있다.

카르노석 (carnotite)   바나듐(V)과 우라늄(U)의 혼합광석으로 오산화바나듐 20%와 산화우라늄 20%를 함유하고 있다.

카바이드 (carbide, calcium carbide)   광의로는 탄화물의 총칭이지만 일반적으로는 탄화칼슘(CaC_2)의 관용명으로 사용된다. 탄화칼슘은 산화칼슘(생석회)과 코크스와 같은 탄소재를 전기로에 투입하여 1,900℃ 이상의 고온에서 반응시켜 만든다.

카보닐분말 (carbonyl powder)   금속카보닐의 열분해로 제조된 분말.

카보런덤 (carborundum)   탄화규소, 연마재, 내화재에 이용한다.

카본섬유 (carbon fiber)   탄소섬유.

카볼로이 (carboloy)   초경합금.

카시오페윰 (cassiopeium)　루테슘의 옛 이름.

카올리나이트 (kaolinite)　카올린광물중의 대표적인 광물로 $Al_2Si_2O_5(OH)_4$인 조성을 가지며 백색의 비늘조각 모양 내지는 분말괴상을 띤다. 각종 화산암중의 열수성 교대작용에 의해 생기며 화강암 및 그와 유사한 암석, 응회암의 풍화생성광물중에서 산출된다. 주요 용도는 도자기용, 내화물용으로 양질의 카올리나이트의 내화도는 SK 32 이상이다.

카올린 (kaolin)　카올린광물(너크라이트, 딕카이트, 카올리나이트, 할로이사이트, 가수할로이사이트)로 이루어지는 암석 또는 점토를 말한다. 카올리나이트를 주성분으로 하는 점토는 도자기용, 칼집용, 내화물용으로서 이용되며 할로이사이트를 주성분으로 하는 점토는 알루미나 제조용, 황산알루미나 제조용으로서 이용된다.

카이나이트 (kainite)　마그네슘(Mg)의 광물이며 황산염광물로 마그네슘 9.7%를 함유하고 있다. 마그네슘의 원료로서의 이용가치는 적고, 주로 칼리비료의 제조에 이용된다.

카이아나이트 (kyanite)　$Al_2O_3 \cdot SiO_2$의 화학조성을 갖는 실리마나이트, 안달루사이트와 동질 이상으로 이들을 실리마나이트족이라고 부른다. 미국에서 주로 산출되며 고알루미나질 내화물의 원료로써 이용된다. 1,400℃ 전후에서 분해, 팽창하여 무라이트가 된다.

카트리지황동 (cartridge brass)　동(Cu) 65%, 아연(Zn) 35%의 황동으로 인성과 강도가 커서 탄약통 등에 사용된다.

카퍼벨트 (The Copper Belt)　대규모로 펼쳐져 있는 동(Cu)광석 생산지대로 중앙아프리카의 잠비아에서부터 자이레 카탕가주에 걸쳐있는 퇴적 동광상 산출지대를 말하는데 남미 안데스산맥의 고지, 미국 서부의 산악지대와 함께 세계의 3대 동생산지의 하나이다.

카퍼웰드선 (copper weld wire)　동피복강선의 일종. ☞ 동피복알루미늄선

카피차전도 (Kapitza conductivity) 어떤 값보다 작은 온도차를 갖는 물질사이에서 열전도율이 유체온도의 세제곱에 비례하는 현상.

칸탈 (kanthal) 전열용 저항재료중 하나로 크롬(Cr) 약 20%, 알루미늄(Al) 약 5%를 함유하는 철(Fe)합금이다. 스웨덴에서 만들어 지고, 독일에서 발달한 합금으로, 니크롬의 대용으로서 전열선에 이용된다. 통상 사용온도는 니크롬보다 높은 1,250℃이다.

칼라베라이트 (calaverite) 금(Au)의 텔루륨화물로 금, 은(Ag), 텔루륨(Te)를 함유한다. 괴상을 띠고 있어 괴상 금은 텔루륨광이라고도 한다.

칼륨 (potassium, kalium) 원소기호 K, 원자번호 19, 원자량 39.10, 비중 0.86, 용융점 63.6℃, 비등점 762.2℃의 알칼리금속으로 은백색의 연한 금속이다. 화학적으로 대단히 활성이며 물보다도 가볍다. 칼륨은 독일명으로, 영국명은 포타슘이라고 한다. 잡로석, 칼리암염, 카이나이트 등에 함유되어 천연으로 산출되는데, 해수에도 염화칼륨으로서 존재한다. 금속칼륨은 수산화칼륨을 전해해서 만들 수도 있는데, 금속 단독으로 이용되는 일은 적고 거의가 화합물로서 사용되고 있다.

칼슘 (calcium) 원소기호 Ca, 원자번호 20, 원자량 40.08, 비중 1.55, 용융점 850℃, 비등점 1,440℃, 결정구조 면심입방정, 주기율표상 Ⅱa족에 속하는 알칼리토금속의 하나이다. 가볍지만 연(Pb)보다 단단하고 전연성이 좋은 은백색의 금속으로 물과 반응하여 수소화합물을 만들어내는 높은 활성도를 가지고 있다. 천연으로 방해석, 석고, 인회석 등의 성분으로서 풍부하게 산출된다. 제조법은 석회와 알루미늄을 혼합하여 진공속에서 가열, 열분해시켜 발생한 증기칼슘을 응축시켜 만든다. 이밖에 금속칼슘은 염화칼슘을 용융염 전해하여 만들며 합금첨가제, 제강의 탈산, 탈황제, 우라늄 등의 환원제로써 이용된다.

칼슘계합금 (calcium alloys) 수소와 친화력이 강한 칼슘과 다른 전이금속을 주성분으로 하는 합금이다. $CaNi_5$가 대표적인 것이며 $CaNi_5$와 같은 AB_5형 육방정 구조의 합금이 잘 알려져 있다.

칼슘실리콘 (calcium-silicon) 칼슘(Ca)과 실리콘(Si)과 철(Fe)의 합금으로

함유율은 칼슘 25% 이상, 실리콘 55~65% 정도이다. 제강작업의 탈산, 탈가스에 사용되는데 강내의 산소와 쉽게 반응하여 규산칼슘질의 스크랩을 강에서 부상시키므로 비금속이 적은 고급강재의 제조에 많이 사용된다. 또한 주철에 대해서는 접종제 및 탈산제로서 이용되며 항장력이 높은 고급주철을 제조하는데 사용된다. KS D 3720에 규정되어 있다.

칼코겐 (chalcogen) 유황(S), 세레늄(Se), 텔루륨(Te) 등 Ⅵb족에 속하는 세 원소에 대한 총칭이다. 칼코겐화합물의 특징은 자기특성 변화폭이 크다는 점이다.

캐닝 (canning) 열간가공을 위하여 금속용기에 캡슐충전을 하는 것. ☞ 캡슐충전

캐리 (carry) 선물시장에서 기일이 다른 동일한 물량을 동시에 매매하는 것으로 보로잉(borrowing)과 렌딩(lending)이 있다.

캐리어롤 (carryer roll) 코일을 감는 업코일러에 있어서 펀치롤 및 벤딩롤을 통과한 코일을 권취축 아래에서 코일과 접하게 해서 회전시키면서 보내주는 롤을 말한다.

캐비테이션 (cavitation) 유동하고 있는 액체의 압력이 국부적으로 저하하여 포화증기압 혹은 공기분리압에 달해서 증기를 발생하거나 또는 용해공기 등이 분리하여 기포를 발생하는 현상으로 이것이 흘러서 찌그러지면 국부적으로 초고압을 생성하여 소음이 발생한다.

캐소드 (cathode) 음극을 나타내며 동(Cu), 니켈(Ni) 등의 전해 정련에 있어서의 음극판을 말한다. ☞ 동캐소드

캐소드반응 (cathodic reaction) ☞ 음극반응

캔디 (Candy) 미국 스크랩규격인 ISRI(Institute of Scrap Recycling Industries, Inc)규격중 상급 동스크랩(No.1 heavy copper)의 총칭으로 순수하고 양질인 동의 조각, 파이프, 블랭킹 스크랩, 버스바, 정류자편(조각) 및 동선을 말하며 지나치게 불린 선을 제외한 것을 말한다.

캘리포늄 (californium) 원소기호 Cf, 원자번호 98, 질량수 251의 초우라늄

원소중 하나이다. 질량수 239~256 사이에 17종류의 방사성 핵종을 갖고 있다. 단위질량당 중성자 방출률 변화가 매우 크기 때문에 방사화 분석, 라디오그래피, 치료용 중성자원 등에 이용되고 있다.

캡슐충전 (encapsulation) 분말, 성형체 또는 예비소결체를 두께가 얇은 용기에 넣어 봉입하는 것.

캡타이어케이블 (cabtyre cable) 광산 및 공사 현장용 전선으로 주석(Sn)도금 연동선을 여러개 묶은 도체를 고무로 절연하고 캡타이어 고무로 피복한 전선이다. 이동 전기기기의 리드선 및 배선에 이용된다.

커미션하우스 (commission house) 고객으로부터 수수료를 받고, 그 고객을 위해 매매하는 것을 전문으로 하는 업자로 브로커와 거의 같은 뜻이다. 주로 미국에서 사용되는 용어이다.

커버 (cover) 이미 보유하고 있는 매도포지션(short position)을 만기일까지 다시 되사서 매도포지션을 청산하는 것으로 숏커버링(short covering)이라고 한다.

커브트레이딩 (kerb trading) ☞ 장외거래

커팅용 황동봉 (free cutting brass rod) ☞ 쾌삭황동봉

컴퍼스 커넥터 (compass connetor) 컴퍼스 의미는 말 그대로 중앙에 절연체 기둥 주위에 4개의 핀을 배치한 커넥터로 기둥 하나의 편만 배치되는 기존 커넥터에 비해 같은 면적에 4배 정도 많은 핀을 설치할 수 있다. 이에 따라 평당 인치당 최대 배치핀수가 60전도이던 기존 커넥터와 달리 같은 면적에 132핀 부터 368핀까지 다양하게 확장이 가능하다.

컴포캐스팅 (compocasting) 고액공존상태의 금속을 교반하면서 입자, 휘스커 등을 투입하여 균일하게 혼합, 분산시켜 복합화하는 방법.

컷앤드필법 (cut and fill stopping) 갱내 채굴법의 일종으로 채굴한 후에 폐석을 채워 넣고 파 들어가는 방식으로 상향충전 채굴법과 하향충전 채굴법이 있다.

케이빙법 (caving system, caving method) 갱내 채굴법의 하나로 광석 및 주위의 암석의 무게를 이용하여 붕괴시키는 방법이다.

케이크 (cake) ☞ 동케이크

켈멧 (Kelmet) 동-연(Cu-Pb)합금으로 연(Pb)함유량이 30~40%이며 고속 고하중용 베어링용으로 사용된다. 동(Cu) 조직사이에 연이 입상으로 분산하여 만든 조직을 갖고 있다. 이 합금은 주조할 경우 동과 연이 분리 또는 편석하기 쉽기 때문에 원심주조법, 급랭응고법, 분말야금법 등으로 만든다. 또한 기계적, 물리적 성질을 개선하기 위해 주석(Sn), 니켈(Ni), 은(Ag), 유황(S) 등을 첨가하고 있다. 항공기 및 자동차 등에 사용된다.

코런덤 (corundum) ☞ 강옥

코로넬 (corronel) 니켈(Ni) 66%, 몰리브데넘(Mo) 28%, 철(Fe) 6%를 함유하는 니켈베이스합금을 말한다. 질산을 제외한 보통 광산물에 잘 견디며 화학플랜트재료로 사용된다.

코르손합금 (Corson alloy) 코르손이 발명한 합금으로 Ni_2Si조성을 얻기 위해 동(Cu)을 첨가한 후 시효경화를 이용한 동합금이다. 니켈(Ni) 3~4%, 규소(Si) 0.8~1.0% 정도 함유하고 있으며 도전성이 커서 통신선, 송전선 등에 사용된다.

코바르 (kovar) 금속과 경질유리의 접착에 사용되는 Co-Ni-Fe합금을 말한다. 코발트(Co) 30~17%, 니켈(Ni) 23~30%, 망가니즈(Mn) 0.6~0.08%, 나머지 철(Fe)로 되어 있다.

코발트 (cobalt) 원소기호 Co, 원자번호 27, 원자량 58.9332, 비중 8.85, 융점 1,495℃, 비등점 약 2,900℃, 결정구조는 α상이 조밀육방정, β상이 면심입방정, 주기율표상 Ⅷ족에 속하는 회백색의 금속으로 강한 자성과 내식성을 갖는다. 영구자석강, 고속도강 등 특수강에의 첨가제, 탄화텅스텐용 경화제, 기타 각종 비철금속과의 합금에 이용된다. 이외에 화합물은 안료, 도금, 건조제, 의료용 등에 용도가 광범위하다. 천연적으로 비소(As) 또는 유황(S)과의 화합물로서 니켈(Ni)과 함께 산출되는 경우가 많다. 코발트의 주요 광석으로서는 비소코발트광, 휘코발트광, 황코발트니켈광 등이 있으며, 통상 금,은, 동광에 수반되어 산출된다. 세계 주요 코발트 생산국으로는 캐나다, 핀란드, 잠비아 등이다.

코발트기 초합금 (cobalt base super alloy) 코발트합금은 고온강도가 높으며 주조성이 좋고 고온도에서 크리프 파단강도가 높다. 니켈합금보다 고온에서 내응력이나 정지부품의 소재로 사용하는데 적합하다. 또한 열전도율이 높고 열팽창률이 적으며 내열피로성도 뛰어나 대형부품 등에 사용된다.

코발트토 (asbolite) 코발트(Co)의 광석으로 코발트를 함유한 수산화망가니즈이다. 코발트 함유 오수토라고도 한다.

코발트화 (erythrite) 코발트(Co)의 광석으로 산화코발트 37.5%와 비소(As)를 함유하고 있다.

코벨린 (covelline) ☞ 동람

코브라 (Cobra) 미국 스크랩규격인 ISRI(Institute of Scrap Recycling Industries, Inc)규격중 제 2호 동선 노즐스크랩(No.2 copper nodules)의 총칭으로 동함량이 최소한 97%가 되어야 한다. 또한 불순물의 함량이 0.5%를 초과해서는 안된다.

코어 (core) 주물의 중공이 되는 부분에 용탕을 유입시키지 않기 위해 미리 중공부에 설치해 두는 주물사 조형물로 주형에 코어프린트부로 고정하고 또 필요하다면 코어받침대를 이용해 고정을 보강한다. 코어는 용탕에 의해 둘러쌓이기 때문에 모래의 소착이나 가스의 발생 등 주조결함을 일으키기 쉬우므로 가스배기가 완전하고 충분한 강도와 내열성과 함께 냉각 후의 붕괴성을 필요로 한다. 아마인유 배합사로 만드는 오일코어가 우수하다.

코어로드 (core rod) 금형의 일부이며 압축방향에 구멍이 있는 성형체 또는 재가압체를 만들기 위한 봉모양의 공구이다.

코어사 (core sand) 코어에 사용되는 주물사. ☞ 코어

코엘린바 (Coelinvar) 코발트(Co) 44%, 철(Fe) 34%, 크로뮴(Cr) 13%, 니켈(Ni) 9%의 조성을 가진 합금으로 엘린바의 특성을 가졌으나 엘린바보다는 기계적 강도가 크고 고탄성이다. 시계태엽의 소재로 사용된다.

코일 (coil) ① 열간압연기 또는 냉간압연기로 압연되어 코일러에 감긴 스트립의 완성품이다. ② 동의 관생산시 제품을 감아놓은 방법으로 팬케이크 코일, 레벨 와인드 코일, 온수온돌용 코일 등 3가지 방법이 있다. 팬케이크 코일은 일반적으로 30m 이하의 짧은 길이를 필요로 하는 곳에 사용되는 공업용 동관으로 중량이 가볍고 운반이 용이하고 취급이 간편하다. 레벨 와인드 코일은 자동화된 생산라인에 적합하도록 긴 길이로 생산된 공업용 동관으로 작업시간의 단축과 생산성 향상을 기할 수 있는데 보통 300~400m의 길이로 감아놓은 것이다. 온수온돌용 코일은 온수 및 온돌 배관용에 사용되는 동관으로 공장에서 요구규격의 폭과 길이로 제작 공급되어 현장 작업시간이 단축되는 장점이 있다. (그림참조)

코일

코일센터 (coil center) 메이커로부터 코일로 출하되는 압연판을 슬리팅, 시어링 하여 원하는 치수의 판으로 수요가에게 판매나 임가공하는 업자이다. 철강의 경우 스틸서비스센터라고 부른다. ☞ 가공센터

코코아 (Cocoa) 미국 스크랩규격인 ISRI(Institute of Scrap Recycling Industries, Inc)규격중 동선 노즐스크랩(copper wire nodules)의 총칭이다. 불순물의 함량으로는 알루미늄(Al) 0.05%이하, 주석(Sn) 0.25% 이하, 니켈(Ni) 0.05% 이하, 안티모니(Sb) 0.01% 이하, 철(Fe) 0.05% 이하이어야 한다.

코히어런스길이 (coherence length) 온도에는 의존하지 않고 불확정원리에 의해 쿠퍼쌍의 공간적 퍼짐을 나타내는 양이다. 오더 파라미터의 공간변화를 특징짓는 양이다.

콘스탄탄 (constantan) 니켈(Ni)과 동(Cu)의 합금으로 니켈 40~50%, 망가니즈(Mn) 2.5% 이하, 나머지는 동으로, 실온에서 저항온도계수가 거의 제

로가 된다. 전기저항이 커서 열전대(서모커플), 전기계기 등에 이용된다.

콘탱고 (contango) 백워데이션의 반대개념으로 상품거래소에서 현물가격이 선물가격보다 낮은 상태를 말하며 정상시장을 뜻한다.

콜드드로잉 (cold drawing) 냉간인발을 말한다. 산세, 윤활처리된 열간압연 환봉이나 선재 혹은 관을 소정의 치수로 압하기 위해 소재보다도 작은 치수의 구멍을 갖는 다이스 혹은 다이스와 관내경보다 작은 플러그를 동시에 통과시켜 냉간에서 인발하는 작업을 말한다.

콜드롤포밍 (cold roll forming) 박판이나 스트립 또는 스트립의 코일을 상온에서 그 길이방향으로 일련의 롤을 통과시킴으로써 각 롤에서 연속적으로 굽힘성형하여 소기의 성형형상을 얻는 성형방법이다.

콜럼바이트 (columbite) 탄탈럼(Ta), 나이오븀(Nb)의 원광석으로 콜롬브석이라고도 한다. 산화나이오븀(Nb_2O_5)의 함유율이 높은 것을 말하며, 산화탄탈럼(Ta_2O_5)의 함유량이 많은 것은 탄타라이트라고 부른다. 자원은 편재되어 있다.

콜롬븀 (columbium) 나이오븀의 미국명으로 원소기호는 Cb로 표시한다.

콜롬브석 (columbite) ☞ 콜럼바이트

쾌삭강 (free cutting steel) 유황(S), 아연(Zn), 셀레늄(Se), 연(Pb), 텔루륨(Te) 등을 첨가, 강중의 황화물을 비롯해 수조의 쾌삭성 개재물을 생성시켜 쾌삭성을 부여한 강으로 정밀 기계기구에 이용된다. 주요 첨가원소명에 따라 유황쾌삭강, 비스무트쾌삭강, 아연쾌삭강, 텔루륨쾌삭강, 지르코늄쾌삭강 등으로 부른다.

쾌삭성 (machinability) 금속의 피절삭성의 양호함을 말한다. 연(Pb), 셀레늄(Se), 텔루륨(Te)는 이 성질이 있어서 동(Cu) 등에 이를 첨가하면 피절삭성이 증가한다. ☞ 가삭성, 절삭성, 피삭성

쾌삭양백봉 (free cutting nickel silver rod or bar) 피절삭성이 좋으며 작은 나사, 베어링, 볼펜부품, 안경부품 등에 사용된다. 동(Cu) 60~64%, 연(Pb)

0.8~1.8%, 철(Fe) 0.25% 이하, 망가니즈(Mn) 0.5% 이하, 니켈(Ni) 16.05~19.5%, 나머지가 아연(Zn)으로 되어 있다.

쾌삭인청동봉 (free cutting phosphor bronze rod or bar) Cu+Sn+P의 합계가 99.5% 이상이며 주석(Sn) 함유량이 3.0~5.8%이다. 피절삭성이 좋으며 작은 나사, 부싱, 베어링, 볼트, 너트, 볼펜부품 등에 사용된다.

쾌삭인청동선 (free cutting phosphor bronze wire) 쾌삭인청동봉과 동일하다. ☞ 쾌삭인청동봉

쾌삭황동 (leaded brass) 40%의 아연(Zn)을 함유하고 있는 황동(46 황동)에 연(Pb)을 1~3% 정도 첨가한 합금으로 쾌삭성과 피삭성, 타발성을 부여했다. 판, 스트립, 선, 주물로 만들어지며 조직은 α상과 β상의 이상합금으로 연이 결정립계, 입계에 입상으로 석출 분포되어 있다.

쾌삭황동봉 (free cutting brass rod or bar) 피삭성이 우수한 연함유 황동봉이다. KS규격중 C3601, C3602는 전연성도 좋다. 볼트, 너트, 작은 나사, 스핀들, 톱니바퀴, 밸브, 라이터, 시계, 카메라 부품 등에 이용된다. 가장 일반적인 황동봉으로 톱날이 달린 도구로 하는 작업에 적합하다. KS D 5101에 규정되어 있다.

쾌삭황동선 (leaded brass wire) KS D 5103에 C3601, C3602, C3603, C3604 등 네 종류가 규정되어 있으며 피삭성이 우수하고 C3601, C3602는 전연성도 있다. 볼트, 너트, 작은 나사, 카메라부품 등에 사용된다.

쾌삭황동스트립 (leaded brass strip, leaded brass tape) 분류, 용도 모두 쾌삭황동판과 동일하다.

쾌삭황동판 (leaded brass sheets) KS D 5201에 C3560, C3561, C3710, C3713 네 가지 종류를 규정하고 있으며 C3560, C3561는 피절삭성이 우수하고 프레스성도 좋아 시계부품, 기어, 제ټ용 스크린 등에 사용된다. 또한 C3710, C3713도 프레스성이 우수하고 피절삭성이 좋기 때문에 시계부품, 기어 등에 사용된다.

쿠니코 (cunico) 쿠니코는 쿠니페와 같은 냉간가공 영구자석으로서 또한 박판이나 봉, 선재로서 이용된다. 성분은 동(Cu) 50%, 니켈(Ni) 21%, 코발트(Co) 29%이다.

쿠니페 (cunife) 냉간가공성 영구자석으로 박판이나 테이프재에 사용되는 합금으로 동(Cu) 60%, 니켈(Ni) 20%, 철(Fe) 20%로 조성되어 있다.

쿠퍼쌍 (Cooper pair) 페르미 준위 근처에 있으며 운동량 벡터가 서로 반대이고 스핀의 방향이 다르며 격자진동을 매개로 한 인력 상호작용에 의해 쌍을 만든 전자쌍이다.

퀴륨 (curium) 원소기호 Cm, 원자번호 96, 용융점 1,340℃, 밀도 13.51, 질량수 247의 초우라늄원소중 하나이다. 은백색을 띠고 있으며 질량수 238~251 사이에 13종류의 방사성 핵종이 있으며 플루토늄(Pu)의 다단계 중성자포획기로 만들어진다.

퀴리온도 (Curie temperature) 강자성체가 자화를 잃어버리는 온도를 말한다.

큐프로니켈 (Cupro nickel) ☞ 백동

크라운 (crown) 판의 형상이 말단(edge)부에 비해 중앙부의 두께가 두꺼운 상태를 말한다. 롤 편평, 롤 휨, 마무리압연기 압하배분에 영향을 받아 냉연소재의 코일의 특수한 경우를 제외하고는 적은 것이 바람직하다. 이를 방지하기 위해 마무리압연기에서는 중간이 부풀어 오른 워크롤이 이용된다.

크라이어스탯 (cryostat) 피냉각물을 넣어서 그 무게가 발생하는 힘 등을 지지할 수 있는 단열지지구조를 가진 개방 또는 밀폐구조의 저온을 유지하는 장치이다.

크레이머법칙 (Kramer's law) 피닝힘 밀도의 스케일법칙에서 특히 $p=\frac{1}{2}$, $q=2$로 한 식을 말한다. Nb_3Sn 등에 대해 고자계 영역에서 실험과 일치하며 이 때문에 실용적인 상부 임계자장의 외삽에 많이 사용된다.

크로마이트 (chromite) 중성내화재료의 일종으로 산화크로뮴 35~45%와 산

화철 10~15%를 함유하고 있다. 염기성 및 산성에 침식되지 않으며 화학작용과 고온에 우수한 특성이 있다. 노의 내화재료로 사용되며 마그네사이트의 대체재로도 사용된다. ☞ 크로뮴철광

크로멜 (chromel) 니켈(Ni) 80~90%, 크로뮴(Cr) 10~20%의 합금으로 소량의 망가니즈와 철을 함유하는 경우도 있다. 알루멜과 함께 열전대(서모커플)에 이용된다.

크로멜-알루멜열전대 (chromel alumel thermocouple) ☞ CA열전대

크롤법 (Kroll process) 타이타늄(Ti)의 대표적인 제련법으로 1936년 미국의 크롤박사에 의해 확립된 제법으로 사염화타이타늄을 마그네슘(Mg)으로 환원시켜 금속타이타늄을 얻는 방법이다. 지르코늄(Zr)제련도 이 방법을 사용한다.

크로뮴 (chromium, chrome) 원소기호 Cr, 원자번호 24, 원자량 51.996. 비중 6.92, 용융점 1,550℃, 비등점 2,660℃, 결정구조 체심입방정, 주기율표상 Ⅵa족에 속하는 금속이다. 은백색의 단단한 금속으로, 37℃ 이상에서 강한 자성을 갖는다. 상온에서 매우 안정되어 있으며 공기중이나 수중에서도 산화되지 않는다. 또한 자성이 강하고 화합물에는 2, 3, 4, 5, 6가 등이 있다. 염산, 황산 등에는 용해되지만 질산, 왕수에는 부동태가 되어 침해되지 않기 때문에 스테인리스, 내열합금, 내식합금 등 내식성을 필요로 하는 것에 널리 사용된다. 크로뮴의 가장 중요한 광석은 크로뮴철광으로 지각중에는 비교적 많이 존재해 있다. 제조방법으로는 알루미늄에 의한 테르밋법, 규소에 의한 테르밋법(반응열이 적기 때문에 전로내에서 실시한다), 전해법 등 3가지가 있으며 알루미늄 및 규소 테르밋법의 경우 크로뮴순도 99%정도를 얻을 수 있다. 특수강의 첨가제, 각종 비철금속과의 합금에 이용되는 외에, 도금용으로서도 다량으로 사용된다.

크로뮴강 (chromium steel) 중탄소강에 크로뮴(Cr)을 함유하는 구조용 합금강이다. 크로뮴의 첨가에 의해 담금질성 또는 내마모성을 부여한 강으로, 크로뮴의 함유량이 1% 정도인 것에서부터 16% 이상인 고크로뮴강까지 있다. 크로뮴의 함유량에 따라 용도가 다르며, 절삭공구, 강력 볼트, 톱니바퀴, 샤프트, 화학장치부품, 의료기기 등 폭넓게 이용된다. KS D 3707에는 SCR 415, 420, 430, 435, 440, 445 등 6종이 규정되어 있다.

크로뮴도금 (chromium plating) 무수크로뮴산을 주성분으로 해서 황산 등의 조제를 이용해 연(Pb)합금을 불용성양극으로 한 전기도금에 의하는 것이 일반적이다. 바탕금속의 표면에 미려한 외관이나 광택을 내거나 방청을 위해서 하는 것을 장식용 크로뮴도금이라고 부르기도 하며 또 금속크로뮴의 경도가 높고 내마모성이 큰 점을 이용해서 바탕금속의 기계적 성질을 개량하기 위해서 하는 것을 공업용 크로뮴도금이나 경질 크로뮴도금이라고 부르는 경우가 있다.

크로뮴메이트 (chromate) 크로뮴산염.

크로뮴몰리브데넘강 (chromium molybdenum steel) 크로뮴강(Cr 0.9~1.2%)에 몰리브데넘(Mo)을 0.15~0.30% 첨가한 구조용 합금강으로 몰리브데넘의 첨가에 의해 기계적 성질을 향상시킨 강이다. KS D 3711에는 SCM 415, 418, 420, 421, 430, 432, 435, 440, 445, 822의 10종이 규정되어 있으며 SCM 415, 418, 420, 421, 822는 표면경화강으로 사용된다.

크로뮴스피넬 (chrome spinel) $FeCr_2O_4$는 크로뮴철광, $MgCr_2O_4$는 마그네시오 크로마이트라고 불린다. 내화도가 높고 거의 중성으로 내침식성이 우수하지만 온도변화에 민감하고 또한 철이 산화물을 흡수해서 소위 버스팅을 일으키는 결점이 있다.

크로뮴철 (ferro chromium) ☞ 페로크로뮴

크로뮴철광 (chromite) 거의 유일하다고도 할 수 있는 크로뮴(Cr)의 원광석이다. 금속 또는 아금속의 광택을 띠며 철흑 또는 갈흑색으로 조흔은 갈색을 띤다. 대부분 괴상, 입자상, 치밀상을 이루고 있다. 크로뮴과 철의 산화물로, 용도에 따라 차이가 있으나 합금용, 화학용으로는 산화크로뮴 35~40% 이상, 노재, 내화벽돌 등으로는 15% 이상을 함유한다. 주요 생산지는 남아프리카공화국, CIS, 인도, 알바니아, 터키 등이다.

크리프 (creep) 일정한 응력하에서 변형이 시간과 함께 증가하는 현상을 말하며 재료의 점성과 관계있는 것으로 탄성한계내에서도 이 현상을 볼 수 있다.

크리프강도 (creep strength) 일정온도하에서 규정된 부하시간에 규정된 변

형이 생기는 응력을 말한다. 예를 들면 1,000시간에 1%, 0.1% 또는 0.01%의 변형이 생기는 응력이 사용된다.

크리프단조 (creep forging) 알루미늄(Al), 타이타늄(Ti), 내열합금 등 좁은 온도 범위내에서 지속적으로 변형을 시키지 않으면 균열이 발생되는 재료를 장시간에 걸쳐 가공하는 경우 재료가 냉각하지 않도록 공구를 재료와 같은 온도로 가열하여 가공한다. 이와 같이 매우 느리게 단조하는 단조법을 크리프단조라고 한다.

크리프변형 (creep strain) 크리프시험중에 생긴 변형으로 일반적으로 천이크리프변형(제1차 크리프변형), 정상크리프변형(제2차 크리프변형) 및 가속 크리프변형(제3차 크리프변형)의 합계를 말한다.

크리프시험 (creep test) 재료에 인장강도보다 작은 응력이라도 장시간 걸고 있으면 재료는 점차로 늘어나 절단되는데 이는 온도가 높을 때 특히 일어나기 쉬운 현상으로 크리프라고 한다. 시험편을 일정한 온도로 유지하고 여기에 일정한 하중을 가하여 시간과 더불어 변화하는 변형을 측정하는 시험이다. 그 결과로부터 크리프곡선 및 크리프강도를 구한다. 응력의 종류에 따라 인장크리프시험, 압축크리프시험 등으로 분류된다. 보일러, 가스터빈, 제트엔진 등 장시간 고온상태하에서 하중을 받는 내열재료 등에 대해서 필요한 시험이다.

크리프한계 (creep limit) 재료에 일정한 정하중을 장시간 적용시켜도 파단되지 않는 최대응력을 크리프한계라고 한다. 일반적으로 재료에 크리프한계 이상의 하중을 가했을 때는 시간의 경과에 따라 연속적으로 변형이 증가하고 결국에는 파단된다. 하지만 크리프한계 이하의 응력인 경우에는 하중 때문에 재료에 설령 일시적인변형의 증가가 인지되더라도 마지막 변형의 진행이 중지되어 안정된 것이 된다. 크리프한계의 결정법에는 여러가지 기준을 생각할 수 있는데 보통은 각 하중에서 3~6시간 이내의 연신의 변화를 측정하여 매시 0.01%의 연신을 보이는 응력을 크리프한계로 삼는 경우가 많다. 크리프한계는 일반적으로 인장강도보다 현저히 낮지만 인장시험 결과와는 아무런 관련이 없다.

클라크수 (Clarke number) 지표 밑 16km까지의 부분과 이에 수권과 대기권을 가한 부분의 원소의 존재량을 중량 백분비로 나타낸 것이다. 미국인 F. W. Clarke가 산출한 것이라고 해서 이 이름이 붙여졌다. 지각속의 원소 존재량의 표시에는 대부분 이 클라크수가 이용되고 있다. 규소(Si) 25.8, 텅스텐(W) 0.006, 알루미늄(Al) 7.56, 코발트(Co) 0.004, 철(Fe) 4.70, 주석(Sn) 0.004, 마그네슘(Mg) 1.93, 아연(Zn) 0.004, 타이타늄(Ti) 0.46, 연(Pb) 0.0015, 망가니즈(Mn) 0.09, 몰리브데넘(Mo) 0.0013, 크로뮴(Cr) 0.02, 우라늄(U) 4×10^{-4}, 바나듐(V) 0.015, 수은(Hg) 2×10^{-5}, 니켈(Ni) 0.01, 은(Ag) 1×10^{-5}, 동(Cu) 0.01, 금(Au) 5×10^{-7}

클래드 (clad) ☞ 클래드재

클래드재 (clad materials) 두 종류 이상의 재료를 중합하여 일체화시킨 재료를 말한다. 합성하는 재료가 전체 질량의 5% 이상이 되는 것으로 피복재료와 구별하고 있다. 클래드재의 모재로는 동(Cu), 알루미늄(Al), 철강, 스테인리스 등이 사용되며 합성재료로는 알루미늄, 동, 아연(Zn), 주석(Sn), 연(Pb), 니켈(Ni), 타이타늄(Ti), 귀금속 등이 사용되고 있다. 클래드재의 제조방법으로는 열간압접압연법, 폭착법(폭착압접법), 주착법, 패링압연법 등이 있으며 그 목적으로는 클래드화함으로써 재료가 그 특성을 발휘하고 성능을 향상시키며 외관상 미려함과 내식성 향상에 있다. (그림참조)

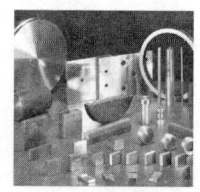

클래드제품

클로로프랜 외장케이블 (rubber insulated polychloroprene sheathed cable) 도체를 고무로 절연시키고 클로로프랜으로 피복한 전선으로 옥내외의 배선에 이용되는 일반 저압용 전선이다.

클로브 (Clove) 미국 스크랩규격인 ISRI(Institute of Scrap Recycling Industries, Inc)규격중 1호 동선 노즐스크랩(No.1 copper wire nodules)의 총칭으로 이물질이 혼입되어 있지 않은 것을 말한다. 동(Cu)함량이 99% 이상이어야 하며 선경이 B&S 와이어 게이지 16번(1.295㎜)보다 작아야 한다.

클리프 (Cliff) 미국 스크랩규격인 ISRI(Institute of Scrap Recycling Industries, Inc)규격중 2호(중급) 동스크랩(No.2 copper)의 총칭이다. 동(Cu)의 함유량이 96%(최저 94%)인 각종 동 스크랩으로 이루어지며, 과다

한 연(Pb), 주석(Sn)도금의 것과 납땜이 없는 순수하고 양질의 것을 말한다.

클리핑 (clippings) 신동품, 알루미늄 압연품 등의 절단 가공중에 발생하는 순수하며 양질의 자투리를 말한다.

키스라거 (kieslager) 동(Cu)을 함유한 황화철광상을 말한다. 함동 황화철광상이라고 부른다.

키스톤연선 (keystone stranded wire) 성형 연선형 도체의 일종으로서 소선을 도체축 주위에 꼬아 합쳐서 압축성형할 때 도체단면이 사다리꼴로 되도록 한 것이다. 고에너지 물리에서의 쌍극 마그넷은 대형의 말 안장형 코일이다. 말 안장형 코일에서는 구경의 크기에 따라 배기형(키스톤) 단면의 도체가 필요하다.

타랩 (Talap) 미국 스크랩규격인 ISRI(Institute of Scrap Recycling Industries, Inc)규격중 사용한 알루미늄캔스톡 스크랩(old can stock)의 총칭이다.

타셀 (Tassel) 미국 스크랩규격인 ISRI(Institute of Scrap Recycling Industries, Inc)규격중 사용한 알루미늄선 및 케이블 혼합스크랩(old mixed aluminium wire and cable)의 총칭으로 알루미늄 6000계의 선이나 케이블을 10% 이상 함유해야 한다.

타이 (Thigh) 미국 스크랩규격인 ISRI(Institute of Scrap Recycling Industries, Inc)규격중 알루미늄 그라인딩스크랩 (aluminium grindings)의 총칭이다.

타입메탈 (type metal) ☞ 활자합금

타크 (Talk) 미국 스크랩규격인 ISRI(Institute of Scrap Recycling Industries, Inc)규격중 알루미늄-동 라디에이터 스크랩(aluminium copper radiators)의 총칭이다. 알루미늄핀이나 동튜브도 포함된다.

타프피치동 (tough-pitch copper) 가장 일반적인 전신용 동(Cu)으로 산소를 0.02~0.05% 함유한다. 전도성은 양호하나, 고온에서 수소취화를 일으키기 때문에 용접용으로는 부적합하다. KS D 2301에서는 모양에 따라 빌릿과 케이크로 나누어져 있으며 동함량은 99.9% 이상이다. 또한 실용상 수축구멍, 블로우홀, 균열, 이물질이 없고 품질이 균일해야 한다.

타프피치동선 (tough-pitch copper wire)　동(Cu)함량 99.9% 이상인 전신용 동선으로 전기 및 열전도성이 우수하며 전연성, 내식성, 내후성이 좋다. 전기용, 공업용, 작은 나사, 못, 철망 등에 사용된다.

타프피치동판 (tough-pitch copper sheets)　동(Cu)함량 99.9% 이상인 동판으로 전기 및 열전도율이 좋고 전연성, 심가공성, 내식성, 내후성이 우수하다. 전기용, 증류솥, 건축용, 화학공업용, 개스킷, 기물 등에 사용된다.

탄 (Tann)　미국 스크랩규격인 ISRI(Institute of Scrap Recycling Industries, Inc)규격중 사용하지 않은 알루미늄선 및 케이블 혼합스크랩(new mixed aluminium wire and cable)의 총칭으로 알루미늄 6000계 선이나 케이블을 10% 이상 함유해야 한다.

탄산망가니즈 (manganese carbonate)　담적색 분말로 촉매원료의 제조, 망가니즈페라이트의 원료, 니스의 건조제, 방청제, 도자기의 상약, 사료배합제 등으로 이용된다.

탄산염 (carbonate)　탄소중의 수소가 금속과 치환하여 생긴 화합물로, 천연에서 능고토광, 능망가니즈광 등으로서 산출된다. 각종 금속의 중요한 원광석이 된다. 탄산염광물의 형태로 산출되는 광석에는 다음과 같은 것이 있다. 능고토광($MgCO_3$), 능아연광($ZnCO_3$), 능철광($FeCO_3$), 백연광($PbCO_3$), 스트론티안석($SrCO_3$), 능망가니즈광($MnCO_3$), 남동광($2CuCO_3Cu(OH)_2$), 공작석($CuCO_3Cu(OH)_2$) 등.

탄산창연광 (bismutite)　비스무트(Bi)의 탄산염광물로 Bi_2O_3를 88~90% 함유하고 있다.

탄성 (elasticity)　일반재료에서는 응력이 어느 한계를 넘지 않는 동안은 외력을 제거해서 응력이 소실되면 동시에 변형도 소실되어 원래 상태로 돌아가는데 이 성질을 탄성이라고 한다.

탄성계수 (modulus of elasticity)　일반적으로 재료는 하중을 받은 동안은 탄성적으로 변형하고 응력과 전변형량이 비례한다. 즉 후크의 법칙에 따르는 것이다. 이 법칙을 식으로 나타내면 (응력/변형)=(정수)가 되는데 이 정수를 탄성계수라고 한다. 보통 이용되는 탄성계수는 종탄성계수 또는 영률, 횡탄성계수 또는 강성률 그리고 체적탄성계수의 3종류가 있다.

탄성변형 (elastic strain, elastic deformation)　재료에 힘을 가해서 변형시킨 후 힘을 제거했을 때 그 힘이 탄성한계내라면 변형은 완전히 없어지는데 이러한 변형을 탄성변형이라고 한다. 이에 대해 탄성한계 이상의 힘을 가하면 힘을 없애도 변형이 사라지지 않는 것을 소성변형이라고 한다.

탄성파탐광 (seismic prospecting)　물리탐광의 일종으로 지진파를 이용한 탐광법이며 지진탐광이라고도 한다.

탄성한계 (elastic limit)　재료가 일정한 힘에 대해 일정한 변형을 일으키고 힘을 없앴을 때 처음의 상태로 돌아가는 힘의 한계를 말한다.

탄소공구강 (carbon tool steel)　탄소(C) 0.6~1.5%를 함유하는 강으로 특별한 합금원소를 첨가하지 않은 공구강이다. 탄소 함유량이 많은 것일수록 경도가 높다. 경질 바이트, 면도칼, 줄, 다이스, 드릴, 끌(정) 등에 사용된다.

탄소섬유 (carbon fiber, graphite fiber)　섬유강화용 복합재료의 일종으로 폴리아크릴로니트릴, 레이온피치 등의 유기섬유를 가열분해하여 얻어진 실질적으로 탄소원소만으로 이루어지는 섬유상의 탄소재료이다. 용융점이 높고 밀도가 작기 때문에 비강도, 비탄성률이 높다.

탄타라이트 (tantalite)　탄탈럼석이라고 하며 탄탈럼(Ta)의 원광석이다. 탄탈럼, 나이오븀(Nb)를 함유하는 광물로, 산화탄탈럼(Ta_2O_5)의 함유율이 높은 것을 말하며, 그에 대해 산화나이오븀(Nb_2O_5)의 함유율이 높은 것은 콜럼바이트라고 한다. 매장량이 많은 지역은 호주, 태국, 나이지리아, 자이레, 캐나다 등이다.

탄탈럼 (tantalum) 원소기호 Ta, 원자번호 73, 원자량 180.9479, 비중 16.6, 용융점 2,996℃, 비등점 5,430℃, 결정구조 체심입방정, 주기율표상 Ⅴa족에 속하는 푸른색을 띤 금속이다. 강과 비슷한 광택이 있는 금속으로 가공성이 풍부하다. 또한 내식성이 매우 우수하여 백금과 같은 정도의 부식저항이 있기 때문에 백금의 대용이 되기도 한다. 전해콘덴서, 전자기기, 화학장치, 핵연료 피복재, 원자로 구조재, 의약기구 등에 널리 이용된다. 탄탈럼의 광물로서는 탄타라이트, 콜럼바이트, 파이로클로어, 페르그송석 등이 있으며 반드시 나이오븀(Nb)과 공존하고 있다. 이들의 광물을 화학처리하여 탄탈럼 화합물과 나이오븀 화합물을 분리추출하고, 이를 용융염 전해해서 탄탈럼의 금속분말을, 나트륨 환원해서 나이오븀의 금속분말을 얻고 있다.

탄탈럼전신재 (tantalum flat mill products) 탄탈럼봉, 선, 박, 판 등을 말하며 탄탈럼(Ta) 99.8% 이상, 나이오븀(Nb) 0.1% 이하, 텅스텐(W) 0.03% 이하, 니켈(Ni) 0.02% 이하 등으로 조성되어 있다.

탄탈럼합금 (tantalum alloy) 탄탈럼(Ta)은 용융점이 높고 고온에서 인장강도가 매우 높으며 상온에서는 전연성을 갖고 있다. 탄탈럼이 갖고 있는 내열성을 더욱 더 개선시키기 위해 텅스텐(W) 등을 첨가한 합금이다.

탄피설 (brass shell cases) 황동 1종(73 황동)으로 만든 탄피설로, 1호 탄피설, 2호 탄피설, 3호 탄피설이 있다. 1호는 폭관 및 뇌관을 제거한 소각하지 않은 것, 2호는 미사격 및 불발탄인 것을 제외한 소각하지 않은 권총, 소총 및 기관포의 탄피, 3호는 소각되어 있는 것을 말한다. 모두 소각된 뒤 철 등의 일체의 이재, 이물질을 함유해서는 안되며, 또한 부식된 것은 제외된다. (그림참조)

탄약

탄화규소섬유 (silicon carbide fiber) 섬유강화형 복합재료의 일종으로 두 종류로 대별된다. 하나는 규소를 함유하는 유기폴리머 섬유를 소성하여 탄화규소로 만든 가는 섬유이며 또 하나는 탄소섬유 또는 텅스텐섬유를 심선으로 하여 거기에 CVD법에 의해 탄화규소를 증착시킨 굵은 섬유이다.

탄화나이오븀 (niobium carbide) 나이오븀(Nb) 탄화물로 탄화 탄탈럼(Ta) 과 같은 초경질합금이다.

탄화작용 (carbonization) 석탄, 목탄과 같은 연료로부터 휘발성 물질을 제거하는 것.

탄화탄탈럼 (tantalum carbide) 탄탈럼(Ta)의 탄화물로써 초경질합금이며 절삭공구, 다이스, 제트엔진, 미사일 부품 등에 이용된다.

탈 (Tall) 미국 스크랩규격인 ISRI(Institute of Scrap Recycling Industries, Inc)규격중 전선용 알루미늄노즐스크랩(E.C. aluminium nodules)의 총칭으로 잘게 썰어졌거나 조각난 것이다. 알루미늄(Al) 99.45% 이상이어야 한다.

탈돈 (Taldon) 미국 스크랩규격인 ISRI(Institute of Scrap Recycling Industries, Inc)규격중 음료캔용 알루미늄 스크랩(baled aluminium used beverage can) 묶음의 총칭이다.

탈렌트 (Talent) 미국 스크랩규격인 ISRI(Institute of Scrap Recycling Industries, Inc)규격중 비닐, 플라스틱 등으로 도장된 스크랩(coated scrap)의 총칭이다.

탈론 (Talon) 미국 스크랩규격인 ISRI(Institute of Scrap Recycling Industries, Inc)규격중 알루미늄선 및 케이블 스크랩(new pure aluminium wire and cable)의 총칭으로 사용하지 않은 순수한 알루미늄선 및 케이블로써, 일체의 이 물질을 함유하지 않은 것을 말한다.

탈륨 (thallium) 원소기호 Tl, 원자번호 81, 원자량 204.383, 비중 11.85, 용융점 303.5℃, 비등점 1,473℃의 청백색의 연한 금속으로 연(Pb)과 비슷하다. 독성이 있어 피부에 닿으면 탈모, 정신이상 등의 중독현상이 발생하기 때문에 취급시 주의가 필요하다. 건조한 공기속에서는 안정하지만 습기찬 공기에서는 산화되어 두꺼운 산화막을 형성한다. 천연에서는 황화광이나 운모중에 존재하며, 연, 아연(Zn)제련의 부산물로서 소량 채취된다. 연과의 합금,

광전도셀, 유리 첨가제 등에 이용된다. 이외에 황산, 탄소염은 살충제, 의약용으로 사용된다.

탈산 (deoxidation) 탈산소라는 뜻으로 용융금속중에 함유되어 있는 산소 또는 산화물을 무해한 산화물로 바꾸는 작업이다. 제강작업에서 용강에 페로실리콘, 페로망가니즈, 알루미늄 등을 적당히 첨가하면 강내의 산소와 결합하여 불용성산화물이 만들어져 용강과 분리된다.

탈산동 (deoxidized copper) 인(P)으로 탈산한 동(Cu)을 말하며 인탈산동이라고도 말한다. 수소취화를 일으키지 않기 때문에 용접에 적합하지만 0.004~0.04% 정도의 인을 함유하기 때문에 전기용품에는 적합하지 않다. 판, 대, 스트립, 봉으로서 화학공업용, 목조선의 외장, 라디에이터, 용접용 리벳 등에 이용한다.

탈산제 (deoxidizer, deoxidizing agent) 제강작업에서 용강의 탈산을 위해 첨가하는 합금철 또는 금속원소를 말한다. 일반적으로 페로망가니즈, 페로실리콘, 실리콘망가니즈, 스피겔, 칼슘실리콘, 알루미늄 등이 사용되고 있다. 최근에는 공동탈산의 효과를 노려 Si-Al-Fe, Si-Mn-Al-Fe, Ca-Si-Mn, Si-Ti-Fe합금 등의 소위 복합탈산제도 사용되고 있다.

탈수 (dehydration, dewatering) 금속재료안에 있는 수분을 제거하는 것으로 화합물중에서 수소와 산소를 제거하거나 물의 분리에 의한 축합반응을 행하는 것을 말한다.

탈수소화 (dehydrogenation) 수소화의 반대현상이다. ☞ 수소화

탈아연 (dezincification) 황동은 대기중에서 내식성이 우수하지만 산, 알칼리에는 약하며 염소를 함유한 수도물이나 바다물속에서는 황동속의 아연(Zn)만이 상실되어 조잡하게 된 동(Cu)만이 남게 되는데 아연이 빠져나가는 것을 탈아연이라고 하며 이와 같은 현상을 황동의 탈아연현상이라고 한다.

탈왁스 (dewaxing) 성형체를 포함한 결합제 또는 왁스 기타 윤활제를 용제로 녹여 내든지 또는 가열하여 제거하는 것.

탈인 (dephosphorization) 제련작업에서 금속에 유해한 영향을 주는 인을 금속욕에서 제거하는 것.

탈크레드 (Talcred) 미국 스크랩규격인 ISRI(Institute of Scrap Recycling Industries, Inc)규격중 조각난 음료캔용 알루미늄 스크랩(shredded aluminium used beverage can)의 총칭이다. 한 개의 조각크기가 1.5인치 이하이어야 한다.

탈탄 (decarburization) 철강을 탄소와 반응하는 분위기속에서 가열할 때 표면에서 탄소를 잃는 현상을 말한다. 전기로와 고로에서 용강속에 산소를 취입하여 과잉탄소를 제거한다. 탈탄된 층을 탈탄층이라고 하며 그 깊이를 나타내는 용어에는 전탈탄층깊이, 페라이트탈탄층깊이, 특정 잔류탄소함유율 탈탄층깊이, 실용 탈탄층깊이 등이 있다.

탈탄제 (decarburizer) 탄소(C)를 제거할 목적으로 사용하는 것을 말하며 제강시 산소 등이 이에 해당한다.

탈황 (desulphurization) 금속중에 함유되어 있는 황화물을 제거하는 것으로 유황에 의한 대기오염 및 금속의 결함을 방지하기 위해 용융금속안에 탈황제를 첨가시켜 제거한다.

탈황제 (desulphurizing agent) 유해한 황화물을 제거하는데 첨가하는 것으로써 소다회, 카바이드, 가성소다, 소석회 등이 있다.

탕구 (spue) 주조공정에 있어서 중요한 부분으로 용탕을 주형내로 이끌기 위해 보통 수직으로 설치된 최초의 유입구를 말한다. 또 탕구봉이라고도 해서 탕구, 탕도, 둑 등 용탕이 흐르는 통로전체, 즉 탕구라고 하는 경우도 있다.

탕도 (runner) 탕구계의 일부로 탕구에서 둑에 이르기까지의 용탕의 유로(流路)이다. 탕도벽은 주입시작에서 완료까지 빠른 탕 흐름에 씻기므로 표면을 평활하게 마무리해서 급격한 단면변화나 급한 굴곡을 피하고 탕의 흐름저항을 최대한 적게 하도록 그 구축에는 주형 본체 이상의 주의를 요한다.

태리 (Tarry) 미국 스크랩규격인 ISRI(Institute of Scrap Recycling Industries, Inc)규격중 알루미늄 피스톤스크랩(aluminium pistons)의 총칭이다.

태브로이드 (Tabloid) 미국 스크랩규격인 ISRI(Institute of Scrap Recycling Industries, Inc)규격중 사용하지 않은 인쇄용 알루미늄판 스크랩(new clean aluminium lithographic sheets)의 총칭이다. 1100계 또는 3003계의 사방 3인치 이상의 알루미늄판이다.

태브리트 (Tablet) 미국 스크랩규격인 ISRI(Institute of Scrap Recycling Industries, Inc)규격중 인쇄용 알루미늄판 스크랩(clean aluminium lithographic sheets)의 총칭이다. 1100계 또는 3003계의 사방 3인치 이상의 알루미늄판이다.

탠덤밀 (tandem mill) 2대 이상의 스탠드를 일직선으로 압연라인상에 배열한 압연기를 말한다. 스탠드 1기만으로 구성되는 싱글스텐드에 비해 복수스텐드인 탠덤은 압연능률이 높아져 양산품종에 유용하며 열간압연기의 마무리압연이나 냉간압연기 등에 채용되고 있다. (그림참조)

탠덤밀

탭밀도 (tap density) 진동시킨 용기내 분말의 단위체적당 질량.

터부 (Taboo) 미국 스크랩규격인 ISRI(Institute of Scrap Recycling Industries, Inc)규격중 혼합 저동 알루미늄합금스크랩(mixed low copper aluminium clippings and solids)의 총칭이다. 한 종류 또는 그 이상의 저동 알루미늄합금으로, 페인트한 것 및 이물질을 함유하지 않은 순수하고 양질인 것을 말한다.

터스 (Terse) 미국 스크랩규격인 ISRI(Institute of Scrap Recycling Industries, Inc)규격중 사용하지 않은 알루미늄박스크랩(new aluminium foil)을 말한다. 알루미늄박중 코팅되지 않고 사용하지 않은 스크랩으로 일체의 이물질을 포함하지 않은 것을 말한다.

터프 (Tough) 미국 스크랩규격인 ISRI(Institute of Scrap Recycling Industries, Inc)규격중 혼합 알루미늄합금 스크랩(mixed new aluminium alloy clippings and solids)의 총칭이다. 7000계(Al-Zn계)를 제외한 한 종류 또는 그 이상의 알루미늄합금중 사용하지 않은 스크랩으로 피막, 페인트한 것 및 이물질을 함유하지 않은 것을 말한다.

턴도금강판 (terne plate) 주석(Sn)을 10% 전후로 함유하는 연-주석합금 도금강판을 말한다. 가공성, 납땜성이 우수하고 외관이 탁한 광택을 가지고 있으며 습윤상태에서 내식성이 좋아 부식생성물이 적다. 특히 가솔린이나 오일 등에 내식성이 우수하고 가솔린탱크나 기계부품, 전기부품 등에 사용된다.

턴메탈 (terne metal) 주석(Sn) 10~25%와 나머지가 연(Pb)인 합금이다. 박철판의 표면에 압착시켜 지붕 등에 이용한다.

턴시트 (terne sheet) ☞ 턴도금강판

텅스테이트 (tungstate) 텅스텐산염.

텅스텐 (tungsten, wolfram) 원소기호 W, 원자번호 74, 원자량 183.85, 비중 19.3, 용융점 3,410℃, 비등점 5,930℃, 결정구조 체심입방정, 주기율표상 Ⅵa족에 속하는 회백색의 매우 무겁고 단단한 금속이다. 중석이라고 부르며 용융점은 실용 금속 중에서 가장 높다. 니켈(Ni), 코발트(Co), 몰리브데넘(Mo)과의 각종 합금의 제조, 전구의 필라멘트, 발전기의 접점 등에 이용된다. 광석으로부터 텅스텐을 추출하는 방법에는 여러가지가 있으나, 일반적으로는 광석을 산으로 처리해서 삼산화텅스텐을 만들고 이를 수소환원시켜 분말의 금속텅스텐을 얻고 있다.

텅스텐광석 (tungsten ore) 산화텅스텐광, 철망가니즈중석, 회중석, 동중석, 동회중석, 연중석, 망가니즈중석, 철중석 등이 있다. 이중에서 철망가니즈중석과 회중석이 가장 중요하다. 페로텅스텐의 원료로 사용되는 것은 철망가니즈중석, 철중석 및 회중석이다. 중국이 세계 최대의 산지로 세계 총생산의

30% 이상을 차지한다. 이외의 주산지는 CIS, 한국 등이 있다. 주요 생산국으로는 중국, 캐나다, CIS, 미국, 호주 등이다.

텅스텐봉 (tungsten rods) 조명 및 전자기기용 필라멘트, 스프링, 웰즈, 서포트 등에 사용하는 것으로 텅스텐(W) 함량이 99.95% 이상과 99.90% 이상 두 가지가 있다.

텅스텐분말 (tungsten powder) 초경합금, 전기접점 등에 사용되는 것으로 화학성분에 따라 1종, 2종, 3종 등 세 종류가 있다. 1종은 텅스텐(W)함량이 99.9% 이상, 2종은 99.0% 이상, 3종은 98.0% 이상이며 3종은 불휘발분이 없다. KS D 2360에 규정되어 있다.

텅스텐-몰리브데넘합금선 (tungsten molybdenium alloy wires) 텅스텐(W) 49~51%, 몰리브데넘(Mo) 49~51%를 함유하고 있는 합금선으로 전자기기용으로 사용되고 있다.

텅스텐선 (tungsten wires) 조명 및 전자기기용 필라멘트, 히터, 그리드, 스프링, 앵커, 서포트 등에 사용하는 것으로 텅스텐(W) 함량이 99.95% 이상과 99.90% 이상 두 가지가 있다.

텅스텐청동 (tungsten bronze) ① 청동중 주석(Sn)의 일부 또는 전체를 텅스텐(W)으로 치환한 Cu-Sn-W합금으로 텅스텐함량은 2~10% 정도이다. ② 용융텅스텐 산염욕의 전기분해법으로 텅스텐도금시 발생하는 $Na_2W_2O_6$를 말한다.

텅스텐카바이드 (tungsten carbide) WC로 표시되는 탄화텅스텐으로 초경질 합금이며 절삭공구 재료에 이용된다.

텅스텐카바이드분말 (tungsten carbide powder) 텅스텐(W)분말과 같이 초경합금, 전기접점 등에 사용되는 것으로 1종과 2종 두 종류가 있다. 1종은 텅스텐 카바이드함량이 99.7% 이상, 2종은 98.5% 이상이다. KS D 2360에 규정되어 있다.

테그네튬 (technetium) 원소기호 Tc, 원자번호 43의 인공방사성 원소로 질량수는 95~99이다.

테르밋반응 (thermit reaction) 알루미늄(Al)분말이 연소할 때 발생되는 열과 직접 산화작용을 하는 것을 이용하여 금속의 산화물을 환원시켜 금속을 얻어내는 반응을 말한다.

테르밋법 (thermit process) 알루미늄(Al)분말을 이용해 금속 산화물을 환원시키는 방법으로 알루미늄이 산화할 때 발생되는 다량의 열을 이용하여 망가니즈(Mn), 크로뮴(Cr) 등을 생산하는 한 방법으로 이용되고 있다. 발명자인 독일인 H. Goldschmidt의 이름을 따서 골드슈미트법이라고도 한다.

테르밋용접 (thermit welding) 미세한 알루미늄분말과 산화철의 혼합물(테르밋제)를 도가니에 넣고 그 위에 산화바륨이나 마그네슘 등의 혼합분말을 올려놓고서 점화하면 강렬한 반응(테르밋 반응)을 일으켜 약 2,800℃의 순수한 용융철과 알루미나로 변화된다. 이 테르밋반응을 이용하여 철강재를 용접하는 방법을 말한다. 실제로는 용융금속의 품질과 성질을 조정하기 위해 테르밋제에는 다른 합금원소나 탈산제가 배합되어 있다. 테르밋용접에는 레일이나 배의 스탠프레임등 큰 단면부재의 맞대기용접에 적합하다.

터븀 (terbium) 원소기호 Tb, 원자번호 65, 원자량 158.9254로 희토류 원소의 하나이다. 가드린석 등에 소량 함유되어 있다.

테스티 (Testy) 미국 스크랩규격인 ISRI(Institute of Scrap Recycling Industries, Inc)규격중 사용했던 알루미늄박 스크랩(old aluminium foil)의 총칭이다. 이미 사용했던 순수한 알루미늄박의 스크랩으로 일체의 이물질을 내포하지 않은 것을 말한다.

테어라이트 (teallite) 주석(Sn)의 황화광석으로 주석 외에 연(Pb)도 함유하나, 함유량은 일정치 않다.

테이버 (Tabor) 미국 스크랩규격인 ISRI(Institute of Scrap Recycling Industries, Inc)규격중 혼합 알루미늄합금판 스크랩(mixed old alloy sheet aluminium)의 총칭이다. 7000계(Al-Zn계)를 제외한 한 종류 또는 그 이상의 알루미합금판 스크랩으로 일체의 이물질을 내포하지 않은 것을 말한다.

테이블 (Table) 미국 스크랩규격인 ISRI(Institute of Scrap Recycling Industries, Inc)규격중 알루미늄클리핑 스크랩(new pure aluminium clippings)의 총칭이다. 사용하지 않은 순수한 알루미판의 절단스크랩으로, 오일, 그리스, 박, 기타 일체의 이물질을 내포하지 않고, $\frac{1}{2}$인치 이하의 블랭킹이나 펀칭스크랩을 제외한 것을 말한다.

테이스트 (Taste) 미국 스크랩규격인 ISRI(Institute of Scrap Recycling Industries, Inc)규격중 사용했던 알루미늄선 스크랩(old pure aluminium wire and cable)을 말한다. 순수한 알루미늄의 선 및 케이블로, 1% 이상의 산화물, 오염 및 철 기타 일체의 이물질이 포함되어 있지 않은 것을 말한다.

테이크 (Take) 미국 스크랩규격인 ISRI(Institute of Scrap Recycling Industries, Inc)규격중 사용하지 않은 알루미늄캔스톡 스크랩(new aluminium can stock)의 총칭이다. 동함량이 낮아야 하며 표면에 인쇄가 없어야 하며 오일함량이 1%를 초과해서는 안된다.

테이프모양도체 (tape shaped conductor) 평평한 리본 또는 스트립 모양의 복합 초전도체이다. 초전도체의 종류나 제조 프로세스에 의해 테이프 도체의 내부구성과 형태가 다르다. 초전도체 부분의 형태로 분류하면 단심테이프와 다심테이프가 있다. 제조 프로세스로 분류하면 복합가공 테이프와 인시튜 테이프가 있다.

테인트 (Taint) 미국 스크랩규격인 ISRI (Institute of Scrap Recycling Industries, Inc)규격중 알루미늄판 및 판기물스크랩(scrap sheet and sheet utensil aluminium)의 총칭으로 순수하고 양질의 1100계 혹은 2002계의 판 및 판기물의 스크랩이다. 일체의 이물질을 내포하지 않은 것을 말한다. (그림참조)

테인트

테인트 테이버 (Taint & Tabor) 미국 스크랩규격인 ISRI(Institute of Scrap Recycling Industries, Inc)규격중 알루미늄 1100계 및 2002계 판 및 판기물스크랩(Taint)과 혼합 알루미늄합금판 스크랩(Tabor)의 혼합한 것을 말한다.

테일 (Tale) 미국 스크랩규격인 ISRI(Institute of Scrap Recycling Industries, Inc)규격중 도장된 저동 알루미늄 사이드 스크랩(painted siding)의 총칭이다.

테크니컬랠리 (technical rally) 가격이 수요, 공급 등에 관계없이, 단지 차트분석상 내부요인(기술적인 요인)에 의해 급격히 상승하는 것을 말한다.

테피드 (Tepid) 미국 스크랩규격인 ISRI(Institute of Scrap Recycling Industries, Inc)규격중 항공기용 알루미늄판 스크랩(wrecked airplane aluminium sheet)의 총칭이다.

텐션레벨러 (tension leveller) 연속식의 스트립평탄도 교정장치로서 각각 2기로 구성된 브라이들룰이 좌우에 한 쌍씩 있어 그 사이를 스트립이 통과하는 동안에 인장력에 의해 평탄도가 교정된다. (그림참조)

텐션레벨러

텐션롤 (tension roll) 압연판에 인장을 주기 위해 이용하는 롤의 총칭이다. 냉간압연으로 스트립에 인장을 주면 압하에 필요한 압하압력을 감소시킬 수 있고 또 휘어짐, 구부러짐, 주름, 치수 부동을 가능한한 없애 판의 형상을 제어한다.

텐스 (Tense) 미국 스크랩규격인 ISRI(Institute of Scrap Recycling Industries, Inc)규격중 혼합 알루미늄 주물스크랩(mixed aluminium castings)의 총칭이다. 철, 황동, 배빗메탈이나 기타 일체의 이물질을 내포하고 있지 않은 각종 알루미늄주물의 스크랩으로, 자동차, 비행기의 주물을 포함하며, 잉곳을 제외한 것을 말한다.

텔루레이트 (tellurate) 텔루륨산염.

텔루륨 (tellurium) 원소기호 Te, 원자번호 52, 원자량 127.60, 비중 6.24, 용융점 449℃, 비등점 988℃, 결정구조 육방정, 주기율표상 Ⅶb족에 속하는 원소로 금속텔루륨는 비정질을 가열하여 얻어지는 은백색의 금속광택이 있다. 텔루륨는 약간의 독성이 있으며 증기에는 악취가 있어 취급시 주의가 요구된다. 셀레늄과 성질이 약간 비슷하다. 천연에는 칼라베라이트, 침상텔루륨광, 페츠광 등 금(Au), 은(Ag)의 텔루륨 화합물로써 산출되는 경우가 많으며 동(Cu) 및 연(Pb)전해의 양크니로부터 부산물로써 금, 은 등과 함께 채취된다. 용융점이 낮고 광흡수계수가 크며 열전도율이 낮기 때문에 광디스크, 열발전재료, 광도전재료 등에 사용되며 이밖에 고무의 내열성, 내마모성 향상을 위해 첨가제로 사용된다.

텔루륨은광 (hessite) ☞ 헤스광

텔루륨창연광 (tetradymite) 비스무트(Bi)의 텔루륨화합물로 비스무트를 약 52% 함유하고 있다.

텔루륨화합물 (telluride) 금(Au), 은(Ag) 등 텔루륨과의 화합물로 칼라베라이트, 침상텔루륨광 등의 금은광으로써 천연으로 산출된다. 중요한 텔루륨화합물에는 다음과 같은 것이 있다. 칼라베라이트($(AuAg)Te_2$), 침상텔루륨광($(AuAg)Te_4$), 크렌넬광($(AuAg)Te_2$), 페츠광($(AuAg)_2Te$), 텔루륨창연광(Bi_2Te_3).

텔릭 (Telic) 미국 스크랩규격인 ISRI(Institute of Scrap Recycling Industries, Inc)규격중 혼합 알루미늄 보링스크랩 및 절삭스크랩(mixed aluminium borings and turnings)의 총칭이다. 부식이 없는 순수하고 양질인 알루미합금의 보링스크랩 및 절삭스크랩으로 일체의 이물질을 내포하지 않은 것을 말한다.

템퍼링 (tempering) 우리말로 뜨임 혹은 일본말로 소려라고 한다. 담금질한 금속의 인성을 키우거나 또는 경도를 줄이기 위해 변태점 이하의 적당한 온도로 가열한 후 냉각시키는 조작을 말한다. 템퍼링에는 보통템퍼링, 반복템퍼링, 템퍼링경화 등이 있다.

템퍼(링)경화 (temper hardening)　담금질한 금속을 템퍼링에 의해 더욱 경화시키는 조작을 말한다. 템퍼링에 의해 얻어지는 경화를 2차경화라고도 부른다.

템퍼색 (temper color)　템퍼링시 금속의 표면에 나타나는 일종의 산화막으로 템퍼색은 템퍼링온도에 따라 변화하는 것으로 이 색에 의해 템퍼링온도를 간단하게 측정할 수 있다.

템퍼취성 (temper-brittleness)　담금질한 금속을 어느 템퍼링온도로 유지했을 때 또는 템퍼링온도에서 서냉했을 때, 취성파괴가 일어나기 쉬운 현상을 말한다. 500℃ 전후의 템퍼링으로 생기는 1차 템퍼취성 및 더욱 높은 온도에서 템퍼링한 후 서냉으로 생기는 2차 템퍼취성을 고온템퍼취성이라고 하고 300℃ 전후의 온도로 템퍼링한 경우에는 템퍼취성을 저온템퍼취성이라고 한다.

토금속 (earth metals)　주기율표 제Ⅲ족 금속의 총칭으로 알루미늄(Al), 갈륨(Ga), 스칸듐(Sc), 희토류 금속이다.

토륨 (thorium)　원소기호 Th. 원자번호 90, 원자량 232.0381, 비중 11.72, 용융점 1,750℃, 비등점 3,000℃ 이상, 결정구조 면심입방정, 악티노이드의 하나로 연(Pb)보다도 무겁다. 방사성 원소로, 중성자에 닿으면 핵분열을 일으킨다. 염산에 잘 녹으며 산소에는 서서히 녹지만 질소에는 부동태가 된다. 토륨은 일반적으로 4가의 무색이며 안정된 화합물을 만든다. 토륨광물로서는 모나즈석이 가장 중요하며, 이를 산소로 처리해서 토륨염을 분리추출한다. 금속토륨은 산화토륨을 칼슘환원시키면 얻어진다. 금속토륨은 탈산제, 방전관, 광전관 등에 이용되며, 산화토륨은 내화재, 촉매, 광학유리, 원자연료 등에 이용된다.

토륨광 (thorite)　토륨(Th)의 원광석이며 규산염광물로 산화토륨을 약 81.5% 함유하고 있다. 토륨석이라고도 한다.

토륨석 (thorite)　☞ 토륨광

토륨함유텅스텐봉 (thoriated tungsten wires)   ☞ 토륨함유텅스텐선

토륨함유텅스텐선 (thoriated tungsten wires)   산화토륨(ThO_2)을 함유하고 있는 텅스텐선으로 조명 및 전자기기용으로 사용된다. 1종, 2종, 3종 등 세 종류로 구분되며 각각의 산화토륨함량은 0.8~1.2%, 1.2~1.6%, 1.6~2.1% 등이다.

토르코법 (Torco process)   세그리게이션(편석)법과 비슷한 난용성 산화동광석의 처리방식으로 산화광에 염화물과 석탄(혹은 이탄)을 가해 고온으로 가열하여 염화동을 만들고, 여기에 석탄으로 환원시켜 금속동을 추출한다. 잠비아의 앵글로 아메리카(AA)사가 개발했다.

토리아나이트 (thorianite)   방사능을 가진 토륨(Th)과 우라늄(U)의 원광석으로 중요한 방사성 광물이다. ThO_2 75% 전후와 UO_2 15~30%를 함유한다.

토빈브라스 (Tobin brass)   ☞ 토빈황동

토빈브론즈 (Tobin bronze)   ☞ 토빈황동

토빈청동 (Tobin bronze)   ☞ 토빈황동

토빈황동 (Tobin brass)   46 황동에 주석(Sn), 연(Pb), 철(Fe)을 소량 첨가한 특수한 황동이다. 단조에 적합하며 토빈브론즈 혹은 토빈청동이라고도 한다.

톰백 (tombac)   단동의 별명으로 아연(Zn) 8~20%를 포함한 황동이다. 황금색을 띠고 있으며 미술장식주물 또는 모조금으로 사용된다. 특히 아연 10% 전후를 함유한 것이 광택이 뛰어나 금(Au)의 대용품으로 많이 사용된다. .

통기성 (permeability)   소결체중의 통기공을 통하여 유체가 흐를 때 유체가 흐르기 쉬운 정도를 말한다.

퇴적광상 (sedimentary deposit)   암석중의 광물성분이 물의 작용에 의해 잔류 혹은 침전되어 생긴 광상으로 풍화분해 작용에 의해 암석중의 성분이 잔류

또는 화학적으로 집중되어 생긴 광상을 잔류광상, 사력에 혼입되어 집합된 광상을 기계적 침전광상 또는 사력광상, 지표수에 용해된 광물이 호수바다 또는 해저에 침전되어 생긴 광상을 화학적 침전광상이라고 한다. 보크사이트, 사금, 사철, 주석석, 갈철광, 적철광, 망가니즈광 등이 나온다.

퇴적암 (sedimentary rock) 암석의 작은 덩어리나 생물의 유해 등이 수중, 육상에서 침적, 퇴적하여 생긴 암석으로 사암, 혈암, 석회암 따위가 있으며 수성암, 침적암이라고 부르기도 한다.

투스 (Tooth) 미국 스크랩규격인 ISRI(Institute of Scrap Recycling Industries, Inc)규격중 종류별 사용하지 않은 알루미늄합금 클리핑(segregated new aluminum alloy clippings and solids)의 총칭이다. 단 한 종류의 알루미합금의 클리핑으로 피막, 페인트된 것 및 이물질이 포함되지 않은 것을 말한다.

툴륨 (thulium) 원소기호 Tm, 원자번호 69, 원자량 168.9342, 비중 9.33, 용융점 1,545℃, 비등점 1,950℃인 은백색의 원소로 희토류 원소의 하나이다. 모나즈석, 가드린석 등에 아주 적은 양이 함유되어 있으며, 클라크수로 보면 희토류 원소중에서 존재량이 가장 적다.

튜브 (tube) ☞ 파이프

튜브법 (tube process) 주석(Sn)봉을 내포한 동관(Cu tube)을 나이오븀(Nb)튜브속에 넣어 전체를 동관으로 피복시킨 복합체를 다수개 묶어서 최종 모양까지 복합가공하여 가는 선으로 한 후 열처리를 하여 나이오븀튜브 모양의 가는 선의 안쪽에 Nb_3Sn을 생성시키는 화합물 초전도선의 제조방법이다.

트럼프 (Trump) 미국 스크랩규격인 ISRI(Institute of Scrap Recycling Industries, Inc)규격중 자동차용 알루미늄주물스크랩(aluminium auto castings)을 말한다.

트레드 (Tread) 미국 스크랩규격인 ISRI(Institute of Scrap Recycling Industries, Inc)규격중 알루미늄주물, 단조, 압출품 스크랩(segregated new aluminium castings, forgings and extrusions)의 총칭이다.

트레이닝효과 (training effect) 초전도 코일에 처음 전류를 흘리면 초전도 선재의 임계전류보다 상당히 낮은 값에서 상전도 상태로 전이하는 수가 있는데 이 조작을 몇 번 반복하면 수송전류는 증가하여 어떤 일정 값에 가까워지는 효과.

트로이온스 (troy ounce) 귀금속, 보석용 중량단위로 1트로이온스는 31.1035g이다. 1온스가 1/16파운드인데 반해, 1트로이온스는 1/12파운드이다. ☞ 온스

트롤리선 (trolly wire) 전차의 가선으로 카드뮴선이나 규동선을 이용한다.

트롬멜 (trommel) 선광용에 사용되는 광석 분립용 원통형의 채.

트왕 (Twang) 미국 스크랩규격인 ISRI(Institute of Scrap Recycling Industries, Inc)규격중 절연된 알루미늄선 스크랩(insulated aluminium wire scrap)의 총칭이다.

트위스트 (Twist) 미국 미국 스크랩규격인 ISRI(Institute of Scrap Recycling Industries, Inc)규격중 비행기용 알루미늄주물스크랩(aluminium airplane castings)을 말한다.

트위스트 (twist, twisting) 필라멘트 또는 소선을 도체축 주위에 함께 비트는 것으로 통상 복합 다심선에서는 필라멘트간의 전자기적 결합을 없애기 위해 트위스트 가공을 한다.

트위스트가공 (twisting process) 한 가닥의 복합소선을 비틈으로써 필라멘트를 비틀어 합치는 가공방법이다.

트위스트피치 (twist pitch) 필라멘트 또는 소선을 도체축 주위로 서로 비틀었을 때 필라멘트 또는 소선이 초기의 상대위치까지 되돌아오는 길이를 말한다.

트위치 (Twitch) 미국 스크랩규격인 ISRI(Institute of Scrap Recycling Industries, Inc)규격중 조각난 알루미늄스크랩(fragmentizer aluminium scrap)의 총칭이다. 아연(Zn) 3% 이하, 마그네슘(Mg) 1% 이하, 철(Fe) 1.5% 이하, 비금속개재물이 5% 미만이어야 한다.

특수황동 (special brass) 황동의 강도, 경도, 내식성, 피삭성 등을 개선하기 위해 알루미늄(Al), 주석(Sn), 니켈(Ni), 연(Pb), 규소(Si), 망가니즈(Mn) 등을 첨가한 고력황동, 알루미늄황동, 네이벌황동, 쾌삭황동, 양은 등의 총칭이다. 고력황동은 강도개선을 위해 알루미늄, 철, 망가니즈 등을 첨가한 것이며 네이벌황동과 알루미늄황동은 내식성을 개선하기 위해 주석, 알루미늄, 안티모니(Sb), 규소를 첨가한 것이다. 양은은 내식성 및 기계적 성질을 개선하기 위해 니켈을 첨가한 것이며 쾌삭황동은 피삭성 개선을 위한 연을 첨가한 것이다.

티뽑기 (tee extracing) 기존 관에서 분기하고자 할 때 티를 사용하지 않고 배관하는 방법으로 이 때 사용하는 공구를 티 익스트랙터(tee extractor)라고 한다. 이 공구사용의 특징은 티 사용시의 접합부 3개소가 1개소로 줄고 관이음쇠를 사용하지 않아도 되어 시공원가를 절감할 수 있다는 점이다. 티뽑기 작업을 한 곳을 접합할 경우에는 강도유지를 위해 반드시 브레이징 하여야 하며 관을 끌어내는 부분에는 마찰저항을 줄이기 위해 그리스와 같은 윤활제를 바르는 것이 좋다.

티시 (T.C.) treatment charge의 약칭으로 광석의 용련비를 말한다. 광산업체로부터 제련업체가 광석을 구입할 때 광산업체가 제련업체에게 제련비용조로 주는 비용이다.

티타네이트 (titanate) 타이타늄산염.

타이타늄 (titanium) 원소기호 Ti, 원자번호 22, 원자량 47.88, 비중 4.507, 용융점 1,668℃, 결정구조는 α상이 조밀육방정, β상이 체심입방정, 주기율표상 IVa족에 속하는 전이금속원소이다. 회백색의 단단한 금속으로, 강도는 철의 약 2배, 알루미늄의 약 6배나 된다. 내열성, 내식성이 지극히 양호하여 항공기용재, 화학장치 재료, 합금첨가제, 통신기계, 광학기기 등 다방면에 이용된다. 금속타이타늄의 제법은 크롤법이 대부분이며, 타이타늄원광에 염소를 가해 사염화타이타늄을 만들고, 이를 마그네슘 혹은 나트륨 환원시켜서 얻는다. 스펀지 모양으로 일반적으로 금속타이타늄이라고 불리고 있는 것은 이 스펀지타이타늄을 가리키는 것이다. 괴는 스펀지타이타늄을 가압성형, 콘셀아크로에서 용해해서 만든다.

타이타늄관 (titanium pipes)   주로 배관용 및 열교환기용으로 사용되고 있으며 열간압출 및 냉간인발 그리고 용접으로 제조하고 있으며 이음매없는 타이타늄관과 용접타이타늄관이 있다. 내식성, 특히 내해수성이 좋아 화학장치, 석유정제, 펄프제지공업장치 등에 사용된다. KS D 5574에 규정되어 있다.

타이타늄광석 (titanium mineral)   타이타늄(Ti)을 함유하는 광물은 매우 많은데 함유량이 많은 것으로 루틸(TiO_2), 판타이타늄석, 아나타제, 일메나이트($FeTiO_3$), 타이타늄석($CaO \cdot TiO_2 \cdot SiO_2$) 등이 있다. 이중에서 중요한 원료광물이 되는 것은 루틸과 일메나이트로 금속타이타늄용으로는 루틸이 주요 원료가 되고 있다. 루틸의 생산은 호주가 90% 이상을 차지하며 미국이 그 뒤를 잇고 있다.

타이타늄봉 (titanium rods, titanium bars)   열간가공 및 냉간드로잉으로 제조된 단면이 원형인 타이타늄으로 만든 봉으로 내식성이 뛰어나다. 화학장치, 석유정제장치, 펄프제지공업장치 등에 사용된다.

타이타늄선 (titanium wires)   단면이 원형인 타이타늄선으로 내식성이 양호해 화학장치, 섬유화학장치 등에 사용된다. 성분별 조성범위는 수소 0.015% 이하, 산소 0.30% 이하, 질소 0.07% 이하, 철 0.30% 이하, 나머지는 타이타늄으로 되어 있다.

타이타늄스펀지 (titanium sponge)   스펀지상의 금속타이타늄을 말한다. 사염화타이타늄을 마그네슘으로 환원시켜 진공정제법에 의해 제조하거나, 사염화타이타늄을 나트륨으로 환원시켜 침출법에 의해 제조한다. 일반적으로 금속타이타늄이라고 불리는 것은 이를 가리킨다. KS D 2353에는 8종류로 규정되어 있으며 마그네슘환원법의 스펀지타이타늄의 입도는 0.84~12.7㎜가 90% 이상이며 12.7㎜를 초과하는 것과 0.84㎜ 미만인 것이 각각 5% 이하로 한다. 또한 나트륨환원법의 스펀지타이타늄의 입도는 0.149~12.7㎜가

80% 이상이며 12.7mm를 초과하는 것은 5% 이하, 0.149mm미만은 15% 이하로 한다. ☞ 스펀지타이타늄

타이타늄슬래그 (titanium slag) 사철을 전기로에서 제련하여 타이타늄 함유율을 높인 것으로 산화타이타늄을 85% 전후로 함유하고 있으며, 스펀지타이타늄 및 산화타이타늄의 원료가 된다.

타이타늄용접관 (titanium welded pipes) ☞ 타이타늄관

타이타늄잉곳 (titanium ingot) 타이타늄의 주괴.

타이타늄철광 (ilmenite) 일메나이트로 금홍석과 함께 타이타늄(Ti)의 가장 중요한 광석이다. 육방정계의 산화광물로, 타이타늄 31%와 철(Fe)을 함유한다. 섬록암, 반려암의 부성분, 또는 암장분화 광상으로서도 산출된다. ☞ 일메나이트

타이타늄판 (titanium sheets, titanium plates) 1~3종까지 세 종류가 있으며 각각 열간압연 및 냉간압연으로 만든다. 내식성, 특히 내해수성이 좋아 화학장치, 석유정제장치 등에 사용된다. KS D 6000에 규정되어 있다.

타이타늄 팔라듐합금 (titanium palladium alloy) 타이타늄(Ti)의 내식성을 개선하기 위해 팔라듐(Pd) 0.1~0.25%를 첨가한 합금이다. 강도, 가공성, 용접성 등이 우수하다.

타이타늄 팔라듐합금관 (titanium palladium alloy pipe) 이음매없는 관과 용접관으로 대별되며 열간압출 및 냉간 드로잉, 용접으로 만든 합금관이다. 내식성이 우수하여 화학장치, 석유정제장치, 펄프제지 공업장치 등의 배관용 및 열교환기용에 사용된다. 제조방법으로는 원료를 소모전극식 아크로 또는 플라즈마 빔로에서 진공 또는 불활성 가스중에서 용해하여 제조한 주괴를 사용하여 이음매없는 또는 판 및 조에서 불활성 가스 아크용접으로 제조한다. 이음매없는 관의 열간압출관은 제조한 상태 그대로 사용하고 냉간드로잉한 관은 냉간드로잉 후 어닐링하여 스케일을 제거 또는 적당한 교정을 한다. 용접관의 경우 용접한 그대로의 관은 적당한 교정을 하며 냉간드로잉관의 경우

냉간드로잉한 후 어닐링, 스케일 제거 또는 적당한 교정을 한다.

타이타늄-팔라듐합금선 (titanium palladium alloy wire) 단면이 원형인 타이타늄(Ti)과 팔라듐(Pd)의 합금선으로 타이타늄에 팔라듐 0.12~0.25% 및 기타 미량 첨가원소가 함유되어 있다. 내식성, 특히 틈새 내식성이 좋아 화학장치, 석유정제 장치, 펄프제지 공업장치 등에 사용된다.

타이타늄합금 (titanium alloys) 수소와 친화력이 강한 타이타늄과 다른 전이금속을 주성분으로 하는 합금이다. CsCl형의 Ti-Fe계, Ti-Ni계, 라베스상의 Ti-Mn계 등이 있다.

타이타늄합금 단조품 (titanium alloy forgings) 타이타늄합금봉과 종류와 용도, 기계적 및 화학적 성질이 동일하다. ☞ 타이타늄합금봉

타이타늄합금봉 (titanium alloy rods) 60종과 60E종이 있다. 60종은 고강도로 내식성이 좋으며 대형 증기터빈 블레이드, 선박용 스크루, 자동차용 부품에 사용된다. 60E종은 고강도이며 내식성이 뛰어나 극저온까지 인성을 유지하며 심해 탐사선의 선각, 극저온용기, 인공뼈 등에 사용된다.

타이타늄합금판 (titanium alloy sheets) 60종과 60E종이 있다. 60종은 고강도이고 내식성이 우수해 화학공업, 기계공업, 수송기기 등의 보강재로 사용되는데 고압반응조재, 고압수송 파이프재, 가죽용품, 생체재료 등이 이에 속한다. 60E는 고강도이고 내식성이 우수하며 극저온까지 인성을 유지한다. 따라서 저온, 극저온용에서 사용할 수 있는 구조재로 신해조사선박의 내압용기, 생체재료 등에 사용된다.

틴스 (Teens) 미국 스크랩규격인 ISRI(Institute of Scrap Recycling Industries, Inc)규격중 종류별 알루미늄합금 보링스크랩 및 절삭스크랩(segregated aluminium borings and turnings)를 말하며 일체의 불순물이 내포되어 있지 않은 것을 말한다.

파괴강도 (fracture stress) 재료에 하중을 가해 파괴되었을 때의 응력을 말한다. 일반적으로 하중을 가하기 전의 단면적이나 공칭면적에 대한 응력을 말한다.

파괴인성 (fracture toughness) 파괴역학에서 사용하는 재료의 취성파괴에 대한 저항을 나타내는 척도이며 그 수치를 파괴인성의 값이라고 한다.

파쇄기 (breaker, crusher) 쇄광기라고 하며 광석 및 기타 고체원료를 적당한 크기로 파쇄하는 기계.

파열강도 (disruptive strength) 서로 직각인 동등한 3대 인장응력을 받을 경우 금속이 견딜 수 있는 최대 강도를 말한다.

파운드 (pound) ① 영국의 화폐단위. £로 표기한다. ② 중량단위로 1파운드는 453.6g이다. 기호는 lb로 표시한다. 2,000파운드=1숏톤, 2,204파운드=1매트릭톤, 2,240파운드=1롱톤.

파워릴 (power reel) 모터로 구동되는 코일권취기를 말한다. 냉간압연기의 장력권취기는 압연기에서 나오는 스트립 끝을 픽업에서 천천히 잡고 급격하거나 과도하지 않은 장력으로 당기도록 설계하지 않으면 안된다. 릴 모터는 압연기의 속도범위 및 릴의 코일직경의 증감에 대응하기 위해 분권계자제어가 채용되고 있다. 릴은 쉽게 빼낼 수 있도록 개폐구조로 되어 있다.

파이라이트 (pyrite) ☞ 황철광

파이로맥스 (pyromax) 알루미늄(Al) 8~12%, 크로뮴(Cr) 25~35%, 타이타늄(Ti) 3% 이하, 나머지 철(Fe) 등으로 조성된 전열선 합금으로 전기저항치가 종래의 크로뮴선의 2배가 된다.

파이로세람 (pyroceram) 산화타이타늄, 알루미나, 규산 등을 주성분으로 하는 요업재료로 내마모성, 내열성이 높다.

파이로클로어 (pyrochlore) 탄탈럼(Ta)과 나이오븀(Nb)의 광물로 Ta_2O_5, Nb_2O_5, TiO_2 등을 함유하고 있다.

파이프 (pipe) 파이프와 튜브의 차이는 시트와 플레이트, 로드와 바만큼 명확하지 않다. 미국에서는 강이나 황동관의 경우, 표준 거래의 대상이 되는 관, 즉 표준 사이즈인 것을 파이프, 그 이외의 특수한 사이즈와 형상이 있는 관을 튜브라고 부르고 있다. 알루미늄관의 경우는 특별히 구별이 없이 통상 튜브라는 호칭을 사용하고 있다.

파이프형 케이블 (pipe type power cable) 전력케이블의 일종으로 유지(기름종이)로 절연시킨 도체를 방식처리한 강관 속에 넣고, 가스나 기름을 채워서 절연체의 열화를 방지하도록 한 것이다.

파인온스 (fine ounce) 트로이온스와 동일. ☞ 트로이온스

파치 (Parch) 미국 스크랩규격인 ISRI(Institute of Scrap Recycling Industries, Inc)규격중 망가니즈청동스크랩(manganese bronze solids)의 총칭이다. 동(Cu)함유분 55% 이하, 연(Pb) 1% 이하로, 알루미늄청동 및 규소청동을 함유하지 않은 것을 말한다.

파크스법 (Parkes method) 연(Pb)의 건식정련법의 일종이다. 아연(Zn)과 은(Ag)의 친화력을 응용한 방식으로, 조연을 유연로(柔鉛盧)에서 불순물을 제거하고 나서 파크스 남비(레이들)에서 용융, 이에 아연을 가해서 은을 분리하고 정제연을 얻는다. 단, 이 방식에서는 비스무트(Bi)를 제거하기 위해서는

다른 방법을 병용하지 않으면 안된다. 파크스법에 의해 얻은 연을 파크스연이라고 한다.

팔라듐 (palladium) 원소기호 Pd, 원자번호 46, 원자량 106.4, 비중 12.16, 용융점 1,554℃, 비등점 2,927℃, 결정구조 면심입방정, 주기율표상 Ⅷ족에 속하는 은백색의 귀금속으로, 용융점과 밀도가 백금족중에서 가장 낮다. 또한 다른 백금족과 달리 농초산에 녹으며, 수소가스를 흡장하는 성질로 인해 고순도 수소를 정제하는데 이용된다. 대부분 금(Au), 은(Ag), 백금(Pt)과 합금으로 해서 치과용, 장식용, 전기접점 등에 이용된다. 중요한 생산국으로는 남아프리카공화국, 러시아, 미국 등이다.

팔루 (Pallu) 미국 스크랩규격인 ISRI(Institute of Scrap Recycling Industries, Inc)규격중 알루미늄브라스 콘덴서 튜브스크랩 (aluminium brass condenser tubes)의 총칭으로 순수하고 질이 좋은 콘덴서튜브로써, 니켈합금 및 부식물을 제외한 것을 말한다.

팜스 (Palms) 미국 스크랩규격인 ISRI(Institute of Scrap Recycling Industries, Inc)규격중 문츠메탈관 스크랩(Munts metal tubes)의 총칭이다. 니켈합금, 알루미늄합금 및 부식된 것을 제외한 순수하고 양질인 문츠메탈의 튜브스크랩을 말한다.

패스 (pass) ① 압연에 있어서 롤 사이로 압연재료를 통과시키는 것 ② 롤공형을 말하며 캘리버라고도 한다.

패일스 (Pales) 미국 스크랩규격인 ISRI(Institute of Scrap Recycling Industries, Inc)규격중 애드미럴티 황동 콘덴서튜브 스크랩(admiralty brass condenser tubes)의 총칭이다.

팽창 (growth) 소결에 의하여 생기는 성형체의 치수 증가로 소결부풀림이라고도 한다.

퍼망가네이트 (permanganate) 과망가니즈산염.

퍼멀로이 (permalloy)   40~80%의 니켈을 함유하고 있는 니켈-철(Ni-Fe)의 합금으로 표준 배합은 니켈 78%, 철 21.5%, 망가니즈(Mn) 0.5% 등이며 이외에 몰리브데넘(Mo) 4%를 첨가한 몰리브데넘퍼멀로이도 있다. 니켈함량에 따라 78.5 퍼멀로이, 50-50 퍼멀로이 등으로 불린다. 도자율이 매우 높은 합금으로 자성재료로써 이용된다.

퍼멘듈 (Permendur)   약 50%의 코발트(Co)를 함유하고 있는 철-코발트(Fe-Co)계 고도자율합금이다. 순철보다도 포화자화가 높고 전화진동판 등의 재료로서 우수하지만 순수한 것은 무르고 전기저항도 낮으므로 약 1.7%의 바나듐(V)을 첨가하고 있다.

퍼민바 (Perminvar)   철(Fe) 30%, 코발트(Co) 25%, 니켈(Ni) 25%를 함유하는 고도자율합금이며 특히 자장냉각 즉, 자기변태점 이상의 온도로 가열해서 자장을 가하면서 서서히 냉각시키면 그 방향의 도자율을 현저히 크게 할 수 있다.

펀치 (punch)   금형의 일부이며 분말 또는 소결체에 직접 압력을 가하기 위한 공구이다.

펄스초전도체 (pulsed superconducting wire)   펄스전류에 적용하는 초전도선.

페그마타이트 (pegmatite)   거대 결정화강암으로 암장분화에 의해 비휘발성 성분이 결정되어 화성암을 생성시킨 후, 휘발성의 잔장(殘漿)이 결정이 되어 생긴 것이다. 석영, 정장석, 운모 등을 주성분으로 하는 암석이며 철망가니즈중석, 주석석, 녹주석, 페르그송석, 모나즈석 등의 중요한 광물을 함유하고 있다.

페나사이트 (phenacite)   베릴륨(Be)의 규산염 광물로 BeO를 약 45.5% 함유하고 있다.

페라이트 (ferrite)   탄소(C)를 고용한 α철을 조직학상 페라이트라고 부른다. 라틴어의 철(Ferrum)에서 온 말이다. 성분은 거의 순철에 가깝고 탄소 0.85% 이하인 강에서 소위 초석 페라이트(free ferrite)로 존재하고 있다. 페라이트는 무르고 전연성이 크며 강자성체이지만 자력은 작다.

페로나이오븀 (ferro niobium) 나이오븀(Nb)를 60% 이상(단, Nb+Ta)을 함유하는 합금철로 특수강에의 첨가제, 특히 스테인리스강중의 탄소고정제로서 이용된다. KS D 3727에 규정되어 있다.

페로니켈 (ferro nickel) 가장 중요한 합금철로 주철에 니켈(Ni)을 가하면 흑연화가 촉진되고 제성질이 개선되어 얇은 부분이라도 칠이 들어가지 않는다. 특수강, 주조강, 합금롤, 전기통신기기 등에 용도가 광범위하다. 니켈함유분은 18~30%(20분의 1 이하의 코발트를 함유)로, 탄소 함유량에 따라 고탄소 페로니켈, 중탄소 페로니켈, 저탄소 페로니켈로 나누어진다. KS D 3718에 규정되어 있다.

페로망가니즈 (ferro manganese) 망가니즈(Mn)을 73~85% 함유하는 합금철로 탄소함량에 따라 고탄소 페로망가니즈, 중탄소 페로망가니즈, 저탄소 페로망가니즈 등 세가지 종류가 있다. 제강의 탈산, 탈황제 및 합금 첨가제로 이용되며, 사용량은 합금철중에서 가장 많다. 망가니즈은 용강의 탈산제로서 작용하며 유황과 화합하여 이를 제거하고 또 황화물이 되어 열간가공성을 양호하게 하며 나아가서 합금원소로서는 항장력을 증가시키고 인성을 개선하여 열처리에 대한 전연성을 크게 한다. 용접봉의 피복제로는 중탄소 및 저탄소 페로망가니즈이 많이 사용된다. KS D 3712에 규정되어 있다.

페로몰리브데넘 (ferro molybdenum) 몰리브데넘(Mo)을 55~70% 정도 함유하는 합금철로 고탄소 페로몰리브데넘과 저탄소 페로몰리브데넘이 있다. 강의 열간크리프성을 개선하고 뜨임취성을 방지하는데 이용되므로 내열용강으로 다량 사용된다. 특수강의 첨가제로 이용된다. KS D 3716에 규정되어 있다.

페로바나듐 (ferro vanadium) 강력한 탈산력을 갖고 있는 바나듐(V)을 45~85% 함유하는 합금철로 고가이기 때문에 특수강의 첨가제로 이용된다. 강에 미치는 영향으로서는 결정을 미세화하기 위해 공구강에 많이 사용되며 또한 바나듐을 함유하는 주철, 증기기관의 실린더, 라이너 등에 사용된다. KS D 3719에 규정되어 있다.

페로보론 (ferro boron) 붕소(B)를 14~23% 정도 함유하는 합금철로 철강 및 비철합금제조의 탈가스제, 특수강의 첨가제로 이용된다.

페로브스카이트 초전도체 (perovskite superconductor) 일련의 페로브스카이트 구조를 기본으로 하는 구조를 가진 높은 초전도 임계온도를 나타내는 산화물 초전도체이다. 이 구조는 금속이온 A, B와 산소이온으로 구성되며 ABO_3의 조성을 나타낸다. 산소이온은 8면체 구조를 이루며 각 8면체 중앙에 B이온, 8개의 8면체가 만드는 공간 내에 A이온이 들어간다. 각 이온의 치환에 의해 조성을 대폭적으로 바꿀 수 있다. 다양한 물성적 기능을 가진 결정을 만들 수 있다. Y-Ba-Cu-O계, Bi-Sr-Ca-Cu-O계, Ti-Ba-Ca-Cu-O계 등이 알려져 있다.

페로실리콘 (ferro silicon) 실리콘(Si)을 최저 14%에서 최고 93% 정도 함유하는 합금철로 철강제조시 가장 싸고 유효한 탈산제, 조재제로 규소의 첨가제로서도 널리 사용된다. 사용목적에 따라 몇종류의 품위로 구분되는데 일반적으로 2호품이 많이 사용된다. 특수한 용도로서는 1호품이 광산 등에서 사용되는 폭파약(카리트)의 원료, 2호품은 마그네슘제조시의 환원제, 6호품은 중액선광법의 매체등에 사용된다. KS D 3713에 규정되어 있다. (그림참조)

페로실리콘

페로알루미늄 (ferro aluminium) 알루미늄(Al)을 50% 정도 함유하는 합금철로 제강의 탈산제 외에, 철강제품의 알루미늄피막에 이용한다.

페로얼로이 (ferro alloy) 합금철 또는 철합금이라고 한다. ☞ 합금철

페로지르코늄 (ferro zirconium) 지르코늄(Zr)을 12~40% 정도 함유하는 합금철로 산화지르코늄을 전기로에서 환원시켜서 만든다. 공업용 지르코늄스펀지와 순철을 제조하는 페로지르코늄(Zr 75~80%)은 규소량 0.2% 이하, 기타 불순물도 매우 적기 때문에 제강의 탈산, 탈질, 탈황제, 특수강(특히 고속도강)에 첨가제로서 이용된다. 고가이기 때문에 사용량은 극히 적지만 점차 증가하는 추세이다.

페로크로뮴 (ferro chromium) 크로뮴(Cr)을 55~75% 정도 함유하는 합금철로 특수강 제조시 크로뮴첨가제로 사용된다. 고탄소, 중탄소, 저탄소로 나

누어져 있는데 스테인리스강에는 필요불가결한 것이다. 주철이나 고탄소강에는 고탄소 및 중탄소 페로크로뮴이, 스테인리스강에는 고탄소 페로크로뮴이 많이 사용된다. KS D 3714에 규정되어 있다.

페로텅스텐 (ferro tungsten) 텅스텐(W)을 75~85% 정도 함유하는 합금철로 특수강의 첨가제로 이용된다. 강을 딱딱하게 하고 내마모성을 얻기 위해 공구강, 고속도강에 사용된다. KS D 3715에 규정되어 있다.

페로타이타늄 (ferro titanium) 타이타늄(Ti)을 20~45% 정도 함유하는 합금철로 특수강용의 첨가제 외에 탈산제, 탈질제로서도 이용된다. 탄소함량에 따라 고탄소와 저탄소로 나누어지며 저탄소 페로타이타늄은 테르밋법으로 제조된다. KS D 2316에 규정되어 있다.

페로포스포르 (ferro phosphor) 인(P)을 20~28% 정도 함유하는 합금철로 종래의 용도는 박판강재용으로서, 열간압연의 경우 박판 상호의 압착을 방지할 목적으로 사용되었으나 최근에는 사용량이 감소하고 있다. 그러나 주물의 유동성을 증가시키므로 주로 주철의 첨가제로서 이용된다.

페르그소나이트 (fergusonite) 페르그송석으로 우라늄과 나이오븀의 원광석이다.

페르니코 (Fernico) 금속과 유리의 부착에 사용되는 Fe-Ni-Co합금이며 철(Fe) 54%, 니켈(Ni) 28%, 코발트(Co) 28%를 함유하고 있다.

페르니크로뮴 (Fernichrome) 페르니코합금에 크로뮴(Cr)을 첨가한 것이다. 경질유리속에 금속선을 봉입하는 데에 사용된다. 주요 성분은 철(Fe) 37%, 니켈(Ni) 30%, 코발트(Co) 25%, 크로뮴(Cr) 3% 등이다.

페리 (Ferry) 미국 스크랩규격인 ISRI(Institute of Scrap Recycling Industries, Inc)규격중 배빗함유 표준형 포금차량 베어링박스 스크랩(lined standard red car boxes)의 총칭이다.

페리클래이스 (periclase) 마그네시아(MgO)의 결정으로 천연적인 것은 수%의 철을 함유하는데 수분이 있으면 블루사이트($Mg(OH)_2$)로 변하므로 산

폐쇄기공률 (open porosity) 다공질체의 총체적에 대한 폐쇄기공 체적의 비율로 통상 백분율로 표시한다.

페츠광 (petzite) 금(Au), 은(Ag)의 텔루륨화물로 조성은 $((AuAg)_2Te)$이며 금 24.5%, 은 41.8%을 함유하고 있다.

페트로광 (patronite) 바나듐(V)의 원광석이며 황화광으로, 바나듐을 20% 함유하고 있다.

페트로나이트 (patronite) ☞ 페트로광

펜스 (Fence) 미국 스크랩규격인 ISRI(Institute of Scrap Recycling Industries, Inc)규격중 배빗제거 표준형 포금차량 베어링박 스크랩(united standard red car boxes)이 총칭이다.

펜트랜다이트 (pentlandite) ☞ 펜트랜드광

펜트랜드광 (pentlandite) 철(Fe), 니켈(Ni), 유황(S)의 조성을 갖는 대표적인 황화니켈광석으로 캐나다의 온타리오주 서드베리지방에서 산출되며, 세계 최대의 생산량을 자랑한다. 자황철광내에 황동광 및 황철광과 공생하고 있으며 산출 원광석은 통상 니켈 1~5.5%, 동(Cu) 1~4.5%, 유황 18~26%를 함유하고, 이밖에 백금철을 수반한다.

펠티에효과 (Peltier effect) 두 종류의 금속을 접촉시켜 전류를 흘려보내면 전류의 방향에 따라 흡열 또는 발열을 일으키는데, 이를 펠티에효과라고 하며 전자냉동에 이용할 수 있다. 펠티에효과는 반도체금속이 크며, 비스텔합금(고순도 비스무트와 텔루륨의 합금)이 유효하다고 여겨지고 있다.

편상분말 (flake powder) 평판모양의 입자로 된 분말.

편석 ① (demixing) 혼합분말을 구성하고 있는 두 가지 이상의 성분분말이 편

재되어 있는 것. **2** (segregation) 용융합금이 응고될 때 제일 먼저 석출되는 부분과 나중에 응고되는 부분의 조성이 다르므로 어느 성분이 응고금속의 일부에 치우치는 경향을 말한다. 즉, 합금 성분분포가 불균일하게 되는 현상으로 합금제조시 발생하는 것과 금속수소화물 생성의 불균일 반응을 의미하는 두 가지 경우가 있다. 편석의 정도는 주입되는 용융금속의 성상, 주입조건, 응고형상, 응고조건 등과 관계가 있다. 응고시 탕의 움직임 때문에 편석의 정도는 탈산형식에 따라 다르다.

편인 (middling) 선광공정의 중간산물로 폐재로 하기에는 품위가 좋아 다시 선광처리를 가하는 것으로 정광이 될 수 있는 중간산물을 말한다.

편조도체 (braided conductor) 복수의 소선을 서로 휘감아 집합시킨 도체이다. 형태로는 관모양 편조(환편조라고도 한다)와 평편조가 있으며 어느 경우도 소선은 도체축 주위에 일정한 주기를 가지고 교차되어 있다. 관모양 편조의 소선을 절연체로 하고 중앙부에 초전체를 배치한 것을 편조절연 초전도체라고 한다.

편평부 (plateau region) 압력-조성 등온곡선에서 수소해리압력이 일정하게 되는 조성의 범위를 말한다. 두 종류의 고상이 공존하는 영역이며 정압영역 또는 2상 공존영역이라고 한다.

편평부경사 (plateau slope) 압력-조성 등온곡선에서 편평부의 직선이 수평으로부터 경사된 정도를 나타낸다. 수소화물의 첨가원소에 의해 화학양론적 조성으로부터 벗어날 때 일어나는 현상이다.

편평부압 (plateau pressure) 압력-조성 등온곡선에서 편평부의 수평한 직선이 나타내는 압력이다.

평각동선 (copper bar) 전기용재로, 전기 전도성이 특히 양호하다. 두께는 $0.5 \sim 10$ mm인 것까지 있다.

평균입자지름 (mean particle diameter) 다른 다수의 입자로 구성된 입자군을 대표하는 입자지름.

평탄도 (flatness) 압연판의 완곡이나 물결모양의 틀어짐 정도이다. 판이나 코일은 수면처럼 평탄한 것이 이상적이지만 압연, 냉각과정, 헨들링, 정정, 운반 등의 모든 과정에서 평탄도를 해칠 가능성이 있다. 평탄도는 압연판을 정반위에 놓고 그 완곡을 측정한다.

평형상태도 (equilibrium phase diagram) 금속합금의 조성, 온도, 압력을 변화시켰을 때 평형상태에서 출현하는 상을 나타내는 도표이다. 상태도라고도 한다.

평형압 (equilibrium pressure) 히스테리시스를 문제로 하지 않을 경우 설정 온도에서의 평형상태에 대한 수소압력이다.

폐쇄기공 (permeable pore) 표면에 통해 있지 않은 기공.

폐열보일러 (waste heat boiler) 노(爐)에서 배출되는 고온의 배기가스의 현열을 이용하여 증기를 생산하는 보일러이다. 보통 수관식보일러가 사용되며 내부가 비어있는 방사대(radiation part)에서 유속의 감속에 따른 분진의 집진이 이루어지고 수관들로 이루어진 복사대(convection banks)에서 이차적으로 열을 흡수시킨 후 냉각된 가스는 전기집진기나 백 하우스를 통하여 이차적으로 집진시킨 후 대기 방출시킨다.

폐열 회수 설비 (Heat Recovery System) 아연 배소 공장에서 발생되는 SO_2 Gas를 사용하여 황산($H2SO4$)을 제조하는 과정에서 발열반응으로 인해 많은 폐열이 발생하게 된다. 대부분의 다른 공장에서는 발생된 열이 공업용수 열 교환기를 통해 온도가 상승된 황산을 식혀주는 방식으로 황산을 제조함으로써 열이 공업용수의 온도를 상승시킴으로써 별도의 공업용수 냉각탑을 설치하기 때문에 많은 투자비와 순환펌프의 전력비가 필요하게 된다. 그러나 Heat Recovery System을 설치함으로써 황산제조 과정에서 발생하는 폐열을 회수함으로써 별도의 냉각 탑이 필요 없을 뿐더러 폐열을 아연제조 과정에서 아연 액을 데우는데도 사용된다. 이 시스템은 황산제조 방법의 변경, 열교환기 설치, 필요 파이핑 및 보존시스템으로 구성되어 있으며, 에너지 절약에 탁월하다. 고려아연이 개발해 적용하고 있는 설비다.

포금 (gun-metal) 건메탈이라고 부르는 청동의 일종으로, 주석(Sn)의 함유량 8~15% 정도인 것을 가리킨다. 아연(Zn)을 2~3% 정도 함유한다. 대포의 주조에 사용되었기 때문에 이 이름이 붙여졌다. 내식성, 절삭성이 양호하며 인성이 풍부하여 베어링, 기계부품 등에 널리 이용되고 있다.

포수제 (collector) 부유선광에 이용하는 포수성이 강한 시약으로 에어로플로트 등이 이에 속한다.

포정 (peritectic) 포정반응에 의해서 생기는 조직을 말한다. ☞ 포정반응

포정반응 (peritectic reaction) 어떤 금속이 용액과 다른 합금성분의 고상이 작용해서 다른 새로운 고상을 만드는 반응을 말한다. 즉, 다음과 같은 상반응이다. 용액+고상(B)⇌고상(A)이며 이 때 반응은 고상(B)과 용액간에 일어나는 것으로 B정의 외측이 화합물화 해서 A정을 만들고 B정은 A정에 의해 둘러싸인 듯한 상태가 되기 때문에 포정반응이라고 한다.

포피리 (porphyry) ☞ 반암

포피리광상 (porphyritic deposit) ☞ 반암광상

폭발용접 (explosion welding) 일반적인 용접방법으로 서로 다른 두 금속 또는 그 이상의 상이한 금속의 접합이 곤란한 경우 사용되는 특수용접방법으로 파이프형, 판재형, 봉형의 용접이 가능하다. 화약이 폭발할 때 생기는 운동에너지를 이용해 두 금속 또는 그 이상의 금속간의 소성변형을 유도해 용접계면에 내부간섭물(이물질)이 생기지 않도록 하는 방법이다. 동-알루미늄, 알루미늄-철, 알루미늄-타이타늄, 타이타늄-철, 동-스테인리스, 스테인리스-철, 알루미늄-스테인리스, 동-철, 철-연 등의 이종금속 접합에 적용되고 있다.

폴로늄 (polonium) 원소기호 Po, 원자번호 84, 용융점 254℃, 비등점 962℃, 비중 9.4인 방사성원소의 하나이다. 금속폴로늄은 회백색으로 상온에서 안정된 α상을, 18~54℃에서는 α상과 β상이 공존하고 있다. 천연적으로 질량수 210, 211, 212, 214, 215, 216 이외에 질량수 192에서 223사이에 26종의 방사성 핵종이 있다.

폴리아나이트 (polianite) 산화망가니즈광석으로 망가니즈(Mn)을 약 63.19% 함유하고 있다. 황망가니즈광이라고도 한다.

표면개질 (surface modification) 강화재와 바탕재의 젖음성의 향상이나 화학반응의 억제를 위하여 강화재의 표면을 처리하는 것이다. 젖음성의 향상을 위해서 금속을 피복하고 반응을 억제하기 위해서는 세라믹을 피복하는 경우가 많다.

표면거칠음 (popcorning) 부풀림이 터지거나 화학반응에 의하여 소결제 표면에 요철이 생기는 것.

표면경화 (case hardening, surface hardening) 침탄경화라고도 하며 저탄소강의 표면에서 탄소를 침투시켜 고탄소 표면층을 만들고 그것을 경화처리함으로써 내부의 인성을 풍부하게 하며 표면을 경화시키는 것을 말한다. 여기에 사용되는 표면경화강은 저탄소강이나 저탄소크로뮴강, 크로뮴-몰리브데넘강, 니켈-크로뮴강 등이다.

표면장력 (surface tension) 액체는 액체분자의 응집력 때문에 그 표면을 되도록 작게 하려는 성질이 있으며 이 때문에 액체표면에 생기는 장력을 말한다.

표면장벽 (surface barrier) 초전도체 표면으로부터 자속이 침입할 때 그 거울상과의 상호작용에 의해 발생하는 포텐셜 에너지이다. 자속의 침입을 억제하기 때문에 교류손실의 절감에 중요하다.

표면초전도 (surface superconductivity) 표면의 특수성에 의해 상부 임계자장을 넘는 자장하에도 표면으로부터 코히어런스 길이 정도의 영역에서 초전도 상태가 나타나는 현상이다.

표면편석 (surface segregation) 산화 및 수소화 등에 의해 합금표면의 성분이 편석되는 현상으로 수소화를 촉진하는 촉매활성 물질이 생성되는 수가 있다.

표면피닝 (surface pinning) 초전도체 표면 부근의 피닝중심, 표면장벽 등에 의해 자속이 피닝되는 것으로 극세 다심선에서의 피닝함으로써 유효하게 기여한다.

표면확산법 (surface diffusion process) 선모양 또는 테이프 모양 하지재인 바나듐(V) 또는 나이오븀(Nb)의 표면에 각각 갈륨(Ga) 또는 주석(Sn)을 용융도금법으로 코팅한 후 반응열처리를 하여 하지재의 주위 표면에 V_3Ga 또는 Nb_3Sn을 생성시키는 화합물 초전도선의 제조방법이다.

표석 (shoad, shode, shode stone) 상류로부터 눌려 흘러서 강과 들판에 산재되어 있는 광석.

표석탐광 (shoading) 갱 밖에서 행하는 탐광의 하나로 표석의 상황으로 광상의 존재를 탐사하는 법이다.

표준분해온도 (standard decomposition temperature) 압력-조성 등온곡선에서 편평부 중앙부에서의 해리압력이 1기압일 경우의 온도이다.

표준조직 (normal structure) 재료의 표준상태, 즉 표준온도에서부터 서냉시켰을 때의 조직을 말한다.

표피효과 (skin effect) 금속이 각주파수의 교류전장 또는 교류전장을 주었을 때 각각 전장 또는 전장이 차폐되어 표면으로부터 표피깊이 정도까지 밖에 들어가지 않는 형상이다.

풀림 (annealing) 어닐링이라고 하는데 금속재료를 적당한 온도로 가열하고 그 온도에서 유지한 후 서냉하는 조작으로 내부응력제거, 절삭성 향상 등이 목적이다. ☞ 어닐링

풍신자광 (zircon) ☞ 지르콘

풍해 (efflorescence) 결정수를 함유하는 결정이 수분을 잃고 파쇄되는 현상.

풍화 (weathering) 대기, 물 등의 작용으로 암석이 파쇄, 분해되는 현상.

퓨즈 (fuse) 연(Pb), 주석(Sn), 안티모니(Sb)을 주성분으로 하는 저융점합금이다. 용융점은 통상 220℃이며 목적에 따라 이보다 고융점인 금속도 사용한다.

퓨터 (Pewter) 퓨터합금이며 주석(Sn 80~89%)에 동(Cu), 연(Pb), 안티모니(Sb)을 첨가한 합금이다. 식기류나 장식품으로 사용된다. 연납(soft solder)의 별명으로 퓨터라는 이름을 사용하는 경우도 있다. 안티모니 9% 함유된 Tudor Pewter와 연 30% 함유된 Roman Pewter 등이 있다.

프라세오디뮴 (praseodymium) 원소기호 Pr, 원자번호 59, 원자량 140.9077, 융용점 931℃, 비중 6.78, 결정구조 육방정, 주기율표상 Ⅲa족에 속하는 희토류 원소의 하나이다. 상당히 활성이며 기름속이나 불활성 분위기에서 보관한다. 다른 희토류 원소와 함께 모나즈석, 바스토네사이트, 가드린석 등에 함유되어 소량 존재한다. 세륨(Ce), 란타늄(La), 나이오븀(Nb) 등과 함께 발화합금에 이용된다.

프라임웨스턴 (Prime Western) ☞ 아연지금

프랜슘 (francium) 원소기호 Fr, 원자번호 87인 알칼리금속의 하나로 천연에는 거의 존재하지 않으며 매우 불안정한 원소이다.

풀아웃 (pull-out) 파단시에 섬유가 바탕재금속으로부터 뽑아지는 것.

프랜카이트 (franckeite) 주석(Sn)의 산화광석으로 조성이 복잡하며 주석, 연(Pb), 철(Fe), 안티모니(Sb) 등을 함유하고 있다.

프랭클리나이트 (franklinite) ☞ 프랭클린광

프랭클린광 (franklinite) 아연(Zn)의 산화광석으로 ZnO를 약 17~25% 함유하고 있다.

프레스 (press) ① 정치된 헤드나 앤빌을 갖추고 헤드면에 직교방향으로 일정한 왕복운동을 하는 슬라이드(램이나 해머)를 갖고 그 슬라이드가 일정한 운동경로를 부여하도록 프레임내에서 안내되도록 되어 있는 기계이다. 기계의 종류는 많으며 구동방식에는 전동과 유압, 혹은 수압방식이 있다. 단조, 천공, 성형에 이용된다. ② 강압을 주어 액분

프레스 심가공

이나 유분을 분리하는데 이용되는 기계로 수압에 의한 수압기와 피치가 점점 작아진 회전나사에 의해 강압을 가하는 나사프레스(오일 익스펠러라고도 한다)가 있다. (그림참조)

프레어리합금 (frary alloy) 주석(Sn) 대용으로 사용하는 베어링합금중 하나로 바륨(Ba) 1~2%, 칼슘(Ca) 0.5~1% 첨가된 연(Pb)합금이다.

프로메튬 (promethium) 원소기호 Pm, 원자번호 61, 비중 7.22, 용융점 1,168℃의 희토류 원소중 하나이다. 상온에서는 조밀육방체이지만 고온에서는 체심입방체로 상변태하며 안정된 동위체가 없기 때문에 지구상에는 존재하지 않는 것으로 알려졌기 때문에 천연에서의 존재여부는 아직 알 수 없다. 우라늄의 핵분열 생성물로부터 얻어진 원소이며 프로메슘이라고도 한다.

프로트악티늄 (protactinium) 원소기호 Pa, 원자번호 91, 원자량 231.0359, 밀도 15.37, 용융점 1,600℃, 비등점 3,400℃, 질량수 234 및 231의 악티노이드원소중 하나이다. 질량수 215~243 사이에 19종류의 핵종이 존재하고 있으며 인공적으로 만들어진다. 전성이 있고 공기중에 산화되기 어려운 성질이 있다.

프로파일 (profile) 압연, 압출, 인발, 단조 또는 형조제품으로 코일상의 것인지의 여부를 불문하고 그 횡단면이 전체를 통하여 균일하며 봉, 선, 판, 시트, 대, 박 또는 관의 어느 것에도 해당되지 않는 것을 말한다. 또한 주조 또는 소결제품으로서 제조된 후 단순히 트리밍이나 스케일제거와는 달리 연속가공에 의해 상기와 동일한 형상과 치수를 가지는 것도 포함된다.

프리몰드 리드프레임 칩팩 (pre-mold reed frame chip-pak) 반도체 조립연체에서 해오던 플라스틱 사출물 성형부착 작업을 리드프레임 가공단계에서 반도체 조립공간을 비워 놓고 미리 수행하는 새로운 가공방식의 리드프레임으로 각종 의료기기와 자동차, 가전 등에 사용되는 센서류 반도체에 핵심부품으로 사용된다. 특히 리드프레임과 사출물간의 기밀성이 필수적이며 사출표면이 미려해야 하는 이유로 인해 그동안 미국과 일본 등 선진국의 일부 업체만이 생산중이다. 국내에서는 풍산정밀이 2000년 3월에 개발했다.

프리미엄 (premium) ① 비철금속 현물거래시 기준가격(LME가격등)에 가감되는 가격폭을 말하는데 품목별 또는 가격조건별로 다소 차이는 있으나 통상 보관료, 운임, 마진, 이자, 보험료 등을 감안하여 매도자가 자체 생산비용을 감안하여 매입자에게 제시하고 있다. 그러나 시장상황에 따라 프리미엄 자체가 마이너스로 나오는 경우도 있으며 가격산정기간(Q.P.)에 따라서도 동일품목에 대해 프리미엄수준이 다르게 제시된다. ② 선물의 경우는 일정한 한월의 선물가격이 다른 한월의 선물가격보다 높은 경우 그 초과액을 말한다.

프리믹스분말 (pre-mixed powder) 분말제조자가 조합시킨 혼합분말.

프리폼 (preform) ① 금속바탕복합재료를 만들기 위한 가상체로서 미리 강화재만을 만든 것과 강화재와 바탕재를 복합하여 와이어상이나 테이프(시트)상으로 만든 것이 있다. ② 소성가공 또는 고밀도화 가공을 위한 블랭크.

플라스크 (flask) 수은의 수송에 사용되는 원통 모양의 철제용기로 76파운드(약 34.5kg)까지 담을 수 있다. 수은의 중량단위가 되고 있으며 봄베라고도 한다.

플라즈마 아크 용해법 (PAW, plasma arc welding) 타이타늄의 용해법 하나로 플라즈마 아크 용해는 비소모전극의 플라 즈마 토치를 사용한 용해법으로, 전자빔 용해법과 마찬가지로 수냉동 주형 내에서 용해하여 주괴를 제조한다. 그러나 전자빔 용해법과 다른 점은 열원으로 플라즈마 토치를 사용한다는 것이다. 플라즈마 토치의 특징은 저진공(0.1~10Pa)에서 대기압까지 넓은 범위에 걸쳐 용해가 가능하다. 이 용해법은 전자 빔 용해법과 마찬가지로 환형과 각형 등의 여러 가지 형상의 주괴를 제조할 수 있다. 또 타이타늄 스크랩 등을 이용하여 용이하게 주괴로 제조할 수 있다는 점도 전자빔 용해와 유사하며 VAR에 비해서 유리한 점이다.

플라즈마용사법 (plasma spraying) 배열한 강화섬유에 플라즈마토치로 바탕재 금속을 용사하거나 기관상의 단섬유, 휘스커, 입자와 함께 바탕재 금속을 용사하는 방법.

플라티노이드 (platinoid) 양백과 같이 동(Cu), 니켈(Ni), 아연(Zn)의 삼원합금으로 되어 있으며 이밖에 소량의 텅스텐(W)과 기타 원소를 함유되어 있다. 조성은 동 50~60%, 니켈 20~30%, 아연 10~ 25% 정도이며 백금(Pt)과 비슷한 광택이 있으며, 전기저항선, 장식품 등에 이용한다.

플라티늄 (platinum) ☞ 백금

플래시스멜팅 (flash smelting) ☞ 자용제련

플럭스 (flux) ☞ 용제

플럭스점프 (flux jump) 초전도체중에 피닝되어 있는 자속선이 열적, 전자기적 소란에 의해 불연속적이고 집단적으로 이동하는 현상으로 자속도약이라고 한다. 부수하여 발생하는 줄 손실에 의해 온도가 상승하고 피닝힘이 약해져서 눈사태 현상처럼 자속의 이동을 일으키는 수도 있다.

플레이트 (plate) ☞ 시트

플로팅다이법 (floating die process) 아래 펀치를 고정하고 다이를 용수철 또는 공기압 등으로 지지하고 위 펀치의 가압에 의하여 생기는 다이와 분말사이의 마찰력에 의해 다이를 하강시키면서 하는 양방향 성형의 한 가지 방법이다.

플루오솔리드 배소로 (fluosolids roaster) 유동배소로로, 동(Cu), 아연(Zn)의 습식제련에 이용되고 있으며 V-M/Lurgi식과 미국 돌사가 특허를 갖고 있는 돌(Dorr)식 배소로가 있다. 전자는 건식형으로 정광을 직접 노에 장입하는 것이고 후자는 습식형으로 정광을 물과 함께 슬러리상태로 장입하는 것으로 노바닥으로부터 공기를 불어 넣으면 광석은 유동상태에서 자연연소되어 배소가 이루어진다. 온도와 화학성분이 일정하며 폐기가스의 SO_2 농도가 높고 배소능력이 우수하다. 처음에는 석유 및 촉매의 분리에 사용됐으나 최근에는 비철금속제련에서 사용된다.

플루토늄 (plutonium) 원소기호 Pu, 원자번호 94, 비중 19.8, 용융점 640℃, 비등점 3,200℃인 초우라늄원소로 인체에 유해하지만 원자로 연료로 유명하다. 질량수 244 이외에도 232에서 246사이에 20종류의 방사성 핵종이 있는 것으로 알려졌다. 금속은 은백색으로 $\alpha, \beta, \gamma, \delta, \delta', \xi$ 등의 6개 동소체가

있고 실온에서는 안정한 $α$상이다. 공기속에서 산화되며 염산, 희황산, 인산에 녹지만 농질산, 농황산, 알칼리에는 침해되기 어렵다. 고산화수의 화합물일수록 가수반응이 쉽고 자기가 방출하는 $α$선으로 산화환원반응을 받기 쉽다.

피닝 (pinning)　초전도체 내의 양자화 자속이 격자결함, 석출 불순물, 입계 등에 의해 포착되어 로렌츠힘이 작용하여도 움직이지 않는 것이다. 피닝에 의해 저항 제로(0)에서 전류를 흘릴 수가 있다.

피닝손실 (pinning loss)　피닝된 자속이 로렌츠힘, 열적여기 등에 의해 피닝중심을 떠나 이동하는 것으로부터 발생하는 손실이다. 1주기당 손실에너지가 주파수에 의존하지 않고 일정하기 때문에 히스테리시스 손실로서 관측된다.

피닝중심 (pinning center)　피닝이 일어나는 포인트.

피닝힘밀도 (pinning force density)　단위 부피당의 피닝중심이 양자화 자속에 미치는 힘으로 어떤 자속밀도에서의 임계 전류밀도와 그 자속밀도의 곱으로 나타낸다. 초전도체의 전자기적 특성을 나타내는 하나의 파라미터로서 피닝힘이라고 불리는 경우도 있다.

피닝힘밀도의 스케일법칙 (scaling law of pinning force density)　피닝힘밀도의 온도 및 자속밀도에 대한 의존성을 나타내는 법칙으로 대부분의 경우 피닝힘밀도는 $F_p = K[B_{C2m}(T)]b_p(1-b)_q$로 표시한다. ($K$: 상수, b : 규격화 자속밀도, m, p, q : 피닝중심의 종류, 밀도 등에 의해 정해지는 값)

피독 (poisoning)　수소가스를 포함한 물 등과 불순물이 합금표면에 흡착되거나 합금과의 반응에 의해 수소저장 특성을 나쁘게 하는 현상이다.

피로 (fatigue)　정적 파괴응력하의 반복응력에 의해 재료가 파괴에 이르는 현상을 포괄적으로 이렇게 부른다.

피로강도 (fatigue strength)　피로한계 및 시간강도의 총칭이다. 피로한도는 무한횟수의 반복에 견디는 응력의 상한치로 내구한도라고도 한다. 맥동인장(압축), 회전굽힘, 평면굽힘, 비틀림피로한도 등이 규정되어 있다. 시간강도는 지정된 횟수의 반복에 견디는 응력의 상한치를 말하며 피로한도와 같은 내용이 규정되어 있으나 반복횟수가 한정되므로 그 수치를 괄호안에 기입해서 나타낸다.

피로균열 (fatigue crack)   피로에 의한 균열을 피로균열이라고 한다. 피로균열의 진행은 점진적이며 그 파면은 조개껍질모양이나 나이테상인 것이 특징이다. 주로 반복하중에 의한 균열을 말한다. 정적인 균열과 비교하면 그 파면은 연성재료인 경우에도 취성재료와 마찬가지로 분리면이 꺼칠꺼칠하며 거시적인 소성변형이 존재하지 않는다.

피로수명 (fatigue life)   반복사용에 의해 파단될 때까지 또는 기능을 상실할 때까지의 반복횟수.

피로시험 (fatigue test)   일정온도에서 응력 또는 변형을 반복 작용시켜 특성의 열화도를 조사하는 시험으로 시험편에 반복응력 또는 변동응력을 가하여 피로수명이나 피로한계를 구한다. 응력의 종류에 따라 비틀림 피로시험, 축하중 피로시험, 회전굽힘 피로시험, 평면굽힘 피로시험 등으로 분류한다.

피로타이트 (pyrrhotite)   자류철광이라고 하며 황철광보다 부드럽고 탁한 동색이나 갈색을 띤 것이 많으며 자성이 있다. 유황(S)의 함량이 38~40%로 낮으며 최근 들어 그 사용이 늘고 있다.

피로한계 (fatigue limit)   ☞ 피로한도

피로한도 (fatigue limit)   피로한계와 동의어로 정적 파괴응력하의 반복응력에 의해 재료가 파괴되는 현상을 피로 또는 피로현상이라고 하는데 이것이 영구히 파괴되지 않는 응력의 한도(응력의 최대치)를 피로한도 또는 내구한도라고 말한다.

피복분말 (coated powder)   화학적 또는 전기화학적 방법으로 다른 종류의 금속을 그 표면에 피복한 입자로 되어 있는 복합분말.

피삭성 (machinability)   ☞ 가삭성, 절삭성, 쾌삭성

피슘 (fissium)   우라늄원료를 사용한 후 가열용해하면 핵분열생성물중 휘발성이 강한 것은 날아가고 반응성이 강한 것은 도가니와 반응하여 금속성으로 남는데 이와 같은 금속성 핵분열생성물의 혼합물질을 피슘이라고 부른다. 기호로는 Fs로 표시한다.

피치 (Peach)   미국 스크랩규격인 ISRI(Institute of Scrap Recycling Industries, Inc)규격중 페로니켈스크랩(ferronickel iron)의 총칭으로 니켈 함유분 20% 이상, 동 0.5% 이하인 니켈철합금의 스크랩을 말한다.

피치블렌드 (pitchblende)   ☞ 역청우라늄광

피코 (Pekoe)   미국 스크랩규격인 ISRI(Institute of Scrap Recycling Industries, Inc)규격중 200계열 스테인리스 스크랩 (200 series stainless steel scrap solids)의 총칭으로 동함량이 5%이하이어야 한다.

피크효과 (peak effect)   임계전류가 상부 임계자장 부근에서 피크를 나타내는 현상.

핀튜브 (Fin tube)   튜브의 외면에 톱날 모양의 핀을 전조가공이나 용접에 의해서 성형하여 표면적을 증가시켜 전열성능을 향상시킨 열교환기용으로 널리 사용된다. 핀의 형상에 따라서 Low fin, High fin으로 구분하며 인탈산동이나 백동이 주재료로 쓰이나 타이타늄, 스테인리스로도 가공 가능하다.

핀홀 (pin hole)   주물의 표피 바로 아래에 나타나는 작은 가스구멍으로 핀을 꽂은 것처럼 내부를 향해 뻗어 있다. 생성원인은 용탕에 함유되는 수소가스 또는 주형수분에 기인하는 수소가스라고 보이며 도금면이나 유기질피복면에서도 발생한다.

필라멘트 (filament, elementry filament)   복합 초전도선을 구성하는 초전도 전류가 흐르는 심선으로 도체의 길이방향으로 충분히 길게 연속적으로 매트릭스중에 복합되어 있다. 전류가 통하면 백열하며 전구의 필라멘트에는 듀멧선, 플라티나이트 등이 사용된다.

하부임계자장 (lower critical magnetic field) 제2종 초전도체에서의 마이스너 효과가 파괴되어 자속의 침입이 일어나는 자장이다.

하부항복점 (lower yield point) ☞ 아래항복점

하석 (nepheline) 알루미나, 규소, 나트륨을 함유하는 단주(短柱)상의 결정광물로 알루미나 함유율이 높은 것은 러시아 등에서는 알루미늄의 원광석으로서 이용된다.

하소(scorification, calcination) 어떤 물질을 가열하여 수분, 유기물, 불순물 등 불필요한 요소를 제거함으로써 원하는 물질의 농도를 높이는 방법이다. 일례로 회취(灰吹)법을 하기 위해 귀금속을 포함한 불순납의 산화용융물을 일부 제거하여 귀금속의 농도를 높일 목적으로 가열처리하는 방법과 탄산염과 수산화물의 분해를 촉진하기 위해서 농축하여 광석을 가열하는 방법 등을 말한다. ☞ 배소

하소로(calciner) 하소공정을 위한 로. ☞ 하소

하스텔로이 (hastelloy) 미국 유니온카바이드사(UCC)가 개발한 니켈(Ni)을 주성분으로 하는 내열, 내식합금이다. 니켈 45~85%와 크로뮴(Cr), 몰리브데넘(Mo), 철(Fe)을 함유한다. 이외에 규소(Si), 텅스텐(W), 동(Cu)을 함유하

는 것도 있다. 하스텔로이A에 텅스텐과 크로뮴을 함유하고 있는 것이 하스텔로이C이며 니켈 85%, 규소 10%, 알루미늄 2%인 하스텔로이D 등이 있다.

하우스 (House)　미국 스크랩규격인 ISRI(Institute of Scrap Recycling Industries, Inc)규격중 혼합 모넬봉 및 단조스크랩(new mixed Monel solids and clippings)의 총칭이다. 사용하지 않은 보통모넬 또는 R모넬의 봉, 단조품으로 이루어지며 이물질 및 일체의 불순물을 제거한 것을 말한다.

하우스만광 (housmannite)　산화망가니즈(Mn_3O_4) 광석으로 망가니즈(Mn) 72%를 함유하고 있다. 철흑색으로 딱딱하고 무거우며 얼핏 보기에는 자철광과 비슷하지만 고품위 금속망가니즈광이다. 휘망가니즈광이라고도 한다.

하이드로퍼밍 (hydroforming)　액압성형을 말한다. 박판을 프레스해서 변형시키는 가공법의 일종으로 암형만 사용해 그 위에 가공재료를 올려 놓고 반대측에서 고수압을 가해 성형하는 방법이다.

하이퍼닉 (Hypernic)　철-니켈(Fe-Ni)계 고도자율합금의 일종이다. 니켈(Ni) 함유량을 줄여서 가격을 싸게 한 것으로 성분은 니켈 40~50%, 철 (Fe) 50~60%로 되어 있으며 하이퍼멀로이A라고 부르기도 한다.

하주주조 (bottom casting, bottom pouring)　하주법 또는 밑바닥주입법이라고 하며 ① 정련을 마친 용융금속을 주형에 주입하여 주괴로 만들 경우 여러개의 주형을 피트내의 정반위에 놓고 용융금속을 정반 중앙의 주입관에서 부어 탕도를 통해 각 주형의 바닥부분부터 동시에 주입하는 방법. ② 주형공급부로의 주입구를 바닥부에 설치하고 밑에서 용융금속을 주입하는 방법 등이 있다.

하프늄 (hafnium)　원소기호 Hf, 원자번호 72, 원자량 178.49, 비중 13.09, 용융점 2,222℃, 결정구조 육방정계, 주기율표상 Ⅳa족에 속하는 금속으로, 천연에는 지르코늄과 공생하며 지르콘샌드중에 2~5% 정도 함유되어 산출된다. 열중성자 흡수단면적이 크고 실온에서 안정되며 내식성, 내열성이 우수하다. 지르코늄과의 분리가 곤란하기 때문에 용도의 개발이 뒤떨어져 있었으나 분리기술(용매추출법, 분별결정법, 이온교환법, 분별침전법, 분별증류법 등)의 진보와 함께 원자로의 제어제, 합금첨가제, 백열전 등의 필라멘트, 게터, X

선관, 방전관 등에 이용되게 되었다.

하향계단법 (underground milling, underhand stoping) 상향계단법과 반대방식의 갱내 채굴법의 일종으로 하향으로 계단형으로 파고 들어가는 방식.

한계비가역변형 (irreversible strain limit) 초전도 분야에서는 화합물 선재를 반응 열처리 후 굽힘, 인장 등의 가공을 할 때 어느 변형 이상의 가공을 하면 임계전류의 열화가 비가역적이 되는, 그 때의 변형을 말한다.

할로겐족원소 (halogens) 불소(F), 염소(Cl), 브로민(Br), 아이오딘(I)의 네 가지 원소의 총칭.

할만이사벨린합금 (Halman-Isabellin alloy) Cu-Mn-Ni합금인 망가닌에서 니켈(Ni)대신 알루미늄(Al)을 수% 첨가한 합금을 말한다.

함동강 (copper steel) ☞ 동강

함동황화철광상 (cupriferous pyritic deposit) 변성작용에 의해 생긴 황동광과 황철광의 집합체로 광상은 층상을 이루고 있으며 키스라거라고 불린다.

함유 (oil impregnation) 소결체의 기공중에 기름을 침투시키는 것.

함유율 (oil content) 함유한 소결체중에 포함된 기름량을 용적백분율로 표시한 것.

함인동볼 (copper ball) 전기동을 다시 용해로에 녹여 2차 가공하여 산소 등의 불순물을 완전히 제거하여 인을 0.04~0.06% 배합하여 수요자 요구에 맞게 볼 모양으로 단조하여 만든 제품을 말한다. 주로 PCB(인쇄회로기판) 도금용으로 사용되는 도금재이다.

함침 (impregnation) 소결체의 기공중에 기름, 왁스, 수지 등을 채우는 것.

합금 (alloy) 한 종류 이상의 금속원소와 한 종류 또는 그 이상의 금속원소나 비금속원소 고용체의 총칭으로 각각의 금속원소는 화합하지 않고 물리적으로 결합해서 여러가지 우수한 성질을 나타낸다. 실제로는 두 종류 이상의 금속을 함유하는 것이 압도적으로 많다.

합금도금 (alloyed plating) 두 종류 이상의 다른 금속을 여러가지 비율로 동시에 도금하는 것으로 광택이나 색조를 증가시키기 때문에 장식용으로 사용되는 경우가 많고 내식성이나 내마모성을 증대시키기 때문에 화학장치나 기계부품으로서 사용된다. 대표적인 것으로는 Cu-Zn, Cu-Sn, Cu-Cd, Cu-Pb, Ni-Co, Ni-Zn, Ni-Cd 등의 합금도금이 행해지고 있다.

합금분말 (alloyed powder) 합금화한 입자로 된 분말.

합금 연괴 (Lead Alloy Ingot) 배터리 극판, 연결단자 (Storage Battery Plates & Terminal Connectors), 방사선 차폐제 (Radiation Shielder), 활자 (Type Metal), 베어링 (Bearing Metal) 등의 용도로 쓰인다.

합금 점보 아연괴 (Zinc Alloy Jumbo Block) 철강 판재류 용융도금 (Galvanizing)에 사용되며 고려아연이 고객의 요구에 따라 금속 성분의 첨가 및 다양한 형상으로 생산하고 있다.

합금철 (ferro alloy) 철과 각종 금속의 합금이다. 제강과 주강시의 첨가제, 탈산, 탈황, 탈가스제로서 사용된다. 즉 페로얼로이의 용도는 주철을 만들 경우나 제강시에 노재 또는 레이들에 첨가되어 강질을 개선하는 첨가용과 강내의 불순물에 작용해서 이것들은 강으로부터 분리 또는 무해한 것으로 만드는 청정용(탈산, 탈황, 탈가스용)으로 대별된다. 대표적인 첨가제로는 페로니켈, 페로크로뮴, 페로실리콘, 페로몰리브데늄, 페로텅스텐 그리고 대표적인 청정제

| 합금철 제조법의 분류 |

제 조 법	환 원 법	설 비	제 품
전기로법	탄소환원법	전 기 로	Fe-Si, Si-Mn Fe-Cr(HC), Si-Cr
2 단 법	Si 환원법	전 기 로	Fe-Mn(HC, LC), Fe-Cr(MC, LC)
고 로 법	탄소환원법	고 로	Fe-Mn(MC)
Thermic법	Al, Si환원법	레이들(Ladle)	Fe-Mo, Fe-V, Fe-W
산소 산화법	산소 산화법	AOD, 전로	Fe-Mn(MC, LC), Fe-Cr(MC, LC)

로는 페로망가니즈, 실리콘망가니즈, 페로타이타늄 등을 들수 있다. 이외에 탈산, 탈황, 첨가를 목적으로 한 페로얼로이로는 발열 페로망가니즈, 발열 실리코크로뮴, 산화몰리브데넘, 산화바나듐 등 다수가 있다. 페로얼로이제법은 품목에 따라 고로법, 전기로법, 테르밋법, 전해법 등이 이용되고 있다. (표참조)

합금초전도재료 (alloy superconductor) 초전도성을 나타내는 합금계 재료로써 지금까지 가장 실적이 좋은 재료는 나이오븀-타이타늄(Nb-Ti)합금이다.

합금화 용융아연도금강판 (galva-annealed steel sheets) 용융아연도금후 500℃ 정도의 고온에서 재가열하여 도금층 속에 철(Fe)을 확산시켜서 철 농도 10% 정도의 철-아연합금층을 형성시킨 제품이다. 내식성과 함께 도장밀착성이 뛰어나 자동차의 내외판용, 내부구조부용으로 많이 이용되고 있다. 또한 내식성을 높이기 위해 합금도금층 위에 철 박막을 전기도금한 신제품이 실용화되고 있다.

핫디프코팅법 (hot dip coating method) ☞ 용융도금법

핫차지 (hot charge) 용재. ☞ 핫차징

핫차징 (hot charging) 용재장입으로 용융금속(용탕)을 그대로 압연가공하는 것을 말한다. 알루미늄의 압연 등에 일부 실용화되어 있으며, 주조공정을 생략할 수 있기 때문에 합리화 효과가 크다.

항복비 (yield ratio) 인장강도에 대한 항복점(보통 상항복점) 또는 내력의 비율.

항복연신율 (yield elongation, percentage yield elongation) 인장시험 과정 중 시험편 평행부가 항복하기 시작할 때부터 거의 일정한 응력상태에서 변형이 증가하고 평활하게 응력이 증가하기 시작할 때까지의 표점간 길이변화를 표점거리에 대한 백분율로 나타낸 것이다.

항복점 (yield point) 인장시험에서 시험편이 항복현상을 보이는 응력을 말한다. 인장시험중에 시험편 평행부가 항복을 시작하기 이전의 최대하중을 평행부의 원단면적으로 나눈 값을 상항복점이라고 하며 인장시험중에 시험편 평

행부가 항복하기 시작한 후의 거의 일정한 하중을 평행부의 원단면적으로 나눈 값을 하항복점이라고 한다. 또한 혼동될 우려가 없을 때는 상항복점을 그냥 항복점이라고 부른다.

항투자율합금 (constant permeability alloy) 초투자율 범위에서 μ가 일정한 합금을 말하는 것으로 대표적인 것이 퍼밍바와 인펌 등이 있다. 용도는 통신용 코일 등이다.

항온단조 (Isothermal/Hot Die Forging) 타이타늄합금의 항온단조(Isothermal/Hot Die Forging)는 1960년대 초에 개발되었다. 일반적인 열간단조에서는 금형과 접촉하는 재료 표면은 온도가 급격히 저하하는 반면, 재료 내부는 가공열에 의해 온도가 상승하기 때문에 불 균일한 조직이 되기 쉽다. 또한 일반 열간단조에 의해서는 두께가 얇은 타이타늄합금 부품을 단조하는데 한계가 있으며, 원재료에 대한 제품의 수율이 낮고 많은 마무리 절삭 가공으로 인하여 가격이 상승되기 때문에 수요확대의 큰 걸림돌이 되었다. 그러나 항온단조에서는 금형의 온도를 재료온도와 같게 유지 (700~980℃)함으로써 성형시간을 충분하게 가져갈 수 있고, 변형속도를 종래의 130cm/min 정도에서 1.3cm/min로 낮춤으로써 유동응력을 감소시켜 두께가 얇거나 복잡한 형상 부품의 제조를 용이하게 하였다.

해리 (dissociation) 화합물이 가열, 용해 등의 작용에 의하여 그 성분이 가역적으로 분해하는 현상으로 해리열이 발생한다.

해리도 (degree of dissociation) 해리된 분자수와 해리전의 분자 총수의 비.

해리스법 (Harris process) 연(Pb)의 건식정련법의 일종이다. 용융조연을 알칼리 혼합 용융물(가성소다, 초석, 식염)을 넣은 반응원통 속에서 교반순환시켜 불순물(주석, 안티모니 등)을 알칼리 혼합용융물에 흡수하게 하여 분리회수하는 방법이다. 이 방법은 연합금스크랩의 재생정련에 응용되고 있다. 해리스법에 의해 얻은 정연을 해리스연이라고 한다.

해면상분말 (sponge powder) 다공질 입자로 된 분말로 스펀지분말이라고도 한다.

핵비등 (nucleate boiling) 냉매중 물질표면의 온도와 냉매의 온도차가 커졌을 때 열전달면에 기포가 발생하고 전달면을 이탈하여 상승하는 현상으로 이 영역에서는 기포의 운동 때문에 열전달이 매우 촉진된다.

핵융합발전 (nuclear fusion generation) 중수소나 삼중수소, 헬륨 등의 두 개의 가벼운 원자핵이 핵반응을 일으킨 결과, 보다 무거운 원자핵으로 바뀌는 현상(핵융합반응) 때문에 생기는 질량결손에 따른 발생 에너지를 이용한 발전이다.

향사 (syncline) 지층이 습곡(褶曲)되어 물결모양이 된 계곡 부분.

허니 (Honey) 미국 스크랩규격인 ISRI(Institute of Scrap Recycling Industries, Inc)규격중 혼합 황동스크랩(yellow brass scrap)의 총칭이다. 황동판, 봉, 관, 주물이나 기타 각종 황동스크랩으로, 도금물을 함유하나, 망가니즈청동, 알루미늄 청동, 사용했던 라디에이터 및 라디에이터 부품, 철, 과도한 오염이나 손상, 부식물을 제외한 것을 말한다. (그림참조)

허니

헤스광 (hessite) 은(Ag)의 텔루륨화물로 연(鉛)회색을 띠고 있으며, 매우 무겁다(비중 8.3). 텔루륨은광이라고도 한다.

헤지 (hedge) ☞ 헤징

헤징 (hedging) 시세의 변동에 따른 위험을 회피하기 위해 선물로 미리 팔기 위해 내놓거나 사두기를 하는 것으로, 일반적으로는 미리 내놓는 경우가 많으며, 이를 매도헤지, 그리고 사 두는 것을 매입헤지라고 한다. 예를 들면 동가공업자가 수입동을 계약했을 때 런던금속거래소(LME)의 선물로 매도헤지를 해 두면 제품이 마무리되었을 때 동의 시세가 떨어져도 값이 비쌀 때 매도헤지해 두었던 동을 다시 되사는 것에 의해 이익을 얻을 수 있으므로 수입동의 가격하락으로 인한 손실을 보충할 수가 있다.

형동 (ingot copper) 잉곳, 잉곳바, 케이크, 빌릿 등 일정한 형으로 주조한 동괴의 총칭이다.

형상기억소자 (shape memory element) 형상기억처리를 하여 일정한 형상을 기억시켜 형상기억 효과를 기능으로 하는 소자이다.

형상기억처리 (shape memory treatment) 소정의 형상을 기억시키기 위하여 하는 처리로 형상기억 처리에는 일방향 형상기억처리와 양방향 형상기억 처리가 있다.

형상기억합금 (shape memory alloys) 고온에서 기억시킨 형상을 상온에서 변형시켜도 가열하면 원래의 형상으로 돌아오는 특성을 갖는 합금이다. 고온측과 저온측에서 결정구조가 현저하게 다르므로 온도의 변화로 원래의 형으로 돌아간다. 니켈-타이타늄계 합금, 동계 합금 외에 철-망가니즈계나 철-크로뮴계(스테인리스계)와 같은 철베이스계 합금도 세계적으로 개발되고 있다. 전기제품의 제어부품용이나 파이프의 이음부 등 각종의 용도개발이 추진되고 있다.

형상기억합금 스프링 (shape memory alloy spring) 형상기억합금으로 형성되어 형상기억 효과를 갖는 특수한 스프링으로 통상 스프링이 탄성에 의하여 형상회복 하는데 대해 이 스프링에서는 온도변화에 의해 형상회복한다. 압축코일스프링, 인장코일스프링, 박판스프링, 접시형스프링 등이 있고 압축코일스프링에서는 형상회복시 늘어나고 인장코일스프링은 형상 회복시 수축된다.

형상기억효과 (shape memory effect) 임의의 모양의 합금을 저온상(마르텐사이트)에서 다른 모양으로 변화시켜도 고온상(모상)이 일정하게 되는 온도로 가열하면 역변태가 일어나고 변형전의 원래 모양으로 되돌아가는 현상을 말한다.

형석 (fluorspar, fluorite) 천연에서 산출되는 불화칼슘으로 제련의 용제, 불화알루미늄의 원료로서 중요하다. 반디석이라고 부르기도 하며 주산지는 러시아, 미국, 캐나다 등이다.

호일 (foil) ☞ 박

호일스톡 (foil stock) ☞ 알루미늄호일스톡

호칭응력 (nominal stress) 노치, 기타에 의한 응력집중의 효과를 고려하지 않고 재료가 탄성체라고 생각하여 계산된 응력이다. 수직응력은 σ, 전단응력은 τ의 기호를 사용한다.

혼합 (mixing) 조성이 다른 두 종류 이상의 분말 또는 분말과 다른 물질을 혼합하는 것.

혼합분말 (mixed powder) 조성이 다른 두 종류 이상의 분말을 될 수 있는 한 균일하게 혼합시킨 분말.

혼합상태 (mixed state) 제2종 초전도체에서의 하부 임계자장에서 상부 임계자장까지의 양자화 자속의 침입을 수반한 상태이다. 자장 감소시에는 자속이 피닝되어 자화의 양의 값이 되는 수도 있다. 일반적으로 불완전한 반자성 상태이다.

홀뮴 (holmium) 원소기호 Ho, 원자번호 67, 원자량 164.9304, 비중 8.8, 용융점 1,474℃, 비등점 2,700℃, 결정구조 조밀육방정인 희토류 원소의 하나이다. 질량수 165 이외에 144에서 180 사이에 36종의 방사성 핵종이 있는 것으로 알려져 있다. 다른 희토류 원소와 함께 가드린석 등에 함유되어 소량 존재한다. 홀뮴은 3가의 화합물을 만들며 화합물과 이온의 색깔은 황색이고 고온에서 산화물 Ho_2O_3를 생성한다. 디스프로슘 화합물과 함께 희토류 원소 화합물중 가장 큰 상자성을 나타내고 있다.

홀헤롤트법 (Hall-heroult process) 가장 일반적인 알루미늄(Al)제법으로 빙정석을 이용해 알루미나를 전해로에서 환원, 알루미늄을 얻는 방법이다. 미국인 홀과 프랑스인 헤롤트가 발견하였기 때문에 이 이름이 붙여졌다.

홍비니켈광 (niccolite) 니켈(Ni)의 비화광석으로 니켈 44%를 함유하고 있다.

홍아연광 (zincite) 아연(Zn)의 산화광석으로 아연 72~80%를 함유하고 있다.

홍은광 (ruby silver ore) 농홍은광을 말한다. ☞ 농홍은광

홍적층 (diluvium) 신생대 제4기의 전반기였던 홍적기에 침작하여 생긴 지층.

홍주석 (andalusite) 규산 알루미나 광물로 규산석과 동질이상이다. 경도가 높고 광택이 나며 장미색, 육홍색을 띤다.

화성광상 (igneous deposit) 암장에서 직접 생긴 광상으로 생성원인에 따라 페그마타이트광상, 접촉교대광상, 기성광상, 열수광상 등으로 나뉘어진다.

화이트골드 (white gold) 금(Au)과 니켈(Ni)과 아연(Zn)의 합금이며 표준배합은 금 80%, 니켈 15%, 아연 5%로, 이밖에 동을 함유하는 경우가 있다. 치과용 및 장신구로 사용한다.

화이트메탈 (white metal, tin base bearing alloy, lead base bearing alloy) 고속 및 중속 그리고 고하중 및 중하중 베어링용에 사용되는 주석(Sn) 및 연(Pb)합금이며 배빗메탈, 감마합금, 백색감마합금 등으로 불리운다. 주석을 주성분으로 하여 안티모니(Sb), 동(Cu)을 첨가한 것(주석계 화이트메탈)과, 연을 주성분으로 하여 이에 주석, 안티모니, 동을 가한 것(연계 화이트메탈)이 있다. 미국에서는 주로 Sn-Sb합금(95% Sn-5% Sb)을 화이트메탈이라고 칭하며 일본에서는 배빗메탈의 별명으로 사용하고 있다. 주석계 화이트메탈은 용융점이 200~240℃지만 완전히 용해하는 온도는 290~425℃이고 주조온도는 이보다 약 70℃ 가 더 높다. 내피로성이 낮지만 저하중에서 충분히 견디며 내눌러붙임성이 매우 우수하고 연계 화이트메탈에 비해 내식성이 뛰어나다. 연계 화이트메탈은 용융점이 180~250℃지만 완전히 용해되는 온도는 260~280℃이다. 주석계 화이트메탈보다 가격이 저렴하고 내눌러붙임성도 차이가 없다. 또한 두께가 0.80㎜ 이하의 얇은 층에서 사용한다면 내피로성도 양호하며 온도가 높은 조건하에서는 주석계 합금보다 우수한 특성을 발휘한다. KS D 6003에서는 화이트메탈을 1종, 2종, 2종B, 3종, 4종, 5종, 6종, 7종, 8종, 9종, 10종 등 11종류로 구분하고 있는데 1~2종B는 고속고하중용, 3종은 고속중하중용, 4~5종과 7~8종은 중속중하중용, 6종은 고속소하중용, 10종은 중속소하중용으로 사용된다.

화폐용합금 (coinage alloy) 주화 화폐에 사용되는 합금으로 니켈(Ni), 동(Cu)을 함유하고 있는 금(Au) 또는 은(Ag)합금이다. (그림참조)

소전

화폐주조 (coinage) 다이스의 정확한 모양을 프레스로 가압하여 소재에 나타나게 하고 그 후에 펀치로 브랭킹하여 화폐를 제조하는 방법이다.

화학도금 (chemical plating) 넓게는 전기도금, 이온화경향에 의한 치환, 카니잰도금과 같은 특수 무전해 도금 등 화학반응을 응용한 도금법 일체를 포함하는데 보통은 전기도금과 대비시켜 후자의 두 가지를 화학도금이라고 한다. 즉, 전극반응의 도움을 기다리지 않고 금속염 수용액속의 금속이온의 화학적 환원에 의해서만 소재표면에 다른 금속을 석출 피복시키는 것으로 전기도금에 비해 도금면이 비다공질이며 소재의 요철부 모두 한결같은 두께로 부착되어 도금금속량이 적게 든다는 것이 특징이다. 공업적으로는 니켈(Ni)과 동(Cu)의 화학도금이 적용되고 있으나 그외의 사례는 매우 적은 편이다.

화학연마 (chemical polishing) H_3PO_4, HNO_3, H_2SO_4 등을 주성분으로 하는 연마욕에 시료를 접촉시켜 화학적인 반응만으로 시료를 연마하는 것이다. 이 방법에 의하면 광택면을 얻을 수 있으며 동시에 착색면이 되는 경향도 있으므로 액의 선택에 있어서는 주의가 필요하다. 특징은 다른 연마방법으로는 불가능한 복잡한 형상의 것 또는 내면을 연마할 수 있다는 점이다.

화학적 침전광상 (chemical precipitation deposit) 광물 성분이 지표수에 용해되고 화학적으로 침전하여 생긴 광상으로 연망가니즈광, 갈철광 등이 있다.

화합물 (compound) 두 종류 이상의 금속원소들이 화학적으로 반응, 결합하여 새로운 금속을 생성시키는 화학반응 결정체를 말한다.

화합물 초전도재료 (compound superconductor) 초전도성을 나타내는 화합물재료이다. 결정구조로서 2원계(A-15형 화합물, B-1형 화합물, 라베스상 화합물 등)와 다원계(쉐브렐상 화합물, 페로브스카이트 구조 등)로 분류된다. 임계온도가 높고 극히 높은 임계자장을 가진 재료가 많다.

확관 (expanding, flaring) 동관과 동관을 용접접합하기 위하여 관의 한 쪽을 소켓으로 가공하는 확관과 동합금 이음쇠와 나사식 접합을 하기 위한 나팔관식 확관 두 가지가 있다. 용접용 확관작업에는 익스팬더를 사용하며 익스팬더 헤드의 크기는 동관규격과 같은 것을 사용한다. 이밖에 관의 직경크기에 따라 멀티 익스팬더, 익스팬더 머신 등이 사용된다.

확산 (diffusion) 물질을 구성하고 있는 원자가 열에너지에 의하여 이동하는 현상으로 확산변태, 석출, 회복, 재결정, 침탄 등은 어느 것이나 원자의 확산에 의해서 진행된다. 결정중에서 원자의 확산은 원자의 이동경로에 의해 격자확산(체확산), 표면확산, 입계확산, 전위확산 등 네 가지 종류가 있다. 또한 확산원자의 종류에 따라 자기확산, 불순물확산, 상호확산, 반응확산 등이 있으며 확산원자의 기구에 따라서 공공기구에 의한 확산, 준격자간 확산, 원자교환기구 및 링기구에 의한 확산, 격자간 불순물 확산, 해리확산, 완화공공확산, 밀집이온확산 등이 있다.

확산장벽 (diffusion barrier) Nb_3Sn, V_3Ga 등의 화합물계 초전도선에서 안정화재가 주석(Sn), 갈륨(Ga) 등의 확산에 의해 오염되지 않도록 배치하는 탄탈럼(Ta), 나이오븀(Nb) 등의 장벽.

확산접합법 (diffusion bonding) 공상영역에서의 온도, 압력을 높여 원자의 확산에 따라 재료를 결합하는 방법.

환원 (reduction, reducing) 산화의 반응으로 물질이 산소를 상실하는 것 또는 수소와 화합하는 것을 말한다. 금속의 제련은 이 작용을 이용하는 경우가 많다.

환원분말 (reduced powder) 환원하여 제조된 분말.

환원제 (reducing agent) 금속의 환원에 사용되는 물질로 철강석의 경우 석탄이나 코크스 그리고 수소나 일산화탄소, 탄화수소 등이 이용된다. 일반적으로 사용되고 있는 환원제로는 C, CO, H_2, CH_3, $CO+H_2$ 및 이것들과 CO_2나 N_2의 혼합가스 등을 들 수 있다.

활면 (slickenside) 단층에 의한 마찰로 미끄럽게 된 암석의 면을 말한다.

활성화 (activation) 합금의 수소저장 및 방출반응을 촉진하기 위한 전처리.

활성화소결 (activated sintering) 분말 또는 소결분위기에 소결을 촉진시키는 성분을 첨가해서 하는 소결.

활자합금 (type metal) 인쇄용 활자를 만드는데 사용하는 활자용 연(Pb), 주석(Sn), 안티모니(Sb)의 삼원합금이다. 일반적으로 연이 주성분이고 주석과 안티모니를 배합한 합금이지만 소량의 동을 첨가하는 경우도 있다. KS D 2340에서는 안티모니의 함유 성분에 따라 네 가지 종류, 그리고 다시 주석의 성분에 따라 8종류로 분류하고 있다. 1종은 안티모니 19~21%, 주석 9.5~10.5%로 영문활판용, 2종은 안티모니 16~18%, 주석 2.5~8.5%로 국한문 활판용, 3종은 안티모니 14~16%, 주석 3.0~6.5%로 윤전기 및 일반 연판용, 4종은 안티모니 12~14%, 주석 0.5~4.5%로 라이노타이프용, 칸자라용, 충진용에 사용된다.

황동 (brass) 동(Cu)과 아연(Zn)의 합금으로 공업적으로 많이 사용되는 동합금이다. 색깔이 아름다우며 순동보다 주조하기 쉬우며 경도와 강도가 크고 전연성이 풍부하여 얇은 박 등을 만들 수 있다. 크게 73 황동(동 70%+아연 30%)과 46 황동(동 60%+아연 40%)로 구분되는데 73 황동은 균일한 α고용체로 연하고 연성이 풍부하다. 탄피에 많이 사용되고 있어 탄피황동이라고도 부른다. 46 황동은 α와 β의 고용체로 단단하기 때문에 기계부품 또는 주물에 많이 사용된다. 일반적인 용융온도는 73 황동이 950℃, 46 황동이 900℃ 정도이다.

황동관 (brass tube, brass pipe) 일반 황동관, 복수기용 황동관 등이 있으며 일반 황동관은 가공성, 도금성이 좋고 강도가 높아 열교환기, 기계부품 등에 사용되며 복수기용 황동관은 내식성이 우수해 화력 및 원자력발전소의 복수기, 급수가열기, 증류기 등에 사용된다. KS D 5301에 규정되어 있다. (그림참조)

황동관

황동광 (chalcopyrite) 대표적인 황화동광석으로 황색를 띤 사면체로 동(Cu) 34.5%, 유황(S) 35%와 철(Fe)을 함유하고 있다. 함유황화철광상을 형성시커 황철광과 함께 산출되는 경우가 많다.

황동납 (brass brazing filler metal)　금속의 납땜에 이용하는 동(Cu)과 아연(Zn)을 주성분으로 하는 합금으로 46 황동을 많이 이용한다. 경납이라고도 한다.

황동봉 (brass rod, brass bar)　연(Pb), 알루미늄(Al), 주석(Sn), 망가니즈(Mn) 등을 소량 함유하는 46 황동 내지는 46 황동에 가까운 조성의 황동으로 만든다. 쾌삭 황동봉, 단조용 황동봉, 고력 황동봉 등이 있다. KS D 5101에 규정되어 있다. (그림참조)

황동봉

황동선 (brass wire)　황동선, 니플용 황동선, 쾌삭황동선 등이 있다. 전연성, 피삭성, 단조성이 우수하여 리벳, 니플, 볼트, 전자부품 등에 사용된다. KS D 5103에 규정되어 있다.

황동스크랩 (brass scrap)　동(Cu)과 아연(Zn)의 합금인 황동스크랩으로 그 종류는 다음과 같다.

〔1〕 1호 탄피설 : 폭탄뇌관을 떼어낸 소각하지 않은 KS D 5201의 C2600의 탄피설로서 다른 재료 및 다른 물질이 혼입되지 않은 것. 다만 부식된 것을 제외한다.

〔2〕 2호 탄피설 : 미사격 및 불발탄을 제외한 소각하지 않은 KS D 5201의 C2600의 권총, 소총 및 기관포의 뼈대 탄피설로서 탄두, 철 등의 다른 물질이 혼입되지 않은 것. 다만 부식된 것은 제외한다.

〔3〕 3호 탄피설 : 소각된 KS D 5201의 C2600의 탄피설로서 탄두, 철, 재 등의 다른 물질이 혼입되지 않은 것. 다만 부식된 것은 제외한다.

〔4〕 1호 신황동설 : 두께 0.2㎜ 이상의 KS D 5201의 C2600, 2680, 2720 및 이에 준하는 것을 절단 또는 편칭한 순량의 신설. 다만 1변 10㎜ 이하의 작은 조각이 혼입되어서는 안된다. KS D 5201의 C3560, 3561, 3710, 3713, 4621, 4640의 설이 혼입되어서는 안된다.

〔5〕 2호 신황동설 : 두께 0.2㎜ 이상의 KS D 5201의 C2801 및 이에 준하는 것을 절단 또는 편칭한 순량의 신설. 다만 1변 10㎜ 이하의 작은 조각이

혼입되어서는 안된다. KS D 5201의 C3560, 3561, 3710, 3713, 4621, 4640의 설이 혼입되어서는 안된다.

(6) 상품 황동설 : 두께 0.2㎜ 미만의 KS D 5201의 C2600, 2680, 2720, 2801 및 이에 준하는 것을 절단 또는 펀칭한 순량의 신설. 1호 신황동설 및 2호 신황동설에 규정한 것의 고설로서 순량인 것. KS D 5103, KS D 5301의 C2600, 2700, 2800 및 KS D 5545의 C2600, 2680과 이에 준하는 것의 설로서 순량인 것. KS D 5201의 C3560, 3561, 3710, 4621, 4640 및 KS D 5301의 C4430, 6870, 6871, 6872와 그밖의 다른 재료가 혼입되어서는 안된다.

(7) 황동봉 지금설 : KS D 5101의 C3601, 3602, 3603, 3604, 3712, 3771, KS D 5103의 C3501 및 KS D 5201의 C3560, 3561, 3710, 3713과 이들에 준하는 설로서 다른 물질이 부착되어 있지 않은 것. KS D 5301의 C4430, 6870, 6871, 6872, KS D 5101의 C6782, 6783 및 KS D 6001의 모든 황동주물과 그밖의 다른 재료가 혼입되어서는 안된다.

(8) 보통 황동설 : 상기 (1)~(7)에 해당하지 않은 황동판, 조, 관, 봉 및 선과 이것에 준하는 것의 설로서 다른 물질이 부착되지 않은 것. KS D 5301의 C4430, 6870, 6871, 6872 및 그밖의 다른 재료가 혼입되어서는 안된다.

(9) 황동 절삭설 : 황동판, 조, 봉, 선, 관의 절삭설로서 철, 각종 알루미늄합금, 흙, 모래 등의 다른 물질이 혼입되지 않고 기름 및 수분이 적은 것. 다만 줄가루, 톱가루 등이 혼입되어서는 안된다. KS D 5301의 C4430, 6870, 6871, 6872, KS D 5101의 C6782, 6783 및 KS D 6001의 모든 황동주물과 그밖의 다른 재료가 혼입되어서는 안된다.

(10) 네이벌 황동설 : KS D 5201의 C4621, 4640 및 KS D 5101의 C4622, 4641과 이들에 준하는 것의 설로서 순량인 것.

(11) 상품 황동주물설 : KS D 6001의 황동주물 및 이들에 준한 것의 설로서 그밖의 다른 재료가 혼입되지 않은 순량인 것.

(12) 보통 황동주물설 : 상품 황동주물설에 해당하지 않은 황동 주물의 설로서 순량인 것.

(13) 황동주물 절삭설 : 상품 황동주물설 및 보통 황동주물설의 절삭설로서 다른 재료 및 다른 물질이 혼입되지 않고 기름 및 수분이 적은 것. 다만 줄가루, 톱가루 등이 혼입되어서는 안된다.

(14) 고강도 황동주물설 : KS D 6007의 고강도 황동주물 및 이들에 준하는 것의 설로서 순량인 것.

(15) 고강도 황동주물 절삭설: 고강도 황동주물설의 절삭설로서 다른 재료 및 다른 물질이 혼입되지 않고 기름 및 수분이 적은 것. 다만 톱가루, 줄가루 등이 혼입되어서는 안된다.

(16) 잡종 황동설 : 상기 (8)~(10) 및 (11)~(15)에 해당하지 않은 황동판, 조, 봉, 관 및 황동주물의 설 및 절삭설로서 철, 기타 다른 물질이 혼입되지 않은 것.

황동스트립 (brass strip) ☞ 황동판

황동용접관 (brass welded pipe) 동합금 용접관중 하나로 압관성, 굽힘성, 수축성, 도금성이 좋다. 열교환기, 커튼봉, 위생관, 모든 기기부품, 안테나 로드 등에 사용된다.

황동주물 (brass castings) 황동으로 만든 주물을 말하며 KS D 6001에서는 화학성분에 따라 세 종류로 분류했다. 1종은 납땜하기 쉬운 것으로 전기부품, 플랜지류, 장식용품 등에 사용된다. 2종은 비교적 주조가 용이하며 계기부품, 일반기계부품, 전기부품 등에 사용된다. 3종은 2종보다 기계적 성질이 좋아 급배수부품, 전기부품, 건축용부품, 일반기계부품 등에 사용된다. 동함유량을 보면 1종이 83~88%, 2종이 65~70%, 3종이 58~64% 이다.

황동판 (brass sheet, brass plate) KS D 5201에서는 황동판, 쾌삭황동판, 주석함유황동판, 애드미럴티 황동, 네이벌 황동, 뇌관용동, 악기리드용 황동 등을 규정하고 있다.

황비니켈광 (gersdorffite) $(Ni \cdot Fe)AsS$의 조성을 갖는 니켈광석으로 게르스도르프광이라고도 한다.

황비동광 (enargite) Cu_3AsS_4의 조성을 갖는 황화동광석으로 동(Cu) 48.4%를 함유하고 있다.

황비백금 (cooperite) 코퍼라이트.

황산니켈 (nickel sulphate) 니켈 또는 니켈합금스크랩을 황산용액으로 용해

한 후 증발, 농축시켜 만든다. 동전해의 용액으로부터도 얻어진다. 주로 니켈 도금에 이용된다.

황산동 (copper sulphate) 황산 제1동과 제2동이 있으며, 동의 전해정련의 전해액에서 얻어지는 담반은 황산 제2동(cupric sulphate)이다. 동스크랩을 황산에 용해시켜서 만들 수도 있다. 청색의 결정으로 부식제, 동도금, 다니엘전지 등에 이용한다. 또 동광산의 갱내수 등에 함유되어 천연으로 산출되는 황산동(chalcanthite)은 침전동으로서 동의 원료가 된다.

황산동광 (brochantite) 중요한 산화동광석으로 일반적으로 수담반이라고 한다.

황산망가니즈 (manganese sulphate) 담홍색 결정(사방정계, 단사정계)으로 도료 및 인쇄잉크의 건조제 원료, 요업용 안료(인산망가니즈·도시홍)의 제조, 금속표면처리제 등에 이용된다.

황산소광 (pyrite cinder) 황화철광을 배소한 후의 타고 남은 찌꺼기로 황산재라고도 한다. 철분을 54~57% 함유하고 있기 때문에 소결시켜 제철의 원료로 이용한다.

황산아연 (zinc sulphate) 아연(Zn)을 황산으로 용해해서 만든다. 무색의 결정으로, 안료, 의약, 방부제, 아연도금 등에 이용한다.

황산알루미늄 (aluminium sulphate) 순수한 것은 무색의 광택이 있는 결정, 조각, 입자 또는 분말이지만, 공업제품은 백색 또는 다소 착색된 괴 또는 분말 및 무색 내지 황색을 띤 엷은 갈색의 액체가 된다. 제지의 사이징 및 초지조정제, 도시 수도공업용 수도, 공업용수 및 배수의 정화제(응집제), 안료 및 염료의 제조, 염색조제, 포말소화제, 도자기 공업의 클레이 침전제, 명반, 알루미나화이트의 원료 등에 이용된다.

황산연 (lead sulphate) $PbSO_4$의 조성을 가지며, 천연에서 황산연광으로서 산출된다. 백색의 결정으로 안료, 법랑, 유약 등에 이용한다.

황산연광 (anglesite) 연(Pb)의 광석이며 황산염 광물로 연을 약 68.53% 함유하고 있다.

황산염 (sulphate) 황산중의 수소가 금속과 치환해서 생긴 화합물로, 천청석, 중정석 등으로서 천연으로 산출되는데, 그 수는 적다. 중요한 황산염 광물로는 천청석($Sr(SO_4)$), 중정석($Ba(SO_4)$), 황산연광($Pb(SO_4)$), 수담반($CuSO_4 \cdot 3Cu(OH)_2$), 담반($CuSO_4 \cdot 7H_2O$) 등이 있다.

황산재 (pyrite cinder) ☞ 황산소광

황석광 (stannite) 주석(Sn)의 광석이며 황화광으로 주석 27.6%와 동(Cu), 철(Fe)을 함유한다.

황안광 (antimony ocher) 안티모니(Sb)의 광석이며 산화광으로 안티모니 74.52%를 함유하고 있다.

황안연광 (jamesonite) 연(Pb)의 황화광석으로 연함량 50.8%와 안티모니(Sb)를 함유한다. 모(毛)광이라고도 부른다.

황연 (chrome yellow) 크로뮴산염을 주성분으로 하는 황색 안료를 말한다.

황연광 (wulfenite) 수연연광.

황인동선 (copper wire rod) 동와이어바를 열간 압연롤로 길게 늘인 것으로 동전선의 재료가 된다. 선의 지름은 통상 6.5㎜에서 22㎜ 정도이다. 대표적인 것이 8㎜ 동선이다.

황철광 (pyrite) 파이라이트라고 하며 가장 대표적인 황화철광이다. 담황색의 결정체로, 철(Fe) 46.55%와 유황(S) 53.45%를 함유한다. 외관은 금을 닮아 강한 황금색의 금속광택을 갖는 광물이다. 자연적으로 중요한 광상은 흑광광상, 동함유 황화철광상 등이 있으며 그밖에 황철광 및 기타 황화광을 말하며 황동광, 황철광, 백철광, 활석광 등이 있다. 철광석으로써의 가치는 적으며 황산 및 유황의 제조, 동광정련의 자용제 등으로 사용된다.

황카드뮴광 (greenockite) 카드뮴(Cd)의 황화광석으로 카드뮴을 주성분으로 하는 광석으로서는 거의 유일한 것이다. 카드뮴 77%를 함유하고 있다. 미국의 일부 광상을 예외로 하고는 이 광석만으로 광상을 형성하는 경우는 거의 없다.

황코발트광 (linnaeite) $(CoNi)_3S_4$의 조성을 갖는 코발트(Co)의 광석으로 코발트의 함유량은 일정하지 않다.

황코발트니켈광 (linnaeite) 황코발트광과 같다.

황화광 (sulphide ore) 금속황화물의 형태로 산출되는 광석의 총칭이다. 각종 금속의 원광으로서 중요한 것이 많다. 중요한 황화광으로는 휘동광(Cu_2S), 반동광(Cu_3FeS_3), 황동광($CuFeS_2$), 유동광($Cu_{12}Sb_4S_{13-x}$), 황석광($Cu_2Fe_2SnS_4$), 휘은광(Ag_2S), 방연광(PbS), 황철광(FeS_2), 자류철광($Fe_{1-x}S$), 섬아연광(ZnS), 휘안광(Sb_2S_3), 진사(HgS), 섬망가니즈광(MnS), 휘창연광(Bi_2S_3), 휘수연광(MoS_2), 황카드뮴광(CdS), 펜트란다이트(FeNiS) 등이 있다.

황화동 (copper sulphide) 황화 제1동과 제2동이 있다. 천연으로 각종 황화동광으로서 산출된다.

황화몰리브데넘 (molybdenum sulphide) 천연에서 휘수은광으로서 산출된다. 이황화몰리브데넘이 중요하며, 윤활제로 이용된다.

황화수은 (mercury sulphide) 천연에서 진사로서 산출된다. 황화 제2수은이 중요하며, 안료로 사용한다.

황화아연 (zinc sulphide) 섬아연광은 천연으로 산출되는 황화아연이나, 인공적으로는 황산아연으로 만들며 안료로 이용한다.

황화안티모니 (antimony sulphide) 천연에서 회안광으로서 산출된다. 삼황화안티모니과 오황화안티모니이 있으며, 폭죽, 성냥, 안료 등에 이용한다.

황화주석 (tin sulphide) 황화 제1주석과 황화 제2주석이 있다. 전자는 촉매,

후자는 안료에 이용된다.

황화철광 (pyrites, pyrites ore) 황철광과 자류철광의 총칭으로 주로 황산의 제조에 사용되는데, 동(Cu)을 함유하는 것은 함동황화철광이라고 하며 동의 중요한 원료가 된다.

황화카드뮴 (cadmium sulphide) 카드뮴(Cd)의 중요한 화합물로, 그림물감, 도료 등에 이용하는 카드뮴황의 원료이다. 탄산카드뮴과 유황을 가열해서 만든다.

회복전류 (recovery current) 회복 열유속과 균형을 이루는 통전전류의 값이다. 초전도 선재에 안정하게 전류를 통전할 목적으로 선재의 표면을 냉각시키는 액체 헬륨의 막비등으로부터 핵비 등으로 회복하여 올 때의 열유속으로 충분히 냉각하도록 통전전류를 제한하는 사고방식에 따른다.

회색주석 (grey tin) 저온안정상인 α상 주석을 말한다. 회색을 띠고 있으며 변태시 체적팽창 때문에 조분상(粗粉狀)이 되기 쉽다.

회전가마 (rotary kiln) ☞ 로터리킬른

회전전로 (rotary converter) 용탕을 레이들에 받을 때 노가 수평축의 주위를 회전하도록 되어 있는 전로.

회중석 (scheelite) 쉬라이트라고 하며 텅스텐(W)의 중요한 광석이다. 회백색 혹은 회황색, 사각 및 송곳모양의 결정으로, 삼산화텅스텐 80.56%와 칼슘(Ca)을 함유하고 있다.

후생광상 (epigenetic deposit) 주위의 암석이 먼저 생긴 뒤에 생성된 광상을 말한다.

후판 (thick plate) 두께 3㎜ 이상의 압연판을 말하며 후판중 3~6㎜의 것을 중후판이라고 한다. 알루미늄판의 경우 6~150㎜ 정도를 말한다.

휘동광 (chalcocite) 황화동광석으로 동(Cu) 70.8%, 유황(S) 29.2%를 함유

하고 있다.

휘망가니즈광 (hausmannite) 망가니즈(Mn)의 광석으로 하우스만광이라고도 한다. 산화광석으로 망가니즈 72.03%를 함유하고 있다.

휘수연광 (molybdenite) 몰리브데넘(Mo)의 가장 중요한 광석이며 황화광으로 몰리브데넘 59.99%를 함유하고 있다.

휘스커 (whisker) 수염결정이라고도 한다. 전위 등의 내부결함이 매우 적은 긴 바늘 혹은 수염모양의 금속이나 무기물의 단결정으로 인장강도가 다결정체의 10~100배나 된다. 휘스커의 성장축방위는 결정표면에너지에 관련되며 낮은 에너지면을 정대에 가진 정재축이 성장축이 된다. 보통 지름 수㎛, 길이는 수십~수백㎛ 정도이며 탄화규소 휘스커, 질화규소 휘스커 등이 있다.

휘스커강화금속 (whisker reinforced metal) 세라믹 등의 고강도, 고탄성율의 휘스커에 의해 강화시킨 금속기 복합재료.

휘안광 (stibnite) 대표적인 안티모니(Sb)의 원광석이며 황화광석으로 안티모니을 71.38% 함유하고 있다.

휘안은광 (polybasite) 은(Ag)의 황화물로 은 64~72%와 안티모니(Sb)을 함유하고 있다.

휘은광 (argentite) 은(Ag)의 광석이며 흑회색의 황화광석으로, 은을 87.1% 함유하고 있다.

휘창연광 (bismuthinite) 대표적인 비스무트(Bi)의 원광석이며 황화광석으로, 비스무트 81.22%를 함유하고 있다.

휘코발트광 (cobaltite) 코발트(Co)의 광석이며 비·황화물로 코발트 35.4%를 함유하고 있다.

휴슬러합금 (heusler alloy) 동(Cu), 망가니즈(Mn), 알루미늄(Al)으로 이루

어지는 강자성 합금으로 알루미늄 대신에 주석(Sn)을 첨가한 것도 있다. 영구자석에 이용한다.

휴슬합금 (heusler alloy) ☞ 휴슬러 합금

흑광 (black ore) 동(Cu), 연(Pb), 아연(Zn)의 혼합 광석으로 흑색(암회색)을 띠고 있기 때문에 이 이름이 붙었다. 황동광, 황철광, 방연광, 섬아연광 등의 황화광석(금, 은을 포함)과, 석고나 중정석이 치밀하게 혼합되어 괴상을 이루어 존재하고 있다.

흑동광 (tenorite) 산화동광석으로 동(Cu) 79.86%를 함유하고 있다.

흑심가단주물 (black heart malleable casting) 파면이 흑색인 가단주물로 탈탄은 행하지 않고 시멘타이트의 분해만이 행해진다. 조직은 템퍼링 탄소와 페라이트이다. 백선철의 주물을 먼저 제2단계 어닐링으로서 930~950℃로 약 8~20시간 유지해서 유리시멘트의 분해를 하고 이어서 제2단계 어닐링으로서 700~730℃까지 서냉해서 이 온도에서 약 20~30시간 유지해서 필라이트내의 시멘타이트의 분해를 행한다. 그 후 600℃ 부근에서 노에서 꺼내 급랭시켜서 물러지는 것을 막는다.

흑연 (graphite, plumbago) 탄소의 동질다형 광물로 성분은 탄소로 연하고 무르다. 침상(비늘모양) 흑연과 토상(흙모양) 흑연이 있다. 산소분위기 속에서는 690℃ 이상에서 탄다. 전기전도도 및 열전도도가 크다. 전극, 탄소봉, 전쇄자(電刷子), 내화원료 등에 이용된다.

흡진재 (damping materials) ☞ 제진재

흡진합금 (damping alloys) ☞ 제진합금, 방진합금

흡착 (absorption) 기체 또는 액체중의 물질이 합금표면에 결합되는 현상이다. 수소저장합금에 흡착되는 수소량은 저장되는 수소량에 비해 미량이지만 수소저장의 반응과정에서 물리흡착과 화학흡착의 양쪽 형태의 흡착과정이 포함되어 있다.

희금속 (rare metal) ☞ 희유금속

희석냉동 (dilution refrigeration) 액체헬륨과 초유동헬륨을 단열적으로 혼합하는 동작을 연속적으로 함으로써 냉각하는 방법이다. 액체 헬륨이 진공에 접할 때가 초유동 헬륨에 접해있는 경우보다 저온까지 다량의 헬륨이 증발하여 열을 빼았는 현상을 이용한다.

희소금속 (rare metal) ☞ 희유금속

희유금속 (rare metal) 미량밖에 존재하지 않는다고 생각되고 있는 금속들을 말하며 희소금속, 희원소금속, 희금속이라고도 한다. 보통 금속과의 명확한 구분은 없으며, 타이타늄과 같이 근래에 와서 지구상에 대량으로 존재하고 있음이 확인되어 희유라고 부르기에 적합하지 못한 것도 있다. 산출량이 적고 제련도 비교적 고도의 기술을 요하므로 산업계의 보급도는 낮지만 최근에는 특수한 기능재료, 합금첨가용 금속 등으로 수요가 증대하고 있다. 장식용, 통화로서의 가치를 중요시할 경우 귀금속으로 분류하고 산업상 유용성을 중요시할 경우 신금속으로 분류한다. 지구상의 존재량의 다소에 관계없이 희유금속이라고 불리고 있는 것을 존재량이 많은 순서(클라크 수에 의한다)대로 나열하면 다음과 같다.
타이타늄(Ti), 지르코늄(Zr), 바나듐(V), 텅스텐(W), 리튬(Li), 셀륨(Ce), 이트륨(Y), 네오디뮴(Nd), 나이오븀(Nb), 란타넘(La), 몰리브데넘(Mo), 토륨(Th), 갈륨(Ga), 탄탈럼(Ta), 세슘(Cs), 저마늄(Ge), 가돌리늄(Gd), 베릴륨(Be), 프라세오디뮴(Pr), 하프늄(Hf), 디스프로슘(Dy), 우라늄(U), 이터븀(Yb), 엘븀(Er), 홀루뮴(Ho), 유로퓸(Eu), 터븀(Tb), 탈륨(Tl), 툴륨(Tm), 인듐(In), 셀레늄(Se), 팔라듐(Pd), 루테튬(Lu), 백금(Pt), 오스뮴(Os), 텔루륨(Te), 로듐(Rh), 이리듐(Ir), 레늄(Re), 라듐(Ra), 플루토늄(Pu) 순이다.

희토류 금속 (rare earth metal) 희토류의 금속(란타넘, 셀륨 등) 및 혼합 희토류(미슈메탈)의 금속을 말한다. 희토류의 무수염화물을 용융 염전해하든가 칼슘환원해서 만든다.

희토류 원소 (rare earths, rare earth elements) 원자번호 57에서 71까지

의 란타넘(La), 셀륨(Ce), 프라세오디뮴(Pr), 네오디뮴(Nd), 프로메듐(Pm), 사마륨(Sm), 유로퓸(Eu), 가돌리늄(Gd), 터븀(Tb), 디스프로슘(Dy), 홀루뮴(Ho), 엘븀(Er), 툴륨(Tm), 이터븀(Yb), 루테튬(Lu)에 원자번호 21인 스칸듐(Sc)과 39인 이트륨(Y)을 더한 17개 원소의 총칭이다. 모두 주기율표상 Ⅲa족에 속하며 모두 화학적 성질이 매우 비슷하며 천연에서는 주로 화강암 및 페그마타이트중에 서로 동반되어 산출된다. 희토류 원소광물은 종류가 매우 많지만 현재 공업적으로 이용되고 있는 것은 모나즈석 정도이다. 각 원소의 분리는 모나즈석을 황산이나 가성소다로 처리하여 먼저 전희토류 원소를 추출하고, 이어서 각 원소염류를 분리 정제한다. 금속 란타넘, 셀륨, 프라세오디뮴, 네오디뮴은 이것을 용융 염전해하거나 칼슘환원해서 만든다. 발화성이 있기 때문에 발화합금으로써 라이터석에 이용되는 외에, 반도체, 연마제 등 다방면에 이용된다. 또한, 중성자 흡수단면적이 큰 것은 원자로의 제어봉 및 차폐재, 작은 것은 구조재로서의 용도가 있다.

희토류 합금 (rare earth alloys) 수소친화력이 강한 란타넘(La), 세슘(Ce) 등의 희토류금속과 다른 전이금속을 주성분으로 하는 합금으로 $LaNi_5$, $MnNi_5$ 등 육방정 구조인 AB_5형 합금이 잘 알려져 있다.

히드로날륨 (hydronalium) ☞ 알루미늄합금

히스테리시스 (hysteresis) 동일온도에서 수소를 저장한 후 방출했을 때 저장압과 방출압에 차이가 생기는 이력현상을 말한다.

히스테리시스손실 (hysteresis loss) 교류손실중 저주파 영역에서 1주기당 손실에너지가 주파수에 의존하지 않는 성분.

히치 (Hitch) 미국 스크랩규격인 ISRI(Institute of Scrap Recycling Industries, Inc)규격중 사용하지 않은 R모넬의 클리핑(new R-Monel clippings and solids)의 총칭이다. 순수하고 양질의 보통 모넬 또는 R모넬의 클리핑, 판, 기타 압연품으로 이루어지며 이물질 및 일체의 오염물을 내포하지 않은 것을 말한다.

A-15형화합물 (A-15 compound) A_3B의 조성으로 표시하며 B원자는 체심입방격자를 형성하고 A원자는 입방격자의 면 내에서 세 방향으로 1차원 사슬을 형성하며 축은 x, y, z방향을 향해 서로 직교하고 있는 화합물이다. Nb_3Sn, V_3Ga, Nb_3Al 등이 알려져 있다.

A.A. (Aluminium Association) 미국알루미늄협회로 이 협회에서 규정한 알루미늄규격을 A.A.규격이라고 한다. A.A.규격은 현재 세계적으로 통용되고 있는 알루미늄제품관련 규격이다.

AAAC (all aluminium alloy conductor) 알루미늄합금 보강 알루미늄 꼬임선을 말한다. 알루미늄과 알루미늄합금만으로 이루어진 케이블로, ACSR과 마찬가지로 고압송전선에 이용된다.

AB 케이블 (Aerial Bundled cable) 지중 전력 케이블을 가공 노선에 적용한 것으로 건물이 밀집돼 있는 도심지역이나 가로수 등으로 일반 배전선을 설치하기 곤란한 곳에 사용된다. 주소재는 알루미늄 (Al)이다.

ACF (Anisotropic Conductive Firm) 절연성 필름에 전기가 통할 수 있는 미세입자 (導電입자 : 금가루)를 부착한 것으로 폭 1.0~2.5mm, 두께 15~50㎛ (1㎛는 1,000분의 1mm) 정도의 테잎 형태를 띠고 있으며 크린룸에서 코팅기를 이용해 제작하기 때문에 정밀제조 기술이 요구된다.

ACR 동관 (ACR tube) 공업용 동관이라고도 부르며 전기·전자, 기계, 공조 부품 등에 많이 사용된다. 무산소동, 인탈산동관, 타프피치동관 등으로 구별된다.

ACSR (aluminium cable steel reinforced) 동심 알루미늄 꼬임선을 말한다. 고압송전선에 사용된다. ☞ 강심알루미늄송전선

AL 로드 (Aluminium Rod) Aluminium Rod는 순도 99.7% 이상의 Aluminium Ingot를 원재료로 하여 자체 개발된 연속주조 압연 Line에 의해 9.8mm 굵기로 연산 30.000TON 규모로 생산되어 3~4TON의 단위로 포장되며 Aluminium 도체로 전력선 제조에 사용되는 산업소재이다.

AR합금 (AR alloy) 내산성이 강한 동합금(Cu alloy)으로 점성과 피로강도가 순동보다 강하며 어뢰부품이나 항공기 급유관 등에 사용된다.

AS (Australian Standards) 호주규격. 제정기관은 Standard Association of Australia(약칭 SAA).

ASTM (American Society for Testing and Materials) 미국재료시험협회. 동협회 규격으로 바뀜. 세계적으로 유명한 규격이며 공업재료규격과 시험방법규격으로 되어 있다. Manual Book으로서 15개 부문으로 분리되어 발행되고 있다. 비철금속제품은 규격 앞에 'B'로 나타낸다.

ATPC (Allied of Tin Produce Country) 주석생산국연맹. 1987년 ITA(국제주석협정)이 붕괴되자, 7개 주석 생산국인 말레이시아, 인도네시아, 태국, 호주, 자이레, 나이지리아, 볼리비아가 가맹하여 발족되었다. 그 후 주요 생산국인 중국이 가입하였으나 1996년에는 또 다른 주요 생산국인 브라질도 가입하였다. 베트남과 페루가 옵저버로서 참가하고 있으며 주석의 과잉재고 감소를 목적으로 가입국의 생산 및 수출규제를 실시하고 있다. 시황에 따라 구성되기 때문에 1996년 7월부터 수출규제는 철폐되었으며 이후 주석소비국으로 바뀐 태국과 호주가 탈퇴하였다.

AZI (American Zinc Institute) 미국아연협회.

B-1형화합물 (B-1 compound) 결정구조가 NaCl형인 전이금속 탄화물, 질화물, 산화물의 총칭이다. 이 종류의 결정구조를 가진 화합물 초전도재료로서 NbN 등이 알려져 있으며 조셉슨 소자 등의 박막재료로서 기대되고 있다.

Backwardation 선물과 현물간의 가격 역전현상으로 Contango의 반대 개념.

Basis 매우 여러 가지 뜻을 지니는 용어로서 혼동하기 쉬울 뿐만 아니라 각 용법간에 명확하게 선을 그어 정의하기 어려운 용어이다. 아래에 설명하는 가장 주요한 네 가지 경우 이외에도 동 용어가 형용사나 전치사로 "basis grade, basis F.O.B, basis Chicago, basis No.2 Yellow corn" 등 사용되고 있어 특별한 주의를 요한다. ① Basis (일반적 의미):동 용어가 선물거래와 관련하여 사용될 때는 같은 품목의 현물가격과 실물가격 사이에 존재하는 할증료나 할인료를 말한다. ② The Basis 혹은 The Cost Basis (총계 등에서 시장상황 전체를 서술할 때): 이는 보다 전문화된 용법으로서 어떤 특정한 거래를 지칭하는 것이 아니고 선물가격과 현물가격사이에 존재하는 시장전체의 상황을 설명할 때 쓰이는 용어로서, 'The Basis'라고 쓰고 반드시 정관사 the를 붙인다. The Basis는 선물가격과 현물가격이 시간의 경과와 더불어 어떠한 관계를 유지하면서 변화하는가 하는 추이를 볼 수 있다는 점이 중요하다. ③ My Basis, Your basis, His basis(특정거래인의 입장에서 본 거래포지션) : 이는 어떤 특정거래인이 일정한 품목의 현물을 보유하는 경우 그 특정인의 입장에서 볼 때 그가 소유한 현물포지션 한월(限月)이 다른 여러 가지의 선물계약에 대하여 가지는 할증료나 할인료를 말한다. 이 때 선물의 한월이 명기되지 않을 경우 최근월의 선물과 비교된다. 또한 여기서 말하는 실물은 어떤 특정한 등급과 보관장소, 인도장소 등이 고려된 경우를 말한다. 특히 'My basis'라고 하면 특정거래인이 어떠한 현물을 구매하거나 보유하면서 이에 상응한 선물계약을 매도하여 보험연계하는 경우 두 개의 거래(선물과 현물의 포지션)간에 발생되는 비용관계를 나타낸다고 볼 수 있다. ④ My Opportunity Basis or My Close Out Basis : My basis의 한가지로써 특정거래인이 맨 처음 포지션을 설정할 때 보다 가격차가 유리한 방향으로 움직인 경우 거래를 청산함으로서 이익이 발생될 수 있는 Basis라고 할 수 있다.

BBBIMA (British Bronze & Brass Ingot Makers Association) 영국동합금제조업체협회.

BCS이론 (BCS theory, Barden Cooper Shrieffer theory)   초전도현상이 일어나는 기구를 설명하는 이론으로 페르미 준위 근처의 전자가 쿠퍼쌍을 형성하여 응축을 일으킴으로써 상전도 기저 상태보다도 더욱 에너지가 낮은 초전도 상태로 옮아가는 것을 명확히 한 것이다.

BS (British Standards)   영국규격협회가 제정한 국가규격. 제정기관은 British Standards Institution(약칭 BSI). 세계 각국에 알려져 있는, 해외무역에도 적용되고 있는 권위있는 규격.

CA열전대 (CA thermocouple)   크로멜-알루멜열전대라고 부르며 1,200℃ 이하에서 사용되는 크로멜(Ni 90%-Cr 10%)과 알루멜(Ni 94%-Al 2%-Mn 3%-Si 1%)을 짝으로 한 열전대.

CCP (continuous casting process)   연속주조법.

CDA (Copper Development Association)   미국의 동개발협회.

C & F (cost and freight)   무역거래에 있어서 운임포함조건.

C & R 제관방식 (C&R pipe process)   Billet압출방식과 달리 Hollow Billet를 주조한 후 이를 관압연하여 관을 제조하는 제관방식으로 압출공정을 생략할 수 있어, 생산비용 절감에 유리하다.

CIF (cost, insurance and freight)   무역거래에 있어서 운임보험료포함조건.

CIF & C (cost, insurance, freight and commission)   무역거래에 있어서 운임보험료 및 수수료포함조건.

CIF & E (cost, insurance, freight and exchange)   무역거래에 있어서 운임보험료 및 외환비용포함조건.

CIF & I (cost, insurance, freight and interest)   무역거래에 있어서 운임보험료 및 이자포함조건.

CLC 편광막 (Cholesteric Liquid Crystal) 노트북 PC에 논란이 되고 있는 낮은 휘도 (輝度)문제를 획기적으로 개선한 제품이다. CLC편광막은 같은 양의 광원 (光源)으로 노트북 PC 등에 사용하는 LCD의 위도를 높여 소비 전력을 줄이고 배터리 사용시간을 최대 20%까지 올릴 수 있는 획기적인 제품으로 LG전선이 개발했다.

COMEX (Commodity Exchange) 뉴욕상업거래소(NYMEX)내에 한 디비전으로 있는 상품거래소로 동(Cu), 금(Au), 백금(Pt), 은(Ag)을 거래하고 있는데, 동에 대해서는 LME에 이어 국제적으로 영향을 미치고 있는 세계적인 거래소이다. 1994년 8월 귀금속등 상장 뉴욕상업거래소에 흡수 합병되었다. 우리나라의 경우 수입 동스크랩가격은 이 거래소의 동가격을 기준삼는 경우가 많으며 금과 은의 경우도 마찬가지이다.

Contango 선물가격이 현물가격보다 재고 유지비용만큼 높게 형성되는 정상적인 수급 시황을 말한다.

CVD계 섬유 (chemical vapor deposited fiber) 텅스텐(W), 탄소(C) 등을 심선으로 해서 붕소(보론), 탄화규소 등을 화학증착(CVD)법에 의해 석출시킨 섬유로 CVD계 섬유라고 부른다.

D/C 아연괴 (Zinc Diecast Ingot) 다이캐스트 제품을 만드는데 사용되는 합금 아연으로서 Al 등 주요첨가 금속의 정확한 함유가 제품용도에 맞는 물리적 성질을 좌우한다. 고려아연에서 생산하며 용도로는 자동차 (Automobiles), 산업용 기계 및 자재 (Industrial Machinery and Tools), 전기장치 (Electric Devices), 통신장비 (Communication Equipment), 장난감, 레저용품 (Toys and Leisure Goods), 정밀기계 (Precision Instruments), 생활용품 (지퍼, 버클, 수도꼭지) (Home Appliances), 방산부품 (Defense Equipment) 등에 사용된다.

Destocking 가격이 하락할 것이라는 전망에 따라 최종 수요처가 적정 재고량을 유지하지 않고 재고량을 줄이는 것으로 이로 인해 수요가 감소하고 수요 감소는 가격 하락을 촉발하 게 되는 것을 일컫는다.

DHT합금 (DHT alloy) 미국의 대형 자동차 제조사인 GM (제너럴모터스)사가 개발, 상업화에 성공한 高실리콘 (Si)-알루미늄 (Al) 합금재로, 세계적인 자동차 경량화 추세에 발맞춰 수요가 폭발적으로 증가하고 있다. 특히 기존 알루미늄-高실리콘 (Si 17% 함유)이 지닌 문제점을 개선하면서 고강도, 내마모성, 내마멸성, 가공성 등 기능성이 대폭 향상된 차세대 산업소재로 각광받고 있다.

DIN (Deutsche Institut fur Normung) 독일규격협회가 제정한 국가규격. 부문별 분류는 없지만 전규격에 일련번호를 붙여 국제 십진법으로 분류하고 있다.

DL공법 (Direct Leaching Process) 직접침출법. 황화물 정광을 배소하지 않고 직접 산으로 침출하는 기술로서 최근 활발한 연구가 진행중이다. 아연의 경우, 캐나다 코민코(Cominco)사에서 1980년대에 실용화한 10기압, 150℃ 조건으로 침출하는 가압직접침출법과 1995년도 고려아연에서 실용화한 상압직접침출법(액온 90℃)이 있다.

DPA (Defence Production Act) 미국 국방생산법.

DV선 (PVC insulated service drop wire) 인입용 비닐전선을 말한다.

EDTA법 (EDTA method) 아연을 묽은 염산에 용해하고 에틸렌디아민사아세트산이나트륨(EDTA)용액으로 적정하게 부착량을 측정하는 방법. 아연의 부착량시험에 사용된다.

Ex-Pit / Transfer Trade 선물거래를 하되 필요에 따라 현물확보를 할 목적으로 거래소내의 링(Ring)이나 피트(Pit)가 아닌 장소에서 사전에 합의된 Basis를 적용하여 현물구매가격이 결정되는 거래방법으로 이러한 Ex-Pit거래로 실제 구매가격이 달러(dollar)로 표시되고 또한 현물인수도가 이루어지기 위해서는 사후 정산이 반드시 따르게 된다.

EZI (European Zinc Institute) 유럽아연위원회.

FAS (Free Alongside Ship) 선측인도조건으로 적출항 본선의 선측으로 운반하기까지의 비용을 판매자가 부담하는 것.

FOB (Free on Board) 본선인도조건으로 적출항의 본선으로 인도하기까지의 비용을 판매자가 부담하는것.

FOR (Free on Rail) 화차인도조건.

FSF (flash smelting furnace) ☞ 자용제련

GMAW 용접 (GMAW weldig) GMAW 용접은 타이타늄 용접wire와 피용접물 사이에 아크를 발생시켜, 순차 적으로 용융된 용접wire가 피용접물의 개선부에 공급되어 접합이 이루어진다. 이 용접에서 건전한 접합부를 얻기 위해서는 용접wire의 표면을 청결히 해야 한다. GMAW 용접은 직류 역극성(봉 플러스)이며, 용착량이 크고, 두꺼운 판의 경우 층수(pass)가 GTAW보다 적어서 능률이 높은 반면에 blow hole이 발생하기 쉬울 뿐만 아니라, 비드 외관이 GTAW 보다 떨어진다.

Goethite법 (Goethite process) 고온, 고농도의 황산으로 아연소광을 침출할 때 용출된 철분이 대부분 Fe^{3+}이온 형태가 되는데 이를 90℃ 이상에서 ZnS로 환원하면 단체유황이 생성하여 잔사에 포함된다. 이를 농축 및 여과하여 분리, 배소로로 보낸다. 환원된 액중에는 아직도 $50{\sim}60 g/l$ 의 유리황산이 함유되어 있으므로 pH2정도가 될 때까지 소광을 사용하여 중화하고 85~90℃에서 산소를 분사하여 다시 산화시키면 결정질의 Goethite(α-FeOOH)가 침전한다. 이 침전물에는 안티모니(Sb), 비소(As), 인듐(In), 저마늄(Ge) 등의 유해물질도 함유되어 동시에 제거된다.

GSA (General Services Administration) 미국 일반조달국.

GTAW 용접 (GTAW weldig) 현재 가장 널리 이용되고 있는 접합은 아크에 의한 GTAW 용접이다. 예를 들면, 타이타늄의 가장 큰 수요분야인 석유·화학공업, 화력·원자력 발전, 해수 담수화 등의 플랜트에서 사용되는 열교환기, 복수기의 용접관은 타이타늄 박판을 연속적으로 관상으로 성형하고 GTAW 용접하여 제조한다. 타이타늄의 GTAW 용접은 직류 정극성 (봉 마이

너스)이며, 교류는 사용하지 않는다. 타이타늄의 용접이 스텐인리스와 비교하여 크게 다른 점은 산소, 질소, 수소와의 친화력이 강하기 때문에 용접시, 또는 용접후 고온상태에서 대기와 차단을 철저히 해야 한다는 점이다.

HCFR (high conductivity fire refined copper) 고전도 건식정제동을 말한다. ☞ 건식정제동

HCC (Horizontal Continuous Caster) 최근 동합금 주조에 새롭게 이용되는 기술로 기본 적으로 열간압연공정이 생략되어 스트립 품질은 균일하나 상하부 차이가 발생하기도 한다. 생산성은 시간당 0.8~0.9톤까지 가능하며 주괴 인출은 Cycle 방식이다. 보수관리는 통상 5~7일동안 연속조업을 하기 때문에 고도의 보수관리가 필요하다. 투자비용은 설비가 복잡한 관계로 자동화제어 정도에 따라 차이가 나지만 일반적으로 고가이다. 조업 조건은 안정 하나 접합부, 주형 이상 발생 시 용탕 누출 가능성이 있다. 수율은 90~97%이다.

HC Mill (High Crown Mill) 1970년대 이후 많은 냉간압연기에 도입됐으며 UC (Universal Crown) Milldms HC Mill보다 Roll을 소형화 했으며 고도의 형상제어를 가능케 한다.

Hematite법 (Hematite process) 일본의 아키타(Akita)제련소에서 실용화한 것으로 공정액중의 Fe^{+3}를 SO_2 가스로 95~100℃에서 Fe^{+2}로 환원시키고 H_2S를 투입, 동(Cu)을 회수한 후 라임스톤(limestone)을 사용하여 pH 4.5로 중화한다. 이 때 발생하는 석고는 판매하고, 여액은 180~200℃, 18기압의 가압반응조(autoclave)에서 산소를 투입시켜 액중의 Fe^{+2}를 $\alpha\text{-}Fe_2O_3$로 침전, 제거한다. Hematite법은 Goethite나 Jarosite process에 비하여 여과성이 좋고 케이크발생이 적으나 에너지비용이 크고 석고판매문제 등이 있다.

H.G. 아연괴 (High Grade zinc ingots) High Grade 아연괴의 약칭으로 아연함량 99.95% 이상을 의미한다.

Hunter 법 (Huter process) 타이타늄 제련방법의 하나로 Hunter 법은 1910년에 Hunter에 의해서 개발되어져 사용되었는데, 1992~1993년에 RMI사와 영국의 Deeside Titanium사의 공장이 폐쇄된 후, 거의 사용되지 않고 있

다. 이 방법의 특징은 사염화타이타늄을 환원시키기 위하여 다음의 반 응식과 같이 Mg 대신에 Na을 사용하고 있다. Hunter법에는 사염화타이타늄을 한 번에 환원시키는 일단법과 (3.1.3), (3.1.4)의 반응에 의해 두 번에 걸쳐서 환원시키는 이단법이 있다. 이 단법의 경우, 230℃에서 $TiCl_2$의 저급 염화물을 만들고, 약 1000℃에서 금속 타이타늄으로 환 원한다. 발생하는 열은 Kroll법에 비해 거의 두배이며, 반응열은 스폰지 타이타늄의 품질과 형상에 영향을 미치므로 고도의 제조기술이 필요하다.

H/M 수소함유율 또는 조성을 표시하는 방법으로 수소와 금속 원자수의 비를 나타낸다.

IMOA (International Molybdenum Association) 국제몰리브데넘협회.

IPAI (International Primary Aluminum Institute) 세계알루미늄생산자협회.

Isasmelt법 (Isasmelt process) 1977년부터 호주 M.I.M.사와 CSIRO에서 합작으로 공동 개발된 공법으로 현재 호주 Ausmelt사와 M.I.M.사가 판권을 갖고 있다. 연제련 뿐만 아니라 주석제련, 동제련, 니켈동광제련, 슬래그의 휘발(fuming)로써 유가금속 회수에도 응용되고 있다. Isasmelt로는 그 구조가 비교적 간단하며 용탕에 가스를 분사하여 강한 교반작용에 의해 산화반응이나 환원반응을 연속적으로 수행한다. 연제련의 경우 산화로에 연정광을 장입하고 공기를 분사하여 정광을 산화시키는 동시에 연품위가 높은 슬래그를 환원로로 보내어 환원로에서 코크스를 투입, 슬래그를 환원시켜 생산된 조연과 연품위가 낮아진 슬래그를 연속적으로 출탕한다.(공정도참조)

ISO (International Organization for Standardization) 국제표준기구. 본부는 제네바에 두고 있으며 전기분야 이외에 모든 분야에 관해 국제규격 제정의 촉진을 꾀할 것을 목적으로 하는 국제연방의 자문기구이다. 1946년에 창립되어 현재 가맹국은 89개국이다. 국제규격 표시는 일련번호로 제정연도를 붙여 표시된다.

ISP법 (Imperial Smelting Process) 아연(Zn)과 연(Pb)의 혼합광석을 용광

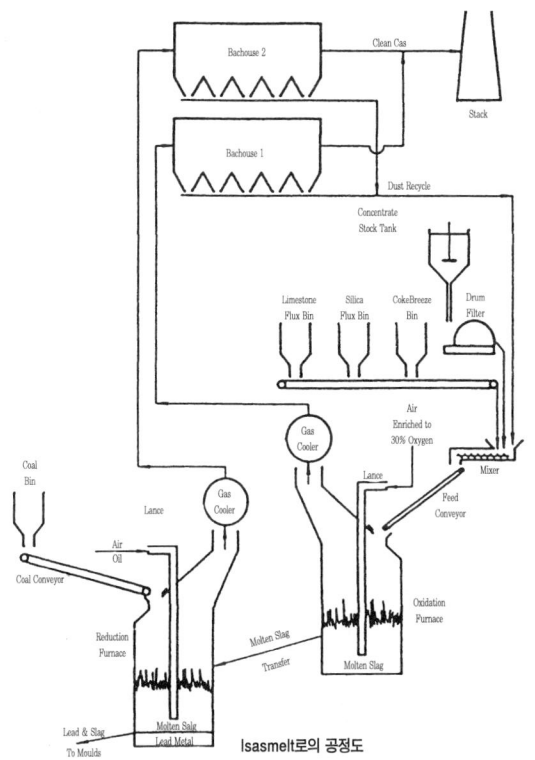

Isasmelt로의 공정도

로에서 동시에 제련하는 방식으로 아연과 연의 비등점의 차이(아연의 비등점 907℃에 대해 연은 1,750℃)와 화학적 특성을 이용한 것이다. 아연 증기에 안개상의 용융연을 뿌려 아연을 보수(補收)하고 이를 식혀서 아연을 분리, 이 작업을 반복하는 것에 의해 증류아연과 조연(粗鉛)이 2대1의 비율로 채취된다.

ISRI (Institute of Scrap Recycling Industries, Inc) 미국의 비철금속 스크랩업자들이 자신들의 권익보호와 환경문제에 대해 원만한 대정부관계를 유지하기 위해 만들어 놓은 회사형태의 조직이다.

ISRI규격 (ISRI specifications)　나리(NARI)규격을 기본으로 이스리(ISRI)에서 만든 각종 스크랩분류 기준으로 이전의 나리규격에서와는 달리 비철금속스크랩 뿐만 아니라 고철이나 고지까지 포함된 규격이다. 현재 미국의 스크랩공급이 막대한 영향을 미치고 있기 때문에 세계적으로 통용되는 스크랩규격으로 자리잡고 있다.

ITIA (International Tungsten Industry Association)　국제텅스텐산업협회.

IV선 (600V PVC insulated wire)　IV선으로 옥내 배선용 600V 비닐 전선.

IZA (International Zinc Association)　국제아연협회.

Jarosite법 (Jarosite process)　1960년대 유럽과 호주에서 독립적으로 개발된 아연제련법으로 현재 대부분의 아연제련소들이 채택하고 있는 공법이다. 아연소광을 90℃ 이상의 온도와 30g/l H_2SO_4 이상의 용액으로 침출하여 철산아연($ZnO \cdot Fe_2O_3$)을 용해한 후 이 용액을 3~9g/l H_2SO_4로 중화한 후 용해된 Fe^{3+}이온을 NH_4^+, Na^+, K^+ 등의 알칼리 이온을 첨가하여 고분자의 Jarosite 화합물을 형성시키는 방법이다. (공정도참조)

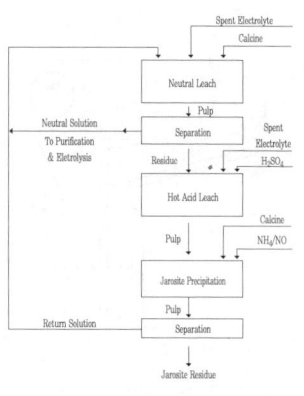

자로사이트 공정도

JCR 로드 (Copper Rod)　세계 초유의 공법으로 생산되는 (주)MB메탈의 JCR 동 Rod는 Cu Scrap을 원재료로 하여 Ø 8mm Rod로 생산되며 전력선, 선박용선에 주로 사용되는 자원 재생 제품으로 신선성이 탁월하고 전기 전도도가 우수하다는 평가를 받고 있다. Cu Scrap은 선별 공정을 거쳐 일정한 크기로 압착된 후 반사로에 장입되며 산화, 환원의 정련 공정을 거쳐 주조, 압연공정을 통한 순도 99.9% 이상의 ∅8.0mm Rod로 생산된다. 특히 공정 중 발생되는 대기환경 오염물질 제거를 위해 완벽한 집진 처리 설비를 갖추어 친환경적이다.

JIS (Japanese Industrial Standard) 일본공업표준규격. JIS는 일본공업표준화법에 의해 제정된 일본 국가규격으로 18개부문으로 분류되어 있다. JIS 역시 KS마크 표시제도와 마찬가지로 JIS마크제도가 운영되고 있다.

K모넬 (K-Monel) 니켈(Ni) 63%, 동(Cu) 30%, 알루미늄(Al) 3.5%, 철(Fe) 1.5%의 조성을 갖는 합금으로 알루미늄을 모넬합금에 첨가해서 석출경화성을 갖게 한 것이다. 장기간 시효경화처리에 의해 모넬보다 높은 인장강도와 경도를 갖는다.

Kivcet법 (Kivcet process) 연(Pb)의 제련방법의 하나로 oxygen, flash smelting, cyclone과 electrothermics의 러시아어의 두문자이다. 연제련을 위한 자용로와 이에 연결된 전기로의 두부분으로 구성되며 Shaft부에서는 장입물의 탈황을 주목적으로 하고 전기로에서는 산화물의 환원을 목적으로 하는 단일 연속공정으로 이루어져 있다. 자용로의 용탕이 전기로로 이동하는 과정에 코크스를 첨가하면 용탕중의 PbO, ZnO가 환원된다. 전기로에서 발생한 fume중 아연(Zn)은 응축기에서 금속으로 회수하거나 ZnO로써 집진기에 회수된다. 회수된 더스트중 연은 23~25%, 아연은 53~55% 정도이며 전기로에서 발생한 슬래그양은 장입물의 22%로 다른 공정보다 낮다. 슬래그중에는 연 1.5~1.9%, 아연 3.0~4.0% 정도 있다. 이 방법에 적합한 광석은 연 48% 이상, 아연 10% 이하, Fe와 SiO_2의 함량이 낮은 것이 유리하며 이런 광석에서의 제련 채취율은 연 94% 이상, 아연 83% 이하이다.

Kroll 법 (Kroll process) 타이타늄 제련 방법의 하나로 Kroll법의 특징은 사염화타이타늄으로부터 금속 티타 늄을 환원하기 위하여 다음 반응과 같이 마그네슘 (Mg)이 사용되고 있다. 반응 분위기 중 에 산소가 혼입되면 금속 타이타늄의 순도가 낮아지므로, 일반금속 정련과 달리 알곤 (Ar) 불 활성 분위기로 치환하여 밀폐된 용기 내에서 제련이 이루어지고 있으며 보통 한번 작업에 3~8ton의 타이타늄이 생산된다. 반응용기 내에 마그네슘을 장입한 후, 알곤으로 치환하여 작 업온도 (900~960℃)까지 승온시키고, 액체상태인 사염화타이타늄을 용기 상부에서 주입한다. 환원되는 금속 타이타늄은 융점이 1668℃로 반응온도보다 높기 때문에 반응용기 내의 측면에 수지상의 다공질 형태인 스폰지 타이타늄이 부착된다. 이 과정은 발열반응으로 사염화타이타늄 이 과잉 공급되면 과열되어 스폰지 타이타늄의 겉보기 밀도에 영향을 주고 반응용기와의 반응 에 의하여 오염이 될 수 있으므로 주의해야 한다. 900℃에서 자유에너지가 -76.2 kcal/mol이 기 때문에 역반응은 거의 발생하지 않는다. 저급 염화물의 생성과 노벽에 부착되는 타이타늄 등에 의한 손실을 고려하면, 스폰지 타이타늄의 회수율은 약 98%이다. 염화마그네슘 ($MgCl2$) 은 전해방식에 의해 Mg으로 환원시켜 타이타늄의 환원에 재사용된다.

KS (Korean Industrial Standards) 국립기술품질원에서 제정한 KS는 공업표준화법에 의거 정부가 제정한 국가규격이다. 10부문으로 분류되어 있으며 특정제품의 품질수준과 가공기술을 정부차원에서 보증하는 KS표시제도를 채택하고 있다. 철강금속부문은 'D'로 표시한다.

LAFTA (Latin America Free Trade Association) 라틴아메리카자유무역연합.

LBMA (London Bullion Market Association) 런던귀금속연합회. 런던금속거래소(LME)에서 분리된 금 및 은 전문거래 시장이다. LBMA에 금을 상장시키기 위해서는 금정련사업을 시작한지 3년이 경과해야 하고 최근 3년간의 금괴생산량이 10톤 이상이여야 하는 조건을 충족시켜야 한다.

LDA (Lead Development Association) 영국의 연개발협회.

LGFM (London Gold Futures Market) 런던금선물시장.

Liquid Argon L-Ar은 산소공장에서 산소 생산 후 남은 Crude Argon을 활용하여 압축, 냉각, 건조, 액화 및 분리공정을 거쳐 순도 99.999% 이상의 고순도 제품으로 생산하는 것이다. Silicon Wafer 제조, 반도체제조, Stainless 강 정련, 특수용접, 전구주입용 등 산업 전반에 걸쳐 폭 넓게 사용되고 있다.

Liquid SO_2 L-SO_2는 유황을 연소시켜 제조하는 일반적인 방법과는 달리 L-

SO_3공장의 SO_3Gas를 유황과 반응시켜 고품질의 제품을 제조하는 방식으로 유황과 SO_3가 1, 2차 반응을 거쳐 생성된 SO_2Gas는 세정, 냉각, 분리, 압축 공정을 거쳐 최종 제품으로 생산된다.

Liquid SO_3 $L-SO_3$는 황산공장에서 생성된 SO_3Gas를 발연탑으로 유도하여 흡수시키고 이를 재증발, 분리, 응축시켜 $L-SO_3$를 제조한다. $L-SO_3$는 황산 및 발연황산에 비해 반응성이 탁월하고 폐황산 발생이 없는 장점을 지니고 있어 사카린, 염료·안료 중간체, 계면활성제, 발포제, 농약 등을 제조하는데 쓰인다.

LME (London Metal Exchange) 런던금속거래소의 영문 약칭이다. ☞ 런던금속거래소

LME Warehouse LME에서 공식적으로 현물을 보관할 수 있도록 지정한 창고를 말하는데 영국을 비롯하여 전세계 12개국에 걸쳐 개설 운영되고 있다. 선물거래를 통해 현물인수도가 가능한 이유가 바로 이러한 현물보관 창고가 있기 때문이며, 언제라도 현물의 인수도가 창고에서 발행하는 Warrant를 통해 원활하게 이루어진다. 창고기능은 단순한 현물보관 뿐만 아니라, Warrant를 통해 현물을 소유하고 있거나 앞으로 현물이 필요한 사람들간에 Lending 및 Borrowing을 통해 금융기능도 제공하고 있다. 즉 백워데이션 시장에서 현물소유주는 현물을 창고에 입고시켜 Warrant를 수취하게 되고 이 창고증권으로 Lending 조작을 통해 이익을 얻을 수 있다. 또한 Contango 시장에서는 이를 담보로 금융을 받아 은행 금리간의 차익을 도모할 수도 있다.

LS-Ferrosand 동제련 과정에서 생산되는 제품 중의 한가지로써 동광석 중 철분과 규석이 결합하여생성된 물질을 용융 상태에서 고압수에 의해 급냉, 수쇄하여 세립화한 것으로 철과 규사가 주성분인 Iron Silicate 제품이다. 이 제품의 특징은 안정된 유리질 상태이며 환경오염 없고, 입자가 균일하고 취급이 용이하며 염분을 함유하고 있지 않아 건축, 토목용 골재로 적합하다. 또한 철분 35~55%, 규산질 27~35% 함유하고 있어 시멘트용 철질 원료로 적합하고 모스 경도 6~7로서 강도가 뛰어나 연마재 및 항균성 재료 및 원적외선 방사체로 기능성 소재에 적합하다. 시멘트용 철질 원료와 Sand blast(선박 녹제거) 재료, 레미콘용 골재, Caisson 속채움 골재, 이 외 콘크리트용 골재에 사용된다.

MI케이블 (MI cable, mineral insulated cable) 심선을 무기물 분말로 절연한 전선으로 불연성이며 내열 및 내식성이 양호하기 때문에 원자력발전소, 화력발전소 및 선박용으로 이용된다.

Mitsubish공법 (Mitsubish process, Continuous Multi-Furnace Smelting) 일본 미쓰비시금속에서 개발한 연속 동제련공법으로써 용해로와 전기로, 전로가 하나의 론다로 연결되어 용탕은 중력으로 다음단계의 노로 이동되게 설계되어 있다. 동정광과 산소부화공기는 수직랜스(파이프)를 통하여 용탕중으로 분사되고 전기로와 전로의 슬래그는 연속 수쇄되고 전로에서 생성된 조동이 정제로로 연속 장입된다.

MK자석 (MK magnet) 영구자석의 일종으로 석출형 자석이다. 주요 성분은 니켈(Ni) 25~27%, 알루미늄(Al) 12~13%, 동(Cu) 4% 이하, 타이타늄(Ti) 4% 이하, 미량의 철(Fe), 코발트(Co)가 첨가해 있다.

MMTA (Minor Metals Traders Association) 희유금속트레이더협회.

MPIF (Metal Powder Industries Federation) 미국의 금속분말산업연합회.

NARI규격 (NARI specifications) 이스리(ISRI)규격 이전에 미국재생산업협회(US National Association of Recycling Industries)에서 비철금속스크랩에 대해 50여개 규격으로 규정해 놓은 미국의 비철금속스크랩 규격으로 현재는 사용되지 않고 있다. ☞ ISRI규격

NASA (National Aeronautics and Space Administration) 미국 항공우주국.

NIDI (Nickel Development Institute) 니켈개발위원회.

Noranda공법 (Noranda process) 자용로와 전로를 합쳐 놓은 형상으로 입광, 유연탄, 규사와 스크랩 등을 장입하면서 산소부화공기(산소 약 40%)를 우구를 통하여 용탕속으로 불어 넣어 철과 유황분을 슬래그와 가스로 산화 제거시켜 고품위 매트를 직접생산하는 노임.

NYMEX (New York Mercantile Exchange) 세계적인 미국내 상업거래소이며 뉴욕상업거래소이다. 나이맥스안에 뉴욕상품거래소인 코멕스 디비전 (COMEX division)이 있다. ☞ COMEX

OEA (Organization of European Aluminium Smelters(secondary)) 유럽알루미늄생산자기구(2차 알루미늄).

OF케이블 (OF cable, oil-filled power cable) 오일을 함유한 케이블로 케이블 내부에 절연오일을 채워 온도변화에 의한 케이블의 팽창과 수축을 유압으로 조정하도록 한 것으로, 대전력의 지중(地中) 송전에 이용된다.

OW전선 (OW wire, PVC insulated overhead distribution wire) 옥외용 비닐전선으로 옥외 가공 배전선 또는 옥내 도입선에 이용하는 비닐 절연전선을 말한다.

PCB (Printed Circuit Board) 순동 재질의 박 (薄) 형태의 제품으로 PCB (인쇄회로 기판) 의 회로를 구성 전기배선 역할을 한다. PCB용 초박막 도체 사업은 기술집약형 장치산업으 로 전자, 통신기기 제품의 핵심 소재로 사용되고 있다.

PCM (Par Cross Mill) Back up Roll과 Work Roll간은 평형하게 유지하고 상하 Pair Roll 간을 교차시켜 Pair Cross Mill이 제안되어 축이 교차하는 상하 Work Roll 사이에 피압연재 가 있기 때문에 발생하는 Thrust력은 Roll간 교차에 비해 작게되어 이것을 지지하는 기구는 충분히 설계가 가능하므로 실용화가 가능해 졌다. 이 방법의 압연기는 4단식으로 되어 있기 때문에 기존 압연기를 개조하는 것도 고려할 수 있다.

P.P. (producer price, producer's price) 생산자 가격 혹은 생산자 매매 기준 가격을 뜻한다.

PS방식 (PS method) production sharing method의 약칭으로 생산물 분여방식.

P-S전로 (P-S converter) Peirce와 Smith가 공동으로 개발한 제동로로써

매트중의 철과 유황을 산화제거 하기 위하여 원통형로의 밑바닥에 우구파이프를 통하여 부화공기를 투입하여 조동을 산출하고 슬래그는 노를 회전하여 따라 낼 수 있게 설계되어 있다.

P.W. (Prime Western) 아연괴. ☞ 아연지금

Q.P. (quotation period) ☞ 가격산정기간

QSL공법 (QSL process)   QSL로는 두 개의 격실(용융대, 환원대)로 나누어져 있으며 정광, 플럭스 등의 혼합물을 용융대에 장입하고 이 장입물이 슬래그에 용해될 때 하부에 위치한 노즐로부터 산소를 주입하여 1,000~1,100℃ 온도에서 배소반응과 함께 조연을 생산하고 미환원된 연성분은 산화연으로 슬래그중에 잔류시킨다. 조연은 용융대의 배출구를 통해 배출되며 용융대의 슬래그는 환원대로 들어가 하부의 노즐에서 분사하는 석탄에 의해 1,250℃ 온도에서 환원되어 조연은 용융대로 돌아가고 슬래그는 환원대 말단으로부터 외부로 배출된다. 정광중의 아연성분은 환원대의 상부에서 ZnO로써 회수된

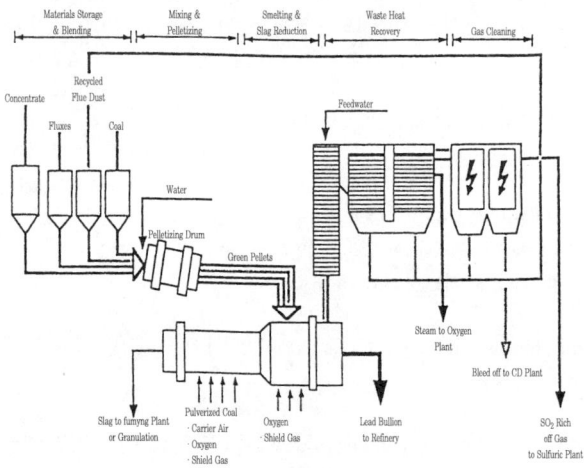

QSL 연제련공법

다. 정광을 배소하거나 건조시키지 않고 직접처리할 수 있으며 각종 습식제련 잔사도 처리할 수 있는 장점이 있다. 우리나라 고려아연에서 채택하고 있는 방식이다. (공정도참조)

QSL연제련 공법 (QSL Lead Smelting Process) QSL공법은 처리되는 잔재의 입도나 수분에 크게 제약을 받지 않는다. 아연공장에서 발생하는 잔재의 처리가 주된 목적이며 이 잔재를 용이하게 처리하기 위해서는 연 정광과 함께 처리해야 한다. 이점에서 수분 30%까지 함유한 상태로 직접 용탕으로 투입할 수 있는 것이 QSL공법이다.

R상 (R-phase) 타이타늄-니켈(Ti-Ni)합금에서 R상 변태에 의해 생기는 상을 말하며 모상과 저온상의 중간온도에서 나타나는 중간상이다.

R상변태 (R-phase transition) 타이타늄-니켈(Ti-Ni)합금에서 모상으로부터 R상으로의 변태를 말하며 넓은 의미로는 마르텐사이트변태이지만 결정구조가 능면대칭을 가지므로 특히 R상변태라고 한다.

RD와이어 (RD wire, rural distribution wire) 시내전화의 케이블의 일종으로 비닐피복한 동선 주위에 폴리에틸렌 또는 비닐로 절연시킨 동선을 꼬아 합친 소규모 케이블로 소수의 전화회선에 이용된다.

SCR (Southwire continuous rod) 황인동선 제조방법인 연속주조압연방식 중 미국 Southwire사가 개발한 제조방법으로 연속 주형 회전기와 벨트를 이용하여 전기동을 주원료로 장입하여 황인동선을 제조하는 방법인데 통상 황인동선을 뜻하기도 한다. ☞ 황인동선

SCR 로드 (Southwire Copper Rod) 국내외 전선업계에서 고품의 소재로 각광받고 있는 (주)MB메탈의 SCR 동 Rod는 국제 LME 시장에 등록되어 있는 Grade A급의 전기동 (순도 99.99% 이상)을 원재료로 하여 생산되며 통신선, 전력선, Enamel Wire, 전기, 전자기기용선, 선박용선, 자동차용 전선 등 광범위한 산업에 쓰이는 산업 기초소재이다.

SD와이어 (SD wire) self-supporting distribution wire의 약칭으로 알디

(RD)와이어를 개량한 전화선이다. 가설이 용이하며 인장강도가 뛰어나다.

S.H.G. 아연괴 (S.H.G. zinc ingot) Special High Grade 아연괴의 영문 약칭으로 아연함량 99.995% 이상의 품위를 갖춘 아연괴를 말한다.

SS케이블 (SS cable, self-supporting cable) 자기(自己) 지지형 플라스틱 케이블을 말한다. 폴리에틸렌 절연 플라스틱시스 케이블에 플라스틱피복을 한 것에 강선을 더한 것으로, 보안통신, 공사연락용 케이블로서 이용된다.

SST (supersonic transport) 초음속 여객기를 의미한다. 타이타늄(Ti)이 대량으로 사용되고 있다.

Super Clean 소둔로 (Super Clean annealing) 대체냉매를 적용하는 열교환기용 동관 내부의 유분 및 잔사분의 제 거를 위해 불활성가스 투입 및 배출과 유분 포집장치 등 완벽한 Purge System을 갖춘 소둔로를 말한다.

SX-EW동 (SX-EW copper) Solvent Extraction Electro Winning copper의 약칭이다. 동광석에서 리칭(침출)액으로 동분(銅粉)을 추출하고, 추출액 속의 동을 용매로 농축시킨 다음 농축액으로부터 전해채취에 의해 제조하는 전기동을 SX-EW동이라고 부른다. 침출용으로 보통 묽은 유산수용액이 사용되지만 황화광에 대한 바이오리칭도 있다. 리칭방법은 대상 광석, 경제성에 따라 저품위광, 폐재(廢滓) 등을 대상으로 하는 덤프리칭, 리칭처리를 목적으로 채굴한 광석을 쌓아올려서 하는 히프리칭, 광상을 직접 리칭하는 인시튜리칭, 파쇄광석, 정광을 대상으로 하는 애디테이션리칭 등, 여러 가지 종류가 있다. SX-EW 동생산은 개발비와 생산비용이 싸기 때문에 최근 급속히 생산이 증가하고 있다. 서방세계의 동지금 생산중 SX-EW동의 비율은 1994년의 10.1%(99만톤)에서 점점 늘어나고 있으며 남미지역에서의 증산계획이 활발하여 2000년에는 20% 이상에 달할 것으로 보인다. 품위 99.999%의 생산도 가능하여 품질상의 문제도 없다.

TIC (Tantalum-Niobium International Study Center) 국제탄탈럼-나이오븀연구센터.

TSL 공법 (TSL process) 본기술은 고려아연의 환경 기술로 지정되어 있으며 Zn, Fe, Pb, Sb, Ag, Au, Cu, Ln 등의 금속을 함유한 비철제련 공정부산물을 용융로(Smelting Furnace)와 휘발로(Fuming or Cleaning Furnace)의 상부에 설치된 반응열원 공급관(Top Submerged Lance, TSL)을 이용하여 석탄과 연소용 공기, 산소동 고온, 고압의 연소용 가스를 각 로의 용탕속으로 직접 주입함으로써 강력한 Turbulence를 유발시켜 고온휘발, 용융환원된 유가금속의 회수가 가능하고, 잔류물을 불용성 슬래그로 안정화하는 기술이다.(공정도참조)

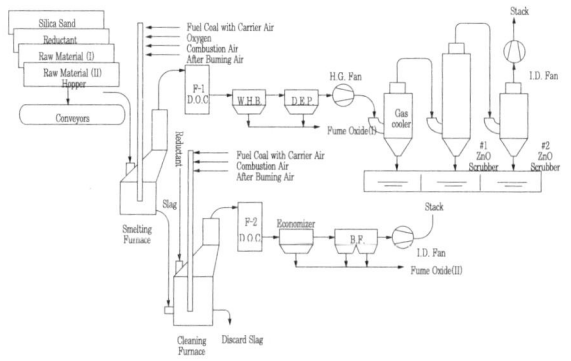

V.V.케이블 (PVC insulated service entrance cable) 비닐로 절연하고 비닐로 피복한 케이블이다. 가옥의 한 지지점에서 적산전력계까지의 배선에 사용한다.

UL인증 (Underwriters Laboratories ahestation) Underwriters Laboratories INC(미국화재보험협회)에 의해 전기제품에 대해 제 정된 규격으로 전기제품을 수출할 때 가잔 중요한 규격을 말한다.

USW (United Steel Workers of America) 전미제강노조 또는 합동철강노조라고 부른다. 북미 최대의 금속공업노조로, 철강노동자 외에 금속광산 및 제련소 노동자의 상당부분이 가입하고 있다. 1967년 7월1일자로 광산제련노조와 합병되었다.

UTP (Unshielded Twisted Pair cable) 근거리 통신망 (LNA)이나 비동기 전송모드 (ATM:Asynchronous), 인텔리전트 빌딩의 네트워크 등에 사용하는 케이블로 동선을 이용하 면서도 광케이블의 전송속도를 낼 수 있어 설치가 간편하고 설치비가 저렴한 것이 특징이 사. LG전선이 1998년에 개발했다.

VSC (Vertical Strip Caster) 동합금 주조에 새롭게 이용되고 있는 주조방법으로 고품질 화 및 고생산성을 동시에 실현 가능한 기술이다. 스트립은 15~30㎜로 HCC에 비해 다소 두 꺼운 스트립 생산이 가능하며 폭은 다양하게 적용이 가능하지만 300~400㎜가 적합하다. 생 산성은 시간당 3.5~5.0톤까지 가능하며 주괴 인출방식은 연속 인출이 가능하다. 보수 관리 를 위한 실제 조업시간은 HCC와 동일하나 단위 시간당 생산량이 많기 때문에 설비이상 발생 시 생산에 지장을 초래할 수 있다. 조입 조건은 HCC에 비해 안정하나 Hot-Top부분의 용탕을 가지고 주도하기 때문에 용탕 누출사고시도 조치가 가능하다. 수율은 97~99%이다.

WRB법 (Work Roll Bending) 1960년대에 냉간압연분야에 보급하기 시작한 이 기술은 롤 의 제조기술 향상에 의해 재평가되어 실용화되기에 이르렀다. 전단력 및 Bending 모멘트를 강력하게 제어할 수 있는 DCB (Double Chock Bending) 압연기도 출현했다.

WRSM (Work Roll Shift Mill) 동압연 기술 중의 하나로 Work Roll의 보통 끝은 판폭보 다 어느 정도 외측에 있어야 하며 Work Roll의 이동 가능량은 제약을 받아 크라운 제어 기 능은 HC Mill보다 떨어지나 기존 압연기의 개조는 용이하다.

Y합금 (Y-alloy) 내열성 알루미늄 합금으로 Al-4% Cu-2% Ni-15% Mg합금이다. 고온에 강하며 사형 및 금형주물과 단조물 등에 사용된다.

Z-니켈 (Z-nickel) ☞ 듀라니켈

ZDA (Zinc Development Association) 영국에 본부를 둔 아연개발협회.

1Tbps　1012bps로 모뎀 56kbps용량 1,700백만회선을 동시에 수용할 수 있는 용량. 1초당 일간신문 300년치의 내용을 보낼 수 있다.

3층구조 초전도선 (three component superconducting wire)　두 가지 성분의 매트릭스로 구성되는 복합 초전도선이다. 두 가지 분의 매트릭스를 사용하는 이유는 초전도선의 자기적 안정성 향상과 변동자장에 대한 결합손실의 절감에 있다. 예를 들면 나이오븀-타이타늄(Nb-Ti) 3층구조 초전도선에서는 고안정화를 위한 동과 저손실화를 위한 백동이 매트릭스로서 구성된다.

13크로뮴강 (13 chromium steel)　☞ 스테인리스강

18-8스테인리스강 (18-8 stainless steel)　☞ 스테인리스강

46 황동 (46 brass)　64 황동. ☞ 황동

64 황동 (64 brass)　46 황동. ☞ 황동

73 황동 (73 brass)　동(Cu) 70%, 아연(Zn) 30%를 함유하고 있는 대표적인 황동이다. 황동중에 가장 연신율이 크며 인장강도는 20kg/mm²이다. ☞ 황동

γ'상 (γ'-phase)　Ni_3Al을 기본조성으로 하는 금속간화합물의 조직상 명칭이다. 석출강화형 및 초내열합금에 뛰어난 고온강도를 갖고 있는 석출물로 감마(γ)상과 같은 면심입방격자를 가지며 격자상수도 비슷하다.

λ전이 (λ-transition)　어떤 물질의 온도-비열곡선에서 어떤 온도에서 일어나는 λ문자에 가까운 비열의 변화를 수반하는 2차 상전이이다.

ω상 (athermal, diffusional)　타이타늄 합금 중에 존재하는 비평형상의 하나인 ω상은 Frost 등에 의해 1954년에 발견된 이래로 많은 연구가 진행되어 왔다. 이 상에 대하여 관심이 많은 이유는 ω상이 β합금 기지 내에 생성되면 강도가 증가되는 반면에 연성과 인성이 현저히 감소되어 타이타늄 합금의 공업적 이용에 저해요소가 되며, 초전도성이 증대되고, 아울러 ω상의 비이상적인 형태와 구조에 의한 상변태가 기계적 성질에 미치는 영향 때문이다. ω 상은 β타이

타늄합금을 고온에서 급냉시킴에 따라 생성 (Athermal ω phase)되기도 하고, 낮은 온도 (400℃ 이하)에서 시효처리함에 따라서 생성 (Diffusional ω phase)되기도 한다. 이 들 두 상은 생성조건만 다를 뿐이지 조성이나 구조는 동일하다. 그러나 냉각속도가 아무리 빨라도 (104 ℃/s 이상) ω상이 생성 (Diffuse ω phase)된다. 또한 ω상은 변형에 의해서 그 양이 증감된다.

부록

- ▷ 주요 원소 기호
- ▷ 주요 원소 기호 및 밀도
- ▷ 원소별 제성질
- ▷ 경도 환산표
  〔C2600 황동(Cu70-Zn30)〕
- ▷ 경도 환산표
  〔C1020~C1401 순동(Cu99. 30이상)〕
- ▷ 경도 환산표
  〔니켈 및 니켈 합금〕
- ▷ 신동품의 질량표(봉, 관, 판)
- ▷ 알루미늄 질량표(판, 봉, 관)

주요 원소 기호

족(주기)	Ia	IIa	IIIa	IVa	Va	VIa	VIIa	VIII			Ib	IIb	IIIb	IVb	Vb	VIb	VIIb	O
					금 속 원 소			금 속					비	금 속	원 소			
1	1 H 수소 1.00794																	2 He 헬륨 4.002602
2	3 Li 리튬 6.941	4 Be 베릴륨 9.01218											5 B 붕소 10.811	6 C 탄소 12.011	7 N 질소 14.0067	8 O 산소 15.9994	9 F 불소 18.998403	10 Ne 네온 20.179
3	11 Na 나트륨 22.98977	12 Mg 마그네슘 24.305											13 Al 알루미늄 26.98154	14 Si 규소 28.0855	15 P 인 30.67376	16 S 유황 32.066	17 Cl 염소 35.453	18 Ar 아르곤 39.948
4	19 K 칼륨 39.0983	20 Ca 칼슘 40.078	21 Sc 스칸듐 44.95591	22 Ti 타이타늄 47.88	23 V 바나듐 50.9415	24 Cr 크로뮴 51.9961	25 Mn 망가니즈 54.9380	26 Fe 철 55.847	27 Co 코발트 58.9332	28 Ni 니켈 58.69	29 Cu 동 63.564	30 Zn 아연 65.39	31 Ga 갈륨 69.723	32 Ge 저마늄 72.59	33 As 비소 74.9216	34 Se 셀레늄 78.96	35 Br 브로민 79.904	36 Kr 크립톤 83.80
5	37 Rb 루비듐 85.4678	38 Sr 스트론튬 87.62	39 Y 이트륨 88.9059	40 Zr 지르코늄 91.224	41 Nb 나이오븀 92.9064	42 Mo 몰리브데넘 95.94	43 Tc 테크네튬 (98)	44 Ru 루테늄 101.07	45 Rh 로듐 102.9055	46 Pd 팔라듐 106.42	47 Ag 은 107.8682	48 Cd 카드뮴 112.41	49 In 인듐 114.82	50 Sn 주석 118.710	51 Sb 안티모니 121.75	52 Te 텔루륨 127.60	53 I 아이오딘 126.9045	54 Xe 제논 131.29
6	55 Cs 세슘 132.9054	56 Ba 바륨 137.33	57~71 란타노이드	72 Hf 하프늄 178.49	73 Ta 탄탈럼 180.9479	74 W 텅스텐 183.85	75 Re 레늄 186.207	76 Os 오스뮴 190.2	77 Ir 이리듐 192.22	78 Pt 백금 195.08	79 Au 금 196.9665	80 Hg 수은 200.59	81 Tl 탈륨 204.383	82 Pb 납 207.2	83 Bi 비스무트 208.9804	84 Po 폴로늄 (209)	85 At 아스타틴 (210)	86 Rn 라돈 (222)
7	87 Fr 프란슘 (223)	88 Ra 라듐 226.0254	89~103 악티노이드															

원자량의 ( )안의 숫자는 그 원소의 방사성 동위체중 가장 긴 반감기를 나타낸다.

원자번호
원소기호
원소명
원자량

란타노이드 원소	57 La 란타넘 138.9055	58 Ce 세륨 140.12	59 Pr 프라세오디뮴 140.9077	60 Nd 네오디뮴 144.24	61 Pm 프로메튬 (145)	62 Sm 사마륨 150.36	63 Eu 유로퓸 151.96	64 Gd 가돌리늄 157.25	65 Tb 터븀 158.9254	66 Dy 디스프로슘 162.50	67 Ho 홀뮴 164.9304	68 Er 에르븀 167.26	69 Tm 툴륨 168.9342	70 Yb 이터븀 173.04	71 Lu 루테튬 174.967
악티노이드 원소	89 Ac 악티늄 227.0278	90 Th 토륨 232.0381	91 Pa 프로트악티늄 231.0359	92 U 우라늄 238.0289	93 Np 넵투늄 237.0482	94 Pu 플루토늄 (244)	95 Am 아메리슘 (243)	96 Cm 퀴륨 (247)	97 Bk 버클륨 (247)	98 Cf 캘리포늄 (251)	99 Es 아인슈타이늄 (252)	100 Fm 페르뮴 (257)	101 Md 멘델레븀 (258)	102 No 노벨륨 (259)	103 Lr 로렌슘 (260)

주요 원소 기호 및 밀도

원소명	기호	밀도(20℃) g/㎤	원소명	기호	밀도(20℃) g/㎤	원소명	기호	밀도(20℃) g/㎤
아연	Zn	7·133(25°)	브롬	Br	3·12	나트륨	Na	0·9712
알루미늄	Al	2·699	지르코늄	Zr	6·489	연	Pb	11·36
안티모니	Sb	6.·62	수은	Hg	13·546	나이오븀	Nb	8·57
유황	S	2·07	수소	H	$0·0899 \times 10^{-3}$	니켈	Ni	8·902(25°)
이터븀	Yb	6·96	주석	Sn	7·2984	백금	Pt	21·45
이트륨	Y	4·47	스트론튬	Sr	2·60	바나듐	V	6·1
이리듐	Ir	22·5	세슘	Cs	1·903(0°)	팔라듐	Pd	12·02
인듐	In	7·31	셀륨	Ce	6·77	바륨	Ba	3·5
우라늄	U	19·07	셀레늄	Se	4·79	비소	As	5·72
염소	Cl	$3·214 \times 10^{-3}$	비스무트	Bi	9·80	불소	F	$1·696 \times 10^{-3}$
카드뮴	Cd	8·65	탈륨	Tl	11·85	플루토늄	Pu	19·00~19·72
칼륨	K	0·86	텅스텐	W	19·3	헬륨	Be	1·848
칼슘	Ca	1·55	탄소	C	2·25	붕소	B	2·34
금	Au	19·32	탄탈럼	Ta	16·6	마그네슘	Mg	1·74
은	Ag	10·49	타이타늄	Ti	4·507	망가니즈	Mn	7·43
크로뮴	Cr	7·19	질소	N	$1·250 \times 10^{-3}$	몰리브데넘	Mo	10·22
규소	Si	2·33(25°)	철	Fe	7·87	요오드	I	4·94
저마늄	Ge	5·323(25°)	텔루륨	Te	6·24	라듐	Re	5·0
코발트	Co	8·85	동	Cu	8·96	리튬	Li	0·534
산소	O	$1·429 \times 10^{-3}$	토륨	Th	11·66	인	P	1·83

원소별 제성질

원소명	원소기호	원자번호	원자량	용융점 ℃	비등점 ℃	비열(실온) J·Kg⁻¹·K⁻¹	용융잠열 kJ·Kg⁻¹	열팽창계수 실온부근 $10^{-6}K^{-1}$	열전도율 실온부근 W·m⁻¹·K⁻¹	고유저항 실온부근 $10^{-8}\Omega m$	탄성계수 GPa	소급속(기계적 성질) 인장강도 시료 MPa	신장 %	경도HV (기타단위)
가돌리늄	Gd	64	157.25	1312	2730	298	63.9	9.4	8.8	140	56	122/17	47	37
갈륨	Ga	31	69.723	29.93	2240	332	82.3	30	30	17.4	—	—	—	(2Moh)
저마늄	Ge	32	72.59	937	2830	321	509	5.7	59	45×10³	48~128	—	—	—
규소	Si	14	28.0855	1410	3280	680	1814	3~7	84	(1)	110	—	—	1000
금	Au	79	196.9665	1064	2808	131	67.6	14.2	300	2.06	79	103/—	30	20
나트륨	Na	11	22.98977	97.9	877.5	239	116	69	134	4.7	—	—	—	—
연	Pb	82	207.2	327.4	1750	129	23	29.3	35	20.6	14	18/8.5	40	37
네오디뮴	Nd	60	144.24	1024	3027	189	50	6	13	64.0	42.2	169/71	28	18
나이오븀	Nb	41	92.9064	2470	4930	273	290	7.3	52.5	12.5	103	275/207	30	80
니켈	Ni	28	58.69	1453	2730	411	310	13.3	83	6.8	207	317/59	30	64
동	Cu	29	63.546	1084.5	2580	399	213	16.5	400	1.67	110	210/33	50	50
디스프로슘	Dy	66	162.50	1407	2600	172	106	9	10	57	63	132/39	23	44
란타넘	La	57	138.9055	920	3470	202	72.7	5	14	57.0	38	160/70	28	28
레늄	Re	75	186.207	3170	5760	126	178	6.7	71.2	19.3	470	1160/930	28	200
로듐	Rh	45	102.9055	1960	3687	248	—	8.5	88	4.5	293	950/—	5	122
루비듐	Rb	37	85.4678	39	638	336	25.5	90	58	11.6	2.3	—	—	(0.3Moh)
루테늄	Ru	44	101.07	2310	4050	239	—	9.6	—	6.80	550	140/40	14	350
루테튬	Lu	71	174.967	1663	3400	155	106	9.9	16.4	79.0	68.4	—	—	44

													(0.6Moh)
리튬	Li	3	6.941	180.7	1342	3318	437	56	71	9.3	—	—	—
마그네슘	Mg	12	24.305	651	1107	1029	370	27.1	154	4.45	45	147/63	8	37
망가니즈	Mn	25	54.9980	1245	2095	483	268	22	—	185	191	195/200	40	345
몰리브데넘	Mo	42	95.94	2610	5560	277	293	4.9	143	5.2	320	700/400	50	250
바나듐	V	23	50.9415	1900	3430	498	—	8.3	31	25	130	378/288	32	54
바륨	Ba	56	137.33	725	1640	204	56	—	—	—	(10.3)	—	—	—
백금	Pt	78	195.08	1769	3827	132	113	9.1	69.3	9.85	168	150/—	37	40
베릴륨	Be	4	9.01218	1290	2270	1890	1092	11.6	147	4.0	290	410/216	2	156
붕소	B	5	10.811	2300	2550	1298	22000	10	—	18×10^3	440	2/—	—	3000
비소	As	33	74.9216	817 (3.5MPa)	616 昇華	344	372	47	—	33.0	(10.3)	—	—	(3.5Moh)
비스무트	Bi	83	208.9804	271	1560	123	52.5	13.3	84	106.8	32	—	—	7
사마륨	Sm	62	150.36	1072	1794	196	57.3	12.7	13.3	94	50	157/69	22	39
세륨	Ce	58	140.12	795	3468	189	36	8	10.9	75	30	117/28	22	22
세슘	Cs	55	132.9054	28.5	670	202	16	97	—	20	—	—	—	—
셀레늄	Se	34	78.96	217	685	353	68.9	37	0.3~0.77	12	59	—	—	(0.3Moh)
수은	Hg	80	200.59	38.36	357	139	12	182	8.2	98.4	—	—	—	—
스칸듐	Sc	21	44.95591	1541	2836	567	313	10.2	15.8	51.4	75.2	256/174	5	36
스트론튬	Sr	38	87.62	768	1384	739	105	—	—	23	(11.6)	—	—	—
아연	Zn	30	65.39	419.5	906	384	105	39.7	113	5.916	10.5	118/—	55	32
안티모니	Sb	51	121.75	630.5	1380	206	161	9~10	19	39	79	12/—	—	42

알루미늄	Al	13	26.98	660	2060	903	397	23.6	220	2.655	72	47/11	60	17
에르븀	Er	68	167.26	1497	2900	168	107	9	10	107.0	66	139/37	14	42
오스뮴	Os	76	190.2	3045	5020	130	—	4.57	—	8.12	550	—	—	350
아이오딘	I	53	126.9045	386.9	456	218	—	—	—	—	—	—	—	—
유로퓸	Eu	63	151.965	822	1529	182	60.6	26	13.9	90.0	18.2	—	—	17
은	Ag	47	107.8682	961.9	2163	235	105	19.7	428	1.47	73	125/54	48	25
이리듐	Ir	77	192.22	2443	4547	129	29	6.8	59	4.7	520	623/234	6	220
이터븀	Yb	70	173.04	819	1196	154	44.3	26.3	38.5	25	23.9	59/7	42	17
이트륨	Y	39	88.9059	1522	3338	298	128	10.6	17.2	59.6	63.6	186/27	17	39
인	P	15	30.97376	80.4	280	743	20	125	—	10.0	11	—	—	1
인듐	In	49	114.82	156.4	2070	239	29	33	86	8.0	—	2.6/—	22	6
주석	Sn	50	118.710	231.9	2270	227	60.9	23	63	11	44	17/—	96	64
지르코늄	Zr	40	91.224	1852	3580	269	250	5.8	21.1	45	96	344/206	34	45
철	Fe	26	55.847	1538	2750	462	247	11.7	76	9.8	208	210/12	40	23 (2Moh)
카드뮴	Cd	48	112.41	321.1	765	231	55.4	29.8	8	6.83	56	72/—	50	18
갈륨	Ga	31	69.723	29.93	2240	332	82.3	30	30	17.4	—	—	—	130
칼슘	Ca	20	40.078	838	1440	626	218	22.3	130	3.91	20	48/14	52	130
코발트	Co	27	58.9332	1495	2900	416	292	13.8	69	5.2	210	994/758	6	130
크롬	Cr	24	51.9961	1875	2680	462	270	6.2	67	12.9	250	412/350	44	—
탄탈럼	Ta	73	180.9479	2996	5430	143	160	6.5	55	12.45	190	200/180	36	90
탈륨	Tl	81	204.383	303	1473	130	21	28	47	18	90	8.9/—	40	2

텅스텐	W	74	183.85	3410	5930	139	185	4.6	167	5.65	410	(300/125)	(50)	400
터븀	Tb	65	158.9254	1356	3230	181	68	10.3	11	115	57	120/20	47	38
텔루륨	Te	52	127.60	449	988	201	86	18.2	5.9	44×10^4	42	11/—	—	26
토륨	Th	90	232.0381	1750	3000이상	117	83	12.5	38	13	60	218/139	34	46
툴륨	Tm	69	168.9342	1545	1950	160	100	13.3	16.9	79	74	140/40	15	48
타이타늄	Ti	22	47.88	1668	3260	521	437	8.4	22	42	118	300/130	70	57
팔라듐	Pd	46	106.42	1554	2927	245	143	11.1	70.6	10	113	150/—	24	38
프라세오디뮴	Pr	59	140.9077	931	3520	189	49.2	6.7	12.5	68.0	38	170/70	28	37
프로메튬	Pm	61	145	1168	—	186	52	11	15	75.0	46	170/70	25	61
하프늄	Hf	72	178.49	2222	5400	147	—	519	93.7	35	—	445/230	23	160
홀뮴	Ho	67	164.9304	1474	2700	164	105	11.2	16.2	81.4	65	140/40	14	46

경도 환산표 [C2600 황동(Cu70-Zn30)]

(ASTM 1994년판 Vol. 03. 01 E140-88에서 발췌)

Vickers Hardness Number 비커스 경도 Hv	Rockwell Hardness Number 로크웰Ha					Brinell Hardness Number 브리넬 경도HB 500-kgf 하중 10-mm 구
	B 스케일 100-kgf 하중 1/16-in (1.588-mm) 구	F 스케일 60-kgf 하중 1/16-in (1.588-mm) 구	15-T 스케일 15-kgf 하중 1/16-in (1.588-mm) 구	30-T 스케일 30-kgf 하중 1/16-in (1.588-mm) 구	45-T 스케일 45-kgf 하중 1/16-in (1.588-mm) 구	
45	‥	40.0	‥	‥	‥	42
46	‥	43.0	‥	‥	‥	43
47	‥	45.0	‥	‥	‥	44
48	‥	47.0	53.5	‥	‥	45
49	‥	49.0	54.5	‥	‥	46
50	‥	50.5	55.5	‥	‥	47
52	‥	53.5	57.0	‥	‥	48
54	‥	56.5	58.5	12.0	‥	50
56	‥	58.8	60.0	15.0	‥	52
58	‥	61.0	61.0	18.0	‥	53
60	10.0	63.0	62.5	20.5	‥	55
62	12.5	65.0	63.5	23.0	‥	57
64	15.5	66.8	65.0	25.5	‥	59
66	18.5	68.5	66.0	28.0	‥	61
68	21.5	70.0	67.0	30.0	‥	62
70	24.5	71.8	68.0	32.0	‥	63
72	27.5	73.2	69.0	34.0	‥	64
74	30.0	74.8	70.0	36.0	1.0	66
76	32.5	76.0	70.5	38.0	4.5	68
78	35.0	77.4	71.5	39.6	7.5	70
80	37.5	78.6	72.0	41.0	10.0	72
82	40.0	80.0	73.0	43.0	12.5	74
84	42.0	81.2	73.5	44.0	14.5	76

Vickers Hardness Number 비커스 경도 Hv	Rockwell Hardness Number 로크웰Ha					Brinell Hardness Number 브리넬 경도HB 500-kgf 하중 10-mm 구
	B 스케일 100-kgf 하중 1/16-in (1.588-mm) 구	F 스케일 60-kgf 하중 1/16-in (1.588-mm) 구	15-T 스케일 15-kgf 하중 1/16-in (1.588-mm) 구	30-T 스케일 30-kgf 하중 1/16-in (1.588-mm) 구	45-T 스케일 45-kgf 하중 1/16-in (1.588-mm) 구	
86	44.0	82.3	74.5	45.5	17.0	77
88	46.0	83.5	75.0	47.0	19.0	79
90	47.5	84.4	75.5	48.0	21.0	80
92	49.5	85.4	76.5	49.0	23.0	82
94	51.0	86.3	77.0	50.5	24.5	83
96	53.0	87.2	77.5	51.5	26.5	85
98	54.0	88.0	78.0	52.5	28.0	86
100	56.0	89.0	78.5	53.5	29.5	88
102	57.0	89.8	79.0	54.5	30.5	90
104	58.0	90.5	79.5	55.0	32.0	92
106	59.5	91.2	80.0	56.0	33.0	94
108	61.0	92.0	··	57.0	34.5	95
110	62.0	92.6	80.5	58.0	35.5	97
112	63.0	93.0	81.0	58.5	37.0	99
114	64.0	94.0	81.5	59.5	38.0	101
116	65.0	94.5	82.0	60.0	39.0	103
118	66.0	95.0	82.5	60.5	40.0	105
120	67.0	95.5	··	61.0	41.0	106
122	68.0	96.0	83.0	62.0	42.0	108
124	69.0	96.5	··	62.5	43.0	110
126	70.0	97.0	83.5	63.0	44.0	112
128	71.0	97.5	··	63.5	45.0	113
130	72.0	98.0	84.0	64.5	45.5	114
132	73.0	98.5	84.5	65.0	46.5	116
134	73.5	99.0	··	65.5	47.5	118
136	74.5	99.5	85.0	66.0	48.0	120

Vickers Hardness Number 비커스 경도 Hv	Rockwell Hardness Number 로크웰Ha					Brinell Hardness Number 브리넬 경도HB 500-kgf 하중 10-mm 구
	B 스케일 100-kgf 하중 1/16-in (1.588-mm) 구	F 스케일 60-kgf 하중 1/16-in (1.588-mm) 구	15-T 스케일 15-kgf 하중 1/16-in (1.588-mm) 구	30-T 스케일 30-kgf 하중 1/16-in (1.588-mm) 구	45-T 스케일 45-kgf 하중 1/16-in (1.588-mm) 구	
138	75.0	100.0	··	66.5	49.0	121
140	76.0	100.5	85.5	67.0	50.0	122
142	77.0	101.0	··	67.5	51.0	124
144	77.5	101.5	86.0	68.0	51.5	126
146	78.0	102.0	··	68.5	52.5	128
148	79.0	102.5	··	69.0	53.0	129
150	80.0	··	86.5	69.5	53.5	131
152	80.5	103.0	··	··	54.0	133
154	81.5	103.5	··	70.0	54.5	135
156	82.0	104.0	87.0	70.5	55.5	136
158	83.0	104.5	··	71.0	56.0	138
160	83.5	··	··	71.5	56.5	139
162	84.0	105.0	87.5	··	57.5	141
164	85.0	105.5	··	72.0	58.0	142
166	85.5	··	··	72.5	58.5	144
168	86.0	106.0	88.0	73.0	59.0	146
170	87.0	··	··	··	59.5	147
172	87.5	106.5	··	73.5	60.0	149
174	88.0	··	88.5	74.0	60.5	150
176	88.5	107.0	··	··	61.0	152
178	89.0	··	··	74.5	61.5	154
180	90.0	107.5	··	75.0	62.0	156
182	90.5	108.0	89.0	··	62.5	157
184	91.0	··	··	75.5	63.0	159
186	91.5	108.5	76.0	··	63.5	161
188	92.0	··	89.5	··	64.0	162

Vickers Hardness Number 비커스 경도 Hv	Rockwell Hardness Number 로크웰Ha					Brinell Hardness Number 브리넬 경도HB 500-kgf 하중 10-mm 구
	B 스케일 100-kgf 하중 1/16-in (1.588-mm) 구	F 스케일 60-kgf 하중 1/16-in (1.588-mm) 구	15-T 스케일 15-kgf 하중 1/16-in (1.588-mm) 구	30-T 스케일 30-kgf 하중 1/16-in (1.588-mm) 구	45-T 스케일 45-kgf 하중 1/16-in (1.588-mm) 구	
190	92.5	109.0	··	76.5	64.5	164
192	93.0	··	··	77.0	65.0	166
194	··	109.5	··	··	65.5	167
196	93.5	110.0	90.0	77.5	66.0	169

경도 환산표 [C1020~C1401순동(Cu99. 30이상)]

(ASTM 1994년판 Vol. 03. 01 E140-88에서 발췌)

Vickers Hardness Number		Rockwell Superficial Hardness Number			Rockwell Hardness Number		Rockwell Superficial Hardness Number			Brinell Hardness Number	
하중 1 kgf	하중 100 kgf	15-T 스케일 15-kgf 하중 1/16-in (1.588-mm)구	15-T 스케일 15-kgf 하중 1/16-in (1.588-mm)구	30-T 스케일 30-kgf 하중 1/16-in (1.588-mm)구	B 스케일 100-kgf 하중 1/16-in (1.588-mm)구	F 스케일 60-kgf 하중 1/16-in (1.588-mm)구	15-T 스케일 15-kgf 하중 1/16-in (1.588-mm)구	30-T 스케일 30-kgf 하중 1/16-in (1.588-mm)구	45-T 스케일 45-kgf 하중 1/16-in (1.588-mm)구	500-kgf 하중 10-mm 구	20-kgf 하중 10-mm 구
		0.010-in (0.25-mm)조	0.020-in (0.51-mm)조		≥0.040-in. (1-mm)조					0.080-in (2.03-mm)조	0.040-in (1-mm)조
40	51.3	57.5	48.0	...		28.0	38.5	...	...	...	...
42	52.2	58.5	49.5	...		30.5	41.0	...	...	...	...
44	53.9	59.5	51.0	...		33.5	43.0	...	...	...	...
46	55.8	60.5	52.0	...		36.0	45.0	...	...	...	41.0
48	57.3	61.0	53.5	...		39.0	47.5	1.5	...	...	42.0
50	58.9	62.0	55.0	...		41.5	49.5	4.5	...	...	44.5
52	60.7	63.0	56.0	...		44.0	51.5	7.5	...	...	46.5
54	62.3	63.5	57.5	...		47.0	53.0	10.0	...	...	48.0
56	64.0	64.5	58.5	...		49.0	55.0	13.0	...	...	49.5
58	65.8	65.0	60.0	...		51.5	57.0	15.5	...	...	51.5
60	67.5	66.0	61.0	...		54.0	59.0	18.0	...	...	53.0
62	69.1	66.5	62.0	...		56.0	61.0	21.0	...	...	55.0
64	70.9	67.5	63.5	...		58.0	63.5	23.5	...	...	57.0
66	72.6	68.0	64.5	...		60.0	64.5	25.5	...	...	58.5
68	74.3	69.0	65.5	...	2.0	62.0	66.0	28.0	...	...	60.5
70	75.8	69.5	66.5	...	5.0	64.0	67.5	30.0	...	...	62.0
72	77.6	70.0	67.5	...	8.5	66.0	69.0	32.0	...	...	64.0
74	79.2	71.0	68.5	...	11.5	67.5	70.0	34.0	...	...	66.0
76	81.0	71.5	69.5	...	14.5	69.0	71.5	36.0	2.0	...	67.5
78	82.8	72.0	70.0		17.0	71.0	72.5	37.5	5.0	...	69.5

Vickers Hardness Number		Rockwell Superficial Hardness Number			Rockwell Hardness Number		Rockwell Superficial Hardness Number			Brinell Hardness Number	
		15-T 스케일 15-kgf 하중 1/16-in (1.588-mm)구	15-T 스케일 15-kgf 하중 1/16-in (1.588-mm)구	30-T 스케일 30-kgf 하중 1/16-in (1.588-mm)구	B 스케일 100-kgf 하중 1/16-in (1.588-mm)구	F 스케일 60-kgf 하중 1/16-in (1.588-mm)구	15-T 스케일 15-kgf 하중 1/16-in (1.588-mm)구	30-T 스케일 30-kgf 하중 1/16-in (1.588-mm)구	45-T 스케일 45-kgf 하중 1/16-in (1.588-mm)구	500-kgf 하중 10-mm 구	20-kgf 하중 10-mm 구
하중 1 kgf	하중 100 kgf	0.010-in (0.25-mm) 조	0.020-in (0.51-mm) 조	≥0.040-in. (1-mm)조						0.080-in (2.03-mm) 조	0.040-in (1-mm) 조
80	84.5	72.5	71.0	...	20.0	73.0	73.5	39.5	7.0	...	71.5
82	86.1	73.5	72.0	...	23.0	74.5	74.5	41.0	9.5	...	73.0
84	87.9	74.0	73.0	...	25.5	76.5	75.0	43.0	12.0	...	75.0
86	89.7	74.5	73.5	...	28.0	78.0	76.0	44.0	14.0	...	77.0
88	91.2	75.0	74.5	...	30.5	79.5	77.0	46.0	16.5	...	79.0
90	93.0	75.5	75.0	...	33.0	81.0	78.0	47.5	19.0	74.5	81.0
92	94.7	76.0	75.5	...	35.5	82.0	79.0	49.0	21.0	77.0	83.0
94	96.4	76.5	76.5	...	38.0	83.0	80.0	51.0	23.0	79.5	85.0
96	98.0	77.0	77.0	...	40.0	84.5	80.5	52.0	25.5	82.0	86.5
98	99.8	77.5	77.5	...	42.0	85.5	81.0	53.5	26.5	84.5	88.0
100	101.5	78.0	78.0	...	44.5	87.0	82.0	55.0	28.5	87.0	90.0
102	103.2	78.5	79.0	...	46.5	87.5	82.5	56.0	30.0	89.5	92.0
104	104.9	79.0	79.5	...	48.0	88.5	83.0	57.0	32.0	92.0	94.0
106	106.6	79.5	80.0	...	50.0	89.5	...	58.0	33.0	94.5	96.0
108	108.3	...	80.5	...	52.0	90.5	83.5	59.0	34.5	97.0	98.0
110	109.9	80.0	...	...	53.5	91.0	84.0	60.0	36.0	99.5	100.0
112	111.8	80.5	81.0	...	55.0	91.5	...	61.0	37.0	102.0	102.0
114	113.5	81.0	81.5	...	57.0	92.5	84.5	62.0	38.5	105.0	103.5
116	115.0	...	82.0	...	58.5	93.0	...	63.0	40.0	107.0	105.5
118	116.8	81.5	...	...	59.5	94.0	85.0	64.0	41.0	110.0	107.5
120	118.5	82.0	82.5	...	61.0	95.0	...	65.0	42.5	112.0	109.0
122	121.1	...	83.0	...	62.5	95.5	85.5	66.0	44.0	115.0	111.0

Vickers Hardness Number		Rockwell Superficial Hardness Number			Rockwell Hardness Number		Rockwell Superficial Hardness Number			Brinell Hardness Number	
하중 1 kgf	하중 100 kgf	15-T 스케일 15-kgf 하중 1/16-in (1.588-mm)구	15-T 스케일 15-kgf 하중 1/16-in (1.588-mm)구	30-T 스케일 30-kgf 하중 1/16-in (1.588-mm)구	B 스케일 100-kgf 하중 1/16-in (1.588-mm)구	F 스케일 60-kgf 하중 1/16-in (1.588-mm)구	15-T 스케일 15-kgf 하중 1/16-in (1.588-mm)구	30-T 스케일 30-kgf 하중 1/16-in (1.588-mm)구	45-T 스케일 45-kgf 하중 1/16-in (1.588-mm)구	500-kgf 하중 10-mm 구	20-kgf 하중 10-mm 구
		0.010-in (0.25-mm) 조	0.020-in (0.51-mm) 조	≧0.040-in. (1-mm)조						0.080-in (2.03-mm) 조	0.040-in (1-mm) 조
124	121.9	82.5	83.5	⋯	64.0	96.0	86.0	66.5	45.0	117.5	113.0
126	123.6	⋯	84.0	⋯	65.0	97.0	⋯	67.5	46.5	120.0	115.0
128	125.2	83.0	84.5	⋯	66.0	98.0	87.0	68.5	48.0	⋯	117.5
130	127.0	⋯	85.0	⋯	67.0	99.0	⋯	69.5	49.0	⋯	119.0

경도 환산표 (니켈 및 니켈 합금)

(ASTM 1994년판 Vol. 03. 01 E140-88에서 발췌)

Vickers Hardness Number	Brinell Hardness Number	Rockwell Hardness Number							
비커스 경도 HV (10,30kgf)	브리넬 경도 HB 3000-kgf 하중 10-mm 구	A 스케일 60-kgf 하중 다이아몬드 원추압자	B 스케일 100-kgf 하중 1/16-in (1.588mm) 구	C 스케일 150-kgf 하중 다이아몬드 원추압자	D 스케일 100-kgf 하중 다이아몬드 원추압자	E 스케일 100-kgf 하중 1/8-in (3.175mm) 구	F 스케일 60-kgf 하중 1/16-in (1.588mm) 구	G 스케일 150-kgf 하중 1/16-in (1.588mm) 구	K 스케일 150-kgf 하중 1/8-in (3.175mm) 구
513	479	75.5	⋯	50.0	63.0	⋯	⋯	⋯	⋯
481	450	74.5	⋯	48.0	61.5	⋯	⋯	⋯	⋯
452	425	73.5	⋯	46.0	60.0	⋯	⋯	⋯	⋯
427	403	72.5	⋯	44.0	58.5	⋯	⋯	⋯	⋯
404	382	71.5	⋯	42.0	57.0	⋯	⋯	⋯	⋯
382	363	70.5	⋯	40.0	55.5	⋯	⋯	⋯	⋯
362	346	69.5	⋯	38.0	54.0	⋯	⋯	⋯	⋯
344	329	68.5	⋯	36.0	52.5	⋯	⋯	⋯	⋯
326	313	67.5	⋯	34.0	50.5	⋯	⋯	⋯	⋯
309	298	66.5	106	32.0	49.5	⋯	116.5	94.0	⋯
285	275	64.5	104	28.5	46.5	⋯	115.5	91.0	⋯
266	258	63.0	102	25.5	44.5	⋯	114.5	87.5	⋯
248	241	61.5	100	22.5	42.0	⋯	113.0	84.5	⋯
234	228	60.5	98	20.0	40.0	⋯	112.0	81.5	⋯
220	215	59.0	96	17.0	38.0	⋯	111.0	78.5	100.0
209	204	57.5	94	14.5	36.0	⋯	110.0	75.5	98.0
198	194	56.5	92	12.0	34.0	⋯	108.5	72.0	96.5
188	184	55.0	90	9.0	32.0	108.5	107.5	69.0	94.5
179	176	53.5	88	6.5	30.0	107.0	106.5	65.5	93.0
171	168	52.5	86	4.0	28.0	106.0	105.0	62.5	91.0
164	161	51.5	84	2.0	26.5	104.5	104.0	59.5	89.0

Vickers Hardness Number	Brinell Hardness Number	Rockwell Hardness Number							
비커스 경도 HV (10,30kgf)	브리넬 경도 HB 3000-kgf 하중 10-mm 구	A 스케일 60-kgf 하중 다이아몬드 원추압자	B 스케일 100-kgf 하중 1/16-in (1.588mm) 구	C 스케일 150-kgf 하중 다이아몬드 원추압자	D 스케일 100-kgf 하중 다이아몬드 원추압자	E 스케일 100-kgf 하중 1/8-in (3.175mm) 구	F 스케일 60-kgf 하중 1/16-in (1.588mm) 구	G 스케일 150-kgf 하중 1/16-in (1.588mm) 구	K 스케일 150-kgf 하중 1/18-in (3.175mm) 구
157	155	50.0	82	⋯	24.5	103.0	103.0	56.5	87.5
151	149	49.0	80	⋯	22.5	102.0	101.5	53.0	85.5
145	144	47.5	78	⋯	21.0	100.5	100.5	50.0	83.5
140	139	46.5	76	⋯	19.0	99.5	99.5	47.0	82.0
135	134	45.5	74	⋯	17.5	98.0	98.5	43.5	80.0
130	129	44.0	72	⋯	16.0	97.0	97.0	40.5	78.0
126	125	43.0	70	⋯	14.5	95.5	96.0	37.5	76.5
122	121	42.0	68	⋯	13.0	94.5	95.0	34.5	74.5
119	118	41.0	66	⋯	11.5	93.0	93.5	31.0	72.5
115	114	40.0	64	⋯	10.0	91.5	92.5	⋯	71.0
112	111	39.0	62	⋯	8.0	90.5	91.5	⋯	69.0
108	108	⋯	60	⋯	⋯	89.0	90.0	⋯	67.5
106	106	⋯	58	⋯	⋯	88.0	89.0	⋯	65.5
103	103	⋯	56	⋯	⋯	86.5	88.0	⋯	63.5
100	100	⋯	54	⋯	⋯	85.5	87.0	⋯	62.0
98	98	⋯	52	⋯	⋯	84.0	85.5	⋯	60.0
95	95	⋯	50	⋯	⋯	83.0	84.5	⋯	58.0
93	93	⋯	48	⋯	⋯	81.5	83.5	⋯	56.5
91	91	⋯	46	⋯	⋯	80.5	82.0	⋯	54.5
89	89	⋯	44	⋯	⋯	79.0	81.0	⋯	52.5
87	87	⋯	42	⋯	⋯	78.0	80.0	⋯	51.0
85	85	⋯	40	⋯	⋯	76.5	79.0	⋯	49.0
83	83	⋯	38	⋯	⋯	75.0	77.5	⋯	47.0
81	81	⋯	36	⋯	⋯	74.0	76.5	⋯	45.5

Vickers Hardness Number	Brinell Hardness Number	Rockwell Hardness Number							
비커스 경도 HV (10,30kgf)	브리넬 경도 HB 3000-kgf 하중 10-mm 구	A 스케일 60-kgf 하중 다이아몬드 원추압자	B 스케일 100-kgf 하중 1/16-in (1.588mm) 구	C 스케일 150-kgf 하중 다이아몬드 원추압자	D 스케일 100-kgf 하중 다이아몬드 원추압자	E 스케일 100-kgf 하중 1/8-in (3.175mm) 구	F 스케일 60-kgf 하중 1/16-in (1.588mm) 구	G 스케일 150-kgf 하중 1/16-in (1.588mm) 구	K 스케일 150-kgf 하중 1/18-in (3.175mm) 구
79	79	...	34	...	...	72.5	75.5	...	43.5
78	78	...	32	...	...	71.5	74.0	...	42.0
77	77	...	30	...	...	70.0	73.0	...	40.0

신동품의 질량표 (봉 1m당 kg)

종류 지름또는 대변거리mm	C1100			C3601 · C3602 · C3630 · C3604		
	원형	정육각형	정사각형	원형	정육각형	정사각형
3	0.0629	—	—	0.0600	—	—
3.5	0.0856	—	—	0.0818	—	—
4	0.112	0.123	—	0.107	0.118	—
4.5	0.142	0.156	—	0.135	0.149	—
5	0.175	0.193	0.223	0.167	0.184	0.213
5.5	0.211	0.233	0.269	0.202	0.223	0.257
6	0.252	0.277	0.320	0.240	0.265	0.306
7	0.343	0.378	0.436	0.327	0.361	0.417
8	0.447	0.493	0.570	0.427	0.471	0.544
9	0.566	0.624	0.721	0.541	0.596	0.689
10	0.699	0.771	0.890	0.668	0.736	0.850
11	0.846	0.933	—	0.808	0.891	—
12	1.01	1.11	1.28	0.961	1.06	1.22
13	1.18	1.30	1.50	1.13	1.24	1.44
14	1.37	1.51	—	1.31	1.44	—
15	1.57	1.73	2.00	1.50	1.66	1.91
16	1.79	—	—	1.71	—	—
17	2.02	2.23	2.57	1.93	2.13	2.46
18	2.26	2.50	—	2.16	2.39	—
19	2.52	2.78	3.21	2.41	2.66	3.07
20	2.80	3.08	3.56	2.67	2.94	3.40
21	3.08	3.40	—	2.94	3.25	—
22	3.38	3.73	4.31	3.23	3.56	4.11
23	3.70	4.08	—	3.53	3.89	—
24	4.03	4.44	5.13	3.85	4.24	4.50
25	4.37	4.82	5.56	4.17	4.60	5.12
26	4.73	—	—	4.51	—	—
27	5.10	—	—	4.87	—	—
28	5.48	—	—	5.23	—	—
29	5.88	6.48	7.48	5.61	6.19	7.15

종류 지름또는 대변거리[mm]	C1100			C3601·C3602·C3630·C3604		
	원형	정육각형	정사각형	원형	정육각형	정사각형
30	6.29	6.94	8.01	6.01	6.62	7.65
32	7.16	7.89	9.11	6.84	7.54	8.70
35	8.56	9.44	10.9	8.18	9.02	10.4
36	9.06	10.0	11.5	8.65	9.54	11.0
38	10.1	—	—	9.64	—	—
40	11.2	12.3	14.2	10.7	11.8	13.6
41	—	13.0	15.0	—	12.4	14.3
42	12.3	—	—	11.8	—	—
45	14.2	15.6	—	13.5	14.9	—
46	—	16.3	—	—	15.6	—
48	16.1	—	—	15.4	—	—
50	17.5	19.3	—	16.7	18.4	—
60	25.2	—	—	24.0	—	—
70	34.3	—	—	32.7	—	—
80	44.7	—	—	42.7	—	—
90	56.6	—	—	54.1	—	—
100	69.9	—	—	66.8	—	—
밀도(ρ)	8.9			8.5		

정육각형은 다음 계산식을 사용했다.

$$\text{질량}(\text{kg/m}) = \frac{3}{2} \times (\text{대변거리})^2_{(\text{mm})} \times 1000 \times \rho \times \frac{1}{1000} \times \frac{1}{1000}$$

신동품의 질량표 (관 1m당 kg)

두께mm	0.4			0.5			0.6			0.7			0.8		
종류 바깥 지름mm	C1201 C1220 C1221	C2700	C2800	C1201 C1220 C1221	C2700	C2800	C1201 C1220 C1221	C2700	C2800	C1201 C1220 C1221	C2700	C2800	C1201 C1220 C1221	C2700	C2800
5							0.0741	0.0705	0.0697						
6				0.0772	0.0734	0.0726	0.0910	0.0865	0.0855	0.104	0.0991	0.0979	0.117	0.111	0.110
6.4				0.0829	0.0788	0.0778	0.0977	0.0929	0.0918	0.112	0.107	0.105	0.126	0.120	0.118
8	0.0854	0.0812	0.0802	0.105	0.100	0.0990	0.125	0.119	0.117	0.144	0.136	0.135	0.162	0.154	0.152
9.5	0.102	0.0972	0.0961	0.126	0.120	0.119	0.150	0.143	0.141	0.173	0.164	0.163	0.195	0.186	0.184
10	0.108	0.103	0.101	0.133	0.127	0.125	0.158	0.151	0.149	0.183	0.174	0.172	0.207	0.197	0.194
12	0.130	0.124	0.122	0.161	0.154	0.152	0.192	0.183	0.181	0.222	0.211	0.209	0.252	0.239	0.236
12.7	0.138	0.131	0.130	0.171	0.163	0.161	0.204	0.194	0.192	0.236	0.224	0.222	0.267	0.254	0.251
14							0.226	0.215	0.212	0.261	0.249	0.246	0.297	0.282	0.279
15							0.243	0.231	0.228				0.319	0.303	0.300
15.9				0.216	0.206	0.203	0.258	0.245	0.242	0.299	0.284	0.281	0.339	0.323	0.319
16				0.218	0.207	0.205	0.260	0.247	0.244	0.301	0.286	0.283	0.342	0.325	0.321
18															
19							0.310	0.295	0.291	0.360	0.342	0.338	0.409	0.389	0.384
20															
22													0.476	0.453	0.448
22.2									0.423	0.402	0.397	0.481	0.457	0.452	
25															
25.4					0.418	0.397	0.393	0.486	0.462	0.456	0.553	0.526	0.519		
28															
31.8					0.526	0.500	0.494	0.611	0.581	0.574	0.697	0.662	0.654		
32												0.701	0.667	0.659	
35															
38.1				0.632	0.601	0.594	0.735	0.699	0.691	0.838	0.797	0.787			
45															
50															

두께mm	1.0			1.2			1.5			2.0		
종류 바깥 지름mm	C1201 C1220 C1221	C2700	C2800	C1201 C1220 C1221	C2700	C2800	C1201 C1220 C1221	C2700	C2800	C1201 C1220 C1221	C2700	C2800
5												
6	0.140	0.134	0.132									
6.4	0.152	0.144	0.143									
8	0.197	0.187	0.185	0.229	0.218	0.215	0.274	0.260	0.257			
9.5	0.239	0.227	0.224	0.280	0.266	0.263	0.337	0.320	0.317			
10	0.253	0.240	0.238	0.297	0.282	0.279	0.358	0.340	0.336			
12	0.309	0.294	0.290	0.364	0.346	0.342	0.442	0.421	0.416			
12.7	0.329	0.312	0.309	0.388	0.369	0.364	0.472	0.449	0.443			
14	0.365	0.347	0.343									
15	0.393	0.374	0.369	0.465	0.442	0.437	0.569	0.541	0.534			
15.9	0.418	0.398	0.393	0.495	0.471	0.466	0.607	0.577	0.570			
16	0.421	0.401	0.396	0.499	0.474	0.469						
18	0.477	0.454	0.449	0.566	0.538	0.532						
19	0.506	0.481	0.475	0.600	0.570	0.564	0.737	0.701	0.693	0.955	0.908	0.897
20				0.634	0.602	0.595						
22	0.590	0.561	0.554				0.864	0.821	0.811			
22.2	0.595	0.566	0.559	0.708	0.673	0.665	0.872	0.829	0.819			
25	0.674	0.641	0.633	0.802	0.763	0.754				1.292	1.228	1.214
25.4	0.685	0.652	0.644	0.816	0.775	0.766	1.007	0.957	0.946	1.314	1.250	1.235
28	0.758	0.721	0.731									
31.8				1.031	0.981	0.969	1.277	1.214	1.199			
32				1.038	0.987	0.975						
35	0.955	0.908	0.897									
38.1				1.244	1.182	1.169						
45										2.415	2.297	2.269
50										2.696	2.564	2.533

질량은 다음식으로 계산했다.
관의 질량=π×(외경-두께)×두께×1000× $\frac{1}{1000}$ × $\frac{밀도}{1000}$

(kg/m)　(mm)　(mm)　(mm)　(mm)

· 밀도는 ┌ C1201
　　　　　 C1220을 8.94
　　　　　└ C1221
C2600을 8.6
C2700을 8.5
C2800을 8.4로 했다.

신동품의 질량표(판 1매당 kg)

종류 폭×길이 두께 mm	C1100P · C1201P C1220P · C1221P		C2680P · C2720P		C2801P	
	365×1200	1000×2000	365×1200	1000×2000	365×1200	1000×2000
0.15	0.585		0.558		0.552	
0.2	0.780		0.745		0.736	
0.25	0.975		0.931		0.920	
0.3	1.17		1.12		1.10	
0.35	1.36		1.30		1.29	
0.4	1.56		1.49		1.47	
0.45	1.75		1.68		1.66	
0.5	1.95	8.90	1.86	8.50	1.84	8.40
0.6	2.34	10.7	2.23	10.2	2.21	10.1
0.7	2.73	12.5	2.61	11.9	2.58	
0.8	3.12	14.2	2.98	13.6	2.94	13.4
1	3.90	17.8	3.72	17.0	3.68	16.8
1.2	4.68	21.4	4.47	20.4	4.42	20.2
1.5	5.85	26.7	5.58	25.5	5.52	25.2
2	7.89	35.6	7.45	34.0	7.36	33.6
2.5	9.75	44.5	9.31	42.5	9.20	42.0
3	11.7	53.4	11.2	51.0	11.0	50.4
3.5	13.6	62.3	13.0	59.5	12.9	58.8
4	15.6	71.2	14.9	68.0	14.7	67.2
5	19.5	89.0	18.6	85.0	18.4	84.0
6	23.4	107	22.3	102	22.1	101
7	27.3	125	26.1	119	25.8	118
8	31.2	142	29.8	136	29.4	134
10	39.0	178	37.2	170	36.8	168
밀도	8.9		8.5		8.4	

밀도는 CIDED의 Data Sheet 밀도를 두자리로 정리한 것이다.

알루미늄 판의 질량표

(1매당 kg)

폭×길이 (mm) 두께 (mm)	400× 1200	600× 1200	1000× 2000	1000× 3000	1250× 2500	1500× 3000	(3ft×6ft) 914.4× 18288	(4ft×8ft) 1,219.2× 2,438.4	(5ft×10ft) 1,524× 3,048
0.20	0.260	0.390	1.08	—	—	—	—	—	—
0.50	0.650	0.976	2.71	4.07	4.23	6.10	2.27	4.03	6.29
1.0	1.30	1.95	5.42	8.13	8.47	12.20	4.53	8.06	12.59
1.2	1.56	2.34	6.50	9.76	10.16	14.63	5.44	9.67	15.11
1.5	1.95	2.93	8.13	12.20	12.70	18.29	6.80	12.08	18.88
2.0	2.60	3.90	10.84	16.26	16.94	24.39	9.06	16.11	25.18
3.0	3.90	5.85	16.26	24.39	25.41	36.59	13.60	24.17	37.77
4.0	5.20	7.80	21.68	32.52	33.88	48.78	18.13	32.23	50.35
5.0	6.50	9.76	27.10	40.65	42.34	60.98	22.66	40.28	62.94
6.0	7.80	11.71	32.52	48.78	50.81	73.17	27.19	48.34	75.53
7.0	9.11	13.66	37.94	56.91	59.28	85.37	31.72	56.40	88.12
8.0	10.41	15.61	43.36	65.04	67.75	97.56	36.25	64.45	100.71
9.0	11.71	17.56	48.78	73.17	76.22	109.76	40.79	72.51	113.30
10.0	13.01	19.51	54.20	81.30	84.69	121.95	45.32	80.57	125.88
12.0	15.61	23.41	65.04	97.56	101.63	146.34	54.38	96.68	151.06

계산 방법 … 두께×폭×길이×밀도×(2.71Mg/m³)=1매당 중량(1100)기준

(주) 여기에 게재된 질량표는 참고로 게재한 것으로서, 실제로는 합금종류에 따라 밀도가 다르기 때문에 표 가운데의 질량은 약간 다를 수 있다.

알루미늄 봉의 질량표

(1m마다 kg)

지름또는 맞변거리 (mm)	원형	사각형	육각형	지름또는맞변거리 (mm)	원형	사각형	육각형
5	0.053	0.068	0.059	40	3.406	4.336	3.755
10	0.212	0.271	0.234	42	3.754	4.781	4.139
12	0.307	0.390	0.338	44	4.121	5.246	4.543
14	0.417	0.531	0.460	46	4.504	5.735	4.966
16	0.545	0.694	0.601	48	4.904	6.244	5.407
18	0.690	0.878	0.760	50	5.321	6.775	5.867
20	0.852	1.084	0.939	55	6.438	8.197	7.100
22	1.030	1.311	1.136	60	7.662	9.756	8.449
24	1.226	1.560	1.352	65	8.993	11.449	9.916
26	1.438	1.831	1.586	70	10.429	13.279	11.499
28	1.669	2.124	1.839	80	13.621	17.344	15.020
30	1.916	2.439	2.112	90	17.241	21.951	19.010
32	2.180	2.775	2.403	100	21.284	27.100	23.469
34	2.461	3.133	2.713	110	25.754	32.791	28.398
36	2.759	3.512	3.042	120	30.649	39.024	33.796
38	3.073	3.913	3.389				

계산 방법 … 1봉(棒)당 중량
원형: 지름²×길이×0.7854×밀도(2.71Mg/m³) 사각형: 맞변거리²×길이×밀도(2.71Mg/m³)
육각형: 맞변거리²×길이×0.86603×밀도(2.71Mg/m³)

알루미늄 관의 질량표

(1m마다 kg)

두께(mm) \ 바깥지름(mm)	0.4	0.5	0.75	1.0	1.5	2.0	2.5	3.0	5.0
6	—	23.4	33.6	42.6	—	—	—	—	—
8	25.9	32.0	46.4	59.6	83.0	—	—	—	—
10	32.7	40.4	59.1	76.6	108.6	136	—	—	—
12	39.5	48.9	71.9	93.6	134.1	171	203	—	—
14	46.4	57.5	84.7	110.7	159.6	205	245	—	—
16	53.1	66.0	97.4	127.7	185.1	238	287	332	—
18	60.0	74.5	110.1	144.7	210.7	272	330	383	—
20	—	83.0	122.9	161.8	236.3	307	372	434	638
25	—	104.3	154.9	204.3	300.1	392	478	562	852
30	—	—	186.8	246.9	363.9	476	586	690	1,064
40	—	—	—	332.0	491.7	647	798	945	1,490
60	—	—	—	—	747.1	988	1,224	1,456	2,342
80	—	—	—	—	—	1,328	1,650	1,966	3,192
100	—	—	—	—	—	1,669	2,076	2,478	4,044
120	—	—	—	—	—	—	—	2,988	4,890

계산방법… ((바깥지름-두께)또는 (안지름+두께))×두께×길이×밀도(2.71Mg/m³)×3.1416=1관(管)당 중량

영문색인

▷ 표제어의 영문은 알파벳 순으로 배열하였다.

A

A.A 490
AAAC 490
abnormal market 200
abradant 298
abrasive materials 298
absorption 487
absorption pressure 357
abyssal rock 246
AC Josephson effect 36
AC loss 36
AC superconducting wire 36
accelerated cooling 4
ACF 490
accelerating creep 4
acicular powder 404
acicular structure 404
acid proof alloy 60
acid resisting alloy 60
acid resisting properties 60
ACSR 491
ACR tube 491
actinide metals 256
actinium 256
activated sintering 478
activation 478
adapter 291
adiabatic demagnetization 89
adiabatic stabilization 89
Admiralty brass 288
Admiralty brass sheets 288
Admiralty brass welded pipe 288
Admiralty metal 288
aemosphere oxidation process 95
Aerial Bundled 490
agalmatolite 58
AGC 347
age hardening 243
agglomerate powder 330
aging 243
aging treatment 243
air classification 29
air cooling 29
air furnace 165
air-tight test 53
AJC 93
Akrit 255
albrac 283
alchimy 296
alclad 283
alconi magnet 283
Aldrey 258
alkali earth metals 283
alkali metals 283
all aluminium alloy conductor 490
Allied of Tin Produce Country 491
allotropic transformation 105
alloy 468
alloy superconductor 470
alloyed plating 469
alloyed powder 469
alluvial gold 204
alluvium 403
alnico 258
alnico magnetic 258
alternative refigerant 95
alpax 284
alpeth cable 284

alumel *259*
alumi-brass *283*
alumina *166, 259*
alumina fiber *260*
alumina white *260*
aluminate *283*
aluminium *260*
aluminium alloy *277*
aluminium alloy brazing filler metals *280*
aluminium alloy brazing sheets *280*
aluminium alloy bus conductor *282*
aluminium alloy casting *281*
aluminium alloy extruded shape *280*
aluminium alloy foils *280*
aluminium alloy for bearing *177*
aluminium alloy for self-color anodizing *166*
aluminium alloy forgings *279*
aluminium alloy ingots for casting *380*
aluminium alloy rods *280*
aluminium alloy scraps *280*
aluminium alloy seamless pipe *334*
aluminium alloy sheets *282*
aluminium alloy welded pipe *280*
aluminium alloy welding rods *280*
aluminium alloy welding wires *280*
aluminium alloy wire *280*
aluminium alloys die casting *279*
aluminium and aluminium alloy scrap *263*

Aluminium Association *490*
aluminium bar *262*
aluminium base alloy for die casting *86*
aluminium beryllium master alloy *176*
aluminium billet *263*
aluminium brass *263, 282*
aluminium bronze *276*
aluminium bronze castings *276*
aluminium bronze ingots for casting *380*
aluminium bus conductor *277*
aluminium cable steel reinforced *10, 491*
aluminium calorizing *277*
aluminium can stock *276*
aluminium chloride *309*
aluminium chromium molybdenum steel *277*
aluminium clad stranded steel cable *262*
aluminium coating *277*
aluminium coiled sheet *267*
aluminium conductor steel reinforced *10*
aluminium curtain wall *277*
aluminium foil *262*
aluminium foil stock *282*
aluminium forgings *261*
aluminium hydroxide *225*
aluminium ingot *261*
aluminium oxide *208*
aluminium paste *277*
aluminium pipe *261*

aluminium pipe bus conductor 279
aluminium plate 277
aluminium plating 261
aluminium rod 262
aluminium sash 263
aluminium seamless pipe 334
aluminium sheathed city cable 242
aluminium slab 267
aluminium sheet 277
aluminium slug 267
aluminium strip 267
aluminium sulphate 482
aluminium tube 261
aluminium welded pipe 271
aluminium welding rods 271
aluminium welding wires 271
aluminium wire 263
aluminium wire and cable 271
aluminium wire bar 270
aluminium wire rod 282
aluminium zinc alloyed steel sheets 267
aluminized steel sheets 261
aluminizing 260, 277
aluminous shale 166
aluminum 260
alumite 258
alumite method 259
alumoweld wire 259
alundum 258
alunite 152
amalgam 248
amalgamation process 249
amblygonite 338

American Society for Testing and Materials 491
American Zinc Institute 491
americium 249
amorphous alloy 201, 249
amorphous metals 249
amorphousness 200
Ampco metal 284
amphibole 7
andalusite 475
angle fall 119
angle of bend 39
angle of repose 256
anglesite 482
angular powder 7
anhydrous 309
Anisotropic Conductive Firm 490
anisotropic magnet 331
annabergite 82
annealed copper 297
annealed copper wire 297
annealing 222, 291, 458
anode 287
anode copper 107, 289
anode scrap 287
anode slime 288, 289
anodizing 287, 289
anolyte 288
anomalous skin effect 332
anti-cobalt alloy 61
anti-corrosion aluminium alloy 60
anti-corrosion copper alloy 60
anticorrosive cable 168
anti-dumping duties 96
antifriction metal 9

anti-nickel alloy *60*
antimonate *289*
antimonial lead *20*
antimonide *289*
antimony *257*
antimony metal *258*
antimony ocher *483*
antimony ore *258*
antimony oxide *208*
antimony sulphide *484*
anti-titanium alloy *61*
antimony trioxide *209*
antomony trisulphide *209*
anvil *288*
apatite *341*
apparent density *14*
apparent density test *15*
approach table *291*
aquaregia *315*
AR alloy *491*
arbitrage *249, 356*
arc melting *256*
argentite *486*
argillaceous substance *372*
arms bronze *284*
Aroma *248*
arsenic *198*
arsenide ore *203*
arsenious acid *249*
artificial aging *337*
AS *491*
as cast *211*
as forgred products *93*
asbestos *212, 249*
asbolite *312, 414*

aspect ratio *353*
astatine *250*
ASTM *491*
at station terms *295*
atacamite *72, 256*
athermal *511*
atmosphere corrosion resistance *64*
atomic site of hydrogen *226*
atomization *190*
atomized powder *190*
ATPC *491*
Australian Standards *491*
auto shape control *347*
autogenous grinding *348*
autogenous smelting *350*
autogenous welding *350*
automatic gauge control *347*
automatic jumping control *93*
automatic width control *347*
autunite *341*
AWC *347*
AZI *491*
azurite *57*
A-15 compound *490*

B

Babbitt *170*
Babbitt metal *170*
back-up roll *172*
backing *116*
backing material *116*
backing sand *117*
backwardation *173*

backwardation market 173
baddeleyite 162
bahn metal 165
balanced reaction 5
Baley 166
ball mill 185
banded structure 95
Bangka tin 169
Banka tin 169
bar 161, 185
Barden Cooper Shrieffer theory 493
bare copper wire 56
barite 387
barium 162
barrel plating 170
barytes 387
base metal 178, 196
basic Bessemer-converter 308
basic copper carbonate 308
basic cupola 308
basic electric furnace 308
basic lead carbonate 308
basic zinc carbonate 308
basicity 307
Basis 492
bastnasite 162
battery 170, 367
bauxite 183
Bayer's process 178
BBBIMA 492
BCS theory 493
bear 177
bear market 178
bearing metal 177

bearing steel 177
bell metal 179, 379
belly 70
belt wrapper 179
belted type paper insulated power cable 179
bendability 39
bending alloy 179
bending angle 39
bending roll 39, 179
bending strength 39
bending test 39
bending work 179
bentonite 179
berkelium 174
Berry 175
beryl 72, 175
berylco alloy 177
beryllium 175
beryllium aluminium alloy 177
beryllium chloride 309
beryllium copper 175
beryllium copper alloy 176
beryllium copper bar 176
beryllium copper plate 176
beryllium copper rod 176
beryllium copper sheets 176
beryllium copper wire 176
beryllium oxide 208
Bessemerizing 363
beta brass 178
beta titanium alloy 178
Betts process 178
bias method 163
bias spring 163

bid *197*
billet *203*
bimetal *162*
bimetal plate *163*
binary alloy *333*
binder *18*
Birch *173*
Birch & Cliff *174*
bismite *208*
bismuth *199, 393*
bismuth alloy *199*
bismuth ore *394*
bismuthinite *486*
bismutite *425*
black copper *377*
black heart malleable casting *487*
black ore *487*
blank *196*
blast furnace *23, 315*
blasting *195*
blasting cap *73*
blending *196*
blister copper *195, 377*
blistering *188*
blow *196*
blow hole *53, 54*
boat *183*
body centered cubic lattice *398*
boiling point *198*
bomb *185*
bombe *185*
bonanza *182, 185*
boracite *167*
borax *192*
boride *193*

boring *182, 242*
borings *182*
borings scrap *182*
bornite *164, 182*
boron *182, 193*
boron fiber *182, 193*
boron mineral *193*
boron steel *193*
borrow *182*
borrowing *182*
borsic fiber *182*
bottom casting *467*
bottom copper *22*
bottom pouring *467*
bournonite *182, 393*
braided conductor *454*
brass *391, 478*
brass bar *479*
brass brazing filler metal *479*
brass castings *481*
brass ingots for casting *381*
brass pipe *478*
brass plate *481*
brass rod *479*
brass rod for forging *92*
brass scrap *479*
brass sheets *481*
brass shell cases *427*
brass strip *481*
brass tube *478*
brass welded pipe *481*
brass wire *479*
brass wire for nipple *82*
braunite *8, 193*
braze welding *194*

brazing *18, 58, 194*
brazing filter metal for use on aluminium alloy *270*
brazing powder *18*
break *194*
breaker *446*
breaking *224*
breccia *7*
bridging *195*
Brinell hardness *195*
Brinell hardness test *195*
briquet *195*
briquetting *88*
britannia metal *195*
British Bronze & Brass Ingot Makers Association *492*
British Standards *493*
brittle fracture test *403*
brittleness *403*
brochantite *482*
broker *194*
bromine *194*
bromyrite *403*
bronze *194, 383, 395*
bronze casting *398*
bronze ingots for casting *381*
bronze process *194*
bronze scrap *396*
BS *493*
buckle *174*
buff *174*
buff wheel *174*
bulk specific gravity *188*
bull *191*
bull market *192*
bullion *192, 378*
Burly *174*
burn off *174*
burring wheel *174*
bus bar *173*
bush *186*
bushing *187*
buttering *174*
butyl rubber insulated power cable *188*
B-1 compound *492*

C

CA thermocouple *493*
cable *362*
cabtyre cable *412*
cadmium *407*
cadmium alloy *408*
cadmium copper *408*
cadmium copper wire *408*
cadmium metal *408*
cadmium sulphide *485*
cake *413*
calamine *330*
calaverite *410*
calcination *466*
calciner *466*
calcium *410*
calcium alloys *410*
calcium carbide *408*
calcium-silicon *410*
californium *411*
calomel *7, 9*
Candy *411*

canning *411*
carbide *408*
carboloy *408*
carbon fiber *408, 426*
carbon tool steel *426*
carbonate *425*
carbonization *428*
carbonyl powder *408*
carborundum *408*
carnallite *33, 407*
carnotite *408*
carrier-frequency cable *165*
carry *411*
carryer roll *411*
cartridge brass *409*
case hardening *457*
cassiopeium *409*
cassiterite *212, 383*
castable alloy *384*
casting *380, 383*
casting defect *384*
casting machine *384*
catalyst *401*
catalyzer *401*
cathode *328, 411*
cathodic protection *329*
cathodic reaction *328, 411*
caustic embrittlement *3*
caving method *413*
caving system *413*
cavitation *411*
CCP *493*
CDA *493*
celestite *395*
cell *170, 367*

cement copper *242*
cemented carbide *399*
centrifugal casting *323*
centrifugal separator *323*
centrifuge *323*
ceramic coating *217*
ceramic fiber *216*
ceramic fiber reinforced aluminium alloys *217*
ceramics *217*
cerargyrite *7*
cerium *217*
cerium metal *218*
cerium oxide *208*
cermet *211*
cermet tool *212*
Cerrosafe *217*
cerussite *172*
cervantite *218*
cesium *218*
chalcanthite *95*
chalcocite *485*
chalcogen *411*
chalcopyrite *478*
charge *354, 393*
Charpy impact test *211*
chemical plating *476*
chemical polishing *476*
chemical precipitation deposit *476*
chemical vapor deposited fiber *494*
Chevrel compound *230*
chilled casting *67, 404*
chilled roll *404*
chiller *65, 67*

chloanthite *197*
chloridizing roasting *309*
chlorination *309*
Cholesteric Liquid Crystal *494*
chromate *420*
chrome *419*
chrome spinel *420*
chrome yellow *483*
chromel *419*
chromel alumel thermocouple *419*
chromic acid anhydride *157*
chromite *418, 420*
chromium *419*
chromium molybdenum steel *420*
chromium plating *420*
chromium steel *419*
chrysocolla *40*
C&F *493*
C&R pipe process *493*
CIF *493*
CIF & C *493*
CIF & E *493*
CIF & I *493*
cinnabar *391*
city cable *242*
clad *422*
clad materials *422*
Clarke number *421*
classification *188*
classifier *189*
classifying *189*
clay *372*
clay iron stone *372*
clayslate *372*
cleavage *179*

cleavage plane *180*
Cliff *422*
clippings *423*
closed annealing *160*
Clove *422*
coarse crusher *378*
coarse metal *379*
coarsening *17*
coated powder *464*
coating mass test *188*
coaxial cable *109*
cobalt *413*
cobalt base super alloy *414*
cobalt oxide *208*
cobaltite *486*
Cobra *414*
Cocoa *415*
Coelinvar *415*
coercive force *183*
coherence length *415*
coil *415*
coil center *415*
coiler *40*
coinage *476*
coinage alloy *476*
cold bend working *65*
cold draw bench *66*
cold drawing *67, 416*
cold extrusion *66*
cold forging *65*
cold forgings *66*
cold forming *66*
cold heading *67*
cold isostatic pressing *66*
cold roll forming *416*

cold rolling 66
cold tandem rolling 67
cold working 65
collector 456
columbite 416
columbium 416
columnar structure 381
combustion burning 299
COMEX 494
comminution 224
commission house 412
Commodity Exchange 73
communicating pore 296
compacted stranded conductor 216
compactibility 216
compacting pressing 286
compass connetor 412
compatibility 358
compensating lead wire 182
complete combustion 314
completely alloyed powder 314
compocasting 412
composite materials 184
composite plating 184
composite powder 184
composite process 184
compound 476
compound superconductor 476
compressibility 286
compression ratio 285
concentrate 373
concentration 73, 213
conical ball mill 323
consolidation 284

constant permeability alloy 471
constantan 415
contact mineral 373
contact-metamorphic deposit 373
contact-metamorphism 373
contango 416, 494
continuous casting 299, 301
continuous casting process 299, 493
continuous fiber 354
continuous mill 299
Continuous Multi-Furnace Smelting 504
continuous plating 299
control cable 375
converter 363
converting 363
coolant 65, 94
cooling channel 65
cooling element 65
cooling hole 65
cooling power 65
cooling rate 65
Cooper pair 418
cooperite 481
copper 100
copper alloy 110
copper alloy bars 110
copper alloy materials for spring 115
copper alloy plates 116
copper alloy rods 110
copper alloy scrap 111
copper alloy seamless pipes 333
copper alloy sheets 116

copper alloy welded pipe 115
copper alloy wire 111
copper and copper alloy scrap 22
copper ball 103, 468
copper bar 104, 454
copper beryllium alloy for spring 239
copper beryllium master alloy 176
copper billet 104
copper bus bar 103
copper cake 109
copper casting 109
copper chloride 308
copper clad aluminium wire 109
copper clad stranded cable 103
copper concentrate 108
copper constantan thermocouple 109
copper corrosion 109
Copper Development Association 101, 493
copper fin tube 336
copper ingot 102
copper ingot bar 102
copper iron alloy 109
copper lead alloy for bearing 177
copper loss 105
copper nickel 171
copper nickel alloy 102
copper ore 102
copper oxide 207
copper pipe 101
copper plate 109
copper plating 102
copper powder 104

copper refinery 373
copper rod 99, 103, 104
copper scrap 105
copper seamless pipes 333
copper sheet 109
copper sheets for type 338
copper silicon molybden vanadium steel casting 107
copper slag 108
copper steel 101, 468
copper sulphate 482
copper sulphide 484
copper to superconductor volume ratio 104
copper tube 101
copper water tube 169
copper weld wire 409
copper welded pipe 108
copper wire 104, 107
copper wire bar 107, 354
copper wire rod 483
copper-zinc-aluminium alloy 107
coppering 102
core 414
core rod 414
core sand 414
corronel 413
corrosion 186
corrosion fatigue 187
corrosion resistance 60
corrosion resistance in sea water 62
corrosion resistant aluminium alloy 60
corrosion test 187

Corson alloy *413*
corundum *10, 413*
cost and freight *322, 493*
cost insurance and freight *322, 493*
cost insurance freight and commission *322, 493*
cost insurance freight and exchange *322, 493*
cost insurance freight and interest *322, 493*
country rock *153*
count weight *22*
coupling current *18*
coupling loss *17*
coupling time constant *17*
covalent hydride *30*
covelline *103, 414*
covellite morphism *103*
cover *412*
creep *420*
creep forging *421*
creep limit *421*
creep resistance *62*
creep strain *421*
creep strength *420*
creep test *421*
critical current *343*
critical current density *343*
critical current state model *343*
critical magnetic field *343*
critical temperature *343*
critical upset compression ratio to crack initiation *43*
crown *418*

crucible *98*
crucible furnace *98*
crude antimony *378*
crude copper *377*
crude ore *377*
crusher *446*
crushing *224*
cryolite *203*
cryostat *418*
crystal grain *16*
crystal structure *16, 17*
crystal system *16*
crystalline *17*
crystalline schist *17*
crystallization *17, 375*
cunico *418*
cunife *418*
cupriferous pyritic deposit *468*
cuprite *357*
Cupro nickel *171, 418*
Cupro nickel sheets *172*
Cupro nickel welded pipe *172*
Curie temperature *418*
curium *418*
current density *363*
current lead *363*
cut *189*
cut and fill stopping *412*
cyanidation *398*
cyanide *242*
cyanide process *398*
cyaniding *398*
cyclone classifier *205*
cylindrite *323*

D

damping alloys 169, 376, 487
damping alloys of dislocation type 365
damping alloys of ferromagnetic type 11
damping capacity 9
damping materials 96, 169, 375, 487
damping ratio 9
danaite 97
Dandy 96
Darcet alloy 84
Daunt 96
DC Josephson effect 390
DC superconducting wire 390
dead burning 19
dead metal 97
dead roast 314
dealer 121
debris 284
decarburization 430
decarburizer 430
Decoy 120
deep drawability 121
deep drawing 120
deep drawing limit 121
deep drawing test 121
Defence Production Act 495
deflector roll 121
deformation 181
degeneration 180
degree of dissociation 471
dehydration 429
dehydrogenation 429
delay table 121
delayed fracture 389
delivery section 121
Delta 97
Deltamax 97
delta metal 97
demixing 453
dendrite 97, 229
dendritic powder 229
dendritic structure 229
density 159
density distribution 159
deoxidation 429
deoxide 332
deoxidized copper 429
deoxidizer 429
deoxidizing agent 429
dephosphorization 430
depleted uranium 9
deposit 34, 405
depositing tank 405
deposition 405
depressant 291
depressor 291
Depth 97
desorption pressure 169
Destocking 494
desulphurization 430
desulphurizing agent 430
detonator 73
Deutsche Institut fur Normung 495
dewatering 429

dewaxing *429*
dezincification *429*
DHT alloy *495*
diamagnetic substance *166*
diamagnetism *166*
diameter of wire *214*
diaphragm system *15*
diaspore *120*
diatom earth *43*
didym *120*
didymium *120*
die *84*
die assembly *51*
die cast *85*
die casting *85*
die quenching *51*
dies steel *85*
differential flotation *321*
differential method *352*
differential scanning calorimetry *242*
diffusion *477*
diffusional *511*
diffusion barrier *477*
diffusion bonding *477*
dilatometer *121*
dilution refrigeration *488*
diluvium *475*
dimensional change *404*
DIN *495*
diode *85*
diorite *214*
direct bonded refractories *85*
direct current arc furnace *390*
direct extrusion *390*

direct leaching process *390, 495*
direct pouring *57*
direct quenching from forging temperature *90*
direct reduction *390*
direct sintering *390*
direct smelting process *390*
directional solidification *389*
discontinuous fiber *89*
disintegration *190*
dislocation *365*
dislocation density *365*
dislocation hardening *365*
dislocation line *365*
dispersion coating *191*
dispersion strengthened materials *190*
disproportionation *191*
disruptive strength *446*
dissociation *471*
dissolution *320*
dissolved hydrogen *27*
distilled zinc *387*
dolomite *99, 173*
dolomite brick *100*
dolomite clinker *100*
dopant *99*
dope *99*
doped tungsten *99*
double action pressing *290*
double teem *93*
Dow metal *84*
down coiler *84*
DPA *495*
drawing *118, 338*

drawing die　*118*
drawing process　*118*
drawing quality　*53*
drawn tube　*338*
Dream　*119*
drift prospection　*12*
Drink　*119*
dross　*118*
Drove　*118*
Druid　*119*
dry cell　*13*
dry method　*13*
dry molding sand　*14*
dry plating　*13*, *118*
dry process　*13*
dry quenching　*13*
dry sand mold　*14*
dry smelting　*13*
drying furnace　*14*
drying shrinkage　*14*
ductility　*298*
Dulong-Petit's rule　*117*
Dumet wire　*118*
dummy coil　*96*
dunite　*117*
duplex nickel plating　*335*
durability　*58*
duralumin　*116*
durana metal　*117*
Duranickel　*117*
Durinval　*118*
Durvill process　*96*
dust press　*189*
Dwight-Lloyd sintering machine　*119*
Dynamax　*85*
dynamic hysteresis　*108*
dynamic stabilization　*108*
dysprosium　*120*

E

earth metals　*438*
Ebony　*293*
eddy current loss　*314*
edge strength　*293*
EDM　*168*
EDTA method　*495*
efflorescence　*458*
einsteinium　*255*
ejection　*335*
Eland　*331*
elastic deformation　*426*
elastic limit　*424*
elastic strain　*426*
elasticity　*425*
Elbow　*294*
Elder　*294*
electric conductivity　*98*, *361*, *362*
electric furnace　*359*
electric prospection　*361*
electric resistance method　*361*
electric welding　*360*
Electrical Discharge Machining　*168*
electrical wire　*364*
electro-bath　*370*, *370*
electro-casting process　*361*
electro deposition coating　*368*
electro galvanizing　*360*

electro-winning 341, 370
electroless plating 157
electrolysis 360, 368
electrolyte 369, 370
electrolytic cathode copper 359
electrolytic cell 370
electrolytic cleaning line 371
electrolytic copper 359
electrolytic degreasing 371
electrolytic dissociation 363
electrolytic etching 369
electrolytic furnace 359, 368
electrolytic gold 358
electrolytic heat treatment 369
electrolytic lead 360
electrolytic manganese dioxide 370
electrolytic nickel 358
electrolytic pickling 369
electrolytic polishing 369
electrolytic powder 369
electrolytic protection 359
electrolytic protection current 360
electrolytic quenching 368
electrolytic refining 362, 370
electrolytic silver 361
electrolytic stripping method 369
electrolytic tin 361, 370
electrolytic zinc 360, 369
electromagnetic prospecting 367
electron beam melting 367
electron metal 341
electrophoretic plating 360
electroplating 358
electrostatic precipitation 361

elementally pinning force 315
elementry filament 465
Elias 341
elinvar 342
Elinvar alloys 294
elongation 300
elongation rate 300
emergency tariff 55
emery 45, 293
emissivity 183
emulsion degreasing 331
enargite 481
encapsulation 412
enclosed welding 93
end effect 213
endless rope haulage 288
energy transition temperature 292
Enerv 292
Engel 294
enriched uranium 73
enrichment 73
enthalpy change of hydride formation 227
entry section 294
epigenetic deposit 485
equiaxed structure 120
equilibrium phase diagram 455
equilibrium pressure 455
erbium 292
Erichsen test 293
Erin 293
erythrite 414
etching 294
etching pit 187
European Zinc Institute 495

europium *324*
eutectic *31*
eutectic alloy *31*
eutectic structure *31*
eutectoid *30*
eutectoid alloy *30*
eutectoid structure *30*
eutectoid transformation *30*
everbrass *293*
Everbrite *293*
Ex bond *183*
Ex dock *186*
Ex godown *393*
Ex quay *186*
Ex ship *393*
Ex warehouse *393*
Ex wharf *186*
Ex works *30*
excavation *39*
excavator *39*
exfoliation *164*
exothermic reaction *167*
expanding *477*
explosion welding *456*
exposure *69*
external diffusion process *315*
extra superduralumin *401*
extrinsic two-way action *315*
extruded aluminium shape *269*
extruder *286*
extruding machine *286*
extrusion *286*
EZI *495*

F

face centered cubic lattice *152*
FAS *495*
fast breeder reactor *25*
fatigue *463*
fatigue crack *464*
fatigue life *464*
fatigue limit *464*
fatigue notch factor *71*
fatigue notch sensitivity factor *71*
fatigue strength *463*
fatigue strength of notched test specimen *71*
fatigue strength reduction ratio *71*
fatigue test *464*
fault *93*
feeder *54*
feeder cable *54*
feeder head *286*
feeding distance *52*
feldspar *354*
Fence *453*
ferberite *395*
fergusonite *452*
Fernichrome *452*
Fernico *452*
ferrite *449*
ferro alloy *451, 469*
ferro aluminium *451*
ferro boron *450*
ferro chromium *420, 451*
ferro manganese *148, 450*

ferro molybdenum *450*
ferro nickel *450*
ferro niobium *450*
ferro phosphor *452*
ferro silicon *43, 451*
ferro titanium *452*
ferro tungsten *452*
ferro vanadium *450*
ferro zirconium *451*
ferromagnetic body *10*
ferromagnetic domain wall *346, 348*
ferromagnetic substance *10*
Ferry *452*
fiber form precursor *358*
fiber orientation angle *215*
fiber reinforced metal *215*
fibrous powder *215*
fibrous structure *215*
filament *354, 465*
fill *403*
fill factor *403*
filled stopes *403*
filler metal *315, 403*
filling *403*
film boiling *146*
Fin tube *465*
fine *188*
fine grained superplastic alloys *159*
fine grinder *159*
fine ore *188*
fine ounce *447*
fine particle magnet *158*
fine powder *158*
finish rolling *84, 145*
finisher *145*
finishing loam *84*
finishing mil *145*
finishing operation *84*
finishing roll *145*
fire brick *64*
fire clay *64*
fire point *299*
fire refined copper *13*
fire refining *13*
fissium *465*
fissure filling deposit *303*
fixed strain test *28*
fixed stress test *28*
fixed temperature test *28*
flake powder *453*
flaring *477*
flash smelting *350, 462*
flash smelting furnace *496*
flask *461*
flatness *455*
float *187*
floating die process *462*
floor mold *12*
flotation *187*
flow rate *324*
flow time *324*
fluoride *192*
fluorine *192*
fluorite *473*
fluorspar *473*
fluosolids roaste *324*
fluosolids roaster *462*
flux *319, 326, 462*
flux creep *349*

flux flow *349*
flux jump *462*
flux quantum *349*
FOB *496*
FOR *496*
fog hardening *190*
foil *163*, *473*
foil stock *474*
folding *241*
force-cooled conductor *11*
forced cooling *11*
forced vibration *11*
forgeability *91*
forge heating furnace *91*
forging *88*, *90*
forging crack *90*
forging crane *91*
forging dimension *92*
forging effect *93*
forging finishing temperature *92*
forging process *91*
forging ratio *91*
forging roll *90*
forging stock *90*
forging thermit *92*
forging weight *92*
forming property *1*
founding *383*
foundry *384*
fraction *189*
fracture stress *446*
fracture toughness *446*
francium *459*
franckeite *459*
franklinite *459*

frary alloy *460*
Free Alongside Ship *214*, *495*
free crystal *350*
free cutting brass rod *412*
free cutting brass rod or bar *417*
free cutting nickel silver rod or bar *416*
free cutting phosphor bronze rod or bar *417*
free cutting phosphor bronze wire *417*
free cutting steel *416*
free forging *351*
Free on Board *184*, *496*
Free on Rail *395*, *496*
Free on Truck *395*
friction coefficient *146*
friction welding *146*
frother *55*
FSF *496*
full stabilization *314*
functional materials *53*
furnace *68*
furnace brazing *69*
furnace cooling *69*
furnace wall *70*
fuse *458*
fused alumina *317*
fusibility *6*
fusible alloys *357*
fusing *316*
fusing point *318*
fusion *316*

G

gabbro 165
gadolinite 3
gadolinium 2
gadolinium cobalt film 3
galena 168
galfan 9
gallium 8
galva-annealed steel sheets 8, 470
galvanic corrosion 8
galvanized steel sheets 251
galvanizing 8, 251
gamma silumin 9
gangue 150
ganister sand 40
garnet 2, 212
garnierite 2, 40
gas cutting 5
gas hole 53, 55
gas seal casting process 4
gas welding 5
gas-filled power cable 5
gate 116
General Services Administration 496
geophysical prospecting 157
German silver 291, 356
germanite 15
germanium 15
germanium dioxide 331
gersdorffite 481
getter 15
getter alloy 15
gibbsite 55
gilding metal 55, 88
Ginzburg-Landau parameter 55
glaucodot 45
GMAW weldig 496
goaf 173
gob 173
goethite 405
Goethite process 496
gold 45
gold alloy 50
gold amalgam 49
gold bullion 50
gold leaf 46
gold refining process 49
gold smelting process 50
Goldschmidt process 29
grading 189
grain boundary 16
grain size 17
grain size number 17
granular powder 344
granular structure 344
granulation 377
Grape 44
graphite 487
graphite fiber 426
gravimetric analysis 386
gravity concentration 201, 386
gravity die casting 51
gravity prospection 386
gravity segregation 386
green compact 216
green density 216

green strength 216
green tape 44
greenockite 484
grey tin 485
grindability 298
grinder 44
grinding 191, 297
groove 44
grout mold processs 44
growth 448
GSA 496
GTAW weldig 496
guide mark 7
guide roll 6
gun-metal 12, 456
gypsum 212

H

hafnium 467
Hall-heroult process 474
Halman-Isabellin alloy 468
halogens 468
hand picking 225
hand sorting 225
hard-drawn copper wire 19
hard lead 20
hard lead casting 20
hard lead pipe 20
hard lead plates 20
hard metal 20, 399
hard metal tool 399
hard solder 18
hardenability 21, 94
hardenability curve 21

hardenability index 21
hardening 21
hardness 19
hardness multiplying factor 21
hardness test 19
hardness transition curve 19
Harris process 471
hastelloy 466
hausmannite 486
HC Mill 497
HCC 497
HCFR 497
HCFR copper 13
heading 373
hearth bottom 69
hearth settler 72
heat capacity 305
heat conduction 305
heat crack 304
heat exchanger 303
heat insulating layer 89
heat insulating material 306
heat insulator 306
heat of hydride formation 227
heat proof alloy 62
heat resisting aluminium alloy 62
heat resisting properties 62
heat resisting steel 61
heat transfer 305
heat treatable alloy 306
heat treatment 306
heating crack 6
heating element 167
heating furnace 6
heavy fluid separation 386

heavy media separation *386*
heavy metal *385, 387*
heavy spar *387*
hedge *472*
hedging *472*
hematite *358*
Hematite process *495*
hermetic art *296*
hessite *437, 472*
heusler alloy *487*
hexagonal close-packed lattice *377*
hexagonal system *326*
high alumina refractories *26*
high chrome copper steel casting *29*
high chrome heat resistant steel casting *28*
high chrome nickel heat resistant steel casting *28*
high chrome tool steel *28*
high conductivity fire refined copper *13, 497*
High Crown Mill *497*
high frequency induction furnace *28*
high frequency induction welding *28*
high furnace *23*
high grade metal *25*
high grade ore *185*
High Grade zinc ingots *497*
high leaded bronze *27*
high manganese steel *24*
high metallic silicon *25*
high permeability alloy *29*

high pressure operation *26*
high pressure process *26*
high purity aluminium foil *26*
high purity metal *25*
high speed steel *25*
high strength aluminium alloy *23*
high strength brass *23*
high strength brass casting *22, 23*
high strength brass ingots for casting *380*
high strength wear resisting brass *22*
high temperature hydride *27*
high tensile aluminium alloy *23*
high tension brass *23*
high tension steel *27*
Hitch *489*
hoch-ofen *23*
hollow conductor *385*
hollow forging *385*
holmium *474*
homology *335*
homomorphy *335*
Honey *472*
Horizontal Continuous Caster *497*
hornblende *7*
hot bath *304*
hot blast *307*
hot blast cupola *307*
hot charge *318, 470*
hot charging *319, 470*
Hot Die Forging *471*
hot dip aluminium coating *317*

hot dip coating 317
hot dip coating method 317, 470
hot dip lead plating 317
hot dip tin coating 318
hot drawing 303
hot extrusion 303
hot forging 302
hot galvanizing 317
hot isostatic pressing 303
hot metal 316
hot pressing 302
hot rolled brass rod or bar 304
hot rolling 302
hot shortness 27, 303
hot stove 307
hot tear 302
hot working 302
House 467
housmannite 467
hubnerite 148
Huter process 497
hydrate 225
hydride phase 227
hydroforming 467
hydrogen absorbing alloys 226, 227
hydrogen absorbing amophous alloys 200, 227
hydrogen absorption 226, 227
hydrogen density 225
hydrogen desorption 226
hydrogen embrittlement 226
hydrogen loss 227
hydrogen permeability 226
hydrogen solid solution phase 225
hydrogen storage capacity 226
hydrogenation 226
hydrolysis 4
hydrometallurgy 241
hydronalium 489
hydrostatic extrusion 374
hydrothermal deposit 304
hydroxide 225
Hypernic 467
hyperpure metal 25
hyperpure silicon 25
hysteresis 489
hysteresis loss 331, 489

I

Ideal 255
igetalloy 330
igneous deposit 475
ignition point 167
ignition temperature 167
illinium 341
Illium 341
ilmenite 342, 442
IMOA 498
impact extrusion 402
impact test 402
impact value 402
Imperial Smelting Process 498
impregnation 34, 468
impurity 192
in-situ process 339
incandescence 173
inclusion 12

Inconel 340
Inconel alloys 340
Indian 337
indirect extrusion method 7
indium 337
induction furnace 324
Induction skull melting 324
infilterated density 318
infiltrant 320
infiltrated body 320
infiltration 319
infiltration alloy 320
infiltration process 406
ingate 116
ingot 345, 379
ingot bar 345
ingot copper 473
ingot mold 380
inhibitor 291
initial activity 399
injection molding 206
inner finned tube 59
inner grooved fin tube 337
insoluble anode 192
Institute of Scrap Recycling Industries, Inc 499
insulated superconducting wire 372
insulating materials 371
insulation fire brick 63
insulator 371
interface 21
intergranular corrosion 343
intermediate annealing 385
intermediate state 385

intermetallic compound 46
internal friction 59
internal defect 59
internal tin process 59
International Copper Research Association 38
International Copper Study Group 38
International Lead & Zinc Study Group 38
International Molybdenum Association 498
International Nickel Study Group 38
International Organization for Standardization 498
International Primary Aluminium Institute 498
International Tungsten Industry Association 500
International Zinc Association 38, 500
interrupted corrosion test 89
interrupted quenching 87, 119
intrinsic two-way action 62
invar 338
iodine 313, 315
iodyrite 313
ion plating 332
ionic hydride 332
IPAI 498
iridium 331
iridosmine 331
iron 395
iron ore 395

iron sand 206
irregular powder 191
irreversible shape memory effect 196
irreversible strain limit 468
Isasmelt Process 498
ISO 498
Isoperm 332
isostatic pressing 120
Isothermal/Hot Die Forging 471
isotope 108
isotope effect 108
isotropic magnet 119
ISRI 499
ISRI specifications 332, 500
ITIA 500
Ivory 255
IZA 500

J

jacket 65
jamesonite 483
Japanese Industrial Standard 501
Jarosite process 500
jig 387
jigger 387
jigging 387
JIS 501
Jominy curve 21
Josephson effect 378
jumbo 372
jumper 372

Junto 368

K

K-Monel 501
kainite 409
kalium 410
kanigen process 405
kanthal 410
kaolin 409
kaolinite 409
Kapitza conductivity 410
Kelmet 413
kerb trading 354, 412
keystone stranded wire 423
kieselguhr 43
kieslager 423
Kivcet process 501
knoop hardness 73
knoop hardness test 73
Known pricing method 70
Korean Industrial Standards 502
kovar 413
Kramer's law 418
Kroll process 419, 501
KS 502
kyanite 409

L

Label 124, 129
Lace 129
Lady 129

LAFTA 502
Lake 129
lake copper 129
Lamb 126
lamellar structure 404
laminated aluminium foils 372
laminated damping steel sheets of constrained type 37
lamination 123
lantanoid 125
lanthanide 125
lanthanum 125
lanthanum oxide 207
lap welding 18
Lark 125
laser beam welding 129
last known pricing method 124
latent heat 353
lateral expansion 3
lateral expansion transition temperature 3
laterite 125
Latin America Free Trade Association 502
lautal 124
Laves compound 123
Laves phase alloys 123
lawrencium 131
LBMA 502
LDA 502
leaching 137, 318, 405
lead 58, 295
lead accumulator 301
lead acetate 399
lead alloy 302

lead antimony alloy 300
lead arsenate 198
lead ash 302
lead base bearing alloy 475
lead bath 300
lead battery 58, 301
lead cell 300
lead concentrate 301
Lead Development Association 502
lead frame materials 135
lead ingot 296, 301
lead monoxide 342
lead ore 296
lead pipe 296
lead pipes 296
lead pipes for water supply 224
lead plates 300
lead plating 297
lead scrap 300
lead sheet 296
lead sheets 302
lead suboxide powder 255
lead sulphate 482
lead tin alloy 301
lead tube 296
leaded brass 417
leaded brass sheets 417
leaded brass strip 417
leaded brass tape 417
leaded brass wire 417
leaded bronze ingots for casting 381
leaded tin bronze 301
leaded tin bronze castings 301

leaf 163
Lemon 128
Lemur 136
lend 130
lending 130
lepidolite 137
leveling 36
leveling machine 36
leveller 128
LGFM 502
liberation 325
light alloy 21
light metal 18
Limiting stress of plate
spring 239
lime 145
limestone 213
limonite 8
lining 124
linnaeite 484
Lipowitz's alloy 138
liquation 316, 319
Liquid Metal 138
liquid metal infiltration 316, 320
liquid phase sintering 288
liquidation 137, 149
litharge 136, 160
lithia mica 137
lithium 137
lithium polymer batteries 137
lithopone 136
livingstonite 136
LME 503
LME Warehouse 503
Lo-ex 131

loading time 188
loam 134
local action 38
local elongation 38
lode 33
London Bullion Market Association 502
London depth 351
London Gold Futures Market 502
London Metal Exchange 126, 503
long 134
long position 134, 149
long ton 134
lonnealing 356
loose powder sintering 403
loose rock piece 186
loose rolling 198
looseness 83
Looper Line 135
Lorentz force 131
lot 132
low frequency induction furnace 357
low grade ore 203
low melting metal 356
low pressure die casting 356
low temperatrure annealing 356
low temperature hydride 356
lower critical magnetic field 466
lower yield point 248, 466
lubricant 326
lump ore 36
luppe 135, 344
lutetium 135

M

machinability 3, 371, 416, 464
machine casting 52
machine drill 393
machine molding 52
machining allowance 371
Maddock's stability criterion 150
magma 144, 284
magmatic deposit 284
magnalium 140
magnesia 143
magnesia clinker 143
magnesite 74, 140
magnesium 140
magnesium alloy 141
magnesium alloy bars 142
magnesium alloy castings 142
magnesium alloy die castings 142
magnesium alloy extruded shapes 142
magnesium alloy ingots for castings 380
magnesium alloy ingots for die casting 86
magnesium alloy pipe 141
magnesium alloy seamless pipe 333
magnesium alloy sheets 142
magnesium chloride 309
magnesium copper ingots 141
magnesium galvanic anode 168
magnesium ingots 141
magnesium nickel ingots 141

magnet wire 143
magnetic concentration 347
magnetic exploration 347
magnetic flux density 349
magnetic induction 349
magnetic particle test 348
magnetic properties 347
magnetic prospection 348
magnetic refrigeration 346
magnetic resistance 346
magnetic separation 347
magnetic steel 349
magnetic survey 347
magnetic test 352
magnetic transformation 346
magnetite 351
magnetization 351
magnetizing current 352
magnetizing force 351
Magnetostriction alloy 346
Magnox 144
Maize 151
Major 151
malachite 30, 150
Malar 151
Malic 146
malleability 364
malleable casting iron 2
Malott metal 146
mandrel 150
manganate 148
manganese 147
manganese aluminium magnet 148
manganese bronze 148
manganese carbonate 425

manganese chloride *309*
manganese dioxide *331*
manganese molybden steel casting *148*
manganese nodule *147*
manganese ore *147*
manganese pig iron *148*
manganese steel *147*
manganese sulphate *482*
manganese metal *47*
manganin *146*
manganin alloy *146*
manganite *225, 349*
manganosite *72*
maraging *144*
margin *146*
marquenching *144*
martemper *144*
martempering *144*
martensite *144*
martensitic transformation *144*
mass *33*
massive ore *36*
massive transformation *148*
master alloy *153*
master alloy powder *154*
materials for electric conductivity *99*
materials for electric heater *364*
Mathiessenn's rule *146*
matrix *149, 153, 163*
matrix to superconductor ratio *149*
matte *149*
maximum hydrogen storage capacity *401*
mean particle diameter *454*
measurement of magnetization characteristic test *352*
mechanical alloyed powder *151*
mechanical precipitation deposit *52*
mechanical properties *52*
mechanical test *52*
medium temperature hydride *387*
Meissner effect *145*
Melon *150*
melting *316*
melting furnace *320*
melting point *318*
melting zone *320*
mendelevium *152*
mercuric oxide *208*
mercury *150, 228*
mercury ore *228*
mercury sulphide *482*
mesh *150*
metal *387*
metal arc cutting *48*
metal arc welding *48*
metal bonded diamond tool *46*
metal cerium *47*
metal fiber *46*
metal hydride *47*
metal matrix composite *46*
metal mine *46*
metal powder *47*
Metal Powder Industries Federation *504*
metal spraying *48*

metal spraying process 48, 316
metallic binder phase 17
metallic cementation 49
metallic chromium 49
metallic coating 49
metallic hydride 46
metallic manganese 47
metallic matrix phase 47
metallic mould 51
metallic silicon 48
metallic tungsten powder 49
metalliferous deposit 46
metallikon 151
metallographic test 48
metalloid 151
metallurgical microscope 49
metallurgy 289
metamorphic deposit 180
metamorphic rock 180
metamorphism 180
metasomatic deposit 36
Material Safety Date Sheet 157
metric ton 151
mica 322
MI cable 504
micro-encapsulation 145
microduplex structure 332
micron 159
middling 454
mill 191
mill edge 160
mill spring 160
mill tailing 213
milling 191, 213
mimetite 158

mine 33
mine car 35
mine concession 33
mine examination 34
mine lot 33
mine property 33
mine royalty 34
mine set 33
mine smalls 188
mine tub 35
mine water 12
mineral 33, 158
mineral deposit 34
mineral dressing 213
mineral insulated cable 504
mineral vein 33
mineralization 36
mini spangle 158
minimum propagation zone method 402
minium 297
Minor Metals Traders Association 504
misch metal 159
miss roll 159
Mitsubish process 504
mixed powder 474
mixed state 474
mixing 474
MK magnet 504
MMTA 504
modified jelly roll process 376
modulus of elasticity 426
modulus of rupture 39
mold 154

molding sand *380*
molten metal *316, 320*
molten salt electrolysis *318*
molybden steel *155*
molybdenite *155, 486*
molybdenium *154*
molybdenium alloy *155*
molybdenium ore *155*
molybdenium rods *155*
molybdenium sheets *155*
molybdenium sulphide *484*
molybdenium wires *155*
molybdenum *228*
monazite *152*
Monel metal *152*
monochloride process *153*
monolithic conductor *153*
monoxide *342*
Monte Ammiata *154*
Monterrey *154*
monthly average pricing method *323*
Montroydite *154*
mosaic gold *153*
mother alloy *153, 385*
mother plate *379*
mould *154*
MPIF *504*
MSDS *157*
muffle furnace *150*
mullite *150*
multi-core wire *84*
multi layer insulation *358*
multi layer plating *184*
multi layer welding *87*

multifilamentary superconducting wire *44*
multiple tempering *87, 116*
Mumetal *158*
Muntz metal *150, 157*

N

Naggy *59*
Nak *57*
NARI specifications *504*
NASA *504*
National Aeronautics and Space Administration *504*
Nano line *56*
native antimony *350*
native bismuth *350*
native copper *349*
native gold *349*
native mercury *349*
native metal *349*
native platinum *349*
native silver *350*
native sulphur *350*
natural aging *350*
natural manganese dioxide *394*
natural silica sand *394*
natural uranium *394*
naval brass *68*
near net shape *385*
neck formation *68*
necking elongation *38*
neodymium *67*
nepheline *466*
neptunium *68*

net shape 314
net ton 68
neutral refractories 386
neutral zone 74
New York Mercantile Exchange 73, 505
newer metal 244
Newton alloy 73
Ni-hard 82
Ni resist 74
nicaloi 76
niccolite 474
nichrome 82
nichrome alloy 82
nichrome wire 82
nickel 76
nickel alloy 80
nickel alloy bar 81
nickel alloy casting 81
nickel alloy plate 81
nickel alloy rod 80
nickel alloy seamless tube 333
nickel alloy sheets 81
nickel alloy wire 81
nickel anode for electroplating 98
nickel bar 77
nickel bars for electronic tube 364
nickel base heat resistant alloy 76
nickel base superalloy 78
nickel briquette 77
nickel carbonyl 78
nickel casting 78
nickel cathode 78
nickel chloride 308
nickel chromium electric heating wire and band 79
nickel chromium molybdenum steel 79
nickel chromium steel 79
nickel copper alloy 77
nickel crown 79
Nickel Development Institute 504
nickel equivalent 76
nickel ingots 78
nickel luppe 77
nickel matte 77
nickel metal 78
nickel ore 76
nickel oxide 207
nickel oxide sinter 221
nickel plate 80
nickel plating 77
nickel rod 77
nickel seamless tubes 331
nickel sheets 80
nickel sheets for cathode of electronic tube 367
nickel sheets for electronic tube 366
nickel shot 78
nickel silver 78, 290, 291
nickel silver bar 290
nickel silver plate 291
nickel silver rod 290
nickel silver scrap 291
nickel silver sheet 291
nickel silver sheets for spring 239
nickel silver wire 291
nickel speiss 78

nickel steel 76
nickel sulphate 481
nickel titanium alloy 79
nickel tube for cathode of vaccum tube 367
nickel wires for electronic tube 366
nickelin 77
nickeling 77
NIDI 504
niece 75
Night 57
Nilo 82
Nimol 75
Nimonic 56
Nimonic alloy 57
niobium 75
niobium carbide 428
niobium-tantalum mineral 75
nitriding 392
nitrocarburizing 301
No.1 copper wire 376
No.2 copper wire 376
nobelium 70
Noble 70
noble metal 40
nodular 69
nodular cast iron 69
Nomad 69
nominal strèss 31, 474
non-aging properties 200
non-aqueous eletro-plating 199
non-armoured coaxial submarine cable 157
non-crystalline metal 196
non-destruction inspection 202
non-destructive examination 202
non-ferrous alloy 201
non-ferrous metals 201
non-ferrous metals scrap 201
non-ferrous smelting 201
non-magnetic materials 200
non-metal 196
non-metallic elements 197
non-metallic inclusion 196
non-metallic materials 197
non-metallic minerals 197
non-reversing mill 196
non-stoichiometric region 203
nondestructive test 203
Noranda process 504
normal conducting state 209
normal structure 458
normal zone propagation velocity 209
normalizing 69, 192, 223
notch brittleness 71
notch effect 71
notch fatigue factor 71
notch sensitivity 70
notch toughness 71
notched test piece 71
notched test specimen 71
nozzle 70
nuclear fusion generation 472
nucleate boiling 472
nugget 67
NYMEX 505

O

Obole 311
Ocean 312
octanium 313
OEA 505
OF cable 505
OFC 156
offer 312
OFHC 156
oil content 468
oil-filled power cable 505
oil hardening 53
oil impregnation 468
oil-impregnated sintered bearing 222
oil quenching 53
oiling 98
old vein 69
one-way shape memory effect 342
one-way shape memory treatment 342
Onion alloy 310
open-cut 70
open feeder 12
open interest 159, 312
open mould 12
open-pit mining 70
open pore 11
open porosity 453
open price practice 312
open sand molding 12
open stopping 11
optical conductor 35
optical fiber 34
optical fiber cable 35
Optical fiber overhead Ground Wire 33
optical isolator 34
optical module 33
optical pyrometer 32
optical sensor 34
option 313
optoelectronics 34
orange peel 311
order parameter 311
ore 34
ore bed 35
ore body 35
ore briquetting 88
ore chimney 35
ore pillar 35
ore reserve 149
ore smelting 34
ore tub 35
organic superconductor 323
Organisation of European Aluminium Smelters(secondary) 505
orthorhombic system 205
osmiridium 312
osmium 312
ounce 313
outcrop 69
over filled fin 37
overaging 32
overfill system 311
overhand stopping 210
overheating 32

overlap 311
OW wire 505
oxidation resistance 60
oxide ore 207
oxide superconductor 207
oxidizing roasting 208
oxygen cutting 5
oxygen enrichment smelting process 207
oxygen free copper rod for electron device 366
oxygen free copper seamless pipes for electron device 367
oxygen free copper sheets 156
oxygen free copper sheets for electron device 366
oxygen free copper wires for electron device 366
oxygen free copper 156
oxygen free high conductivity copper 156
oxygen gouging 4

P

painted aluminium alloy sheets 280
painted aluminium sheets 262
Pales 448
palladium 448
Pallu 448
Palms 448
Parch 447
Par Cross Mill 505
parent phase 153
Parkes method 447
partially alloyed powder 186
particle 344
particle diameter 344
particle reinforced metal 344
particle shape 344
particle size 344
particle size distribution 344
parting 188
pass 448
passivation 186
passive film 186
passivity 185
patina 72
patronite 453
PCB 505
PCM 505
Peach 465
peak effect 465
pegmatite 449
Pekoe 465
Peltier effect 453
penetration depth 351
pentlandite 453
percentage ductile fracture 299
percentage elongation 300
percentage fibrous fracture 299
percentage reduction of area 89
percentage shear fracture 299
percentage yield elongation 468
percussion welding 402
periclase 452
peritectic 456
peritectic reaction 456
permalloy 449

permanent magnet *310*
permanent strain *310*
permanganate *448*
permeability *439*
permeable pore *455*
Permendur *449*
Perminvar *449*
perovskite superconductor *451*
persistent current *310*
petzite *453*
Pewter *459*
phase change *210*
phase diagram in stress temperature coordinate *330*
phase transformation *209*
phenacite *449*
phosgenite *7*
phosphate ore *337*
phosphate rock *337*
phosphor *336*
phosphor bronze *339*
phosphor bronze casting *340*
phosphor bronze ingots for casting *381*
phosphor bronze rod or bar *339*
phosphor bronze scrap *340*
phosphor bronze sheet or plate *340*
phosphor bronze sheets for spring *239*
phosphor bronze wire *339*
phosphor copper ingot *337*
phosphorus *336*
phosphorus deoxidized copper *340*
phosphorus deoxidized copper sheets *341*
phosphorus deoxidized copper welded pipe *341*
phosphorus deoxidized copper wire *340*
photoconductor *35*
photoelctron *35*
pickling *206*
piercing *392*
piercing machine *394*
piercing mill *394*
pig lead *58, 301*
pillar *35*
pin hole *465*
pinning *463*
pinning center *463*
pinning force density *463*
pinning loss *463*
pipe *32, 447*
pipe fittings of copper *102*
pipe fittings of copper alloy *110*
pipe type power cable *447*
pitchblende *295, 465*
pitting corrosion *30*
pitting surface *29*
placer *204*
placer gold *204*
plasma arc welding *461*
plasma spraying *461*
plastic deformation *223*
plasticity *4, 223*
plate *462*
plateau pressure *454*
plateau region *454*
plateau slope *454*

plating 98
platinoid 461
platinum 170, 462
platinum alloy 171
platinum black 171
platinum group metals 171
platinum iridium alloy 171
platinum palladium alloy 171
platinum rhodium alloy 170
platinum ruthenium alloy 171
plumbago 487
plutonic rock 246
plutonium 462
pneumatolytic deposit 54
pneumatolytic mineral 54
poisoning 463
polianite 325, 457
polishing 297
polonium 456
polybasite 486
polycrystal 83
pool cooling 405
poor ore 203
popcorning 457
porcelain enamel 174
pore 53
pore size distribution 53
porosity 53
porphyritic deposit 456
porphyritic structure 165
porphyry 165, 456
porphyry copper ore 165
porphyry deposit 165
potassium 410
pound 446

powder 189
powder coating 191
powder forging 189
powder magnetic core 216
powder metallurgical materials 190
powder metallurgical product 190
powder metallurgy 190
powder metallurgy process 189
powder rolling 189
powder spark test 189
power cable 362
power reel 446
P.P. 505
praseodymium 459
pre-cleaning 368
pre-mixed powder 461
pre-mold reed frame
 chip-pak 460
pre-treatment 368
precious metal 39
precipitant 405
precipitate 405
precipitate copper 405
precipitation 212, 405
precipitation hardening 212
precipitation strengthening 212
preferential flotation 321
preform 461
preforming 385
preliminary test force 54
premium 461
presintering 310
press 459
pressing crack 285
pressure leaching process 5

pressure sintering 5
pressure tight casting 61
pressurized superfluiditive helium 5
primary aluminium ingot 272
primary cell 342
primary copper 342
primary creep 376
primary crude copper 244, 342
primary ingot 243
primary mineral 322
primary structure 342
Prime Western 459, 506
primer 73
Printed Circuit Board 505
probable reserve 402
process analysis 31
process annealing 31
producer price 505
producer's price 505
profile 460
promethium 460
proof stress 59
property of dynamic hydride formation 108
property of static hydride formation 374
protactinium 460
protective film 60
proustite 95
proximity effect 45
P-S converter 505
pseudoelasticity 330
psilomelane 19
PS method 505

pull-out 459
pulsed superconducting wire 449
pulverization 159
pulverized powder 191
pulverizer 159
pulverizing 191
pulverizing mill 158
pumice 186
punching machine 394
punch stretch formability 74
punch stretch forming test 74
punch stretchability 74, 364
pure aluminium 230
pure copper 230
purification 374
pusher 286
PVC insulated overhead distribution wire 505
PVC insulated service drop wire 495
PVC insulated service entrance cable 509
P.W. 506
pyrargyrite 73
pyrite 447, 483
pyrite cinder 482, 483
pyrites 485
pyrites ore 485
pyritic smelting 211
pyroceram 447
pyrochlore 447
pyrolusite 298
pyromax 447
pyrometallurgy 13
pyrometamorphic deposit 304

pyrometasomatic deposit *373*
pyrometer *27*
pyromorphite *72*
pyrophoric alloy *167*
pyrophyllite *58*
pyrophyllite refractory *58*
pyrrhotite *352, 464*

Q

QSL process *506*
Q.P. *506*
qualitative analysis *374*
quantitative analysis *373*
quantity of heat *304*
quartz sand *40*
quench hardening *94*
quenching *51, 94, 223*
quenching crack *94*
quenching distortion *94*
quenching medium *94*
quenching stress *94*
quenching treatment *94*
quicksilver *228*
quotation period *1, 506*

R

R-phase *507*
R-phase transition *507*
Racks *126*
radial crushing load *287*
radial crushing strength *287*
radiation effect *377*
Radio *123*

radioactive metal *168*
radioactive mineral *168*
radiographic test *167*
radium *123*
Rails *130*
Rains *130*
rake *129*
Rakes *129*
Ranch *126*
Ranks *126*
rapidly solidified powder *51*
rare earth alloys *489*
rare earth elements *488*
rare earth metal *488*
rare earths *488*
rare metal *128, 488*
rasorite *124*
rat tail *174*
rate of hydrogen absorption *226*
rate of hydrogen desorption *226*
rate of reaction *166*
ratio of concentration *213*
rattler value *126*
raw ore *377*
RD wire *507*
react and wind technique *136*
reaction sintering *166*
reagent *242*
reaming *96*
reclamation sand *355*
recovery current *485*
recrystallization *354*
recrystallization annealing *355*
recrystallization temperature *355*
rectangular kiln *7*

recuperator *303*
red brass *88*
red brass sheets *88*
red brass wire *88*
red lead *297*
red shortness *358*
redistilled zinc *356*
reduced powder *477*
reducing *477*
reducing agent *477*
reduction *477*
reduction of area *88, 89*
reduction ratio *287*
reduction schedule *287*
reel *40*
reel mark *138*
reed frame *135*
refined aluminium *26, 374*
refined aluminium ingots *375*
refined anode copper *375*
refined copper *373*
refinery *371, 374*
refining *373*
reflux refined zinc *374*
reflux refining *374*
refractoriness *63*
refractory *63*
refractory brick *64*
refractory cement *64*
refractory material *63*
refractory metals *27, 62*
refractory mortar *63*
regional metamorphism *103*
regulus *149*
reinforced superconducting wire *182*

reinforcement *11*
reinforcement fiber *11*
reinforcing member *181*
relative density *209*
Relay *138*
released metal content test *319*
Remalloy *136*
renierite *128*
Rents *130*
replacement deposit *36*
repressed compact *354*
repressing *356*
residual deposit *352*
residual flux *353*
residual hydrogen content *353*
residual induction *353*
residual resistance ratio *353*
residual resistivity *353*
residual strain *352*
residual stress *352*
resin flux cored solder *229*
resintering *356*
resistance welding *357*
resonance fraction *31*
retort *130*
reverberatory furnace *165*
reverse transformation *295*
reversible reaction *5*
reversible rolling mill *6*
reversing cold strip mill *5*
reversing mill *6*
reversing multiple rolling mill *87*
rhenium *128*
rhodium *130*
rhodochrosite *74*

rhodonite *354*
rib *136*
rich ore *185*
ring forging *138*
ring mill *138*
riser *286*
roaster *170*
roasting *170*
roasting furnace *170*
rock drill *393*
Rockwell hardness *131*
Rockwell hardness test *132*
rod *185*
rod and bar *131*
rod mill *130*
roll *133*
roll abrasion *133*
roll crown *134*
roll curve *133*
roll diffusion bonding *133*
roll guide *133*
roll mark *133*
roll press *133*
rolled aluminium products *267*
rolled light metal products *18, 20*
rolled products *285*
rolling *284*
rolling mill *285*
rolling reduction *287*
Ropes *132*
roscoelite *131, 162*
Rose alloy *131*
Roses *131*
rotary converter *485*

rotary kiln *14, 132, 485*
rough rolling *378*
roughing mill *378*
royalty *34*
rubber insulated polychloroprene sheathed cable *422*
rubidium *134*
ruby silver ore *475*
rule of mixture *184*
rule of reversed stability *256*
runner *430*
rural distribution wire *507*
rust *72*
rust prevention *169*
ruthenium *135*
rutile *51, 135*

S

Sabot *210*
salammoniac *309*
salt bath *308*
samarium *204*
samarskite *204*
sand *33*
sand casting *206*
sand mould *206*
sandy ore *33, 204*
sash *210*
sash bar *210*
sash frame *210*
Saves *218*
scab *122*
scab crack *122*
Scabs *231*

scaling law of pinning force density 463
scandium 231
scalping 231
scheelite 230, 485
Scoot 232
Scope 232
Score 231
scorification 466
SCR 507
scrap 214, 232
scratch 7
scratch hardness 45
Screen 233
Scribe 232
Scroll 232
Scrub 232
Scull 231
scum 187
SD wire 507
Seal 244
Seam 246
seamless pipes 333
seamless tube 333
Season Cracking 19
Season Cracking testes 20
secondary aluminium 355
secondary aluminium alloys for die casting 86
secondary aluminium ingot 271
secondary cell 336
secondary copper 335
secondary creep 376
secondary crude copper 336
secondary deposit 335

secondary enrichment 335
secondary ingot 356
secondary lead 355
secondary metal 335, 356
secondary mineral 335, 393
secondary ore 335
secondary recrystallization 336
secondary tin 355
sectile 338
sedimentary deposit 439
sedimentary rock 440
sedimentation analysis 404
Seebeck's effect 375
segmented die 216
segregation 453
segregation process 216
seismic prospecting 426
selective flotation 321
selective hardening 37, 186
selective oxidation 214
selenium 219
self-supporting cable 508
semi-finished products 166
semiconductor 164
semimetal 164
senarmontite 168, 258
sendust 211
Sendzimir mill 218
serpentine 205
service center 2
setting down 120
settlement 218
settlement price 218
shaft furnace 23, 211
shaking screen 391

shape memory alloy spring 473
shape memory alloys 473
shape memory effect 473
shape memory element 473
shape memory treatment 473
shear 242, 362
shear crack 362
shear modulus 10, 360
shear strength 9, 360
shearing 361
sheet 243
sheet insert bonding 243
Shelf 219
shell moulding process 219
S.H.G. zinc ingot 504
shipping ore 373
shoad 458
shoading 458
shode 458
shode stone 458
short covering 149, 224
short fiber 89
short position 149, 224
short ton 224
shot aluminium 224
shrinkage 229
shrinkage cavity 229
shrinkage stopping 230
side trimming shear 205
sieve analysis 344
sieve classification 398
silane 245
silica 41, 245
silica brick 42
silica rock 42
silica sand 40, 328
silicate 41
silicate degree 41
silicate type inclusion 41
silicide 43
silicium 42, 245
silicon 42, 245
silicon bronze 43
silicon bronze casting 246
silicon carbide fiber 427
silicon copper wire 40
silicon manganese 246
silicon metal 46
silicon pig iron 42
silicon steel 42
silicon steel sheets 42
siliconizing 43
silimanite 42, 245
Silumin 245
silver 327
silver alloy 328
silver bearing copper 156
silver brazing filler metal 327
silver bullion 328
silver nitrate 391
silver smelting process 328
silzin bronze 246
silzin bronze casting 246
single action press 89
single action pressing 342
single core wire 89
single crystal 87
single domain type magnet 89
single stand 246
sink-float separation 386

sinter forging 220
sintered alloy 222
sintered aluminium alloy 221
sintered compact 222
sintered composite materials 221
sintered contact strip 221
sintered core 221
sintered density 221
sintered electric brush 221
sintered electric contact 221
sintered filter 222
sintered friction part 220
sintered high speed steel tool 220
sintered machine part 220
sintered magnet 221
sintered materials 221
sintered multi-layer materials 220
sintered products 222
sintered refractory metal 220
sintered titanium alloy 222
sintering 219
sintering atmosphere 221
sintering crack 220
sintering machine 220
size effect 404
sizing 189, 205
skarn mineral 231
skeleton 29
skin effect 458
skin pass 378
skin pass rolling mill 379
slab 240
slab zinc 240, 253
slabbing mill 241
slag 35, 240

slag skimming 402
slaking 223
slice 240
slickenside 477
slilcon steel sheets 42
slime 240
slip 158
slip casting 241
slitter 241
slug 240
slurrying 241
small ore 188
smalls 188
smaltite 202
smelter 375
smelting 316, 375
smithsonite 74
smooth body ACSR 231
smoothing 83
smoothing mill 83
soaking 43, 223
sodium 57
soft nitriding 301
soft solder 296
softened lead 325
solder 122, 296
soldering 58, 223
solid density 24
solid hardness 24
solid phase diffusion welding 24
solid phase sintering 24
solid solution 27
solid solution hardening 27
solubility 320
solution 316

solution heat treatment　*319*
solvent　*316, 319*
solvent extraction　*316*
Sonostone　*222*
Southwire continuous rod　*503*
spacer　*238*
spangle　*237*
special brass　*442*
specific gravity　*201*
specific heat　*200*
specific modulus　*202*
specific surface area　*203*
spectrum analysis　*188*
speiss　*237*
spelter　*238*
sperrylite　*198, 238*
sphalerite　*215*
spherical powder　*37*
spheroidal graphite cast iron　*37*
spiegeleisen　*20, 240*
split die　*238*
spodumene　*138*
sponge powder　*469*
spongy top　*116*
spot welding　*372*
spray hardening　*190*
spring back　*239*
spring steel　*238*
spue　*430*
square bars　*7*
square-set stopping　*232*
squeeze　*232*
squeeze casting　*26*
SS cable　*508*
SST　*508*

stabilization　*257*
stabilized superconducting wire　*257*
stabilizer　*257*
stainless steel　*192, 233*
stalactite　*379*
stalpeth cable　*233*
stamping　*233*
standard　*40*
standard decomposition temperature　*458*
stannate　*233*
stannite　*233, 483*
stannum　*381*
starting sheet　*379*
steam treatment　*229*
Stekley's stability criterion　*236*
stellite　*236*
stephanite　*236*
stepped extrusion　*87*
stepped quenching　*87*
Sterling silver　*233*
stibnite　*486*
stock　*355*
stockpile　*236*
stop　*236*
stop loss order　*223, 236*
storage battery　*402*
stored energy　*357*
straightener roll　*37*
straightening machine　*36*
strain　*181*
strain aging　*181*
strain hardening　*181, 237*
strain-temperature curve　*181*

straits tin 237
strand 223
stranded wire 298
stranding process 298
strategic stockpile 362
stratified rock 216
stream gold 204
stream tin 153, 206
stress 327
stress concentration 330
stress corrosion cracking 329
stress-induced martensitic transformation 330
stress relieving 353
stress-strain curve 329
stress-strain-temperature diagram 329
stress-temperature curve 330
stretch flattening 16
stretch straightening 16
strike plating 236
strip 237
strip mill 237
strip mining 70
stripping sheet 379
strontianite 237
strontium 237
structual damping 37
subgrain 248
sublimation 241
subsidiary material 187
subsidiary raw material 187
sulphate 483
sulphide ore 484
sulphur 324

Sunplatina 214
super alloy 230
Super Clean annealing 508
super heat resisting alloy 399
super invar 230
Super malloy 230
super purity aluminium 26
superconducting cable 401
superconducting critical temperature 400
superconducting magnetic wire 39
superconducting power cable 360
superconducting state 400
superconducting transition 400
superconducting wire 400
superconductive materials 400
superconductor 401
supercooling 31
supercritical helium 398
superduralumin 399
superelasticity 401
superficial deposit 389
superfluiditive helium 400
superlattice 399
Supernilvar 229
supersaturated solid solution 32
supersonic transport 508
supplementary binder 183
surface active agent 21
surface barrier 457
surface creepage 298
surface diffusion process 458
surface hardening 458
surface modification 457
surface pinning 457

surface segregation 457
surface superconductivity 457
surface tension 457
surfactant 21
swaging 231
sweating 231
SX-EW copper 508
sylvanite 405
syncline 472

T

T.C. 442
Table 435
Tablet 431
Tabloid 431
Taboo 431
Tabor 434
tack weld 7
tacking 7
tailing 33, 158
Taint 435
Taint & Tabor 436
Take 435
Talap 424
Talcred 430
Taldon 428
Tale 436
Talent 428
Talk 424
Tall 426
Talon 428
tandem mill 431
Tann 425
tantalite 426

tantalum 427
tantalum alloy 427
tantalum carbide 428
tantalum flat mill products 427
Tantalum-Niobium International Study Center 508
tap density 431
tape shaped conductor 425
tariff quota 32
Tarry 431
Tassel 424
Taste 435
teallite 434
technetium 434
technical rally 436
tee extracing 442
Teens 445
Telic 437
tellurate 437
telluride 437
tellurium 437
temper-brittleness 122, 438
temper color 122, 438
temper designation for aluminium and aluminium alloy 272
temper hardening 122, 438
temper rolling 378
temper rolling mill 379
temperature 313
tempering 122, 222, 437
tenacity 338
tenorite 487
Tense 436
tensile strength 339
tensile test 339

tension leveller 436
tension roll 436
Tepid 436
terbium 434
ternary alloy 209
terne metal 432
terne plate 432
terne sheet 432
Terse 431
Testy 434
tetradymite 437
tetragonal system 374
tetrahedrite 205, 324
Texture 392
thallium 428
The Copper Belt 409
thermal conductivity 305
thermal cycle test 304
thermal efficiency 307
thermal expansion 307
thermal expansion coefficient 307
thermal fatigue strength 307
thermal hysteresis 313
thermal strain 304
thermal stress 305
thermit process 434
thermit reaction 434
thermit welding 434
thermo mechanical treatment 2
thermo-elastic martensitic transformation 306
thermocouple 305
thermodynamic critical magnetic field 304
thermoelectric effect 304

thick plate 485
Thigh 424
Thirt 246
thorianite 439
thoriated tungsten wires 439
thorite 438
thorium 438
three component superconducting wire 511
Throp 247
thulium 440
TIC 508
tight rolling 160
time for the application for the test force 188
time quenching 241
tin 381
tin alloy 383
tin ball 382
tin base bearing alloy 475
tin chloride 309
tin cry 383
tin foil 382
tin metal 383
tin ore 382
tin pest 383
tin plating 382
tin stone 212, 383
tin sulphide 484
tinning 382
titanate 442
titanium 442
titanium alloy forgings 445
titanium alloy rods 445
titanium alloy sheets 445

titanium alloys　*445*
titanium bars　*443*
titanium dioxide　*332*
titanium ingot　*444*
titanium mineral　*443*
titanium oxide　*208*
titanium palladium alloy　*444*
titanium palladium alloy pipe　*444*
titanium palladium alloy wire　*445*
titanium pipes　*443*
titanium pipes for ordinary piping　*170*
titanium plates　*444*
titanium rods　*443*
titanium seamless pipes　*335*
titanium sheets　*444*
titanium slag　*444*
titanium sponge　*238, 443*
titanium tetrachloride　*205*
titanium tubes for heat exchangers　*303*
titanium welded pipes　*444*
titanium wires　*443*
Tobin brass　*439*
Tobin bronze　*439*
Tomas converter　*308*
tombac　*439*
tool holder　*51*
tool set　*51*
tool steel　*29*
tooling　*51*
Tooth　*440*
top casting　*210*

top pouring　*210*
torbernite　*108*
Torco process　*439*
torsion test　*202*
torsion　*202*
total strain　*363*
Tough　*430*
tough-pitch copper　*424*
tough-pitch copper sheets　*425*
tough-pitch copper wire　*425*
toughness　*338*
training effect　*441*
transformation　*180*
transformation temperature　*180*
transformation twin　*180*
transition creep　*394*
transition temperature　*365*
transpassivity　*31*
transposed conductor　*36*
transposition length　*365*
transuranium element　*400*
trapped flux　*37*
Tread　*440*
trimming width　*371*
trolly wire　*441*
trommel　*441*
troy ounce　*441*
Trump　*440*
tube　*32, 440*
tube process　*440*
tungstate　*432*
tungsten　*386, 432*
tungsten bronze　*433*
tungsten carbide　*433*
tungsten carbide powder　*433*

tungsten molybdenium alloy wires *433*
tungsten ore *432*
tungsten oxide *208*
tungsten powder *433*
tungsten rods *433*
tungsten wires *433*
tungstic acid anhydride *157*
tungstite *386*
turnings *371*
turnings scrap *371*
Twang *441*
twin *246*
twist *202, 441*
Twist *441*
twist pitch *441*
twisting *117, 202*
twisting process *441*
Twitch *442*
two-way action *290*
two-way shape memory effect *290*
two-way shape memory treatment *290*
type metal *469*
Type I superconductor *376*
Type II superconductor *376*

U

Ultimate roasting *314*
Ultra *322*
ultra fine powder *399*
uncoiler *292*
under draft *292*
underfill system *292*
underground milling *468*
underground mining *12*
underground stopping method *12*
underground water *12*
underhand stopping *468*
under water extruding *229*
Underwriters Laboratories ahestation *509*
uniaxial pressing *93*
unidirectionally fiber reinforced metal *342*
uniform elongation *43*
unit weight *93*
United Steel Workers of America *509*
unknown pricing *291*
unlead free-cutting *157*
unloader *292*
unrefined copper *159*
Unshielded Twisted Pair cable *509*
upper critical magnetic field *209*
upper yield point *209*
uranate *321*
uraninite *215*
uranite *321*
uranium *321*
USW *509*
utility nickel *325*
UTP *510*

V

vacuum brazing *390*
vacuum heat treatment *391*

vacuum impregnation   391
vacuum insulating   391
valentinite   172
vanadinite   162
vanadium   161
vanadium cast iron   162
vanadium ore   161
vanadium pentoxide   311
vanadium steel   161
vapor plating   53
Vaunt   166
Vectolite   178
vein gold   206
vein-stone   150
vein-stuff   150
vent   4
verdigris   72
Vertical Strip Caster   510
Vibralloy   163
Vicalloy   163
Vicalloy magnet   163
Vickers hardness   201
Vickers hardness test   202
virgin aluminium ingot   272
virgin aluminium ingots for electrical purposes   360
virgin ingot   243
viscosity   372
Vitallium   163
void content   29, 53
volume filling   399
volume fraction of fiber   215
VSC   510

W

wad   148
Wafer   314
wagon   35
Walnut   315
warpage   220
waste heat boiler   455
waste rock   284
water cooling   224
wear   145
wear resistance   59
weathering   458
weight filling   386
weight percentage to alloy   95
weight recovery   228
weld   326
wet smelting   241
wettability   375
whisker   486
whisker reinforced metal   486
white arsenic   249
white copper   171
white gold   475
white heart malleable casting   172
white heat   172
white lead   172, 298
white metal   173, 475
white pipe   172
white tin   172
Wiedermann-Franz's rule   197
willemite   43
wind and react technique   314
windings   39

Wine 314
wire 213
wire bar 313
wire drawing 244
wire drawing machine 244
wire preform 314
wire rod 213
withdrawal process 323
wolfram 185, 432
wolframite 185, 395
Wood 321
Wood's metal 321
work hardening 1
work-lead 378
work roll 322
Work Roll Bending 510
Work Roll Shift Mill 510
workability 1
World 323
wrought copper 244
wrought copper alloy 244
wrought products 364
WRSM 510
wulfenite 228, 483

Y

Y-alloy 510
yellow cake 310
yield 228
yield elongation 470
yield point 59, 470
yield rate 228
yield ratio 470
yoke method 44

young vein 325
Young's modulus 310
ytterbium 336
yttrium 336

Z

Z-nickel 510
Zamark 348
ZDA 510
zero spangle 375
zinc 250
zinc alloy 254
zinc alloy ingots for die casting 86
zinc alloys die casting 255
zinc aluminium alloy coated steel sheets 8
zinc anode 168
zinc ball 252
zinc blende 215
zinc chloride 309
zinc coating 251
zinc concentrate 253
Zinc Development Association 510
zinc dross 251
zinc dust 251
zinc equivalent 251
zinc flower 254
zinc galvanic anode 168
zinc galvanizing 251
zinc metal 253
zinc ore 251
zinc oxide 254
zinc plate 254
zinc plating 251

zinc pot *252*
zinc powder *50, 251*
zinc salt *252*
zinc scrap *252*
zinc sheet *254*
zinc skimmings *254*
zinc sulphate *482*
zinc sulphide *484*
zinc white *252, 255*
zincing *251*
zincite *474*
zircaloy *387*
zircon *389, 458*
zircon sand *389*
zirconia *388*
zirconium *388*
zirconium alloy tubes *388*
zirconium alloys *388*
zirconium copper *389*
zirconium niobium alloy *388*
zone melting *15, 95*
zone of fusion *320*
zone refining *95, 379*
Zyglo penetrant method *389*

α

α-stabilizer in titanium alloys *283*
α-titanium alloy *283*

β

β-brass *178*
β-stabilizer in titanium alloy *178*
β-titanium alloy *178*
β-titanium alloy *178*
β-tungsten type structure *178*

γ

γ-silumin *9*
γ'-phase *511*

기타

λ-transition *511*
1Tbps *511*
13 chromium steel *511*
18-8 stainless steel *511*
46 brass *511*
64 brass *511*
73 brass *511*
600V PVC insulated wire *500*

監 修

최 창 영 (崔昌瑛)
- 서울대학교 금속공학과 졸업
- 미국 콜롬비아대학원 공학석·박사(금속공학)
- 대한금속학회 비철금속 분과위원장
- 現 고려아연 대표이사 회장

이 수 태 (李樹泰)
- 서울대학교 화학과 졸업
- 미국 유타대학원 이학석·박사(화학), 同校 공학박사(금속공학)
- 미국 마틴 마리에타(Martin Mariepta)연구소 및 알코아 (Alcoa)연구소 근무
- 現 알칸대한 테크놀로지센터장

이 정 하 (李廷夏)
- 서울대학교 금속공학과 졸업
- 한국과학기술연구원(KIST)연구원
- LS니꼬동재련 상무
- 前 대한금속학회 비철금속 분과위원

전 수 길 (全秀吉)
- 중앙대학교 화학과 졸업
- 통상산업부 생활공업국 요업과 공업서기관
- 한국양회공업협회 이사
- 前 한국비철금속협회 전무이사

김 성 덕 (金聖德)
- 공군사관학교 졸업
- 연합철강 대표이사 부사장
- 現 한국철강신문 고문

한국철강신문 비철금속용어사전 편찬위원회

편찬위원장	송재봉 부사장(편집국장)
편 찬 위 원	정하영 부장
	황병성 팀장
편 집 위 원	이기수

비철금속용어사전 (개정증보판)

初版 第 1 刷	發行	1998년 4월 1일
2版 第 1 刷	印刷	2003년 9월 1일
2版 第 1 刷	發行	2003년 9월 15일
3版 第 1 刷	印刷	2008년 1월 22일
3版 第 1 刷	發行	2008년 2월 1일

發 行 人　　　裵正運

企劃編輯　　　한국철강신문
　　　　　　　비철금속용어사전 편찬위원회

發 行 處　　　株式會社 韓國鐵鋼新聞
　　　　　　　서울시 서초구 서초동 1506-64 KMJ빌딩 5~7층
　　　　　　　전화 (02)583-4161, 팩스 (02)584-4161
　　　　　　　인터넷신문 www.kmj.co.kr

登　　錄　　　1996년 6월 10일, 제16-1318호

印　　刷　　　형제사
　　　　　　　서울특별시 중구 인현동 2가 189
　　　　　　　TEL : (02)2268-5727

정가 30,000원

* 이 책의 출판권은 (주)한국철강신문에 있습니다.
  한국철강신문의 허락없이 무단 복제, 발췌, 전재를 금합니다.